普通高等教育“十三五”规划教材

露天采矿学

主　编　叶海旺

副主编　雷　涛　李　宁

北　京

冶金工业出版社

2024

内 容 提 要

本书系统地介绍了矿床露天开采的概念、生产工艺、露天矿设计以及露天开采安全等内容。全书分为15章，主要内容包括露天采矿的发展历程、露天开采概念、露天开采工程地质、矿岩松碎、采装工作、露天矿运输、排岩工作、露天采场矿岩破碎、露天开采境界、矿床露天开拓、露天矿生产能力与采掘进度计划、露天矿山开采设计、露天矿防水与排水、露天矿边坡稳定性分析与维护、信息与数字化技术在露天矿山的应用、露天与地下联合开采等。

本书可作为高等院校采矿工程、矿物资源工程专业的本科生教材，也可供相关专业的科研、设计和施工技术人员参考。

图书在版编目(CIP)数据

露天采矿学/叶海旺主编. —北京:冶金工业出版社，2019. 8(2024. 1 重印)
普通高等教育“十三五”规划教材
ISBN 978-7-5024-8214-5

Ⅰ. ①露…　Ⅱ. ①叶…　Ⅲ. ①露天开采—高等学校—教材　Ⅳ. ①TD804

中国版本图书馆 CIP 数据核字（2019）第176289号

露天采矿学

出版发行	冶金工业出版社	**电　话**	(010)64027926
地　址	北京市东城区嵩祝院北巷39号	**邮　编**	100009
网　址	www. mip1953. com	**电子信箱**	service@ mip1953. com

责任编辑 杨 敏　美术编辑 彭子赫　版式设计 禹 蕊
责任校对 卿文春　责任印制 窦 唯
北京印刷集团有限责任公司印刷
2019年8月第1版，2024年1月第3次印刷
787mm×1092mm　1/16；26. 5印张；639千字；407页
定价 59. 00 元

投稿电话　(010)64027932　投稿信箱　tougao@cnmip. com. cn
营销中心电话　(010)64044283
冶金工业出版社天猫旗舰店　yjgycbs. tmall. com
(本书如有印装质量问题，本社营销中心负责退换)

前　言

近年来，我国经济持续稳定发展，各个行业对矿产资源的需求量持续增长，加之国家“一带一路”倡议的推进，矿产资源的开发已表现出明显的无国界化，合理、安全、高效地开发利用矿产资源，不仅有利于矿业及其相关行业的健康发展，更有利于国家的长期可持续发展和良好的国际合作关系。

露天开采作为一种高产高效的开采方式，在矿山行业中一直占有十分重要的地位。尤其近年来科学技术的快速发展，有力促进了露天采矿技术的迅猛发展，露天采矿的规模和效率得到了空前提高，露天开采矿石产量已占矿石总产量的80%左右。

目前，有关采矿学方面的教材和书籍不少。本教材在内容编排上注意突出自身特色，体现自身风格：(1) 考虑到本教材的系统性，编入了矿床露天开采工程地质方面的内容；(2) 由于连续化开采已成为露天开采的发展方向，越来越多的露天矿山尤其是骨料矿山将破碎站建在露天采场，故增加了露天矿采场矿岩破碎方面的内容；(3) 数字化与信息化技术日新月异，加强了信息与数字化技术在露天矿山的应用方面的内容；(4) 随着露天开采的推进，很多露天矿山正在或即将转为地下开采，突出了露天与地下联合开采方面的内容；(5) 随着国家对露天矿山开采设计的要求越来越高，故增加了露天矿开采设计方面的内容；(6) 本书作者们从事露天采矿及相关领域的教学与研究多年，深深体会到设计计算部分的重要性，故在本书编写过程中，增加了相关内容的设计计算及例题。

本书的编写人员为武汉理工大学露天采矿课程组全体人员，主编为叶海旺，副主编为雷涛、李宁。主要编写人员包括：叶海旺（第1章、第3章3.1节和3.2节、第4章、第5章、第6章、第12章），颜代蓉（第2章），张春阳（第7章），雷涛（第8章、第9章、第10章、第11章），黄刚（第3章3.2节），王其洲（第3章3.2节），陈东方（第3章3.3节），李梅（第13章），李宁（第14章），任高峰（第15章）。

在本书编写过程中，武汉理工大学林启太教授、陈宝心教授等在百忙之中对本书内容进行认真审阅，提出了许多宝贵的意见；华新水泥股份有限公司地矿部石斌宏等同志对本书的编写提出了有益的建议；本书副主编雷涛和李宁同志为本书的统稿等做了长时间、大量的工作，付出了辛勤的劳动，在此一并表示衷心的感谢。

本书的编写和出版得到了武汉理工大学的大力支持和资助，在此表示真诚感谢。

另外，在编写本书过程中，参考了有关文献，在此向文献作者致谢。

由于作者水平有限，加之引入了部分新的内容，难免会有不足和疏漏之处，希望读者不吝赐教，批评指正。

作 者

2019 年 6 月

目　录

1　矿床露天开采概论 ………………………………………… 1

1.1　露天采矿发展史 ………………………………………… 1
1.1.1　石器时代 ………………………………………… 1
1.1.2　青铜器时代 ………………………………………… 1
1.1.3　铁器时代 ………………………………………… 2
1.1.4　钢铁时代 ………………………………………… 2
1.1.5　20 世纪露天采矿的发展 ………………………………………… 4
1.1.6　改革开放后我国露天采矿发展 ………………………………………… 4
1.2　露天开采的地位与特点 ………………………………………… 5
1.3　露天开采的基本概念 ………………………………………… 6
1.3.1　露天开采术语 ………………………………………… 6
1.3.2　矿床开采的技术特征 ………………………………………… 10
1.4　露天矿建设程序和开采步骤 ………………………………………… 12
1.4.1　露天矿建设程序和设计决策 ………………………………………… 12
1.4.2　露天矿建设和生产概述 ………………………………………… 13
1.5　露天矿发展方向 ………………………………………… 14
1.5.1　设备大型化 ………………………………………… 14
1.5.2　工艺连续化 ………………………………………… 15
1.5.3　生产最优化 ………………………………………… 15
1.5.4　开采无害化 ………………………………………… 16
1.5.5　管理信息化 ………………………………………… 16
1.5.6　矿山数字化 ………………………………………… 16
1.5.7　操作自动化 ………………………………………… 17
1.5.8　开采无人化 ………………………………………… 17
习题 ………………………………………… 18
本章参考文献 ………………………………………… 18

2　露天开采工程地质 ………………………………………… 20

2.1　岩石性质及其分级 ………………………………………… 20
2.1.1　岩石分类 ………………………………………… 20
2.1.2　岩石基本性质 ………………………………………… 21
2.1.3　岩石的动力学特征 ………………………………………… 24

2.1.4 岩石分级 …… 25
2.2 岩体的工程地质性质 …… 27
2.2.1 岩体结构面 …… 27
2.2.2 岩体结构体 …… 28
2.2.3 岩体结构 …… 29
2.2.4 不同结构类型岩体的工程地质性质 …… 30
2.3 工程岩体的分类 …… 31
2.3.1 影响工程岩体性质的主要因素 …… 31
2.3.2 工程岩体代表性分类 …… 32
2.4 生产勘探 …… 38
2.4.1 生产勘探的目的与任务 …… 38
2.4.2 生产勘探的技术手段 …… 38
2.4.3 生产勘探工程的总体布置 …… 40
2.4.4 露采矿山生产勘探中的探采结合 …… 41
习题 …… 42
本章参考文献 …… 42

3 矿岩松碎 …… 43

3.1 概述 …… 43
3.1.1 矿岩松碎的地位及意义 …… 43
3.1.2 矿岩松碎方法 …… 43
3.2 矿岩爆破松碎 …… 44
3.2.1 穿孔工作 …… 44
3.2.2 爆破工作 …… 70
3.3 矿岩机械松碎 …… 91
3.3.1 松土器 …… 91
3.3.2 露天采矿机 …… 92
3.3.3 液压破碎锤 …… 104
习题 …… 112
本章参考文献 …… 112

4 采装工作 …… 114

4.1 采装工作的基础知识 …… 114
4.1.1 岩石的可挖性 …… 114
4.1.2 采装设备类型 …… 116
4.1.3 采装设备的生产能力 …… 117
4.2 单斗挖掘机采装 …… 119
4.2.1 单斗挖掘机工作参数 …… 119
4.2.2 单斗挖掘机的工作面参数 …… 120

4.2.3　单斗挖掘机的生产能力 …… 123
4.2.4　单斗挖掘机的类型选择及所需台数的计算 …… 125
4.3　前装机、铲运机和推土机采装 …… 126
4.3.1　前装机采装 …… 126
4.3.2　铲运机采装 …… 129
4.3.3　推土机采装 …… 130
习题 …… 132
本章参考文献 …… 132

5　露天矿运输 …… 133

5.1　概述 …… 133
5.2　矿用自卸汽车运输 …… 134
5.2.1　露天矿山公路分类及其技术等级 …… 134
5.2.2　公路路基与路面结构 …… 135
5.2.3　线路布置 …… 136
5.2.4　矿用汽车选型 …… 144
5.2.5　运输能力计算 …… 146
5.2.6　矿用汽车的发展和未来 …… 148
5.3　铁路运输 …… 149
5.3.1　列车和线路的技术特征 …… 149
5.3.2　铁路线路的定线 …… 152
5.3.3　铁路站场 …… 152
5.3.4　铁路运输能力 …… 153
5.3.5　铁路运输调度管理 …… 155
5.4　带式输送机运输 …… 156
5.4.1　带式输送机的主要类型 …… 157
5.4.2　带式输送机参数和类型的选择 …… 157
5.4.3　带式输送机的技术生产能力 …… 159
5.5　联合运输 …… 159
5.5.1　平硐溜井（槽）运输 …… 159
5.5.2　斜坡提升机运输 …… 161
习题 …… 163
本章参考文献 …… 163

6　排岩工作 …… 164

6.1　概述 …… 164
6.1.1　排土场规划和分类 …… 164
6.1.2　排土场位置选择 …… 165
6.1.3　排土场的堆置要素 …… 166

6.2　排岩工艺 …… 168
6.2.1　排岩工艺分类 …… 168
6.2.2　汽车运输-推土机排岩工艺 …… 169
6.2.3　铁路运输排岩工艺 …… 172
6.2.4　胶带运输机排岩工艺 …… 181
6.3　排岩规划与进度计划 …… 183
6.3.1　排岩规划 …… 183
6.3.2　排岩作业进度计划 …… 186
6.4　排岩（土）场建设与扩展 …… 187
6.4.1　排土场的建设 …… 187
6.4.2　排土线扩展 …… 188
6.5　排土场安全 …… 191
6.5.1　排土场稳定性与防护 …… 191
6.5.2　排土场公害与防治 …… 193
6.6　排土场复垦 …… 193
6.6.1　复垦地点的准备 …… 194
6.6.2　回填与平整台阶 …… 194
6.6.3　再植被 …… 194
6.6.4　土地复垦实例 …… 195
习题 …… 196
本章参考文献 …… 196

7　露天采场矿岩破碎 …… 198

7.1　矿岩破碎基本概念 …… 198
7.1.1　矿岩物理机械性质 …… 198
7.1.2　破碎比 …… 199
7.1.3　破碎段数 …… 200
7.1.4　平均粒径 …… 200
7.2　矿岩破碎方式与阶段 …… 200
7.2.1　矿岩破碎方式 …… 200
7.2.2　矿岩破碎阶段划分 …… 202
7.3　露天破碎站分类 …… 202
7.3.1　移动式破碎站 …… 202
7.3.2　半固定式破碎站 …… 204
7.3.3　固定式破碎站 …… 204
7.4　颚式破碎机 …… 207
7.4.1　简单摆动型颚式破碎机 …… 208
7.4.2　复杂摆动型颚式破碎机 …… 210
7.4.3　其他形式的颚式破碎机 …… 211

7.4.4　颚式破碎机的相关计算 …… 211
7.4.5　颚式破碎机的优缺点 …… 213
7.5　反击式破碎机 …… 213
7.5.1　反击式破碎机的工作原理 …… 213
7.5.2　反击式破碎机的类型 …… 214
7.5.3　单转子反击式破碎机 …… 216
7.5.4　双转子反击式破碎机 …… 217
7.5.5　反击式破碎机的生产能力计算 …… 218
7.5.6　反击式破碎机的优缺点 …… 219
7.6　圆锥破碎机 …… 219
7.6.1　圆锥破碎机的工作原理 …… 219
7.6.2　圆锥破碎机的类型 …… 220
7.6.3　旋回破碎机（粗碎圆锥破碎机） …… 221
7.6.4　圆锥破碎机（中细碎圆锥破碎机） …… 226
7.7　破碎机械的选择 …… 232
习题 …… 233
本章参考文献 …… 233

8　露天开采境界 …… 234

8.1　概述 …… 234
8.1.1　露天开采境界的组成 …… 234
8.1.2　剥采比定义 …… 235
8.2　经济合理剥采比的确定方法 …… 237
8.2.1　产品成本比较法 …… 237
8.2.2　储量盈利平衡法 …… 239
8.2.3　盈亏平衡法 …… 239
8.2.4　各种方法的相互关系及适用条件 …… 239
8.3　境界剥采比的计算方法 …… 241
8.4　确定露天矿开采境界的原则 …… 243
8.4.1　境界剥采比不大于经济合理剥采比原则 …… 243
8.4.2　平均剥采比不大于经济合理剥采比原则 …… 244
8.4.3　生产剥采比不大于经济合理剥采比原则 …… 244
8.4.4　其他原则 …… 245
8.5　露天开采境界的确定 …… 245
8.5.1　露天开采境界的影响因素 …… 245
8.5.2　露天矿最终边坡角的选取 …… 245
8.5.3　确定露天矿底部宽度和位置 …… 246
8.5.4　确定露天矿开采深度 …… 247
8.5.5　确定端帮位置 …… 247

8.5.6　绘制露天矿底部周界 …… 248
8.5.7　绘制露天矿开采终了平面图 …… 249
习题 …… 250
本章参考文献 …… 250

9　矿床露天开拓 …… 252

9.1　概述 …… 252
9.2　露天矿开拓方法 …… 252
9.2.1　公路运输开拓 …… 252
9.2.2　铁路运输开拓 …… 255
9.2.3　公路-铁路联合开拓 …… 257
9.2.4　平硐溜井开拓 …… 257
9.2.5　胶带运输开拓 …… 259
9.2.6　斜坡提升开拓 …… 261
9.3　开拓方法选择 …… 262
9.3.1　选择开拓系统的原则及影响因素 …… 262
9.3.2　开拓方法选择步骤 …… 262
9.3.3　开拓方案的技术经济比较 …… 263
9.3.4　开拓沟道定线 …… 263
9.4　深凹采场开拓方式特点及选择 …… 264
9.5　开拓工程发展程序 …… 266
9.5.1　基本概念 …… 266
9.5.2　新水平准备程序 …… 266
9.5.3　掘沟工程 …… 268
习题 …… 272
本章参考文献 …… 272

10　露天矿生产能力与采掘进度计划 …… 273

10.1　露天矿生产剥采比 …… 273
10.1.1　生产剥采比的变化规律 …… 273
10.1.2　生产剥采比的初步确定与均衡 …… 276
10.2　露天矿生产能力 …… 278
10.2.1　露天矿生产能力的基本概念 …… 278
10.2.2　露天矿生产能力的确定 …… 279
10.3　露天矿采掘进度计划编制 …… 283
10.3.1　露天矿采掘进度计划的编制目标与分类 …… 283
10.3.2　编制露天矿采掘进度计划需要的资料 …… 284
10.3.3　露天矿采掘进度计划的内容和编制方法 …… 284
10.3.4　采掘进度计划编制案例 …… 289

10.4　露天矿投产产量标准及达产期限 …… 290
习题 …… 290
本章参考文献 …… 290

11　露天矿山开采设计 …… 291

11.1　矿山企业设计概述 …… 291
11.2　露天矿山开采设计主要内容 …… 292
11.2.1　开采范围及开采方法选择 …… 292
11.2.2　露天开采境界确定 …… 292
11.2.3　矿山工作制度、生产规模、产品方案、服务年限 …… 292
11.2.4　开拓运输 …… 293
11.2.5　采剥工作 …… 294
11.2.6　基建与生产进度计划 …… 294
11.2.7　露天矿防排水 …… 294
11.3　露天矿山设计举例 …… 295
11.3.1　开采范围及开采方式 …… 295
11.3.2　露天开采境界 …… 295
11.3.3　矿山工作制度、生产能力及服务年限 …… 308
11.3.4　开拓运输系统 …… 309
11.3.5　露天矿采剥工艺 …… 310
11.3.6　基建、生产进度计划 …… 313
11.3.7　露天矿防排水 …… 314
11.3.8　存在问题及建议 …… 314
习题 …… 314
本章参考文献 …… 314

12　露天矿防水与排水 …… 315

12.1　概述 …… 315
12.1.1　露天矿防水与排水的重要性 …… 315
12.1.2　露天矿涌水的因素 …… 315
12.2　露天矿地下水疏干 …… 317
12.2.1　巷道疏干法 …… 317
12.2.2　深井疏干法 …… 317
12.2.3　明沟疏干法 …… 318
12.2.4　联合疏干法 …… 318
12.2.5　疏干方案的选择 …… 320
12.3　露天矿防水 …… 320
12.3.1　地面防水措施 …… 320
12.3.2　地下防水措施 …… 321

12.4 露天矿排水 …… 324
12.4.1 露天矿排水系统 …… 325
12.4.2 露天矿排水方案选择原则 …… 326
12.5 露天矿止水固坡复合锚固地下连续墙工程实例 …… 327
12.5.1 工程概况 …… 327
12.5.2 止水固坡方案设计 …… 327
12.5.3 复合锚固地下连续墙施工效果 …… 328
习题 …… 329
本章参考文献 …… 329

13 露天矿边坡稳定性分析与维护 …… 330

13.1 概述 …… 330
13.2 露天矿边坡的破坏形式及其影响因素 …… 330
13.2.1 露天矿边坡稳定性的影响因素 …… 330
13.2.2 露天矿边坡破坏类型 …… 333
13.3 边坡稳定性分析 …… 335
13.3.1 边坡稳定性评价判据和设计方法概述 …… 335
13.3.2 边坡稳定性分析方法 …… 336
13.4 露天矿边坡治理方法 …… 346
13.5 露天矿边坡监测 …… 352
习题 …… 352
本章参考文献 …… 353

14 信息与数字化技术在露天矿山的应用 …… 354

14.1 概述 …… 354
14.1.1 矿山设计与生产信息化 …… 354
14.1.2 矿山设备调度与运行智能化 …… 355
14.1.3 矿山信息网络化 …… 355
14.2 矿山地质数据建模 …… 355
14.2.1 地质建模方法研究 …… 356
14.2.2 三维地质解译 …… 356
14.2.3 三维地质建模 …… 357
14.2.4 地质建模更新 …… 369
14.3 露天矿数字化采矿设计方法 …… 369
14.3.1 传统矿山计算机辅助设计 …… 370
14.3.2 三维可视化设计技术与方法 …… 371
14.4 露天矿生产计划编制 …… 372
14.4.1 露天采剥计划概述 …… 372
14.4.2 中长期采剥计划编制 …… 372

14.4.3　短期采剥计划编制 …… 377
14.5　采矿仿真模拟 …… 381
14.5.1　仿真模拟概述 …… 381
14.5.2　采矿仿真模拟平台 …… 386
14.6　露天智能采矿装备 …… 388
14.6.1　露天智能采矿装备发展进程及趋势 …… 388
14.6.2　自动化与智能化的全面开采系统 …… 389
14.6.3　自动化与智能化的技术代表 …… 389
习题 …… 391
本章参考文献 …… 391

15　露天与地下联合开采 …… 393

15.1　概述 …… 393
15.1.1　露天与地下联合开采分类的依据 …… 393
15.1.2　露天与地下联合开采的分类 …… 394
15.1.3　矿床联合开采的特点 …… 394
15.2　露天转地下开拓系统 …… 395
15.2.1　露天和地下独立开拓系统 …… 395
15.2.2　局部联合开拓系统 …… 395
15.2.3　露天与地下联合开拓系统 …… 396
15.3　露天与地下开采的相互影响 …… 397
15.3.1　露天开采对地下开采的影响 …… 397
15.3.2　地下开采对露天开采的影响 …… 398
15.4　过渡期地下回采方案及过渡期限 …… 399
15.4.1　过渡期地下回采方案 …… 399
15.4.2　露天转地下开采的过渡期限 …… 404
15.5　露天矿无剥离开采与残留矿体开采 …… 404
15.5.1　露天矿无剥离开采 …… 404
15.5.2　露天矿残留矿体的回采 …… 405
习题 …… 407
本章参考文献 …… 407

1 矿床露天开采概论

露天采矿，是一种先采用爆破或机械等方法将矿石和矿体覆盖物破碎，再采用一定的采掘运输设备，在敞露的空间里从事开采矿床的工程技术。其具有作业安全、可采用大型采矿机械、生产能力大、矿石损失贫化小等优点，适合于矿体埋藏浅、赋存条件简单、储量大的矿床。

1.1 露天采矿发展史

矿产资源的开发利用，对人类社会文明的发展与进步产生了巨大的、无可替代的促进作用。正是我们的祖先在适应自然、认识自然和改造自然的过程中，不断发现、认识并利用了新的矿产资源，才促进了社会生产力的发展和人类文明的进步。历史学家以人类在各时期利用的主要矿产种类为特征，将人类历史划分为旧石器时代、新石器时代、青铜器时代、铁器时代、钢铁时代和核能时代。无论在人类文明的哪个时代，采矿都是最基本的工业活动。贯穿采矿史的主线是采矿方法的演变，最初的采矿活动仅限于露天环境，因此，露天采矿可谓是最古老的工业，为人类文明的源起提供了最初的物质基础。

1.1.1 石器时代

由于尚未获得金属工具，生产力水平低下，人类还不具备进行地下开采的技术与物质条件，因此，在人类历史早期，原始采矿活动都是露天进行的。

人类的采矿活动可追溯到旧石器时代（距今约 300 万年~约 1 万年）。50 万年前，生活在北京周口店地区的北京猿人即开始选取片石制造简单的工具，并开始了人类历史上最早、最原始的露天采矿。根据出土的化石，距今 45 万年左右人类已经开始从地表出露的硬岩中获取燧石。2 万~3 万年前，捷克斯洛伐克人已经开始开挖黏土来制作器皿，石墨也被埃及人用来装饰陶器。约 18000 年前，人类通过“沙里淘金”的方式获得了自然金、铜，由于其稀有性，常被用作装饰品。根据希腊学者 Heroditusand Aristotle 的记载，早在 12000 年前，西班牙人已经开采砾石层获得自然金并制作了黄金工艺品。

到新石器时代（距今约 1 万年~约 6 千年），虽然破岩效率较低，但人类的采矿水平仍然有了较为显著的进步。大约 7000 年前，埃及人创造了“火爆法”，即用火烧岩石使其膨胀，随后用水使岩石迅速冷却并破碎，这一方法在岩石破碎领域有着革命性的意义，极大地提高了破岩效率。同时，我国北方草原地区的民族，开始有选择性地开采玛瑙、玉髓等高级石料；中原地区的农耕民族大量开采陶土，烧制各种陶器，开采花岗岩作为建筑材料，同时，又将花岗岩制成石犁，完成了由锄耕农业到犁耕农业的革命性转变。

1.1.2 青铜器时代

到了青铜时代（距今约 6000 年~约 3500 年），人类开始大规模使用金属制品。在以色列 Timna 铜矿周围发现了 5500 年前的炼铜炉，而历史上最早青铜器出现在美索不达米亚，距今也有 5000 年。由于炼制青铜需要金属锡，便开始了锡矿的开采。根据考古学研究，冶炼铜的技术不仅仅出现在中东地区，世界上的其他地区也有独立发现。例如，4000 多年前我国进入夏朝，我们的祖先开采出铜矿石，并从中炼制出了金属铜，用于制造各种生产和生活用具。至夏朝晚期（约 3600 年前），又炼制出了青铜，我国历史进入了著名的青铜器时代。这个时期，人们主要还是通过露天的方式开采一些地面露头或风化堆积的矿石。露天开采仍然是最主要的采矿方式。进入商代后，随着人们大量使用青铜器，矿石的产量越来越大，原始的技术水平和装备无法完成露天开采所必需的剥岩工作量，简单的露天开采已不能满足矿石数量的需求，人们开始了原始的地下采矿活动。

1.1.3 铁器时代

人类使用铁器制品至少有 5000 多年历史，最开始是用铁陨石中的天然铁制成铁器。地球上的天然铁是少见的，所以铁的冶炼和铁器的制造经历了一个很长的时期。目前世界上出土的最古老冶炼铁器是土耳其（安纳托利亚）北部赫梯先民墓葬中出土的铜柄铁刃匕首，距今 4500 年。当人们在冶炼青铜的基础上逐渐掌握了冶炼铁的技术之后，铁器时代就到来了（距今 3500 年~240 年）。大约在 3400 年前，小亚细亚的西台帝国已掌握了铁的冶炼技术。由于腓尼基民族在中东的入侵，使得本来是西台帝国机密的冶铁技术在西台被腓尼基所灭后得以传播开去。大约 3200 年前，整个中东地区已大致掌握了铁的冶炼技术。而在欧洲，则是由古希腊在吸收了西台的冶铁技术后才传播开去的。中国自春秋战国就步入了铁器时代，铁器的制造和使用在中国古代社会居于重要的地位。中国最早的关于使用铁制工具的文字记载是《左传》中的晋国铸铁鼎。在春秋时期，中国已经在农业、手工业生产上广泛使用铁器。铁器坚硬、韧性高、锋利，胜过石器和青铜器。铁器的广泛使用，使人类的工具制造进入了一个全新的领域，生产力得到极大的提高。在这一时代，开采的铁矿石大部分来自地表风化残积、堆积矿和江河岸边的铁矿，以及露出地表的浅部铁矿体。

在工业革命以前，由于没有获得现代意义上的动力，采矿活动始终处于人力破岩和运搬的落后水平，除了建材类矿物，绝大多数金属类矿物都是通过地下采矿的方式生产的。地下采矿作为金属矿石的主导开采方式，技术日渐成熟，一直持续到工业革命。在这个漫长的时间里，露天采矿技术没有任何革命性的进展，露天开采仅仅用于开采一些规模不大的“草皮矿”“鸡窝矿”，以及一些地表露头的风化残留矿，露天采矿作为一项采矿技术一直处于停滞状态。

1.1.4 钢铁时代

1.1.4.1 蒸汽时代

真正意义上的现代露天采矿技术发展始于 19 世纪的工业革命，这期间露天采矿技术主要在西方发达国家得以发展。但是从清朝雍正（1723~1735 年）时期至 19 世纪中叶的时间段里，中国实行闭关锁国政策，拒绝引进正处于工业革命期间的西方发达国家先进的地质学、矿物学理论和采矿技术，导致中国的露天采矿发展严重落后于西方发达国家。

铁矿的大规模开采利用开启了工业革命的大门，英国在这一时期贡献巨大。工业革命前，英国冶铁业主要采取以木炭为燃料的生产技术，由于森林消亡，必须找到一种可替代性能源。而英国的煤炭资源比较丰富，人们开始尝试使用煤炭作为新的能源，但是煤作为一种矿物质，本身含有硫化物，在冶炼过程中硫化物会使铁矿石发生质变，冶炼出来的铁在实际生活中根本无法正常使用。为解决这一问题，18 世纪初亚伯拉罕·达比提出了焦炭炼铁法，即先将煤炼成焦炭。但该方法中的高炉是以上下水池中水的落差形成动力来鼓风的，效率很低。1732 年，达比二世修建了用马车来输送水的轨道，到 1742 年，马车被纽克门蒸汽机代替，此时的蒸汽机仅用于将水提升到上水池，高炉鼓风的动力仍然来自水轮机。直到 1776 年，蒸汽机才代替了水力鼓风在高炉炼铁中得到应用。至此，炼铁业不仅摆脱了对木材的依赖，也摆脱了对水力的依赖，从而获得了充分的发展空间。焦炭炼铁引发的冶铁业革命在带来铁业繁荣的同时，也拉动英国煤矿业进一步繁荣。廉价的铸铁和熟铁使新型的动力机械得以大规模生产和应用，并使铁构件在工程建筑领域代替木材而得到广泛应用。不仅如此，价廉质优的熟铁使铁路建设的大规模发展成为可能。焦炭炼铁的发明引起了钢铁业及相关行业的巨大发展，人类也由此被带入了“钢铁时代”，英国的工业革命因此得以全面展开。

工业革命带来的科学技术的进步直接提高了采矿的生产效率，蒸汽机最初被用来抽出矿井中的地下水，随后被推广到矿井通风中，其在露天采矿中的运用主要体现在运输方式和凿岩方式的革新。19 世纪初，有轨列车成为主要的矿石运输工具，最初这些列车依靠人力或者畜力推动。1805 年，煤矿工程师约翰率先使用蒸汽机车运输矿石，但这只适用于地面较为平坦的情况。1849 年，蒸汽机的双用泵技术出现，蒸汽机车大范围使用变成可能。1835 年美国人威廉·奥蒂斯研制的蒸汽铲，它繁衍出了庞大的挖掘机家族。1868 年，英国的沃克设计制造成功第一台风动圆片采煤机。

在运输设备完成机械化的同时，矿工的凿岩工作也逐渐被机械所替代。1813 年英国人特罗蒂克发明蒸汽冲击式钻机，冲击式钻机最初的工作原理是用活塞运动代替人来运转鹤嘴锄，以此减少矿井工人的劳动量。1865 年，瑞典发明家诺贝尔利用雷酸汞制成了雷管，不久，他又找到了用硅藻土吸收硝化甘油的办法，制成了使用、运输安全的硝化甘油炸药。1872 年，用气压作动力的伯利机械钻问世，取代手工操作的钻机，大大加快了掘进速度。随后，气动凿岩机和炸药的发展逐渐形成现代爆破破岩技术。

1.1.4.2 电气时代

由于近代工业的迅速发展，作为工业动力的蒸汽机已经满足不了社会的需要，其局限性明显地暴露出来。首先，随着蒸汽机的功率增强，其体积也会日益庞大，导致蒸汽机的使用受到很大的限制。其次，从蒸汽机到工作机需要一套复杂的传动机构，才能将动力分配给各种工作机。这种能量传递方式既不方便也不经济，很难实行远距离的传输，大大限制了大工业的发展规模。随后，蒸汽机虽然多次改进，热效率仍然很低，使用极不经济。另外，蒸汽机只能将热能单纯地转化为机械能，不能实现多种形式能量的互相转化。

以电力的广泛应用和内燃机的发明为主要标志的第二次工业革命使人类社会从“蒸汽时代”进入了“电气时代”。1831 年，英国科学家法拉第发现了电磁感应现象，找到了打开电能宝库大门的钥匙。1866 年德国人西门子制成发电机，电力作为新能源进入生产领域，并日益显示出它的优越性。在这期间，电力被广泛应用于采矿行业，出现了电动机械铲、电机车和电力提升、通风、排水设备。1892 年，狄塞尔研发出一台实用的柴油动力压燃式发动机，这种发动机扭矩大，油耗低，可使用劣质燃油，显示出广阔的发展前景。柴油动力压燃式发动机，不仅解决了交通工具的发动机问题，也引起了采矿运输领域的革命性变革，运输机车实现了由蒸汽机驱动到内燃机驱动和电力驱动的发展历程。

1.1.5 20世纪露天采矿的发展

20世纪以来，露天采矿的发展远远超过了19世纪，露天采矿的机械化程度有了显著的提高。19世纪延续下来的传统技术经过不断的改进和提高，其应用范围也逐渐扩大，动力机械功率增大，效率进一步提高，内燃机的应用普及到几乎所有的矿用机械。随着工作母机设计水平的提高及新型工具材料和机械式自动化技术的发展，露天采矿的生产水平有了极大的提升。此外，其他技术也有了明显进步，包括：出现了硝铵炸药，使用了地下深孔爆破技术，逐步形成了适用于不同矿床条件的机械化采矿工艺。在此基础上，对矿床开拓和采矿方法形成了分类的研究，对于矿山压力显现进行了实测和理论探讨，对岩石破碎理论和岩石分级进行了研究，完善了矿井通风理论，提出了矿山设计、矿床评价和矿山设计管理的科学方法，使采矿从技艺向工程科学发展。

20世纪50年代后，露天采矿的主要发展是：

（1）使用了潜孔钻机、牙轮钻机、自行凿岩台车等新型凿岩设备，以及铵油、浆状和乳化油等安全、廉价的炸药。

（2）采掘设备实现大型化、自动化。

（3）运输、提升设备自动化，出现了无人驾驶机车。

（4）露天矿采用间断、连续式运输。

（5）电子计算机用于矿山生产管理、规划设计和科学计算，开始用系统科学研究采矿问题，诞生了矿业系统工程学。

（6）矿山生产开始建立自动控制系统，岩石力学和岩石破碎学进一步发展，利用现代试验设备、测试技术和电子计算机已能预测和解决某些实际问题。

1.1.6 改革开放后我国露天采矿发展

改革开放以来，我国经济步入了快速发展的轨道，矿业开发迎来了前所未有的发展机遇，矿山开采规模得到了突飞猛进的发展。截至2015年，我国已建成了各类金属矿山达1.2万余座，建成和即将建成的铁矿石年生产能力300万吨以上的矿山有34座，其中2002年以后在建、新建和改扩建矿山就达16座，其产能近1亿吨。随着投资的增加，采矿规模迅速扩大，采矿技术得到快速发展，装备水平逐步提高，有力地促进了露天采矿的发展。目前我国铁矿年产量露天开采占77%，有色金属矿年产量露天开采占52%，化工矿山露天开采占70%，建材矿山几乎100%为露天开采。近40年来，我国在金属露天采矿技术和装备方面，开展了多项科技攻关研究，使我国金属露天采矿技术水平得到了显著提高，包括：陡帮开采工艺、高台阶采矿工艺、间断-连续开采工艺、大型深凹露天矿陡坡铁路运输系统、深凹露天矿安全高效开采技术、露天转地下开采和露天-地下联合开采技术、矿山数字化技术、采场无（微）公害爆破技术、特大型露天安全高效开采技术等。

总体来看，当前我国露天采矿技术已经接近或达到了国际先进水平。差距主要体现在机械设备方面，这是制约我国露天采矿进步的关键技术因素。缩小这方面的差距，一方面要通过“引进、消化、吸收、创新、提高”来发展我国的矿山设备；另一方面，要加大科技投入，加强技术创新，努力创造具有自主知识产权的新设备、新产品，着力于自身创新能力的增强，充分利用后发优势，实现矿山行业跨越式发展。

1.2 露天开采的地位与特点

据统计，全世界固体矿物资源年开采总量约为 3×10^{10}t，其中约 2/3 采用露天开采。据 2000 年对世界 639 座非燃料固体矿山进行统计，露天开采的占 60%以上，其中，铁矿占 90%以上，铝土矿占 98%，黄金矿占 67%，有色矿占 57%。

我国金属矿山露天开采，铁矿占 70%~80%，铜矿占 62%，铝土矿占 97%，钼矿 87%，稀有稀土矿 95%。大型的露天矿山有：安太堡露天煤矿、德兴露天铜矿、鞍钢齐大山露天铁矿、本钢南芬露天铁矿、首钢水厂露天铁矿、包钢白云鄂博露天铁矿、金堆城露天钼矿、中铝平果铝土矿等。

我国非金属矿山中，水泥矿山基本上都采用露天开采的方式进行，其他矿种采用露天开采的达 80%以上。

从国内外露天开采比重远大于其他开采方式这一点可以看出，露天开采目前在采矿工业中仍然占有主导地位。

露天开采与地下开采相比，具有以下优越性：

(1) 矿山基建时间短，单位矿石基建投资小。国内大中型露天矿的基建时间为 3~4 年，是地下矿的一半。大型露天矿山的基建投资为地下开采矿山的 30%~50%。

(2) 开采机械化与自动化程度高，生产规模大。由于具有开采空间限制小、易于实现机械化和设备大型化等优点，大中型露天矿的机械化程度为 100%，而且正朝着设备大型化和自动化方向发展，从而大大提高了劳动生产率（为地下开采的 5~10 倍）。

(3) 劳动生产率高，生产成本低（为地下开采的 1/2~1/3）。

(4) 矿石损失与贫化小。损失率和贫化率不超过 3%~5%。

(5) 开采条件好。作业较安全，不受有害气体与地压显现等灾害的威胁，运行较可靠。

(6) 可调节性强。露天开采易于技术改造，能适时扩大或调整生产规模。

露天开采与地下开采相比，也存在明显的缺点，主要是：

(1) 露天采场和排土场占地面积大，破坏自然景观和植被。一个露天开采的矿区占用的土地可达几十平方公里。

(2) 污染与损坏环境。开采过程中，穿爆、采装、运输、排卸等作业粉尘较大，运输汽车排出的一氧化碳逸散到大气中，废石场的有害成分在雨水的作用下流入江河湖泊和农田等，污染大气、水域和土壤，将危及人民身体健康，影响农作物与动植物的生长，破坏生态环境。露天开采后留下赤裸的矿坑，破坏地表植被。

(3) 露天开采易受气候条件，如严寒、酷暑、冰雪和暴风雨的影响和干扰。

虽然露天开采在经济和技术上的优越性很大，但它不能取代地下开采。当开采技术条件一定时，随着露天开采深度增加，岩土剥离量迅速增大，达到一定深度后继续用露天开采，经济上不再合理，这种情况就应转入地下开采。随着地下开采技术进步，地下开采的能力和生产条件也正在逐步提高。

1.3 露天开采的基本概念

1.3.1 露天开采术语

矿物是指在地壳中由各种地质作用所形成的天然化合物或单质，是组成岩石或矿石的基本单位。自然界中的矿物存在三种状态：固态、液态和气态。

岩石是一种或多种矿物组成的集合体。矿石指在一定的经济技术条件下能从中提取对国民经济有用的组分（元素、化合物或矿物）的天然矿物集合体，是矿体的基本组成部分。

矿体是在地壳内部或表面，由地质作用形成的，其中所含有的矿物集合体的质和量均达到工业要求的地质体。矿床是指一个矿体或数个生成在一起的相邻矿体的总称，一个矿床可由一个或多个矿体组成。根据矿山的地理、地质和经济条件，在现代技术经济条件下，有开采价值的矿床叫工业矿床。矿床周围的岩石叫围岩，一般指矿床的上盘和下盘的岩石。

在关系上，矿床由矿体组成，矿体由矿物组成。

废石是指与矿体直接接触的、不含有用矿物或含量过少、矿石质量太差、当前无工业价值的岩石。在矿床内部的岩石称为夹石。

露天开采中，除开采有用矿石外，还要剥离大量岩石或土，将剥离的岩土量与采出的矿石量之比称为剥采比，其单位可用 t/t、m^3/m^3 或 m^3/t 表示（包括生产剥采比、境界剥采比、平均剥采比等）。

生产剥采比是某一区段生产时期内所剥离的岩土量与采出的矿石量的比值。

境界剥采比是在开采境界内增加单位开采深度而相应增加的剥离岩石量与采出的矿石量的比值。它是作为衡量延深单位开采深度时，在技术上是否可行、经济上是否合理的标准。

平均剥采比是露天开采境界内总的岩土量与总的矿石量的比值。

分层剥采比是水平分层的岩土剥离量与采出矿石量的比值。

经济合理剥采比是经济上允许的最大剥离量与可采的矿石量的比值。

露天采矿过程中有矿石损失与贫化。矿石损失是指采出的矿石量少于地质储量的现象；矿石贫化是指由于采出的矿石中混入了部分岩石，导致采出矿石的品位低于地质储量品位的现象。

露天开采的目的是从地面把地壳中的有用矿物开采出来。为此，按一定工艺过程，把矿石从矿体中开采出来的全部工作，总称为露天矿山工程。掘沟、剥离和采矿是露天矿在生产过程中的三个重要矿山工程。

从事露天采矿的企业称为露天矿。用矿山设备进行露天开采的场所，称为露天采场或露天矿场，它包括露天开采形成的采坑、台阶和露天沟道等，如图 1-1 所示。

露天采场的底平面和坡面限定的可采空间的边界称为露天矿山开采境界，也就是露天采场的最终边界，它由露天采矿场的地表境界、底部境界和四周边坡组成。露天矿采用分期开采时，涉及分期境界，开采结束时形成最终境界。

图 1-1 露天采矿场（金堆城钼矿北露天矿场）

封闭圈是指露天采场最上部境界在同一标高上的台阶形成的闭合曲线。根据采矿作业情况，露天矿分为山坡露天矿和凹陷露天矿，封闭圈以上称为山坡露天矿，以下称为凹陷露天矿。露天矿的长宽比大于 4 的露天矿称为长露天矿。

划归一个露天采场开采的矿床或其一部分称为露天矿田。

露天矿床开拓就是建立地面与露天矿场内各工作水平之间的矿岩运输通道的工作。根据露天矿的运输方式，分为公路运输开拓、铁路运输开拓、平硐溜井开拓、胶带运输开拓及联合运输开拓等。

接受剥离岩土的场地称作废石场，也叫排土场。

露天开采时，把矿岩按一定的厚度划分为若干个水平分层，自上而下逐层开采，并保持一定的超前关系，这些分层称为台阶或阶段。上部台阶的开采使其下面的台阶被揭露出来，当揭露面积足够大时，就可进行下一个台阶的开采。台阶是露天采场的基本构成要素，进行采矿和剥离作业的台阶称为工作台阶，暂不作业的台阶称为非工作台阶。

台阶由平盘、坡面、坡顶线、坡底线、坡面角、台阶高度等要素组成，见图 1-2。平盘是台阶的水平部分或近水平部分，坡面是指台阶上下平盘之间的倾斜面，坡顶线是指台阶上部平盘与坡面的交线，坡底线是指台阶下部平盘与坡面的交线，坡面角是指台阶坡面与水平面的夹角，台阶高度是指台阶上下平盘之间的垂直距离。

台阶在露天采场中的位置通常用其下部平盘的水平标高表示，即装运设备站立的平盘。台阶的上部平盘和下部平盘是相对的，一个台阶的上部平盘同时也是其上一个台阶的下部平盘，如图 1-2 中的+8m 平盘（也称+8m 水平），既是+8m 台阶的下部平盘也是−4m 台阶的上部平盘。

露天开采是分台阶进行的，采装与运输设备在工作台阶的下部平盘作业，为了将采出的矿岩运出采场，必须在新台阶顶面的某一位置开一道斜沟（掘沟工程），使采运设备到

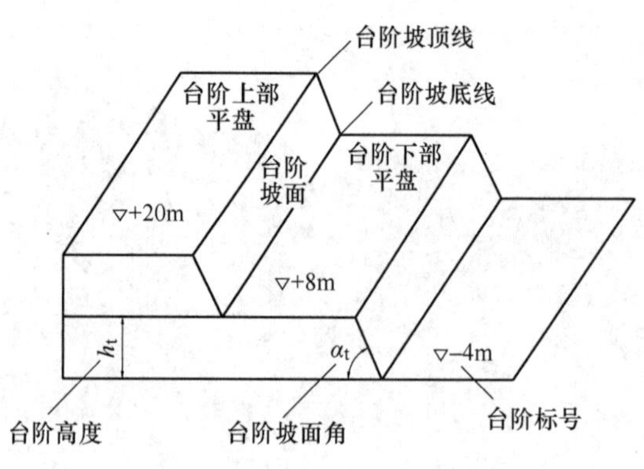

图 1-2 台阶基本要素

达作业水平。掘沟是为一个新台阶的开采提供运输通道和初始作业空间，完成掘沟后即可开始台阶的侧向推进；随着工作面的不断推进，作业空间不断扩大，如果需要加大开采强度，可布置两台或多台采掘设备同时作业。因此，掘沟是新台阶开采的开始。按运输方式的不同，掘沟方法可分为不同的类型，如汽车运输掘沟、铁路运输掘沟、联合运输掘沟、无运输掘沟等。

新水平准备是指露天开采中，采场延深时建立新的开采台阶的准备工程。它包括掘进出入沟、开段沟和为掘进出入沟、开段沟所需空间的扩帮工程。新水平准备基本程序是先掘进出入沟，后掘进开段沟，开段沟形成后进行扩帮。新水平的准备要考虑准备周期和选择运输方式。

出入沟是指为建立地面与工作台阶之间以及各工作台阶之间的运输联系而开掘的倾斜的露天沟道。

开段沟是指为开辟新工作台阶建立工作线而掘进的露天沟道，其沟底是水平或近似水平的。

开采时，将工作台阶划分成若干个具有一定宽度的条带顺序开采，称为采掘带。按其相对于台阶工作线的位置分为纵向采掘带和横向采掘带。采掘带平行台阶工作线称纵向采掘带，垂直于台阶工作线称横向采掘带。采掘带长度可以是台阶全长或其中一部分。如采掘带长度足够，且有必要，可沿全长划分为若干区段，每个区段分别配备采掘设备进行开采，称为采区。在采区中，把矿岩从整体或爆堆中挖掘出来的地方，称为工作面。见图 1-3。

已做好采掘准备，即配备采掘设备、形成运输线路和动力供应等的采区称为工作线。它表示露天矿具备生产能力的大小。一般情况下，工作线长，具备生产能力大，反之则小。工作线年移动距离，表示露天矿的水平推进强度。工作线分为台阶工作线（台阶上已做好准备的采区长度之和）和露天矿工作线（各台阶的工作线之和）。

露天采场是由各种台阶组成的。根据组成采场边帮台阶的性质，将采场边帮分为工作帮和非工作帮。工作帮是指由工作台阶或将要进行作业的台阶组成的采场边帮，见图 1-4 中的 *DE*。工作帮的位置是不固定的，随开采工作的进行不断变化。

非工作帮是指由非工作台阶组成的采场边帮，见图 1-4 中的 *AC*、*BF*。当非工作帮位于采场最终境界时，称为最终边帮或最终边坡。位于矿体下盘一侧的边帮叫底帮，位于矿体上盘一侧的边帮叫顶帮，位于矿体两端的边帮叫端帮。

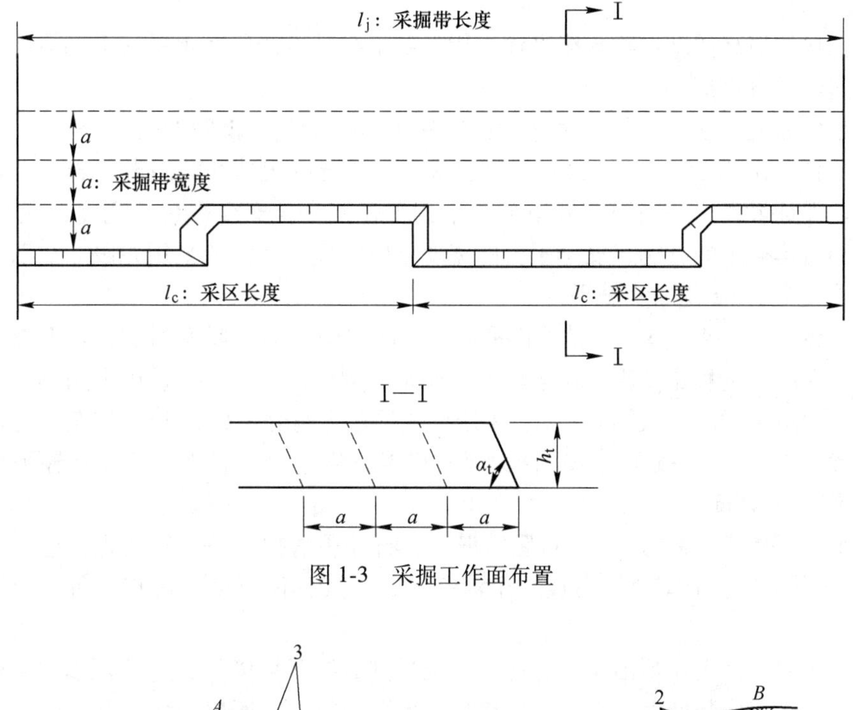

图 1-3 采掘工作面布置

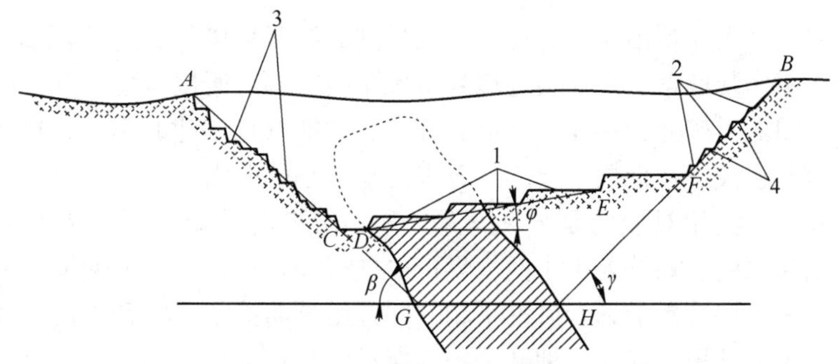

图 1-4 露天采场构成要素

1—工作平盘；2—安全平台；3—运输平台；4—清扫平台

通过非工作帮最上一台阶的坡顶线和最下一台阶的坡底线所作的假想斜面叫非工作帮坡面，非工作帮坡面位于最终境界时叫做最终帮坡面或最终边坡面（图 1-4 中的 *AG*、*BH*）。最终帮坡面与水平面的夹角叫做最终帮坡角或最终边坡角（图 1-4 中的 β、γ）。

通过工作帮最上一台阶的坡底线和最下一台阶坡底线所作的假想斜面叫做工作帮坡面（图 1-4 中的 *DE*）。工作帮坡面与水平面的夹角叫做工作帮坡角（图 1-4 中的 φ）。工作帮上进行采矿或剥离作业的平台叫做工作平盘（图 1-4 中的 1），它是进行穿孔爆破、采装、运输的场地。其宽度取决于爆堆宽度、运输设备规格、设备和动力管线的配置方式以及所需的回采矿量，是影响工作帮坡角的重要参数。布设采掘运输设备和正常作业所必需的宽度，称最小工作平盘宽度。露天矿实际工作平盘宽度通常大于最小工作平盘宽度，并以调整平盘宽度实现生产剥采比的均衡。在陡帮开采时，平盘宽度由推进宽度和临时非工作平台宽度组成。

最终帮坡面与地面的交线称为露天采场的上部最终境界线（图 1-4 中的 *A*、*B*）。最终帮坡面与采场底平面的交线称为露天采场的下部最终境界线或底部周界（图 1-4 中的

G、H）。

露天采场的最终深度也称最终采深，指上部最终境界线所在水平与下部最终境界线所在水平之间的垂直距离。

最终帮坡面上的平台按其用途分为安全平台、运输平台和清扫平台。

安全平台（图 1-4 中的 2）设在最终边帮上，是用以缓冲和截阻滑落岩石以及减缓最终边坡角，保证最终边坡的稳定和下部水平的工作安全。安全平台的宽度一般为 3～5m；由于爆破和岩体裂隙的影响，安全平台的宽度难以保证，为此常采用并段方式以加宽安全平台，如采用 7～10m 宽的安全平台。

运输平台（图 1-4 中的 3）是工作平盘与地面之间的运输联系通道，其上铺设运输线路，具体布置的位置和宽度视开拓运输方式而定。例如，中国金属矿山采用单线铁路运输时，运输平台最小宽度一般为 6～8m，采用单线汽车运输时，载重 154t 汽车的运输平台最小宽度一般为 18m，32t 汽车为 10m；美国一些矿山载重 154t 汽车，最小运输平台宽度为 30m，32t 汽车为 15m。

清扫平台（图 1-4 中的 4）用以阻截滑落岩石并用清扫设备进行清理，还起减缓边坡角的作用，每隔 2～3 个安全平台设一个清扫平台，其具体宽度视清扫设备而定，一般为 8～12m。

在开采过程中，工作帮沿水平方向一直推进到最终开采境界，这种开采方法称为全境界开采法。由于工作帮坡角一般比最终境界帮坡角缓得多，所以全境界开采的初期生产剥采比高，大型深凹露天矿尤为如此。全境界开采法的缺点是基建时间长、初期投资多，故仅适用于矿体埋藏较浅、初期剥采比小、开采规模较小的矿山。

与全境界开采方法相对应的是分期开采，所谓分期开采就是在露天开采的最终境界内，在平面上或在深度上划分若干中间境界依次进行开采。当某一分期境界内的矿岩接近采完时，开始下一分期境界上部台阶的采剥，即开始分期扩帮或扩帮过渡，逐步过渡到下一分期境界内的正常开采。如此逐期开采、逐期过渡，直至推进到最后一个分期，即形成最终开采境界。露天矿分期开采旨在首先开采品位高、生产条件好、剥采比小的矿床部位，以减少露天矿初期投资，加速露天矿基建、投产和达产，为露天矿均衡生产和扩大再生产提供基础，达到以最少投入取得最大产出的效果。

1.3.2 矿床开采的技术特征

1.3.2.1 *矿岩的技术特征*

矿岩的技术特征包括矿石与废石的划分、矿石的种类和矿岩的性质。

矿石与废石的概念是相对的，它们随着生产的发展和工业技术的改进而变化，这与矿石品位有密切关系。矿石所含有用成分的多少称为矿石的品位，常用质量百分比表示。根据当前的工业技术及经济水平，当矿石的品位低于某一数值时，便无利用价值，则这一数值的矿石品位叫做最低工业品位。它是根据当前国民经济的需要和技术经济条件所确定的最低开采品位。矿石按所含有用成分的多少即品位高低可分为富矿和贫矿。

边界品位是指划分矿与非矿界限的最低品位，即圈定矿体时单位矿样中有用组分的最低品位。边界品位是根据矿床的规模、开采加工技术（可选性）条件、矿石品位、伴生元素含量等因素确定的。它是圈定矿体的主要依据。在国外，没有工业品位要求，边界品位是圈定矿体的唯一品位依据。

矿石可以分为金属矿石、非金属矿石及能源矿石。

金属矿石按所含金属种类不同可分为：贵重金属矿石，如金、银、铂等，这些矿石金属稳定性好，价格昂贵；黑色金属矿石，如铁、锰、铬等，这些矿石的金属颗粒是黑色的；有色金属矿石，如铜、铅、锌、铝、锡、钼、钨等，这些矿石的金属颗粒不是黑色的；稀有金属矿石，如铌、钽等，这些矿石的金属在自然界比较稀少；放射性矿石，如铀、钍等，这些矿石的金属存在放射性。

按所含金属矿物组成、性质和化学成分，金属矿石可分为：自然金属矿石，如金、银、铜、铂等，金属以单一元素存在于矿石中；氧化矿石，如赤铁矿、磁铁矿、赤铜矿等，矿石的成分为氧化物、碳酸盐、硫酸盐；硫化矿石，如黄铜矿、方铅矿、闪锌矿等，矿石的成分为硫化物；混合矿石，矿石是由前面两种及两种以上矿石混合而成。

非金属矿主要为金刚石、石墨、自然硫、硫铁矿、水晶、刚玉、蓝晶石、夕线石、红柱石、硅灰石、钠硝石、滑石、石棉、蓝石棉、云母、长石、石榴子石、叶蜡石、透辉石、透闪石、蛭石、沸石、明矾石、芒硝、石膏、重晶石、毒重石、天然碱、方解石、冰洲石、菱镁矿、萤石、宝石、玉石、玛瑙、石灰岩、白垩、白云岩、石英岩、砂岩、天然石英砂、脉石英、硅藻土、页岩、高岭土、陶瓷土、耐火黏土、凹凸棒石、海泡石、伊利石、累托石、膨润土、辉长岩、大理岩、花岗岩、盐矿、钾盐、镁盐、碘、溴、砷、硼矿、磷矿等。

能源矿石主要有煤、石煤、油页岩、铀、钍、油砂、天然沥青等。

在矿岩的性质中，对矿产开采影响较大的有硬度、坚固性、稳固性、结块性、氧化性、自燃性、含水性、松散性和矿岩体积密度等。

(1) 硬度。矿岩抵抗工具侵入的性能，取决于矿岩的组成，对穿爆工作有很大影响。

(2) 坚固性。矿岩抵抗外力（机械、爆破）的能力。

(3) 稳固性。稳固性是指在一定暴露面积下和在一定时间内不自行垮落的性能。

(4) 碎胀性。矿石和围岩破碎之后的体积比原体积增大的性质。碎胀性可用碎胀系数来表示（又叫松散系数）。

(5) 结块性。结块性是指采下的矿岩遇水受压，经过一定时间，又结成整块的性质。

(6) 氧化性。指硫化矿石在水和空气的作用下，变成了氧化矿石的性质。

(7) 自燃性。指高硫化矿石（含硫量在18%~20%以上），当其透水性及透气性良好的条件下，具有自行燃烧的性能。

(8) 含水性。指矿岩裂缝和孔隙中含水的性质。

(9) 容重。容重是指单位体积中原岩的重量。

(10) 块度。矿体崩落后则形成矿块，或岩石块，其尺寸的大小称为块度。

(11) 自然安息角。松散矿岩自然堆积时，其四周将形成倾斜的堆积坡面，我们把自然堆积坡面与水平面相交的最大角度，称为该矿岩的自然安息角。

1.3.2.2 矿床的技术特征

矿床的技术特征主要有矿体形状、倾角和厚度。

(1) 根据矿体形状，矿床主要有层状矿床、脉状矿床和块状矿床。

(2) 矿体的层面与水平面间的夹角即为矿体倾角。根据倾角大小，矿体可分为以下几种：近水平矿体，倾角为 0°~5°；缓倾斜矿体，倾角为 30°~55°；急倾斜矿体，倾角为 55°以上。

（3）矿体的厚度系指上、下盘间的垂直距离或水平距离。前者称为垂直厚度，后者称为水平厚度。按厚度矿体可分为：极薄矿体，厚度小于 0.8m；薄矿体，厚度为 0.8~4.0m；中厚矿体，厚度为 4~10m；厚矿体，厚度为 10~30m；极厚矿体，厚度大于 30m。

1.4　露天矿建设程序和开采步骤

1.4.1　露天矿建设程序和设计决策

露天矿从立项建设到建成投产，少则需要 1~2 年，多则持续 3~5 年或更长；露天矿基建投资可达数亿元。矿山建设通常需经历以下几个阶段：

（1）勘探及建设立项阶段，包括矿床初步勘探、详细勘探、项目建议书、可行性研究及设计任务书五个阶段。

（2）建设设计阶段，包括初步设计、技术设计（含安全设施设计）、施工图设计，必要时在初步设计后还要增加技术设计。

（3）建设阶段，包括施工、试车、投产及总结验收。

露天矿建设程序的流程图如图 1-5 所示。

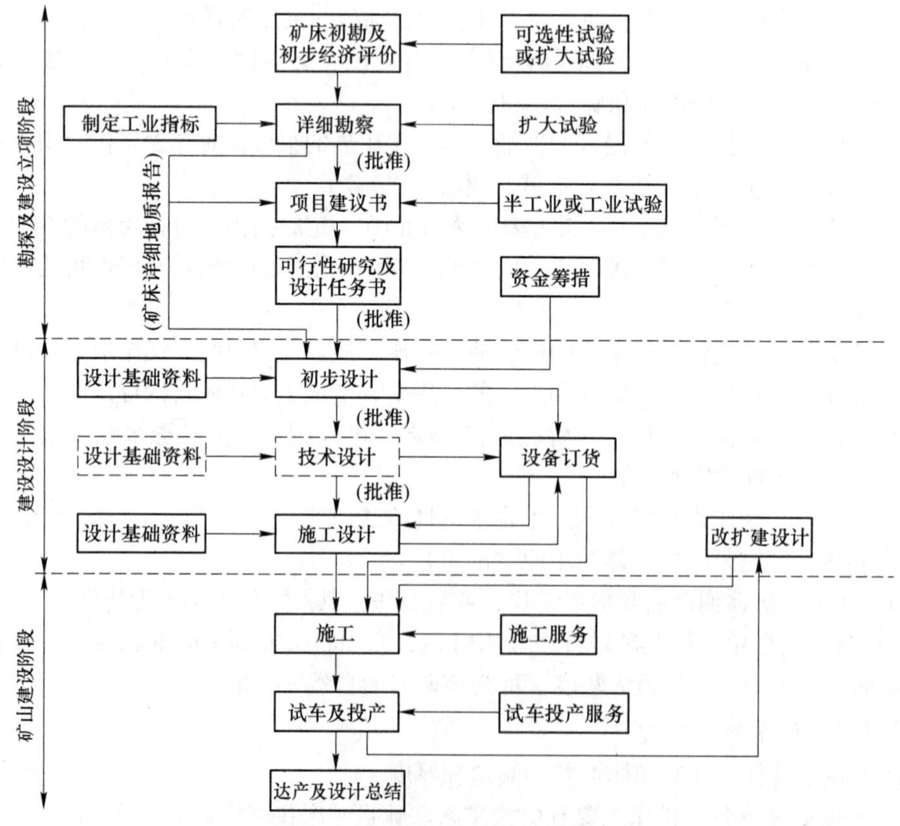

图 1-5　露天矿建设程序流程图

实践经验证明，矿山建设必须严格遵循这个程序，切实保证基本建设的质量。

在进行露天矿山设计过程中，主要技术决策有：露天矿生产规模、露天矿采剥方法与开采程序、露天矿生产工艺过程及设备类型、露天矿开采境界、露天矿开拓运输系统、总图布置及外部运输。上述技术决策既相互制约又相互依存，因此，露天开采设计是一个综合论证、反复调整的决策过程。

1.4.2 露天矿建设和生产概述

1.4.2.1 露天矿运营的步骤

（1）地面准备。把外部交通、供水、供电等系统引入矿区，形成矿区内部的交通、供水、供电系统。进行矿区的生产、生活、娱乐设施等建设。再进行开采的区域清除和搬迁天然或人为的障碍物，如树木、村庄、厂房、道路等。

（2）矿区隔水与疏干。截断通过开采区域的河流或把它改道，设置防水设施，疏干地下水，使水位低于要求的水平。

（3）矿山基建工程。修筑道路，建立地面与开采水平的联系，进行基建剥离揭露矿体，建立开采工作线，形成排土场（堆积废弃物的场地）和通往排土场的运输线路。

（4）正常生产。在开辟了必要的采剥工作面，形成了一定的采矿能力后即可移交生产。一般再经过一段时间，才能达到设计生产能力，进行正常的开采生产。

（5）扩建或改建。露天矿进行较长时间的生产后，可能进行改建、扩建，以提高产量或进行技术改造，运用新技术与装备改进开采方案与设备配套等，此时需要进行改、扩建设计。

露天矿的建设和生产是十分复杂的工程项目，土地的购置，村庄搬迁，设备的采购、安装、调试，人员培训，组织机构建立等，涉及生产和生活的多个方面，必须统筹安排。

1.4.2.2 露天矿山工程

根据开采对象，露天矿山工程分为剥离工程和采矿工程，根据开采特点还可分出掘沟工程。这三种工程的生产工艺过程基本相同，主要包括矿岩松碎、采装、运输，以及排土或卸矿等生产环节。

掘沟、剥离和采矿三者既相互依存又相互制约，因此这些主要矿山工程的整体发展过程称为露天采剥方法或开采程序。

1.4.2.3 露天矿生产工艺

露天开采的主要生产工艺如下：

（1）矿岩松碎。用爆破或机械等方法将台阶上的矿岩松动破碎，以适于采掘设备的挖掘。对于采掘设备能直接从台阶上挖落的矿岩，不需要这一生产环节。

（2）采掘及装载。用挖掘设备将台阶上松碎的矿岩装到运输设备中，这是露天开采的核心环节。

（3）矿岩运输。运用一定的运输设备，如汽车、机车、胶带运输机等，将采场的矿岩运送到指定地点，如矿石运送到选矿厂或储矿场，岩石运送到排土场。

（4）排岩（土）。露天矿开采过程中，需要剥离覆盖在矿体上的岩石或土，剥离的岩石或土通过运输工作运送到排土场，然后采用挖掘机、前装机、推土机等设备进行推排和堆砌。

1.5 露天矿发展方向

露天开采在未来的发展中，矿山设备大型化、工艺连续化、生产最优化、开采无害化、操作自动化、管理信息化、矿山数字化、开采无人化等将成为主要发展方向。

1.5.1 设备大型化

随着地表的矿物资源逐渐枯竭，可采矿石质量不断下降，开采深度急剧加大，地质条件和地理条件日趋困难，以及越来越严格的环境保护和水土保持要求，露天采矿的规模也越来越大。露天矿大型化进程为矿用大型设备发展提供了机遇。高新技术，特别是微电子技术的扩大应用，大功率柴油机和大规格轮胎相继研制成功，传动方式的不断创新等，为矿用设备大型化发展创造了条件。除了制造业进步的原因，经济效益也是重要因素，如操作、维修定员较少使人工成本降低。另外，设备大型化使单位采剥量设备投资和成本降低，也是驱动设备大型化的重要原因之一。设备大型化主要包括以下几个方面。

1.5.1.1 凿岩设备

凿岩设备穿孔直径越来越大，穿孔深度逐渐加深。露天采矿曾广泛使用过两种凿岩方式：热力破碎穿孔和机械破碎穿孔。20 世纪 50 年代前主要采用的穿孔设备有火钻、钢绳冲击钻机。目前，国内大型矿山穿孔设备是潜孔钻与牙轮钻共存，牙轮钻比例较高（占 88%），钻孔直径以 250mm、310mm 为主，中型矿山以潜孔钻为主，钻孔直径以 200mm 为主；国外普遍采用牙轮钻，直径大多为 310~380mm，有的达 559mm，孔深可达 73m。

1.5.1.2 装载设备

装载设备容量不断增加。露天矿装载作业的主要设备是电铲，世界上最早的动力铲出现于 1835 年，此后经历了从小到大、由蒸汽机驱动到内燃机驱动再到电力驱动的发展历程。20 世纪初，动力铲开始用于露天矿山，第一台真正意义上的剥离铲于 1911 年问世，其斗容为 2.73m^3，由蒸汽机驱动，通过轨道行走。到 1927 年，轨道行走式的动力铲逐渐被履带式全方位回转铲取代。电铲的快速大型化始于 20 世纪 50 年代末 60 年代初，目前斗容量以 16.8m^3、21m^3、30m^3、38m^3、43m^3 为主（20 世纪 70 年代以 11.5m^3 和 13m^3 为主）。国内重点露天矿山主要以电铲为主，斗容量一般为 4m^3、10m^3、16.8m^3。德兴铜矿 2009 年 6 月引进 P&H 公司的 19.5m^3 电铲。

1.5.1.3 运输设备

露天矿常用的运输设备包括电机车、矿用汽车和大倾角皮带运输机。

20 世纪 40 年代前，电机车曾占主导地位。电机车适用于采场范围大、服务年限长、地表较平缓、运输距离长的大型露天矿，其单位运输费用低于其他运输方式。然而，由于其爬坡能力小和转弯半径大，灵活性差，露天采场的参数选择受到很大的制约。因此，从 20 世纪 60 年代初开始，电机车逐步被汽车运输代替，目前采用电机车作为单一运输方式的露天矿山已为数不多。目前国外露天采矿场使用电机车运输的国家主要是独联体的一些国家，这些国家深凹露天矿电机车一般是直流电机或交流电机驱动的联动机组，黏重一般为300t以上，最大黏重为480t。国内电机车一般为直流电机驱动，黏重一般为150t。

20世纪80年代以来，国外各类金属露天矿约80%的矿岩量由汽车运输完成，因此汽车是目前露天矿生产的主要运输设备。我国露天矿20世纪60和70年代以12~32t汽车为主，大多从苏联进口；70年代末引进100t和108t电动轮汽车；80年代引进154t电动轮汽车。国产108t电动轮汽车在20世纪80年代初投入使用，与美国合作制造的154t电动轮汽车于1985年通过鉴定。目前大型矿山，无论是液力机械传动的、还是交流驱动的电动轮汽车，其载重量大多为150t、240t、320t，小松、利勃海尔与卡特公司已研制出装载质量360t的汽车。我国大型露天矿山汽车的最大装载质量也超过了170t，如徐工集团DE400型电传动自卸矿车的载重量就达到了400t，最高速度50km/h，举升时间24s。

大倾角皮带运输机在露天矿山运输中具有明显的优越性。美国、前苏联、瑞典、德国及英国等都进行了这方面的研究，如美国大陆公司研制了由2条胶带组成的夹持式大倾角运输机，瑞典斯维特拉公司研制了带横隔板的波浪挡边大倾角运输机和由2条胶带牵引的袋式大倾角运输机，英国休伍德公司研制了链板与胶带组合的大倾角运输机等。这些运输机都实现了大于30°的大倾角连续运输。前南斯拉夫麦依丹佩克铜矿因采用了大陆公司的大倾角运输系统，使采场内的汽车用量减少2/3，运距缩短4km，其中35km是连续陡坡，大幅度降低了运输成本，每年可节省1200万美元。

1.5.2 工艺连续化

连续采矿工艺具有劳动生产效率高、产能大、消耗低、运营费用低、机械化与自动化程度高、安全程度高等优点，在国外以及国内大型露天矿中应用广泛。但该工艺在复杂地形下适应能力较差，特别是采场与排土场空间频繁变动情况下，搬迁费用成本过高，在国内部分大型露天矿山以及众多中小型露天采矿中仍旧未能推广应用。

连续式开采工艺流程，其系统的组成为：露天采剥机—胶带输送机—排土机（或堆取料机）。为了减少工作面胶带机的移设次数，扩大采剥机的作业范围，可在工作胶带机与采剥机之间设转载机。露天采剥机连续工艺系统与由轮斗电铲组成的连续工艺系统有基本相同的特点和适用条件，但露天采剥机具有挖掘中硬（普氏硬度系数$f=5\sim8$）矿岩的优点，其应用扩大了连续开采工艺的应用范围。

1.5.3 生产最优化

系统工程是实现系统最优化的科学，采矿系统工程根据采矿工程的内在规律和基本原理，以系统论和现代数学方法研究和解决采矿工程综合优化问题，实现生产最优化。目前，露天采矿生产最优化的研究呈现出以下几个特征：

（1）研究对象由单一工艺流程向全流程优化发展。相比早期以境界优化、采剥设计、生产调度等采矿工艺为主的系统优化，近几年采矿系统工程所涉及的研究领域更加宽广，采矿系统工程的研究已经渗透到矿业工艺流程的各个方面，单个工艺流程的整体优化研究已经得到重视，但是各流程相互之间的复杂关系还有待深入研究，优化的对象缺乏以整个矿山企业为对象的整体优化。

（2）优化算法由常规、单一算法向智能化算法融合发展。采矿系统工程从建立伊始就和算法模型有着千丝万缕的联系，不管是早期的线性规划、整数规划、网络流、多目标决策、存储论、排队论等运筹学方法，还是后来盛行的遗传算法、人工神经网络、不确定向量机等计算智能理论和方法，都在露天采矿领域中大放异彩。

1.5.4 开采无害化

矿山的露天开采，会对自然环境造成严重的污染和破坏，该问题已引起各国政府的普遍重视，进行无废开采和生态重建是所有露天矿山在设计规划阶段就必须考虑的重大问题。我国近20年来，在这方面已经进行了大量的研究工作，并建立了相应的示范基地，取得了一定的成果。科技部批准的“冶金矿山生态环境综合整治技术示范”项目，以马钢集团姑山矿为示范基地，制订了生态环境综合治理规划。8个分项工程实施后，矿区矿产资源得到了有序利用，特别是建成的4个植物园区，有效防止了水土流失，阻止了生态环境恶化趋势，为我国露天矿山在生态环境重建和保护方面起到了示范作用。另外，自然资源部于2018年6月发布了《非金属矿行业绿色矿山建设规范》等9项行业标准。

1.5.5 管理信息化

我国露天矿管理信息化大致分为4个阶段：萌芽阶段（1960年代到1980年代初）、起步阶段（1980年代到1990年代初）、基础建立阶段（1990年代中期到2000年代初期）、快速发展阶段（2000年代至今）。

第1阶段为萌芽阶段，即电子管计算机年代，主要用于露天矿最终境界确定；第2阶段为起步阶段，主要是利用计算机进行辅助设计、矿床建模、算量及采运排优化；第3阶段为基础建立阶段，主要是国外三维设计软件引进使用（Gemcom、Surpac等）、矿区基础网络的建立、各专业信息管理系统建立，此时矿山的信息化与自动化较长时间里处于独立的并行发展之中；第4阶段为快速发展阶段，主要是卡调、边坡监测为代表的安全监测监控联网系统、国产地理信息系统、生产集控系统的建立和应用，标志着露天矿信息化建设进入一个新的阶段，即研究“智能采矿”阶段。

1.5.6 矿山数字化

“数字化矿山”（digital mine）简称为“数字矿山”，是对真实矿山整体及其相关现象的统一认识与数字化再现。核心是在统一的时间坐标和空间框架下，科学合理地组织各类矿山信息，将海量异质的矿山信息资源进行全面、高效和有序的管理和整合。形成计算机网络管理的管控一体化系统，它综合考虑生产、经营、管理、环境、资源、安全和效益等各种因素，使企业实现整体协调优化，在保障企业可持续发展的前提下，达到提高其整体效益、市场竞争力和适应能力的目的。

矿山数字化信息系统包括以下子系统：矿区地表及矿床模型三维可视化信息系统，矿山工程地质、水文地质及岩石力学数据采集、处理、传输、存储、显示与探采工程分布集成系统，矿山规划与开采方案决策优化系统，矿山主要设备运转状态信息系统，生产环节监控与调度系统，矿山环境变化及灾害预警信息系统，矿山经营管理及经济活动分析信息系统。目前我国一些重点矿山已经建设了包含不同内容的矿山数字化信息系统。

1.5.7 操作自动化

自动化技术在露天采矿中的应用可以归纳为四类：单台设备自动化、过程控制自动化、远程控制自动化和系统控制自动化。

1.5.7.1 单台设备自动化

早期的自动化主要是采用简单的传感和控制器件的单台设备部分功能自动化，如凿岩机自动停机、退回和断水，钻机的轴压、转速等自动控制，装药车的自动计量等等。随着自动控制和计算机技术的普及和发展，可编程控制器（PLC）得到广泛应用，单台设备自动化的程度不断提高，单台设备即可实现从数据采集、故障诊断、作业参数优化控制到自动运行等功能。

1.5.7.2 过程自动化

过程自动化是控制技术与计算机技术（包括软件和网络）的有机结合，形成了由采样、操作控制、数据分析处理、参数优化以及图文信息显示和输出等多功能组成的集成系统，大致由三个层次组成：（1）与设备相连的过程输入和控制功能都由可编程控制器完成，如电动机的启动和停机、限位开关、电动机电流等；（2）过程控制操作界面和系统综合由分布式控制系统（DCS）完成，如流量、温度、压力的过程监控等；（3）公共操作界面和所有来自过程单元的信息显示等等。

1.5.7.3 远程控制自动化

美国模块采矿系统（modular mining systems）公司研制了远程无人驾驶汽车控制系统，它由全球卫星定位系统（GPS）和计算机确定汽车位置，由测距雷达探测障碍物，可通过计算机在线实时修正作业循环，该系统可同时控制 500 辆汽车的驾驶。Alcoa 采矿公司已将这一系统用于西澳大利亚的一个大型露天铝土矿。

1.5.7.4 系统控制自动化

美国模块采矿系统公司开发的 Dispatch 露天矿汽车运输自动调度系统，是矿山系统控制自动化的典型，这套系统集 GPS、计算机、无线数据传输为一体。GPS 系统实时地跟踪设备位置；车载计算机实时采集相关信息，通过无线数据传输至中央计算机；计算机通过监测和优化，及时动态地给司机发出信息和调度指令。该系统可大大提高装运系统的整体效率，降低运营成本。我国德兴露天铜矿 1997 年从美国引进了 Dispatch 系统，这是我国首座采用自动调度系统的大型露天矿。

1.5.8 开采无人化

信息化、数字化、自动化都是矿山发展的方向，本质上没有太大区别，只是从不同角度、维度及程度进行诠释。数字化是表现形式，信息化是实质，自动化是基础；数字化、信息化、自动化都是技术手段，无人化则是矿山开采的终极目标。

开采无人化是当前采矿研究的热点，加拿大已制订出一项拟在 2050 年实现无人开采的远景规划，加拿大 INCO 公司通过地下通信、地下定位与导航、信息快速处理及过程监控系统，实现了对地下开采装备乃至整个矿山开采系统的遥控操作。在加拿大某矿山，自动化程度达到除固定设备自动化外，铲运机、凿岩台车、井下汽车全部实现了无人驾驶，工作时只需在地面遥控设备即可保证工作顺利运行。这样不仅提高了生产、工作效率，也大幅度增加了采矿作业的安全性。目前，我国也正在朝这方面发展，自动化调度系统、采矿设备的自动化控制、智慧化定位系统等现代化技术也得到了应用和推广。2014 年，陕煤化集团黄陵矿业一号煤矿 1001 综采工作面实现无人开采。该技术攻克了可视化远程操作采煤等难题，实现了工作面割煤、推溜、移架、运输、灭尘等操作自动化运行，达到了工作面无人作业的目的；实现了“工作面内 1 人巡视、远程 2 人操作”常态化生产，在煤层厚度 1.4~2.2m 条件下，最高月产量达到 17 万吨，平稳运行一年，实现了安全生产零事故，填补了我国矿山无人开采研究的空白。

习　　题

1-1　什么叫露天开采？什么样的矿床适合用露天开采？
1-2　与地下开采相比，露天开采有什么优缺点？
1-3　简述我国露天开采发展现状及前景。
1-4　什么叫露天矿、露天采场？划分山坡露天矿和凹陷露天矿的依据是什么？
1-5　解释封闭圈、台阶、采掘带、采区的概念。
1-6　画图表示台阶及其构成要素。
1-7　简述工作帮和非工作帮的概念。
1-8　简述安全平台、运输平台、清扫平台的概念及其在露天开采中所起的作用。
1-9　什么叫剥采比？简述平均剥采比、境界剥采比、生产剥采比的概念。
1-10　简述露天矿的建设程序。
1-11　露天矿的开采步骤有哪些？
1-12　简述露天矿的发展方向。

本章参考文献

[1] 张世雄．矿物资源开发工程［M］．武汉：武汉工业大学出版社，2000.
[2] 李宝祥．金属矿床露天开采［M］．北京：冶金工业出版社，1992.
[3] 张钦礼．采矿概论［M］．北京：化学工业出版社，2008.
[4] 于金吾，李安．现代矿山采矿新工艺、新技术、新设备与强制性标准规范全书［M］．北京：当代中国音像出版社，2003.
[5] 武汉建筑材料工业学院．非金属矿床露天开采［M］．北京：中国建筑工业出版社，1984.
[6] 张军．中国露天矿山信息化现状及发展趋势［J］．经济管理（全文版），2016（8）：237，239.
[7] 余斌，吴鹏．中国露天矿山开采工艺技术与装备现状和未来［J］．矿业装备，2011（1）：48~50.
[8] 孙春山，李军才．大型冶金露天矿山设备及采矿技术的新进展［J］．现代矿业，2000（7）：6~9.
[9] 赵昱东．露天矿大型装运设备的新发展［J］．矿业快报，2001（19）：1~4.
[10] 赵昱东．露天矿大型装运设备的新发展（续）［J］．现代矿业，2001（20）：1~5.
[11] 张瑞新，赵红泽，等．中国露天矿山信息化现状及发展趋势［J］．露天采矿技术，2014（9）：1~4.
[12] 张良，李首滨，黄曾华，等．煤矿综采工作面无人化开采的内涵与实现［J］．煤炭科学技术，2014，42（9）：26~29.

[13] 付国军. 自动化综采工作面概念探讨 [J]. 工矿自动化，2014，40（6）：26~30.

[14] 谭得健，徐希康，张申，等. 浅谈自动化、信息化与数字矿山 [J]. 煤炭科学技术，2006，34（1）：23~27.

[15] 李明明. 中国采矿史简析 [J]. 地球，2013（10）：78~81.

[16] 杨志勇. 露天矿数字矿山建设思路探讨 [J]. 露天采矿技术，2012（1）：59~62.

[17] 尚超. 19 世纪美国西部矿业的开发 [J]. 南风，2015（32）.

[18] 谢和平. 矿业——21 世纪极富吸引力的高科技领域 [J]. 高校招生，2002（4）.

[19] 袁悦幸. 试论 19 世纪英国煤矿业发展的因素 [D]. 成都：四川师范大学，2015.

[20] 高武勋. 炸药发展概述 [J]. 有色金属（矿山部分），1990（1）：33~36.

[21] 张敏媛. 当代露天开采及发展 [J]. 露天采矿技术，1994（lt）：1~7.

[22] 曹学昌. 19 世纪后期美国西部采矿业的兴起及其历史作用 [J]. 东北师大学报（哲学），1989（4）：49~54.

[23] 顾清华，卢才武，江松，等. 采矿系统工程研究进展及发展趋势 [J]. 金属矿山，2016，45（7）：26~33.

[24] 袁顺福. 采矿设备大型化与智能化的应用研究 [J]. 科技创新与应用，2014（14）：122.

[25] Howard L. Hartman, Jan M. Mutmansky. Introductory Mining Engineering [M]. New Jersey：John Wiley & Sons, Inc., 2002.

[26] Pfleider E P. Surface Mining [M]. New York：AIMM，1981.

[27] 陈国山，露天采矿技术 [M]. 北京：冶金工业出版社，2008.

[28] 古德生，李夕兵. 现代金属矿床开采科学技术 [M]. 北京：冶金工业出版社，2006.

[29] 孙本壮. 采矿概论 [M]. 北京：冶金工业出版社，2007.

[30] 高永涛 吴顺川. 露天采矿学 [M]. 长沙：中南大学出版社，2010.

[31] Kennedy B A. Surface Mining [M]. Society for Mining, Metallurgy, and Exploration, Inc., 1989.

2 露天开采工程地质

露天矿山的开采设计、生产、矿山复垦，露天矿的安全，尤其边坡安全，都与矿山的工程地质状况紧密相关。

2.1 岩石性质及其分级

2.1.1 岩石分类

岩石是一种或几种矿物组合的天然集合体，其种类很多，但按其成因，可分为三大类：岩浆岩、沉积岩和变质岩。另外，第四纪以来，由于风化的作用、流水的作用、风的作用等各种地质作用，形成了各种堆积物，这些堆积物尚未硬结成岩，一般统称为松散沉积物。

2.1.1.1 岩浆岩

岩浆岩是由埋藏在地壳深处的岩浆（主要成分为硅酸盐）上升冷凝或喷出地表形成的。直接在地下凝结形成的称为侵入岩，按其所在地层深度可分为深成岩和浅成岩；喷出地表形成的叫做火山岩（喷出岩）。

岩浆岩的特性与其产状和结构构造密切相关。侵入岩的产状多为整体块状，火山岩的整体性较差，常伴有气孔和碎屑。岩浆岩体由结晶的矿物颗粒组成，一般来说，结晶颗粒越细、结构越致密，则其强度越高、坚固性越好。

根据岩浆岩中二氧化硅含量、矿物成分、结构和产状的不同，岩浆岩分成酸性岩、中性岩、基性岩。常见的岩浆岩有花岗岩、闪长岩、辉绿岩、玄武岩、流纹岩等。

2.1.1.2 沉积岩

沉积岩是地表母岩经风化剥离或溶解后，再经过搬运和沉积，在常温常压下固结形成的岩石。沉积岩的特点是，其坚固性除与矿物颗粒成分、粒度和形状有关外，还与胶结成分和颗粒间胶结的强弱有关。从胶结成分看，以硅质成分最为坚固，铁质成分次之，钙质成分和泥质成分最差。从颗粒间胶结强弱来看，组织致密、胶结牢固和孔隙较少的岩石，坚固性最好；而胶结不牢固，存在许多结构弱面和孔隙的岩石，坚固性最差。

按结构和矿物成分的不同，沉积岩又分为碎屑岩、黏土岩、化学岩及生物岩。常见的沉积岩有石灰岩、砂岩、页岩、砾岩等。

2.1.1.3 变质岩

变质岩是由已形成的岩浆岩、沉积岩在高温、高压或其他因素作用下，矿物成分和排列经某种变质作用而形成的岩石。一般来说，它的变质程度越高、矿物重新结晶越好、结构越紧密，坚固性就越好。由岩浆岩形成的变质岩称为正变质岩，常见的有花岗片麻岩；由沉积岩形成的变质岩称为副变质岩，常见的有大理岩、板岩、石英岩、千枚岩等。

2.1.2 岩石基本性质

岩石的基本性质从根本上说取决于其生成条件、矿物成分、结构构造状态和后期地质的营造作用。用来定量评价岩石的物理力学性质的参数有100多个，但与露天开采有关的主要参数，一般来说只有10个左右。

2.1.2.1 岩石的主要物理性质

A 密度ρ

密度指岩石的颗粒质量与所占体积之比。一般常见岩石的密度在1400~3000kg/m^{3}之间。

B 堆积密度γ

堆积密度指包括孔隙和水分在内的岩石总质量与总体积之比，也称单位体积岩石质量。密度与堆积密度相关，密度大的岩石其堆积密度也大。随着堆积密度（或密度）的增加，岩石的强度也随之增强，破碎岩石和移动岩石所耗费的能量也增加。所以，在露天矿山爆破生产中可用公式$K=0.4+\left(\frac{\gamma}{2450}\right)^2$（kg/m^3）来估算标准抛掷爆破的单位药量值。

C 孔隙率

天然岩石中包含着数量不等、成因各异的孔隙和裂隙，它们是岩土的重要结构特征之一。它们对岩石力学性质的影响基本一致，在工程实践中很难将两者分开，因此统称为岩石的孔隙性，常用孔隙率n表示。

岩石的孔隙率n是指岩石中孔隙体积（气相、液相所占体积）与岩石的总体积之比，也称孔隙度。常见岩石的孔隙率一般在0.1%~30%之间。

D 岩石的波阻抗

岩石的波阻抗指岩石中纵波速度（C）与岩石密度（ρ）的乘积。岩石的这一性质与炸药爆炸后传给岩石的总能量及这一能量传递给岩石的效率有直接关系。通常认为选用的炸药波阻抗若与岩石波阻抗相匹配（接近一致），就能取得较好的爆破效果。铁路系统在建设西安—安康线上的秦岭隧道时，遇到深埋地下强度超过250MPa的特硬岩，其波阻抗达15×10^6kg/(m^2·s)，为此委托山西安化工厂研制生产爆速达4500m/s以上、装药密度为1260kg/m^{3}的专用水胶炸药，替代原先采用的乳化炸药，才获得良好的爆破掘进效果。甚至也有研究认为，岩体爆破鼓包运动速度、形态和抛掷堆积效果也取决于炸药性质与岩石特征之间的匹配关系。

表2-1为部分岩石的密度、堆积密度、孔隙率、纵波速度和波阻抗。

表2-1 常见岩石的物理力学性质

岩石名称	密度 /g·cm^{-3}	堆积密度 /t·m^{-3}	孔隙率 /%	纵波速度 /m·s^{-1}	波阻抗 /kg·(cm^2·s)$^{-1}$
花岗岩	2.6~2.7	2.56~2.67	0.5~1.5	4000~6800	800~1900
玄武岩	2.8~3.0	2.75~2.9	0.1~0.2	4500~7000	1400~2000
辉绿岩	2.85~3.0	2.80~2.9	0.6~1.2	4700~7500	1800~2300

续表 2-1

岩石名称	密度 /g·cm^{-3}	堆积密度 /t·m^{-3}	孔隙率 /%	纵波速度 /m·s^{-1}	波阻抗 /kg·(cm^2·s)$^{-1}$
石灰岩	2.71~2.85	2.46~2.56	5.0~20	3200~5500	700~1900
白云岩	2.5~2.6	2.3~2.4	1.0~5.0	5200~6700	1200~1900
砂岩	2.58~2.69	2.47~2.56	5.0~25	3000~4600	600~1300
页岩	2.2~2.4	2.0~2.3	10~30	1830~3970	430~930
板岩	2.3~2.7	2.1~2.57	0.1~0.5	2500~6000	575~1620
片麻岩	2.9~3.0	2.65~2.85	0.5~1.5	5500~6000	1400~1700
大理岩	2.6~2.7	2.45~2.55	0.5~2.0	4400~5900	1200~1700
石英岩	2.65~2.9	2.54~2.85	0.1~0.8	5000~6000	1100~1900

E 岩石的风化程度

岩石的风化程度指岩石在地质内力和外力的作用下发生破坏疏松的程度。一般来说，随着风化程度的增大，岩石的孔隙率和变形性增大，其强度和弹性性能降低。所以，同一种岩石常常由于风化程度的不同，其物理力学性质差异很大。岩石的风化程度根据《工程岩体分级标准》（GB 50218—2014）分为未风化、微风化、弱风化、强风化和全风化，见表 2-2。

表 2-2 岩石风化程度的划分

名称	风 化 特 征
未风化	结构构造未变，岩质新鲜
微风化	结构构造、矿物色泽基本未变，部分裂隙面有铁锰质渲染
弱风化	结构构造部分破坏，矿物色泽较明显变化，裂隙面存在风化矿物或存在风化夹层
强风化	结构构造大部分破坏，矿物色泽明显变化，长石、云母等多风化成次生矿物
全风化	结构构造全部破坏，矿物成分除石英外，大部分风化成土状

F 岩石的抗冻性

岩石抵抗冻融破坏的性质称为岩石的抗冻性，通常用抗冻系数表示。

岩石的抗冻性是指岩样在±25℃的温度区间内，反复降温、冻结、升温、融解，其抗压强度有所下降。岩石抗压强度的下降值与冻融前的抗压强度的比值称为抗冻系数，用百分率表示，即

$$C_f = (\sigma_c - \sigma_{cf}) / \sigma_c \times 100\% \tag{2-1}$$

式中 C_f——岩石的抗冻系数；

σ_c——岩样冻融前的抗压强度，kPa；

σ_{cf}——岩样冻融后的抗压强度，kPa。

岩石在反复冻融后其强度降低的主要原因是：（1）构成岩石的各种矿物的膨胀系数不同，当温度变化时，由于矿物的胀、缩不均而导致岩石结构的破坏；（2）当温度降到0℃以下时，岩石孔隙中的水将结冰，其体积增大约9%，会产生很大的膨胀压力，使岩石结构发生改变，直至破坏。

2.1.2.2 岩石的主要力学性质

岩石的力学性质可视为其在一定力场作用下性态的反映。岩石在外力作用下将发生变形，这种变形因外力的大小、岩石物理力学性质的不同会呈现弹性、塑性、脆性性质。当外力继续增大至某一值时，岩石便开始破坏。岩石开始破坏时的强度称为岩石的极限强度，因受力方式的不同而有抗拉、抗剪、抗压等强度极限。

A 岩石的变形特征

（1）弹性。岩石受力后发生变形，当外力解除后恢复原状的性能。

（2）塑性。当岩石所受外力解除后，岩石没能恢复原状而留有一定残余变形的性能。

（3）脆性。岩石在外力作用下，不经显著的残余变形就发生破坏的性能。

岩石因其成分、结晶、结构等的特殊性，它不像一般固体材料那样有明显的屈服点，脆性是坚硬岩石的固有特征。

B 岩石的强度特征

岩石强度是指岩石在受外力作用发生破坏前所能承受的最大应力，是衡量岩石力学性质的主要指标。

（1）单轴抗压强度。岩石试件在单轴压力下发生破坏时的极限强度。

（2）单轴抗拉强度。岩石试件在单轴拉力下发生破坏时的极限强度。

（3）抗剪强度。岩石抵抗剪切破坏的最大能力。抗剪强度 τ 用发生剪断时剪切面上的极限应力表示，它与对试件施加的压应力 σ、岩石的内聚力 c 和内摩擦角 φ 有关，即 $\tau = \sigma\tan\varphi + c$。

矿物的组成、颗粒间黏结力、密度以及孔隙率是决定岩石强度的内在因素。实验表明，岩石具有较高的抗压强度，较小的抗拉和抗剪强度。一般抗拉强度比抗压强度小90%~98%，抗剪强度比抗压强度小87%~92%。

C 弹性模量

弹性模量 E 是指岩石在弹性变形范围内，应力与应变之比。

D 泊松比

泊松比 μ 是指岩石试件单向受压时，横向应变与竖向应变之比。

由于岩石的组织成分和构造的复杂性，尚具有与一般材料不同的特殊性，如各向异性、不均匀性、非线性变形等等。

表 2-3 列出了部分常见岩石的力学性质。

表 2-3 常见岩石的力学性质

岩石名称	抗压强度 /MPa	抗拉强度 /MPa	抗剪强度 /MPa	弹性模量 /GPa	泊松比	内摩擦角 /(°)	内聚力 /MPa
花岗岩	70~200	2.1~5.7	5.1~13.5	15.4~69	0.36~0.02	70~87	14~52
玄武岩	120~250	3.4~7.1	8.1~17	43~106	0.20~0.02	75~87	20~60
辉绿岩	160~250	4.5~7.1	10.8~17	67~79	0.16~0.02	85~87	30~55
石灰岩	10~200	0.6~11.8	0.9~16.5	21~84	0.50~0.04	27~85	30~55
白云岩	40~140	1.1~4.0	2.1~9.5	13~34	0.36~0.16	65~87	32~50

续表 2-3

岩石名称	抗压强度/MPa	抗拉强度/MPa	抗剪强度/MPa	弹性模量/GPa	泊松比	内摩擦角/(°)	内聚力/MPa
页岩	20~40	1.4~2.8	1.7~3.3	13~21	0.25~0.16	45~76	3~20
板岩	120~140	3.4~4.0	8.1~9.5	22~34	0.16~0.10	75~87	3~20
片麻岩	80~180	2.5~5.1	5.4~12.2	15~70	0.30~0.05	70~87	26~32
大理岩	70~140	2.0~4.0	4.8~9.6	10~34	0.36~0.16	75~87	15~30
石英岩	87~360	2.5~10.2	5.9~24.5	45~142	0.15~0.10	80~87	23~28

2.1.3 岩石的动力学特征

引起岩石变形及破坏的荷载有动荷载和静荷载之分。一般给出的岩石的力学参数均为静荷载作用下的性质。普遍认为，在动载作用下岩石的力学性质将发生很大变化，它的动力学强度比静力学强度增大很多，变形模量也明显增大。例如，对辉长岩试件作静、动态加载试验，其静力抗压强度为180MPa，当动力加载速度（加载至试件破坏的时间）为30s时抗压强度增大至210MPa，加载速度为3s时抗压强度增大至280MPa，相对于静载强度分别提高了17%和55%。

关于载荷的动态特性，根据试验研究结果，可用变形过程中的平均加载速率或平均应变率来评价，如表2-4所示。

表 2-4 载荷种类比较

加载方式	稳定载荷	液压机	压气机	冲击杆	爆炸冲击
应变率/s^{-1}	$<10^{-6}$	$10^{-6}\sim10^{-4}$	$10^{-4}\sim10$	$10\sim10^{4}$	$>10^{4}$
载荷状态	流变	静态	准静态	准动态	动态

显然，岩石在冲击凿岩或炸药爆炸作用下，承受的是一种荷载持续时间极短、加载速率极高的冲击型典型动态荷载。

炸药爆炸是一种强扰动源，爆轰波瞬间作用在岩石界面上，使岩石的状态参数产生突跃，形成强间断，并以超过介质声速的冲击波的形式向外传播。随着传播距离的增大，冲击波能量迅速衰减而转化为波形较为平缓的应力波。现场测试表明，爆源近区冲击波作用下岩石的应变率为10^{11}/s，中、远区应力波的传播范围内应变率也达到5×10^{4}/s。爆炸冲击动荷载对岩石的加载作用与静载相比，有如下几个特点：

（1）冲击荷载作用下形成的应力场（应力分布及大小）与岩石性质有关，静载则与岩性无关。

（2）冲击加载是瞬时性的，一般为毫秒级；静载则通常超过10s。因此，静载加载时应力可分布到较深、较大的范围，变形和裂纹的发展也较充分；爆炸荷载以波的形式传播，加载过程瞬间即逝。

（3）爆炸荷载在传播过程中，具有明显的波动特性，其质点除失去原来的平衡位置而发生变形和位移外，尚在原位不断波动，因此，岩石的动载变形特征同静载变形有本质区别。岩石不论在哪种载荷作用下，从变形到破坏都是一个获得能量到释放能量的过程。而岩石的总变形能中，从能量观点、功能平衡原理分析，外力做功的静载变形能和波动引起的动载变形能几乎各占一半，也就是说在爆炸冲击动载作用下，破坏岩石要消耗较多的能量。

表 2-5 是在高速冲击载荷实验与在材料试验机的静载下实验所得的几种岩石动态、静态强度的比较，从表 2-5 中可知，对同一种岩石动载强度比静载强度高。表 2-6 则表示了岩石在动载作用下的动力特征，其应变率比静态时大 10^6 倍，而破坏强度大 3~4 倍。但是，对于各种岩石，鉴于成因条件不同、矿物颗粒的多样性、结构构造的复杂性，目前尚难定量给出其动态特性的变化规律。

表 2-5 几种岩石的动载强度和静载强度试验比较数据

岩石	容重 /kN·m^{-3}	纵波平均速度 /m·s^{-1}	抗压强度/MPa		抗拉强度/MPa		动载速率 /MPa·s^{-1}	荷载持续时间 /ms
			静载	动载	静载	动载		
大理岩	27	4500~6000	90~110	120~200	5~9	20~40	107~108	10~30
砂岩	26	3700~4300	100~140	120~200	8~9	50~70	107~108	20~30
辉绿岩	28	5300~6000	320~350	700~800	22~32	50~60	107~108	20~50
石英、闪长岩	26	3700~5900	240~330	300~400	11~19	20~30	107~108	30~60

表 2-6 岩石的动静态特性比较

岩 石 特 性		大理岩	砂岩 A	砂岩 B	花岗岩
动载试验	应力率/×10^6MPa·s^{-1}	0.17	0.14	0.15	0.15
	破坏应力/MPa	21.5	22	19	17
	破坏应变/×10^6	490	610	460	630
	弹性模量/×10^4MPa	5.1	6.4	4.0	3.0
静载试验	应力率/MPa·s^{-1}	0.11	0.18	0.15	0.22
	破坏应力/MPa	5.3	8	2.9	5.3
	破坏应变/×10^6	145	410	370	510
	弹性模量/×10^4MPa	4.7	1.9	1.0	1.2

岩石的动态强度虽大幅度提高，但在实际爆破过程中岩石动力特性的影响要低于岩体结构面的影响。

2.1.4 岩石分级

半个多世纪以来，世界各国的工作者就岩石的科学分级进行了大量的实验和研究工作。自新中国成立初期引入苏联的岩石分级方法以来，我国各工业部门也曾制定有自己特色的岩石分级法，但至今还没有一个能为世界各国公认的普遍适用的岩石分级法。

合理、简单、明了且具有实用价值的岩石分级法，应当根据具体的工程目的，采用一个或几个指标或判据来划分。

岩石的坚固性是一个综合性的概念，是各种物理力学性质的总和，表征着各种不同方法下岩石破碎的难易程度。前苏联学者 M. M. 普洛托吉雅可诺夫通过长期观察和大量统计认为：岩石坚固性在各方面的表现是一致的。例如，难以凿岩的岩石，也同样难以爆破，岩体也相对较稳定。岩石坚固性系数f（又称普氏系数）就是坚固性的定量指标。

当时，在确定岩石坚固性系数f值时，普氏曾采用过岩石极限抗压强度、凿碎岩石单位体积所消耗的功、凿岩速度、单位炸药消耗量以及采掘生产率等指标，以求得一个综合平均的坚固性系数。由于生产技术的飞速发展及生产条件的不断改变，原来采用的方法早已不能适应新的情况而被废弃了。目前只剩下一种方法，即用岩石试块的单轴抗压强度来大致确定岩石坚固性系数f：

$$f = R/100 \tag{2-2}$$

式中　R——岩石试块的单轴抗压强度，0.1MPa。

由于这种分级方法比较简单，所以该分级方法在采矿界、爆破界应用相对普遍。表2-7为岩石坚固性分级表。

表 2-7　岩石坚固性系数分级表

级别	坚固性程度	岩　石	坚固性系数f
Ⅰ	最坚固的岩石	最坚固、最致密的石英岩及玄武岩，其他最坚固的岩石	20
Ⅱ	很坚固的岩石	很坚固的花岗岩类，石英斑岩，很坚固的花岗岩，硅质片岩；坚固程度较Ⅰ级岩石稍差的石英岩，最坚固的砂岩及石灰岩	15
Ⅲ	坚固的岩石	致密的花岗岩及花岗岩类岩石，很坚固的砂岩及石灰岩，石英质矿脉，坚固的砾岩，很坚固的铁矿石	10
Ⅲa	坚固的岩石	坚固的石灰岩，不坚固的花岗岩，坚固的砂岩，坚固的大理岩，白云岩，黄铁矿	8
Ⅳ	相当坚固的岩石	一般的砂岩，铁矿石	6
Ⅳa	相当坚固的岩石	砂质页岩，混质砂岩	5
Ⅴ	坚固性中等的岩石	坚固的页岩，不坚固的砂岩及石灰岩，软的砾岩	4
Ⅴa	坚固性中等的岩石	各种不坚固的页岩，致密的泥灰岩	3
Ⅵ	相当软的岩石	软的页岩，很软的石灰岩，白垩，岩盐，石膏，冻土，无烟煤，普通泥灰岩，破碎的砂岩，胶结的卵石及粗砂砾，多石块的土	2
Ⅵa	相当软的岩石	碎石土，破碎的页岩，结块的卵石及碎石，坚硬烟煤，硬化的黏土	1.5
Ⅶ	软岩	致密的黏土，软的烟煤，坚固的表土层	1.0
Ⅶa	软岩	微砂质黏土，黄土，细砾石	0.8
Ⅷ	土质岩石	腐殖土，泥煤，微砂质黏土，湿砂	0.6
Ⅸ	松散岩石	砂，细砾，松土，采下的煤	0.5
Ⅹ	流砂状岩石	流砂，沼泽土壤，饱含水的黄土及饱含水的土壤	0.3

然而，用岩石试块的单轴抗压强度来概括岩石所有的物理力学性质是不妥当的。例如，难爆破的岩石并不一定同样也难凿岩；岩石的单轴抗压强度高的边坡不一定就非常稳定。而且，岩石试样的抗压强度同原岩的抗压强度也不一致。无论从岩体边坡稳定，还是从岩体的可爆性来说，岩体的节理和结构面等都不可忽视。因此，普氏分级法显得有些片面和笼统。

2.2 岩体的工程地质性质

所谓岩体，是指包括各种地质界面——如层面、层理、节理、断层、软弱夹层等结构面的单一或多种岩石构成的地质体，它被各种结构面所切割，由大小不同的、形状不一的岩块所组合成。所以，岩体是指某一或多种岩石中的各种结构面、结构体的总称。因此，岩体不能以小型的完整单块岩石为代表，例如，坚硬的岩层，其完整的单块岩石的强度较高，而当岩层被结构面切割成碎裂状块体时，构成的岩体之强度则较小。所以，岩体中结构面的发育程度、性质、充填情况以及连通程度等，对岩体的工程地质特性有很大的影响。在露天矿开采过程中，岩体的工程地质特性直接关系着矿山生产和露天矿边坡的安全与稳定。

2.2.1 岩体结构面

2.2.1.1 结构面

存在于岩体中的各种地质界面（结构面）包括：各种破裂面（如劈理、节理、断层面、顺层裂隙或错动面、卸荷裂隙、风化裂隙等）、物质分异面（如层理、面理、沉积间断面、片理等）以及软弱夹层或软弱带、构造岩、泥化夹层、充填夹层等，所以“结构面”这一术语，具有广义的性质。不同成因的结构面，其形态与特征、力学特征等也往往不同。按地质成因，结构面可分为原生的、构造的、次生的三大类。

（1）原生结构面是成岩时形成的，又分为沉积的、火成的和变质的三种类型。

沉积结构面如层面、层理、沉积间断面和沉积软弱夹层等。

一般的层面和层理结合是良好的，层面的抗剪强度并不低，但是由于构造作用产生的顺层错动或是风化作用会使其抗剪强度降低。

软弱夹层是指介于硬层之间强度低，又易遇水软化，厚度不大的夹层；风化之后称为风化夹层，如泥岩、页岩、泥灰岩等。

火成结构面是岩浆形成过程中形成的，如原生节理，流纹面、与围岩的接触面、岩浆岩中的凝灰岩夹层等，其中围岩破碎带或蚀变带、凝灰岩夹层等均属火成软弱夹层。

变质结构面如片麻理、片理、板理都是变质作用过程中矿物定向排列形成的结构面，如片岩或板岩的片理或板理均易脱开。其中，云母片岩、绿泥石片岩、滑石片岩等片理发育，易风化并形成软弱夹层。

（2）构造结构面是在构造应力作用下，由岩体中形成的断裂面、错动面（带）、破碎带的统称。其中，劈理、节理、断层面、层间错动面等属于破裂结构面。断层破碎带、层间错动破碎带均易软化、风化，其力学性质较差，属于构造软弱带。

（3）次生结构面是因风化、卸荷、地下水等作用下形成的风化裂隙、破碎带、卸荷裂隙、泥化夹层等。风化带上部的风化裂隙发育，往深部渐减。

2.2.1.2 结构面的特征

结构面的规模、形态、连通性、充填物的性质以及其密集程度均对结构面的物理力学性质有很大的影响。

（1）结构面的规模。不同类型的结构面，其规模可以很大，如延展数十千米、宽度达数十米的破碎带；规模也可以较小，如延展数十厘米的节理，甚至是很小的不连续裂隙。

（2）结构面的形态。各种结构面的平整度、光滑度是不同的，有平直的、波状起伏的、锯齿状的或不规则的。这些形态对抗剪强度有很大影响，平滑与起伏粗糙的结构面相比，后者有较高的强度。

结构面的抗剪强度一般通过室内外实验测定其指标内摩擦角（φ）及内聚力（c）值。

（3）结构面的密集程度。该指标反映岩体完整的情况，通常以线密度（条/m）或结构面间距表示，见表 2-8。

表 2-8　节理发育程度分级

分　级	Ⅰ	Ⅱ	Ⅲ	Ⅳ
节理间距	>2	0.5~2	0.1~0.5	<0.1
节理发育程度	不发育	块状	碎裂	破碎
岩体完整性	完整	块状	碎裂	破碎

（4）结构面的连通性。是指在某一定空间范围内的岩体中，结构面在走向、倾向方向的连通程度。结构面的抗剪强度与连通程度有关，其剪切破坏的性质亦有区别。要了解地下岩体的连通往往很困难，一般通过勘探平硐、岩芯、地面开挖统计做出判断。风化裂隙有向深处趋于泯灭的情况，即到一定深度风化裂隙有消失的趋向。

（5）结构面的张开度和充填情况。结构面的张开度指结构面的两壁离开的距离，可分为 4 级：闭合的，张开度小于 0.2mm；微张的，张开度在 0.2~1.0mm；张开的，张开度在 1.0~5.0mm；宽张的，张开度大于 5.0mm。

闭合的结构面的力学性质取决于结构面两壁的岩石性质和结构面的粗糙程度。微张的结构面，因其两壁岩石之间常常多处保持点接触，抗剪强度比张开的结构面大。张开的和宽张的结构面，抗剪强度则主要取决于充填物质成分和厚度：一般充填物为黏土时，强度要比充填物为砂质时的更低；而充填物为砂质者，强度又要比充填物为砾质者更低。

2.2.2　岩体结构体

各种成因的结构面组合，在岩体中可形成大小、形状不同的结构体。

岩体中结构体的形状和大小是多种多样的，但根据其外形特征大致可分为柱状、块状、板状、菱形、楔状和锥状六种形态。当岩体强烈变形破碎时，也可分为片状、碎块状、鳞片状等形式的结构体。

结构体的形状与岩层产状之间有一定的关系。例如，平缓产状的层状岩体中，一般由层面（或顺层裂隙）与平面上的“X”形断裂组合，常将岩体切割成方块体、三角形柱体等；在陡立的岩层地区，由于层面（或顺层错动面）、断层与剖面上的“X”形断裂组合，往往形成块体、锥形体和各种柱体。

结构体的大小可采用 A. Palmstram 建议的体积裂隙数 J_V 来表示，其定义是：岩体单位体积通过的总裂隙数（裂隙数/m^3），表达式为：

$$J_V = \frac{1}{S_1} + \frac{1}{S_2} + \frac{1}{S_3} + \cdots + \frac{1}{S_n} = \sum_{i}^{n} \frac{1}{S_i} \tag{2-3}$$

式中 S_i——岩体内第 i 组结构面的间隙；

$1/S_i$——该组结构面的裂隙数，裂隙数/m。

根据 J_V 值大小可将结构体的块度进行分类（见表 2-9）。

表 2-9 结构体块度大小分类

块度描述	巨型块体	大型块体	中型块体	小型块体	碎块体
体积裂隙数 J_V（裂隙数/m^3）	<1	1~3	3~10	10~30	>30

2.2.3 岩体结构

2.2.3.1 岩体结构概念与结构类型

岩体结构，是指岩体中结构面与结构体的组合方式。岩体结构类型多种多样，具有不同的工程地质特征（承载能力、变形、抗风化能力、渗透性等）。

岩体结构的基本类型可分为整体块状结构、层状结构、碎裂结构和散体结构，它们的地质背景、结构面特征和结构体特征等列于表 2-10。

表 2-10 岩体结构的基本特征

结构类型		地质背景	结构面特征	形态	强度/MPa
类	亚类				
整体块状结构	整体结构	岩性单一，结构变形轻微的巨厚层岩层及火成岩体，节理稀少	结构面少，1~3 组，延展性差，多呈闭合状，一般无充填物	巨型块体	>60
	块状结构	岩性单一，构造变形轻微至中等的中厚层状岩体及火成岩体，节理一般发育，较稀疏	结构面 2~3 组，延展性差，多闭合状，一般无充填物，层面有一定的结合力	大型的方块体、菱块体、柱体	一般>60
层状结构	层状结构	构造变形轻微至中等的厚层状岩体（单层厚大于 30cm），节理中等发育，不密集	结构面 2~3 组，延展性较好，以层面、层理、节理为主，有时有层间错动面和软弱夹层，层面结合力不强	中至大型层块体、柱体、棱柱体	>30
	薄层（板）状结构	构造变形中等至强烈的薄层状岩体（单层厚小于 30cm），节理中等发育，不密集	结构面 2~3 组，延展性较好，以层面、层理、节理为主，不时有层间错动面和软弱夹层，结构面一般含泥膜，结合力差	中至大型板状体、板楔体	一般 10~30
碎裂结构	镶嵌结构	脆硬岩体形成的压碎岩，节理发育，较密集	结构面大于 3 组，以节理为主，组数较多，较密集，延展性较差，闭合状，无至少量充填物，结构面结合力不强。	形态大小不一，棱角显著以小至中型块体为主	>60
	层状破裂结构	软硬相间的岩层组合，节理、劈理发育，较密集	节理、层间错动面、劈理带软弱夹层均发育，结构面组数多，较密集至密集，多含泥膜、充填物	形态大小不一，以小至中型的板柱体、板楔体、碎块体为主	骨架硬结构体>30

续表 2-10

结构类型		地质背景	结构面特征	形态	强度/MPa
类	亚类				
碎裂结构	碎裂结构	岩性复杂，构造变动强烈，岩体碎裂，遭受弱风化作用，节理裂隙发育、密集	各类结构面均发育，组数多，彼此交切，多含泥质充填物，结构面形态光滑度不一	形态大小不一，以小型块体、碎块体为主	含微裂隙<30
散体结构	松散结构	岩体破碎，遭受强烈风化，裂隙极发育，紊乱密集	以风化裂隙、夹泥节理为主，密集无序状交错，结构面强烈风化、夹泥、强度低	以块度不均的小碎块体、岩屑及夹泥为主	碎块体手捏即碎
	松软结构	岩体强烈破碎，全风化状态	结构面已完全模糊不清	以泥、泥团、岩粉、岩屑为主，岩粉、岩屑呈泥包块状态	岩体已呈土状

2.2.3.2　风化岩体结构特征

工程利用岩面的确定与岩体的风化深度有关，往地下深处岩体渐变至新鲜岩石，但各种工程对地基要求是不一样的，可以根据其要求选择适当风化程度的岩层，以减少开挖的工程量。

2.2.4　不同结构类型岩体的工程地质性质

由于岩体结构的地质背景、结构面特征和结构体特征等都不同，其工程地质性质也有明显的差异。

2.2.4.1　整体块状结构岩体的工程地质性质

整体块状结构岩体因结构面稀疏、延展性差、结构体块度大且常为硬质岩石，故整体强度高，变形特征接近于各向同性的均质弹性体，变形模量、承载能力与抗滑能力均较高，所以这类岩体具有良好的工程地质性质，往往是较理想的各类工程建筑地基、边坡岩体及硐室围岩。

2.2.4.2　层状结构岩体的工程地质性质

层状结构岩体中结构面以层面与不密集的节理为主，结构面多为闭合微张状，一般风化较弱，结合力不强，结构体块度较大且保持着母岩岩块性质，故这类岩体总体变形模量和承载能力均较高。作为工程建筑地基时，其变形模量和承载能力一般均能满足要求。但当结构面结合力不强，有时又有层间错动面或软弱夹层存在，则其强度和变形特征均具各向异性特点，一般沿层面方向的抗剪强度明显比垂直层面方向的更低，特别是当有软弱结构面存在时，更为明显。这类岩体在作为边坡岩体时，一般来说，当结构面倾向坡外要比倾向坡里时的工程地质性质差得多。

2.2.4.3　破裂结构岩体的工程地质性质

破裂结构岩体中节理、裂隙发育，常有泥质充填物质，结合力不强。层状岩体常有平行层面的软弱结构面发育，结构体块度不大，岩体完整性破坏较大。镶嵌结构岩体因其结构体为硬质岩石，尚具较高的变形模量和承载能力，工程地质性能尚好；而层状破裂结构和碎裂结构岩体变形模量、承载能力均不高，工程地质性质较差。

2.2.4.4　散体结构岩体的工程地质性质

散体结构岩体节理、裂隙很发育，岩体十分破碎，岩石手捏即碎，属于碎石土类，可按碎石土类研究。

2.3　工程岩体的分类

2.3.1　影响工程岩体性质的主要因素

进行工程岩体分类首先要确定影响岩体工程性质的主要因素，尤其是独立影响因素。从工程观点看，起主导和控制作用的影响岩体工程性质的因素有以下几个方面。

2.3.1.1　岩石材料的质量

岩石材料的质量，是反映岩石物理力学性质的依据，也是工程岩体分类的基础。从工程实践来看，主要是表现在岩石的强度和变形性质方面。根据室内岩块试验，可以获得岩石抗压、抗拉、抗剪强度和弹性参数及其他指标。应用上述参数可以评价和衡量岩石质量的好坏，目前都沿用室内单轴抗压强度指标来反映。

2.3.1.2　岩体的完整性

岩体的工程性质好坏，基本上不取决于或很少取决于组成岩体的岩块的力学性质，而主要取决于受到各种地质因素和各种地质条件影响而形成各种软弱结构面和期间的充填物质，以及它们本身的空间分布状态。它们直接削弱了岩体的工程性质。所以，岩体的完整性的定量指标是表征岩体工程性质的重要参数。

2.3.1.3　水的影响

水对岩体质量的影响，主要表现在两个方面：一是使岩石及结构面充填的物理力学性质恶化；二是沿岩体结构面形成渗透，影响岩体的稳定性。就水对工程岩体分类的影响而言，尚缺乏有效的定量评价方法，一般是用定性和定量相结合的方法。

2.3.1.4　地应力

对工程岩体分类来说，地应力是一个独立因素。地应力对于部分工程，尤其是地下工程稳定性影响非常大，因此，是一个不能忽略的重要的因素。但是由于地应力的测量工作量大，评价方法相对比较复杂，很难非常正确地获得地应力分布值，所以对工程的影响也难以确定。但在一般的工程岩体分类中，此因素考虑较少。目前地应力因素往往只能在综合因素中反映，如纵波速度、位移量等。

2.3.1.5　某些综合因素

在工程岩体分类中，一是应用隧洞的自稳定时间或塌落量来反映工程的稳定性；二是应用巷道顶面的下沉位移量来反映工程的稳定性。这些考虑因素是岩石质量、结构面、水、地应力等因素的综合反映。在有的岩体分类中，把它们作为岩体分类以后的岩体稳定性评价来考虑。

2.3.2 工程岩体代表性分类

2.3.2.1 按岩石的单轴抗压强度分类

用岩块的单轴抗压强度进行分类，是最早使用的相对比较简单的分类方法，在工程上采用了较长时间。但是由于该方法没有考虑岩体中的其他因素，尤其是软弱结构面的影响，目前已很少使用。

（1）岩石单轴抗压强度分类（见表2-11）。

表2-11 岩石单轴抗压强度分类表

类别	岩石单轴抗压强度 σ_c/MPa	岩石类别
Ⅰ	250~160	特坚硬
Ⅱ	160~100	坚硬
Ⅲ	100~40	次坚硬
Ⅳ	<40	软岩

（2）以点载荷强度指标分类（见图2-1）。由于岩石点载荷试验可在现场测定，数量多且简便，所以点载荷强度指标得到重视。

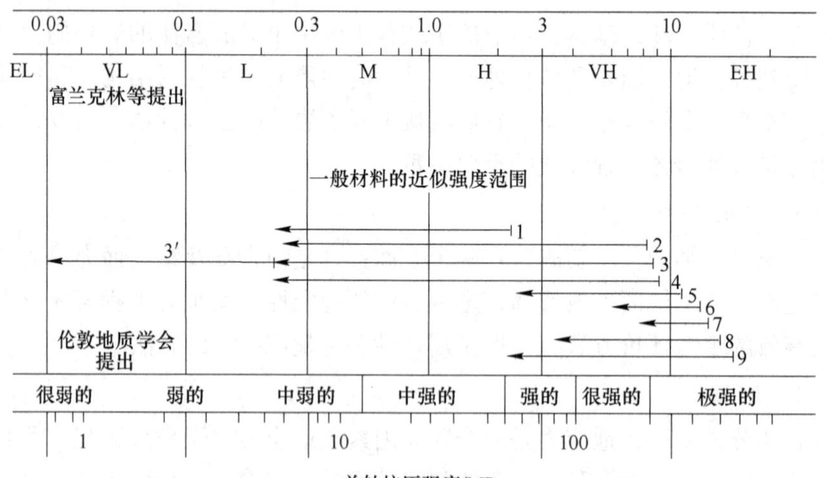

图2-1 点载荷强度指标分类

1—煤；2—石灰岩；3—泥岩；3′—硬黏土；4—砂岩；5—混凝土；6—白云岩；7—石英岩；8—岩浆岩；9—花岗岩

2.3.2.2 按巷道岩石稳定性分类

（1）斯梯尼（Stini）分类。斯梯尼于1950年根据巷道岩石的稳定性进行分类，见表2-12。

表 2-12 斯梯尼分类

分 类	岩石载荷 H_p/m	说 明
稳定	0.05	很少松脱
接近稳定	0.05~1.0	随时间增长有少量岩石从松动岩石中脱落
轻度破碎	1.0~2.0	随时间增长而发生脱落
中度破碎	2.0~4.0	暂时稳定，约 1 个月后破碎
破碎	4.0~10	暂时稳定，然后很快塌落
非常破碎	10~15	开挖时松脱，并有局部冒顶
轻度挤入	15~25	压力大
中度挤入	25~40	压力大
大量挤入	40~60	压力很大

注：$H_p = H_{p(5m)}(0.5 + 0.1L)$（$L$ 为巷道宽度；$H_{p(5m)}$ 为巷道宽度为 5m 的载荷）。

（2）前苏联巴库地铁分类。前苏联巴库地下铁道建设中根据岩石抗压强度、工程地质条件和开挖时岩体稳定破坏现象，将岩体分成四类，并提出相应施工措施，见表 2-13。

表 2-13 按岩层稳定性分类

稳定性	岩石	单轴抗压强度/MPa	工程地质条件	稳定破坏现象	建议措施
稳定	砾岩、石灰岩、砂岩	40~60	裂隙水较少或没有，岩层干燥或含水，水是无压的	可能有小量的坍塌	用爆破开挖
较稳定	石灰岩、砂岩	20~40	裂隙水较多的岩层，含水，水是有压的	离层、坍落 $10m^3$ 以内的塌方	坑道前面开挖
	黏土、亚黏土	8.0~10	裂隙很少或没有		
不充分稳定	黏土、亚黏土	6.0~8.0	层状岩层，有裂隙，团粒结构，稍湿润	塌落 $10m^3$ 左右的塌方，黏土的塑性膨胀	小进度（<0.5m）盾构开挖，加强坑道全面支护，加快开挖速度，向盾后压注速凝砂浆
	卢姆沙、沙	6.0	有黏土、沙夹层的岩层		
不稳定	卢姆沙、沙	3.0~6.0	含饱和水（流动）的岩层，水是有压的	涌水、流砂、地面下沉、岩体变形	利用人工降水，压缩气，冻结法与灌浆配合给水法等组合的盾构开挖

2.3.2.3 按岩体完整性分类

A 按岩体质量指标 RQD 分类

RQD 是以修正的岩石采芯率来确定。岩石采芯率，是指采取岩芯总长度与钻孔在岩层中的长度之比。而 RQD，即修正的岩石采芯率，是选用坚固完整岩芯中长度等于或大于 10cm 的所有岩芯总长度与钻孔在岩层中的长度之比，并用百分数表示，即：

$$\mathrm{RQD} = \frac{\sum l}{L} \times 100\% \tag{2-4}$$

式中 l——单节岩芯（≥10cm）的长度；

L——钻孔大岩层中的总长度。

工程实践表明，RQD 是一种比岩体采芯率更好的指标。根据它与岩石质量之间的关系，可按 RQD 值的大小来描述岩体的质量，见表 2-14。

表 2-14 按 RQD 值进行的工程岩体分类

等　级	RQD/%	工程分级
Ⅰ	90~100	极好的
Ⅱ	75~90	好的
Ⅲ	50~75	中等的
Ⅳ	25~50	差的
Ⅴ	0~25	极差的

岩体的 RQD 值与岩体的完整性关系密切，RQD 与体积节理数 J_V 之间存在下列统计关系：

$$\mathrm{RQD} = 115 - 3.3J_V(\%) \tag{2-5}$$

对于 $J_V \leqslant 4.5$ 的岩体，其 RQD=100%。

B 以弹性波（纵波）速度分类

弹性波在岩体中的传播，因岩体中结构面的存在使波速明显下降，并使其传播能量有不同程度的消耗，所以，弹性波的变化能反映岩体的结构特性与完整性。

中国科学院地质所根据弹性波传播特性（见表 2-15）对岩体结构进行分类。

表 2-15 各类结构岩体中弹性波传播特性

弹性波指标类别		块状结构	层状结构	碎裂结构	散体结构
波速 $v_p/\mathrm{m\cdot s^{-1}}$	范围	4000~5000	3000~4000	2000~3500	<2000
	采用	4500	3500	2750	1500
	最小值	3500	2500	1500	500
岩体与岩块波速比 v_{pm}/v_{pr}	范围	>0.8	0.5~0.8	0.3~0.6	<0.4
	采用	0.8	0.65	0.45	0.3
	最小值	0.6	0.5	0.3	—
可接收距离/m	范围	5~10	3~5	1~3	<1
	采用最小值	3	2	1	—

2.3.2.4 节理岩体的 RMR 分类方法

岩体的 RMR 值取决于 5 个通用参数和 1 个修正参数，这 5 个通用参数为岩石抗压强度 R_1、岩石质量指标 R_2、节理间距 R_3、节理状态 R_4 和地下水状态 R_5，修正参数 R_6 取决于节理方向对工程的影响。把上述各个参数的岩体评分值相加起来就得到岩体的 RMR 值：

$$\mathrm{RMR} = R_1 + R_2 + R_3 + R_4 + R_5 + R_6 \tag{2-6}$$

（1）岩石抗压强度。R_1 值可以用标准试件进行单轴压缩来确定，也可以对原状岩芯试样进行点载荷强度试验，由此所得的近似抗压强度来确定。岩石抗压强度与岩体评分值 R_1 的对应关系，见表 2-16。

表 2-16 由岩石单轴抗压强度所确定的岩体评分值 R_1

点荷载指标/MPa	单轴抗压强度/MPa	评分值
>10	>250	15
4~10	100~250	12
2~4	50~100	7
1~2	25~50	4
不采用	5~25	2
不采用	1~5	1
不采用	<1	0

（2）岩石质量指标。RQD 由修正的岩石采芯率确定，对应于 RQD 的岩体评分值 R_2，见表 2-17。

表 2-17 由岩芯质量指标 RQD 所确定的岩体评分值 R_2

RQD/%	90~100	75~90	50~75	25~50	<25
评分值	20	17	13	8	3

（3）节理间距。节理间距可以由现场露头统计测定。一般岩体中有多组节理，对应于岩体评分值 R_3 的节理组间距，通常是指对工程稳定性起最关键作用的那一组的节理间距。对应于节理间距的岩体评分值，见表 2-18。

表 2-18 由最具影响的节理间距所确定的岩体评分值 R_3

节理间距/mm	>2	0.6~2	0.2~0.6	0.06~0.2	<0.06
评分值	20	15	10	8	5

（4）对于节理面壁的几何状态对工程稳定的影响，主要考虑节理面的粗糙度、张开度、节理面中的充填物状态以及节理面延伸长度等因素。同样，对多组节理而言，要以最光滑、最软弱的一组节理为准，见表 2-19。

表 2-19 由节理面的几何状态所确定的岩体评分值 R_4

说　明	评分值
尺寸有限、很粗糙的表面，硬岩壁	30
略微粗糙的表面，张开度小于 1mm，硬岩壁	25
略微粗糙的表面，张开度小于 1mm，软岩壁	20
光滑表面，由断层泥充填厚度小于 5mm，张开度 1~5mm，节理延伸超过数米	10
由厚度大于 5mm 的断层泥充填的张开节理，张开度大于 5mm 的节理，节理延伸超过数米	0

（5）由于地下水会严重影响岩体的力学性质，岩土力学分类法也包括一项地下水的评分值 R_5，考虑到在进行岩体分类评价时，往往岩体工程的施工尚未进行，所以，考虑地下水状态的评分值 R_5 可以由勘探平硐或导硐中的地下水流入量、节理中的水压力或是地下水的总状态（由钻孔记录或岩芯记录确定）来确定。地下水状态与 R_5 值的对应关系，见表 2-20。

表 2-20　由岩体中地下水状态所确定的岩体评分值 R_5

每 10m 硐长的流入量 /L · min^{-1}	节理水压力与最大主应力比值	总的状态	评分值
无	0	完全干的	15
<10	<0. 1	潮湿的	10
10~25	0. 1~0. 2	湿的	7
25~125	0. 2~0. 5	有中等水压力的	4
>125	>0. 5	有严重地下水问题的	0

（6）岩体工程中所有发育节理的空间方位，在很大程度上会影响工程岩体的稳定性。所以，比尼奥斯基最后总结了表 2-21 来考虑节理方向对工程是否有利，对前 5 个评分值之和加以修正，修正值采用扣除分值的形式。由于节理的倾向和倾角对于隧洞、岩基和边坡的影响是不同的，对应于不同的工程，其参数的修正值也不同。对隧洞中的不利节理方向最多扣 12 分，岩基最多扣除 25 分，而边坡最多扣除 60 分。

表 2-21　节理方向对 RMR 的修正值 R_6

方向对工程影响的评价	对隧洞的评分值修正	对地基的评分值修正	对边坡的评分值修正
很有利	0	0	0
有利	-2	-2	-5
较好	-5	-7	-25
不利	-10	-15	-50
很不利	-12	-25	-60

根据以上 6 个参数之和求得 RMR 值。岩石力学分类中把岩体的质量好坏，划分为“很好的”一直到“很差的”五类岩体，岩体的类别与 RMR 值之间的关系，见表 2-22。

表 2-22　岩体的岩土力学分类

类　别	岩体的描述	岩体评分值 RMR
Ⅰ	很好的岩石	81~100
Ⅱ	好的岩石	61~80
Ⅲ	较好的岩石	41~60
Ⅳ	较差的岩石	21~40
Ⅴ	很差的岩石	0~20

2. 3. 2. 5　按岩体可爆性分类

按岩体的可爆性分类方法很多，典型的有前苏联 Б. Н. 库图捏左夫的岩体爆破性分级法和东北大学的岩体爆破性分级法。

A　前苏联 Б. Н. 库图捏左夫的岩体爆破性分级

前苏联 Б. Н. 库图捏左夫根据岩石的坚固性，同时考虑了岩体的裂隙性、岩体中大块构体的不同含量，提出了如表 2-23 所示的岩体爆破性分级。

表 2-23 前苏联 Б. Н. 库图捏左夫岩体爆破性分级表

爆破性分级	爆破单位炸药消耗量 /kg·m^{-3}		岩体自然裂隙平均间距/m	岩体中大块构体含量 /%		抗压强度 /MPa	岩石密度 /t·m^{-3}	岩石坚固性系数 f
	范围	平均		大于 500mm	大于 1500mm			
Ⅰ	0.12~0.18	0.15	<0.10	0~2	0	10~30	1.4~1.8	1~2
Ⅱ	0.18~0.27	0.22	0.10~0.25	2~16	0	20~45	1.75~2.35	2~4
Ⅲ	0.27~0.38	0.32	0.20~0.50	10~52	0~1	30~65	2.25~2.55	4~6
Ⅳ	0.38~0.52	0.45	0.45~0.75	45~80	0~4	50~90	2.50~2.80	6~8
Ⅴ	0.52~0.68	0.60	0.70~1.00	75~98	2~15	70~120	2.75~2.90	8~10
Ⅵ	0.68~0.88	0.78	0.95~1.25	96~100	10~30	110~160	2.85~3.00	10~15
Ⅶ	0.88~1.10	0.99	1.20~1.50	100	25~47	145~205	2.95~3.20	15~20
Ⅷ	1.10~1.37	1.23	1.45~1.70	100	43~63	195~250	3.15~3.40	20
Ⅸ	1.37~1.68	1.52	1.65~1.90	100	58~78	235~300	3.35~3.60	20
Ⅹ	1.68~2.03	1.85	≥1.85	100	75~100	≥285	≥3.55	20

B 东北大学的岩体爆破性分级

东北大学（原东北工学院）于 1984 年提出的岩体可爆性分级法，是以爆破漏斗试验的体积及其实测的爆破块度分布率作为主要判据，并根据大量统计数据进行分析，建立一个爆破性指数 N 值（见公式（2-7）），按 N 值的极差将岩体的可爆性分成五级十等。

$$N = \ln\left[\frac{e^{67.22} \times K_1^{7.42}\ (\rho c_p)^{2.03}}{e^{38.44V} K_2^{4.75} K_3^{1.89}}\right] \tag{2-7}$$

式中 N——岩体爆破性指数；

K_1——大块率（>30cm），%；

K_2——小块率（<5cm），%；

K_3——平均合格率，%；

ρ——岩石密度，kg/m^3；

e——自然对数的底；

c_p——岩石纵波声速，m/s。

因此，该分级法亦称为“岩体爆破指数”分级法（见表 2-24）。

表 2-24 东北大学岩体爆破性分级表

爆破等级	爆破性指数 N		爆破性程度	代表性岩石
Ⅰ	Ⅰ$_1$	<29	极易爆	千枚岩、破碎性砂岩、泥质板岩、破碎性白云岩
	Ⅰ$_2$	29~38		
Ⅱ	Ⅱ$_1$	38~46	易爆	角砾岩、绿泥岩、米黄色白云岩
	Ⅱ$_2$	46~53		
Ⅲ	Ⅲ$_1$	53~60	中等	石英岩、煌斑岩、大理岩、灰白色白云岩
	Ⅲ$_2$	60~68		
Ⅳ	Ⅳ$_1$	68~74	难爆	磁铁石英岩、角闪岩、斜长片麻岩
	Ⅳ$_2$	74~81		
Ⅴ	Ⅴ$_1$	81~86	极难爆	矽卡岩、花岗岩、矿体浅色砂岩
	Ⅴ$_2$	>86		

2.4 生产勘探

2.4.1 生产勘探的目的与任务

2.4.1.1 生产勘探的目的

矿山生产勘探是指基建勘探之后，贯穿于整个矿床开采过程中，为保证矿山均衡正常生产而与采掘或采剥工作紧密结合、由矿山地质部门所进行的矿床勘探工作。其主要目的在于提高矿床勘探程度，达到矿产储量升级，直接为采矿生产服务。其成果是编制矿山生产计划、进行采矿生产设计、施工和管理的重要依据。

2.4.1.2 生产勘探的任务

（1）在原地质勘探基础上，采用一定的勘探手段或利用部分生产工程，进一步正确圈定开采块段的矿体边界线，更准确地确定矿体的内部构造和空间位置。

（2）进一步查明矿体形态和影响矿床开采的地质构造特征，查明矿产质量、矿石品级和类型，准确圈定矿体的氧化带、混合带、原生带，必要时圈定出矿石类型和品级边界，为储量估算、矿石质量管理、矿产资源合理开采提供地质依据。

（3）按生产要求重新进行资源/储量估算，提高储量控制程度，为矿山生产逐年确保可采矿量，同时为制订生产作业计划和矿产储量管理提供依据。

（4）探明近期开采地段的矿床水文地质条件、开采技术条件，必要时还要进一步查明矿石技术加工条件及其他生产需要解决的地质问题，为安全生产作业和矿石的合理开发提供必要的资料。

（5）在采区范围内寻找和探明主矿体上下盘及边部、深部的平行或分支矿体和其他小盲矿体，不断增加矿山保有储量，延长矿山服务年限。

通过生产勘探，多数矿床的矿产储量由122b级或122级逐步上升至111b级或111级，小而复杂的矿床由332级上升至112b级（少数可达到111b级）。由于生产勘探多年持续进行，储量升级随采区发展而逐步扩展，为保证生产勘探资料及时服务于生产，储量升级必须对生产保持一定的超前关系，超前的范围和期限由矿山具体的地质、技术和经济条件决定。在一般情况下，生产勘探超前采矿生产的范围对露天采矿为一个到几个台阶。

2.4.2 生产勘探的技术手段

2.4.2.1 影响生产勘探手段选择的因素

（1）矿体地质因素。特别是矿体外部形态变化特征，诸如矿体形态、产状、空间分布及矿体底盘边界的形状和位置。

（2）矿床开采方法。露天开采矿山，一般用地表的槽探、井探和浅钻、堑沟等技术手段进行。

（3）开采技术条件和水文地质条件。矿床的开采技术条件和水文地质条件以及矿区的自然地理经济条件，在某种程度上也会影响勘探技术手段的选择。

在选择生产探矿技术手段时，必须对上述各种影响因素进行全面研究和综合分析，才能正确地选择探矿技术手段。

2.4.2.2 露天开采矿山的生产勘探手段

在露天开采矿山的生产勘探中，探槽、浅井、穿孔机和岩芯钻等是常用的技术手段。

A 探槽

探槽主要用于开采平台上，揭露矿体、进行生产取样和准确圈定矿体。对地质条件简单，矿体形态、产状及有用组分含量稳定而又不要求选别开采的矿山，用探槽探矿更有利。

平台探槽的布置。一般应垂直矿体或矿化带走向，并尽可能与原勘探线方向一致。为节省工程量，可采用主干探槽与辅助探槽相间布置的方式（见图 2-2）。

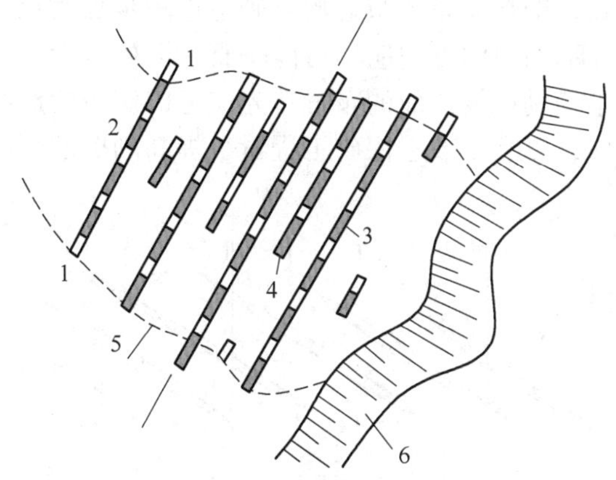

图 2-2 露采平台槽探布置

1—围岩；2—矿体；3—主干槽；4—辅助槽；5—矿体边界；6—露采边坡

B 浅井

浅井常用于探查缓倾斜矿体或浮土掩盖不深的矿体，其作用是取样并准确圈定矿体，测定含矿率，检查浅钻质量。

C 钻探

岩芯钻是露天采场生产勘探的主要技术手段，其钻孔深度取决于矿体厚度及产状变化。常选用中、浅型钻孔。如矿体厚度在中等以下，可一次打穿；如矿体厚度大、倾角陡，一般孔深为 50~100m。只需打穿 2~3 个台阶，深部矿体可采用分阶段接力的方法探矿。为弥补上下层钻孔不能连接的缺点，上下层孔间应有 20~30m 的重复部位（见图 2-3）。

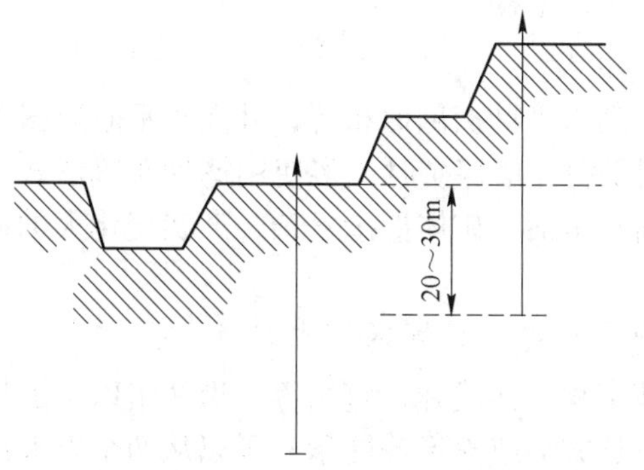

图 2-3 露采钻孔布置剖面示意图

D　潜孔钻或穿孔机

当矿体平缓时，可采用潜孔钻或穿孔机，通过收集岩（矿）粉取样以取代探槽的作用。样品的收集应分段进行，可在现场缩分后送去化验。

2.4.3　生产勘探工程的总体布置

2.4.3.1　总体布置应考虑的因素

生产勘探工程总体布置应考虑以下几个因素：尽可能与地质矿产勘查阶段已形成的总体工程布置系统保持一致，即在原总体布置的基础上进一步加密点、线，以便充分利用已有的勘查资料；生产勘探剖面线的方向应尽可能垂直采区矿体走向，如矿体的产状与矿体组成的矿带不一致时，生产勘探线剖面的布置首先应考虑矿体的产状，根据实际情况改变生产勘探剖面的布置方向，以利于节省探矿工程量，提高勘探剖面的质量和储量估算的可靠性（见图 2-4）。

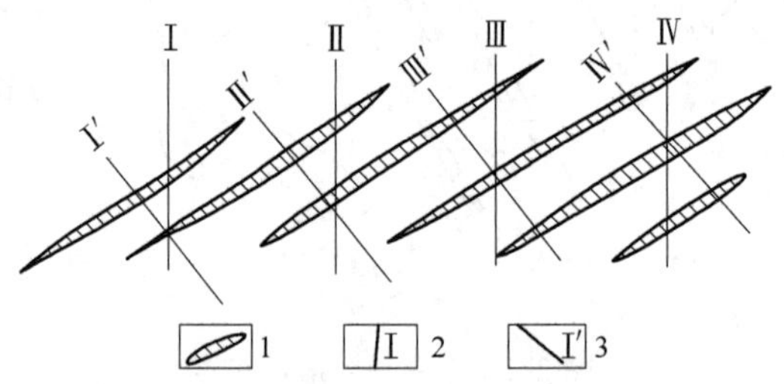

图 2-4　生产勘探剖面与原勘探剖面的关系平面图

1—矿体；2—原勘探剖面；3—生产勘探剖面

2.4.3.2　工程总体布置形式

生产勘探工程的总体布置与矿产勘查阶段工程的总体布置相比较，有共性也有异性。生产勘探工程的布置不仅要考虑矿床、矿体的地质特点，还要考虑矿床的开采因素，特别是开采方式及采矿方法。在生产勘探中有以下几种布置形式。

A　垂直横剖面形式（勘探线形式）

这种布置形式由具有不同倾角的工程构成，如探槽、浅井、直钻或斜钻，以及某些坑道等。工程沿一组平行或不平行的、垂直于矿体走向的垂直剖面布置，利用该剖面控制和圈定矿体（见图 2-5）。此种布置形式多在原矿床勘查基础上加密，主要用于倾斜产出的各类原生矿床的露天采矿的生产勘探。

B　水平勘探线剖面形式

生产勘探工程沿一系列水平勘探剖面布置，并在水平断面图上控制和圈定矿体（见图 2-5）。露天开采矿山使用平台探槽探矿时，多使用这种布置形式。这种形式主要用于矿体产状较陡，且在不同标高水平面上矿体形态复杂，产状变化大的筒状、似层状、脉状及不规则状矿体。

C　纵横垂直勘探剖面形式（勘探网形式）

这种形式是由铅直性工程，如浅井、直钻等，沿两组以上勘探剖面线排列形成。工程在平面上布置为正方形、长方形或菱形等网格，可以从两个以上剖面方向控制和圈定矿体（见图 2-5）。该布置形式，多利用原有勘探网加密工程，适用于砂矿、风化矿床及产状平

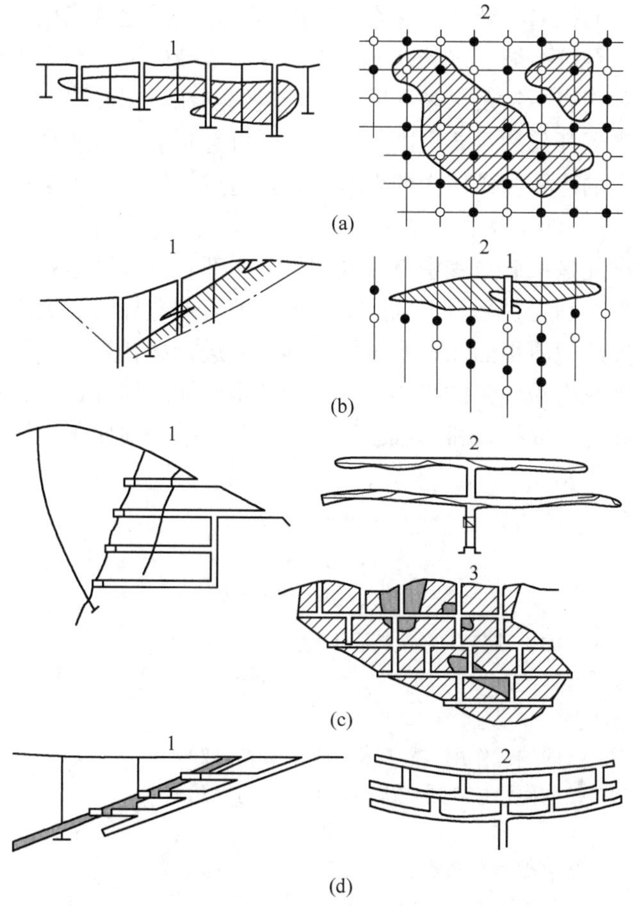

图 2-5 探矿工程总体布置形式综合示意图
(a) 勘探网状式工程布置；(b) 勘探线式工程布置；
(c) 垂直于水平剖面组合形式工程布置；(d) 开采块段形式工程布置
1—剖面图；2—平面图；3—纵投影剖面图

缓的原生矿床露天采矿时的生产勘探。

D 垂直剖面与水平勘探剖面组合形式

这种布置形式要求探矿工程既要分布在一定标高的平面上，同时又要在一定的垂直剖面上，即控制和圈定矿体的工程沿平面及剖面两个方向布置，组成格架状（见图 2-5）露天采矿时，平台探槽与钻孔结合，亦可组成此种格架系统。这种布置形式应用很广，当矿体厚度较大时生产探矿工程的布置最终多能形成这样一种形式。

2.4.4 露采矿山生产勘探中的探采结合

所谓探采结合，是指经统筹规划在保证探矿效果的前提下，使探矿工程为采矿所利用，或利用采掘工程进行探矿。探采结合是中国在实践中总结出来的一种方法，生产探矿贯穿于矿山生产的全过程，它与探矿工程交叉进行。执行探采结合不仅可以节省矿山坑道掘进量，降低采掘比和采矿成本，而且有利于加快矿山生产进度，缩短周期。

露天采矿在剥离前，一般均已完成一定工程密度的探矿工作，矿体总的边界已经控制。因此，露天采矿的探采结合主要存在于爆破回采阶段。此时能用于生产探矿的生产工程包括：采场平台、台阶边坡、爆破孔、爆破洞井、爆破矿堆。利用平台与探槽资料编制平台地质平面图，利用岩芯钻及爆破孔所提示资料编制地质剖面图。

剥离和堑沟是露天开采的重要采准工程，同时可起到生产探矿作用。通过剥离，可重点查明矿体在平面上的边界和矿体中的夹石分布。通过堑沟，可以掌握矿体上、下盘的具体界线。

采矿平台和爆破孔是采矿过程中直接利用平台上部和侧面已暴露部分，进行素描、编录、取样等地质工作，确定在平台上的矿体边界、地质构造界线、夹石分布、矿石品位和类型等，编制平台实测地质平面图；在该图基础上，进行穿孔爆破设计。根据穿爆孔岩粉取样化验结果和爆破孔岩粉颜色的变化，进一步圈定矿体的局部边界，指导采矿工作的进行，同时根据爆破孔孔底取样资料，编制下一台阶预测平台地质平面图，作为平台开拓设计的依据。

习　题

2-1　岩石按成因可分为哪几类，其各自的特点是什么？

2-2　岩石的主要物理性质有哪些？

2-3　岩石的力学特征有哪些？

2-4　爆炸冲击动荷载对岩石的加载作用与静载相比有什么特点？

2-5　什么是岩体？什么是结构面？按地质成因结构面可分为哪几类？

2-6　如何确定结构体的大小？

2-7　什么是岩体结构，其基本类型有哪些？

2-8　不同结构类型岩体的工程地质性质是什么？

2-9　影响工程岩体性质的主要因素有哪些？

2-10　工程岩体的代表性分类有哪些？

2-11　生产勘探的目的、任务是什么？

2-12　露天开采矿山的生产勘探手段有哪些？

2-13　生产勘探中工程总体布置形式有哪些？

2-14　什么是探采结合？露采矿山如何进行探采结合？

本章参考文献

[1] 杨晓杰，郭志飚．矿山工程地质学［M］．徐州：中国矿业大学出版社，2015.

[2] Barton N, Choubey V. The shear strength of rock joints in theory and practice [J]. Rock Mechanics, 1977, 10 (1/2): 1~54.

[3] Poulton M M, Mojtabai N, Farmer I W. Scale invariant behavior of massive and fragmented rock [J]. Int. J. Rock Mech. Sci. & amp; Geomech. Abstr., 1990, 27 (3): 219~221.

[4] 赵文．岩石力学［M］．长沙：中南大学出版社，2010.

[5] 汪旭光．爆破设计与施工［M］．北京：冶金工业出版社，2015.

[6] 杨言辰，叶松青，王建新，等．矿山地质学［M］．北京：地质出版社，2009.

3 矿岩松碎

3.1 概　　述

3.1.1 矿岩松碎的地位及意义

露天采场内的矿岩，除少数松软的可直接用采掘设备挖掘外，大部分需在矿岩采装之前进行破碎，为采装做好准备，这步工作称为矿岩松碎。

矿岩松碎是露天开采的第一道生产工艺环节，对后续的各环节，如采装、运输、排卸和破碎都有重大影响。矿岩破碎后不合格的大块，要进行二次破碎工作，以保证后续工艺顺利进行。

因此，露天采矿后续工艺环节对矿岩松碎工作提出了相应要求：

(1) 矿岩松碎工作必须保证有足够的松散矿石储备量，一般为5~10天，以确保后续工作不间断。

(2) 根据矿山产品的需求，提供适宜块度与粒级的松碎矿石。

(3) 松碎后的矿岩必须满足挖掘机、运输设备、矿仓破碎机受料口等设备尺寸的要求。

(4) 采用穿孔爆破方法进行矿岩松碎，爆堆必须规整，无后裂和伞岩等危害，无根底，台阶平台及坡面必须平整规范。

(5) 矿岩松碎工作应在确保安全的前提下，使其成本最低化。

从经济成本角度出发，在露天开采生产过程中，矿岩松碎同样占有重要地位。当矿岩坚硬时，如许多金属矿，矿岩松碎费用占开采成本的20%~35%；软岩和煤矿中，矿岩松碎费用占开采成本的10%~20%。

3.1.2 矿岩松碎方法

目前，矿岩松碎的方法主要有机械松碎法、水力松碎法和爆破松碎法。

3.1.2.1 机械松碎法

机械松碎法是采用一定的机械设备，直接松碎矿岩。其特点是设备与工艺过程简单，易于管理，但一次松碎的矿岩量少，对于中硬以上矿岩，其破碎效率较低。该方法通常用在较软的矿岩或冻结层中，常用的机械设备主要有松土犁、露天采矿机、液压破碎锤等，如图3-1所示。

3.1.2.2 水力松碎法

水力松碎法多配合水采使用，靠注入钻孔中的高压水使土岩胀裂而降低其坚固性，利

(a)

(b)

(c)

图 3-1 机械松碎破岩设备
(a) 松土犁；(b) 露天采矿机；(c) 液压破碎锤

于冲采；或采用高压水射流对较软的矿岩进行切割开采。

3.1.2.3 爆破松碎法

爆破松碎法是目前露天矿山应用最为广泛的方法。优点是一次爆破量大，可达百万吨矿岩，国内一次爆破量常为10万~50万吨矿岩，能破碎十分坚硬的矿岩。缺点是需穿凿大量炮孔和消耗大量爆破器材，工艺复杂，技术和管理组织要求较高。爆破松碎法主要包括穿孔和爆破两项工作。

3.2 矿岩爆破松碎

3.2.1 穿孔工作

穿孔工作是矿岩爆破松碎工作的第一部分，即在开采或剥离台阶上，按照一定的设计参数，采用穿孔设备钻凿垂直或倾斜炮孔，为后续爆破工作提供装放炸药的钻孔。炮孔质量直接影响后续台阶爆破效果。在露天矿山开采过程中，穿孔费用约占生产成本的10%~15%。

露天开采中穿孔方法分为机械穿孔、热力穿孔、化学穿孔和声波穿孔等，其中机械穿孔是最常用的方法。在机械穿孔中，常用的穿孔设备有牙轮钻机、潜孔钻机、液压钻和液压潜孔钻等。目前，大型露天矿山多以重型牙轮钻机为主要穿孔设备，钻孔直径一般为250~380mm；中小型露天矿山多以轻型牙轮钻机、潜孔钻机、液压潜孔钻机和液压钻机为主要穿孔设备，钻孔直径一般在200mm以下。在早期穿孔工作中，针对极坚硬铁燧岩及石英岩类的露天矿山还曾使用过火力钻机，但其穿孔成本较高，现已被机械钻孔方法所取代。此外，在20世纪50年代钢绳冲击式钻机是露天矿山的主要穿孔设备，现今已被淘汰。近年来，随着机械制造工业的进步，全液压钻机和液压潜孔钻机效率提高很多，其使用范围也在逐渐扩大。

3.2.1.1 岩石的可钻性

岩石的可钻性是指采用钻机等机械方法钻进时，岩石抵抗机械破碎能力的量化指标，一般用单位时间的钻进距离来表示岩石可钻性的高低。可钻性既反映了钻机钻进时岩石破碎的难易程度，也是决定钻机钻进效率的基本因素。在实际工程中，岩石可钻性及其分级在钻孔工作中都极为重要，不仅是合理选择钻孔方法、钻头结构及钻孔参数的依据，也是制定钻孔生产定额和编制钻孔生产计划的基础，还是考核钻机生产效率的根据。因此，岩石可钻性是多变量的函数，它不仅受控于岩石的性质，而且与外界技术条件和钻孔工艺参数密切相关。

影响岩石可钻性的主要内在因素包括：岩石的物理性质（密度、孔隙率、渗透性、膨胀性、崩解性、含水性和软化性等）、力学性质（硬度、强度、弹性、脆性、塑性及研磨性等）、矿物成分和结构特征。一般情况下，岩石材料中石英含量大、胶结牢固、颗粒细小、结构致密、未经风化和蚀变时，岩石硬度和强度高、耐磨性强，岩石破碎就比较困难，可钻性较差。

影响岩石可钻性的技术条件有：钻孔设备类型、钻孔直径和深度、钻进方法、钻具结构和质量等。例如，冲击钻孔设备在坚硬的脆性岩石中具有较好的钻进效果，而回转钻进则在较软的塑性岩石中可以获得较好的破岩钻进效率。

影响岩石可钻性的工艺因素主要有：钻头轴压力、钻头回转速度、钻孔排渣方式及孔底岩渣情况等。

3.2.1.2 *岩石可钻性分级*

由于岩石可钻性的影响因素较多，科研工作者从不同角度提出了各自的分级方法及相应的评价指标。根据所用的分级评价原则不同，可以得到不同的分级。

（1）用岩石力学性质评价岩石的可钻性。岩石力学性质是影响岩石可钻性的决定因素。在实验室内可采用仪器测定能够反映破岩质量的一种或几种力学性质指标，用以表征岩石的可钻性。这类方法测定简便，测得的指标稳定，排除了实际钻孔过程中人为因素的影响，因而测出的结果比较客观和可靠。在实际操作过程中，该方法的最大问题是较难选取完全体现不同钻进方法破岩的力学性质指标。目前，常用的能够反映岩石可钻性的力学指标为普氏坚固性系数f，该分级方法将岩石划分为10级20等。

（2）用实际钻进速度评价岩石的可钻性。用钻机实际钻进速度评价岩石可钻性能够反映地质因素和技术工艺因素的综合影响，所得到的钻速指标可直接用于确定生产定额。对于不同的钻进方法要求有不同的分级指标，具体操作比较繁琐，标准条件难以保证，受人为因素影响大。另外，由于钻进技术的不断发展，要求对分级指标进行不断修正。

（3）用微钻速度评价岩石的可钻性。采用微型设备，在室内模拟钻进，所测得的微钻速度同样能够反映各种因素的综合影响。室内试验条件比较稳定，测试记录也比较准确，在一定程度上可避免人为因素的干扰。

（4）用凿碎比功评价岩石的可钻性。凿碎比功就是破碎单位体积岩石所需的能量，从单位时间的碎岩量还可求得钻进速度，因此，凿碎比功既是物理量又是碎岩效率指标。还可以利用凿碎比功比较各种钻进方法破碎岩石的有效性。这一方法存在的问题在于每种钻进方法的凿碎比功不是常量，其变化规律尚未得到充分研究。

纵观上述评价岩石可钻性的方法，由于各种方法都有其自身的优缺点，因此划分岩石可钻性级别究竟采用什么指标最好，至今还没有统一的认识。对于露天矿山穿孔工作而言，可借用地质勘探钻进中的常用方法，即大部分矿岩可以采用实际钻速来划分岩石可钻性级别，在冲击钻进时采用凿碎比功进行分级。而在室内研究工作中可采用岩石力学性质指标和微钻速度探讨岩石可钻性变化规律，并把岩石力学性质指标、微钻速度数据与实钻速度联系起来，制订出适用于露天矿山生产的岩石可钻性分级表。

目前，常用的岩石可钻性分级主要有以下几种：按凿碎比功分级；按岩石的 A、B 值分级；按岩石硬度、切削强度和磨蚀性分级；按点荷强度分级、按断裂力学指标分级；按岩石的主要声学指标分级；按最小体积比能分级；按岩石的单轴抗压强度分级等。下面着重介绍前三种分级方法。

（1）按凿碎比功分级。在现场或实验室内采用实际或缩小比例的微型模拟钻头进行钻孔试验，并以钻速、钻一定深度炮孔所需的时间、钻头的磨损量和凿碎比功耗等指标来表示岩石的可钻性。但这些指标不仅取决于岩石本身的性质，还取决于所采用的钻孔方法、钻机、钻具、钻孔工艺参数（冲击力、冲击频率、转速、轴压）、钻孔参数（钻孔直径、深度、方向）和清除钻粉的方式等钻孔条件。因此，为比较不同岩石的可钻性，必须规定统一的钻孔条件，即标准条件。

为固定钻孔条件并方便迅速地确定出岩石的可钻性，东北大学（原东北工学院）设计出了一种岩石凿测器。凿测器锤重 4kg，落高 1m，采用直径（40±0. 5）mm 的一字形钎头，镶 YG-11C（K013 型）硬合金片，刃角 110°，每冲击一次转 15°角，测定每种岩样共冲击 480 次，每凿 24 次清一次岩粉。冲击完后，计算比功耗和用带专用卡具的读数显微镜读出钎刃两端向内 4mm 处的磨钝宽度，作为岩石可钻性和磨蚀性（磨损钻头的能力）分级的指标。

用两项指标来衡量岩石的可钻性：

1）凿碎比功，即凿碎单位体积岩石所消耗的功。

$$a = \frac{A}{V} = \frac{N \cdot A_0}{\frac{\pi}{4}D^2 \frac{H}{10}} = \frac{480 \times 39.2}{\frac{\pi}{4} \times 4.1^2 \times \frac{H}{10}} = \frac{14252}{H} \tag{3-1}$$

式中 a——凿碎比功，J/cm^3；

A——总冲击功，实际为 18816J；

V——破碎岩石体积，cm^3；

A_0——落锤单次冲击功，39. 2J/次；

D——凿孔直径，孔径约比钎头直径大 1mm，D=4. 1cm；

H——凿 480 次后的净凿孔深度，mm。

只要用深度卡尺量取净深 H 后，由上式便可求出 a 值的大小。按凿碎比功的不同将岩石可钻性分成七级，见表 3-1。

表 3-1 岩石凿碎比功分级

级别	Ⅰ	Ⅱ	Ⅲ	Ⅳ	Ⅴ	Ⅵ	Ⅶ
凿碎比功	186	187~284	285~382	383~480	481~578	579~676	677
可钻性	极易	易	中等	中难	难	很难	极难

2）钎刃磨钝宽度 b，即落锤 480 次后，钎刃上从刃锋两端各向内 4mm 处的磨钝宽度平均值。钎刃磨钝宽度 b 时用读数显微镜和专用卡具量得的。按钎刃磨钝宽度 b，将岩石的磨蚀性分成三类，见表 3-2。

表 3-2 岩石磨蚀性分级

类　别	1	2	3
钎刃磨钝宽度/mm	0.2	0.3~0.6	0.7
磨蚀性	弱	中	强

综合表示岩石可钻性时，用罗马数字表示岩石凿碎比功的等级，用阿拉伯数字右下标表示这种岩石的磨蚀性，如Ⅲ_1，系表示该岩石为中等可钻性的弱磨蚀性。

（2）按岩石的 *A*、*B* 值分级。难钻的岩石，它对钻头的磨损有大有小，容易钻进的岩石，同样，它对钻头的磨损也有大有小。因此，岩石钻进的难易程度与钻头磨损（岩石的研磨性）没有固定关系，不能用单一的指标表示。建议用双指标来表示岩石可钻性。即：1）用 *A* 值表示岩石钻进的难易程度；2）用 *B* 值表示岩石的研磨性。

A 值的测量原理为：用金刚石锯片同时切割直径相同的耐酸瓷棒（比较标准）与岩样，以它们的切割深度比来表示用金刚石磨削的难易程度。岩样的切割深度大于瓷棒，说明岩样的磨削难度低于瓷棒。岩样的切割深度较瓷棒大得越多，岩样的 *A* 值也较瓷棒低得越多。如此这般，岩样的可钻性 *A* 值是以瓷棒的标准进行对比的，不是以锯片为标准确定的。

测量出切槽深度，用式（3-2）计算岩样可钻性 *A* 值：

$$A = (L_P/L_R) \times 8 \tag{3-2}$$

式中 L_P——在瓷棒上切割出来槽的深度；

L_R——在岩样上切割出来槽的深度。

将深度比值乘以 8，目的是把瓷棒的可钻性系数 *A* 值定为 8，因为估计瓷棒与十二级分级法的 8 级岩石可钻性相当。

B 值测量原理为：用“微钻对比法”测量 *B* 值，实质是用一微型钻头，以恒速并按“耐酸瓷砖→岩样→耐酸瓷砖”顺序钻进，并用精密天平测量出钻进后的钻头磨损。

用以下公式计算 *B* 值：

$$B = 钻进岩样后的钻头磨损 / 钻进瓷砖后的钻头磨损平均值$$

用极速钻进，是为了消除时效对岩粉粒度与岩粉量的影响，用钻进瓷砖时的两次钻头磨损平均值计算 *B* 值，是为了消除钻头性能变化的影响。

这种方法虽不如 *A* 值测量法准确，但也能较准确地测量出岩石对钻头的研磨性。

（3）按岩石硬度、切削强度和磨蚀性分级。硬度又称作接触强度。物体的硬度定义为该物体抵抗其他物体压入的强度。硬度的测定及其表示方法有多种。岩石硬度一般利用圆柱形平底压模压入的方法来测定。采用这种方法时，硬度值按下列公式计算：

$$H = \frac{\sum P}{nS_P} \tag{3-3}$$

式中 *P*——压模底部岩石发生完全破碎，即脆性破碎形成凹坑时的载荷，N；

n——测定次数；

S_P——压模底面积，mm^2。

硬度区分为静硬度和动硬度两种。利用冲击载荷测定出的硬度称为动硬度。

经实验研究表明，钻孔时，在一定范围内提高冲击速度，硬度的增加比较缓慢，但超过该范围后继续提高冲击速度，硬度将迅速增大。在硬度缓慢增加阶段内，比能耗不仅没有增大，反而有所下降，这是因为在该阶段内提高冲击速度，岩石塑性变形减小所节约的能量大于硬度增大所需增加的能量；在硬度迅速增大阶段内，比能耗将迅速增加。

从能量观点来看，比能耗可用来判断岩石的可钻性，而比能耗又决定于岩石硬度及其塑性性质。当冲击速度相同时，硬度大的岩石，比能耗一般较大。由于冲击载荷较难测定，故通常利用静硬度来判断岩石的可钻性。

旋转钻孔时，钻头在轴向静载作用下吃入岩石，同时在旋转产生的切削力作用下切削岩石（纯滚动齿轮钻头例外）。切削一定宽度和厚度岩石所需切削力称为切削强度。因为压入和切削时，岩石破坏的主要形式都是剪切破坏，所以硬度高的岩石，切削强度也高。但旋转钻孔时，岩石的可钻性不仅取决于硬度或切削强度，还取决于岩石的磨蚀性。

在钻孔过程中，由于钻头不断受到岩石表面的磨损而变钝，钻速会不断下降。这种情况在旋转钻孔时更为严重。磨蚀性除与岩石硬度有关外，还与凿岩矿物的硬度、岩石组构等因素有关。除岩石磨蚀性外，钻头磨损的快慢还与钻头形状、几何尺寸、钻头材料、钻孔工艺参数、钻粉颗粒大小，以及清除钻粉的方式等因素有关。

3.2.1.3 穿孔方法及其分类

露天矿生产中广泛使用过的穿孔方式主要有热力破碎穿孔和机械破碎穿孔两种，相应的穿孔设备有火钻、钢绳冲击钻机、潜孔钻机、牙轮钻机与凿岩钻车。近年来，国内外一些专家仍在探索新型穿孔方法，如频爆凿岩、激光凿岩、超声波凿岩、化学凿岩及高压水射流凿岩等，但相应的凿岩设备仍处于试验研制阶段，尚未广泛应用到实际生产中。

对于机械破碎穿孔而言，根据钻孔机具的工作原理和孔底岩石的破碎机理，可将钻孔方法分为冲击式、旋转式、旋转冲击式和滚压式四种。

此外，根据钻孔直径和钻孔深度，可将钻孔方法分为浅孔钻孔和深孔钻孔两种。通常把孔径小于 50mm，孔深小于 5m 的炮孔称为浅孔或浅眼；孔径不小于 50mm，孔深不小于 5m 的称为深孔。

（1）冲击钻孔法。冲击钻孔时，钻机的钻头不断受到冲击作用，每冲击一次后钻头转动一定角度，使钻刃移至新位置，再进行下一次冲击。其过程如图 3-2 所示。

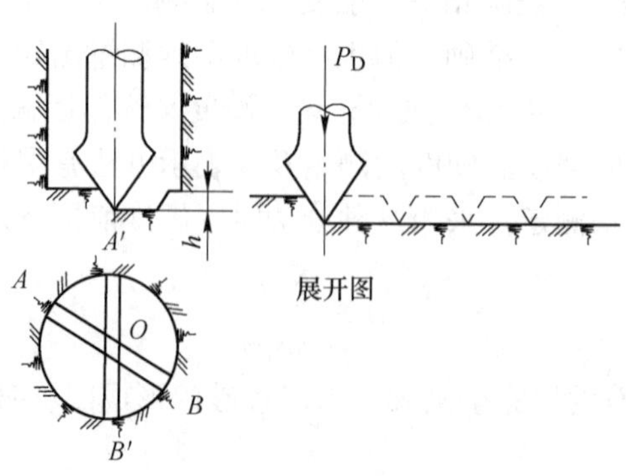

图 3-2 冲击式钻孔过程

钻头在冲击力 P_D 的作用下，侵入岩石并形成一条凿痕 AB，随后将钻头转动一个角度并再次冲击，于是在岩石上形成一条新的凿痕 $A'B'$。在 $A'B'$ 位置进行第二次冲击时，由于孔底中心部分岩石已经破碎，增大了单位刃长上的冲击荷载，又由于有了第一次冲击所形成的凿痕起着自由面的作用，所以除了形成第二条凿痕外，只要转动角度和冲击强度与岩石的强度相匹配，两个凿痕之间的岩石（扇形体 AOA' 和 BOB'）在第二次冲击力的作用下，也将同时被剪断。钻机不断重复上述动作，即可完成整个圆面的破碎并前进深度 h。破碎后的岩屑要不断利用压风或压水排出孔外，以避免重复破碎。

这种冲击—转动—排粉的过程连续不断地循环进行，构成冲击式钻孔过程。

在硬岩中钻孔一般采用冲击式钻孔法，其代表性钻机为 YT 型气动凿岩机。

（2）旋转式钻孔法。旋转式钻孔的过程如图 3-3 所示。旋转钻孔时，切割型钻头在轴压力 P 的作用下，克服岩石的抗压强度并侵入岩石深度 h，同时钻头在回转力 P_C 的作用下，克服岩石的抗切削强度，将岩石一层层切割下来，钻头运行的轨迹是沿螺旋线下降，破碎的岩屑被排出孔外。

连续不断地进行钻头压入—回转切割—排粉过程，构成旋转式钻孔过程。

在软弱岩层钻孔，一般采用旋转式钻孔法，该方法的代表性机具是电钻、液压钻。

（3）旋转冲击式钻孔法。旋转冲击式钻孔法是旋转式和冲击式钻孔的结合，其过程如图 3-4 所示。旋转冲击钻孔时，钻头在回转切割的同时，既有轴压力 P 的作用，又有冲击力 P_D 和回转力 P_C 的作用。它与冲击式的区别在于钻头连续旋转，与旋转式的区别是增加了冲击作用。

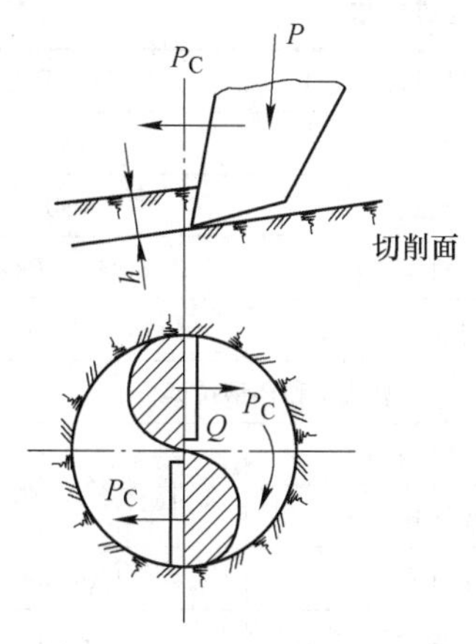

图 3-3　旋转式钻孔过程

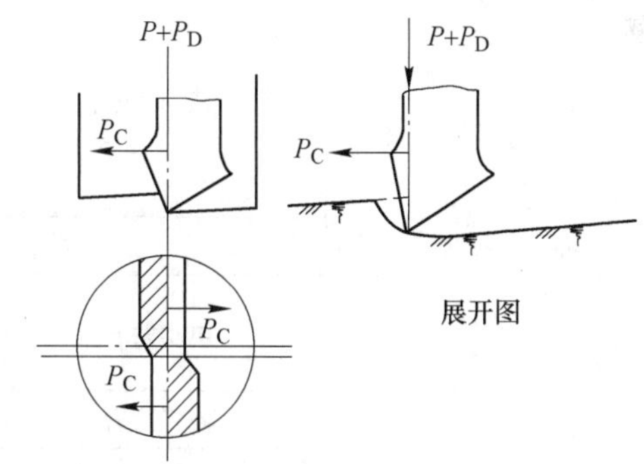

图 3-4　旋转冲击式钻孔过程

连续不断地进行钻头压入—回转切削—冲击—排粉的过程，构成了旋转冲击式钻孔过程。

旋转冲击式钻孔法适用于中硬矿岩大孔径钻孔作业，潜孔钻机是此类钻孔方法的代表性机具。

（4）滚压式钻孔法。滚压式钻孔是以牙轮钻头的滚压作用破碎孔底岩石的，其作用过程如图 3-5 所示。凿岩过程中，钻机通过钻杆给牙轮钻头施以轴压 P，同时钻杆绕自身轴旋转，带动牙轮钻头绕钻杆做公转运动，而牙轮又绕固定轴做自转，即在岩石上形成滚动。

在滚动过程中，牙轮是以一个齿到两个齿又到一个齿交替地滚压岩石，使牙轮的轴心上下振动，从而引起钻杆周期性地弹性伸缩，钻杆的弹性能不断作用于牙轮，并通过滚轮牙齿传递给岩石，引起作用处岩石破碎，同时钻杆振动引起的冲击又加强了牙轮牙齿对岩石的破碎。滚压作用后的岩屑在钻头上喷嘴喷出的压缩气体作用下排出孔外。

滚压（压入和冲击）—排粉动作持续进行，直到完成钻孔过程。

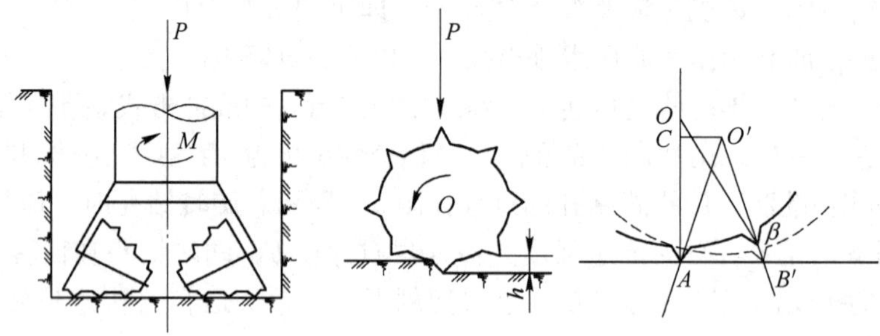

图 3-5 牙轮钻头滚压钻孔过程

在硬岩中进行大孔径钻眼时，一般采用滚压式钻孔法，牙轮钻机是滚压式钻孔法的代表性机具。

上述四种成孔方法都是利用机械力的作用，在岩石内产生应力使之破碎，均属于机械法。与之相应的钻机类型如表 3-3 所示。

表 3-3 钻孔方法与相应钻机类型对照表

<table>
<tr><th>钻孔方法</th><th>钻机名称</th><th>钻机形式</th><th>钻机质量</th></tr>
<tr><td rowspan="10">冲击式钻孔</td><td rowspan="4">风动凿岩机</td><td>手持式</td><td><30kg</td></tr>
<tr><td>气腿式</td><td><30kg</td></tr>
<tr><td>导轨式</td><td>38~80kg</td></tr>
<tr><td>向上式</td><td>45kg</td></tr>
<tr><td colspan="3">注：架钻设备有钻车、伞型钻架和环型钻架</td></tr>
<tr><td rowspan="2">电动凿岩机</td><td>水（气）腿式</td><td rowspan="2">25~30kg</td></tr>
<tr><td>架钻式</td></tr>
<tr><td>液压凿岩机</td><td>导轨式</td><td>130~360kg</td></tr>
<tr><td>内燃凿岩机</td><td>手持式</td><td><30kg</td></tr>
<tr><td colspan="3" style="display:none"></td></tr>
<tr><td rowspan="4">旋转式钻孔</td><td>煤电钻</td><td>手持式</td><td><18kg</td></tr>
<tr><td rowspan="2">岩石电钻</td><td>导轨式</td><td rowspan="2">35~40kg</td></tr>
<tr><td>钻架式</td></tr>
<tr><td>液压钻</td><td>导轨式</td><td>65~75kg</td></tr>
<tr><td rowspan="2">旋转冲击式</td><td rowspan="2">潜孔钻机</td><td>架钻式</td><td>150~360kg</td></tr>
<tr><td>台车式</td><td>6~45t</td></tr>
<tr><td>滚压式钻孔</td><td>牙轮钻机</td><td>台车式</td><td>80~120t</td></tr>
</table>

3.2.1.4 牙轮钻机

露天矿用牙轮钻机是采用电力或内燃机驱动，履带行走、顶部回转、连续加压、压缩空气排渣、装备干式或湿式除尘系统，以牙轮钻头为凿岩工具的自行式钻机。

A 牙轮钻机的分类

牙轮钻机的分类方法较多，按照作业场地可分为露天矿牙轮钻机和地下矿牙轮钻机。露天矿牙轮钻机按照其回转和加压方式、动力源、行走方式、钻机负载等进行分类，具体分类和主要特点及适用范围见表 3-4。

表 3-4 露天矿牙轮钻机的分类和主要特点及适用范围

分 类		主要特点	适用范围
按回转和加压方式	卡盘式	底部回转间断加压：结构简单，效率低	已被淘汰
	转盘式	底部回转连续加压：结构简单可靠、钻杆制造困难	已被滑架式取代
	滑架式	顶部回转连续加压：传动系统简单，结构坚固，效率高	大中型钻机均为滑架式，广为使用
按动力源	电力	系统简单，便于调控，维护方便	大中型矿山
	柴油机	适应地域广，效率低，能力小	多用于新建矿山和小型钻机
按行走方式	履带式	结构坚固	大中型矿山露天采场作业
	轮胎式	移动方便，灵活，能力小	小型矿山
按钻机负载	小型	钻孔直径≤150mm，轴压力≤200kN	小型矿山
	中型	钻孔直径≤280mm，轴压力≤400kN	中大型矿山
	大型	钻孔直径≤380mm，轴压力≤550kN	大型矿山
	特大型	钻孔直径>445mm，轴压力>650kN	特大型矿山

牙轮钻机是一种高效率的穿孔设备，一般穿孔直径为 250～310mm，少数为 380mm，并有向 420mm 发展的趋势。我国在 20 世纪 60 年代开始研制牙轮钻机。在 20 世纪末，国产牙轮钻机形成了比较完整的两大系列产品：KY 系列和 YZ 系列。其中，KY 系列牙轮钻机机型有 KY-150、KY-200、KY-250 和 KY-310 型，钻孔直径 120～310mm；YZ 系列牙轮钻机机型有 YZ-12、YZ-35、YZ-55、YZ-55A 型，钻孔直径为 95～380mm。两大系列牙轮钻产品图片如图 3-6 所示。

KY-310A 型

YZ-55 型

图 3-6 国产牙轮钻机

国外牙轮钻机生产商的代表有美国比塞洛斯（B-I）公司、钻进技术公司（Dritech）、英格索兰（IR）、P&H 公司、里德（Reedrill）钻进设备公司等。现阶段，国外牙轮钻机的发展趋向于规格大型化、钻孔高效化，钻孔系统自动化和智能化，钻机结构多样化、简单化、高可靠性和高适应性。此外，在钻机操作方面，不断提高操作人员舒适性，且机械容易维护。对比国内外牙轮钻机可知，我国生产的钻机与国外钻机仍有较大差距，主要表现在自动化控制技术、全自主的柴油机钻机、全液压钻机和无链加压钻机等方面。国外典型牙轮钻机如图 3-7 所示。

比塞洛斯 YZ-35 型

阿特拉斯 - 科普柯 DM75E 型

图 3-7　国外牙轮钻机

B　工作原理

如图 3-8 所示，牙轮钻机钻孔时，依靠加压、回转机构通过钻杆对钻头提供足够大的轴压力和回转扭矩，牙轮钻头在岩石上同时钻进和回转，对岩石产生静压力和冲击动压力作用。牙轮在孔底滚动中连续地挤压、切削冲击破碎岩石；有一定压力和流量流速的压缩空气，经钻杆内腔从钻头喷嘴喷出，将岩渣从孔底沿钻杆和孔壁的环形空间不断地吹至孔外，直至形成所需孔深的钻孔。

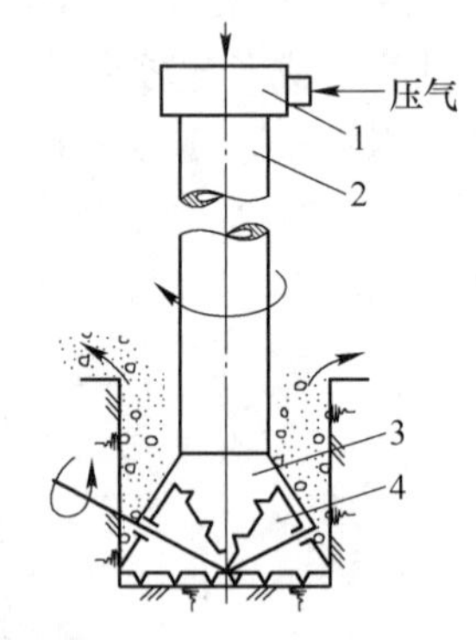

图 3-8　牙轮钻机钻孔工作原理
1—加压、回转机构；2—钻杆；3—钻头；4—牙轮

牙轮钻钻头结构形式如图 3-9 所示，其破岩机理为：钻机通过钻杆给钻头施加足够的轴压力和回转扭矩，牙轮钻头转动时，各牙轮又绕自身轴滚动，滚动的方向与钻头转动方向相反。牙轮齿在加压滚动过程中，对岩石产生碾压作用；由于牙轮齿以单齿和双齿交替地接触岩石，当单齿着地时牙轮轴心高，而双齿着地时轴心低，如此反复进行，使岩石受到周期性冲击作用；又由于牙轮的超顶、退轴（3 个牙轮的锥顶与钻头中心不重合）、移动（3 个牙轮的轴线不交于钻头中心线）和牙轮的复锥形状，使牙轮在孔底工作时产生一定的滑动，对岩石产生切削作用。因此，牙轮钻头破碎岩石实际是冲击、碾压和切削的复合作用。

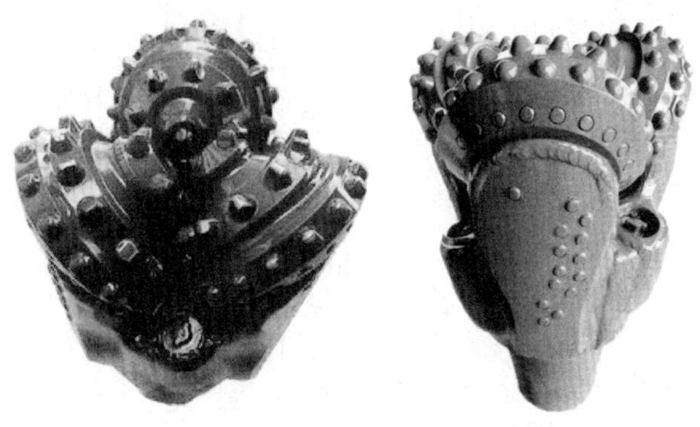

图 3-9 三牙轮钻头

C 基本结构

如图 3-10 所示，顶部回转滑架式牙轮钻机总体结构基本相似，主要是由钻具、钻架、回转机构、主传动机构、行走机构、排渣系统、除尘系统、液压系统、气控系统、干油润滑系统等部分组成。

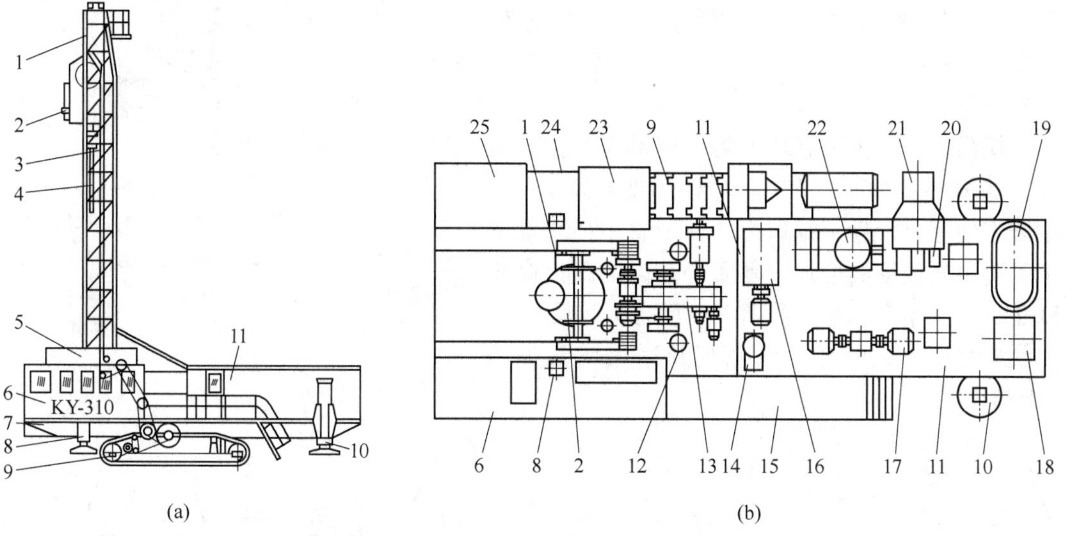

图 3-10 KY-310 型牙轮钻机总体构造

（a）钻机外形；（b）平面布置

1—钻架装置；2—回转机构；3—加压提升系统；4—钻具；5—空气增压净化调节装置；6—司机室；7—平台；8，10—后、前千斤顶；9—履带行走机构；11—机械间；12—起落钻架油缸；13—主传动机构；14—干油润滑系统；15，24—右、左走台；16—液压系统；17—直流发电机组；18—高压开关柜；19—变压器；20—压气控制系统；21—空气增压净化装置；22—压气排渣系统；23—湿式除尘装置；25—干式除尘装置

a 钻具

牙轮钻机钻具主要由牙轮钻头、钻杆和稳杆器组成，如图 3-11 所示。

（1）牙轮钻头。牙轮钻头按照牙轮的数目分为单牙轮、双牙轮、三牙轮和多牙轮几种。单牙轮及双牙轮钻头多用于炮孔直径小于 150mm 的软岩钻孔。多牙轮钻头多用于炮孔直径在 180mm 以上的矿岩钻孔。目前，露天矿山主要采用三牙轮钻头（见图 3-9）。其中，三牙轮钻头又可分为压缩空气排渣风冷式和储油密封式两种，前者又称为压气式钻头

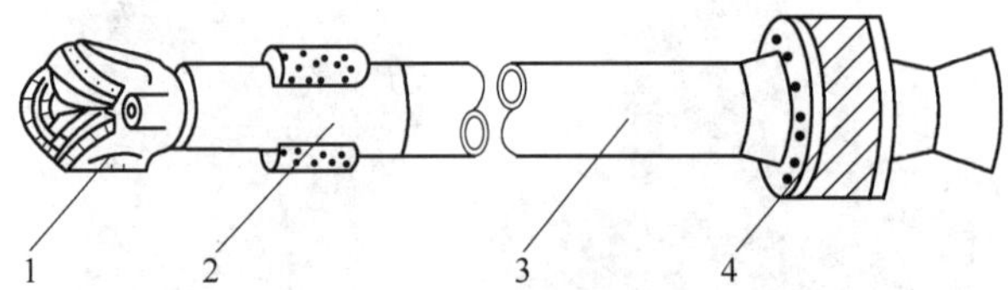

图 3-11 牙轮钻机钻具结构

1—牙轮钻头；2—稳杆器；3—钻杆；4—减震器

(见图 3-12)，即采用压缩空气排除岩渣，普遍应用在露天矿山的钻孔作业，适用的炮孔直径为 150~445mm，孔深 20m 以下。

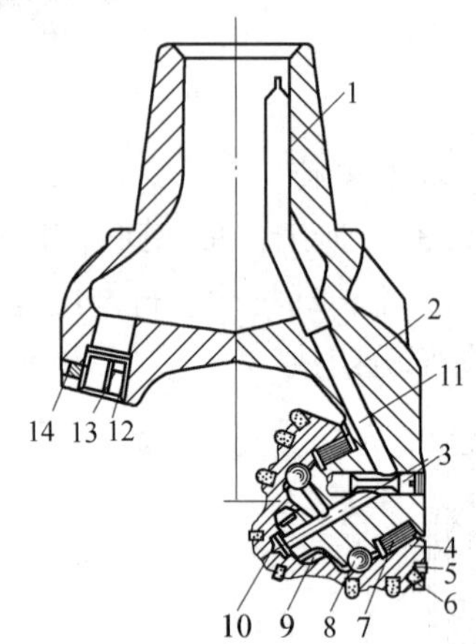

图 3-12 压气式矿用牙轮钻头

1—挡渣管；2—牙爪；3—塞销；4—牙轮；5—平头硬质合金柱齿；6—硬质合金柱齿；7—滚柱；8—钢球；9—衬套；10—止推块；11—减磨柱；12—喷嘴；13—逆止阀；14—固定螺钉

矿用压气式牙轮钻头可分为铣齿及镶齿（硬质合金齿）两种。

铣齿牙轮钻头主要用楔形齿，并且根据岩石软硬不同，楔形齿的高度、齿数、齿圈距等均不同。岩石越硬，楔形齿的高度越低，齿数越多，齿圈越密；反之则相反。牙轮外齿采用“T”形齿或“Π”形齿。

镶齿钻头的齿形有球形齿、楔形齿和锥球齿等，如图 3-13 所示。在软岩中使用楔形齿，在中硬岩中使用锥形齿及锥球齿，在硬岩中使用球形齿。随岩石硬度的增加，硬质合金齿的露齿高度减小，齿数增多，齿圈数增多；反之则相反。

矿用压气式牙轮钻头系列及适用矿岩见表 3-5 和表 3-6。

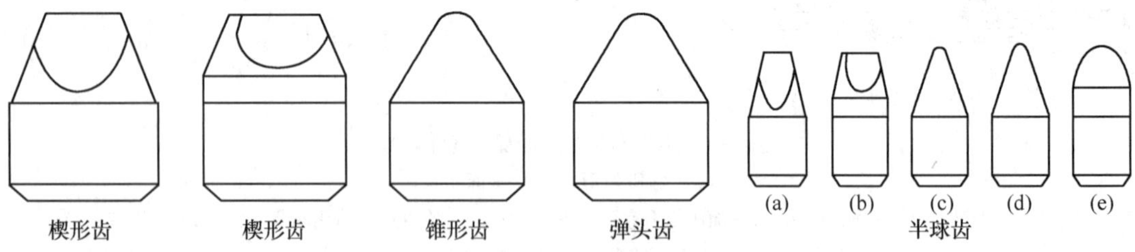

图 3-13 硬质合金齿形

表 3-5 矿用压气式牙轮钻头系列

类别	系列	钻头颜色	适 用 矿 岩
铣齿钻头	1	黄	低抗压强度、可钻性好的软岩，如页岩、疏松砂岩、软岩灰岩
	2	绿	较高抗压强度的中硬岩石，如硬页岩、砂岩、石灰岩、白云岩等
	3	蓝	半腐蚀性硬岩，如石灰岩、石英砂岩、硬白云岩等。
	4		待发展系列

续表 3-5

类别	系列	钻头颜色	适　用　矿　岩
镶齿钻头	5	黄	低抗压强度的软至中硬矿岩，如砂岩、石灰岩、白云岩、褐铁矿等
	6	绿	较高抗压强度的中硬矿岩，如硬石页岩、硬白云岩、花岗岩等
	7	蓝	腐蚀性硬岩，如花岗岩、玄武岩、磁铁矿、赤铁矿等
	8	红	极硬矿岩，如石英花岗岩、致密磁铁矿、铁燧石等

表 3-6　牙轮齿形和岩石种类的匹配

齿形	楔形齿	锥球齿	球齿
适用岩石	砂质页岩、砂岩、石灰岩、白云岩	硬硅质页岩、石英砂岩、硅质石灰岩、硬白云岩	花岗岩、腐蚀性石英砂岩、黄铁矿、玄武岩

（2）钻杆和稳杆器。钻杆（钻管）是与牙轮钻头配套使用的，两者规格必须协调配套（见表 3-7）。

表 3-7　钻杆技术规格

钻头直径/mm	钻杆直径/mm	钻杆壁厚/mm	钻杆单位长度质量/$kg \cdot m^{-1}$
118	97	9.5	20.4
118	102	12.7	28.3
150	114	12.7	32.7
150	121	19.7	34.2
170	140	19.1	59.5
190	159	19.1	65.5
215	159	19.1	65.5
215	168	19.1	71.4
225	194	19.1	83.3
250	219	25.4	122.0
210	273	25.4	154.8
350	273	38.1	220.2
380	324	25.4	187.5
380	330	25.4	190.5
380	330	38.1	273.8
380	349	38.1	290.3

稳杆器是牙轮钻机钻孔时防止钻杆及钻头摆动、炮孔歪斜、保护钻机工作构件少出故障和延长钻头寿命的有效工具。国内外的钻孔实践表明，牙轮钻机必须配套稳杆器。目前，稳杆器分为辐条式和滚轮式两种。稳杆器技术规格见表 3-8。

表 3-8 稳杆器技术规格

钻孔直径/mm	稳杆器长度/mm	稳杆器本体直径/mm	质量/kg
152	673	150	59
171	673	169	75
200	376	198	100
229	724	226	132
250	780	246	181
270	780	266	209
280	780	276	230
310	780	307	295
350	1040	347	454
380	1040	376	590

b 钻架

钻架横断面多为敞口“Π”形结构件，4 根方钢管组成 4 个立柱。前立柱内面上焊结齿条，供回转机构提升和加压，外面为回转机构滚轮滑道。钻架内有钻杆储存和链条张紧等装置。钻架安装在主平台上 A 型架上，有液压油缸使钻架绕转轴转动，实现钻架立起和平放。此外，钻架有标准钻架和高钻架两种；当采用高钻架钻孔时，不用接卸钻杆可一次连续钻孔达到所需的炮孔深度。

c 回转机构

回转机构带动钻具回转，即由主传动结构通过封闭链条—齿轮齿条实现提升和加压。回转机构采用偏心滚轮装置使回转机构沿钻架的运动为无间隙滚动，且使齿轮与钻机齿条正常啮合。为防止因链条断裂引起小车坠落，回转机构设有防坠装置。回转机构与钻杆采用钻杆连接器连接，目的是吸收钻孔过程中钻杆的轴向和径向振动，使钻机工作平稳，提高钻头寿命。回转机构中的减速器为二级齿轮传动。

d 主传动机构

主传动机构的作用是驱动钻具的提升和加压，以及钻机行走。钻具的提升与钻机行走是由同一台电动机驱动，钻具加压是由液压马达或直（交）流电动机实现，并且各个动作之间实现安全联锁。

e 行走机构

行走机构的主要任务是完成钻机远距离行走和转换孔位，即由主传动机构减速后，通过三级链条传动驱动履带行走。钻机直行和转弯是通过控制左右气胎离合器完成。行走机构与主平台的连接是通过刚性后轴上两点及均衡梁上一点铰接，成为三点铰接式连接，目的是使钻机在不平整地面行走时钻机上部始终处于水平状态。

f 排渣系统

牙轮钻机采用压气排渣。压缩空气通过主风管、回转中空轴、钻杆、稳杆器、钻头向孔底喷射，将岩渣沿钻杆与炮孔壁之间的环形空间吹出孔外。目前，牙轮钻机上空气压缩机有螺杆式和滑片式两种类型。

g 除尘系统

除尘系统用于处理钻孔排出的含尘空气。目前，国内外牙轮钻机一般配备干式和湿式两套除尘系统。其中，干式除尘系统利用孔口降尘、旋风排尘和脉冲布袋排尘三级除尘系统；湿式除尘系统利用辅助空气压缩机压气进入水箱的双筒水罐内压气排水，与主风管排渣压气混合形成水雾压气，将岩渣中灰尘湿润后，随大颗粒排出孔外。

h　液压系统

液压系统操作油缸和液压马达，完成钻架起落、接卸钻杆、液压加压、收放调平千斤顶等动作。

i　气控系统

气控系统用于操作控制回转机构提升制动、提升-加压离合、行走气胎离合、钻杆架钩锁、压气除尘、自动润滑等。

j　干油润滑系统

钻机集中自动润滑系统由泵站、供油管路和注油器组成，润滑时间和润滑周期可自动控制，并设有手动强制润滑开关。

D　优缺点及适用条件

牙轮钻机具有钻孔效率高，生产能力大，作业成本低，机械化、自动化程度高，适应各种硬度矿岩钻孔作业等优点，是当今世界露天矿山广泛使用的最为先进的钻孔设备。

虽然牙轮钻机具有诸多优点，但是其价格比较昂贵，同时钻机设备重量大，初期投资大，且要求矿山具有较高的技术管理水平和设备维护能力。

目前，牙轮钻机适用于普氏硬度 $f=4\sim20$ 的中硬及中硬以上矿岩进行钻孔作业，其钻孔直径为 130~380mm，钻孔深度为 14~18m，钻孔倾角多为 60°~90°。

3.2.1.5　潜孔钻机

A　潜孔钻机的分类

潜孔钻机的工作方式和破岩原理与牙轮钻机具有显著区别，因其在穿孔过程中风动冲击器跟随钻头潜入孔内，故称潜孔钻机。目前，潜孔钻机广泛用于矿山、水电、交通、勘探、锚固等施工作业中，是中小型露天矿山的主要钻孔设备之一，如图 3-14 所示。

目前，露天矿山潜孔钻机种类繁多，按照不同的标准进行以下分类：

（1）按照有无行走机构分为自行式和非自行式两类，其中自行式潜孔钻机又分为轮胎式和履带式。

（2）按照使用气压分为普通气压潜孔钻机（0.5~0.7MPa）、中气压潜孔钻机（1.0~1.4MPa）和高气压潜孔钻机（1.7~2.5MPa）。

（3）按照钻机钻孔直径及重量分为轻型潜孔钻机（孔径 80~100mm 以下，孔深 20m 左右，整机重量 3~5t 以下）、中型潜孔钻机（孔径 130~180mm，孔深 17.5m 左右，整机重量 10~15t）、重型潜孔钻机（孔径 180~250mm，孔深 18~19m，整机重量 28~30t）、特重型潜孔钻机（孔径大于 250mm，整机重量不低于 40t）。

（4）按照驱动动力分为电动式和柴油机式。其中，电动式潜孔钻机维修简单、运行成本低，适用于电网布置合理的矿山；而柴油机式潜孔钻机具有移动方便、机动灵活的特点，适用于无电网或电网布置欠合理的矿山。

（5）按照潜孔钻机结构形式分为分体式和一体式。其中，分体式潜孔钻机结构简单、

(a) (b) (c) (d)

图 3-14 部分露天矿山潜孔钻机

（a）KQ-200 型；（b）阿特拉斯·科普柯 ROC T35 型；（c）KQG-150Y 型；（d）SWD 型

轻便，但需另设空压机；一体式潜孔钻机移动方便、压力损失小，钻孔效率高。

近年来，随着机械设计水平和加工制造技术的快速发展，露天潜孔钻机在压力控制、液压技术、新材料等方面出现了新的发展方向：

（1）采用高风压潜孔冲击器配高风压空压机。

（2）发展液压技术，一机多用，且采用高钻架增加一次钻进深度。

（3）采用新技术新材料提升钻机和冲击器的寿命。

（4）采用计算机实现钻孔参数自动调整、自动测量和自动记录等技术。

（5）改善作业环境，改进司机室操作条件等。

B 工作原理

潜孔钻机具有独立的回转机构和冲击机构（冲击器）。回转机构置于钻孔外部，带动钻杆旋转，将冲击器潜入孔内并直接冲击钻头，在矿岩中钻凿大直径深孔。

潜孔钻机的钻孔作业主要由推进调压机构、回转供风机构、冲击机构、提升机构、操纵机构和排粉机构等完成，其钻孔机理如图 3-15 所示。

由图 3-15 可知，钻机工作时，推进调压机构 6 使钻具连续推进，将一定的轴向压力施加在孔底岩石表面，使钻头始终与孔底岩石接触。由气动马达和减速箱组成的回转机构4使钻具连续回转。同时，安装在钻杆3前端的冲击器2在压气作用下，其活塞不断冲击钻头1，完成对岩石的冲击动作。钻具回转避免了钻头重复打击在相同的凿痕上，并产生对孔底岩石起刮削作用的剪切力。在冲击器活塞冲击力和回转机构的剪切力作用下，岩石不断地被压碎和剪碎。压气由回转供风机构4的接头5进入，经中空钻杆直达孔底，把破碎的岩粉从钻杆与孔壁之间的环形空间排至孔外，从而完成钻孔作业。

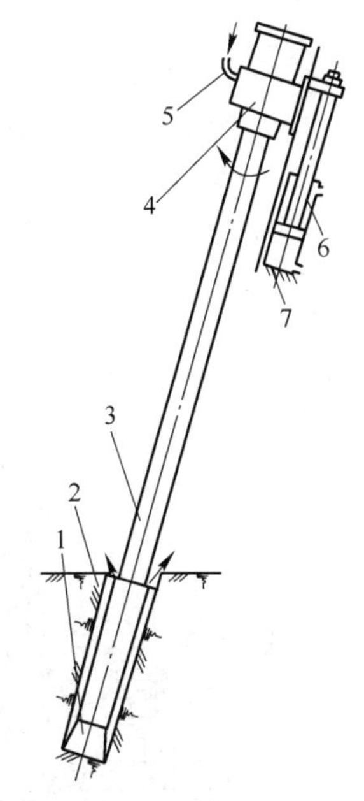

图 3-15 潜孔钻机钻孔原理

1—钻头；2—冲击器；3—钻杆；4—回转供风机构；5—气接头与操纵机构；6—调压机构；7—支撑、调幅与升降机构

因此，潜孔钻机凿岩原理的实质是在轴向压力的作用下，冲击和回转两种破碎岩石方法的结合，冲击是间断的，回转是连续的，岩石在冲击力和剪切力作用下不断地被压碎和剪碎。但是，对于中硬以上的岩石，轴压力实际上无法使钻头凿入岩石起到切削作用，只是防止钻具的反跳。因此，利用潜孔钻机凿岩过程中，起主导作用的是冲击做功，仍属于冲击回转式凿岩方法。

C 基本结构

潜孔钻机主要机构有冲击机构、回转供风机构、推进机构、排粉机构、行走机构等。

KQ系列潜孔钻机是国内露天矿山普遍采用的潜孔钻机，以KQ-200型潜孔钻机最为典型。JB/T 9023.1—1999规定了KQ系列潜孔钻机的基本参数，见表3-9。

表 3-9 部分 KQ 系列潜孔钻机的基本参数

基本参数	KQ-100	KQ-150	KQ-200	KQ-250
钻孔直径	100	150	200	250
钻孔深度/m	25	17.5	19.3	18
钻孔方向/(°)	60，75，90			
爬坡能力/(°)	≥14			
冲击器的冲击功/J	≥90	≥260	≥400	≥600
冲击器的冲击次数/次·min^{-1}	≥750	≥750	≥850	≥850
机重/kg	≤6000	≤16000	≤40000	≤55000

KQ-200型潜孔钻机是一种自带螺杆空气压缩机的自行式重型钻孔机械，主要用于大、中型露天矿山钻凿直径200~220mm、孔深19m、下向倾角60°~90°的各种炮孔。钻机总体结构见图3-16。

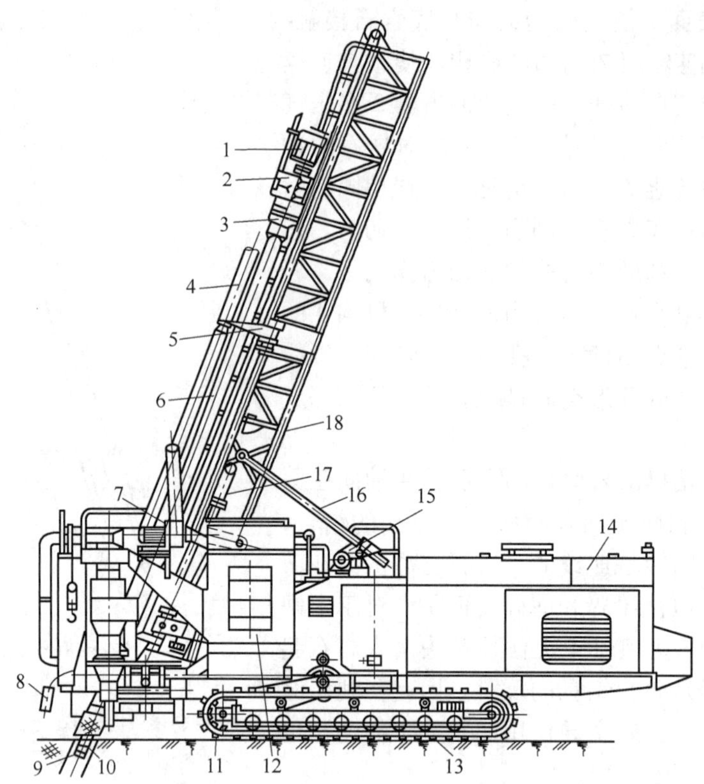

图 3-16　KQ-200 型潜孔钻机结构

1—回转电动机；2—回转减速器；3—供风回转器；4—副钻杆；5—送杆器；6—主钻杆；7—离心通风机；8—手动按钮；9—钻头；10—冲击器；11—行走驱动轮；12—干式除尘器；13—履带；14—机械间；15—钻架起落机构；16—齿条；17—调压装置；18—钻架

钻具由钻杆 6、球齿钻头 9、J-200 型冲击器 10 组成。钻孔时，用两根钻杆接杆破岩钻进。

回转供风机构由回转电动机 1、回转减速器 2 及供风回转器 3 组成。回转电动机为多速的 JD02-71-8/6/4 型。回转减速器为三级圆柱齿轮封闭式的异形构件，它用螺旋注油器自动润滑。供风回转器由连接体、密封件、中空主轴及钻杆接头等部分组成，其上设有供接卸钻杆使用的风动卡爪。

提升调压机构是由提升电动机借助提升减速器、提升链条而使回转机构及钻具实现升降动作的。封闭链条系统中装有调压缸及动滑轮组。正常工作时，由调压缸的活塞杆推动动滑轮组使钻具实现减压钻进。

接送杆机构由送杆器 5、托杆架、卡杆器及定心环等部分组成。送杆器通过送杆电动机、涡轮减速器带动轴转动。固定在传动轴上的上下转臂拖动钻杆完成送入及摆出动作。托杆器是接卸钻杆时的支承装置，用它拖住钻杆并使其保证对中。卡杆器是接卸钻杆时的卡紧装置，用它卡住一根钻杆而接卸另一根钻杆。定心环对钻杆起导向和扶持作用，以防止炮孔和钻杆歪斜。

钻架起落机构 15 由起落电动机、减速装置及齿条 16 等部件组成。在起落钻架时，起落电动机通过减速装置使齿条沿着鞍型轴承伸缩，从而使钻架抬起或落下。在钻架起落终了时，电磁制动及涡轮副的自锁作用，使钻杆稳定地固定在任意位置上。

KQ-200 型潜孔钻机使用双电动机驱动的履带自行式行走机构。其中，左右履带各设置一套驱动装置，两台电动机正转或反转，钻机直线前进或后退；一侧电动机运转，钻机向另一侧转弯。

D 优缺点及适用条件

潜孔钻机主要优点：(1) 结构简单、重量轻、价格低、机动灵活、使用和行走方便、制造和维护比较容易、钻孔倾角可调；(2) 潜孔钻机回转机构仅带动钎杆旋转，冲击器潜入孔底，且冲击器的活塞直接撞击在钻头，冲击能量直接作用于钻头，冲击能量随钎杆传递损失较少，能够高效钻凿深孔；(3) 凿岩速度快，钻孔偏差小、精度高（钻孔上下孔径相等），钻孔壁面光滑；(4) 利用冲击器的高压废气排出孔底岩渣，大幅度减少孔底岩石重复破碎现象；(5) 冲击器潜入孔内工作，工作面噪声低。

潜孔钻机的主要缺点：(1) 冲击器的汽缸直径受到钻孔直径限制，孔径愈小，穿孔速度愈低。所以，常用潜孔冲击器的钻孔孔径在 80mm 以上。(2) 当孔径在 200mm 以上时，穿孔速度低于牙轮钻机，而动力消耗增加约 30%~40%，作业成本高。

潜孔钻机的适用条件：露天潜孔钻机除钻凿露天矿山主爆破孔外，还用于钻凿矿山的预裂孔、光面孔、锚索孔、地下水流疏干孔等。目前，由于露天矿山潜孔钻机的钻孔效率和技术先进程度低于牙轮钻机，因此，牙轮钻机在露天矿山穿孔作业中占据主动地位，在大型乃至部分中小型露天矿山中牙轮钻机逐渐取代潜孔钻机，但是在中等硬度矿岩的中小型露天矿山中潜孔钻机仍广泛应用。

3.2.1.6 液压凿岩钻车

液压凿岩钻车又称为全液压露天凿岩钻车，其中凿岩机及钻车的其他动作均是依靠液压传动完成。实际生产过程中，液压凿岩钻车具有节能、高效、低成本和作业条件好等显著优点，在中小型露天矿山和岩石工程方面均有长足进步。尤其在中小型露天矿山中，液压凿岩钻车可取代气动潜孔钻机，用于钻凿直径为 250mm 左右的爆破孔，且可与牙轮钻机配合使用。

我国露天液压凿岩钻车的发展历史可追溯到 20 世纪 70 年代，开始阶段是以引进技术方式或仿制的形式研制液压凿岩设备。经过近半个世纪的研发，我国共研制生产了 20 多个型号的液压凿岩机和钻车，但生产规模仍然偏小，尤其在露天大直径液压凿岩钻机的研制方面还未取得突破性进展。

目前，国外比较著名的露天矿山液压钻车生产厂商主要有芬兰的汤姆洛克（Tamrock）公司、瑞典阿特拉斯·科普柯（Atlas Copco）公司和日本古河公司。

A 基本结构

露天液压凿岩钻车由凿岩机、推进器、大臂、底盘、液压系统、气路系统、电缆绞盘、水管绞盘、电气系统、供水系统和集尘系统等组成，如图 3-17 所示。

a 凿岩机

凿岩机为凿岩钻车的心脏。冲击活塞的高频往复运动，将液压能转换为动能传递至钻头。由于钻头与岩石紧密接触，因此冲击动能最终传递到岩石上并使其破碎。同时，为了不使硬质合金柱齿（刃）重复冲击同一位置使岩石过分破碎，凿岩机还配备了转钎机构。

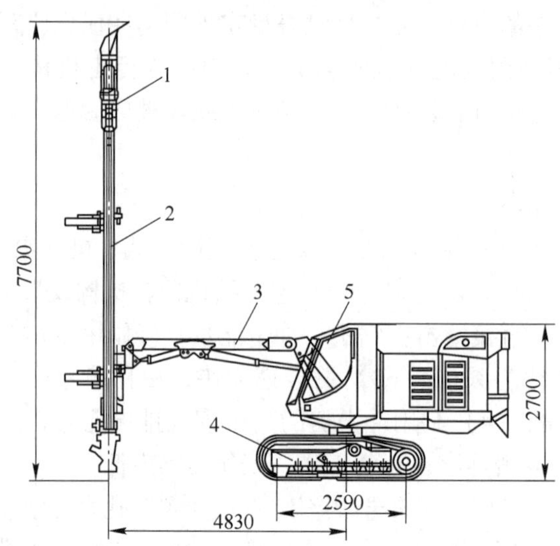

图 3-17 Ranger 700 露天凿岩钻车的基本结构（单位：mm）
1—凿岩机；2—推进器；3—大臂；4—底盘；5—司机室

钻头的旋转速度取决于钻头直径及种类，直径愈大转速愈低。柱齿钻头较十字钻头转速高 40~50r/min，较一字钻头高 80~100r/min。用直径 45mm 的柱齿钻头时转速大约为 200r/min。

液压凿岩机按系统压力分为中高压和中低压两种，其中，冲击压力在 17~27MPa 为中高压，在 10~17MPa 为中低压。中高压凿岩机要求构件高精密配合以减小内泄损失，所以其零件的制造精度要求相当高，对油品的黏度特性及杂质含量较敏感。中低压凿岩机制造精度要求相对较低，对油品的黏度特性及杂质含量的敏感性也略低于前者。瑞典阿特拉斯·科普柯公司生产的液压凿岩机为中高压系统，芬兰汤姆洛克公司和日本古河公司生产的液压凿岩机为中低压系统。

b 推进器

推进器是为凿岩机和钻杆导向，并使钻头在凿岩过程中与岩石保持良好接触的部件。在凿岩机钻进过程中，推进器必须承受巨大的压力、弯矩、扭矩和高频震动，以及落石的撞击。

为使钻头在凿岩过程中与岩石保持良好的接触，推进器必须提供一定的压力。该推进力由液压马达和液压缸将液压能转换为机械能，以拉力的方式出现。其大小与液压油缸的压力成正比，一般为 15~20kN，岩石越硬，推进力也愈大。推进力与钻进速度在一定条件下成正比，但当推进力达到某一数值后，钻进速度不再上升反而下降。推进力过低时，钻头与岩石接触不好，凿岩机可能会产生空打现象，使钻具和凿岩机的零部件过度磨损，钻头过早消耗而且钻进过程变得愈不稳定。当今，露天液压凿岩钻车上应用的推进器主要是链式推进器和液压缸-钢丝绳式推进器。

c 大臂

按大臂的运动方式，大臂可分为直角坐标式和极坐标式两种。直角坐标式大臂在找孔位时，操作程序多，时间长，但操作程序和操作精度均要求较低，便于掌握和使用。极坐标式大臂在找孔位时，操作程序少，时间短，但操作程序和操作精度都要求严格，对操作人员的熟练程度要求较高。同时，按旋转机构的位置，大臂可分为无旋转式、根部旋转式和头部旋转式三种。

d 底盘

钻车底盘行走速度一般为 10～15km/h，取决于发动机的功率和质量，质量每减小 5%，速度增加 5%。钻车的转弯半径主要取决于底盘的形式，且受制于稳定性。铰接式底盘一般较整体式底盘转弯半径小。钻车的爬坡能力取决于路面情况、发动机功率和底盘形式。一般来说，轮胎式底盘爬坡能力小于 18°，履带式底盘小于 25°，轨行式底盘小于 4°。钻车的越野性能取决于底盘的离地间隙（一般应大于 250mm）、轮胎与地面的接触情况、轮胎尺寸、形式和材料以及驱动方式，全轮驱动钻车的越野性能最好。底盘有轮胎式、履带式、轨行式和步进式。

e 液压系统

钻车上液压系统的作用是根据岩石情况优化各种钻孔参数以得到最佳凿岩效率，主要控制凿岩机的各种性能，如冲击、旋转、冲洗、开孔、推进器的定位和推进以及大臂的所有动作，以及自动开孔、自动防卡钎、自动停钻、退钻和自动冲洗等自动功能。此外，液压系统的控制方式分有液压直控、液压先导控制、气动先导控制和电磁控制等。

f 气路系统

气路系统由空压机、油水分离器、气缸和油雾器等组成。空压机在凿岩机头部（即钎尾部位），为油雾润滑提供压缩气源，也为气冲洗和水雾冲洗的凿岩机提供压缩气源。它主要有活塞式和螺杆式两种，工作压力一般在 0.3～1.0MPa。随着凿岩技术的不断提高，大多数凿岩机实现润滑脂润滑，在仅需要水冲洗的情况下，就可免去整个气路系统以降低成本，减少维修保养工作量。

另外，电缆绞盘、水管绞盘、配电箱、电气系统、增压水泵及供水系统、集尘系统也是液压凿岩钻车上的重要系统。

B 特点及适用条件

a 设备特点

与前述的牙轮钻机和潜孔钻机相比，露天液压凿岩钻车具有以下特点：

（1）整机重量轻，装机功率小，机动性强；（2）能够钻凿多种方位的钻孔，调整钻车位置迅速准确；（3）爬坡能力强，国产钻车最大爬坡能力可达 25°，进口钻车可达 30°；（4）具有多种用途的露天钻孔设备；（5）液压凿岩钻车的能耗低，仅为潜孔钻机的 1/4，钻速却为潜孔钻机的 2.3～3 倍。

b 露天液压凿岩钻车的适用范围

（1）在采石场、土建工程、道路工程及小型矿山钻孔中，凿岩钻车可作为主要的钻孔设备。在二次破碎、边坡处理、根底清除中，凿岩钻车可作为辅助钻孔设备。在中小型露天矿山中，液压凿岩钻车可取代气动潜孔钻机。

（2）液压凿岩钻车钻孔方位多，最小的钻车方位可以达到横向各 45°，纵向 0°～105°。凿岩钻车可用于钻凿各种方位的预裂爆破孔、修理边坡、锚索孔和灌浆孔等。

（3）凿岩钻车爬坡能力强，机动灵活，可在复杂地形上进行钻孔作业。

（4）露天液压凿岩钻车主要用于硬或中硬矿岩的钻孔作业，钻孔直径一般为 40～

100mm，最大孔径可达150mm，孔深可达30m，最深为50m。

3.2.1.7　穿孔设备选型及数量计算

A　牙轮钻机的选型计算

a　牙轮钻机选型原则

（1）牙轮钻机是露天矿山先进的钻孔设备，适用于各种硬度矿岩的钻孔作业，设计大中型矿山钻孔设备首先要考虑选用牙轮钻机。

（2）中硬以上硬度的矿岩采用牙轮钻机钻孔优于其他钻孔设备。

（3）在满足矿山年钻孔量的同时，牙轮钻机选型还要保证设计生产要求的钻孔直径、深度、倾角等参数。

（4）根据矿区自然地理条件选择设备和配套部件，如高海拔、高寒、炎热气候地区对主要设备配套部件（空压机、液压及电控系统等）都有特殊要求。

（5）矿区动力条件或动力源往往决定着选用钻机的类别，大中型矿山一般选用电动。

（6）国内外牙轮钻机相比，国外牙轮钻机一般工作可靠，使用寿命较长，但价格昂贵，零部件供货周期长，是否选用应进行综合分析对比确定。

根据矿岩硬度和爆破孔直径选择的牙轮钻机型号见表3-10。

表3-10　牙轮钻机选择

炮孔直径/mm	岩石硬度		
	中硬	坚硬	极硬
120～150	ZX-150 KY-150	KY-150	—
170～270	KY-250 YZ-35 45-R	YZ-35 45-R KY-250	YZ-35
270～310	60-R（Ⅲ） YZ-55	60-R（Ⅲ） KY-310 YZ-55	60-R（Ⅲ） KY-310 YZ-55
310～380	YZ-55 60-R（Ⅲ）	YZ-55 60-R（Ⅲ）	YZ-55 60-R（Ⅲ）

b　牙轮钻机生产能力计算

在露天矿山穿孔工作过程中，牙轮钻机的台班生产能力与台年综合生产效率是衡量其生产能力的主要指标。以上述指标为基础，结合露天矿山实际生产能力，综合确定牙轮钻机数量。

（1）台班生产能力。牙轮钻机的台班生产能力是每台牙轮钻机每班工作时间内的钻进距离（m），台班生产能力可按式（3-4）计算：

$$V_b = 0.6vT_b\eta_b \tag{3-4}$$

式中　V_b——牙轮钻机台班生产能力，m/台班，可参考表3-11；

v——牙轮钻机机械钻进速度，m/h；

T_b——班工作时间，h；

η_b——班工作时间利用系数，一般情况下取 0.4~0.5。

机械钻进速度是牙轮钻机的重要技术性能指标，也是穿孔工作制度是否合理的重要标志，它由钻机性能、钻头转速、钻头直径、矿岩硬度等因素决定，并且合理的参数匹配将提高钻进速度。牙轮钻机机械钻进速度由式（3-5）求得：

$$v = 0.375\frac{Fn}{Df} \tag{3-5}$$

式中 v——钻头钻进速度，cm/min；

F——轴压力，kN；

n——钻头转速，r/min；

D——钻头直径，cm；

f——岩石普氏硬度系数。

表 3-11 2005 年国内冶金矿山牙轮钻机的实际台班生产能力 m/台班

钻机型号	KY-250	YZ-55	45R	HYC-250C	60R	YZ-35
大石河铁矿	25.0			33.3		
水厂铁矿		45.0	80.0			
北京首铁铁矿				25.0		
棒磨山铁矿	20.0					
庙沟铁矿	15.0					
南芬铁矿		43.0	32.0		42.8	20.0
大孤山铁矿		35.0	30.0			35.0
东鞍山铁矿						54.0
眼前山铁矿			35.0			35.0
弓长岭露天矿						38.5
齐大山铁矿		37.5	28.6			
攀钢矿业公司						30.0

（2）钻机的台年综合效率。钻机的台年综合效率是钻机台班工作效率与钻机年工作时间利用率的函数。影响钻机工作时间利用率的主要因素有两个方面：一是因组织管理不科学造成的外因停钻时间；二是钻机本身故障所引起的内因停钻时间。表 3-12 为部分牙轮钻机的平均台年综合效率。

表 3-12 部分牙轮钻机的平均台年综合效率

钻机型号	孔径/mm	矿岩硬度系数 f	台班效率/m	台年效率/m
KY-250	250	6~12	25~50	25000~35000
		12~18	15~35	20000~30000

续表 3-12

钻机型号	孔径/mm	矿岩硬度系数 f	台班效率/m	台年效率/m
KY-310	310	6～12	35～70	30000～45000
		12～18	25～50	
45R	250	8～20		30000～35000
60R	310	8～20		350000～450000

（3）牙轮钻机需求数量。露天矿山所需牙轮钻机的数量取决于矿山的设计年采剥总量、所选定钻机的设计年穿孔效率与每米炮孔的爆破量，可按式（3-6）计算：

$$N = \frac{A_n}{L \cdot q(1 - e)} \tag{3-6}$$

式中 N——所需钻机的数量，台；

A_n——矿山设计年采剥总量，t/a；

L——每台牙轮钻机的年穿孔效率，m/a；

q——每米炮孔的爆破量，t/m；

e——废孔率，%。

B 潜孔钻机的选型计算

潜孔钻机选型是根据设计和生产使用的要求，在生产厂家已有的系列产品样本中，选择定型设备购进安装调试后投入运行，而不再需要重新设计制造新产品。根据矿岩物理力学性质、采剥总量、开采工艺、要求的钻孔爆破参数、装载设备及矿山具体条件，并参考类似矿山应用经验选择潜孔钻机。在实际设备选型设计中，比较简单的方法是按照采剥总量与钻孔孔径的关系选择相应的潜孔钻机。对于潜孔钻机而言，其配套的钻头、钻杆以及冲击器等均可以进行选择。因此，潜孔钻机选型内容包括钻头类型及适应的岩性、钻杆选型、冲击器选型，以及相应的选型计算等。

a 钻头选型与适用条件

在特定的岩石中凿岩钻孔时，必须选择合适的钻头，才能取得较高的凿岩速度和较低的穿孔成本。

（1）在坚硬岩石中穿孔需要凿岩比功大，每个柱齿和钻头体都承受较大的载荷，要求钻头体和柱齿具有较高的强度。因此，钻头的排粉槽个数不宜太多，一般选择双翼型钻头，排粉槽尺寸也不宜过大，以免降低钻头体的强度。同时，钻头合金齿最好选择球齿，且球齿的外露高度不宜过大。

（2）在可钻性比较好的软岩中钻进时，凿岩速度较快，相对排渣量比较大，这就要求钻头具有较强的排渣能力。最好选择三翼型或四翼型钻头，排渣槽可以适当加大加深，合金齿可选用弹齿或楔齿，齿高相对较大。

（3）在节理比较发育的破碎带中钻进时，为减少偏斜，最好选用导向性比较好的中间凹陷型或中间凸出型钻头。

（4）在含黏土的岩层中凿岩时，中间排渣孔常常被堵死，最好选用侧排渣钻头。

（5）在韧性比较好的岩石中钻孔时，最好选用楔形钻头。

选择合适钻头后，为了延长钻头的使用寿命，节约穿孔成本，在钻头使用过程中应注意以下几点：

（1）必须避免轻压下的重冲击，否则钻头体内将产生过大的拉应力，容易导致柱齿脱落。

（2）必须避免重压的纯回转，否则将加快钻头边齿的磨损。

（3）钻机安装稳固，避免摇摆不定。

（4）弯曲的钻杆必须及时更换。

（5）钻头的柱齿必须及时修磨，根据已有的标准，当柱齿的磨蚀面直径达到柱齿直径1/2时，就必须进行修磨。

b 钻杆选型与适用条件

钻杆外径影响凿岩效率的情况往往被使用者所忽视，根据流体动力学理论可知，只有当钻杆和孔壁所形成的环形通道内的气流速度大于岩渣的悬浮速度时，岩渣才能顺利排出孔外，该通道内的气流速度主要是由通道的截面面积、通道长度以及冲击器排气量决定的。通道截面积越小，流速越高；通道越长，流速越低。由此可知，钻杆直径越大，气流速度越高，排渣效果越好，当然也不能大到岩渣难以通过。一般环形截面的环宽取10~25mm。深孔取下限，高气压取上限。

钻杆的选择不仅要考虑排渣效果，还要考虑其抗弯抗扭强度以及重量，这主要由钻杆的壁厚决定。在保证强度和刚度的前提下，尽可能让壁薄一点以减轻重量，壁厚一般在4~7mm。

钻杆公母螺纹的同心度是衡量钻杆质量的一个重要因素，对于不符合精度的钻杆，切记不能使用。在使用过程中弯曲的钻杆要及时更换，否则不仅会加快钻杆的损坏，还会加速钻头及钻机的磨损。同时，钻杆在使用过程中一定要保持丝扣及内孔的清洁。

c 冲击器选型及适用条件

冲击器的选择必须依据工作气压、钻孔尺寸和岩石特性等参数，其选择过程为：

（1）根据工作压气的压力等级合理选择相应等级的冲击器。

（2）根据钻孔直径选择相应型号冲击器。

（3）根据岩石坚固性选择相应冲击器。软岩建议使用高频低能型冲击器，硬岩建议使用高能低频型冲击器。

在使用冲击器的过程中，必须注意以下几点：

（1）确保压气及气水系统的清洁，避免粒尘进入冲击器。

（2）确保润滑系统正常工作，新冲击器在使用前一定要灌入润滑油。

（3）不允许将冲击器长时间停放在孔底，避免泥水倒灌到冲击器。

d 选型计算

潜孔钻机生产能力通常采用计算法或参考类似矿山的经验指标选取，其中潜孔钻机的台班生产能力可按照式 $V_b = 0.6vT_b\eta_b$ 计算，需要的钻机数量按照式 $N = \dfrac{A_n}{L \cdot q(1 - e)}$ 确定。

此外，部分潜孔钻机的台班穿孔效率和实际穿孔效率分别见表3-13和表3-14。

表 3-13　部分潜孔钻机的台班穿孔效率　m/台班

矿岩普氏硬度 f	金-80	YQ-150	KQ-170	KQ-200	KQ-250
4~8	27	32	32	35	37
8~12	20	25	25	30	30
12~16	12	20	20	22	24
16~18	—	15	15	18	20

表 3-14　2005 年部分矿山潜孔钻机的实际穿孔效率　m/台年

矿山名称	KQ-150	KQ-200	KQ-250	KQ-200A	YQ-150	73-200	KQD-80
首钢铁矿	11520						
魏家井白云矿							3500
白云鄂博铁矿		7700					
固阳公益明矿		10000					
乌海矿业公司	5000						
本钢矿业公司		2000		31000	10000		
大连石灰矿		19000					
马钢南山矿		32000					
乌龙泉矿					9400		
攀钢矿业公司		20000				22000	
保国铁矿		10000				10000	

国内露天矿山普遍采用的潜孔钻机型号及适用条件见表 3-15。

表 3-15　部分潜孔钻机型号及适用条件

钻机型号	冲击器型号	钻头直径 /mm	岩石静态单轴抗压强度 /MPa	穿孔速度 /m·h^{-1}	台班效率 /m·台班$^{-1}$
CLQ-80	J-100 QC-100	110	60~80	8~12	40~50
			100~120	5~7	30~40
			120~140	3~4	20~30
			160~180	2~3	12~16
YQ-150A	J-150 QC-150B J-170 W-170	155	60~80	10~15	60~70
		165	100~120	6~8	35~45
		175、180	120~140	4~5	25~35
		170、175	160~180	2.5~3.5	18~22
KQ-200	J-200 W-200	210	60~80	12~18	70~80
			100~120	7~9	40~50
			120~140	4.5~6	30~40
KQ-250	QC-250	250	160~180	3~4	20~25

C 液压凿岩钻车选型计算

a 选型原则

影响凿岩钻车设备选型因素很多，选型时应根据设备性能、用途和具体使用条件确定。对于露天矿山液压凿岩钻车而言，应根据要求的凿岩速度、孔径、孔深和移车速度等综合确定钻车型号。此外，选用的液压凿岩钻车要求具有较高的凿岩效率，并且操作简单、安全可靠，在突出技术经济效益的前提下采用先进液压凿岩技术。

b 选型计算

液压凿岩钻车的生产率应满足爆破工程量的需要。其生产率一般用每班钻孔长度表示：

$$L = KvTn/100 \tag{3-7}$$

式中 L——液压凿岩钻车生产率，m/班；

n——一台凿岩钻车上同时工作的凿岩机台数，也等于支臂数量；

T——每班工作时间，min；

v——液压凿岩机的技术钻进速度，cm/min；

K——液压凿岩机的时间利用系数，为凿岩机纯工作时间与每个循环中凿岩工作时间的比值。

需要的钻机数量按照式（3-6）确定。

c 支臂

支臂是凿岩机的支承和运动构件，对钻车的动作灵活性、可靠性及生产效率有较大影响。目前，普遍采用的支臂形式主要为直角坐标式（摆动式）和极坐标式（回转式）。选型过程中，应根据爆破孔的布置方式和实际需要，综合确定支臂形式。

d 推进器

推进器使凿岩机移近或退出工作面，并提供凿岩工作时所需的轴推力。在实际选择时，推进器分为结构简单、尺寸较小、动作稳定可靠的螺旋式推进器和行程较大的链式推进器或油缸-钢丝绳式推进器。因此，应根据所需爆破孔的深度综合确定推进器的形式。此外，由于液压凿岩机的最优轴推力是获得最佳破岩效果的基本条件，因此，推进器的轴推力应能在一定范围内调节，以满足最优轴推力的需要。

e 行走机构

目前，露天液压凿岩钻车的行走机构分为轮胎式、轨轮式和履带式。其中，轮胎式行走机构的特点是调动灵活、结构简单、重量轻、操作方便，翻越轨道或管路时自身与管路均不易损坏。但是轮胎式液压凿岩钻车的缺点也比较突出，即轮胎寿命短、更换频繁、维修费用高。轨轮式特点是结构简单、工作可靠、行走机构寿命长，但是此类钻车必须配合轨道使用，因此钻车调动不灵活，增加了辅助作业时间，降低了钻孔作业效率。履带式液压凿岩钻车特点是牵引力大、机动性好、爬坡能力强、适应角度范围广、对底板的比压小、工作稳定性和可靠性较好，是现今露天液压凿岩钻车的主要行走机构形式。

在实际选择钻车时，应综合考虑露天矿山凿岩工作面的具体情况，根据钻车着力面的坡度、硬度等综合确定钻车行走机构形式。

3.2.2 爆破工作

3.2.2.1 露天矿常用爆破方法

露天矿常见的爆破方法主要有台阶爆破法、硐室爆破法、药壶爆破法、裸露爆破法，为控制爆破破坏效应而采用的预裂爆破法、光面爆破法和缓冲爆破法，以及为改善爆破破碎质量而采用的挤压爆破法等。其中，药壶爆破法已被禁止使用，不再赘述。

A 台阶爆破法

台阶爆破是工作面以台阶形式不断推进的爆破方法，根据孔深、孔径的差异分为浅孔台阶爆破法、深孔台阶爆破法。一般将孔深小于 5m，孔径小于 50mm 的钻孔称作浅孔；孔深不小于 5m，孔径不小于 50mm 的钻孔，则称作深孔。

a 浅孔台阶爆破

浅孔爆破是一种常用的辅助生产爆破，常用于大中型露天矿的二次爆破，即用于破碎大块、修理根底。此外，部分小型露天矿也采用浅孔台阶爆破作为生产爆破。常用的设备为风动凿岩机。

b 深孔台阶爆破

深孔台阶爆破被普遍应用于矿山、铁路、公路及水利水电等领域。其优点是穿孔的机械化水平高，爆破质量好；一次爆破量大，可为大型的采装设备创造足够的爆破矿岩量。该方法按照起爆顺序的不同，可分为齐发爆破、秒延时爆破及毫秒延时爆破，其中以毫秒延时爆破的使用最为广泛。

随着大型装载运输设备及钻孔设备的不断更新完善，爆破技术的日益提高以及爆破器材的不断发展，深孔台阶爆破在改善和控制爆破效果、提高矿山设备效率和经济效益方面的优越性日益显著。因而，这种方法成为露天矿台阶正常采掘爆破最常用的方法。

B 硐室爆破

硐室爆破是在硐室中装填炸药进行爆破的方法，主要应用于露天矿基建剥离或扩建时期，及其他方法难以处理的孤立山头，由于其爆破振动较大，实际生产中很少采用。该爆破的基本方式是在需要爆破的岩体开挖硐室，然后在硐室内装药起爆。特点是一次爆破量大，但爆破质量差，大块多，二次爆破工作量大。

C 裸露爆破

裸露爆破是在岩石的表面放置一定量的炸药，用黏土覆盖后进行爆破的方法。该方法操作简单，无需钻孔，但炸药消耗量大，产生的飞石较多且飞得远，主要应用于破碎大块和处理根底。

D 控制爆破

控制爆破常用于边坡工程中，用来保证露天采场最终边坡的平整及提高边坡的稳定性，主要包括预裂爆破、光面爆破及缓冲爆破。

a 预裂爆破

预裂爆破在主爆区爆破之前先爆出一条预裂缝，具有明显的减震作用，能够有效地减小边坡的损伤，已被广泛使用。

b 光面爆破

光面爆破在主爆区之后起爆，因此其所受夹制作用小，但防震及防止裂缝伸入保留区的能力较预裂爆破效果差，常用于局部修平。

c 缓冲爆破

缓冲爆破是在保证爆破破碎质量的前提下，通过缩小孔网参数、减少单孔装药量的方式来减小爆破冲击荷载的作用范围，以达到控制后冲效应对预留岩体破坏的目的。

在露天矿山实际生产中，台阶爆破和控制爆破是常用的爆破方法。台阶爆破主要用于矿山生产爆破，而紧邻永久边坡主要采用预裂爆破技术，局部预裂爆破效果不好的区域采用光面爆破整平。大块岩石采用浅孔爆破和裸露药包爆破法进行二次破碎。

3.2.2.2 露天矿台阶爆破

露天矿台阶爆破工作包括钻孔布置和爆破参数设计，而爆破参数包括孔网参数、装药参数及起爆参数。钻孔布置包括钻孔形式和布孔方式；孔网参数包括孔深、孔径、排距、孔距、底盘抵抗线等；装药参数包括装药长度、装药直径和密度、装药结构、堵塞长度等；起爆参数包括爆破顺序、起爆段数、各段时差等。

A 钻孔布置

a 钻孔形式

露天台阶爆破钻孔形式通常采用垂直钻孔或者倾斜钻孔。水平钻孔只在个别情况下采用，本书不再阐述。垂直钻孔和倾斜钻孔的使用情况及优缺点比较如表 3-16 所示。钻孔形式示意图如图 3-18 所示。

表 3-16 垂直深孔与倾斜深孔对比

深孔布置形式	采用情况	优 点	缺 点
垂直深孔	在开采工程中大量采用，特别是大型矿山	（1）适用于各种地质条件（包括坚硬岩石）的深孔爆破； （2）钻凿垂直深孔的操作技术比倾斜孔简单； （3）钻孔速度比较快	（1）爆破岩石大块率比较多，常常留有根底； （2）梯段顶部经常发生裂缝，梯段坡面稳固性比较差
倾斜深孔	中小型矿山、石材开采、建筑、水电、道路、港湾及软质岩石开挖工程	（1）布置的抵抗线比较均匀，爆破破碎的岩石不易产生大块和残留根底； （2）梯段比较稳固，梯段坡面容易保持； （3）爆破软质岩石时，能取得很好的效果； （4）爆破堆积岩块的形状比较好，而爆破质量并不降低	（1）钻凿倾斜钻孔的技术操作比较复杂，容易发生钻凿事故； （2）在坚硬岩石中不宜采用； （3）钻凿倾斜深孔的速度比垂直孔慢

b 布孔方式

布孔方式主要包括单排布孔和多排布孔两种，其中多排布孔又可分为矩形（包括方形）和三角形（又称梅花形）两种，具体布置方式如图 3-19 所示。

多排布孔时采用三角形布孔，能量分布更均匀，大块少，但经常需要在爆区两端进行补孔以使端面均匀平整；矩形布孔时更容易确定炮孔位置，钻机移动的次数少，但大块率较高。实际工程布孔设计时要综合考虑爆破质量要求、岩体性质及爆区工作面具体情况等因素。实践表明，与矩形布孔相比较，三角形布孔炮孔爆破瞬时抵抗线均匀指数较稳定且

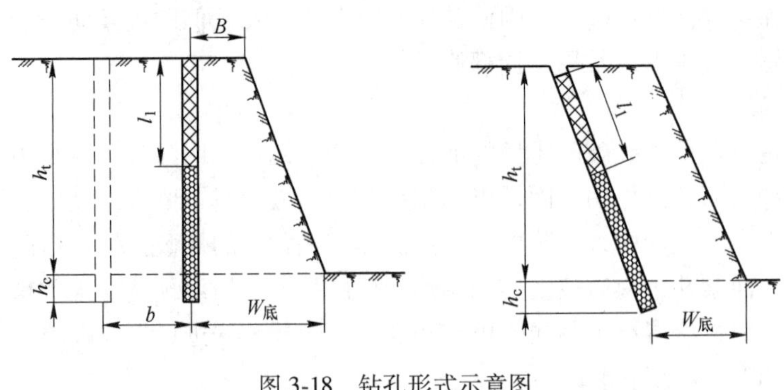

图 3-18 钻孔形式示意图

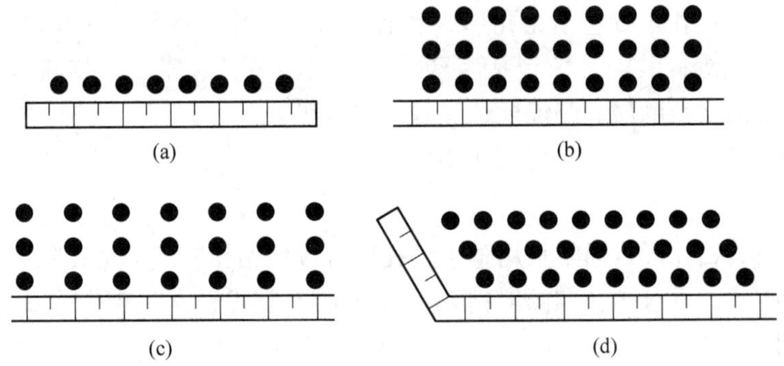

图 3-19 炮孔布置方式

（a）单排布孔；（b）方形布孔；（c）矩形布孔；（d）三角形布孔

变化小。在露天矿山爆破设计中，应结合矿山具体要求选择具体的布孔方式。

B 孔网参数

a 台阶高度（H）

台阶高度是影响台阶爆破质量最重要的参数之一，其选取要综合考虑为钻孔、爆破及铲装运输等工序提供安全的作业条件，使露天矿山达到最优的技术经济指标。当前，我国露天矿山台阶爆破的台阶高度一般取 $H=10\sim15$m。

b 孔径（d）

台阶爆破孔径的确定，要综合考虑钻机类型、岩体性质、台阶高度、作业条件及钻孔成本等因素。一般来说钻机选型确定后，相应的钻孔直径也就确定了。在我国，露天矿山常用的钻孔直径有 90mm、100mm、115mm、120mm、140mm、165mm、200mm、250mm、310mm、380mm 等。

c 底盘抵抗线（W_d）

当采用垂直钻孔时，底盘抵抗线是影响露天台阶爆破质量的重要参数之一，是指从台阶坡底线到第一排炮孔孔底中心的水平距离。底盘抵抗线过大，则岩块大块率高、底盘容易出现根底、后冲及侧冲作用大，爆破振动危害大；底盘抵抗线过小，则增加钻孔成本，浪费炸药，并造成个别飞石危害及噪声危害。底盘抵抗线的选取要综合考虑岩石可爆性、爆破要求、台阶高度、炮孔直径等因素，设计时可以参考相似情况下的经验公式进行计算，并在实际开采中根据要求不断调整。当采用倾斜钻孔时，只考察最小抵抗线。目前，常用的确定底盘抵抗线的经验公式如下。

（1）依据钻孔作业安全要求：

$$W_d \geqslant H\cot\alpha + B \tag{3-8}$$

式中 W_d——底盘抵抗线，m；

α——台阶坡面角，一般取 $\alpha=60°\sim75°$；

H——台阶高度，m；

B——自炮孔中心到台阶坡顶线的安全距离，$B\geqslant2.5\sim3.0$m。

（2）按台阶高度确定：

$$W_d = (0.6 \sim 0.9)H \tag{3-9}$$

（3）根据巴隆公式确定（每孔装药条件）：

$$W_d = d\sqrt{\frac{7.85\Delta\tau}{qm}} \tag{3-10}$$

式中 d——孔径，mm；

Δ——装药密度，g/cm^3；

τ——装药系数，即装药长度与孔深的比值，一般 $\tau=0.7\sim0.8$；

q——炸药单耗，kg/m^3；

m——炮孔密集系数，即孔距与排距的比值，一般取 $m=1.2\sim1.5$。

（4）根据炮孔直径确定：

$$W_d = (20 \sim 50)d \tag{3-11}$$

采用倾斜孔进行台阶爆破时最小抵抗线可参照下式确定：

$$W = \frac{53kd\sqrt{\Delta/\rho}}{\sin\alpha} \tag{3-12}$$

或

$$W = \frac{1}{\sin\alpha}\sqrt{\frac{q_1}{q}} \tag{3-13}$$

式中 W——最小抵抗线，m；

k——岩石裂隙系数，一般取 $k=1.0\sim1.2$，节理裂隙发育取大值，不发育取小值；

d——炮孔直径，mm；

Δ——装药密度，kg/m^3；

ρ——岩石密度，kg/m^3；

α——台阶坡面角，(°)；

q_1——每米炮孔装药量，kg/m；

q——炸药单耗，kg/m^3。

d 超深（h）

超深是指钻孔超过台阶底盘水平的那一段孔深，其作用是通过降低药包中心的位置，有效地克服台阶底部阻力，防止或减少留根底，使台阶底部平盘平整。炮孔超深与爆区内岩体的性质密切相关，当底部岩体呈水平层状或水平节理较为发育时可不采用超深或减小超深。台阶高度大，坡面角小，底盘抵抗线较大且岩石坚硬时，应增大超深；岩体裂隙比较发育时，应减小超深。通常情况下，后排孔超深应大于前排孔超深0.5m。

根据实际经验，超深 h 可以按照式（3-14）或式（3-15）进行确定。

对于垂直孔：

$$h = (0.15 \sim 0.35) W_{\mathrm{d}} \tag{3-14}$$

对于倾斜孔：

$$h = (0.30 \sim 0.50) W \tag{3-15}$$

或参考式（3-16）、式（3-17）计算：

$$h = (0.05 \sim 0.25) H \tag{3-16}$$

$$h = (8 \sim 12) d \tag{3-17}$$

式中 h——炮孔超深，m；

其余符号意义同前。

以上四式中，岩石坚硬时，h 取大值；岩石松软时，h 取小值。

e 孔深（L）

孔深由台阶高度和超深共同确定。

（1）垂直孔孔深：

$$L = H + h \tag{3-18}$$

（2）倾斜孔孔深：

$$L = H/\sin\alpha + h \tag{3-19}$$

f 孔距（a）与排距（b）

孔距是指同一排炮孔中相邻两炮孔中心之间的距离。孔距大小按式（3-20）进行计算：

$$a = mW_{\mathrm{d}} \tag{3-20}$$

式中 m——炮孔密集系数，通常取 $m=1.0\sim1.4$。

炮孔密集系数一般大于1。在宽孔距小排距爆破中，m 值可达2~8。但首排炮孔通常由于底盘抵抗线较大，需选用较小的密集系数，用以克服底盘的阻力。

排距是指多排孔爆破时，相邻的两排炮孔之间的距离，它的大小与布孔形式和起爆顺序有关。其确定方法如下：

（1）选用等边三角形布孔时，由几何关系可知，排距和孔距存在如下关系：

$$b = a\sin60^\circ = 0.866a \tag{3-21}$$

式中 b——排距，m；

a——孔距，m。

（2）采用多排孔爆破时，孔距、排距是一组相互制约的参数。在孔径确定的前提下，每个炮孔都有一个适宜的负担面积，即

$$S = ab \quad 或 \quad b = \sqrt{\frac{S}{m}} \tag{3-22}$$

式中 S——炮孔合理负担面积，m^2。

排距的大小是否合理对爆破效果的影响很大，后排炮孔的岩石夹制作用较大，排距需适当减小。可以按照以下经验公式计算：

$$b = (0.6 \sim 1.0) W_{\mathrm{d}} \tag{3-23}$$

C 装药参数

a 炸药选择

目前，露天矿山常用的工业炸药主要有岩石膨化硝铵炸药、铵油炸药及乳化炸药等。

（1）岩石膨化硝铵炸药。岩石膨化硝铵炸药是一种新型粉状工业炸药，属于无梯炸药的范畴，是目前我国工业炸药中生产量最大、使用最广泛的一种炸药。炸药密度0.85~1.0g/cm^3，其组分和性能见表3-17。其爆炸性能好、做功能力强、吸湿低、不易结块，物理稳定性及储存性能高，使用安全可靠，可以使用8号工业雷管或导爆索直接起爆。

表3-17 岩石膨化硝铵炸药的组分和性能

组分/%	膨化硝酸铵	复合油相	木 粉
	92.0±2.0	4.0±1.0	4.0±1.0
爆炸性能	水分/%	≤0.30	
	药卷密度/g·cm^{-3}	0.80~1.00	
	爆速/m·s^{-1}	≥3200	
	猛度/mm	≥12	
	殉爆距离/cm	≥4	
	爆力/mL	≥320	
	有毒气体量/L·kg^{-1}	≤100	
	炸药有效期/天	180	

岩石膨化硝铵炸药适用于中硬及中硬以下矿岩。

（2）铵油炸药。铵油炸药的主要成分是硝酸铵和柴油。铵油炸药有粉状铵油炸药和多孔粒状铵油炸药两大类。粉状铵油炸药由粉状硝酸铵、轻柴油和木粉按一定比例混合而成，其组分和性能见表3-18。多孔粒状铵油炸药由多孔粒状硝酸铵和柴油组成，其中硝酸铵一般占94.0%~95.0%，柴油占5.0%~6.0%，其爆速不小于2800m/s，做功能力不小于278mL，猛度不小于15mm，含水量不大于0.3%。

表3-18 粉状铵油炸药的组分和性能

组分与性能		炸药名称		
		1号铵油炸药	2号铵油炸药	3号铵油炸药
组分/%	硝酸铵	92±1.5	92±1.5	94.5±1.5
	柴油	4±1	1.8±0.5	5.5±1.5
	木粉	4.0±0.5	6.2±1	—
性能指标	水分含量/%	≤0.25	≤0.80	≤0.80
	猛度/mm	≥12	≥18	≥12
	爆力/mL	≥300	≥250	≥250
	爆速/m·s^{-1}	≥3300	≥3800	≥3800
	殉爆距离/cm	≥5	—	—
	药卷密度/g·cm^{-3}	0.9~1.0	0.8~0.9	0.9~1.0

（3）乳化炸药。乳化炸药是属于油包水型结构的含水工业炸药，乳化炸药的优点是生产、储存、使用安全，抗水性能强，机械感度低、爆轰感度高，可以用一只 8 号工业雷管引爆。密度一般为 1.05～1.35g/cm^3。

粉状乳化炸药是一种具有高分散乳化结构的固态炸药，属于乳化炸药的衍生品种，是当前爆破行业发展较为迅速的炸药新品种。粉状乳化炸药爆炸性能优良，组分原料不含猛炸药，具有较好的抗水性，贮存性能稳定，现场使用装药方便，是兼有乳化炸药及粉状炸药优点的新型工业炸药。岩石粉状乳化炸药的组分和性能见表 3-19。

表 3-19　岩石粉状乳化炸药的组分和性能

组分/%	硝酸铵	复合油相	水分
	91.0±2.0	6.0±1.0	0～5.0
性能指标	密度/g·cm^{-3}	0.95～1.30	
	爆速/m·s^{-1}	≥3400	
	猛度/mm	≥13	
	殉爆距离/cm	浸水前	≥5
		浸水后	≥4
	爆力/mL	≥320	
	撞击感度/%	≤8	
	摩擦感度/%	≤8	
	有毒气体量/L·kg^{-1}	≤100	

岩石粉状乳化炸药、岩石膨化硝铵炸药及岩石乳胶型乳化炸药的爆炸性能对比如表 3-20 所示。

表 3-20　几种炸药的爆炸性能及其对比

品种	爆炸性能			
	殉爆距离/cm	爆速/m·s^{-1}	猛度/mm	做功能力/mL
岩石粉状乳化炸药	5～8	3700～4300	15～18	340～380
岩石膨化硝铵炸药	≥4	≥3200	≥12	≥320
铵油炸药	≥3	≥2800	≥15	≥278
1 号岩石乳胶型乳化炸药	≥4	≥4500	≥16	≥320
2 号岩石乳胶型乳化炸药	≥3	≥3200	≥12	≥260

在选择炸药种类时应考虑以下因素：炸药的性能及适用条件、炸药的制作成本、装药机械化程度。铵油炸药及乳化炸药可采用现场混装炸药车进行装药，装填效率高、药柱连续性好、爆炸性能好、综合成本低，但铵油炸药不防水且爆炸性能弱于乳化炸药。

b　单位岩石炸药消耗量（q）

台阶爆破中，单位岩石炸药消耗量的确定，要综合考虑爆破块度要求、自由面条件、岩石性质、炸药性能、起爆方式等因素。设计时可参照条件类似的矿山选取，亦可按照表 3-21 选取。

表 3-21 单位岩石炸药消耗量 q 值

岩石坚固性系数 f	0.8~2	3~4	5	6	8	10	12	14	16	20
$q/\mathrm{kg\cdot m^{-3}}$	0.40	0.43	0.46	0.50	0.53	0.56	0.60	0.64	0.67	0.70

注：表中数据以 2 号岩石铵梯炸药为标准。

c 线装药密度（q_1）

线装药密度是指单位长度炮孔装药量。

$$q_1 = Q/L_1 \tag{3-24}$$

$$q_1 = \frac{1}{4}\pi d_1^2 \Delta \tag{3-25}$$

式中 d_1——装药药卷直径，mm；

Δ——装药密度，g/cm^3。

d 单孔装药量（Q）

（1）对于垂直孔，岩石膨化硝铵炸药第一排炮孔单孔装药量计算可按照如下公式：

$$Q = qaW_dH \tag{3-26}$$

式中 q——单位炸药消耗量，kg/m^3；

a——孔距，m；

W_d——底盘抵抗线，m；

H——台阶高度，m。

采用多排孔爆破时，从第二排往后各排炮孔装药量，可按照如下公式进行设计：

$$Q = kqabH \tag{3-27}$$

式中 k——克服前面各排矿岩阻力的药量增加系数，通常取 $k=1.1 \sim 1.2$；

其余符号意义同前。

（2）对于倾斜孔，单孔装药量计算可参照如下公式：

$$Q = qaWL \tag{3-28}$$

式中 L——倾斜孔的长度（除超深外），m。

e 一次爆破孔数

一次爆破孔数用如下公式进行计算：

$$N = \frac{P(1+n)D_r}{\rho D_g abH} \tag{3-29}$$

式中 N——一次爆破孔数，个；

P——矿石年产量，t；

n——露天开采剥采比；

D_r——循环爆破周期，天；

ρ——岩石平均密度，kg/m^3；

D_g——一年平均工作天数，天；

其余符号意义同前。

f 堵塞长度（L_d）

采用适宜的炮孔堵塞长度及良好的堵塞质量有利于改善爆破效果，控制爆破飞石及提高炸药能量利用率等。堵塞太长会降低单孔装药量、增大钻孔费用并易在台阶上部产生大块。堵塞太短，易产生冲炮事故，造成炸药能量的损失，影响台阶底部爆破质量，并产生噪声及个别飞石等危害。

堵塞长度的确定可参照以下经验公式：

$$L_d = (0.7 \sim 1.0)W_d \tag{3-30}$$

垂直孔取 $(0.7\sim0.8)W_d$，倾斜孔取 $(0.9\sim1.0)W_d$，一般不小于 $0.75W_d$。

$$L_d = (20 \sim 40)d \tag{3-31}$$

此外，堵塞长度也与堵塞物和堵塞质量紧密相关。当堵塞物密度大、堵塞质量好时，炮孔的堵塞长度可适当减小。

g 装药结构设计

装药结构是指炸药在炮孔内装填时的存在状态。根据药卷与炮孔的密实程度可将装药结构分为耦合装药和不耦合装药两类。用不耦合装药系数来表示耦合装药和不耦合装药的特征。耦合装药是指炸药装满炮孔；不耦合装药分为径向不耦合装药和轴向不耦合装药两种，径向不耦合装药不耦合系数等于炮孔直径与药卷直径之比，轴向不耦合装药不耦合系数等于炮孔装药长度与药包长度之比。常见的装药结构图如图 3-20 所示。

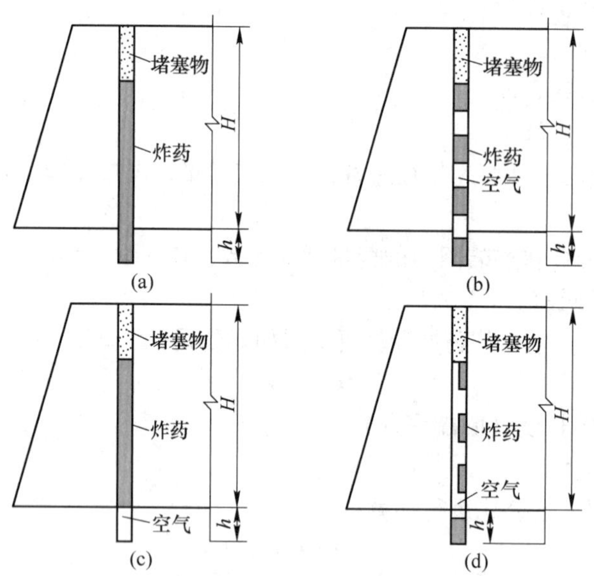

图 3-20 装药结构图

(a) 连续耦合装药；(b) 空气分段装药；(c) 孔底间隔装药；(d) 混合装药

(1) 将炸药沿炮孔连续装满的结构称为连续耦合装药结构。该装药结构的优点是现场操作简单，但药柱中心偏低，容易在顶部产生大块，二次破碎工程量大。装药结构见图3-20 (a)。

(2) 分段装药结构又叫间隔装药，是用岩渣、水、空气等将炮孔中的炸药隔离或者将炸药绑在竹条上隔开。这种装药结构能够使炸药更加均匀地分布在炮孔内，能有效降低孔口的大块率；但施工复杂，装药工作量大，效率低。结构如图 3-20 (b) 所示。

(3) 孔底间隔装药结构是指在炮孔底部预留出一段不装药，采用水、空气或者柔性材料进行间隔。此装药方式有利于保护台阶底板，但装药施工复杂，水利水电工程采用相对较多。结构如图 3-20（c）所示。

（4）在炮孔底部采用连续耦合装药，在炮孔中上部采用不耦合装药结构称为混合装药结构，如图 3-20（d）所示。

虽然装药结构种类较多，但露天矿山爆破中普遍采用连续耦合装药，在紧邻边坡区域的控制爆破中采用不耦合装药。

D 起爆参数

a 起爆器材简介

用来激发炸药爆炸的材料统称为起爆器材。工程爆破中常见的起爆器材主要包括：雷管、导火索、导爆索、导爆管、起爆药柱等。根据起爆过程中所起作用的不同，可将起爆器材分为起爆材料和传爆材料两种。起爆材料包括各种雷管，传爆材料包括导火索、导爆管，而导爆索既可作为起爆材料也可作为传爆材料。

（1）雷管。雷管是一种最基本的起爆材料。其中，火雷管是最简单、最基本的一种品种，但由于其起爆系统的安全性和可靠性较低，已被淘汰。目前，常用工业雷管的分类如图 3-21 所示。

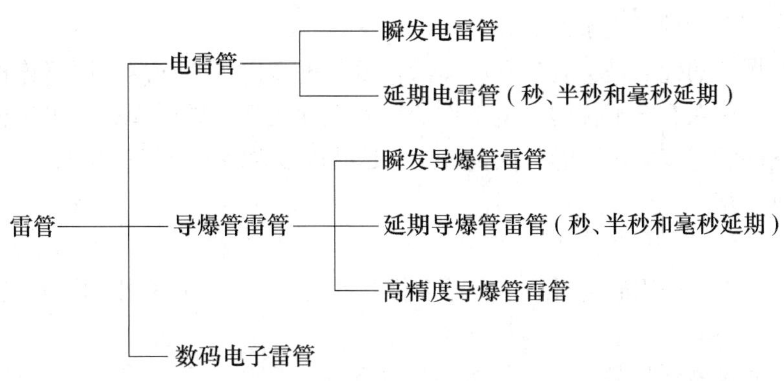

图 3-21 常用工业雷管分类

数码电子雷管技术的研究工作开始于 20 世纪 80 年代初。80 年代中期之后，电子雷管产品开始逐步进入起爆器材市场。起爆系统基本上由雷管、编码器和起爆器三部分组成。电子雷管的应用实现了高精度起爆时间顺序控制，为精确爆破设计、控制爆破效果、模拟研究爆破机理与过程，创造了新的技术条件。

（2）索状起爆器材。目前，常见的索状起爆器材主要有导火索、导爆索及导爆管三种。

导火索是引燃火雷管的配套材料，在秒延期雷管中可以起延期作用。

导爆索经过雷管起爆后，可以直接用于引爆炸药，亦可作为独立的爆破能源。采用导爆索起爆的爆破网路设计简单，操作方便。

导爆管，又称塑料导爆管，其传爆性能优良，用雷管和导爆索可以从侧向激发，一个 8 号工业雷管可以同时击发数十根导爆管。

b 起爆方法

按照起爆方法的差异，起爆网路可分为电力起爆网路和非电起爆网路两大类，其中非电起爆网路包括导爆管起爆网路及导爆索起爆网路。

（1）电力起爆法。电力起爆法是目前工程爆破中最普遍使用的一种起爆方法。其优点是整个施工过程都能采用仪表检查，从而能够确保爆破的可靠性；可实现远距离操作，提高了起爆安全性；可以同时起爆大量药包，增大一次爆破量；能精确控制起爆时间及延期时间。缺点是在有杂散电流或露天爆破遭遇雷电时，易发生事故；起爆筹备工作量大，作业时间长，操作难度较大。

（2）导爆索起爆法。导爆索可以直接用于起爆工业炸药和导爆管等，但其本身需用雷管来引爆。由于在爆破作业的施工工序中都没有雷管，而是在施工筹备完成、实施爆破之前才接上起爆雷管，因此，其施工安全性远远高于其他方法。

导爆索起爆法适用范围广，可用于台阶爆破、预裂爆破及光面爆破，其优点是：操作技术比较简单，与电雷管起爆法相比，前期准备工作量小；安全性高，通常不受外来电的干扰；同时起爆炮孔数不受限制。缺点是：成本较高；露天爆破时，噪声大；不能用仪器检查起爆网路的可靠性。

（3）导爆管起爆法。导爆管雷管起爆法可简称为导爆管起爆法。导爆管本身需要用击发元件来引爆。这种方法的应用范围广泛，除在有矿尘与瓦斯爆炸危险环境中禁止使用外，几乎可应用于各种环境条件下。

导爆管起爆法的优点是：起爆方法灵活，可实现多段延时起爆；网路连接操作简单，起爆工作量小；可在有电干扰的环境下作业，安全性较高；导爆管在传爆过程中噪声小。缺点是起爆网路的连接质量不能用仪表检查；延期段数太多或爆区过长时，空气冲击波可能会损坏起爆网路。

c 起爆顺序

露天台阶爆破常采用的起爆顺序有：多排孔齐发爆破、多排孔排间毫秒延时爆破、逐孔起爆。

多排孔排间毫秒延时爆破一般是指多排孔各排之间以毫秒级微差间隔时间起爆的爆破。与齐发爆破相比，其优点如下：

（1）提高爆破质量，改善爆破效果，如大块率低、爆堆集中、根底减少、后冲减少。

（2）可扩大孔网参数，降低炸药单耗，提高每米炮孔崩矿量。

（3）一次爆破量大，故可减少爆破次数，提高装运工作效率。

（4）可降低地震效应，减少爆破对边坡和附近建筑物等的危害。

前面提到多排孔布置方式只有矩形和三角形两种，但根据爆破要求和布孔方式的不同，多排孔的起爆顺序却多种多样，归纳起来主要有：直线型排间顺序起爆、排间奇偶式顺序起爆、波浪式顺序起爆、V形顺序起爆、梯形顺序起爆、对角线顺序起爆、径向顺序起爆、组合式顺序起爆等，如图3-22～图3-29所示。

d 毫秒延期爆破间隔时间

合理地确定毫秒延期爆破间隔时间是进行毫秒延时爆破的重要环节，对降低地震效应和改善爆破质量具有十分重要的作用。确定间隔时间要考虑爆区环境、岩体性质、孔网参数、爆破块度及震动要求等因素。实践证明，适宜的间隔时间能够使爆破既取得良好的爆破效果又能把爆破振动等危害降低到可接受的范围内，同时还可以确保先爆孔岩块不会毁

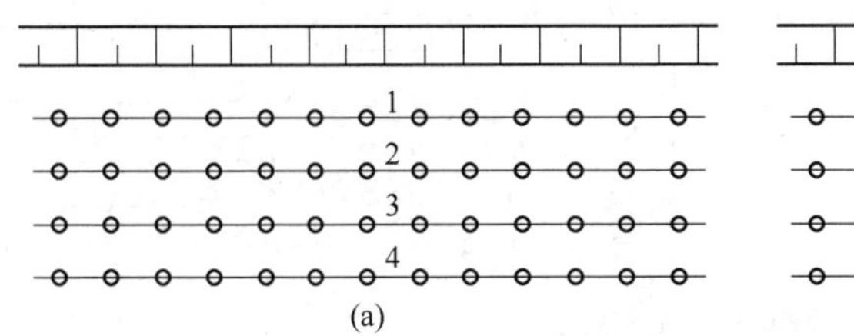

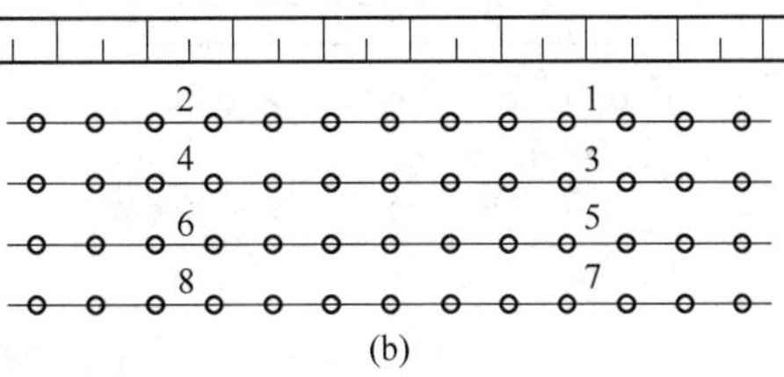

图 3-22 排间顺序起爆

（a）排间顺序起爆；（b）排间分区顺序起爆

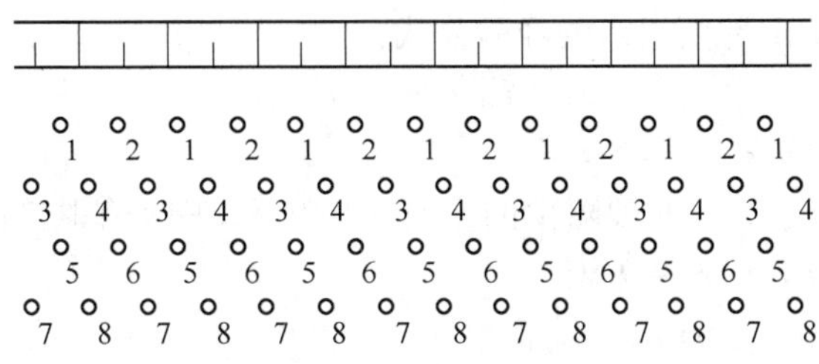

图 3-23 排间奇偶式顺序起爆

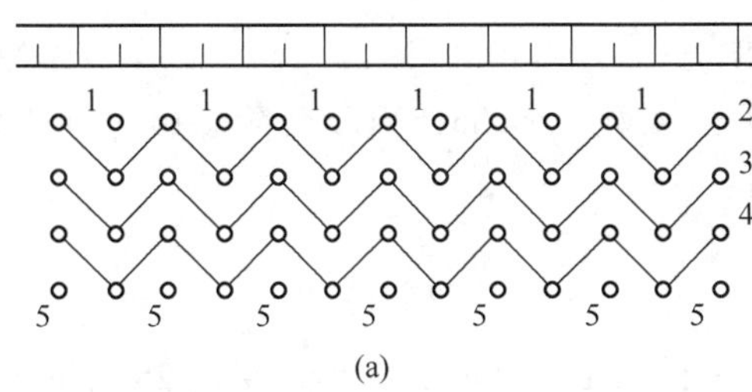

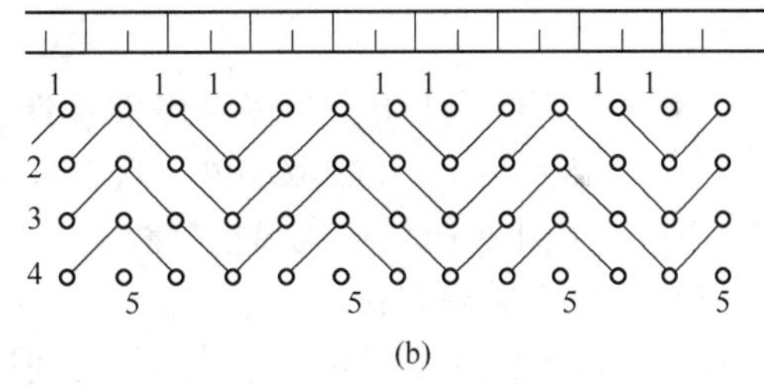

图 3-24 波浪式顺序起爆

（a）小波浪式；（b）大波浪式

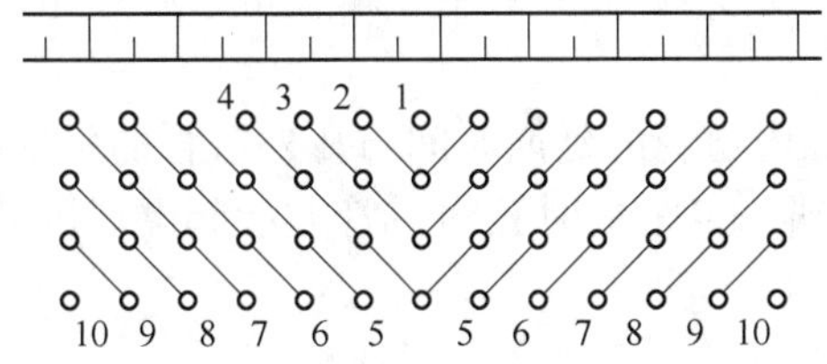

图 3-25 V 形顺序起爆

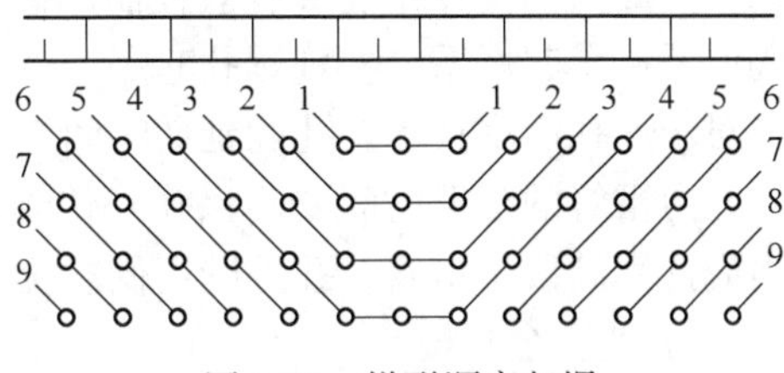

图 3-26 梯形顺序起爆

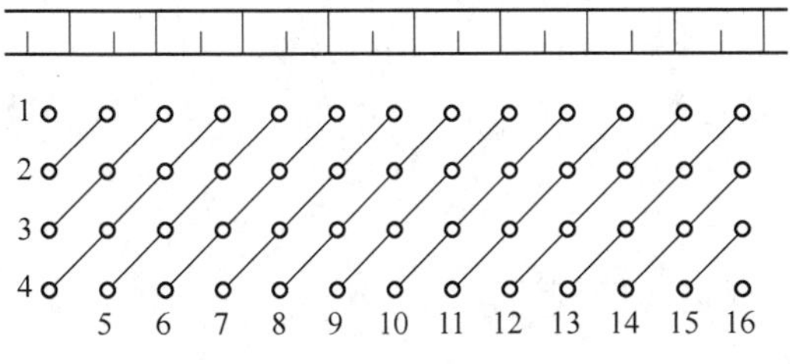

图 3-27 对角线顺序起爆

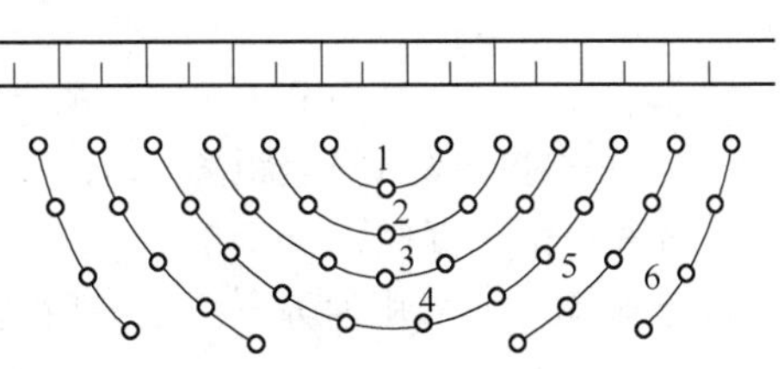

图 3-28 径向顺序起爆

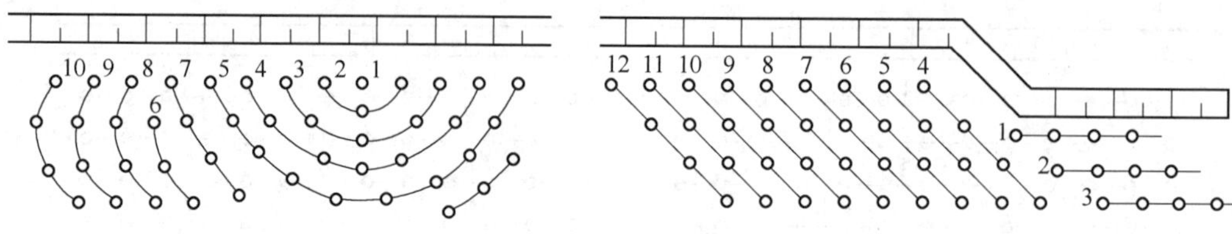

图 3-29 组合式顺序起爆

坏后爆孔和爆破网路。目前，一般都是根据经验或经验公式来确定毫秒延期间隔时间。常用的计算毫秒延期间隔时间的方法有以下三种：

（1）根据前苏联矿山部门提出的经验公式：

$$\Delta t = K_1 \cdot W_d(24 - f) \tag{3-32}$$

式中 Δt——毫秒延期间隔时间，ms；

K_1——岩石裂隙系数，对裂隙少的岩石 $K_1=0.5$，中等裂隙的矿岩 $K_1=0.75$，对裂隙发育的矿岩 $K_1=0.9$；

W_d——底盘抵抗线，m；

f——岩石坚固性系数。

（2）按照瑞典兰格福斯提出的经验公式：

$$\Delta t = KW \tag{3-33}$$

式中 K——与岩石性质、构造和爆破条件相关的系数，ms/m，露天台阶爆破，一般取 $K=3\sim6$，硬岩取小值，软岩取大值；

W——最小抵抗线或底盘抵抗线，m。

（3）根据经验确定：

目前，露天台阶爆破孔内毫秒间隔时间通常设计为15~75ms，一般多采用25~50ms。

e 逐孔起爆技术

逐孔起爆技术是从国外兴起的一种新型爆破技术，在国内外矿山台阶爆破中已被普遍使用。其最大的优点是能够有效控制爆破振动。在露天矿山可采用导爆管雷管起爆系统、数码电子雷管起爆系统实现逐孔起爆。

对于逐孔起爆技术，孔间延期时间主要分为孔内雷管的延期时间与孔外雷管的延期时间。孔内雷管的延期时间要确保孔外传爆雷管传到一定距离时孔内雷管方能起爆。因此，孔内应选用高段位雷管，孔外选用低段位雷管。

f 爆破安全校核

在露天矿山，主要考察的爆破安全是爆破飞石和爆破振动。

露天矿山台阶爆破所产生的飞石安全距离一般用瑞典德汤尼克经验公式进行校核计算：

$$R_f = (15 \sim 16)d \tag{3-34}$$

式中 R_f——爆破飞石安全距离，m；

d——钻孔直径，cm。

爆破振动一般采用前苏联萨道夫斯基经验公式进行校核计算：

$$v = K\left(\frac{\sqrt[3]{Q}}{R}\right)^{\alpha} \tag{3-35}$$

式中 v——介质质点的振动速度，cm/s；

R——观测（计算）点到爆源的距离，m；

K，α——与爆破条件、岩性等有关的系数；

Q——爆破最大一段的装药量，kg。

3.2.2.3 预裂爆破

A 预裂爆破参数

a 孔网参数

合理的孔网参数是确保预裂爆破取得良好效果的关键，主要包括孔径、孔距、孔深等。

（1）孔径。孔径应根据设备条件、质量要求等来选择。考虑到采用较大孔径成本高，且小直径钻孔对附近岩体破坏作用较小，预裂效果较好，目前，国内外预裂爆破多数采用小于150mm直径的钻孔。

（2）孔间距。孔间距是直接影响预裂带壁面光滑程度的关键因素，孔间距小则预裂带壁面平整光滑。孔间距的确定通常以孔径的倍数来表示，永久边坡通常采用7~12倍孔径，即

$$a_y = (7 \sim 12)d_y \tag{3-36}$$

式中 d_y——预裂孔孔径，m。硬岩、孔径小时取大值，软岩、孔径大时取小值。

（3）超深与孔深。原则上预裂孔不设置超深，最大不能超过0.5m。

b 装药参数

（1）不耦合系数 k。预裂爆破通常采用不耦合装药。不耦合系数随岩石抗压强度的增大而减小，在实际工程中，不耦合系数应控制在2~5之间，常选用2~3。

（2）线装药密度及装药量。线装药密度是指炮孔装药长度与不包含堵塞部分在内的炮孔长度之比。预裂孔的线装药密度通常取0.1~1.5kg/m。常用的线装药密度确定方法为经验数值法，参考表3-22选取。底部0.5~1.5m孔的装药量应比上部线装药密度大些，其加大系数见表3-23。表3-24为我国部分工程预裂爆破参数值。

表3-22 预裂爆破参数经验值

岩石性质	岩石抗压强度/MPa	钻孔直径/mm	钻孔间距/m	线装药密度/$g \cdot m^{-1}$
软弱岩石	<5	80	0.6~0.8	100~180
		100	0.8~1.0	150~250
中硬岩石	50~80	100	0.8~1.0	250~350
次坚岩	80~120	90	0.8~0.9	250~400
		100	0.8~1.0	300~450
坚岩	>120	90~100	0.8~1.0	300~700

注：药量以2号岩石铵梯炸药为标准，间距大、节理裂隙不发育者取大值，反之则取小值。

表3-23 底部线装药密度增加的倍数

孔深/m	<5	5~10	>10
底部线装药密度增加倍数	1~2	2~3	3~5

表 3-24　我国部分工程预裂爆破参数

工程名称	岩石类型	f	孔径/mm	孔距/m	坡面坡度	孔深/m	线装药密度/$kg \cdot m^{-1}$
眼前山铁矿掘沟	混合岩	8~10	250	2.5~3	垂直	6~17	2.8~3.6
宝山铜矿	矽卡岩	6~10	150	1.5~2	75°	11	0.8~1.2
	矽化灰岩	8	150	1.8~2.7	75°	11	0.9~1.0
	白云岩	4.7	150	1.3~2	75°	11	0.75
路堑	砂　岩		109	1	垂直	9	0.5
	灰　岩		150	2.5	垂直	11	0.75
三江电厂	砂　岩	2~4	170	1.35	垂直	7	0.25
溢洪道开挖	凝灰角闪岩	3	65	0.6	1∶0.3	15	0.11
	流纹岩	5	65	0.8	1∶0.3	12	0.16
	风化花岗岩	4	65	0.6	1∶0.3	6	0.14
	同上	3	65	0.6	垂直	8	0.09
地下电厂开挖	浅层斑岩	11	65	0.6	垂直	10	0.22
	坚硬极岩辉绿岩	26	60	0.6	垂直	3	0.1
隧道开挖	页岩	4	33	0.45	水平	1.8	0.11
路堑开挖	古生带砂岩	3	65	0.7	1∶0.2	5.5	0.16

（3）堵塞。为了确保预裂爆破质量，需进行堵塞，一般堵塞 0.6~2.0m。

c　起爆参数

为了更好地保护永久边坡，保证在主爆区起爆之前形成预裂缝，预裂爆破要早于主爆孔起爆，超前时间一般不小于 75ms。若预裂孔数较少，可齐发爆破，采用导爆索单向并联起爆网路，如图 3-30 所示。若一次起爆预裂孔数目较多，为降低爆破振动，则可采用分段延时起爆网路，如图 3-31 所示。

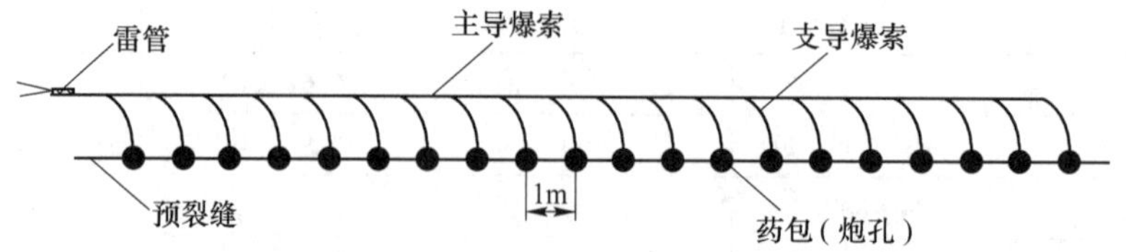

图 3-30　导爆索单向并联起爆网路

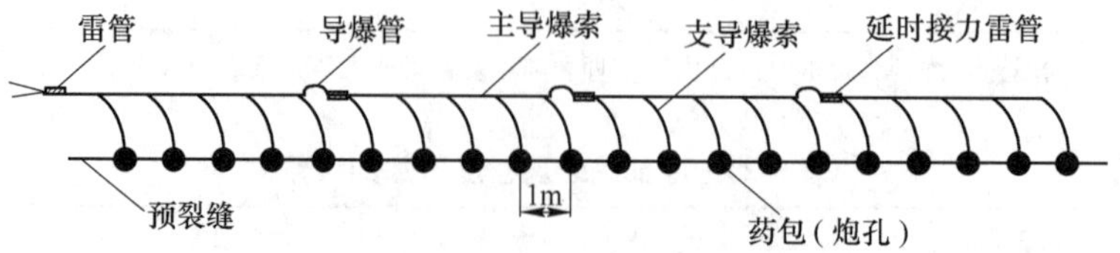

图 3-31　导爆索分段起爆网路

B　装药结构

预裂爆破装药结构为不耦合装药结构，通常是将 25mm 或 32mm 直径的标准药卷连续或分散地绑在导爆索上，再装入炮孔中。在装药时，靠近堵塞段顶部 1m 的装药量应适当减少，可为计算值的 1/2 或 1/3。预裂爆破装药结构如图 3-32 所示。

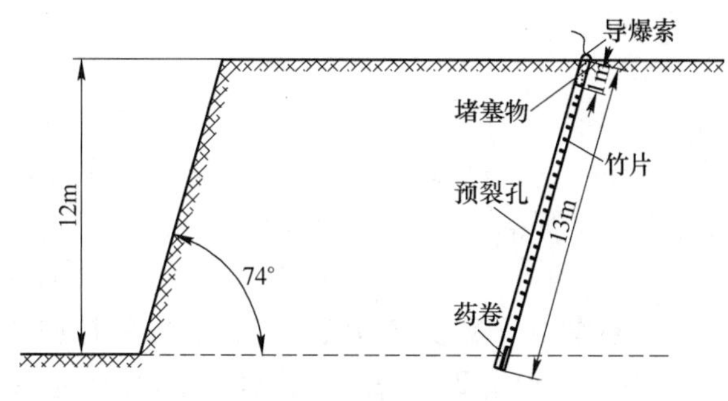

图 3-32　预裂爆破装药结构图

3.2.2.4　光面爆破

光面爆破目的是为了使边坡面光滑平整，从而确保边坡安全稳定。光爆孔晚于主爆孔起爆。

A　光面爆破参数

光面爆破孔网参数主要有孔径、孔距和最小抵抗线；装药参数主要指线装药线密度和单孔装药量。

a　孔径

一般情况下，光面爆破炮孔直径 $d_g \leqslant 150$mm。

b　最小抵抗线

光面爆破的最小抵抗线是指光爆孔与主爆区最后一排炮孔间的矿岩厚度，其大小将直接影响光面爆破的效果。

根据实际经验，光面爆破最小抵抗线可用下式计算：

$$W_g = (10 \sim 20) d_g \tag{3-37}$$

式中　W_g——光面爆破最小抵抗线，m；

　　d_g——炮孔直径，m。

c　孔间距

孔间距对爆破时岩石形成贯通裂缝有着至关重要的影响，合理的间距能够确保边坡面的平整程度，达到预期效果，间距的选择应考虑炸药的性质、岩石的性质、孔径、成本等因素。

光面爆破孔距设计一般采用下式计算：

$$a_g = (0.6 \sim 0.8) W_g \tag{3-38}$$

式中　a_g——光面爆破孔间距，m。

或用孔距和孔径之比，作为衡量孔距对爆破效果影响的因素，即

$$a_g = n d_g \tag{3-39}$$

式中　n——孔距系数，通常取 12~15。岩石完整且坚硬时，n 取大值，反之取小值。

d 装药量及线装药密度

光爆孔装药量是制约光面爆破效果的因素之一，为了实现边坡的平整，装药量应严格控制。光面爆破装药量可按照下式确定。

$$Q_g = q_g a_g L_g W_g \tag{3-40}$$

式中 Q_g——装药量，kg；

a_g——孔间距，m；

L_g——孔深，m；

q_g——炸药单耗，kg/m^3。q_g 通常取 0.15~0.25kg/m^3，软岩取小值，反之取大值。

线装药密度 q 可按照下式计算：

$$q = q_g a_g W_g \tag{3-41}$$

为克服光爆孔底部的夹制作用及爆破应力波在孔口的反射拉伸作用，底部加强装药，通常情况下，底部线装药密度 $q_{底}=(1.2\sim3.0)q$；孔口一定距离内设置不装药段。

B 装药结构

按照现场的具体条件，光面爆破装药结构大致可分为以下三种：

(1) 炮孔底部装填粗药卷，中间部分采用小直径长药卷均匀连续装药，孔口部分不装药，采用雷管或导爆索起爆。

(2) 把 25mm 或 32mm 普通标准药卷按照设计装药线密度连续或间隔绑在导爆索上，实现炸药沿孔深方向大致均匀分布的目的。装药结构如图 3-33 所示。

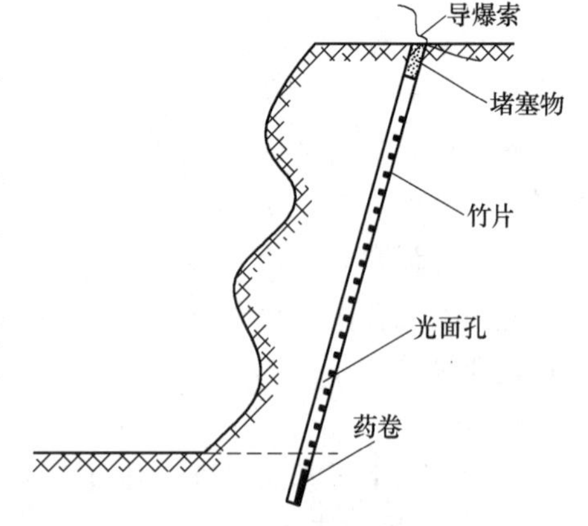

图 3-33 光面爆破装药结构图

(3) 采用间隔装药结构进行光面爆破，即用散装药分段装在炮孔内，不装药段用炮泥或岩屑填塞，整个炮孔采用雷管或导爆索起爆。实践证明，此装药结构光面效果较差，装药部位的孔壁会出现一定量的粉碎。

3.2.2.5 浅孔爆破

露天矿山台阶爆破后经常会产生大块矿石或岩石。大块率是评价台阶爆破质量的重要指标之一，大块率过高，会降低铲装效率，增加设备磨损。有时，因为岩体结构等因素的影响，爆破后也会产生根底。对于大块和根底，可采用浅孔爆破。根底爆破可参照土岩浅孔爆破方式进行。此处重点介绍大块或孤石的浅孔爆破。

孤石浅孔爆破布孔原则是：尽量使炸药置于离各临空面距离大致相当的位置，否则在抵抗线过大的地方，岩块破碎不彻底甚至根本不破碎；而在抵抗线小的地方，岩块过分破碎产生大量飞石。当一侧有临空面而另外一侧无临空面时，钻孔位置需靠近有临空面一侧。

布孔数目的计算方法为：首先根据岩块的性质及临空面的数目，选择适当的单位炸药消耗量 q，然后由需要破碎岩块的体积计算出相应的炸药量 Q，即

$$Q = qV \tag{3-42}$$

根据岩石形状确定布孔的大致位置及孔深，在确保堵塞长度大于最小抵抗线的条件下，确定每孔的装药长度及装药量 Q'。再根据总装药量 Q 来计算钻孔数目 n，即 $n=Q/Q'$。

一般岩块上的炮孔深度可以根据其尺寸来计算：

$$L=(0.5\sim0.7)H \tag{3-43}$$

式中 L——炮孔深度，m；

H——岩石厚度，m。

破碎大块的炸药单耗一般应控制在 70~150g/m³ 范围内，岩块小选大值，坚硬岩石选大值，反之选小值。对于有四个临空面的大块，浅孔爆破布孔和计算药量可以参照表 3-25 的数值。炸孤石药量要比炸大块大，因为孤石较坚硬，且多半埋在地下。其爆破参数设计可参考表 3-26。

表 3-25　大块矿岩浅孔爆破参数

大块尺寸/m²	厚度/m	炮孔深度/cm	炮孔数目/个	单孔装药量/g
0.5	0.8	45~55	1	20~30
1	1	55~65	1	35~70
2	1	65~75	2	35~70
3	1.5	75~100	2	65~100

表 3-26　大块孤石爆破参数

孤石体积/m³	厚度/m	炮孔深度/cm	炮孔数目/个	单孔装药量/g
0.5	0.8	50	1	50
1	1	65	1	100
2	1	65	2	100
3	1.5	100	2	200

3.2.2.6 裸露药包爆破

裸露药包爆破也称覆土爆破，常用于大块的二次破碎及根底的处理。

裸露药包爆破法是在矿岩体上、紧靠其侧面或底面放置药包，然后用炮泥覆盖，采用电雷管或导爆管雷管进行起爆，见图 3-34。此时，大块矿岩主要利用其上覆药包爆破产生的爆破应力波进行破碎，爆生气体在破碎中的作用几乎可忽略不计。因此，炸药的能量损失大，炸药单耗高于浅孔爆破，设计一般取 1~2kg/m³。

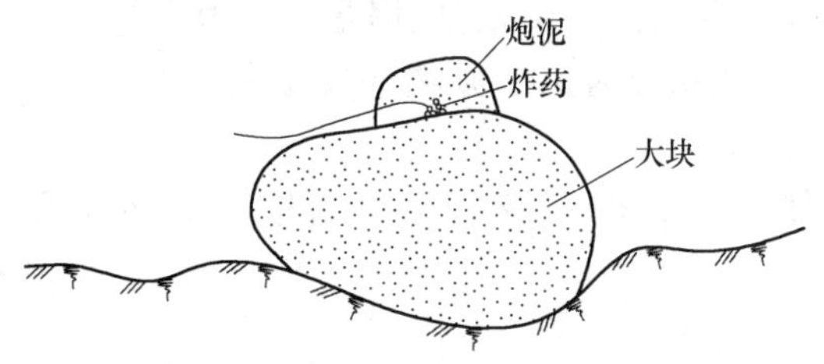

图 3-34　裸露药包爆破

为了减小炸药的消耗量，降低破碎成本，提高破碎效果，可以在药包表面覆盖黏土一类的材料，或者采用装水的塑料袋覆盖。裸露药包爆破产生的空气冲击波及巨大的声响，易使飞石增加，给设备及人员带来不良后果，造成不必要的损失。因此，一次爆破药量必须加以限制，不得超过8~10kg。

3.2.2.7 露天矿爆破设计实例

【实例3-1】 某石灰石矿山，矿岩硬度系数$f=8$，节理裂隙较为发育。采区离民宅最近距离约500m。该矿山采用露天台阶爆破方式进行矿岩松碎，台阶高度为15m，用KQGS-150潜孔钻机穿孔，钻孔直径均为165mm。爆破采用高精度导爆管毫秒雷管，炸药选用岩石膨化硝铵炸药。该石灰石矿山年采剥总量为200万立方米，年工作天数为300天。为减小爆破振动，保证居民的正常生活，同时又不影响采矿强度和矿山中长期生产计划。

设计内容及要求：(1) 露天台阶爆破设计；(2) 紧邻永久边坡预裂爆破设计。

(1) 台阶爆破设计方案。

爆破方案：露天台阶松动爆破，垂直钻孔，梅花形布孔；炸药为岩石膨化硝铵炸药，装药密度取1.0g/cm^3；为了降低爆破振动危害，采用逐孔起爆技术。

1) 台阶高度$H=15$m。

2) 炮孔直径$d=165$mm。

3) 底盘抵抗线。

① 依据钻孔作业安全要求，台阶坡面角取$\alpha=75°$，安全距离B取2.5m，则

$$W_d \geqslant H\cot\alpha + B = 4.0 + 2.5 = 6.5\text{m}$$

② 按台阶高度确定，$W_d=(0.6\sim0.9)H$，取系数为0.6，则$W_d=0.6H=9$m。

③ 根据炮孔直径确定，$W_d=(20\sim50)d$，取系数为30，则$W_d=30d=4.95$m。

综合考虑，取底盘抵抗线为6.5m。

4) 超深。$h=(0.15\sim0.35)W_d$，取系数为0.25，则$h=0.25W_d=1.625$m，实际超深取1.6m。

5) 孔深(L)：

$$L = H + h = 15 + 1.6 = 16.6\text{m}$$

6) 孔距(a)与排距(b)。

孔距：$a=mW_d$，取炮孔密集系数$m=1.0$，则$a=6.5$m。

排距：$b=a\sin60°=5.6$m。

7) 堵塞长度(L_d)。

$L_d=(0.7\sim0.8)W_d$，取系数为0.7，则堵塞长度为4.55m；

或$L_d=(20\sim40)d$，取系数为30，则堵塞长度为4.95m。

综上，取堵塞长度为5m。

8) 炸药单耗。虽然$f=8$，但石灰岩节理较发育，故选取单位炸药消耗量$q=0.4$kg/m^3。

9) 单孔装药量。

第一排炮孔单孔装药量：

$$Q = qaW_dH = 252\text{kg}$$

第二排及往后各排炮孔装药量：取 $k=1.1$，

$$Q = kqabH = 240\text{kg}$$

10）起爆网路。

每天爆破规模：$2000000 \div 300 = 6667\text{m}^3$。

每次爆破量满足 5~10 昼夜铲装要求，取 6 天。

单次爆破规模：$V_{总} = 6667 \times 6 = 40000\text{m}^3$。

单孔爆破方量：$V = abH = 546\text{m}^3$。

一次应起爆的总孔数：$n = V_{总}/V = 40000/546 = 73$ 个。

钻孔布置 4 排，每排 18~19 个炮孔，采用高精度导爆管雷管，孔间延时 17ms，排间延时 42ms，起爆网路示意图如图 3-35 所示。

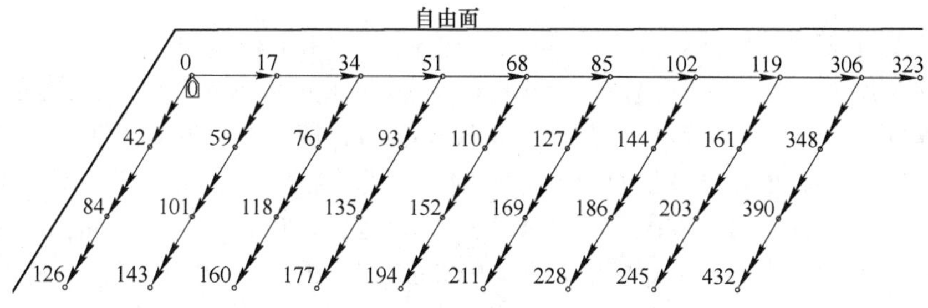

图 3-35　两个自由面时爆破网路设计图

11）爆破振动安全校核。单孔装药量最大为 252kg，代入公式 $v = K\left(\frac{\sqrt[3]{Q}}{R}\right)^{\alpha}$，式中，$R=500\text{m}$，$K=200$，$\alpha=1.65$，经计算得出，$v=0.147\text{cm/s}$。

对于民房，根据国家《爆破安全规程》（GB 6722—2014），为确保安全，若取允许振动速度为 $[v]=1.0\text{cm/s}$。采用逐孔起爆技术完全可以满足爆破振动安全要求。

（2）预裂爆破设计。

1）孔径。选用钻孔直径为 100mm。

2）孔间距。孔间距采用 10 倍孔径，即

$$a_y = (7 \sim 12)d_y = 10 \times 0.1 = 1.0\text{m}$$

3）孔深。

$$L' = H/\sin 75° = 15.5\text{m}$$

4）不耦合系数 k。炸药选用直径为 32mm 的乳化炸药，径向不耦合系数为 $100 \div 32 = 3.125$。

5）线装药密度及装药量。线装药密度取 0.1kg/m。底部 1.0m 孔的采用连续装药。

6）堵塞长度。根据经验，堵塞长度取 1.0m。

【实例 3-2】　某采石场生产规模为 30 万米^3/年石料，有效工作时间为 300d，每天一班制，岩石为石灰岩，岩石坚固性系数 $f=8\sim10$，岩石松散系数为 1.5。选用潜孔钻机进行钻孔，孔径 100mm，已知钻进效率为 60m/台班。距爆破点 350m 处有民房屋（砖房）。

设计任务如下。

（1）爆破方案：一次爆破规模、总装药量、总爆破孔数、总延米数。

（2）爆破参数：孔径、孔距、排距、孔深、超深、单位炸药消耗量、单孔装药量、装药长度、填塞长度。

（3）所需钻机台数。

（4）起爆网路设计。

（5）飞石安全距离校核。

（6）爆破振动对民房影响的安全分析。

设计方案如下。

（1）爆破方案。石场生产规模为 30 万米^3/年石料，有效工作时间为 300d，平均每工作日生产 1000m^3 石料。按 7 天为一周期，包括钻孔、爆破、出渣，则每次爆破不小于 7500m^3 石料。按松散系数 1.5 计算，每次爆破石方为 5000m^3。按单耗 0.4kg/m^3 计算，每次爆破总药量为 2000kg。

（2）台阶爆破参数设计。具体计算过程与实例 3-1 相同。

取台阶高度 $H=10$m，钻孔直径 $d=100$mm，超深取 $h=10d=1$m，炮孔深度 $L=11$m，延米装药量 $q_1=6.7$kg/m（装药密度取 $\Delta=0.85$g/cm^3），取填塞长度 $L_2=30d=3$m，则装药长度 $L_1=11-3=8$m，单孔装药量 $Q=8\times6.7=54$kg，按单耗 0.4kg/m^3 计算，台阶高度 10m，每个炮孔负担面积为 $S=13.5$m^2，取密集系数 $m=1.2$，可得排距 $b=3.3$m，孔距 $a=4$m。单孔爆破体积为 135m^3，而每次爆破总量为 5000m^3，则每次需爆破 37 孔。

（3）所需钻机台数。按每次爆破 37 个炮孔、孔深 11m、废孔率 5%计算，每次爆破需钻孔合计 427.35m。按选用潜孔钻机的钻进效率为 60m/台班计算，需 7.1 个台班。按每周期钻孔 7 天 7 个台班计算，需钻机 1 台工作。

（4）起爆网路设计。每次起爆 4 排，每排 11 个炮孔左右，总孔数为 38 个左右，根据现场情况而定。这些炮孔采用高精度导爆管雷管进行网路连接，孔内统一采用 400ms 延期间隔，孔外主控排相邻孔之间采用 17ms 或 25ms 间隔，排间采用 42ms、65ms 间隔，实现逐孔起爆。

（5）飞石安全距离校核。爆破飞石安全距离：$R_f=(15\sim16)d=150\sim160$m。

根据《爆破安全规程》（GB 6722—2014）的规定：台阶爆破个别飞散物对人员的安全允许距离不小于 200m，此处飞石安全距离按 200m 控制。

（6）爆破振动的安全分析。根据经验，采用萨道夫斯基公式，K 值取 200，α 取 1.6。根据《爆破安全规程》（GB 6722—2014），一般砖混结构的民房允许的安全振速为 2.0cm/s，本设计按 1.0cm/s 核算单段最大允许药量。

由 $v=K\left(\frac{\sqrt[3]{Q}}{R}\right)^{\alpha}$ 得，$Q=R^3\left(\frac{v}{K}\right)^{\frac{3}{\alpha}}=2078$kg。

可见，矿山爆破的单次总装药量为 2000kg，不会对 350m 处民房造成危害。但从综合考虑爆破效果，更高地提高安全系数，确保安全，建议采用排间毫秒延时爆破或逐孔爆破方法进行生产。

采用排间毫秒延时爆破时，每排 11 个炮孔，单段（单排）装药量为 594kg，其爆破振动速度为：

$v=K\left(\frac{\sqrt[3]{Q}}{R}\right)^{\alpha}=200\times\left(\frac{\sqrt[3]{594}}{350}\right)^{1.6}=0.512$cm/s，民房安全。

采用逐孔爆破时，单段（单孔）起爆药量为54kg，其爆破振动速度为：

$$v = K\left(\frac{\sqrt[3]{Q}}{R}\right)^{\alpha} = 200\times\left(\frac{\sqrt[3]{54}}{350}\right)^{1.6} = 0.143\text{cm/s}$$，民房安全。

3.3 矿岩机械松碎

机械破岩相比爆破破岩具有机械化程度高、可连续作业、工序简单、施工速度快、施工质量高、支护简单、工作安全等诸多优点。随着露天矿山大型化、机械化、自动化、无人化、连续化作业的发展，机械破岩的应用将越来越普及，常见的机械破岩设备有松土器、露天采矿机及破碎锤。

3.3.1 松土器

松土器装在大中型履带推土机的尾部，广泛用于凿裂风化岩、页岩、泥岩、硬土和以往需用爆破方法处理的软岩石、裂隙较多的中硬岩石等。经过松土器凿裂过的岩石，可用推土机集料，挖掘、装载机械直接装走。

一般大中型履带式推土机的后部均悬挂有液压式松土器，松土器有多齿和单齿两种。多齿松土器挖凿力较小，主要用于疏松较薄的硬土、冻土层等。单齿松土器有较大的挖凿力，除了能疏松硬土、冻土外，还可以劈裂风化和有裂缝的岩石，并可拔除树根。

松土器主要由升降油缸3、横梁4和松土齿等组成，如图3-36所示。松土器的提升或放下由升降油缸3控制。

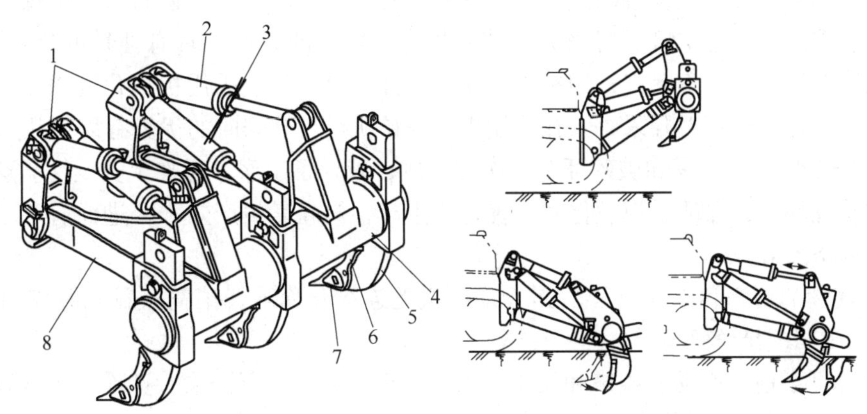

图3-36 推土机的松土器

1—安装架；2—倾斜油缸；3—升降油缸；4—横梁；5—齿杆；6—保护盖；7—齿尖；8—松土器臂

推土机工作装置液压控制系统主要包括铲刀升降控制回路、铲刀垂直倾斜控制回路和松土器升降控制回路。

采用松土器凿裂岩石的施工方法日益得到发展的主要原因是大功率和结构坚固的履带推土机的使用，因此推土机凿裂岩石的硬度范围也在不断扩大。如功率为456kW的推土机配备单齿松土器，可凿裂地震波速为4000m/s的岩层；功率为515kW的推土机，可凿裂地震波速为4000m/s的岩层。

松土器生产效率的计算：

$$P = 60DWLk_t/t \tag{3-44}$$

式中 P——松土器生产率（自然方），m^3/台时；

D——平均松土深度，一般取齿高的 1/2，m；

W——松土宽度，m（一般取平均值）；

L——一次行程凿裂的距离，由现场条件确定，一般取 100m；

k_t——时间利用系数，一般取 0.7~0.75；

t——一次凿裂行程所需要的时间，min，由下式计算：

$$t = L/v + 0.5$$

v——松土速度，m/min，对易裂和可凿裂的岩土取 $v=26.8$m/min，对于难凿裂的岩石取 $v=20$m/min。

但实际经验表明，公式计算值比实测生产效率大 15%~30%。

3.3.2 露天采矿机

露天采矿机在 20 世纪 70 年代应运而生，其研制、开发和应用成为采矿界引人注目的焦点。这种设备由于其独特的切割机构不仅可以达到 80~100MPa 强大的切割力，实现了坚硬物料的连续式开采，而且采用了分层开挖形式，可对较薄的矿层（如 0.2~0.5m）进行有选择性的开采。同时，该机集采、装与破碎于一体，免去了传统工艺生产中的钻孔、爆破和粗破乃至中破等环节，与卡车或胶带运输机配合成为一种新兴的半连续式或连续式开采工艺。随着这种工艺设备的进一步发展和完善，必将成为中硬矿石和复杂煤层开采的理想设备。采用露天采矿机进行露天矿的开采，在特定的条件下具有独特的优势。例如，在矿区周边环境复杂，不允许采用钻爆方式进行开采时，只能采用机械化开采；或对于一些薄矿层，需进行选择性开采等。在采用露天采矿机进行开采时的优势有以下几点：

（1）安全性高。开采和破碎环节一次性完成，减少了工序，增加了安全性。这样简化了矿山的管理环节，保证了规模化和系统化的生产，提高了生产效率，进而有利于提升矿山企业的经济效益。

（2）连续的切割和破碎过程。露天采矿机的连续化作业，滚筒上截齿切割并破碎矿岩，提高了矿山生产效率。

（3）降低了地面震动、噪声和飞尘。采用露天采矿机进行开采，免除了爆破等工艺造成的地面震动、噪声、飞尘等有害效应。

（4）消除了二次破碎。露天采矿机开采后的矿岩破碎均匀，无大块，免除了二次破碎环节，减少了辅助设备。

（5）精细化开采有利于边坡稳定。免除了爆破震动效应对边坡结构的动态损伤，保持了岩体原有的完整性与强度，有利于边坡结构的稳定性。

（6）平整的表面有助于提高机动设备轮胎的使用寿命。开挖面平整，无根底等，减轻了对机动设备轮胎的磨损，提高其使用寿命。

（7）远程控制和全自动化作业。采用露天采矿机进行开采，可以实现远程控制和全自动化作业，减少了现场工作人员，实现矿山自动化、无人化开采。

3.3.2.1 露天采矿机的分类

目前露天采矿机的主要制造厂家有：德国的维亚特根，产品为SM系列；澳大利亚的钢铁联合公司（澳钢联），产品为VASM系列；德国的克虏伯，产品为KSM系列；美国威猛制造公司，产品为威猛地平王。

3.3.2.2 露天采矿机工作原理

露天采矿机的工作原理与拖拉铲运机的开采方式相似，从层面开始由上往下逐层开采；不同之处是前者破碎物料的工作机构为滚动前进，后者为直线前进。露天采矿机的结构见图3-37。

露天采矿机的切削、破碎、装运一次性完成，其中部（整机重心）接近地表的部分装有一个采矿切削滚筒，详见图3-38。露天采矿机向前行走的同时，安装有碳化物刀具转子切削材料并将其破碎成适合皮带运输的粒度，切削转子上切旋转，螺旋状排列的刀具将切削下来的材料向转子中间区域输送，之后再被输送到一级皮带上，并由一级皮带传送给二级皮带，即装料皮带。

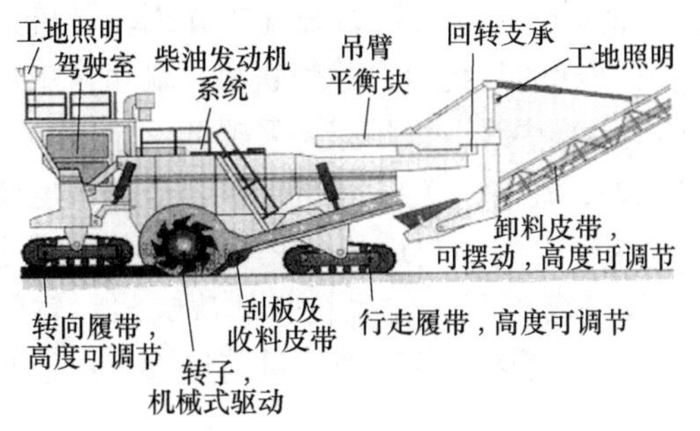

图3-37 维特根露天采矿机结构图

图3-38 露天采矿机切削滚筒驱动原理图

切削滚筒是采矿机的截割部件，其上装有硬质合金镶嵌的圆柄截齿，详见图3-39。

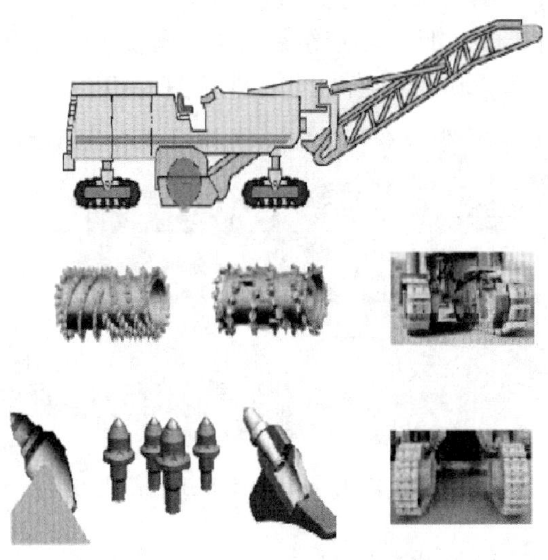

图3-39 露天采矿机切削滚筒及截齿

工作时，随着整体的直线前进，滚筒及截齿做圆周运动，从而切碎矿岩，切削效率高，并且工作平稳。

露天采矿机切削滚筒的切岩原理类似井下滚筒采煤机，不同之处是一个切削侧面的煤壁，一个是切削底部物料。被切碎的矿岩由滚筒上的双螺旋线形挡板送到一个滑板上（滑板构成斜面）进而送到带式输送机上（机器自带），再由输送机转载到自卸卡车或其他运输设备中。

3.3.2.3 露天采矿机工艺配置形式

A 露天采矿机-带式输送机连续工艺

露天采矿机与带式输送机配合，可以充分发挥露天采矿机的特点，实现连续作业，生产能力大。由于露天采矿机开采下来的物料块度不大，无需破碎就完全可以满足带式输送机的要求。然而，带式输送机随露天采矿机移设频繁，这就要求其有较长的工作线，以减少带式输送机的移设次数，因此限制了其应用范围。

为了克服带式输送机频繁移设的缺点，国外发明了露天采矿机-可移式带式输送机系统，整个系统包括露天采矿机、机动组合式输送机和普通移位式输送机系统（工作面输送机系统）。开采出来的物料，将通过与露天采矿机串连在一起的几台组合式输送机，输送至工作面运输系统，这几台组合式输送机必须经常横向移动对准中线，紧随露天采矿机运行。

采用带式输送机的配置形式，除了灵活性受限外，还有一关键问题是矿岩分流，也就是物料的“同一性”。当矿岩互层频繁变动时，输送带上的物料就要随之变动。要解决这个问题，一是设分流站，需要大量投资；二是另设一套卡车运输系统来解决夹岩运输问题。无论何种方式，都会增加生产上的环节和管理上的复杂性，这也是目前还没有用带式输送机与露天采矿机配套的一个原因。

B 露天采矿机-卡车间断工艺

露天采矿机-卡车间断工艺是一种比较成熟的工艺，汽车运输机动灵活的特点适合露天采矿机频繁走行的要求。露天采矿机开采过的工作面不需平整即可满足汽车运行要求，这种工艺系统效率高，生产成本低，生产组织简单。国外实际应用露天采矿机的矿山，几乎都采用了这一工艺。露天采矿机-卡车工艺作业见图3-40。

图3-40 露天采矿机-卡车工艺作业图

C 露天采矿机-转载机-带式输送机工艺

为了解决露天采矿机的工作地点变化不定，装料臂的长度与升降高度有限，以及运输设备工作坡度的限制，露天采矿机-转载机-带式输送机工艺增加了转载机这一个中间环节（见图3-41），减少了带式输送机的移设次数。但是，转载机的二次装载，难以实现对中与撒料，尤其是夜间，增加了系统的复杂性。

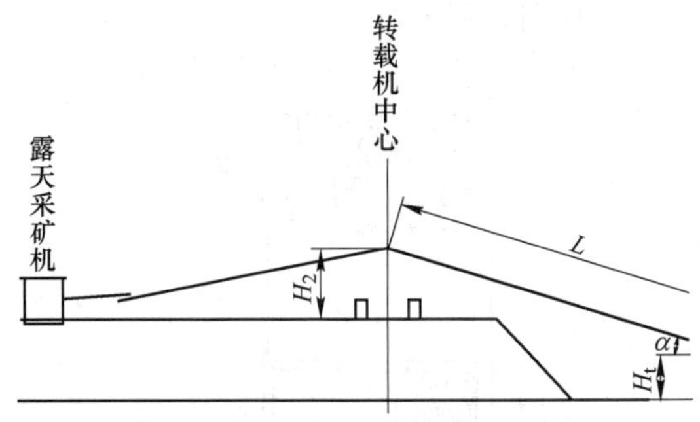

图3-41 露天采矿机-转载机-带式输送机配合作业示意图

为了减少带式输送机台数，可采用多台露天采矿机共用一台带式输送机。图3-42表示采矿机在两个台阶上作业，共用一台输送机，采矿机位于该台阶的顶部。

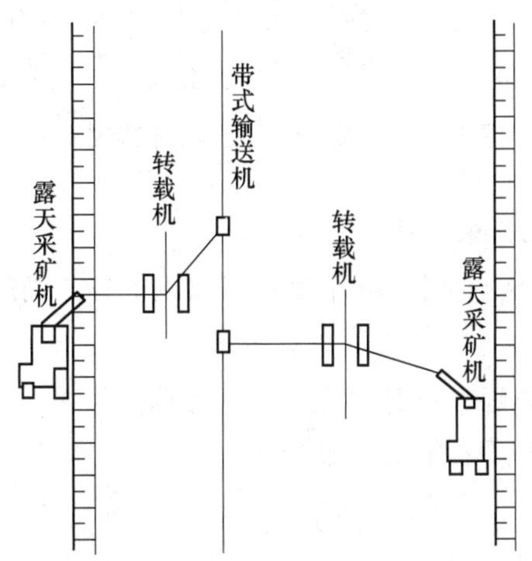

图3-42 两台采矿机共用一条胶带机示意图

该工艺的台阶高度除受能力和稳定性限制外，还受转载机规格的限制，台阶高度为：

$$H \leqslant H_1 + L\tan\alpha_{max} - H_2 \tag{3-45}$$

式中 H_1——允许的装料高度，m；

L——转载桥长度，m；

α_{max}——物料所允许的最大下向运输角，（°）；

H_2——转载机高度，m。

D 露天采矿机综合工艺

露天采矿机综合工艺是指单斗挖掘机、露天采矿机、卡车和带式输送机等组成的开采工艺。该工艺既能充分发挥单斗挖掘机-卡车工艺的灵活、适应性强、工艺简单、可靠性高的特点，又能利用露天采矿机选采薄煤层及夹矸的优势，对中硬岩石有良好的采剥优势，在现今我国应用露天采矿机的经验不太丰富的情况下，具有较好的实际可行性。

对于煤层厚度大、含矸率较小的煤层，仍然经穿孔爆破后由单斗挖掘机采掘并装入自卸卡车。而对于煤层厚度较薄、含矸率较大、夹矸层较多的煤层及其夹矸层则由露天采矿机取代单斗挖掘机采装，即煤层直接由露天采矿机刨采，刨采后的煤经露天采矿机的装料皮带装入自卸卡车。作业方法如图 3-43 所示。

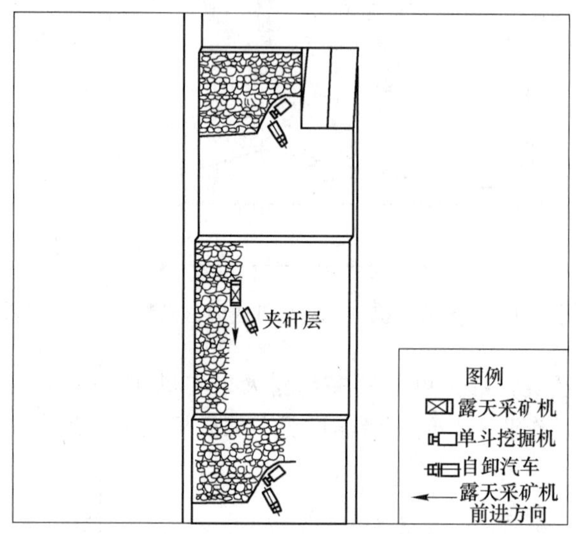

图 3-43　露天采矿机综合工艺作业方法

3.3.2.4　露天采矿机开采参数

露天采矿机与卡车配合作业时，开采参数可按以下方法确定。

A　台阶高度

影响台阶高度 H 的主要因素有开采强度、边坡稳定性等，露天采矿机本身对台阶高度没有特殊要求，主要取决于开采强度。即

$$H \leqslant \frac{nQ}{LV} \tag{3-46}$$

式中　n——台阶上配置的采矿机台数，为减少相互干扰，一般一个台阶布置一台设备；

Q——露天采矿机生产能力，m^3/a；

L——工作线长度；

V——露天矿产量规模要求的年推进度，m/a。

B　最小工作平盘宽度

采掘带宽度应是保证露天采矿机和运输设备的正常作业所具备的宽度，当运输设备为汽车时，主要与汽车的型号（如转弯半径，车体宽度）以及入换方式有关。由于露天采矿机一次采厚一般不大，一般采用双向装车。

（1）双向装车，回返入换。这种入换方式由于受汽车在倾斜工作面上作业性能的限制，要求工作面的横、纵向坡度不超过汽车转弯、运行的限坡，此时如图 3-44 所示，最小工作平盘宽度 B_{min} 可按下式计算：

$$B_{min} = 4R_a + 2K_a + e_1 + e_2 + e_3 + e_4 \tag{3-47}$$

式中 R_a——卡车最小转弯半径，m；

K_a——卡车车体宽度，m；

e_1——卡车车体至台阶坡底线安全距离，取0.5~1m；

e_2——卡车车体到新开小台阶坡顶线安全距离，取1~1.5m；

e_3——卡车车体到新开小台阶坡底线安全距离，取0~0.5m；

e_4——卡车车体至台阶坡顶线的安全距离，取2.5~3.5m；

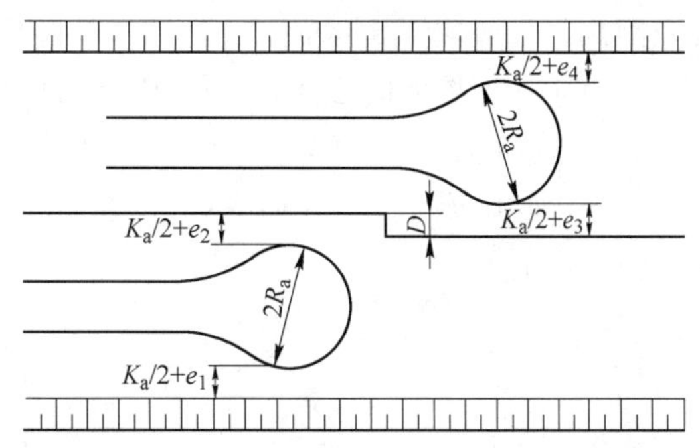

图3-44 汽车回返调车时采掘带宽度示意图

（2）单向装车，直线入换。采用这种入换方式，可使汽车的入换时间达到最小，汽车运行条件好，可适应较大纵向坡度，能有效发挥露天采矿机适应较大纵坡的优点，所以，这种入换方式对缓倾斜复合煤层的选采颇具实际意义，此时：

$$B_{\min} = 2R_t + B + e_1 + e_2 + e_3 + e_4 \tag{3-48}$$

式中 B——露天采矿机采宽，m；

其他符号意义同式（3-47）。

C 工作台阶帮坡角

露天采矿机倾斜横向开采时，台阶坡面系指开采最上一个开采分层的坡底线与最下一个分层的坡底线所构成的平面，该平面与煤层倾斜面所成的交角即为工作台阶帮坡角。工作台阶帮坡角分为两类：第一类为临近露天端帮的工作台阶帮坡角；第二类为两开采块段交界处的工作台阶帮坡角。显然这两类工作台阶帮坡角构成参数是不相同的。对临近端帮的工作台阶帮坡面，留设层间的安全平台其主要目的是保证帮坡面的稳定性，而对块段间的工作台阶帮坡面，留设层间安全平台，其主要目的是为保证露天采矿机开采下一个块段时作业安全。一般地说，后类的安全平台要大于前类的安全平台。

（1）临近端帮台阶帮坡面。这类坡面属于露天矿端帮坡面，故其帮坡角可取端帮正常帮坡角，一般为60°~70°。

层间安全平台宽 b_i 为：

$$b_i = \begin{cases} a & i = 1 \\ h_i/\tan\alpha & i = 2, \cdots, n \end{cases} \tag{3-49}$$

式中 a——端帮正常台阶的平台宽度，一般为5m左右，若需铺设运输线路，则为正常的运输平台宽，m；

n——开采该台阶的开采总层数；

h_i——露天采矿机采高，m；

α——最终台阶帮坡角，(°)。

（2）开采块段交界处的台阶帮坡面（见图3-45）。层间安全平台宽：

$$d_i = \begin{cases} c_i & i = 1 \\ c_i + e & i = 2,\cdots,n \end{cases} \tag{3-50}$$

式中　e——开采各分层临近块段交界面的第一开采条带时，露天采矿机外履带距台阶稳定坡面的安全距离，一般取1.5~4m；

c_i——开采层间坡顶距台阶稳定坡面的距离，其值按下式计算得出：

$$c_i = \begin{cases} h_i/\tan\beta - e & i = 1,\ \cdots,\ n-1 \\ h_i/\tan\beta & i = n \end{cases}$$

β——台阶稳定帮坡角，(°)。

工作台阶帮坡角 α：

$$\tan\alpha = \frac{\sum_{i=2}^{n} h_i}{\sum_{i=2}^{n} d_i} \tag{3-51}$$

式中　d_i——坡顶距台阶稳定坡面的距离。

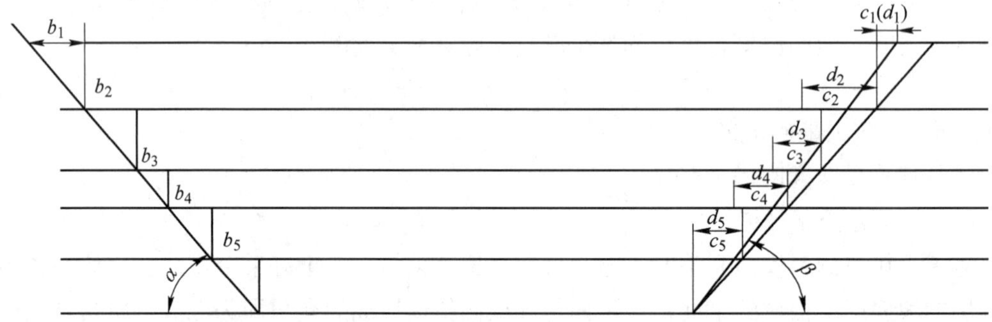

图3-45　开采块段的构成及其参数

D　物料粒径

对于滚筒式采矿机，滚筒的参数和切割的速度等因素影响采出矿石的粒度。若采矿机以转速 n 旋转，同时以速度 v 向下切割，截齿切下的矿屑呈月牙形，其厚度从0~h 变化，且：

$$h = \frac{1000v}{mn} \times 60 \tag{3-52}$$

式中　h——矿屑厚度，mm；

v——滚筒下行切割速度，m/s；

n——滚筒转速，r/min；

m——每条截线上的截齿数。

由上式可知，当 m 一定时，矿屑厚度与滚筒下行切割速度成正比，而与滚筒转速成反比。滚筒转速愈高，下行速度愈慢，矿石的块度愈小；而且，滚筒下行速度影响机器的生产效率，因此需要综合考虑。

成品矿块度的控制，通过改变刀具类型（粗细）、刀间距（宽窄）、切削滚筒转速（快慢）、前进速度（高低档）可以实现需要的物料块度。以美国露天煤矿为例，其成品煤的料级如图 3-46 所示。

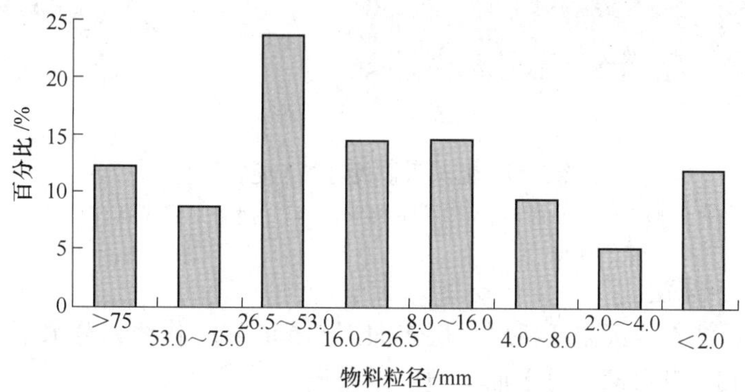

图 3-46　WRITGEN3000SM 露天采矿机切削物料粒径范围分布图

由上图可知，露天采矿机的物料粒径主要分布在 8.0～53.0mm 之间，占总数的 61.9%，完全满足带式输送机的要求，且对卡车动载冲击较小。

E　截割功率

滚筒式露天采矿机截割功率由生产能力决定：

$$N = H_W Q_T \tag{3-53}$$

式中　N——露天采矿机截割功率，kW·h；

H_W——采矿比能耗，kW·h/t；

Q_T——理论生产率，t/h。

对于煤矿而言，考虑煤层的变化、夹矸以及需要卧底等，实际截割功率比计算值要高一些。

3.3.2.5　开采方法与作业方式

不同的采装设备构成不同的开采工艺，一定的开采工艺对应一定的开采方法。露天采矿机的工作方式是在行进中通过对物料从上而下的层层切削来完成的，即只要行走就可连续地采掘物料。而其他的采掘机械，如单斗挖掘机、轮斗挖掘机、吊斗铲、前装机等是在已定的条件下，采用定点的采掘作业方式。露天采矿机的开采方法可分为分层开采法和分块开采法两大类。

A　分层开采法

将矿岩分成许多层，逐层开采。在开采一层时又把该层分成许多条带，进行开采。这种开采方法适合与自卸卡车联合运输，也可不配备装料皮带，破碎后由前装机装载卡车，见图 3-47。

露天采矿机的分层开采方式可分为水平分层开采法、倾斜分层开采法和横向开采法等。

(a)

(b)

图 3-47　露天采矿机与卡车配合作业
（a）与前装机、卡车联合作业；（b）与卡车联合作业

a　水平分层开采法

水平分层开采法是露天采矿机沿矿层走向工作帮布置工作线，分水平逐层地剥采，即沿着矿层走向顺其平盘顶部，自上而下地层层采掘。

露天采矿机用于露天煤矿开采时，露天采矿机按照平行逐幅、水平逐层的开采方式。第一层开采完成后开采第二层，依次开采煤、岩体，如图 3-48 所示。收割机模式是露天采矿机理想的工作方式，这样露天采矿机可以在煤岩体上最大效率的连续工作，即使在转弯过程中也不停止。

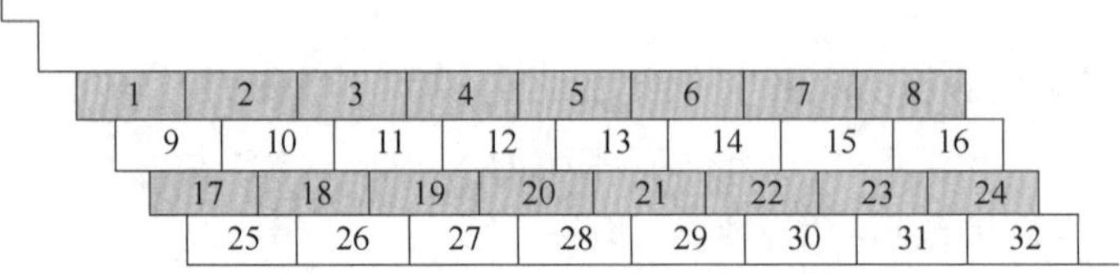

图 3-48　露天采矿机分层开采程序图

水平分层开采一般适用于以下场合：

（1）露天矿表土和岩石的剥离（包括顶板拉沟露天矿）。

（2）选采要求不高的中厚矿层的开采。

（3）水平层状复合矿层的选采。

这种开采方式的优点如下：

（1）露天采矿机的工作线长度大，避免倾向开采所带来的工作线长度过短，尤其矿层倾角越大，其斜长越短，从而影响露天采矿机的效率，同时也影响自卸卡车的效率发挥。

（2）矿、岩可一起划分为一个采区，顺走向，遇到岩采岩，遇到矿采矿，使台阶布置及开采程序简化；可采用组合台阶的开采程序，增大工作帮坡角。

当矿层间的夹石及分矿层厚度较小时，为减少废石的混入及矿石的损失，导致不能充分发挥露天采矿机的正常采深与采宽，从而降低露天采矿机的生产能力。露天采矿机直接把采出的物料转运到自卸卡车或者以堆料带方式堆放在工作平盘上，等待前装机稍后集中处理。一般露天采矿机可以允许的最大工作横坡角度为 8%（不带皮带机系统），以堆料带方式堆放的物料，通过前装机集中装运到自卸卡车上。露天采矿机与卡车水平分层作业见图 3-49。

图 3-49 露天采矿机与单斗卡车配合作业示意图

由于维特根露天采矿机切削机构——采煤滚筒在整个机器的中部，所以当每一分层采至工作帮尽头时，转弯开采后均留一条长约 20m 的盲区无法采掘，见图 3-50。在工作面可分层逐幅开采，露天采矿每一幅开始和结束时，均自己切削出一条通往下一段的坡道。

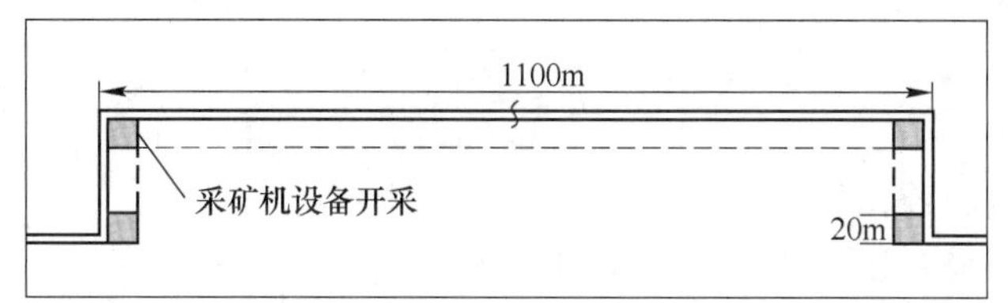

图 3-50 露天采矿机盲区示意图

为减少盲区处理量，当采完每一分层时，露天采矿机可沿垂直工作线方向横向进行采掘，剩下的 20m 盲区，端帮盲区的开采视工作盘宽度不同，既可以利用采矿机自身贴帮开采处理，也可以利用其他辅助设备如挖掘机或前装机配合完成。

b 倾斜分层开采法

这种开采方法是露天采矿机自身以一定的横向倾斜度沿矿层走向开采，一般适于缓倾斜矿层的开采。

这种开采方法的主要优点有：

（1）能发挥露天采矿机可横向倾斜工作的优点，选采效果好。

（2）剥离工程量较小，甚至可以边剥离边开采，大大减少了超前剥离量。

按矿层倾角不同，又可以将倾斜分层开采方法分为以下两类：

（1）矿层倾角小于卡车的横向工作坡度时的选采方式。在矿层倾角小于卡车的横向工作坡度时，卡车可与露天采矿机同步运行，露天采矿机采剥的矿、岩得以分载分运。此选采方法是露天采矿机沿着矿层的倾向，顺其顶板自上而下地层层采剥。

在倾斜面施工时，皮带的输料能力取决于皮带的状态。在坡谷一侧装料时，由于皮带的斜度较小，其输料能力可以得到提高，此时可以提高皮带带速，如图 3-51 所示。当向坡顶一侧装料时，皮带的倾角增大，此时需要降低皮带的速度，以防止物料滑落，皮带的能力会有所降低。

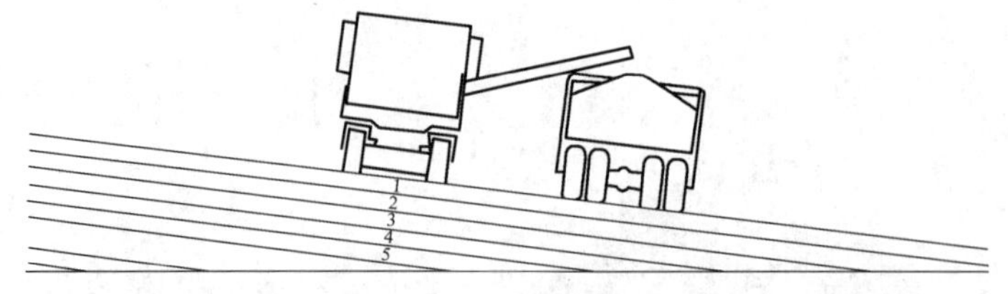

图 3-51　露天采矿机选择性开采倾斜矿层（矿层倾角小于卡车的横向工作坡度时）

采用这种开采方法开采时，各倾斜分层的两侧和各条带的两端都存在三角矿量，如图 3-52 所示。

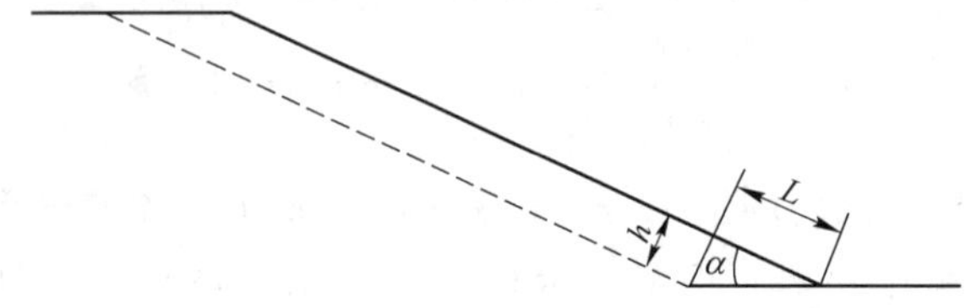

图 3-52　端部三角矿量示意图

其中，

$$L = \frac{2h}{\tan\alpha} \tag{3-54}$$

式中　L——端部斜面长，m；

h——分层开采厚度，m；

α——矿层倾角，(°)。

端部的开采，一方面降低了露天采矿机的效率，另一方面使得底部水平不平整，须由推土机进行平整，这也是倾斜分层开采的缺点。

(2) 矿层倾角大于卡车的横向工作坡度时的选采方式。在矿层倾角小于卡车的横向工作坡度时，采用水平开采或小角度开采方式。施工区域应以台阶式开采施工，实际能获得的横坡度，取决于所选择的切削宽度与切削深度的匹配。因转载运输设备受其爬坡能力的限制，又因移动频繁及矿岩分流，不能采用卡车运输，可采用带式输送机。因此一般露天采矿机破碎后，将物料堆在一侧，由推土机、前装机等辅助设备装载。但是，受露天采矿机驱动功率的限制，这种开采方法矿层倾角不能大于 15°。露天采矿机选择性开采倾斜矿层见图 3-53。

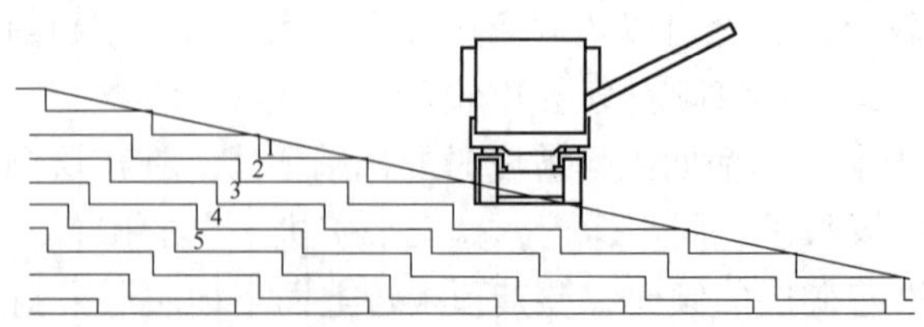

图 3-53　露天采矿机选择性开采倾斜矿层（矿层倾角大于卡车的横向工作坡度时）

c　横向开采方法

这种开采方法是露天采矿机垂直矿层走向布置工作线，该开采方法利用了露天采矿机具备横向采掘（横向坡度可达8%）的特性。在采矿岩接触部位时，露天采矿机沿矿层走向顺着矿、岩倾向采掘，其他部位均按水平分层开采。

这种开采方式兼具水平分层与倾斜分层开采的优点。其缺点是露天采矿机横向采掘，工作线较短，致使露天采矿机效率大大减低，所以在一般情况下，不采用这种开采程序。

d 倾斜矿层开采方法

对倾斜矿床单个或多个矿体，开采水平分层的开拓剥离进路沿矿体的走向推进，采矿和剥离作业则垂直走向进行。图3-54表示在开采数个急倾斜矿体时的作业示意图。

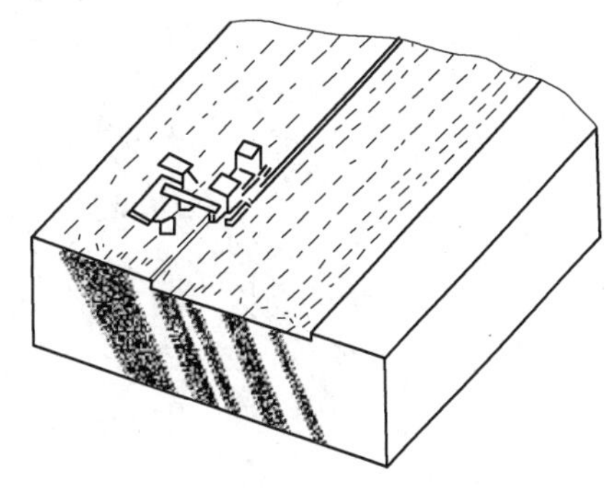

图3-54 倾斜矿层开采方法示意图

B 分块开采法

分块开采法是将采掘平盘在宽度上分成几大条带，每条带的宽度均满足露天采矿机及有关设备工作的要求，然后每一大条带中再并列分条地一层一层自上而下地采到底。这种开采方法适合与带式输送机联合运输。目前，这种开采方法应用很少。分块开采方法如图3-55所示。

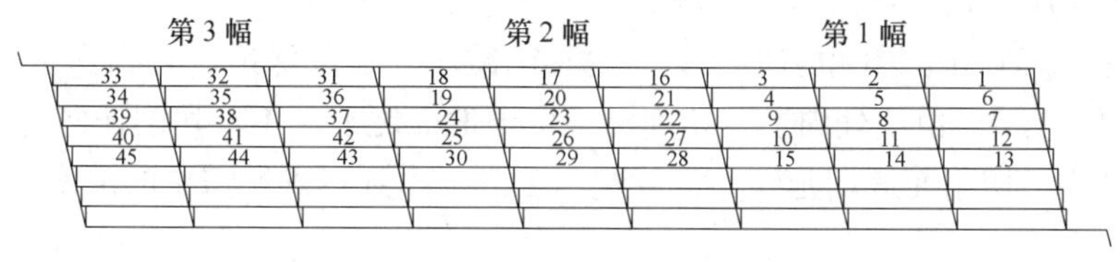

图3-55 分块开采方法示意图

露天采矿机可应用分段方式在已有的台阶上连续工作，采矿机分块段采掘整个台阶或矿层厚度。相互重叠的切削层间应保持一定的交错，以保持台阶坡面的稳定性。露天采矿机分块开采方法如图3-56所示。

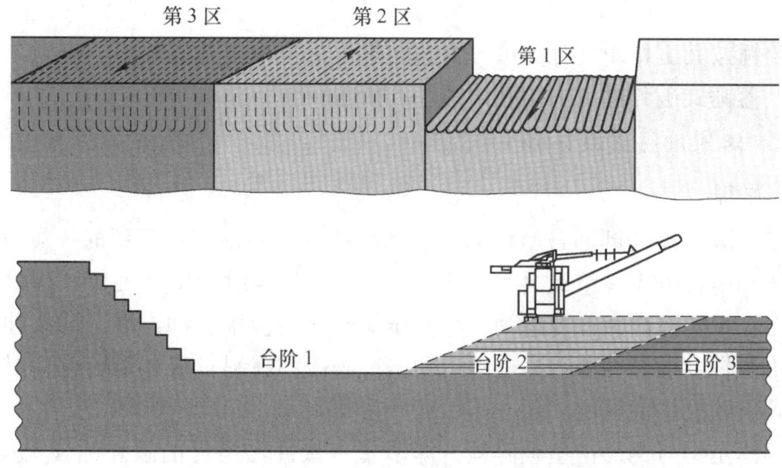

图3-56 露天采矿机分块铣削方法示意图

C 坡道作业方式

露天采矿机能够直接切削出供卡车行走的坡道，上坡切削的工序如图 3-57 所示，而下坡切削的工序与此正好相反，此时切削的深度是从零增加到最大值。

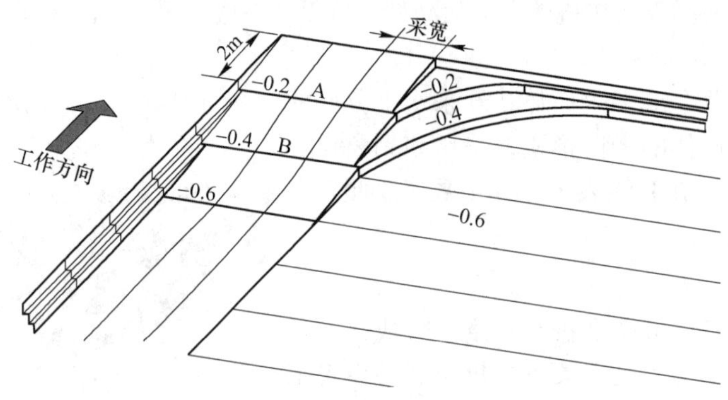

图 3-57 坡道切削工序示意图

(1) 露天采矿机以最大深度开采，一旦到达直线 A 位置，便开始在其后的 2m 长度上逐渐缩小切削深度。切削下的材料逐渐减少，产生坡道第一段。

(2) 当第二幅切削到 B 位置时，再一次逐渐减小其切削深度，直到到达直线 A 位置，此处的切削深度为 0；由该处向上，切削转子位于地面之上，不要切削任何材料。

坡道通过逐层切削而逐渐延伸，重复这一工序，直到达到所需要的深度。

3.3.3 液压破碎锤

液压破碎锤是将主机输入的液压能转换成机械冲击能的装置，它通常搭载在装载机、挖掘机等液压工程机械上使用，可完成岩石破碎、建筑物拆除等工作，被广泛应用于采矿工程和土木工程。与其他机械破碎方法相比较，使用液压破碎锤破碎岩石具有如下优点：破岩能力较强，需要的推力小且机动灵活，适应性良好，破岩范围可控，可靠性较高，噪音较低。

液压破碎锤按其工作原理分类可分为五大类：活塞冲击式破碎锤、抛射式破碎锤、液垫式破碎锤、落锤式破碎锤和高频破碎锤。

3.3.3.1 活塞冲击式破碎锤

A 工作原理

活塞冲击式破碎锤（即通常所说的液压破碎锤）是目前应用最广的一类破碎锤，主要由活塞、缸体和凿杆等零件组成（见图 3-58）。液压破碎锤的主要工作原理是：活塞在液压油的驱动下，在缸体内做往复运动，将液压能转化为活塞的冲击能，活塞冲击凿杆同时将能量传递给凿杆，凿杆在获得冲击能后冲击待破碎的材料，将能量转化为材料破碎的能量，最后达到破碎材料的目的。

液压破碎锤是钢对钢冲击型破碎锤，即活塞直接冲击凿杆的破碎锤（见图 3-58）。这种结构特点限制了破碎锤冲击功的提高。因为当活塞冲击凿杆时，在活塞-凿杆界面上产生的初始冲击应力是冲击速度、活塞与凿杆接触面积的函数，与凿杆-岩石界面上产生的凿入力无关。根据冲击动力学理论，在钢对钢的冲击系统中，冲击瞬间活塞和凿杆内产生的初始应力可用下式计算：

$$\sigma_1 = \rho c v_{冲} \frac{A_2}{A_1 + A_2} \tag{3-55}$$

$$\sigma_2 = \rho c v_{冲} \frac{A_1}{A_1 + A_2} \tag{3-56}$$

式中 $v_{冲}$——活塞冲击凿杆的速度；

σ_1，σ_2——分别为活塞和凿杆中产生的初始应力；

c，ρ——分别为钢的纵波波速和密度；

A_1，A_2——分别为活塞和凿杆的断面积。

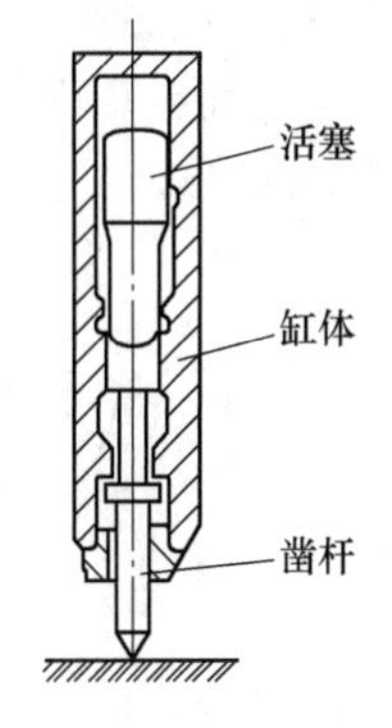

图 3-58 活塞冲击式破碎锤

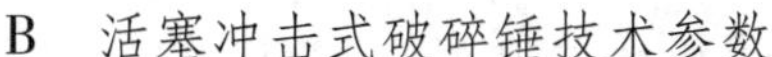

B 活塞冲击式破碎锤技术参数

假设活塞和凿杆尾端的面积相等，当活塞的冲击速度为 10m/s 时，活塞和凿杆内的初始应力约为 200MPa；当冲击速度为 15m/s 时，活塞和凿杆内的初始应力为 300MPa。显然速度越大，初始应力越大，凿杆对外输出的冲击功也越大。但是当活塞和凿杆中的应力过大时，导致活塞与凿杆接触面因金属疲劳而引起过劳损坏。所以这种钢对钢的破碎锤，活塞的冲击速度一般被限制在 10m/s 左右，这也限制了液压破碎锤输出的最大冲击功。若采用更合理的活塞结构和更好的材料，有可能使冲击速度超过 15m/s，但其制造难度和成本都会增加。

限制冲击功提高的另一因素是破碎锤的工作重量。若冲击速度为 10m/s，则理论上冲击功为 10000J 的破碎锤，仅活塞就重达 200kg。这种破碎锤虽然可以制造，但其重量很大，要配备很大的主机，适用范围很窄，只能用于大型露天矿生产或者其他特殊工作场所。瑞典 Atlas 和意大利 Indeco 部分破碎锤主要技术参数见表 3-27。

表 3-27 活塞冲击式破碎锤主要技术参数

参 数	单位	Indeco			Atlas		
		HP150	HP2500	HP25000	MB750	MB1700	HB10000
工作重量	kg	80	1500	11000	750	1700	10000
液压油流量	L/min	15~40	125~160	417~520	80~120	130~170	450~530
液压油压力	10^5Pa	105~125	115~140	150~180	140~170	160~180	160~180
单次冲击功①	J	200	3320	33750			
冲击频率	bpm	540~2040	400~870	240~460	270~530	320~640	250~380
凿杆直径	mm	45	130	254	100	140	240
主机重量	t	0.7~3	12~28	60~138	10~17	19~32	85~140

①单次冲击功为理论计算值。

C 常规液压破碎锤凿入破碎岩石过程分析

破碎锤凿杆凿入破碎岩石的具体过程与岩石的特性及工具的形状尺寸有关，但对于不同形状的凿杆和不同特性的岩石，凿入破碎的基本过程是相似的，大致可以划分为如下几个阶段：

（1）赫兹裂纹产生阶段。凿杆刚接触到岩石，即此时凿杆施加给岩石的荷载很小，但由于应力高度集中，在接触边界上仍然会产生赫兹裂纹，裂纹面近似于圆台的锥面（见图3-59（a））。

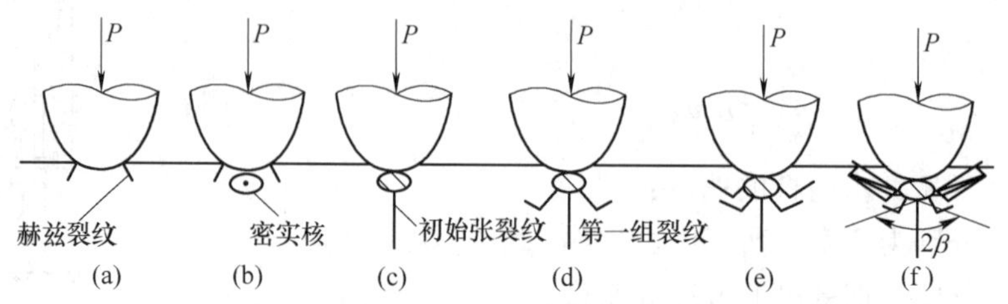

图3-59　凿杆凿入破碎岩石的过程

（2）粉碎区形成阶段。随着凿杆施加荷载的增加，在凿杆刃部下的岩体开始产生剪切破坏，并不断扩展，最终在凿杆底部形成一个球状或袋状的密实核（见图3-59（b）），此阶段属塑性破坏。密实核是岩体在巨大压力作用下发生显著塑性变形或局部粉碎而形成的。

（3）张裂纹出现阶段。密实核形成后，随着荷载进一步增加，在密实核尖部边界上，沿荷载作用线方向及作用线方向两侧出现宏观张裂纹。当荷载增加时，作用线方向上的宏观张裂纹沿该裂纹平面向岩石深部扩展；作用线方向两侧的张裂纹，先开始向斜下方扩展，然后逐渐向上弯曲（见图3-59（c）~（e））。

（4）破碎漏斗形成阶段。当荷载增加到一定值时，密实核附近的岩石随着裂纹扩展到表面而崩碎，形成破碎漏斗。随之荷载急剧下降，凿深突然增加，发生第一次跃进式破坏（见图3-59（f））。

如图3-59（f）所示，破碎漏斗顶角（破碎角）的大小变化很小。无论采用何种凿杆，选取何种凿入方式，凿入何种岩石，图中所示β角一般都是60°~75°，即破碎漏斗的顶角2β一般都是120°~150°。

（5）过程重复。发生第一次跃进式破坏后，凿杆输出的荷载重新上升，形成新的密实核，出现新的张裂纹，当荷载增大到一定程度时，张裂纹再一次扩展到表面，出现第二次跃进式破坏，第二次形成的破碎漏斗形状与第一次相似。当荷载足够大时，会发生多次跃进式破坏，且每次跃进破坏所需荷载都比前一次大（见图3-60），破碎漏斗体积增加，破碎漏斗形状相似。

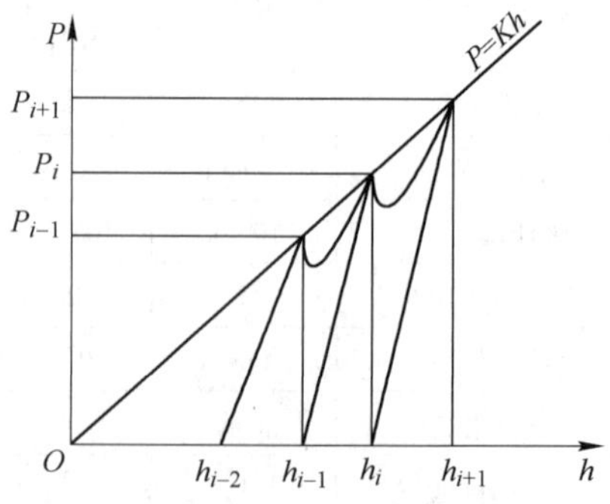

图3-60　波尔荷载-凿深曲线

D　凿入系数分析

图3-61所示为楔形刃凿入岩石过程的受力分析，其中力R为荷载P在垂直刃面上的分力；法向力N和剪切力T则分别为力R在剪切断裂面上形成的分力。假设楔形刃宽度比凿入深度大得多，且不计楔形刃与岩石之间的摩擦力，则楔形刃凿入岩石的受力分析可简化成平面问题。当剪切断裂面上的平均应力τ满足摩尔破坏条件时，即满足破坏条件（3-57），岩石就发生剪切破碎。

$$\tau - \mu\sigma = C \tag{3-57}$$

式中 τ——剪切断裂面上的剪应力；

σ——剪切断裂面上的正应力；

C——岩石的黏聚力；

μ——岩石的内摩擦角。

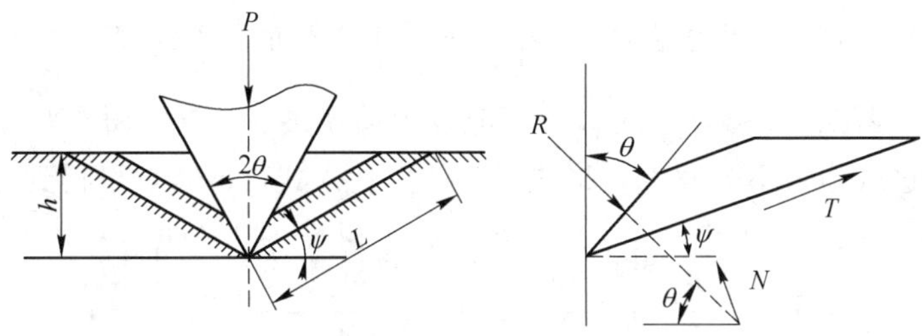

图 3-61 楔形刃凿入力分析

设凿杆上所施加的荷载为 P，凿深为 h，刃角为 2θ。根据作用力平衡条件，荷载 P 和刀具在刃面上作用力 R 之间存在如下关系：

$$R = \frac{P}{2\sin\theta} \tag{3-58}$$

凿深与剪切面存在如下关系：

$$L = \frac{h}{\sin\psi} \tag{3-59}$$

式中 L——剪切面的斜长；

ψ——剪切面与底平面之间的倾角。

设楔形刃的宽度为 B，且剪切面应力是均匀分布的，则有：

$$\tau = \frac{T}{LB} = \frac{R}{L}\cos(\psi + \theta) \tag{3-60}$$

$$\sigma = \frac{N}{LB} = \frac{R}{L}\sin(\psi + \theta) \tag{3-61}$$

$$\tau - \mu\sigma = \frac{R}{LB}\cos(\psi + \theta) - \mu\frac{R}{LB}\sin(\psi + \theta) \tag{3-62}$$

$$\tau - \mu\sigma = \frac{P}{2Bh\sin\theta}[\sin\psi\cos(\psi + \theta) - \mu\sin\psi\sin(\psi + \theta)] \tag{3-63}$$

若以内摩擦角 φ 表示内摩擦系数 μ，即：

$$\mu = \tan\phi = \frac{\sin\phi}{\cos\phi} \tag{3-64}$$

将式（3-64）代入式（3-63）得

$$\tau - \mu\sigma = \frac{P}{Bh} \times \frac{1}{2\sin\theta\cos\phi}[\sin\psi\cos(\psi + \theta)\cos\phi - \sin\psi\sin(\psi + \theta)\sin\phi] \tag{3-65}$$

$$\tau - \mu\sigma = \frac{P}{2Bh}\frac{\sin\psi\cos(\psi + \theta + \phi)}{\sin\theta\cos\phi} \tag{3-66}$$

上式中$\tau-\mu\sigma$是剪切面角ψ的函数，且$\tau-\mu\sigma$随ψ的变化而变化。当$\tau-\mu\sigma$取得最大值时，岩石沿剪切面倾角ψ发生剪切破坏。对式（3-66）求导且令导数为零，则$\tau-\mu\sigma$取得最大值，此时倾角ψ的值为：

$$\psi = \frac{\pi}{4} - \frac{\theta + \phi}{2} \tag{3-67}$$

就是说，剪切面将首先出现在倾角为$\left(\frac{\pi}{4}-\frac{\theta+\phi}{2}\right)$的平面上。

由式（3-67）可知：$\theta+\phi<90°$时，岩石能发生剪切破坏；当$\theta+\phi>90°$时，岩石处于全面压缩状态，跃进式凿入不会发生。将式（3-67）代入式（3-66）可得到：

$$\tau - \mu\sigma = \frac{P}{2Bh}\frac{\sin\left(\frac{\pi}{4} - \frac{\theta + \phi}{2}\right)\cos\left(\frac{\pi}{4} + \frac{\theta + \phi}{2}\right)}{\sin\theta\cos\phi} = C \tag{3-68}$$

解之得：

$$\frac{P}{h} = \frac{4BC\sin\theta\cos\phi}{1 - \sin(\theta + \phi)} = K \tag{3-69}$$

式（3-69）表明每次跃进时的荷载与凿深之比为一个常数K，通常称之为凿入系数。凿入系数K是指凿入单位深度的岩石时凿杆所受到的凿入阻力，或者在岩石上产生单位深度的压痕所需克服的压痕阻力。式（3-69）也可以表示为：

$$P = Kh \tag{3-70}$$

根据摩尔理论，岩石的内聚力c和抗压强度极限σ_c之间有以下关系：

$$c = \frac{\sigma_c}{2} \times \frac{1 - \sin\phi}{\cos\phi} \tag{3-71}$$

于是，凿入系数K可写成：

$$K = 2B\sigma_c \frac{\sin\theta(1 - \sin\phi)}{1 - \sin(\theta + \phi)} \tag{3-72}$$

由式（3-72）可知，凿入系数K是表征凿杆凿入岩石难易程度的物理量，主要受楔形刃宽度B（即凿杆直径D）、被凿入岩石的单轴抗压强度极限σ_c、凿杆刃角2θ和岩石的内摩擦角影响。凿入系数与凿杆直径和岩石的单轴抗压强度σ_c均成正比关系。

3.3.3.2 高频破碎锤

A 研究概况

1999年，德国蒂森克虏伯公司提出基于交变应力波破碎理论，预研发一种能效达到普通破碎锤4倍的新型破碎锤。样机测试发现，破碎软岩的效果不错，但破碎硬岩却不理想。该公司对此结果并不满意，并向同行公开了图纸，先后有西班牙Tabe、韩国大东、西班牙Xcentric、上海奋毅机械（原坤行机械）以及上鸣公司等得到了此项技术并继续研发，逐渐发展成为几种不同的技术路线。

a 国外研发现状

西班牙Tabe公司基本上沿用了德国蒂森克虏伯原图的结构布局，采用了连杆+气囊+垫块的结构，但激振箱的直线往复运动轨迹与连杆的圆周约束相互冲突，导致有一部分力没有打击石头，而是打击在了轴承和连杆上。于是，Tabe 公司对两块偏心块进行了角度偏转，产生类似手扬榔头式的圆周运动，改善了轴承受力，但降低了力道。产品主要用于破碎软岩。

韩国大东原生产液压振动锤，得到技术图纸后直接将液压振动锤变形简化成高频破碎锤。结构比较臃肿，在勾石头的情况下，容易将橡胶块压坏。二次改进采用多层叠钢橡胶块，但其容易拉裂。目前该公司将其改回连杆构造。因为该机构没有储能装置，所以力道偏小，只能破碎软岩。不过值得肯定的是，该公司的改进首次实现了空打不伤锤。

西班牙 Xcentric 公司成立于 2009 年，其产品外观优良，该公司照搬德国蒂森克虏伯的技术。为克服应力波对锤头疲劳损伤，Xcentric 将钢板整体加厚，产品质量增大，因而安装该破碎锤的挖掘机一般增加配重。质量的增加限制了打击幅度，产品也是针对软岩施工。另外，由于气囊外露，容易被滚落的碎石划伤，一旦漏气就无法继续工作，气囊不能承受拉力。因此，该锤不能空打。另外，日本小松公司目前已对西班牙的一家高频破碎锤公司展开收购，可见小松公司对高频破碎锤研发方面的重视。

b 国内研发现状

国内高频破碎锤的研制工作约自 2000 年开始，国内各公司继承了德国蒂森克虏伯的样机图纸资料和试验数据后开始研究。近几年，高频破碎锤发展迅速，技术也趋于完善，如上鸣公司、上海奋毅机械以及赣州力剑液压机械公司等投入研发和生产，产品的质量得到缓慢提升。上鸣公司在原图纸的基础上优化机身结构，强化机体强度，整体上取得了较好的破碎效果。上海奋毅机械创造性地采用了三偏心竖排平衡惯性储能+冲击活塞的形式，三组偏心竖直排布，最下面的偏心块带连杆，连杆下装打击铁。在液压马达带动三组偏心同步运转时，打击铁也产生上下锤击。在提升打击铁的瞬间，靠液压马达的扭力和三组偏心同时产生的惯性来实现瞬间提升大型活塞。这种结构输出冲击波的同时还伴随有应力波，简单来说三偏心的作用是输出应力波+储能，而打击铁则输出冲击波，在兼顾高频锤破碎软岩的同时，在硬岩施工上也超越了传统破碎锤。

综上所述，可以说，国内高频破碎锤的研发在多方面占据领先位置。

B 结构

高频破碎锤是由激振器、拉杆机构、减震机构以及刀排和斗齿组成的破碎机构，激振器设置于破碎机构上并与其静连接，破碎机构与拉杆机构动连接，减震机构安装于破碎机构安装台的上表面，如图 3-62 所示。破碎机构是高频破碎锤的关键部件。

C 工作原理

高频破碎锤改变了传统的往复活塞式工作原理，它是利用高速运转产生的破坏力，并集机械、液压、力学、数字信号及数字化监控为一体的物理破碎设备。高频破碎锤是将挖掘机的液压能传递给液压马达，带动振动箱内的偏心齿轮转动，2 个偏心轮通过一对相互啮合的齿轮反向同步转动，进而使各自产生离心力，在转轴中心连线方向上的分量相互抵消（见图 3-63），而在转轴中心连线垂直方向的分量则相互叠加形成的冲击力（见图 3-64）。而冲击力的大小与转速成正比，其垂直分量 $F\sin\omega t$ 为周期性变化的干扰力，使轴

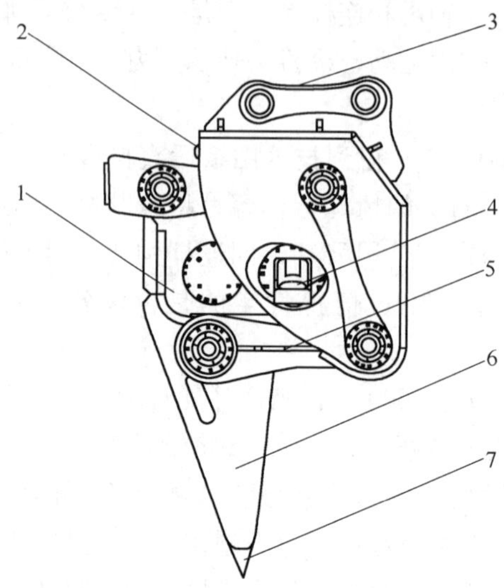

图 3-62 高频液压破碎锤的结构

1—振动箱；2—空气弹簧；3—连接架；4—液压马达；5—连杆；6—刀排；7—斗齿

产生径向受迫振动的压力，称为激振力。再由激振器的箱体将振动传递给斗齿进行破碎作业，让目标物从内部自行裂开，达到破碎目的。激振力如下：

$$F = 2me\omega^2\sin\omega t \tag{3-73}$$

式中，m 为偏心块的质量；e 为偏心块的偏心距；ω 为偏心块的转速。

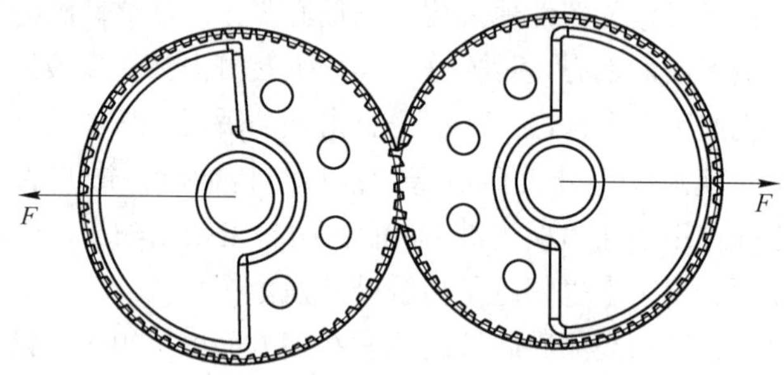

图 3-63 水平方向上激振力方向

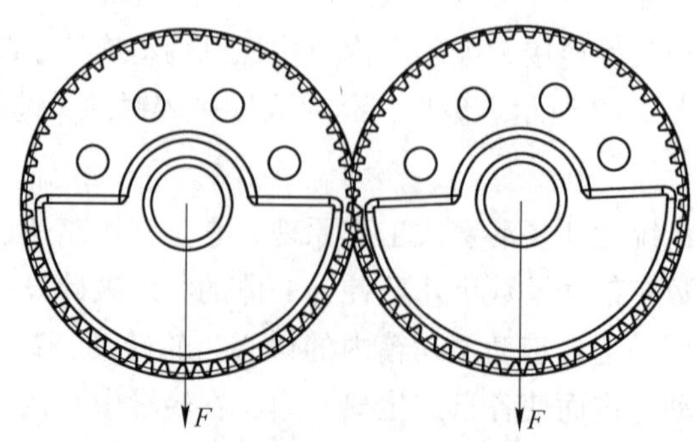

图 3-64 竖直方向上激振力方向

高频破碎锤的速度与液压马达的转速有关，而转速的快慢与挖掘机提供的液压流量相关。根据液压马达的工作原理，液压流量大小决定马达转速，液压压力大小决定马达转矩的大小。在压力一定的情况下，液压流量越大，其转速越快，高频破碎锤所产生的冲击力也越大，打击的频率为1300~3000次/min。该设备在对一个点进行打击的同时，也对目标裂隙进行高频打击扩大，周围的土石被二次破坏，因此，该设备的效率远远高于传统破碎锤。

D　高频破碎锤的优势及其应用

a　常见破碎岩石的莫氏硬度

破碎锤目前主要应用在矿山开采、采煤、冶金、道路建设、市政建设、建筑、破冰和破冻土。矿山开采和道路建设都需要破碎岩石，岩石是常见的破碎对象，其莫氏硬度如表3-28所列。

表3-28　莫氏硬度参考值

莫氏硬度	代表物
1 ~ 3	滑石、石膏
3 ~ 4	红砂岩、萤石
5 ~ 6	磷灰石、正长岩
7 ~ 8	石英、黄玉
9 ~ 10	大理石、金刚石

常规的破碎锤工况主要集中在莫氏硬度3 ~ 8级和5级以下（抗拉强度10MPa以下）的岩石，高频液压破碎锤可以轻松实现快速破碎，而随着岩石硬度及抗拉强度的提高，其效率则成相对方向降低，以每次破碎深度50~70cm为宜。高频破碎锤集中应用在矿山开采和道路建设等方面，这些场合的岩石完全在高频破碎锤的破碎范围之内。

b　高频破碎锤与活塞破碎锤、爆破施工效率对比

活塞式破碎锤起源于第二次世界大战期间，至今已发展五六十年了。与传统的活塞式破碎锤相比，新型高频破碎锤的优势有：(1) 有效提高3~5倍产能；(2) 降低综合油耗；(3) 降低产量单位排放；(4) 无改装化可以实现水下破碎；(5) 不产生黑油或损坏挖掘机主泵及大小臂；(6) 噪声污染最低化，工作噪声仅为55~70dB，符合城市施工噪声标准；(7) 较少的易损件，维护量少。经过上海上鸣机械公司（以下简称上鸣公司）的试验，得出了高频破碎锤与活塞破碎锤、爆破施工的效率对比，如图3-65、图3-66所示。

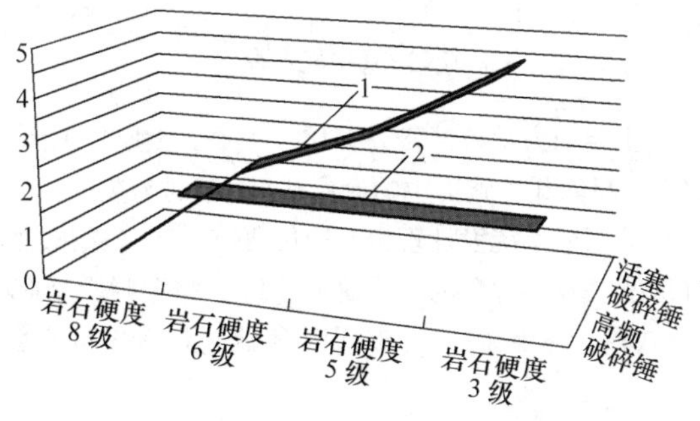

图3-65　高频破碎锤与活塞破碎锤效率对比

1—高频破碎锤；2—活塞破碎锤

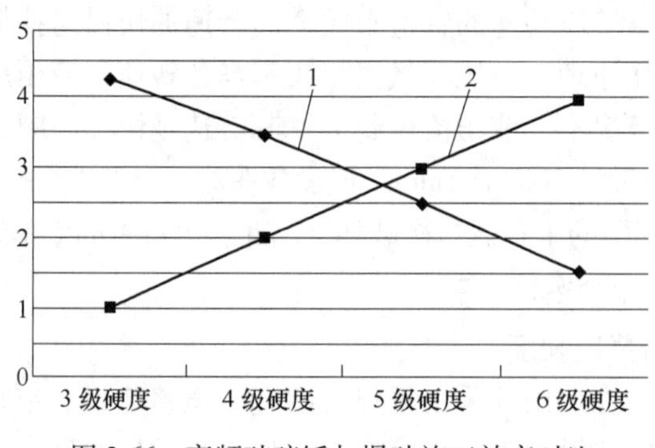

图 3-66　高频破碎锤与爆破施工效率对比

1—高频破碎锤；2—爆破施工

从图 3-65、图 3-66 可以看出，无论是与传统活塞破碎锤还是与爆破施工相比，高频破碎锤都有很大的优势。在实际工作中，高频破碎锤完全适用于大型土石方作业及矿山工作，对于常见的冻土、页岩、断层岩、砂质岩和风化岩有显著效果。上鸣公司生产的高频破碎锤针对大型土石方作业，最佳效率为 150m^3/h，可完全取代传统破碎锤；针对矿山作业，最佳产量为 3800m^3/d(22h)，可完全取代爆破。

习　题

3-1　简述露天矿山穿孔方法分类及其特点。

3-2　简述牙轮钻机的工作原理。

3-3　简述牙轮钻机的优缺点及适用条件。

3-4　简述潜孔钻机工作原理。

3-5　简述潜孔钻机的优缺点及适用条件。

3-6　简述液压凿岩钻车的优缺点及适用条件。

3-7　简述牙轮钻机、潜孔钻机和液压凿岩钻车的选型原则及选型计算。

3-8　露天台阶爆破参数有哪些？

3-9　如何确定炸药单耗？

3-10　简述毫秒延时爆破破岩工作原理。

3-11　简述露天开采常用机械破岩设备。

本章参考文献

[1] 于慧艳．推土机冲击式松土器动力学特性研究［D］．太原：太原理工大学，2014.

[2] 伍军，松土器在路基软质花岗岩开挖施工中的应用［J］．建材与装饰，2016，9（1）：221~222.

[3] 郝文玉．基于露天采矿机的工艺系统设计理论与应用研究［D］．徐州：中国矿业大学，2010.

[4] 王启瑞．露天采矿机在胜利一号露天矿的应用研究［J］．神华科技，2009（2）：23~25.

[5] 杨树才，李克民．连续式露天采矿机开采方式及参数［J］．中国有色金属学报，1996，6（1）：22~26.

[6] 郑友毅．露天采矿机开采工艺应用探讨［J］．露天采煤技术，2001（1）：6~7.

[7] 卢明银．露天采矿机开采新工艺的应用［J］．化工矿山技术，1994，23（3）：51~56.

[8] 白润才，董瑞荣，刘光伟，等．露天采矿机应用条件与开采工艺参数研究［J］．金属矿山，2016（1）：

136~141.
[9] 吴世亚．露天采矿机应用条件与开采工艺参数研究［J］．内蒙古煤炭经济，2017（9）：52~53.
[10] 郝文玉．露天采矿机在我国露天煤矿的应用展望［J］．煤炭工程，2009，1（10）：108~110.
[11] 洪迅法．使用 Wirtgen 联合采矿机的露天采矿工艺系统［J］．国外金属矿山，1996，21（3）：21~25.
[12] 周志鸿，许同乐，高丽稳，等．液压破碎锤工作原理与结构类型分析［J］．矿山机械，2005，33（10）：39~40.
[13] 陈昊博．液压破碎锤破岩机理研究［D］．武汉：武汉理工大学，2014.
[14] 王开乐，杨国平，胡凯俊，等．高频破碎锤的发展现状与研究［J］．矿山机械，2015，43（4）：1~4.
[15] 司癸卯，李晓宁．液压破碎锤的发展现状及研究［J］．筑路机械与施工机械化，2009（7）：76~77.
[16] 周志鸿，高丽稳，许同乐，等．我国液压破碎锤发展与现状分析［J］．工程机械，2004，35（8）：34~35.
[17] 许同乐，夏明堂．液压破碎锤的发展与研究状况［J］．机械工程师，2005（6）：20~21.
[18] 朱建新，邹湘伏，陈欠根，等．国内外液压破碎锤研究开发现状及其发展趋势［J］．凿岩机械气动工具，2001（4）：33~38.
[19] 徐小荷，余静．岩石破碎学［M］．北京：煤炭工业出版社，1984.
[20] 王文龙，钻眼爆破［M］．北京：煤炭工业出版社，1984.
[21] 王汉生，岩石磨蚀性对金刚石钻进岩石可钻性效果的影响［J］．有色矿冶，1989（4）．
[22] 鲁凡，岩石可钻性分级的讨论及可钻性精确测量［J］．超硬材料工程，2007（2）．
[23] 单守智．用凿碎比功法预估凿岩机钻眼效果［J］．吉林冶金，1989（2）．
[24] 王荣祥，任效乾．矿山工程设备技术［M］．北京：冶金工业出版社，2005.
[25] 高永涛，吴顺川．露天采矿学［M］．长沙：中南大学出版社，2010.
[26] 李晓豁．露天采矿机械［M］．北京：冶金工业出版社，2010.
[27] 王运敏．现代采矿手册［M］．北京：冶金工业出版社，2011.
[28] 苑忠国．采掘机械［M］．北京：冶金工业出版社，2013.
[29] 魏大恩．矿山机械［M］．北京：冶金工业出版社，2017.

4 采装工作

采装工作是指在露天采场中用一定的设备和方法将矿岩从爆堆或台阶中挖出，并装入运输或转载设备，或直接卸在指定地点的工作过程。采装工作是露天开采的中心环节，它的效率直接影响到露天矿的生产能力、开采强度和经济效益。采装工作的效率取决于采装方式、采装设备与运输设备的匹配关系等。

采装设备的类型很多，主要有挖掘机（包括单斗挖掘机、多斗铲、拉铲、吊斗铲等）、前装机、轮斗挖掘机、铲运机以及推土机等，其中以单斗挖掘机采装应用最为广泛。

4.1 采装工作的基础知识

4.1.1 岩石的可挖性

岩石的可挖性是指岩石可挖掘的特性，它是一个受多因素影响的岩石铲挖阻力的总概念。根据被挖岩石的状态可分为原岩的可挖性和经爆破破碎后岩石的可挖性。通常，露天矿挖掘的岩石是经过爆破破碎后的岩块。

采装设备的挖掘阻力值 F_s 取决于被爆岩石的松散程度、块度大小以及岩块的强度和容重等。松散系数 K_s 由 1.4~1.5 下降至 1.05 时，F_s 值从（0.5~1.0）$\times 10^2$kPa 增大至（7~9）$\times 10^2$kPa，当岩石的容重 γ 和块度 d_p 增加时，F_s 成比例增长。经爆破破碎后的岩石，其可挖性相对指标可按经验式（4-1）确定：

$$W = 0.022\left[A + \frac{10A}{K_s^9}\right] \tag{4-1}$$

$$A = \gamma d_p + 10^{-3}\sigma_s$$

式中 W——岩石的可挖性系数；

K_s——松散系数，取值见表 4-1；

d_p——爆堆中岩块的平均尺寸，cm；

γ——岩块容重，N/cm^3；

σ_s——岩石的抗剪强度，kPa。

根据 W 值的大小，可将爆破后岩石的可挖性指标分为 10 级，见表 4-1。根据 W 值，考虑所采用的采装设备类型、规格及其系数 K_1 和 K_g，确定岩石的实际可挖性指标 W_s 可按式（4-2）进行计算。

$$W_s = K_1 K_g W \tag{4-2}$$

式中 K_1——与爆破破碎后的岩石形状及采装设备类型有关的参数，取值见表 4-2；

K_g——与采装设备类型及规格有关的系数，取值见表 4-3。

表 4-1　经爆破后的岩石可挖性分级表

等级	不同块度（d_p）时的松散系数 K_s					可挖性相对指标 W
	很小的	小的	中等的	大的	很大的	
Ⅰ	1.05~1.40	1.20~1.45	1.30~1.50	1.50~1.60	—	≤3
	1.10~1.15	1.25~1.30	1.35~1.40	—	—	
	1.20~1.25	1.35~1.50	1.50~1.60	—	—	
Ⅱ	1.01~1.03	1.10~1.15	1.15~1.25	1.25~1.40	1.35~1.60	3~6
	1.01~1.10	1.10~1.25	1.20~1.35	1.30~1.60	1.50~1.60	
	1.10~1.20	1.20~1.40	1.25~1.60	1.35~1.60	—	
Ⅲ	—	1.02~1.05	1.10~1.15	1.15~1.20	1.25~1.30	6~9
	1.01~1.03	1.05~1.15	1.10~1.20	1.20~1.30	1.30~1.50	
	1.02~1.10	1.10~1.20	1.15~1.25	1.25~1.40	1.35~1.60	
Ⅳ	—	1.01~1.02	1.03~1.05	1.10~1.15	1.20~1.25	9~12
	—	1.02~1.05	1.05~1.10	1.15~1.20	1.25~1.30	
	1.01~1.05	1.05~1.10	1.10~1.15	1.20~1.25	1.20~1.40	
Ⅴ	—	—	1.01~1.03	1.05~1.10	1.10~1.20	12~15
	—	1.01~1.03	1.02~1.05	1.10~1.15	1.15~1.25	
	1.01~1.02	1.03~1.05	1.05~1.10	1.15~1.20	1.25~1.30	
Ⅵ	—	—	—	1.03~1.05	1.05~1.15	15~18
	—	—	1.01~1.03	1.05~1.12	1.15~1.20	
	1.01~1.02	1.02~1.05	1.03~1.10	1.10~1.15	1.20~1.25	
Ⅶ	—	—	—	1.02~1.03	1.03~1.08	18~21
	—	—	1.00~1.02	1.03~1.10	1.05~1.15	
	—	1.00~1.03	1.02~1.08	1.08~1.15	1.15~1.20	
Ⅷ	—	—	—	1.01~1.02	1.02~1.05	21~24
	—	—	—	1.02~1.08	1.03~1.10	
	—	—	1.00~1.05	1.05~1.12	1.08~1.15	
Ⅸ	—	—	—	1.01~1.05	1.01~1.08	24~27
	—	—	1.00~1.02	1.02~1.08	1.05~1.12	
Ⅹ	—	—	—	1.01~1.02	1.01~1.03	27~30
	—	—	—	1.01~1.05	1.02~1.10	

注：各等级中，第一行为经爆破后的密实岩石 K_s 值，第二行为中硬岩石 K_s 值，第三行为坚硬岩石 K_s 值。

表 4-2　系数 K_l 的参考取值

采掘设备	不同 W 值时的 K_l			
	≤3	3~6	6~10	11~15
拖拉铲运机	1.25	1.30	1.40	1.60
推土机	1.20	1.25	1.35	1.50

续表 4-2

采掘设备	不同 W 值时的 K_1			
	≤3	3~6	6~10	11~15
前装机	1.00	1.05	1.10	1.15
单斗挖掘机	1.00	1.00	1.00	1.00
索斗挖掘机	1.05	1.10	1.15	1.25

表 4-3 系数 K_g 的参考取值

设备类型及规格	铲斗容积/m³或功率/kW			
机械铲	采矿型		剥离型	
	<2 3~5	8~12.5 16~20	10~20 30~50	80~100 >100
	1.10~1.15 1.00	0.95~0.90 0.90~0.85	0.90~0.85 0.75	0.70 0.65
拉铲	4~6	10~15	20~30	50~100
	1.00	0.95~0.90	0.85~0.75	0.70~0.60
前装机	2~3	4~6	7.5~12.5	15~28
	1.10~1.05	1.00	0.95~0.90	0.90~0.85
铲运机	3~5	8~12	15~20	>20
	1.00	0.97~0.93	0.90~0.85	0.80~0.70
推土机	功率<75kW	功率 100~135kW	功率 150~220kW	功率>300kW
	1.08~1.03	1.00	0.97~0.92	0.90~0.80

影响挖掘阻力因素主要有被爆岩石的松散程度、块度大小、岩块的强度和容重等。被爆岩石的松散性好，岩石的挖掘阻力小；爆破后岩石块度越大，挖掘阻力越大，反之则越小；随着岩块的强度和容重增大，挖掘阻力也随之增大。除被挖掘对象之外，影响挖掘阻力因素还包括采装设备铲斗结构形状尺寸及采装设备作用方式等。

4.1.2 采装设备类型

在矿床露天开采中采用各种类型的采掘设备，按功能特征区分为采装设备和采运设备。各种单斗挖掘机属采装设备，铲运机和推土机属采运设备，前装机既是采装设备又是采运设备。

各种采掘设备在技术上的适用性和利用率取决于岩石的可挖性、矿床储存特点、设备生产能力、露天矿生产规模、挖掘方法、相邻工序的作业设备、采场要素、气候条件和其他因素。

单斗挖掘机按使用方式分为采矿和剥离两种类型。

多电机传动、履带行走的采矿型挖掘机对采掘软岩和任何破碎块度的硬岩（岩石的可挖性系数 $W \leqslant 16$）均适宜。图 4-1 为单斗挖掘机照片。对于台阶高度为 6~20m 的露天矿，挖掘机铲斗容积一般为 2~23m³，通常适用于平装车。为上装车而设计的具有加长铲杆的采矿型挖掘机，在铲斗容积相同时，较普通挖掘机的技术生产能力低 20%~40%以上；但在运输状况良好、运费降低、露天矿综合指标（工作面推进速度、延深速度等）得到改善时，上装车是有效的。剥离型挖掘机主要用于向采空区倒堆剥离；铲斗容积小于 15m^{3}时，也可用于上装车。

新型液压单斗挖掘机具有重量轻、易控制、行走快，灵活性大，抗冲击性能好等优点，但液压系统要求精度高、维修复杂，斗容一般为 6.5～8m^3，最大为 30m^3，可直接挖掘硬页岩、砂岩等岩石。

图 4-1　单斗挖掘机

索斗铲依靠挠性吊挂的工作机构可远距离装运岩石。大功率的索斗铲能有效地挖掘软岩及破碎后的岩石（$W \leqslant 10$），并移运至卸载地点，也可用于修筑路堤和掘沟等。

前装机是由柴油发动机或柴油机—电动轮驱动、液压操作的一机多能装运设备。其优点是：机动灵活、设备尺寸小，与同样生产能力的单斗挖掘机比较，每立方米铲斗容积所需的金属量少 1/6～1/4，制造成本低 66%～75%等。铲斗载重能力为 4t 的前装机挖掘软岩和破碎后的岩石时（$W \leqslant 7$），移运距离小于 80～700m 是有效的，适用于生产能力为（100～500）×10^{4}t/a 的露天矿。

铲运机用以挖掘软岩（$W \leqslant 4$）和经破碎后的中硬岩石（$W \leqslant 3$），当运距小于 2～3km 时是经济的，目前多用于砂矿床开采。大型拖拉铲运机，特别在基建时期，可用于大型露天矿的剥离工作。其缺点是使用的季节性强，服务期限较短，随运距的增加生产能力急剧下降，岩石块度（大于 40cm）和含水率（大于 10%～15%）增大时，其生产能力显著下降。

推土机的特点是机动性好、通行能力强、结构简单，在露天矿广泛用于辅助作业。推土机用作采掘设备时，其采掘效率受到岩石可挖性和距离的限制。

4.1.3 采装设备的生产能力

采装设备生产能力是露天开采的重要技术经济指标之一，它决定着采装设备的总数，在很大程度上影响着运输设备的生产能力和数量，并决定劳动生产率和采矿工程的生产费用。

采装设备的生产能力分为理论生产能力、技术生产能力、实际生产能力三种。

4.1.3.1 理论生产能力 Q_1

理论生产能力又称额定生产能力。它是选择确定不同类型与规格的采掘设备时计算生产能力并进行比较、评价的基础。额定生产能力的大小主要取决于设备结构的因素，如电动机的功率、工作机构的线性尺寸、挖掘机构（铲斗，犁板）的计算容积和形状、工作机构传动系统和运动速度等，但必须和一定的采掘工艺条件相适应。换句话说，当计算额定生产能力时，被挖岩石的实际可挖性应等于计算参数中的岩石可挖性额定值（$W_s = W_e$）。通常，理论生产能力按松方矿岩计算：

$$Q_1 = En_e \tag{4-3}$$

式中 E——铲斗的计算容积，m^3；

n_e——挖掘机构一小时的理论（额定）装卸次数。

各种间断作业的采掘设备（单斗挖掘机、前装机、铲运机和推土机）的理论生产能力为：

$$Q_1 = En_e = \frac{3600}{t_{wc}}E \tag{4-4}$$

式中 t_{wc}——一个采掘循环的理论持续时间，s。

4.1.3.2 技术生产能力 Q_j

在采掘设备的类型和规格确定后，在具体的开采技术条件下，即被挖掘的岩石，相邻生产环节使用的设备类型、规格以及工作面参数等一定时，该采掘设备可能达到的最大小时生产能力叫做技术生产能力。一般按松方矿岩计算：

$$Q_j = Q_1K_kK_c \tag{4-5}$$

式中 K_k——岩石的可挖性影响系数；

K_c——工作面参数影响系数。

系数 K_k 表明挖掘机构的实际装卸次数 n_s 与额定装卸次数 n_e 之间的差异，和根据挖掘、移运和卸载岩石的难度计算斗容利用程度对生产能力的影响；系数 K_c 值则是考虑工作面类型、工作面参数、工作面挖掘方法和岩石卸载条件对装卸作业时间和满斗程度的影响以及挖掘的辅助作业时间对生产能力的影响。

上述系数 K_k、K_c 往往不易确定，因此，在确定采掘设备的技术生产能力时，一般只考虑矿山地质条件和技术因素对采掘作业循环时间的影响，此时，式（4-5）的一般形式可写为：

$$Q_j = Q_1K_kK_c = Q_1K_wK_t = E\frac{3600}{t_{wc}}\frac{K_m}{K_s}K_g \tag{4-6}$$

式中 K_w——铲斗的挖掘系数；

K_t——挖掘机作业循环时间影响系数；

K_m——铲斗的满斗系数；

K_s——铲斗中岩块的松散系数；

K_g——考虑辅助作业时间后的采掘工艺影响系数。

4.1.3.3 实际生产能力 Q_s

实际生产能力是指一定时间内采掘设备实际可能完成的产量，根据时间的不同可以分为台班、台月、台年生产能力。

挖掘机的台班生产能力为：

$$Q_s = Q_jT\eta_b = E\frac{3600}{t_{wc}}\frac{K_m}{K_s}K_gT\eta_b \tag{4-7}$$

式中 T——班工作时间，h；

η_b——班工时利用率，%。

台班实际生产能力是编制露天矿采掘进度计划的基础。为了确定露天矿所需的采装设备数量，制定目前与长远开采工程计划，还需计算台月、台年生产能力指标。

4.2 单斗挖掘机采装

4.2.1 单斗挖掘机工作参数

挖掘机主要工作参数是指挖掘半径、挖掘高度、卸载半径、卸载高度和下挖深度（见图 4-2）。

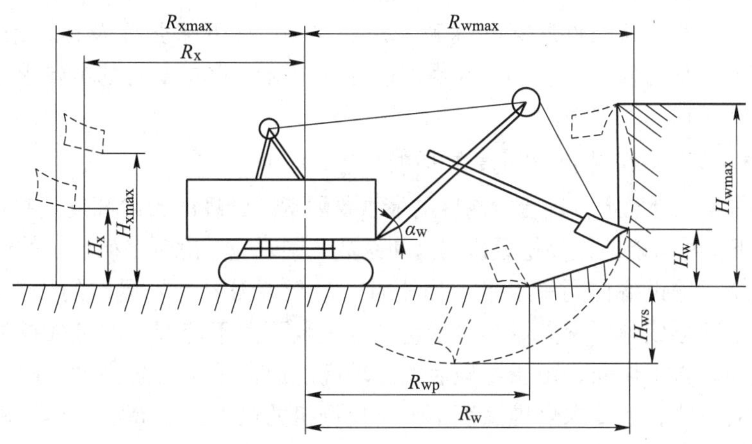

图 4-2 单斗挖掘机工作面参数

（1）挖掘半径 R_w——挖掘时由挖掘机回转中心至铲斗齿尖的水平距离。

站立水平挖掘半径 R_{wp}——铲斗平放在站立水平面上的挖掘半径。

最大挖掘半径 R_{wmax}——斗柄水平伸出最大时的挖掘半径。

最大挖掘高度时的挖掘半径 R'_w。

（2）挖掘高度 H_w——挖掘时铲斗齿尖距站立水平的垂直高度。

最大挖掘高度 H_{wmax}——挖掘时铲斗提升到最高位置时的垂直高度。

最大挖掘半径时的挖掘高度 H'_w。

（3）卸载半径 R_x——卸载时由挖掘机回转中心至铲斗中心的水平距离。

最大卸载半径 R_{xmax}——斗柄水平伸出最大时的卸载半径。

最大卸载高度时的卸载半径 R'_x。

（4）卸载高度 H_x——铲斗斗门打开后，斗门的下缘距站立水平面的垂直高度。

最大卸载高度 H_{xmax}——斗柄提到最高位置时的卸载高度。

最大卸载半径时的卸载高度 H'_x。

（5）下挖深度 H_{ws}——铲斗下挖时，由站立水平面至铲斗齿尖的垂直距离。

上述工作参数是挖掘机作业的主要规格尺寸，也是确定采装作业参数的基础，它们随动臂倾角 α_w 的调整而改变，一般 α_w 在 30°～50°之间调整，通常取 $\alpha_w = 45°$。增大 α_w 值时，挖掘高度随之增大，但挖掘半径和卸载半径均随之减小。

挖掘机的行走速度为 0.9～3.7km/h。当挖掘机质量小于 100t 时，爬坡能力为 12°，较大型挖掘机爬坡能力小于 7°。挖掘机对地比压不应超过基底承载力，软砂土的承载力为

2×10^5Pa，致密黏土为（5~6）$\times10^5$Pa，泥灰岩为（8~10）$\times10^5$Pa。

4.2.2　单斗挖掘机的工作面参数

单斗挖掘机的工作面参数是指挖掘机作业面的几何参数，主要有台阶高度 h、采掘带宽度 A、工作平盘宽度 B、采区长度 L_c。工作面参数合理与否直接影响采装效率。

4.2.2.1　台阶高度 h

台阶高度是露天开采的最基本、最重要的参数之一，受各方面因素制约，如挖掘机工作参数、矿岩性质和埋藏条件、穿孔爆破工作要求、矿床开采强度及运输条件等。同时，它也影响着露天开采的各个工艺环节和生产能力等。对台阶高度的基本要求是，既要保证安全，又要有利于提高采装效率。

A　挖掘机工作参数对台阶高度的影响

挖掘机工作参数是确定合理台阶高度的最重要因素。合理的台阶高度应在保证挖掘机安全作业的前提下，尽可能地提高挖掘机的满斗系数，同时应考虑到采矿台阶的选采需要。

当挖掘机与运输设备在同一水平上作业时，对于不需要预先爆破的松软矿岩工作面，为了避免台阶上部形成伞岩突然塌落，台阶高度一般不大于挖掘机的最大挖掘高度。对于需要爆破的坚硬矿岩工作面，由于爆破后的爆堆高度通常小于台阶高度，故台阶高度可以比挖掘软岩时大一些，但要求爆堆高度不大于挖掘机的最大挖掘高度。当爆破后矿岩块度不大，无黏结性，且不需要分采时，爆堆高度可为挖掘机最大挖掘高度的 1.2~1.3 倍。台阶高度过低时，铲斗不易装满，降低了采装效率。因此，挖掘软岩时的台阶高度与挖掘坚硬矿岩时的爆堆高度均不应低于挖掘机推压轴高度的 2/3。

当运输设备位于台阶上部平盘时（主要用于铁路运输的掘沟作业，见图 4-3（b）），

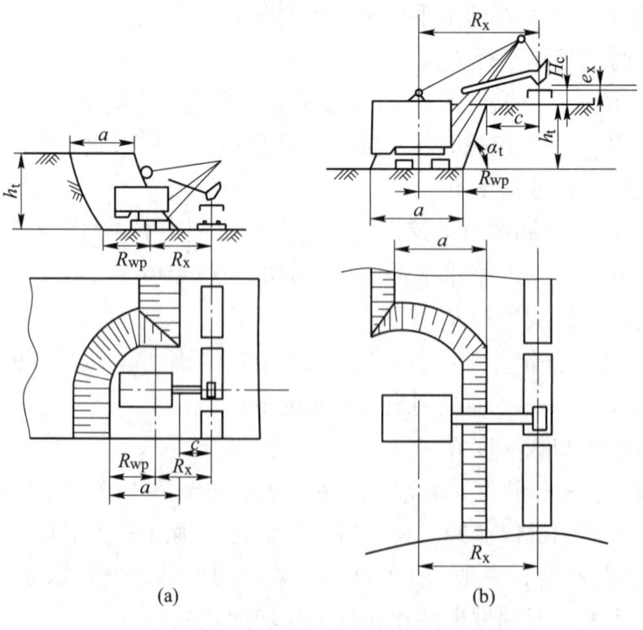

图 4-3　软岩采掘工作面
（a）平装车；（b）上装车

为使矿岩有效地装入运输设备，台阶高度 h 按挖掘机最大卸载高度 H_{xmax} 和最大卸载半径 R_{xmax} 来确定。即

$$h \leqslant H_{xmax} - h_c - e_x \tag{4-8}$$

$$h \leqslant (R_{xmax} - R_{wp} - c)\tan\alpha_t \tag{4-9}$$

式中 h_c ——台阶上部平盘至车辆上缘高度，m；

e_x ——铲斗卸载时，铲斗下缘至车辆上缘间隙，一般 $e_x \geqslant 0.5 \sim 1$m；

c ——铁路中心线至台阶坡底线的间距，m；

α_t ——台阶坡面角，(°)；

其余符号意义同前。

上装车的台阶高度取上述二式中的较小值。

B 其他因素对台阶高度的影响

(1) 矿岩性质和矿岩埋藏条件。一般来说，矿岩松软时，台阶高度取值可适当减小，矿岩坚硬时取值可适当加大。在确定台阶高度时，应当考虑每个台阶尽可能由同一性质的岩石组成，尤其是矿岩分采或多层矿体分采时，尽可能使矿体厚度为台阶高度的整数倍，使之有利于爆破、采掘，并减少矿石损失与贫化。

(2) 开采强度。台阶高度增加时，露天矿台阶水平推进速度与垂直延深速度均有所降低。因此，在矿山基建时期，应采用较小的台阶高度，以加快水平推进速度、缩短新水平准备时间，尽快投入生产。一般来说，露天矿山正常生产时，台阶高度越大，开采强度越大。

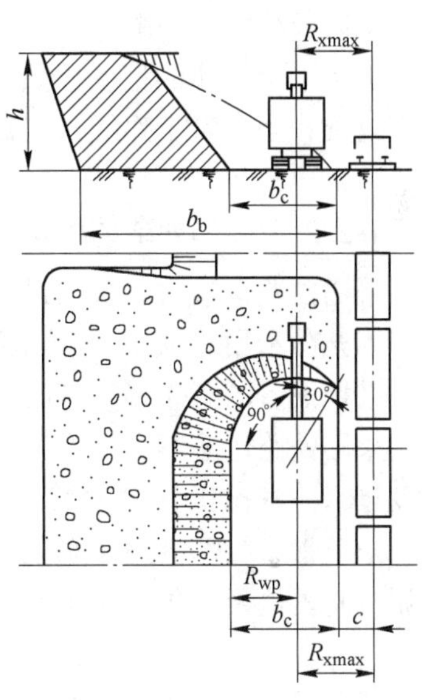

图 4-4 坚硬岩的采掘工作面

(3) 运输条件。台阶高度增加时，可减少露天矿台阶总数，简化开拓运输系统，尤其在采用铁道运输时，钢轨、管线的需用量减少，线路移设、维修工作量大为减少。但在凹陷露天矿，台阶高度增大后，导致矿岩的运输重心下降，提升运输功增加。对于汽车运输来说，应满足其爬坡能力的允许范围。

(4) 矿石损失与贫化。开采矿岩接触带时，在矿体倾角和工作线推进方向一定的情况下，矿岩混采宽度随台阶高度增加而增加，矿石的损失与贫化也随之增大（见图 4-5）。对于开采品位较低的矿床来说，进一步降低了采出原矿的品位。从图 4-5 看出，当台阶高度由 h 增大到 h' 时，混采宽度由 L 增加到 L'，矿岩混采增量（m^2）为：

$$\Delta S = L'h' - Lh \tag{4-10}$$

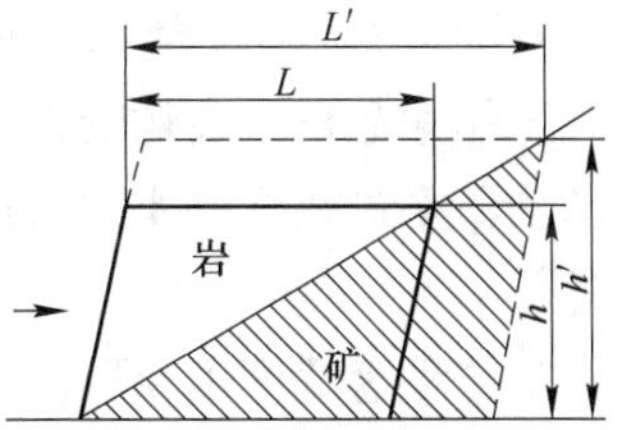

图 4-5 台阶高度对矿岩混采量的影响

4.2.2.2 采区长度 L_c

划归一台挖掘机采装的台阶工作线长度叫做采区长度（见图 4-6）。采区长度要根据具体的开采条件和需要划定，一般是根据穿爆与采装的配合、各水平工作线的长度、矿岩分布和矿石品位变化、台阶计划开采强度和运输方式等条件来确定。采区的最小长度应满足挖掘机正常作业，并有足够的矿岩储备。

运输方式对采区长度有重大影响。当采用汽车运输时，由于各生产工艺之间配合灵活，采区长度可以缩短，一般不小于150~200m。采用铁路运输时，采区过短，则尽头区采掘的比重相应增加，采运设备效率降低，因此，采区长度一般不得小于列车长度的2~3倍，即不小于400m。对于需要分采和在工作面配矿的露天矿，采区长度应适当增加。对于中小型露天矿，开采条件困难并需要加大开采强度时，采区长度可适当缩短。当工作水平上采用尽头式铁路运输时，为保证及时供车，同一个开采水平上工作的挖掘机数不宜超过2台。当采用环形铁路运输时，由于列车入换条件得到改善，当台阶工作线长度足够时，可增加采区数目，但同时工作的挖掘机数不宜超过3台。

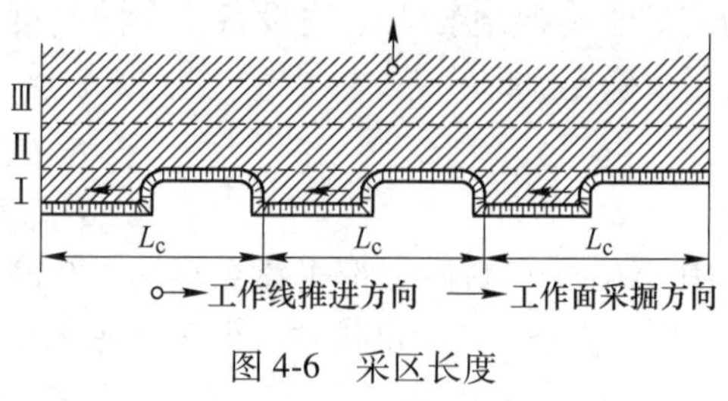

图4-6 采区长度

4.2.2.3 采掘带宽度 b_c

采用铁路运输时，采掘设备的移动中心线沿采掘带全长固定不变，采掘设备的工作参数得到充分利用。采用汽车运输时，采掘设备在平面上沿采掘带长度移动的中心线经常变化，采掘设备的工作参数有时不能充分利用。

采用铁路运输时，为保证挖掘机生产能力最高，确定采掘带宽度值十分重要。采掘带宽度过窄，挖掘机移动频繁，作业时间减少，履带磨损增加，移道次数增加。采掘带过宽，采掘带边缘部分满斗系数低，清理工作量大，挖掘条件恶化。合理的采掘带宽应保持挖掘机向里侧回转角不大于90°，向外侧的回转角不大于45°（见图4-3和图4-4），其值：

$$b_c = (1.0 \sim 1.7)R_{wp} \tag{4-11}$$

但不得超过下式计算值：

$$b_c \leqslant R_{wp} + fR_{xmax} - c$$

式中 f——斗柄规格利用系数，$f = 0.8 \sim 0.9$；

c——外侧台阶坡底线或爆堆坡底线至铁路中心线距离，$c = 3 \sim 4$m；

其余符号意义同前。

4.2.2.4 工作平盘宽度 B

工作平盘是采装运输作业的场地。保持必要的工作平盘宽度是实现采区正常工作的必要条件。

工作平盘宽度主要取决于爆堆宽度、运输设备规格、动力管线的配置方式以及作业的安全宽度等。仅按布置采掘运输设备和实现正常采装运输作业考虑所必需的工作平盘宽度，称为最小工作平盘宽度（B_{min}）。

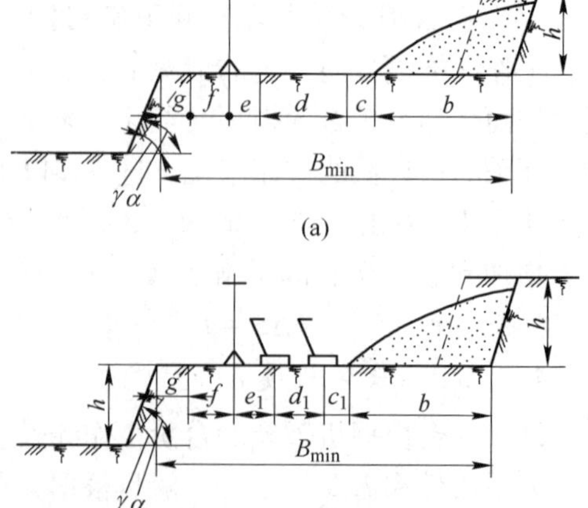

图4-7 最小工作平盘宽度
（a）汽车运输；（b）铁路运输

汽车运输时（见图4-7（a））最小工作平盘宽度：

$$B_{min} = b + c + d + e + f + g \tag{4-12}$$

式中 b——爆堆宽度，m；

c——爆堆坡底线至汽车边缘的距离，m；

d——车辆运行宽度，m；

e——线路外侧至动力电杆的距离，m；

f——动力电杆至台阶稳定边界线的距离，m；

g——安全宽度，$g = h(\cot\gamma - \cot\alpha)$，m；

γ——台阶稳定岩体坡面角，(°)；

α——台阶坡面角，(°)。

铁路运输时（见图4-7（b））最小工作平盘宽度：

$$B_{\min} = b + c_1 + d_1 + e_1 + f + g \tag{4-13}$$

式中 c_1——爆堆坡底线至铁路线路中心线间距，一般2~3m；

d_1——铁路线路中心线间距，同向架线 $d_1 \geqslant 6.5$m，背向架线，$d_1 \geqslant 8.5$m；

e_1——外侧线路中心至动力电杆间距，$e_1 = 3$m；

其他符号意义同前。

上述最小工作平盘宽度是在通常应用的缓工作帮开采条件下，维持台阶之间正常采剥关系的最小尺寸。露天矿实际工作平盘宽度通常大于最小工作平盘宽度。当实际工作平盘宽度小于最小工作平盘宽度时，就意味着正常的生产关系被破坏。因此，保持最小工作平盘宽度是保证露天矿实现正常生产的基本条件。

4.2.3 单斗挖掘机的生产能力

单斗挖掘机的生产能力，是单位时间内从工作面采出并装入运输容器或倒入内排土场的实方矿岩体积（m^3）或质量（t），它是一项很重要的技术经济指标。全矿挖掘机的总能力应大于或等于矿山的采剥总量。充分发挥挖掘机的能力，对保证完成和超额完成矿山采剥计划有重要意义。

研究挖掘机生产能力的目的，首先是在组织采区生产时，能充分挖掘生产潜力，保证稳定高产，其次是在制定矿山采剥计划或进行新建矿山设计时，能够确定出符合实际情况的先进指标，用以指导生产。

4.2.3.1 挖掘机生产能力计算

按照计算时间的不同，挖掘机的生产能力分为班、日、月和年的生产能力。挖掘机日生产能力等于班生产能力乘以日工作班数，年生产能力等于日生产能力乘以年工作天数。挖掘机年工作天数，是根据露天矿的年工作制度、挖掘机计划检修日数和受气候影响停工日数确定的。

计算挖掘机的台班实际生产能力（m^3/台班）：

$$Q_{\mathrm{b}} = \frac{3600ETK_{\mathrm{m}}K_{\mathrm{g}}\eta_{\mathrm{b}}}{t_{\mathrm{wc}}K_{\mathrm{s}}} \tag{4-14}$$

式中 T——班作业时间，h；

η_{b}——班工作时间利用系数；

E——铲斗容积，m^3；

K_m——松散满斗系数；

t_{wc}——挖掘机工作循环时间，s；

K_s——矿岩松散系数；

K_g——考虑辅助作业时间后的采掘工艺影响系数。

【例题4-1】 已知某露天矿山单斗挖掘机铲斗容积为 $4m^3$，台班工作时间为8小时，班工作时间利用系数为80%，爆破后矿石的松散系数为1.4，挖掘机装载满斗系数为0.9，考虑辅助作业时间后的采掘工艺影响系数为1.0，挖掘机一个采装工作循环时间为20s。请分别计算该挖掘机的理论台班生产能力、技术台班生产能力和实际台班生产能力。

解：（1）理论台班生产能力：

$$
\begin{aligned}
Q_{lb} &= Q_l T = \frac{3600}{t_{wc}} E T \\
&= 3600 \times 4 \times 8/20 \\
&= 5760 m^3
\end{aligned}
$$

（2）技术台班生产能力：

$$
\begin{aligned}
Q_{jb} &= Q_{lb} \frac{K_m}{K_s} K_g = E \frac{3600}{t_{wc}} \frac{K_m}{K_s} K_g T \\
&= 3600 \times 4 \times 8 \times 0.9 \times 1.0/20/1.4 \\
&= 3702.86 m^3
\end{aligned}
$$

（3）实际台班生产能力：

$$
\begin{aligned}
Q_{sb} &= Q_{jb} T \eta_b = E \frac{3600}{t_{wc}} \frac{K_m}{K_s} k_g T \eta_b = 4 \times 3600 \times 0.9 \times 0.8 \times 8 \times 1.0/20/1.4 \\
&= 2962.29 m^3
\end{aligned}
$$

答：该挖掘机的理论台班生产能力、技术台班生产能力和实际台班生产能力分别为 $5760m^3$、$3702.86m^3$、$2962.29m^3$。

4.2.3.2 提高挖掘机生产能力的措施

在选定合理的挖掘机工作面参数和采装工艺的前提下，提高挖掘机生产能力的主要途径如下。

（1）缩短挖掘机的采装工作循环时间。挖掘机的采装工作循环时间，是从铲斗挖掘矿岩到卸载后返回工作面准备下次挖掘所需要的时间。它由挖掘、重斗转向卸载地点、铲斗对准卸载位置、卸载以及空斗返回挖掘地点等5个工序组成。挖掘机采装工作循环时间的长短取决于司机的操作技术水平、爆破质量与储量，以及车辆的停放位置等。

为了减少挖掘时间，首先要求有充足的爆破质量良好的矿岩量，没有根底，大块率低；其次是采用从外向内、自下向上的合理采掘顺序，以增加自由面，减少挖掘阻力，加速挖掘过程。

挖掘机两次回转时间，约占工作循环时间的60%~70%，故减小挖掘机的回转角，提高回转速度，对缩短工作循环时间具有很大意义。在保证作业安全的条件下，汽车运输时采用适当的装车位置，铁路运输时尽量缩小铁路中心线到爆堆坡底线的距离，以及利用等车时间，把工作面矿岩归拢到靠近车辆停放的位置，都有利于挖掘机实现小回转角装车。

（2）提高满斗系数。满斗系数是铲斗内矿岩的松散体积与斗容之比，其大小主要取决于司机的操作水平、矿岩性质、爆破质量和爆堆高度等。为提高满斗系数，对容易挖掘和中等容易挖掘的矿岩，爆堆高度不应小于 $\frac{2}{3}H_t$，对挖掘困难和坚硬的矿岩，爆堆高度不应小于 H_t（H_t 为挖掘机的推压轴高度）。

采用多排孔毫秒延时爆破或毫秒延时挤压爆破，可以改善爆破质量，提高满斗系数。利用等车时间，归拢爆堆，挑出不合格大块，可以减小挖掘阻力，提高满斗系数。

（3）提高班工作时间利用系数。挖掘机班工作时间利用系数 η_b 是挖掘机的纯工作时间 T_t 与班工作时间 T 之比。及时向工作面供应空车，是减少挖掘机等车时间、提高工作时间利用系数的重要措施。近 10 多年来国内外一些矿山采用智能自动调度系统，优化挖掘机与运输车辆的配置，及时向工作面供应空车，可显著地提高挖掘机的工作时间利用系数和提高矿山产量，根据世界范围内采用 DISPATCH 卡车自动调度系统的矿山统计，可提高矿山产量 7%~20%。

针对以上几项主要途径，矿山企业应注重爆破技术，优化爆破工艺及参数，提高爆破质量；加强设备维修，减少机械故障率；加强技术培训，提高挖掘机操作技术；加强各生产环节的配合，减少外障影响；按照具体矿山的实际情况，不断改进运输调度系统；适当条件下，可增设辅助设备配合挖掘机作业。

4.2.4 单斗挖掘机的类型选择及所需台数的计算

挖掘机的类型应根据矿山规模、矿岩性质以及穿爆、运输的配合等因素加以选定。结合当前情况和设备供应的可能性，挖掘机选型的一般原则是：特大型矿山可选用 6~20m^3 挖掘机，大型矿山选用 4~6m^3 挖掘机为主，中型矿山一般选用 2~6m^3 挖掘机，小型矿山选用 0.2~2m^3 挖掘机。

露天矿所需要的挖掘机的台数，可按式（4-15）计算，并通过编制采掘进度计划最后确定。

$$N = A/q_p \tag{4-15}$$

式中 N——矿山需要的挖掘机台数，取整数；

A——设计矿山矿岩采剥总量，m^3/a；

q_p——挖掘机的平均生产能力，m^3/台年。

挖掘机一般不应再加备用台数。当计算的挖掘机台数少于 3 台，或作业地点分散，调动困难时，可考虑备用台数或改选较小型号。当采矿和剥离的工作制度不同、设备型号不同、效率相差较大时，应分别按采矿和剥离计算台数。

【例题 4-2】 已知某石灰石露天矿山，矿山规模为 160 万吨/年，剥采比为 0.3t/t，矿石和废石的密度均为 2.5t/m^3，年工作天数为 300 天，每天工作两班。若选用单斗挖掘机铲斗容积为 2m^3，其工作参数为：台班工作时间为 8h、班工作时间利用系数为 80%、挖掘机装载满斗系数为 0.9、考虑辅助作业时间后的采掘工艺影响系数为 1.0、挖掘机采装工作循环时间为 20s，爆破后矿石的松散系数为 1.4。请计算该矿山所需挖掘机的台数。

解：（1）矿山剥离废石量：

$$160 \times 0.3 = 48 \text{ 万吨}$$

（2）采剥总量：

160 + 80 = 208 万吨，合体积为 208/2.5 = 83.2 万米^3

（3）台班实际生产能力：

$$Q_{sb} = Q_{jb}T\eta_b = E\frac{3600}{t_{wc}}\frac{K_m}{K_s}k_g T\eta_b$$
$$= 2 \times 3600 \times 0.9 \times 0.8 \times 8 \times 1.0/20/1.4$$
$$= 1481.14\text{m}^3$$

（4）所需挖掘机台数：

$$N = A/(2 \times q_p)$$
$$= 832000/(2 \times 300 \times 1481.14)$$
$$= 0.936 \text{ 台}$$

答：因计算得出挖掘机台数为 0.936 台，故该矿山可选用斗容为 2m^{3}挖掘机 1 台。

4.3　前装机、铲运机和推土机采装

4.3.1　前装机采装

前装机可作为采装、采运或辅助设备在露天矿使用，与相同斗容的挖掘机相比，它具有重量轻（为 1/7～1/6）、价格低（为 1/4～1/3）、机动灵活、操作简便等优点。主要缺点是：生产能力较低（相当于 1/2）；对矿岩块度适应性差，当爆破质量不好和块度大时，采装效率低；轮胎消耗量大；工作规格小，与其相适应的台阶高度一般不超过 11m。

轮式前装机在露天矿中的应用：

（1）用作主要采装设备。前装机直接向汽车或铁路车辆或移动式破碎机及其他设备的受矿漏斗装载。在中小型矿山的采剥工作中，尤其是开采几个相距不远的矿体时，选用轮式前装机采装更为有利。前装机采装作业如图 4-8、图 4-9 所示。

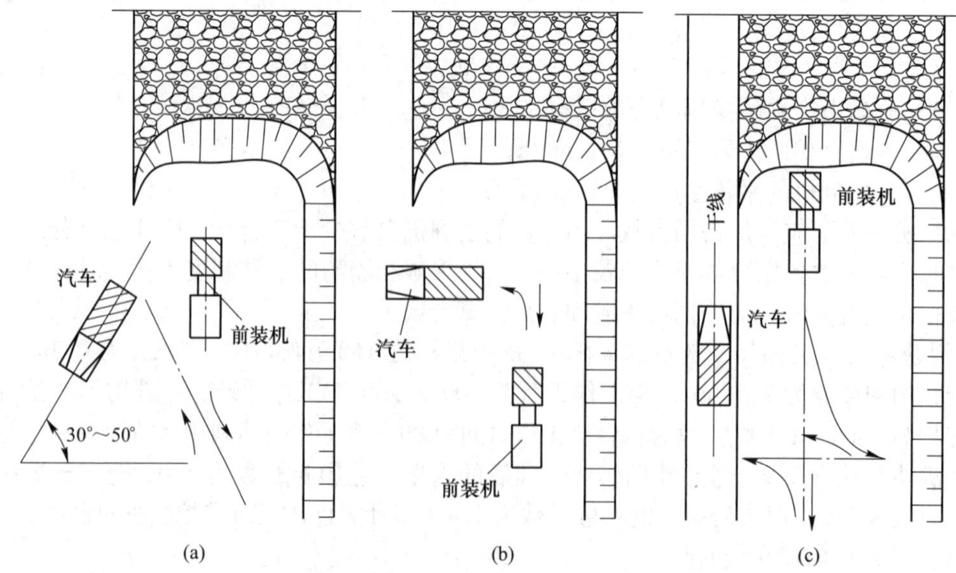

图 4-8　前装机与汽车配合作业方式示意图
（a）前装机与汽车斜交；（b）前装机与汽车直交；（c）前装机与汽车平行

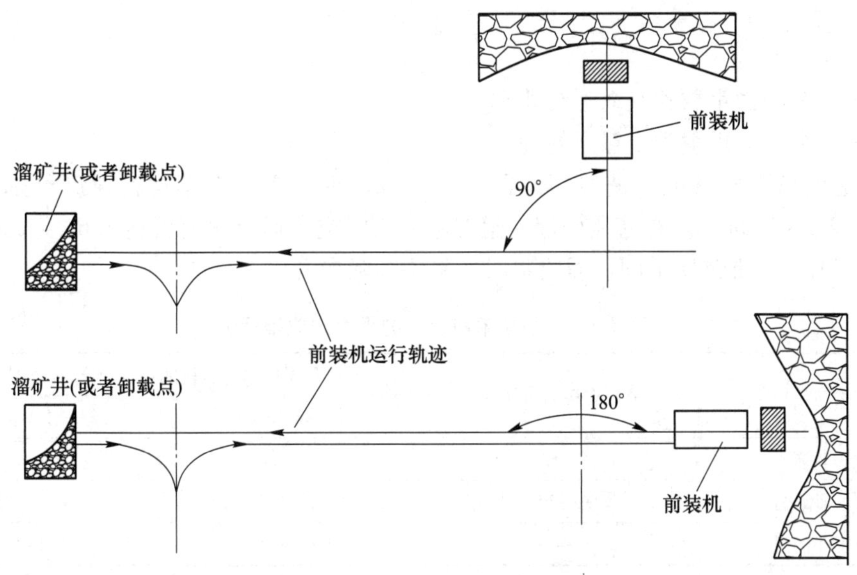

图 4-9 前装机配合溜井向运输设备装载示意图

（2）用作采、运设备。在运距不大或运距和坡度经常变化的矿山，轮式前装机可作为独立的采运设备，将采掘的矿石直接运往受矿地点；当工作面到排土场的运距较短和剥离量不大时，可直接向排土场运输废石。前装机的合理运距一般为 150m 左右。

（3）用作掘沟设备。

（4）用作辅助设备。配合挖掘机工作以及用于建筑、维修道路和平整排土场等。

前装机生产能力 Q_c(m^3) 可按下式计算：

$$Q_c = \frac{3600ET_bK_mK_g\eta_b}{t_{wc}K_s} \tag{4-16}$$

式中 E——铲斗额定容积，m^3；

K_m——铲斗装满系数，与物料铲挖的困难程度有关，一般变动在 1.1~1.25 之间。如物料的最长边大于 35cm，则 K_m 值更低；

K_s——物料在铲斗中的松散系数，一般取 1.2~1.35；

T_b——班工作小时数，h；

η_b——班时间利用系数；

t_{wc}——前装机作业循环时间，s。

$$t = t_e + t_{ye} + t_{yq} + t_x \tag{4-17}$$

式中 t_e——装载时间，一般为 10~12s；

t_x——卸载时间，一般为 3~4s；

t_{ye}——重载运行时间，s，

$$t_{ye} = \frac{l_e}{v_e}$$

t_{yq}——空载运行时间，s，

$$t_{yq} = \frac{l_h}{v_h}$$

l_e，l_h——分别为重载和空载运行距离，m；

v_e，v_h——分别为重载和空载运行速度，m/s。

运行速度和距离有关，一般当运距为 20~30m 时，重、空车运行速度分别为 1.0~1.7m/s 和 2.2~3.0m/s。在有路面层的道路上运行时空车运行速度可达 3.6~4.2m/s。

表 4-4 为前装机铲挖不同性质物料时的平均指标参考值。

表 4-4 不同功率前装机的平均作业指标值

挖掘物料性质	铲挖物料的时间/s	不同功率前装机的运行速度/m·s^{-1}	
		1.84×10^5W	大于 2.21×10^5W
砂和软岩	9~12	1.4~1.6	1.5~1.7
致密的砂砾岩	10~15	1.2~1.4	1.4~1.5
爆破粒度小的岩石	12~18	1.0~1.1	1.2~1.4

在进行前装机设备选型时，所选用设备的结构类型应满足工作性质的要求，线性参数必须与工作面各项基本参数相符，还需与矿山规模及运输距离相适应。

表 4-5~表 4-7 为有关文献推荐的前装机斗容与运距的关系。

表 4-5 前装机斗容与运距的关系

斗容/m^3	2.0	3.0	4.5	7.5	9.0
最大运距/m	120	150	170	250	300
合理运距/m	50	65	80	125	150

表 4-6 大型露天矿采用轮胎式前装机的合理运距 (m)

年产量/万吨	挖掘机和汽车规格		前装机载重量				
			2t	4t	5t	9.9t	16t
100	2.3m^3 挖掘机	10t 自卸汽车	70	120	150	380	430
100	4m^3 挖掘机	27t 自卸汽车	60	110	140	350	390
150	3.1m^3 挖掘机	27t 自卸汽车	70	100	120	150	200
150	4.6m^3 挖掘机	40t 自卸汽车	50	80	90	100	150

表 4-7 中小型露天矿采用轮胎式前装机的合理运距 (m)

年产量/万吨	挖掘机和汽车规格		前装机载重量				
			2t	4t	5t	9.9t	16t
10	2.3m^3 挖掘机	10t 自卸汽车	470	760	920	950	1100
	4m^3 挖掘机	27t 自卸汽车	350	560	650	700	800
30	2.3m^3 挖掘机	10t 自卸汽车	170	280	350	800	890
	4m^3 挖掘机	27t 自卸汽车	260	450	540	1190	1330

续表 4-7

年产量/万吨	挖掘机和汽车规格		前装机载重量				
			2t	4t	5t	9.9t	16t
50	2.3m^3挖掘机	10t 自卸汽车	110	190	240	560	630
	4m^3挖掘机	27t 自卸汽车	160	280	340	750	830
80	2.3m^3挖掘机	10t 自卸汽车	80	130	170	400	440
	4m^3挖掘机	27t 自卸汽车	110	190	230	520	570

4.3.2 铲运机采装

铲运机是一种兼具挖掘、运输和翻卸功能的工程机械，在露天矿中可用于下列工作：砂、黏土质矿床的开采；松软覆盖岩层的剥离；在无运输开采时降低剥离台阶的高度；建设公路和铁路路基；平整建筑场地；进行其他建筑工程及土地恢复等。

目前铲运机主要有两种形式：（1）配备有一台柴油机的标准两轴四轮驱动型；（2）配备有一台（两台）柴油机及一台提升运输机，能将物料从切割边缘推向铲斗的四轮驱动提升型，这类铲运机在 20 世纪 70 年代以来获得了很大发展。图 4-10 为普通型铲运机铲斗和提升式铲运机铲斗挖掘物料示意图。

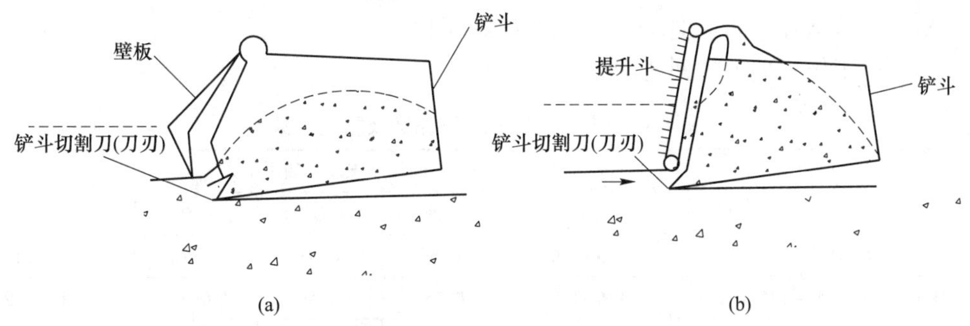

图 4-10 两种不同类型铲斗铲挖物料示意图
（a）普通型铲运机铲斗装载方式；（b）提升式铲运机铲斗装载方式

铲运机的优点是：（1）机动性好；（2）可开采薄矿层；（3）能按品级分采分运，或按照一定比例混合矿石；（4）既可完成采剥作业，又能进行辅助作业（如筑路）；（5）设备简单，在条件适宜时，生产成本低，劳动生产率高；（6）能有效地进行土地恢复工作；（7）对道路通行要求不高。

但使用铲运机有以下缺点：（1）作业有效性受气候影响较大，雨季和寒冷季节工作效率低；（2）工作面有条件限制，只能铲挖松软的不夹杂砾石和含水不大的土岩；（3）经济合理的运距有限，不适合较大工作范围的长距离运行。

生产实践证明，铲运机主要适宜以下工作：（1）1~4 级不含集聚砾石的松散土岩，对于 3~4 级较致密的土岩需用犁土机预先松散；（2）物料含水不超过 10%~15%，含水超过 20%~25%时，除物料黏附于斗壁而不易卸出外，还会使铲运机陷于土中；（3）铲运机的运距，斗容为 6~10m^3的不大于 500~600m，斗容 15m^3的不大于 1000m，斗容大于 15m^3的可达 1500m；（4）作业区的纵向坡度在拖拉机牵引时，空载上坡不大于 13°，下坡不大于

22°，重载上坡不大于 10°，下坡不大于 15°，侧向坡度不大于 7°；自行式铲运机上坡时不大于 9°，下坡时不大于 15°，侧向坡度不大于 5°。

铲运机的台班生产能力 Q 可按下式计算：

$$Q = \frac{480V_m K_m K_1}{TK_s} \tag{4-18}$$

式中 V_m——铲运机的铲斗堆装容积，m^3；

K_m——铲斗装满系数，它取决于岩土类别及铲取方式，见表 4-8；

K_s——岩土的松散系数，见表 4-8；

K_1——工作时间利用系数，两班工作时取 0.85，三班工作时取 0.7；

T——一个工作循环需要的时间，min，按下式计算：

$$T = n_1 t_1 + n_2 t_2 + t_3 + t_4 + t_5 + t_6$$

t_1——传动装置的一次换向时间（一般为 3s），s；

t_2——回转一次所耗时间，s；

t_3——铲挖时间，s；

t_4——重载运行时间，s；

t_5——卸载平整作业时间，s；

t_6——空载运行时间，s；

n_1——传动装置的换向次数（一般为 2~6）；

n_2——工作周期内的回转次数。

表 4-8 铲运机作业的装满系数及松散系数

土壤类别	岩土容重/$t \cdot m^{-3}$	不同作业坡度的装满系数 K_m			松散系数 K_s
		-10%	0	+5%	
干砂、软碎岩	1.5~1.6	0.6	0.65	0.7	1.1~1.15
湿砂（湿度 12%~15%）	1.6~1.7	0.75	0.9	0.9	1.15~1.2
砂土和黏性土（湿度 12%~15%）	1.6~1.8	1.2	1.1	—	1.2~1.4
干黏土、铝矾土	1.7~1.8	1.1	1.0	—	1.2~1.3

铲运机的年生产能力 Q_a 用式（4-19）计算：

$$Q_a = Qn \tag{4-19}$$

式中 Q——铲运机台班生产能力；

n——年工作班数，班/a。

所需铲运机台数 N 可用式（4-20）计算：

$$N = A/Q_a \tag{4-20}$$

式中 A——年物料装运量，m^3/a；

Q_a——铲运机台年生产能力，m^3/a。

4.3.3 推土机采装

推土机是一种能够进行挖掘、运输和排弃土岩的土方工程机械，在露天矿中有广泛的用途。例如，用于建设排土场，平整汽车排土场，堆集分散的矿岩，平整工作平盘和建筑场地等。它不仅用于辅助工作，也可用于主要开采工作。例如，砂矿床的剥离和采矿，铲运机和犁岩机的牵引和助推，在无运输开采法时配合其他土方机械降低剥离台阶高度等。

推土机适用于推挖松软物料，也可推运经预先爆破的矿岩。一般推土机的推运距离不大于100m。在松软物料作下坡成水平推运，且运距又不超过50m时，采用推土机是极为有利的。目前国外制造的大型推土机功率已超过2.21×10^5W。

推土机大部分是履带行走，近年来轮式推土机在国外发展很快。由于轮式推土机运行速度较高（可高达48km/h），因此在露天开采作业中，工作面之间的距离对于轮式推土机作业影响较小。图4-11为轮式推土机作业及调动的示意图。轮式推土机的机动性好，适用于中等坡度长距离推土作业，而履带式推土机则适用于陡坡、短距离推土作业。

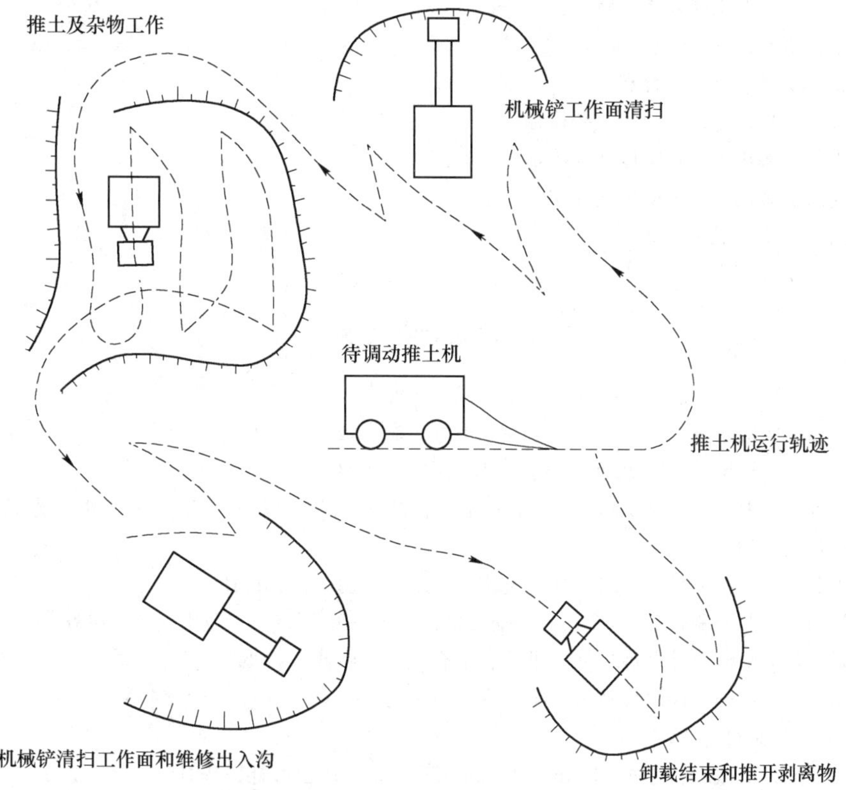

图4-11　轮式推土机作业及调动示意图

推土机的刮刀可用钢绳操纵，也可用液压操纵。近年来大部分推土机的刮刀都已采用液压操纵。

推土机作业时先将刮刀放下，推土机慢速前进，刮刀切入并铲刮物料，在刮刀前的物料达到一定容积后，将物料推运至卸载地点并按要求将物料铺开。大部分推土机的刮刀仅能垂直升降，但也有能作水平侧向转动，将物料推向旁侧的。

推土机生产能力以单位时间内推运物料体积表示：

$$Q_t = 60q\frac{T_b}{t}\eta_b \tag{4-21}$$

式中　Q_t——推土机班生产能力，m^3/班；

q——每次推土铲刮下的物料体积，m^3/次，与物料性质及工作面坡度有关，下坡时的推土量较平地时多；

t——每次作业循环时间，min，其值取决于推土距离和作业坡度；

T_b——班工作小时数，h/班；

η_b——班时间利用系数，一般为0.80~0.85。

推土机的生产能力在平整地面时用单位时间内完成平整场地的面积来表示。

习题

4-1 单斗挖掘机主要工作参数有哪些？

4-2 单斗挖掘机工作面参数有哪些？

4-3 单斗挖掘机型号如何选择和计算？

4-4 简述提高挖掘机生产能力的主要途径。

4-5 简述单斗挖掘机采掘带宽度如何确定。

4-6 简述轮式前装机在露天矿中的应用。

4-7 简述露天矿铲运机采装的优缺点。

4-8 简述推土机在露天矿生产中的用途。

本章参考文献

[1] 张世雄．矿物资源开发工程［M］．武汉：武汉工业大学出版社，2000．

[2] 李宝祥．金属矿床露天开采［M］．北京：冶金工业出版社，1992.

[3] 张钦礼，采矿概论［M］．北京：化学工业出版社，2008.

[4] 金吾，李安．现代矿山采矿新工艺、新技术、新设备与强制性标准规范全书［M］．北京：当代中国音像出版社，2003.

[5] 中国矿业学院．露天采矿手册［M］．北京：煤炭工业出版社，1986.

[6]《采矿设计手册》编委会．采矿设计手册［M］．北京：中国建筑工业出版社，1987.

[7] 云庆夏，露天采矿设计原理［M］．北京：冶金工业出版社，1995.

[8] Howard L. Hartman, Jan M. Mutmansky. Introductory Mining Engineering［M］. New Jersey: John Wiley & Sons, Inc., 2002.

[9] 陈玉凡．矿山机械. 钻孔机械部分［M］．北京：冶金工业出版社，1981.

[10] 程居山．矿山机械［M］．北京：煤炭工业出版社，1979.

[11] 黄东胜，邱斌．现代挖掘机械［M］．北京：人民交通出版社，2003.

[12] 孔德文，赵克利，等．液压挖掘机［M］．北京：化学工业出版社，2007.

[13] 杨占敏，等．轮式装载机［M］．北京：化学工业出版社，2006.

[14] 成凯，吴守强，等．推土机与平地机［M］．北京：化学工业出版社，2007.

[15] 王荣祥，等．矿山工程设备技术［M］．北京：冶金工业出版社，2005.

5 露天矿运输

5.1 概　　述

露天矿运输的任务是将采场采出的矿石运送到选矿厂、破碎站或贮矿场，把剥离的岩土运送到排土场，将生产过程中所需的人员、机械设备和材料运送到作业地点。因此，露天矿运输系统是由采场运输、采矿场至地面的堑沟运输和地面运输（指工业场地、排土场、破碎厂或选矿厂之间的运输）所组成，也称作露天矿内部运输，而外部运输是指破碎厂或选矿厂、铁路装车站、运转站至精矿粉或矿石用户之间的运输。本章主要介绍露天矿内部运输。

运输工作是露天矿的主要生产工序之一，在露天开采工艺中占有十分重要的地位，其基建投资额约占总基建费用的40%~60%，运输成本和工时分别占矿石总成本和总工时的一半以上。选择正确的运输方式，合理组织运输工作，对提高矿山生产能力、降低矿石生产成本、提高劳动生产率都有重大意义。

露天矿运输的基本特点是：

（1）基本物料运量大部分集中于单一方向，无论是矿石还是废石，都是从采场往外运输。

（2）线路或道路运输强度大，线路车辆周转快。

（3）矿岩具有较大密度、较高的强度和磨蚀性，块度不一，装卸时有冲击作用。

（4）露天矿其他工艺和运输的可靠性紧密相关。

（5）机车车辆运输周期中的技术停歇时间（矿岩的装载、卸载、列车入换、预防性检查等）占有很大比重。

（6）矿岩的装载点和剥离物的卸载点不固定，采场与废石场台阶上的运输网路要经常移动。

（7）从露天采场提升（或下放）矿岩的坡度陡。

（8）岩石需分采和配矿时，运输组织十分复杂。

（9）露天矿运输网路的位置与矿体构造因素有关，线路场地狭窄。

露天矿运输特点决定了露天矿运输系统必须满足以下基本要求：露天矿运输要求运距尤其是剥离岩石的运距应尽可能短；整个运输网路及个别区段应尽可能固定不动，开采期间力争所需移动设备量最小；最好采用较简单的运输方式和较少的运输设备类型，以简化管理和维修组织工作；运输设备容积和强度与采装和卸载设备以及矿岩运输性质相适应；运输方式要保证工作可靠，主要设备停歇时间最少，移运过程尽可能地保证生产有较大的连续性；保证运输工作安全，采矿成本最低。

目前露天矿运输常用的方式有自卸汽车运输、铁路运输、带式输送机运输、提升机运输、重力运输和联合运输（汽车与铁路联合、汽车与胶带联合、汽车与提升机或溜井联合等）。物料连续运行的称为连续运输，如带式输送机运输、水力运输、重力运输等，否则称为间断运输。在特殊开采条件下，还可采用架空索道运输、溜槽或溜井运输等。

铁路运输曾经是我国露天矿应用最广泛的一种运输方式，至今在国内仍占有较大比重，主要用于采场空间大的露天矿和地面运输；而自卸汽车运输近几十年来在国内外得到了广泛应用和迅速发展，汽车的规模朝着大型化方向发展。各种运输方式的适用条件见表 5-1。

表 5-1　各种运输方式的适用条件

运输方式		年运量 /×10^6t	运距 /km	开采深度 /m	线路坡度 /%	矿场尺寸	机动性
铁路	电力机车	>10~100	>2~3	<150	1.5~3	受限	差
	牵引机组		>2~3	<200	6~8	中等	差
汽车	载重量≤80t	<15	>2~3	80~120	6~10	不受限	好
	载重量>80t	25~70	<4~5	100~150	6~10	不受限	好
带式输送机		>20~30	>3	不限	25~30	中等	差
推土机			<0.1	近水平矿床	15	不受限	好
铲运机			0.15~1.5		10~15		较好
联合运输	溜井	<20	受限于地面转运设备的经济运距	>120		不受限	较好
	箕斗	<5		>150~200		不受限	较好
	胶带	>5		不限		不受限	较好
	汽车铁道	<70		100~150		中等	较好

5.2　矿用自卸汽车运输

汽车运输以各种载重汽车为运输设备，以公路为运输网络，将矿山物料运送到指定地点，因此也称为公路运输。20 世纪 60 年代以来，自卸汽车运输在露天矿中得到越来越多的应用，尤其是新建的露天矿，基本上都采用汽车运输，它既可作为单一运输方式，又可与其他运输设备或设施组成联合运输方式。

自卸汽车运输的优点是：（1）机动灵活，调运方便，特别适于复杂的地形和地质条件；（2）爬坡能力强，在高差相同的条件下，可缩短运距，基建工程量小，基建速度快；（3）运输组织简单，可简化开采工艺，提高采掘效率；（4）便于采用近距离分散排土场或高段排土场，减少排土用地和提高排土效率；（5）道路修筑和养护简单。

自卸汽车运输的缺点是：（1）吨公里运费高，经济合理运距较短，一般不大于 2.5~3.0km，自卸汽车的维修和保养工作量大；（2）受气候影响较大，在雨季、大雾和冰雪条件下行车困难；（3）深凹露天矿采用汽车运输会造成坑内的空气污染。

5.2.1　露天矿山公路分类及其技术等级

矿用运输公路通常具有断面形状复杂、线路坡度大、曲线半径小、运量和行驶车辆载重量大、相对服务年限短等特点。因此，要求公路结构简单，并具有相当的坚固性和耐磨性。

矿用运输公路按用途可分为生产公路和辅助公路，前者主要是指在开采过程中用作矿岩运输的公路。矿用公路按性质和所在位置的不同，可分为三类：(1) 运输干线，从露天采场出入沟通往卸矿点（如破碎站）和排土场的公路；(2) 运输支线，由各开采水平与采场运输干线相连接的道路，和由各排土水平与通往排土场的运输干线相连接的道路；(3) 辅助线路，为通往分散布置的辅助性设施（如炸药库、变电站、水源地、检修站、尾矿坝等），行驶一般载重汽车的道路。按服务年限，生产公路又可分为：(1) 固定公路，指采场出入沟及地表永久性公路，服务年限在3年以上；(2) 半固定公路，通往采场工作面和排土场作业线的公路，服务年限为1~3年；(3) 临时性公路，指采掘工作面和排土线的公路，它随采掘工作线和排土线的推进而不断地移动，所以又称为移动公路。这种线路一般不修筑路面，只需适当整平、压实即可。

矿用运输公路按年运输量、行车密度和速度可划分为三个技术等级，如表5-2所示。

表5-2 各种运输方式的适用条件

公路等级	矿山规模与公路性质	运输量/万吨·年$^{-1}$	行车密度/辆·h^{-1}	设计行车速度/km·h^{-1}
Ⅰ	大型露天矿固定干线	>1300	>85	40
Ⅱ	大型露天矿固定干线	240~1300	25~85	30
Ⅲ	中小型露天矿固定干线及支线	<240	<25	20

5.2.2 公路路基与路面结构

公路的基本结构是路基和路面，它们共同承受行车的作用。路基是路面的基础，行车条件的好坏，不仅取决于路面的质量，而且也取决于路基的强度和稳定性。影响路基稳定性的因素包括地质条件、施工方法、地面水和地下水的拦截与排除。

路基的布置随地形而异。路基按其断面形式可分为填方路基（见图5-1（a））、挖方路基（见图5-1（b））和半填半挖路基（见图5-1（c））三种。

路基横断面的主要参数有：路基宽、路面、路肩横坡、路基边坡、排水沟纵坡。各级公路的路面宽度及路肩宽度，可根据不同规格的自卸汽车外形尺寸按表5-3选取。

表5-3 矿山道路路面、路肩宽度

计算车宽/m		2.3	2.5	3.0	3.5	4.0	5.0	6.0	7.0
双车道路面宽度/m	Ⅰ级	7.0	7.5	9.5	11.0	13.0	15.5	19.0	22.5
	Ⅱ级	6.5	7.0	9.0	10.5	12.0	14.5	18.0	21.5
	Ⅲ级	6.0	6.5	8.0	9.5	11.0	13.5	17.0	20.0
单车道路面宽度/m	Ⅰ、Ⅱ级	4.0	4.5	5.0	6.0	7.0	8.5	10.5	12.0
	Ⅲ级	3.5	4.0	4.5	5.5	6.0	7.5	9.5	11.0
路肩宽度/m	填方	0.5	0.5	0.5	0.75	1.0	1.0	1.0	1.0
	挖方	1.0	1.0	1.25	1.5	1.75	2.0	2.5	2.5

注：1. 道路等级划分来自《厂矿道路设计规范》。
2. 生产线（除单向环形者外）和联络线一般按双车道设计，联络线在地形条件困难时可按单车道设计。
3. 当挖方路基外无堑壁，原地面横坡陡于25°或填方路基的填土高度大于1m时，路肩宽度可按车型大小增加0.25~1.0m。
4. 路肩宽未包括挡车堆或护栏的宽度。

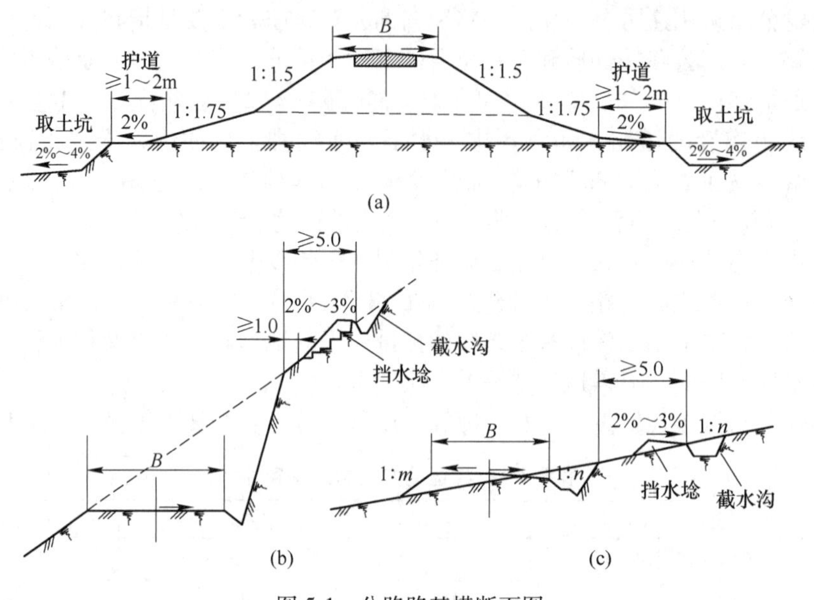

图 5-1　公路路基横断面图

（a）填方路基；（b）挖方路基；（c）半填半挖路基

为方便排水，行车部分表面形状通常修筑成路拱，路面和路肩都应有一定的横坡。路面横坡值视路面类型而异，一般为 1%～4%；路肩横坡一般比路面横坡大 1%～2%，在少雨地区可减至 0.5%或与路面横坡相同。

路基边坡根据当地地质、水文条件、筑路材料和施工方法确定。路基边坡一般为 1∶1.5～1∶1.25；路堑边坡一般为 1∶0.5～1∶1.5。

路基排水应根据地形、地质及路线、桥涵布置等条件结合农田水利规划综合考虑。排水设施一般采用边沟、截水沟、排水沟和盲沟等，上述各种沟道的纵坡不应小于 0.2%。

路面结构又分为柔性路面和刚性路面，如沥青碎石路面和钢筋混凝土路面即为典型的柔性路面和刚性路面。露天矿公路路面可分为四级：高级路面，如混凝土路面、整齐的块石和条石路面；次高级路面，如黑色碎石路面、沥青贯入碎石路面和沥青表面处理路面；中级路面，如碎石路面；低级路面，如粒料加固土路面。

路面结构又有单层路面和多层路面之分。单层路面是在路基上仅铺一层路面，而多层结构铺有面层、基层和垫层（如图 5-2 所示）。各层材料的形变模量值一般自上而下逐层减少，而其厚度则应逐层增加。

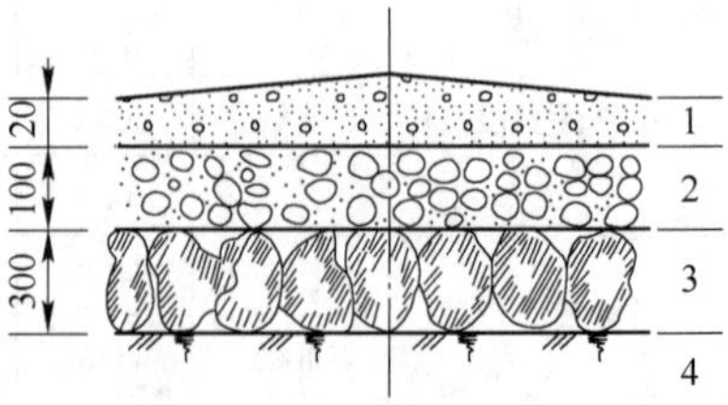

图 5-2　路面结构

1—沥青砂磨耗层，15～20mm；
2—碎石沥青贯入层，100～150mm；
3—垫层，250～300mm；4—基础地层

5.2.3　线路布置

矿山道路的线路布置包括了道路定线、确定道路各区段的平面要素和纵断面要素等工作。

5.2.3.1　道路平面要素

道路平面由道路的直线段和平曲线构成。露天矿道路的平曲线经常以回头曲线形式存在。道路平面要素主要包括平曲线半径、超高、行车视距等。其中，行车视距是驾驶员在

行车中避免碰撞前方道路上障碍物所需的最短距离。行车视距又分为停车视距和会车视距两种。部分平面要素的意义如图 5-3 所示。

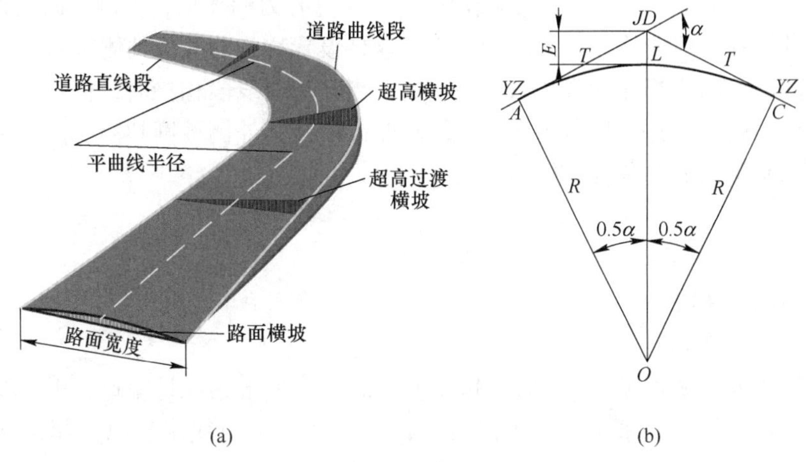

(a)　　(b)

图 5-3　部分平面要素示意图

（1）平曲线半径。曲线段的中心线在平面上所对应的半径，叫平曲线半径。线路的曲线半径是根据汽车结构特征而定的。最小平曲线半径 R_{min} 应大于汽车的最小转弯半径。R_{min} 根据汽车轴距、路面横坡和设计的汽车运行速度来确定。按照曲线段汽车运行时产生的倾覆离心力应与曲线段超高引起的下滑力平衡的原理，可以导出 R_{min} 的计算式（5-1）。

$$R_{min} = \frac{v^2}{3.6^2 g(u + i_H)} \tag{5-1}$$

式中　R_{min}——线路最小平曲线半径，m；

v——汽车运行速度，km/h；

u——轮胎与路面间横向黏着系数，其值为 0.06~0.22，冰冻期较长或多雨地区取小值，干燥地区取大值；

g——重力加速度，m/s^2；

i_H——路面横坡，i_H = 2%~6%。

各级公路的 R_{min} 可按有关资料设计手册选用。

（2）切线长度。曲线段的切线长度是公路转角交点 JD 至曲线与直线连接点的切线长度，可由式（5-2）计算确定。

$$T = R\tan\frac{\alpha}{2} \tag{5-2}$$

式中　T——切线长度，m；

R——平曲线半径，m；

α——转折角（平曲线半径之夹角），(°)。

（3）曲线长度。

$$L = \pi R\alpha / 180° \tag{5-3}$$

（4）外矢距。转角交点至圆曲线中心的距离。

$$E = R(\sec \frac{\alpha}{2} - 1) \tag{5-4}$$

（5）曲线段超高。汽车行驶在曲线段上时，受离心力的作用，使汽车向曲线外侧滑移或倾覆，为此，通常将曲线段外侧路面升高。这种设置称为曲线段外侧超高。

平直线段路面的横断面常常是双向倾斜的，当其与曲线段相接时，横断面由双向倾斜逐渐过渡到单向倾斜，这一过渡路段称为缓和曲线段，其外侧逐渐超高。向转弯内侧倾斜的单向坡面与水平面的夹角称为超高横坡 i_H。

$$i_H = \frac{v^2}{gR} - u \tag{5-5}$$

式中 i_H ——超高横坡，%；

其余符号意义同前。

超高横坡一般在 2%~6%，最大不超过 10%。具体值根据设计车速、平曲线半径、路面类型和气候条件等因素来确定。不同设计计算车速与平曲线半径时的超高横坡值如表 5-4 所示。

表 5-4 平曲线超高横坡值

超高横坡 i_H /%	设计计算车速/km·h^{-1}		
	40	30	20
	平曲线半径/m		
2	250~100	150~55	75~25
3	<100~85	<55~50	<25~20
4	<85~75	<50~45	—
5	<75~65	<45~40	<20~15
6	<65~55	<40~25	—

（6）曲线段加宽。汽车在曲线段上行驶时，各车轮所处的位置不同，其所画出的曲线半径也不同。后轮内侧车轮的转弯半径最小，前轴外侧车轮的转弯半径最大。因此，路面行车部分的宽度需加大（一般在内侧加宽），此增宽部分称之为曲线段加宽。当内侧加宽有困难时方可在曲线段外侧加宽。加宽应从直线段或缓和段开始，逐渐加宽至圆曲线部分。

双车道曲线段加宽值为：

$$B_i = \frac{L_z^2}{R} + \frac{0.1v}{\sqrt{R}} \tag{5-6}$$

式中 B_i ——双车道曲线部分几何加宽值，m；

L_z ——自汽车后轴至前保险杠的距离，m；

其他符号意义同前。

双车道曲线段的车道总宽度为：

$$B_z = B_0 + \frac{L_z^2}{R} + \frac{0.1v}{\sqrt{R}} \tag{5-7}$$

式中 B_z——双车道曲线部分的总宽度，m。

单车道曲线段加宽值按双车道加宽值减半计算。

若公路两侧路肩各为2m，且路面加宽不到1m时，路基可不加宽；若路面加宽大于1m时，路基加宽应按内侧路肩宽度不小于1m计算。

（7）线路连接。包括直线段与曲线段相连接和相邻两平曲线段相连接两种。

1）直线段与曲线段相连接。为使汽车平稳通过曲线段，在直线段与曲线段之间应设置缓和曲线段。

缓和曲线长度：

$$l_q = 0.035v^3/R \tag{5-8}$$

式中 l_q——缓和曲线段长度，m；

其他符号意义同前。

2）相邻两平曲线段相连接。相邻两同向曲线段均不设超高横坡或所设超高横坡相同时，可以直接连接；当所设超高横坡不同时，中间需要按两相邻超高横坡之差设置超高缓和段。

相邻两反向平曲线段均不设超高时，中间设不小于自卸汽车车长的直线段，条件困难情况下可不设直线段，但必须减速运行；两相邻反向平曲线段均设超高时，中间应有不小于两超高缓和段长度的直线段。

（8）视距。汽车司机在行车时所能看到其前方车辆或道路上障碍物所必须的最短距离。车辆在曲线段上行驶时，为保证有足够的视距，弯道内侧如有建筑物、树木、路基边坡或其他障碍物时必须予以排除。

视距可分为停车视距和会车视距。

停车视距的最短距离 S_T 如图5-4所示。

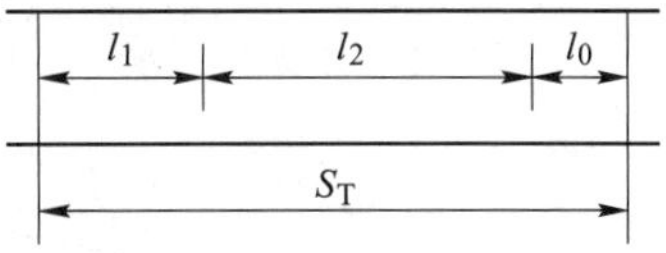

$$S_T = l_1 + l_2 + l_0 \tag{5-9}$$

$$l_1 = vt/3.6$$

$$l_2 = 1.05v^2/254(\varphi_J + \omega_G \pm i)$$

$$l_0 = 3 \sim 5\text{m}$$

l_1 l_2 l_0 S_T

图5-4 停车视距

式中 l_1——司机观察反应时间内行驶的距离，m；

l_2——汽车开始制动到完全停止时所行驶的距离，m；

l_0——为防止汽车万一驶进障碍物不能停住而在视距计算中考虑的安全距离，m；

v——汽车运行速度，km/h；

t——司机观察反应时间，一般取值为1.5~2s；

1.05——考虑汽车转动部分惯性力的系数；

φ_J——计算黏着系数，φ_J =（0.5~0.6）φ；

φ——黏着系数；

ω_G——滚动阻力系数；

i——道路纵坡，%，上坡为正，下坡为负值。

当两车对向行驶时，会车视距的最短距离 S_H 的计算式为：

$$S_H = 2l_1 + l_0 + l_a + l_b \tag{5-10}$$

式中 l_a，l_b——汽车由路中央驶回各自车道的距离，m。

为简化计算，可取 $S_H = 2S_T$。

露天矿汽车在各级公路上的视距应不小于表 5-5 所列数值。

表 5-5 视距表

视 距	道路等级		
	Ⅰ	Ⅱ	Ⅲ
停车视距/m	50	30	20
会车视距/m	100	50	40

（9）回头曲线。有时受地形和采场长度限制，需迂回修筑公路，必须选用锐角转折，即弯道布置在夹角之外，这种弯道称为回头曲线。回头曲线又有对称和非对称回头曲线之分（即图 5-5 和图 5-6）。

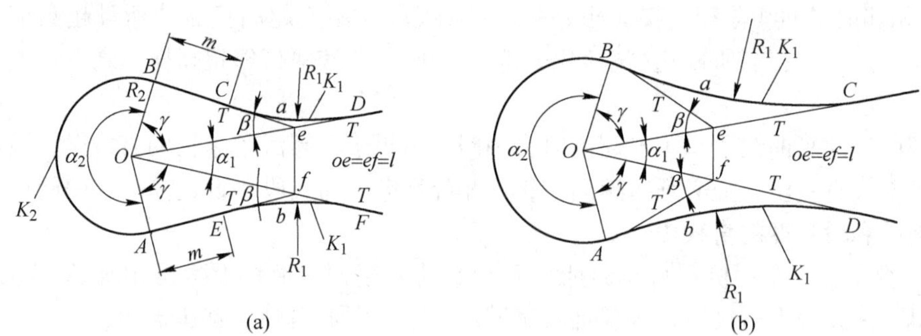

图 5-5 对称回头曲线平面图

（a）有插入直线段的回头曲线；（b）无插入直线段的回头曲线

m—插入直线段

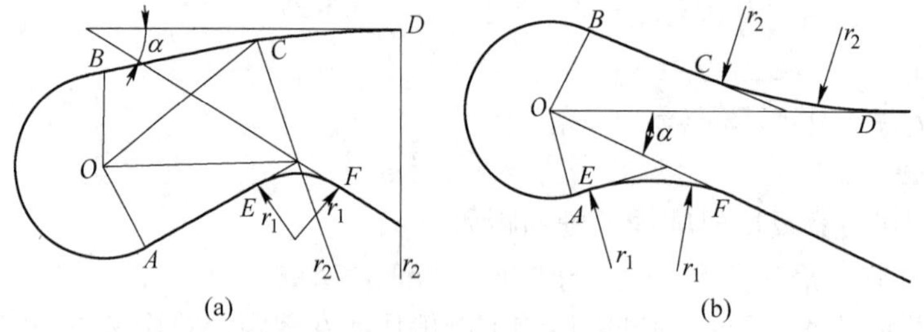

图 5-6 非对称回头曲线平面图

对称回头曲线由主曲线 K_2、辅助曲线 K_1 和插入直线段 m 组成。根据有无插入直线段可分为有插入直线段和无插入直线段的回头曲线。对称回头曲线的平面要素与计算式见表 5-6。

表 5-6 对称回头曲线的主要技术参数

参数名称	符号	主要技术计算公式	
		有插入直线段	无插入直线段
辅助曲线的总偏角	β	$\tan\beta = R_2/(m+T)$ $\tan\dfrac{\beta}{2} = \dfrac{-m \pm \sqrt{m^2 + R_2(2R_1 + R_2)}}{2R_1 + R_2}$	$\cos\beta = R_1/(R_1 + R_2)$

续表 5-6

参数名称	符号	主要技术计算公式	
		有插入直线段	无插入直线段
辅助曲线的切线长度	T	$T = R_1 \tan \frac{\beta}{2}$	$T = R_1 \tan \frac{\beta}{2}$
辅助曲线的曲线长度	K_1	$K_1 = \pi R_1 \beta / 180^\circ$	$K_1 = \pi R_1 \beta / 180^\circ$
切线对应角（夹角）	γ	$\gamma = 90^\circ - \beta$	$\gamma = 90^\circ - \beta$
线段 $of=oe$	l	$l = (m + T)/\cos\beta$ 或 $l = R_2/\sin\beta$	$l = T/\cos\beta$ 或 $l = R_2/\sin\beta$
主曲线的总偏角	α_2	$\alpha_2 = 360° - (2\gamma + \alpha_1)$	$\alpha_2 = 360° - (2\gamma + \alpha_1)$
主曲线的曲线长度	K_2	$K_2 = \pi R_2 \alpha_2 / 180^\circ$	$K_2 = \pi R_2 \alpha_2 / 180^\circ$
回头曲线的长度	$\sum K$	$\sum K = 2K_1 + K_2 + 2m$	$\sum K = 2K_1 + K_2$
两线路间最窄处距离	L	$L = 2\left[l\sin\frac{\alpha_1}{2} + R_1(\sec\frac{\beta}{2} - 1)\right]$	$L = 2\left[l\sin\frac{\alpha_1}{2} + R_1(\sec\frac{\alpha_1}{2} - 1)\right]$

注：上列各式中夹角 α_1、主曲线半径 R_2、辅助曲线半径 R_1 和插入直线段长度 m，均为已知数。

回头曲线路基要求两分支最窄部分的宽度 $L_1 \leqslant L$（见图 5-7），否则回头曲线布置不下。

$$L_1 = B + C + D = B + C + (B + C)i_0/(i - i_0) \tag{5-11}$$

式中 L_1——回头曲线路基要求两分支最窄宽度部分，m；

B——线路路基宽度，m；

C——水沟上部宽度，m；

D——水沟一边至上一路基边缘的水平距离，m；

i——路基边坡值，%；

i_0——地形自然坡度，%。

5.2.3.2 道路纵断面要素

道路纵断面是通过线路中线的竖向剖面。线路的纵断面是研究线路的填挖方量及线路在垂直方向上的合理衔接的基础。线路纵断面由水平线、倾斜线、凹竖曲线、凸竖曲线及不同坡度的连接线所组成（如图 5-8 所示）。两相邻不同坡度直线段的相交点，称为变坡点。变坡点应分别设置凹形和凸形竖曲线予以缓和。

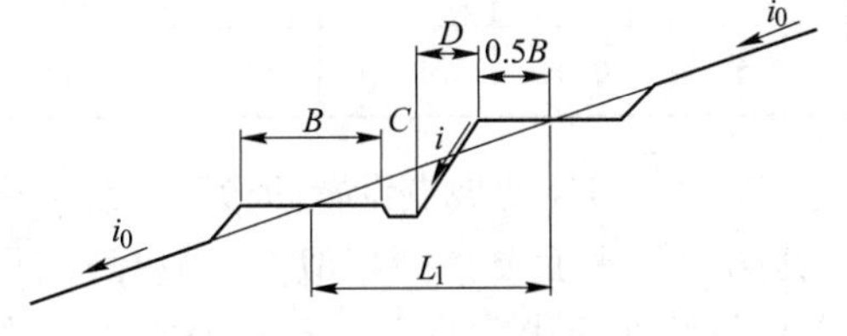

图 5-7 回头曲线路基宽度计算

图 5-8 道路纵断面要素示意图

纵断面设计需要解决的问题是确定最大允许纵坡、纵坡折减、限制坡长及竖曲线。设计中应根据不同等级道路的安全行车要求，使道路构成要素的各项技术指标符合相关规定。

（1）最大允许纵坡。纵坡过大，汽车上坡时长久使用低速挡，水箱的水易沸腾，油管易于“气阻”而发生熄火，导致停车；下坡时，重车制动困难，制动器急剧升温，刹车次数多使轮毂发热直至失效而产生安全事故。纵坡过小会使线路增长，增加扩帮工程量，使基建费用增多。各级公路的最大允许纵坡为：Ⅰ级——6%，Ⅱ级——8%，Ⅲ级——10%。

（2）限制坡长。为防止汽车在长陡坡段上运行时发动机和制动器过热而发生故障，对坡段长度应有限制。当纵坡 $5 < i \leqslant 6$ 时，限制坡长 $L \leqslant 800\text{m}$。以此类推，当增加时，限制长度按换算系数折算为限制坡长 L_H（见表 5-7）。多坡段的换算坡长按下式计算：

$$L_H = \lambda_1 L_1 + \lambda_2 L_2 + \cdots + \lambda_n L_n = \sum_{i=1}^{n} \lambda_i L_i \tag{5-12}$$

式中 L_H——限制坡长，m；

λ_1，λ_2，…，λ_n——坡长换算系数；

L_1，L_2，…，L_n——各坡段的长度，m；

表 5-7 限制坡长 L_H 与坡长换算系数 λ

纵坡坡度 i/%	限制坡长 L_H/m	坡长换算系数 λ
$5 < i \leqslant 6$	≤ 800	1.00
$6 < i \leqslant 7$	≤ 500	1.60
$7 < i \leqslant 8$	≤ 350	2.30
$8 < i \leqslant 9$	≤ 250	3.20
$9 < i \leqslant 12$	≤ 150	5.30

当限制坡长或换算限制坡长 L_H >800m 时，应在不大于 800m 处设置纵坡<3%的缓和坡段，其长度为 40~50m。

（3）纵坡折减。当平曲线半径不大于 50m 时，该平曲线的最大纵坡应根据表 5-8 的规定予以折减。高原地区各级公路的纵坡折减值视海拔高度而异，海拔 5000m 以上，折减 3%；海拔 4000~5000m，折减 2%；海拔 3000~4000m，折减 1%。最大纵坡折减后，其值小于 4%时，仍取 4%。

表 5-8 平曲线纵坡折减

平曲线半径/m	15	20	25	30	35	40	45	50
纵坡折减/%	4.0	3.5	3.0	2.5	2.0	1.5	1.0	0.5

（4）竖曲线。车辆在两相邻线段由下坡转为上坡时，需在变坡点设置凹形竖曲线；由上坡转向下坡时，需在变坡点设置凸形竖曲线（其图形与平面要素图相似）。当纵坡凸形变坡点相邻坡度的代数差不小于 2%和凹形变坡点相邻坡度的代数差不小于 3%时，其竖曲线半径按表 5-9 选用。

表 5-9 竖曲线最小半径

竖曲线类型	公路等级		
	Ⅰ	Ⅱ	Ⅲ
凹形/m	250	200	100
凸形/m	750	500	250

（5）线路纵断面标示法。在原地形纵断面上标出地形面标高、公路设计标高、水平距离、纵向坡度、里程标、百米标、桥涵位置、竖曲线位置和要素、填方和挖方高度，在线路平面栏内标示出线路各地段的长度、方向角，以及曲线段各要素。纵断面的纵横坐标比例不同，横向比例常用 1∶5000、1∶2000、1∶1000 和 1∶500；纵向比例常用 1∶500、1∶200、1∶100 和 1∶50。比例的大小应根据线路复杂程度及设计深度而定。

《厂矿道路设计规范》（GBJ 22—87）规定了各技术等级的露天矿山道路相应技术指标。表 5-10 列出了其中一部分指标。

表 5-10 露天矿山道路部分技术指标

项目		单位	道路等级		
			Ⅰ	Ⅱ	Ⅲ
平面要素	最小平曲线半径	m	45	25	15
	不设超高的最小平曲线半径	m	250	150	100
	最小视距：停车	m	40	30	20
	会车	m	80	60	40
纵断面要素	最大纵坡	%	7	8	9
	最大纵坡时限制坡长	m	≤300	≤250	≤200
	竖曲线最小半径	m	700	400	200
	竖曲线最小长度	m	35	25	20

露天矿道路的布置应根据矿山地形、地质、开采境界、开采推进方向，各开采台阶（阶段）标高以及卸矿点和排土场位置，并密切配合采矿工艺，全面考虑山坡开采或深部开采要求，合理布设路线，应做到平面顺适、纵坡均衡、道路横面合理。

5.2.3.3 公路定线与施工技术

在公路设计中，首先要进行定线，按设计的线路及参数施工，施工技术应保证曲线段外侧超高、内侧加宽，合理确定线路连接与视距等。道路定线步骤是拟定线路系统、方案比较和具体确定线位。

道路定线方法一般采用“零点法”。“零点法”是按照拟定的线路系统和走向，采用一定的纵坡，沿地形等高线或采场内台阶等高线找出道路中心线的填挖高度等于零的各点，再将各零点连成一线，绘出此线的平纵断面图并予以必要的调整，最后确定出线位。由于露天矿道路的特点，“零点法”只能作为确定线位的参考。因为露天矿道路路基大部分要求处于挖方地段，因此，“零点法”往往就是路基边缘线，而不是道路中心线。

5.2.4　矿用汽车选型

5.2.4.1　汽车类型

露天矿汽车运输通常采用后卸式汽车、拖拉牵引的半拖车和拖车。后卸式汽车适宜于在不同条件下运输各种物料，特点是牵引功率大，爬坡能力强和机动灵活，应用最广。拖车和半拖车载重量较大，其特点与后卸式相反，适宜于在坡度小而运距大的条件下采用。

5.2.4.2　载重

矿用自卸汽车载重量与挖掘机斗容应该保持一定的比例关系。当运距在 1.0~1.5km 时，车厢与铲斗的合理容积比为（4~6）：1。自卸汽车载重量与铲斗容积的匹配关系见表 5-11。

表 5-11　自卸汽车载重量与铲斗容积的合理匹配

自卸汽车载重量/t	铲斗容积/m^3	自卸汽车载重量/t	铲斗容积/m^3
7~12	1	65~85	6.1~8.4
12~20	2	100~120	9.2~11.5
32	3~4	150~170	12.5~15.2
45~60	4~6	200	16.7~19

20 世纪 70 年代后，矿用汽车的载重量向着大型化方向发展。目前世界上大型露天矿普遍使用载重量为 100~200t 的电动轮汽车，而且载重量为 400t 级的电动轮汽车已投入使用。

大载重量汽车的突出优点是，随着载重量的增加，汽车单位载重所需的发动机功率下降。例如，载重量为 50t 的汽车，单位载重量所需发动机功率为 8.1kW/t，而 190t 汽车降为 6.3kW/t。单位发动机功率与载重量的关系如图 5-9 所示。

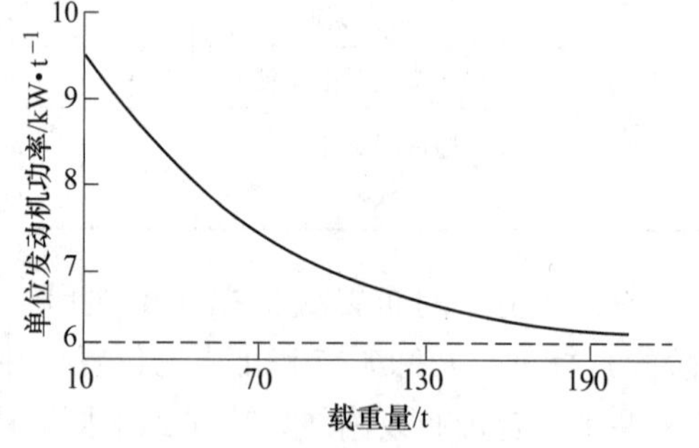

图 5-9　单位发动机功率与载重量关系

据国内外矿山的使用对比，154t 汽车的运输能力比 108t 的高出 30%~50%，运输成本降低 20%~50%。有资料表明，3 台 218t 汽车代替 6 台 108t 汽车，在不到 7 个月的时间里即可收回两者投资上的差额。虽然大型汽车初期投资较高，但其显著的使用效益一直促使设备制造公司向矿山推出更大载重量的汽车。

自卸汽车根据其载重量大小分为不同吨级。至今，汽车制造业已能够为露天矿提供载重量从 10t 级到 360t 级的各类型汽车。根据年采剥运输总量选配适当吨级的自卸汽车是露天矿汽车运输设计的任务之一，图 5-10 是不同吨级自卸汽车相适应的矿山年运输量匹配的例子。

5.2.4.3　传动

自卸汽车的传动方式有机械传动、液压传动和电力传动。载重量小于 30t 的自卸汽

70t车，800～2500万吨/年

30t车，250～1200万吨/年

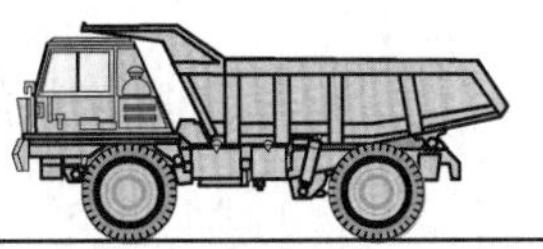
20t车，120～600万吨/年

100t车，1500～4500万吨/年

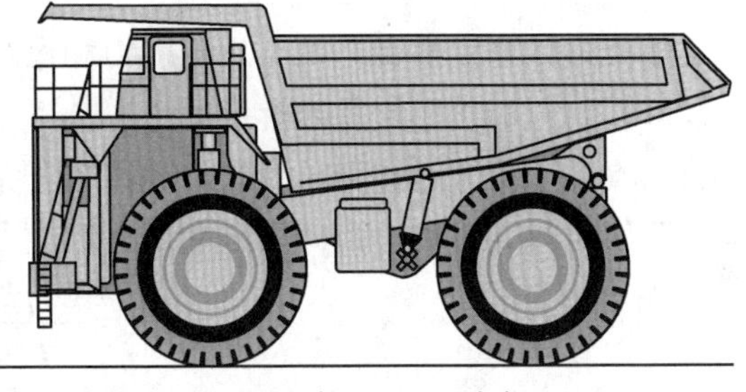
360t车，>5000万吨/年

图 5-10 自卸汽车吨级与运输量匹配

车，轮高不足以在轮内安设电机，只能采用机械传动。载重量 30~130t 的汽车采用机械传动可以满足功率要求。载重量大于 100t 的汽车采用电力转动，采用电力转动的称电动轮自卸汽车。

电动轮自卸汽车工作原理：牵引运行时，电动轮汽车的原动力来自车上的内燃机（大功率柴油机），柴油机直接驱动一台发电机，将机械能转变成电能，通过电力电缆将电力输送给牵引电动机（也称电动轮电机），它又将电能转变成机械能，经轮边行星减速装置，将机械动力传递给主动车轮，驱动车辆运行。车辆的前进和后退是通过改变电动轮电机的磁场电流方向来实现的。车辆在运行过程中，可以进行动力制动，即无摩擦的电制动方式；此时，电动轮电机处于发电机运行状态，将车辆运行的惯性能转变成电能，通过动力制动电阻栅，以热能的形式耗散在大气中。这时，电动轮电机产生的电动力矩阻碍车辆运行，从而起到减速制动的作用。

电动轮自卸汽车结构特点：电动轮自卸汽车的结构特点是采用电传动系统，既没有复杂的机械变速机构和笨重的传动轴，也不需要后轴的伞齿轮传动装置、半轴和差速器，使汽车结构大大简化，提高了传动效率和工作的可靠性，电传动系统改善了柴油机的工作状况。使其功率能与发电机相匹配而得到充分的利用，从而提高了车辆的牵引性能，并可无级变速、无摩擦电制动和自动电动差速。

基于上述电动轮自卸汽车的工作原理及结构特点，其主要优点是：电力传动系统的结构简单可靠，制停准确，自行调速，运行操作平稳，设备完好率高，维修工作量小，维修费用低；牵引性能好，爬坡能力强；运输效率高，成本低，技术经济效果好。其缺点是自重大，涉水高度小。

矿用自卸汽车的结构要求：

（1）车体和底盘结构应具有足够的坚固性，并有减振性能良好的悬挂装置。

（2）运输硬岩的车体必须采用耐磨而坚固的金属结构；卸载时应机械化，而且动作迅速。

（3）驾驶室顶棚上应有保护板，对于含有害矿尘的矿山，司机室要封闭，最好能够强制通风。

（4）制动装置要可靠，起步加速性能和通过性能应良好。

（5）司机劳动条件要好，驾驶操纵轻便，视野开阔。

5.2.5 运输能力计算

运输能力计算包括自卸汽车运输能力和道路通过能力两部分。

5.2.5.1 自卸汽车的运输能力

自卸汽车运输能力是指单位时间内汽车所完成的运输量，其与汽车载重量、单趟运行周期及工作时间等有关。自卸汽车台班运输能力计算公式为：

$$A = \frac{60qT}{t}K_1\eta \tag{5-13}$$

式中 A ——自卸汽车台班生产能力，t/台班；

q——自卸汽车的载重量，t；

t——自卸汽车单趟运行周期，min；

T——自卸汽车班工作时间，h；

K_1 ——自卸汽车的载重量利用系数，一般为 0.82~1.00；

η ——自卸汽车班工作时间利用系数。

汽车的运行周期由装载时间、卸载时间、重车运行时间、空载运行时间、调车等待进入时间等组成。

对于一个露天矿山而言，其所需的自卸汽车数量除了与自卸汽车本身的运输能力有关，同时还取决于矿山的采剥总量、生产技术条件等。自卸汽车工作台数 N_G 和在册台数 N_Z 分别按式（5-14）和式（5-15）来确定。

$$N_G = \frac{K_2 Q_B}{A} \tag{5-14}$$

$$N_Z = \frac{N_G}{K_3} \tag{5-15}$$

式中 Q_B ——露天矿每班运量，t/班；

K_2 ——班运量不均匀系数，$K_2 = 1.1 \sim 1.15$；

K_3 ——出车率，即汽车工作台数与在册台数之比，$K_3 = 0.5 \sim 0.8$；

其余符号意义同前。

【例题 5-1】 已知某露天矿山生产规模为年产矿石 200 万吨，剥采比为 2t/t，采用两班工作制，班工作时间为 8h，年工作天数为 300 天。该矿山采用汽车运输方式运输矿石和废石，且矿石和废石的密度相同，若选用的汽车载重量为 50t，汽车运输矿石和废石的运行周期均为 30min，汽车载重利用系数为 0.95，汽车工作时间利用系数为 0.80，班运量不均衡系数为 1.1，班出车率为 0.75。

请计算：（1）该矿山汽车台班运输能力；（2）该矿山正常生产时，同时工作的汽车台数和在册台数。

解：（1）该矿山汽车台班运输能力：

$$A = \frac{60qT}{t}K_1\eta$$
$$=60 \times 50 \times 8 \times 0.95 \times 0.80/30$$
$$=608(\mathrm{t})$$

（2）该矿山正常生产时，同时工作的汽车台数和在册台数：

矿山剥离矿石量：200×2＝400 万吨，故矿山采剥总量为 600 万吨；

则矿山每天需完成的运输总量为：600 万吨÷300＝20000t；

因每天为两班工作制，故每班需运输的矿石及废石总量为：20000/2＝10000t；

$$N_G = \frac{K_2 \cdot Q_B}{A} = 10000 \times 1.1/608 = 18.09(\text{辆})$$

$$N_Z = \frac{N_G}{K_3} = \frac{18.09}{0.75} = 24.12(\text{辆})$$

答：该矿山汽车台班运输能力为 608t，实际每班需要工作的汽车台数取 19 辆，在册台数取 24 辆。

5.2.5.2 道路通过能力

道路通过能力是指在单位时间内通过某一区段的车辆数，它与行车线数量、路面质量、行车速度以及安全行车间距等有关。一般选择车流最集中的区段进行计算，如总出入沟口、平面交叉路口等。道路通过能力的计算公式为：

$$N_D = \frac{1000vn}{S}K \tag{5-16}$$

式中 v——自卸汽车在计算区段内的平均速度，km/h；

n——车道系数（单车道时 $n=0.5$，双车道时 $n=1$）；

S——两辆自卸汽车追踪行驶的安全距离（即停车视距），m；

K——车辆行驶的不均衡系数，一般 $K=0.5\sim0.7$。

【例题 5-2】 已知某露天矿山采用汽车运输运输矿石和废石，其交通最为密集点为出入沟，汽车在该点的运输速度为 20km/h，两辆汽车追踪行驶时的安全距离为 100m，车辆行驶不均衡系数为 0.6，请计算：（1）该区域为单车道时的道路通过能力；（2）该区域为双车道时的道路通过能力。

解：（1）该区域为单车道时的道路通过能力：

$$N_D = \frac{1000vn}{S}K = 1000 \times 20 \times 0.6/100 = 120(\text{辆}/\mathrm{h})$$

（2）该区域为双车道时的道路通过能力：

$$N_D = \frac{1000vn}{S}K = 1000 \times 20 \times 1/100 = 240(\text{辆}/\mathrm{h})$$

答：该矿山单车道时的道路通过能力为 120 辆/h，双车道时的道路通过能力为 240 辆/h。

5.2.6 矿用汽车的发展和未来

除了在汽车传动系统方面的进步，矿用汽车的大型化也是其非常重要的发展特点。各专业生产厂商采用最新科技成果，在大型柴油发动机、大型轮胎、计算机监控、超轻自重矿用汽车制造技术、无人驾驶矿用汽车等方面形成了新一代的制造技术。

5.2.6.1 大型柴油发动机

随着矿用汽车向大型化发展，必然导致发动机进一步大型化的需要。按照发动机额定功率和汽车总质量之比为 7.5kW/0.9t 进行近似计算，载重量为 290t 的大型电动轮汽车，在装满系数为 40%~50%的情况下，爬 10%的坡道，所需功率为 2386kW，这个数字已非常接近世界上最大的车用发动机的级别。实际上，目前最大的矿用汽车载重量已达到了 360~400t 级。不难发现，在大型矿用汽车的发展中，大型发动机的研发速度可能成为最大载重量级别汽车额定功率与能力方面的瓶颈。为增大车用发动机功率，已成功实施的技术措施主要有增大排量、多汽缸配置、将两台柴油机串联使用、增大空气处理系统能力以及改进燃油喷油系统等。

大型发动机的发展还面临两方面的挑战，一是满足适应高海拔（3000m 以上）矿山的大型矿用汽车的需要；另一方面是满足不断提高标准的排放法规的要求。

5.2.6.2 大型轮胎

矿用汽车大型化的另一个主要制约因素是轮胎。为适应重达数百吨的汽车载重和自重总质量，轮胎制造中采用了最新轮胎结构设计和最新的制作材料，提高了轮胎的抗磨性、抗热力和抗刺伤等方面的能力。另外，在轮胎内嵌入芯片来监测轮胎的温度、压力及轮胎磨损信息，满足了超大轮胎在采矿运输中提高强度、延长寿命的需求。

5.2.6.3 计算机监控技术

随着计算机技术、通信技术、传感器技术的进一步发展及有关元器件功能的完善、可靠性的进一步提高，计算机监控技术得到广泛应用。例如，对油气悬架的主动控制，发电机和牵引电机电流、电压、磁场的调节及温度监控等。监控系统能实时对车辆工况自动检测，提供重要的机器状况和有效负载数据，在异常情况造成重大损坏之前进行识别，简化了故障诊断与排除，减少了停机时间。对车辆运行的遥控管理和运输量的自动记录等，可优化设备管理，改进定期保养程序的有效性，使部件寿命最长，使大型自卸车的自动化程度、性能和工作可靠性得到进一步的提高。

5.2.6.4 超轻自重矿用汽车制造技术

开发更大载重吨级自卸汽车的另一种思路是降低汽车的自重。汽车业界认为若能达到有效载重与自重之比为 1.75∶1 以上，即成为“超轻型”汽车。而一般 200t 级矿用汽车的有效载重与自重之比大约为 1.3∶1 左右，很少能达到 1.4∶1 的。

制造超轻汽车的基本思路是，现有矿用汽车结构强度余量较大，车架出现裂纹多数是因工艺（特别是焊接）质量差、疲劳损坏造成。若对车架重新布置，使承重部位尽量移到前后悬挂装置上，采用高强度合金钢，多用铸钢件以减少焊缝，且用机械手焊接、用先进方法消除焊后应力等，即可大幅度降低矿用汽车自重。

澳美两国合作设计制造试验了一种“新概念汽车”。该车采用了多种降低自重的新技术。

汽车外形尺寸与普通汽车基本相同，最大有效载重 220t，自重只有 128t，其有效载重与自重之比为 1.72∶1，接近 1.75∶1，比现有汽车高得多。经实用证明，该车设计是成功的。

5.2.6.5 无人驾驶矿用汽车

在边远、高海拔地区的矿山，气候异常、空气稀薄，司机需配氧气系统，增大了作业成本；在工业发达国家，矿用汽车作业成本中司机的费用约占 20%，无人驾驶矿用汽车的需求已日渐明显。而随着计算机监控和 GPS 技术的发展和应用，这种需求已成为了现实。

无人驾驶矿用汽车的主要技术有，利用实时动态 GPS 系统或扫描雷达进行停车点定位，可使停车定位达到 50cm 精度；利用对发动机自动化控制喷油、变速器自动控制换挡等。国外无人驾驶矿用汽车的成功案例是，利用 GPS 和设备管理系统，前进速度为 36km/h，后退速度为 10km/h，能在程序预定的路途中停下来，偏离目标不超过 2m；在停车点停车偏离不超过 0.5m。无人驾驶矿用汽车的使用情况表明：无人驾驶 85t 和 55t 矿用汽车可降低每吨矿石成本 15%~18%，汽车作业率可达 90%以上。

5.3 铁路运输

铁路运输是露天矿开采的主要运输方式之一，适用于储量大、面积广、运距长（超过 5~6km）、地形坡度在 30°以下、比高在 200m 以下时的露天矿和矿山专用线路。20 世纪 60 年代以来，随着大型露天矿逐渐进入深部开采阶段，铁路在采场下部的发展中面临爬坡能力较小、运转周期长、开拓新水平速度慢等困难，以及重型自卸汽车、电动轮自卸汽车等运输设备的发展，许多矿山进行了运输系统改造，即下部采用汽车运输，上部采用铁路运输的联合运输方式。

铁路运输最理想的适用条件是矿岩外运距离大于 4km 的不太深的大型露天矿，矿区的地形条件比较平缓，能满足线路平面、纵断面要求。铁路坡度通常为上坡 3%，下坡 4%。高差越大，坡道线路所占空间就要求越大。例如，一个深度只有 100m 的露天矿如果采用 3%的坡度，坡道展线长度将超过 3km。

露天矿铁路运输的特征是受矿山开采工艺的支配，装、运、排各生产环节的相互制约导致运输线路和运输组织的特殊性。该运输方式的另一个重要特征是专机专列、固定车体的直达运输。

铁路运输的优点是：运输能力大，可达 5000~8000 万吨/年；设备和线路比较坚固耐用；运输成本低；对矿岩性质和气候条件的适应性强。缺点是：基建工程量和投资大，建设速度慢；对地形及矿体赋存条件的适应性差；灵活性差，线路爬坡能力小，转弯半径大；线路系统和运输组织工作复杂，受开采深度限制。

目前，露天矿山铁路运输发展的主要趋势是：采用黏重（又叫黏着质量，是指机车分布在主动轮对上的质量之和）150t 的电机车和 100~200t 的自翻矿车；采用电压超过 10000V 的交流电机车和 3000/1500A 的直流电机车；采用电动轮自翻车牵引机车组；内燃机用燃气轮机代替柴油机；线路工程全盘机械化；实现机车遥控和运输系统自动化。

5.3.1 列车和线路的技术特征

露天矿铁路运输系统由列车设备和铁路设施两部分构成。

5.3.1.1 列车的技术特征

矿用机车动力类型主要有电动机车和内燃机车，按轨距又分为准轨机车和窄轨机车。其技术特性参数有：功率、轮周牵引力、黏着牵引力、轴重、最小曲线半径、线性尺寸等。

电力机车分直流工矿架线电机车和交流工矿架线电机车。交流电机车因采用工频单向交流电系统，电压可达6000~10000V或更高，可减少牵引电网的电能损失和牵引变电所的数目，并且黏着系数高（黏着系数是指主动轮与铁轨之间的摩擦系数），启动时电能损失少，制动性能好，但对通信干扰较大，价格昂贵。

架线式电机车需要有牵引电网，给采掘线、排土线的移设增加了困难，且炸药库等场所禁用架线，交流牵引电网的旁架线不够安全。为了解决这些问题，出现了电力和燃料的双能源机车。采用双能源机车可使牵引电网长度减小30%~40%，不仅降低了投资，而且扩大了电机车在矿山的使用范围。

内燃机车的传动方式有机械传动、液压传动和电力传动三种。大型露天矿主要采用功率较大的电力传动内燃机车（又称柴油电力机车）。由于露天矿的工作条件差，内燃机车的应用受到较大限制，但功率较小的内燃机车可以用作辅助运输设备。

目前国内露天矿使用的准轨列车主要采用1500V直流供电，黏着牵引力为80~150t的电力机车牵引8~10辆60~100t的自翻车。此类规格的列车可适用于年运输量1000~2000万吨的大型露天矿，而年运量为3000~5000万吨时，则宜采用3000V直流电机车或10000V交流电机车牵引100~200t自翻车。

5.3.1.2 线路的技术特征

铁路线路的技术特征包括线路分类及其等级、限界、铁路上部建筑和下部建筑、线路平面和纵断面等要素。

铁路按轨距分为标准轨和窄轨两类。标准轨距（即两条钢轨轨头内侧之间的距离）为1435mm，小于标准轨距的铁路统称窄轨，一般窄轨轨距为600mm、750mm、762mm、900mm。一般情况下，大型露天矿多采用标准轨，小型露天矿采用窄轨，中型露天矿视具体情况而定。

根据露天矿生产工艺过程的特点，矿用铁路分为固定铁路、半固定铁路和移动铁路三类。三类铁路的划分依据与公路相同。固定铁路按单线重车方向的年运量划分技术等级，从而确定技术标准。固定铁路一般划分为三级，见表5-12，移动线、联络线及其他线不分级。

表5-12 铁路线路等级

线路类别	线路等级	准轨/mm	窄轨/mm		
		1435	900	762	600
		单线重车方向年运量/万吨			
固定线或半固定线	Ⅰ	≥600	>250	150~200	—
	Ⅱ	300~600	150~250	50~150	30~50
	Ⅲ	<300	<150	<50	<30
移动线、联络线及其他线	不分等级				

表5-12中的线路类别为：

（1）固定线路，即使用年限大于3年的线路，如露天矿运输干线、站线、采场非工作帮上线路及外部联络线等。

（2）半固定线路，即移设周期或使用年限大于1年、小于3年的线路，如采场移动干线（包括站线）、平盘联络线等。

（3）移动线路，即移设周期等于、小于1年的线路，如工作面采掘线及排土场翻车线。

限界是铁路设计建设和运营的一项重要技术标准，用以规定机车车辆外廓和各种建筑物接近线路的限定尺寸。限界又分为机车车辆限界和建筑物接近限界。

铁路轨道由上部建筑和下部建筑所组成。上部建筑包括钢轨、轨枕、道床、钢轨扣件、防爬器、道岔等。轨道上部建筑的选型由铁路等级决定。表5-13列出了准轨铁路的轨道类型。轨道下部建筑包括路基、桥涵、隧道、挡土墙等工程。

表5-13　轨道类型

项　目		单　位	固定、半固定线等级			移动线
			Ⅰ	Ⅱ	Ⅲ	
钢轨类型		kg/m	50或60	50或60	50	50
轨枕根数	钢筋混凝土枕	根/km	1680	1600或1520	1520	—
	木　枕	根/km	1760或1680	1680或1600	1600或1520	1760
道床厚度	非渗水路基	cm	35	30	25	20
	岩石、渗水路基	cm	30	25	25	15

线路平面要素包括直线段、曲线段、缓和曲线段和曲线半径。

铁路线路换向时必须用一定半径的圆曲线连接相邻的直线段来实现。圆曲线要素与公路相同，参见上节。曲线半径的选择是线路平面设计的关键。大曲线半径可提高行车速度，改善行车条件，小曲线半径将增加运行阻力和轮轨磨损。露天矿铁路的行车速度一般不高，特别是受复杂地形限制，大多采用较小的曲线半径，其允许最小直径参见设计手册。

列车在曲线段上行驶时，速度越高，离心力越大。为了使列车不致倾覆，通常外轨必须增高，曲线段的轨距也应加宽。这是因为当机车车轴进入曲线段时，其前轴外轮轮缘紧靠外轨，直至整个车架转向；如果轨距不够，车架就要楔在轨道中间，导致钢轨与车轮严重磨损甚至破损；轨距加宽过多则易产生车轮掉道。在双车道的曲线段上，线间距也应加宽，因为列车在曲线段上行驶时，转向架随线路的曲度可以转动，但车身是一整体结构不能随之弯曲，所以，车辆两端突出于曲线外轨，中间偏向曲线内侧，使相邻的曲线段上的车辆之间净空减少。

由于曲线段外轨增高，轨距加宽，而直线段则没有，因此，在直线段与曲线段之间必须设置缓和线段以便过渡并相连接。曲线段与曲线段连接时，中间应设置插入直线段以保证列车平稳运行。

线路的纵断面由平道和坡道组成。坡度是一个坡道两端点的标高差与其水平距离之比，以千分数表示，即

$$i = (h/L) \times 1000‰ \tag{5-17}$$

式中　i——线路坡度,‰;

h——线路两点间的标高差，m;

L——线路两点间的水平距离，m。

在一定牵引重量下，列车以最低计算速度所能爬过的最大坡度，称为限制坡度。超过限坡时，重车上坡用单机牵引是不可能的。露天矿的列车重量就是根据限制坡度来确定的。一般来说，限制坡度越大，建设费用越低，运营费用越高。所以，在确定限坡值时，需要进行技术经济比较。

纵坡断面设计应尽量采用较长的坡段。准轨铁路最小坡段长度一般为140~200m，窄轨铁路的坡段长一般大于最大列车长。

纵断面坡段的连接十分重要。当列车通过变坡点时，由于附加力和惯性力的作用，车钩内产生附加应力，相邻车厢的车钩要上下错动甚至断钩。为此，变坡点必须设置竖曲线，即相邻线段的垂直面内以竖曲线相连接。露天铁矿线路的竖曲线半径一般为：固定线大于2000m，半固定和移动线大于1000m。相邻坡度的坡度代数差不得大于重车方向的限制坡度。当坡度差大于4‰时，应以平道分坡。

5.3.2　铁路线路的定线

铁路线路的定线是指在地面上或在地形平面图上标出线路中心线的合理空间位置，且符合下列原则：

（1）满足开采要求，同总平面布置协调一致。

（2）平纵断面设计符合规范与规程规定。

（3）矿岩运距短，尽量避免反向运输。

（4）车站分布合理。

（5）土石方工程量小。

（6）综合经济效益高。

5.3.2.1　凹陷采场定线

凹陷露天矿铁路运输时，线路沿出入沟通往各开采水平或隔水平的会让站，然后进入工作面，不受地形影响。

5.3.2.2　山坡采场及地面干线定线

除与凹陷采场定线相同外，其运输干线与各台阶的联络线路常常和地形有密切关系。地形的平均地面坡度小于限制坡度的地段，称为自由导线地段。在自由导线地段内没有高程障碍，定线时主要是绕避平面障碍。地形的平均地面坡度大于限制坡度的地段，称为紧坡导线地段。在此段内有明显的高程障碍，常常需要延长线路以达到所需的升高。

5.3.3　铁路站场

为保证铁路所需的通过能力及行车安全，办理列车到发、会让、折返、解编、列检及其他有关业务，铁路每隔一定距离须设置车站。车站是处理列车各项技术业务的场所，是配线的分界点。

露天矿车站按其用途可分为矿山站、废石站、矿石站、破碎站、工业广场站等，在露天采场内还会设折返站和会让站。按列车通过是否改变方向分为通过式和尽头式（折返式）两种。各类车站根据其用途和需要配置所需要的线路数。

车站的另一个作用是配线的分界点。为保证铁路行车安全及必要的通过能力，线路系统必须适当地划分为若干区间，每一区间按规定只容纳一列列车。区间和区间的分界地点称为分界点。分界点分为无配线的和有配线的两种。例如，通过色灯信号机及信号所就是无配线的分界点，而线路系统中的各个车站即为有配线的分界点。

车站的配线一般由本车站车流的特点和技术作业性质确定。一般车站除直接连接相邻两车站间、并贯穿车站线路（又称正线）外，还要根据需要，配置其他站线及特别用途的股线，如发线、调车线、牵出线、装卸线、日检线、杂业车停留线以及工业广场和车库联络线等。

5.3.4 铁路运输能力

5.3.4.1 列车运输能力

列车运输能力是指列车在单位时间内运送的矿岩量，可按下式计算：

$$A = \frac{1440Knq}{T_Z} \tag{5-18}$$

式中 A——列车每昼夜的矿岩运输能力，t/d；

K——工作时间利用系数，$K = 0.85$；

n——机车牵引的矿车数；

q——矿车的实际载重量，t；

T_Z——列车运行周期时间，min，由装车时间、列车往返运行时间、卸载时间、列检时间和在车站的入换、停车时间组成。

完成矿山生产能力所需的同时工作的列车数为：

$$N_L = \frac{Q}{A} \tag{5-19}$$

$$Q = \frac{K_B A_n}{m} \tag{5-20}$$

式中 N_L——同时工作的列车数，列；

Q——每昼夜的运输量，t/d；

A_n——年运输总量，t/a；

m——列车每年工作日数，一般为300~330d/a；

K_B——运输生产不均衡系数，$K_B = 1.1 \sim 1.25$。

如果矿岩的运输不是使用同一线路，则运矿、运岩的列车数分别计算，两者之和即为工作列车数。

【例题 5-3】 某露天矿山生产规模为年产矿石 300 万吨，剥采比为 4t/t，采用三班工作制，班工作时间为 8h，年工作天数为 300 天。该矿山采用铁路运输方式运输矿石和废石，机车牵引矿车数为 8，矿车载重量为 60t，工作时间利用系数为 0.80，列车运行周期为 40min，列车运输不均衡系数为 1.2。请计算：（1）列车运输能力；（2）同时工作的列车数。

解：(1) 列车运输能力：

$$A = \frac{1440Knq}{T_Z} = 1440 \times 0.80 \times 8 \times 60/40 = 13824\text{t}$$

(2) 同时工作的列车数：

矿山年采剥总量为 300+300×4=1500 万吨

考虑不均衡系数时，每天运输量：$Q = \frac{K_B A_n}{m} = \frac{1.2 \times 15000000}{300} = 60000\text{t}$

每班运输量：$Q_1 = 60000/3 = 20000\text{t}$

同时工作列车数：$N_L = \frac{Q_1}{A} = 20000/13824 = 1.45$ 列

答：该矿山列车运输能力为 13824t，同时工作的列车数取 2 列。

5.3.4.2　线路通过能力

露天矿线路通过能力是线路（区间和车站）在单位时间内所能通过的最大列车数，一般以列/昼夜表示。露天矿铁路线路通过能力包括线路区间通过能力和车站通过能力。

A　区间通过能力

长度最大、坡度最陡、线路数目最少且要求通过的列车数最多的区间，称为限制区间，区间通过能力就是按限制区间来确定的通过能力。它取决于连接分界点的线路数目和每一列车占用区间的时间、区间的长度、平面、纵断面及机车车辆和列车车载重量等因素。

单线区间通过能力 N_D（对/d）：

$$N_D = \frac{nT}{t_1 + t_2 + 2\tau} \tag{5-21}$$

式中　n——每天工作班数；

T——每班工作时间，min；

t_1——空车运行时间，min；

t_2——重车运行时间，min；

τ——列车间隔时间，min。

双线区间通过能力 N_S(对/d)，当采用电话或半自动闭塞系统时为：

$$N_S = nT/(t_y + \tau) \tag{5-22}$$

式中　t_y——列车在区间运行的时间，min；

τ——准备进路和开路信号时间，电控 0.3min，人工搬运 2.0min。

当采用自动闭塞系统时，

$$N_S = nT/t_0 \tag{5-23}$$

式中　t_0——自动闭塞区段列车间隔时间，min。

B　车站通过能力

车站通过能力是指单位时间通过车站的列车数（或列车对数）。因为咽喉道岔是车站的总出入口，所以车站的通过能力往往是指咽喉道岔的通过能力。咽喉道岔通过能力，是指车站或车场两端的咽喉中最繁忙的那付（组）道岔的通过能力。一般车站（或车场）的每一咽喉有一付（组）咽喉道岔。

如图 5-11 中，根据道岔可能被占用的次数，可看出 1、3 号道岔为咽喉道岔。

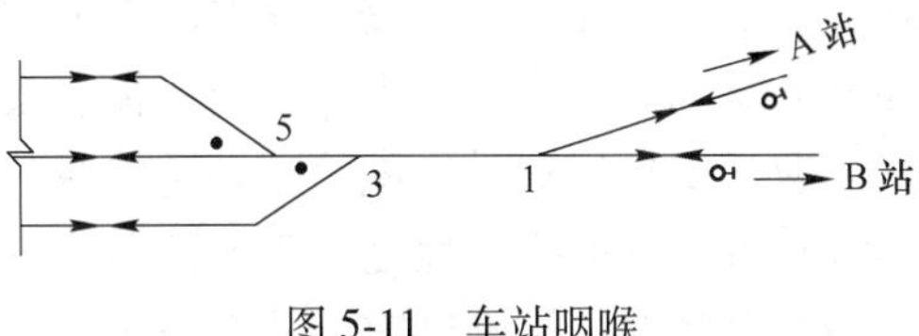

图 5-11 车站咽喉

咽喉道岔的通过能力 N_z（对/d），即

$$N_z = \frac{1440\eta_y - \sum t_j}{\sum N_i t_i} \qquad (5\text{-}24)$$

式中 η_y——咽喉道岔的时间利用系数；

$\sum t_j$——站内影响咽喉道岔接发车作业所占用的时间，如站内调车，min；

N_i——通过咽喉道岔的到、发列车数，列；

t_i——通过咽喉道岔的到、发列车，调车和单机占用咽喉道岔的时间，min/次。

【例题 5-4】 某露天矿山采用铁路运输方式运输矿石和废石，每天 2 班工作，每班工作 8h，在单线区间内列车空车运行所需时间 10min，重车运行所需时间为 15min，列车间隔时间为 10min；在双线区间内列车运行所需时间为 20min，采用半自动闭塞系统及电控方式控制信号灯；在车站区段，咽喉岔道的时间利用系数为 0.8，站内影响咽喉道岔接发车作业所占用的时间为 50min，通过咽喉道岔的到、发列车数为 50 列，通过咽喉道岔的到、发列车所用时间为 2min。请计算：（1）单线区间通过能力；（2）双线区间通过能力；（3）车站通过能力。

解：（1）单线区间通过能力：

$$N_D = \frac{nT}{t_1 + t_2 + 2\tau} = \frac{2 \times 8 \times 60}{10 + 15 + 2 \times 10} = 21.33\ (\text{对/d})，取 21$$

（2）双线区间通过能力：

$$N_S = nT/(t_y + \tau) = \frac{2 \times 8 \times 60}{20 + 0.3} = 47.29\ (\text{对/d})，取 47$$

（3）车站通过能力：

$$N_z = \frac{1440\eta_y - \sum t_j}{\sum N_i t_i} = \frac{1440 \times 0.8 - 50}{50 \times 2} = 21.19\ (\text{对/d})，取 21$$

答：该矿山单线区间通过能力、双线区间通过能力、车站通过能力分别为 21 对/d、47 对/d、21 对/d。

5.3.5 铁路运输调度管理

与公路运输不同，露天矿铁路运输受到区间、车站通过能力等方面的限制，对组织管理有更高的要求。据我国一些大型露天矿的铁路运输统计，在列车运行周期内，用于等待线路等非作业时间可占到列车运行周期时间的 16%~36%。可见通过调度管理来改善运输组织，提高运输效率和保障行车安全有重要意义。

运输调度工作包括：合理制定当班调车作业计划，优化解体调车作业，编组列车车流的优化，加强交汇站的调度指挥，与其他单位衔接作业的优化等。归纳起来，露天矿铁路运输调度主要是解决运输需求和行驶路径两方面的决策问题。

运输需求的决策侧重于考虑生产任务的完成情况、装载点（如采矿、剥离工作面）和卸载点（如卸矿站和排土线）的位置和数目、矿石品位的控制情况等，以保证原矿产品的数量和质量均达到预期要求。其中，在装载和卸载点之间列车分配的要求是，完成开采和剥离作业的工班计划量；供给选矿厂的原矿实际品位与计划值的偏差应在允许范围内；保证全部挖掘机都能均匀地完成工班计划。

行驶路径的决策则侧重于从提高运输效率的角度来选择合理的行驶路径。考察对象主要是铁路运输系统的各主要实体，包括列车、线路分布、站场位置、各站股道数目、各站场与站场的联系等。这些实体的状态随生产进行处于不断变化中，决策时需获悉可用的股道数目中哪些股道已被占用，哪些股道尚未被占用以及被占用股道的占用时间等信息。

运输调度决策的实现，则要依靠铁路运输系统中的信号设备，包括：

（1）信号——主要通过色灯信号机对有关行车和调车人员发出指示。

（2）联锁——通过集中控制装置使车站范围内道岔和信号的作用一致。保证行车安全和运输效率。

（3）闭塞——防止向已被占用区间或闭塞分区发入列车，保证区间内行车的安全。

实现以上三种功能的设备又被统称为“信、集、闭”设备。

国内外一些大、中型露天矿的主要铁路站所，初期都是采用简易的联锁设备，各车站、区间的行车作业，均有各自的车站值班员办理。

随着露天矿铁路系统自动化的进展，基于计算机网络技术的调度监督系统得到了广泛应用。典型的铁路调度监督系统是以信息处理为核心，采用计算机、网络及多媒体技术构成的分布式实时监督和管理信息处理系统。它与各车站的微机联锁相结合，将各车站的股道占用、信号显示、进路排列、列车运行等重要信息及时准确地提供给调度指挥人员，为合理安排列车会让、及时调整运行方案、科学指挥行车提供了可靠依据，进一步发挥了行车设备的整体性能。

5.4 带式输送机运输

带式输送机是一种连续式运输设备，是实现露天矿连续生产的重要环节。其特点是物料以连续的货流沿固定线路移运。带式运输机可以作为露天矿的单一运输方式，将矿岩直接从工作面运至选厂或排土场，组成连续运输工艺；也可以与其他采运、破碎筛分设备联合，组成半连续运输工艺。带式运输机可直接布置在露天采场边帮上，也可以布置在斜井中，具体由开拓方式决定。

这种运输方式的主要优点为：运输能力大，带宽 1.8~2.0m 的带式输送机的运输能力与准轨铁路相当；爬坡能力强，运输倾角一般可达 18°~20°；易于实现自动控制，提高劳动生产率；经济效益好，运输成本一般仅为汽车运输的 50%~60%。缺点是：基建投资较大；对运输物料的特性（硬度、磨蚀性等）和块度要求严格；受气候影响较大。

近年来，随着露天矿深度的增加和规模的日趋加大，带式运输机在采场内常作为联合运输的一部分，与汽车运输组成间断-连续运输工艺系统（电铲-自卸汽车-半固定破碎机-

带式运输机）。世界上已有几十个露天矿采用这种工艺系统，我国近几年也重视了这方面的设计研究工作，司家营铁矿和大孤山铁矿深部开采、东鞍山铁矿以及石人沟铁矿均使用了带式运输机运输。

5.4.1 带式输送机的主要类型

矿用带式输送机主要有普通胶带输送机（包括夹钢绳芯带式输送机）、钢绳牵引带式输送机、移置式带式输送机、胶轮驱动带式输送机、直线摩擦驱动带式输送机等多种类型。露天矿胶带机运输系统通常由若干条胶带机串联组成。

在该系统中，胶带机按其工作地点和任务分为固定式、移动式（又称移置式）、半固定式三种。固定式胶带机通常是设置在固定运输干线上，承担较长距离和主要提升运输的胶带机；移动式胶带机在连续或半连续生产工艺中作为采场、排土场工作面的输送设备；半固定式胶带机通常用于移动式胶带机和固定式胶带机之间的联系，完成矿岩的转载与集载任务。

普通胶带输送机主要有胶带、托辊和支架、驱动装置和拉紧装置等部分组成，其组成与工作原理见图 5-12。钢绳牵引带式输送机是由两条牵引钢绳、承载胶带、托辊与支架，以及驱动、拉紧、装载、卸载等各种装置组成，其工作原理是借助承载胶带与两条牵引钢绳的摩擦力拖动胶带运行。

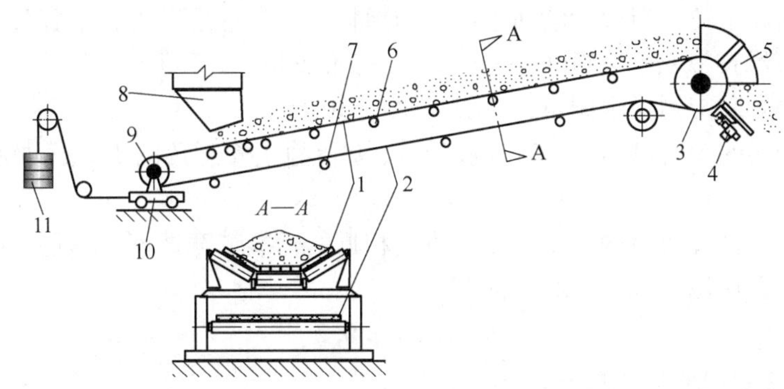

图 5-12 胶带输送机工作原理图

1—胶带承重段；2—胶带回空段；3—驱动滚筒；4—清扫器；5—卸载装置；6—上托辊组；7—下托辊组；8—装载装置；9—改向滚筒；10—张紧车；11—重锤

5.4.2 带式输送机参数和类型的选择

胶带机系统中最重要的指标是单位时间内完成的输送量。而影响输送量大小的主要因素是胶带宽度与带速。露天矿采用的输送机带宽为 600～3200mm，带宽的选定取决于运输能力、带速和所运送物料的块度。不同物料情形下，带宽与运送矿岩块间的关系可参照表 5-14 确定。

表 5-14 胶带宽度与矿岩块度的关系

物料种类	带宽与大块尺寸之比	托辊倾角/(°)	下列带宽下的最大块度/mm				
			600	900	1200	1500	1800
一般物料（大块含量不超过 1%）	2.25	20～30	275	400	525	675	800
一般物料（大块含量在 50%以下）	3	35～45	200	300	400	500	600

续表 5-14

物料种类	带宽与大块尺寸之比	托辊倾角/(°)	下列带宽下的最大块度/mm				
			600	900	1200	1500	1800
经破碎的物料	3.5	任意	175	250	350	425	525
破碎物料连同筛分物料	4	任意	150	225	300	375	450
经筛分的物料	4.5	任意	125	200	275	325	400

固定式胶带机的胶带宽度可用下式计算：

$$B_d = \sqrt{\frac{Q_c}{k_j k_d v \gamma}} \tag{5-25}$$

式中 B_d——胶带宽度，m；

Q_c——胶带运输机产量，t/h；

v——胶带运行速度，m/s，一般取 1~2，最大为 5~6；

γ——松散矿岩体重，t/m³；

k_j——倾斜系数，胶带机倾斜安装而减少运量的系数，倾角为 0~10°、12°、18°、20°、24°时分别为 1.0、0.98、0.93、0.90、0.85；

k_d——断面系数，与胶带断面带形状和物料自然安息角有关，平胶带 $k_d = 576\tan\varphi'$，槽形胶带 $k_d = 1443(\tan\theta - \tan\varphi')$，弓形胶带 $k_d = 595\tan\varphi'$。

θ——槽形胶带侧托辊倾角，一般为 20°~30°

φ'——物料的动安息角，对普通胶带机，φ'=静止安息角的 1/2，对钢绳式胶带机，φ'=静止安息角的 1/3。

由式（5-25）计算所得的胶带宽度，可按相近的标准带宽选型。但还需考虑所输送矿岩的最大块度，即应满足式（5-26）的要求。

$$B_d \geqslant 2a + 0.2 \tag{5-26}$$

式中 a——运送岩块的最大尺寸，m。

带式输送机的带速为 0.7~7.2m/s。带速的选择应考虑运送物料的特性、带宽和转载点的设备条件。表 5-15 所列资料可供选择带宽时参考。

表 5-15 允许带速 （m/s）

物料种类	胶带宽度						
	500~650mm	800mm	1000mm	1200mm	1400mm	1600mm	2000~3000mm
砂或软岩	2.5	3.15	4.0	4.0	4.0	5.0	6.3
煤或砂砾岩	2.0	2.5	3.15	3.15	3.15	4.0	5.0
块度小于 100mm 硬岩		2.0	2~2.5	2.5	2.5	3.15	3.15~4
块度大于 100mm 硬岩		1.6	1.6~2.0	2.0	2.0	2.5	3.15

带式输送机的倾角取决于所运物料的性质。移动式带式输送机的最大上行倾角可达 20°；在运送经爆破或破碎的矿岩时，倾角宜为 16°~18°；对于近圆形物料，如砂砾岩，倾角仅为 13°~15°；物料下向运送的胶带倾角一般较上向运送小 2°~3°。

带式输送机的运距和运量取决于胶带类型。运量小且运距不超过 200~300m 时，可采用普通胶带和合成纤维胶带；钢绳牵引胶带适用于运距在 1.5km 以上和运量在 $1500m^3/h$ 以下的固定带式输送机；在运量大、运距长和物料坚硬的情况下，一般均使用夹钢绳芯胶带。

带式输送机的选择还应计算输送机的功率与牵引力。

5.4.3 带式输送机的技术生产能力

带式输送机的技术生产能力取决于胶带宽度等决定的物料断面积、胶带运行速度、物料运送难度系数和胶带装载均匀程度系数等，可按下式计算：

$$Q_J = 3600SvK_r\eta_1 \tag{5-27}$$

式中 Q_J——带式输送机的技术生产能力，m^3/h；

S——物料堆积横截面面积，m^2；

K_r——物料运送难度系数；

η_1——胶带装载均匀程度系数；

其余符号意义同前。

物料在架上的横断面形状，取决于托辊数目及其倾角。水平胶带上的物料面积与等腰三角形底宽 b 的平方成正比（$b=0.9B_d-0.05$，m）。因此，可写成

$$Q_J = 3600K(0.9B_d - 0.05)^2vK_r\eta_1 \tag{5-28}$$

式中 K——取决于胶带形状、侧托辊倾角及散装物料堆积角的系数。

工作面带式输送机的生产能力应高于采装设备生产能力的 10%～15%，以保证后者正常作业并防止胶带过载。

5.5 联合运输

联合运输是指两种或两种以上的运输方式分别完成各区段的运输（串联式联合运输），如汽车-铁路联合运输、汽车-带式输送机联合运输、汽车-溜井-铁路联合运输等。联合运输还包括一些不能独立完成运输任务的运输方式，如平硐溜井运输、斜坡提升机运输等。

联合运输的主要优点是可以根据矿床赋存特点、地形条件、开采深度等因素，采用不同的运输组合方式，充分发挥各种运输方式的优势，获得更大的经济效益。联合运输的缺点是增加了运输环节，使运输工艺复杂化。由于露天矿开采深度的不断增加和开采条件的日趋复杂，联合运输方式的使用比重逐年上升。

有的露天矿同时采用几种互相独立的运输系统，它们可能全是单一运输方式，也可能含有联合运输方式，这就是并联式联合运输。

5.5.1 平硐溜井（槽）运输

溜井运输主要用于山坡露天矿溜放矿石，废石则从采场直接运至附近山坡排弃，只有不能在山坡排弃时，才用溜井溜放废石。溜井运输具有运距短、运输成本低、对环境影响小等重要优点，是条件适宜矿山首选的运输方式。在采矿场内，用汽车或其他运输设备将矿石运至卸矿平台，向溜井翻卸；在下部通过漏口装车，经平硐运往地面卸载点。平硐内

的运输方式根据运输量的大小和至卸载点的运距，可选用汽车运输、带式输送机运输或铁路运输等。

为了减少溜井的掘进工程量，溜井上部尽可能采用溜槽，如图 5-13 所示。溜井下端常用贮仓式底部结构。矿仓贮存的矿石既可以作为缓冲层，又可以调节矿石产量。

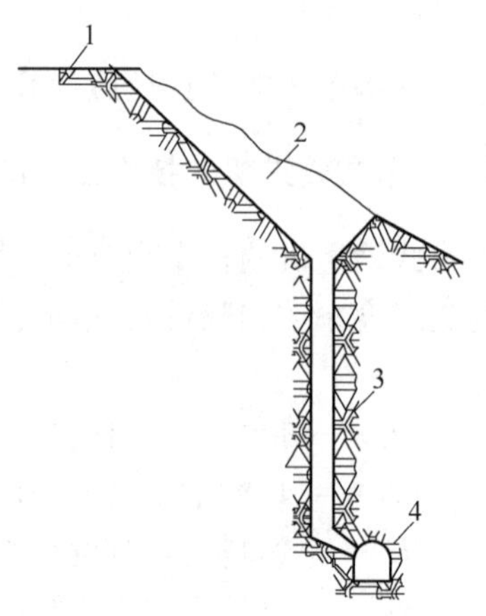

图 5-13　设有溜槽的平硐溜井示意图

1—卸矿平台；2—溜槽；3—溜井；4—平硐

（1）溜井的结构要素。溜井的结构要素包括：倾角、深度和断面形状及尺寸。

1）溜井的倾角。溜井按其倾角不同分为垂直溜井和斜溜井。一般应选择垂直溜井，以减小井壁磨损、减小井筒开凿量和防止堵塞。为了避开软弱岩层可采用斜溜井，其倾角应不小于 60°～70°。溜槽的倾角为 42°～55°。溜槽的倾角过大，矿石易蹦出槽外；过小易导致溜放不畅甚至堵塞。

2）溜井深度。溜井深度主要取决于所溜放矿岩的性质，溜井的使用和施工方法。通过式溜井的深度一般不超过 300m，贮矿式单段溜井的最大深度可达 600m。溜槽长度和落差不宜过大，落差一般不超过 200m。

3）溜井（槽）断面形状及尺寸。溜槽横断面的形状为上宽下窄的梯形，其最小底宽应为矿石最大块度的 3 倍，并不得小于 2m。溜槽起始点的槽深不小于 2.5～3.0m，溜槽每延长 12～30m，溜槽加深 1m。垂直溜井的断面通常为圆形，斜溜井一般采用拱形或矩形断面。溜井的直径和最小边长不应小于矿石最大块度的 4～6 倍。贮矿仓断面为圆形或带圆角的矩形，其直径或最小边长不应小于矿石最大块度的 8 倍。溜口形式较多，一般为筒形结构和矩形断面。溜口设有闸门，用来控制溜井向地面运输设备溜放矿石。闸门有指状、链式和板式等种类。指状闸门投资少、结构简单，应用较广，而后两种控制放矿更为可靠。

合理地确定上述溜井结构要素，对于保证溜井正常工作，防止事故的发生具有重要意义。对于粉矿多、黏性大的矿石，溜井及溜槽的倾角和断面尺寸宜大些，而深度或长度宜小些，以防止堵塞。

（2）确定溜井位置时，应保证溜井穿过的岩层稳固，避免穿过软岩层、大断层、破碎带以及裂隙极发育区。在工程水文地质复杂的地段，要预先进行工程勘探，防止投产后因过分磨损导致塌落造成溜井报废。溜井内含有一定的泥水量并具有一定的黏结性矿石时，容易发生堵塞现象，含泥水过多时，又易造成跑矿事故。故溜井不应穿过大的含水层，避免将溜槽设在自然山沟内，以免增大汇水面积。

根据溜井与露天境界的相对位置，分为内部溜井和外部溜井运输。内部溜井是指将溜井设在采矿场内的布置形式，具有采场运输距离小，可减少汽车数量、基建投资、运输经营费用及生产人员等优点，我国大多数高山露天矿都将溜井设在采矿场内。内部溜井的井口随开采水平的下降而逐台阶下移的过程称为“降段”。

内部溜井位置选择应考虑以下原则：

1）应根据矿床埋藏特点，以采场运输功最小，平硐口距选厂距离最短为原则，溜井应布置在稳固的岩层中；平硐顶板至采场的最终底部标高应保持最小安全距离，一般不小于 20m。

2）当采场采用汽车运输时，溜井应尽量设在接近矿（岩）量的重心位置，使运距最短，并实现采场内平坡运行。

3）当设在采矿场内时，矿石溜井应布置在矿体中，以利降段和避免矿石贫化。岩石溜井则可布置在岩石中。

（3）平硐溜井系统的生产能力。在正常生产情况下，平硐溜井系统的生产能力取决于溜井（槽）上口的卸矿能力，以及溜口的放矿能力和平硐运输通过能力等。

1）溜井（槽）上口的卸矿能力 P 依据工作面的运输方式确定。汽车运输时 P 用下式计算：

$$P = \frac{3600T}{t}K_1qN \tag{5-29}$$

式中 T——卸矿平台每班工作时间，h/班；

t——汽车调车及卸车时间，s；

K_1——卸矿平台利用系数，$K_1=0.5\sim0.6$；

q——汽车有效载重量，t；

N——同时卸车数。

2）溜口连续放矿能力 R 可按下式确定：

$$R = \frac{60Sv\gamma}{K_2} \tag{5-30}$$

式中 S——溜口横断面积，m^2；

v——矿石溜放速度，一般 $v=0.2\sim0.4$m/s；

γ——矿石密度，t/m^3；

K_2——矿石松散系数，$K_2=1.5\sim1.6$。

3）平硐运输通过能力 Q 与运输方式有关。以铁路机车运输为例：

$$Q = \frac{3600TK_3}{n(t_1+t_2)+t_3}nq \tag{5-31}$$

式中 T——溜口装车每班工作时间，一般应与卸矿平台每班工作时间相同，h/班；

K_3——溜口装车工作系数，一般 $K_3=0.7\sim0.9$；

n——平硐内机车牵引矿车数；

t_1——溜口放矿装一辆矿车的时间，s；

t_2——装满一辆矿车的移动时间，s；

t_3——列车入换时间，s；

q——矿车有效载重量，t。

平硐溜井运输的生产能力很大，一条溜井的年产量可达 400~600 万吨。

5.5.2 斜坡提升机运输

露天矿的矿岩运输可以采用斜坡提升机运输，以克服地形高差。用钢绳牵引的装载容器可为串车或箕斗。这种运输方式需要与其他运输方式配合，构成联合运输系统，采用这种运输方式时，在采场与地面之间需开掘较大的固定斜坡道。

当山坡露天矿矿岩性质不允许采用溜井溜放时，可用斜坡提升机将矿石下放至地面。提升机运输也可以用于采深超过150~200m、开采面积小和矿岩坚硬的凹陷露天矿。

5.5.2.1 窄轨铁路与斜坡串车联合运输

斜坡串车运输是在角度小于30°的沟道内直接提升和下放矿车组，提升机道上下水平两侧设置甩车道。在采场内用机车将重载矿车牵引至甩车道，然后由提升机提升或下放至地面甩车道，再用机车牵引至卸载点。斜坡串车运输线路的布置形式如图5-14所示。

5.5.2.2 汽车（铁路）与斜坡箕斗联合运输

斜坡箕斗运输是用专门的提升容器箕斗进行矿岩转运。采用斜坡箕斗运输的露天矿，工作面运输常用汽车，也可用机车，地面运输多为铁路或带式输送机，图5-15为这种运输系统示意图。

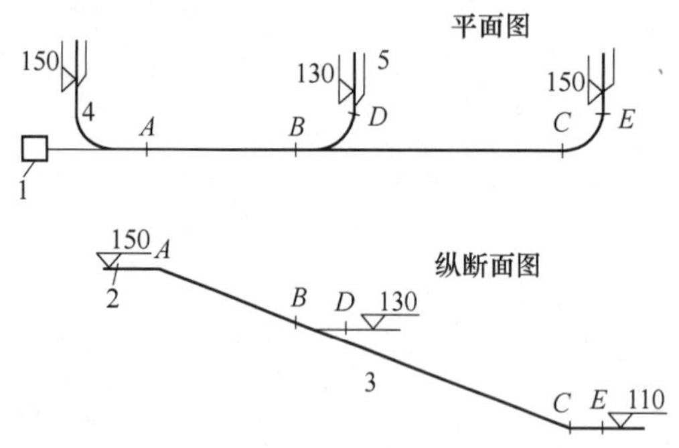

图5-14 甩车道斜坡提升线路

1—卷扬机房；2—上部平台；3—斜坡干线；4—甩车道；5—调车平台

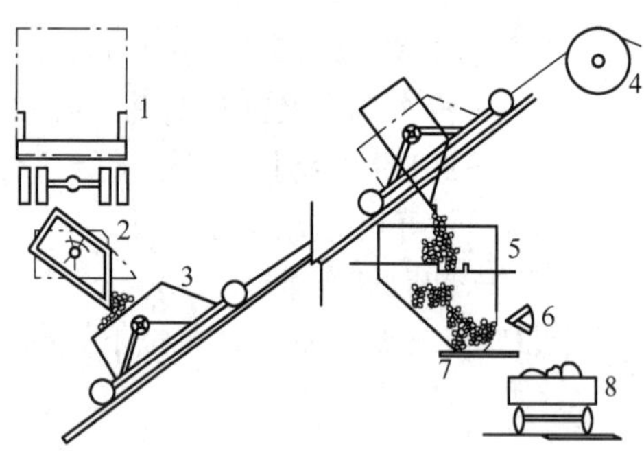

图5-15 箕斗联合运输系统示意图

1—自卸汽车；2—转载仓斗；3—箕斗；4—天轮；5—地面矿仓；6—闸门；7—板式给矿机；8—铁路车辆

斜坡箕斗运输需建造专门的转载设施。工作面转载站常用可拆装的钢结构跨越式栈桥，并需随工作水平的延深而定期移设。地面转载站宜采用永久性的钢筋混凝土结构。汽车与斜坡箕斗联合运输的转载栈桥见图5-16。

工作面运输设备向箕斗转载的方式有直接转载和矿仓转载两种。直接转载时，箕斗载重应为自卸汽车载重的整数倍，矿岩通过漏斗直接卸入箕斗。这种转载方式的优点是栈桥结构简单，可节省投资；缺点是汽车与箕斗要互相等待，且大块矿岩容易砸坏箕斗。矿仓转载时，自卸汽车先将矿岩卸入转载矿仓，然后由矿仓闸门控制溜入箕斗。矿仓容量一般为箕斗容量的1~3倍。地面转载站应设置中间贮仓，贮仓贮矿量约为20~30min的运输量。

斜坡箕斗运输的主要优点是能克服较大的高差，设备简易，经营费较低，投资少，建设快。但缺点较多，如机动灵活性差，运输环节互相制约，管理工作复杂，需要定期移设转载站等。

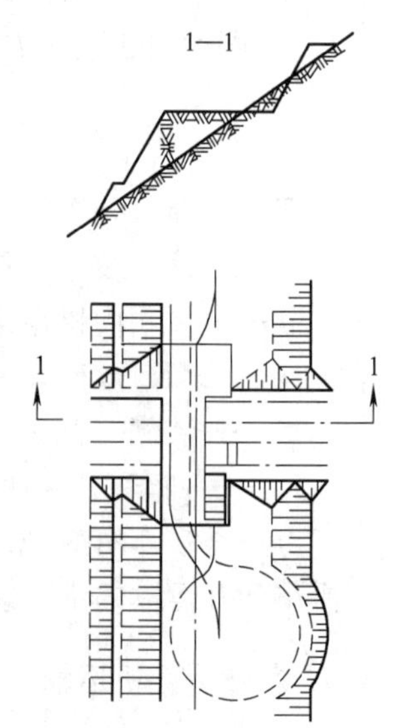

图5-16 跨越式箕斗装载站

因此，这种运输方式比较适合于中小型矿山。

近年来，在斜坡提升机运输方面，开发研制大吨位电动轮汽车的整车提升运输方式，以解决深凹露天矿的矿岩上向运输问题和提高斜坡提升方式的运输能力。

习　题

5-1　简述露天矿运输的基本特点。

5-2　简述露天矿常用的运输方式及各种运输方式的适用条件。

5-3　简述露天矿自卸汽车运输的优缺点。

5-4　露天矿运输公路分类有哪些？

5-5　露天矿运输公路道路平面要素有哪些？

5-6　简述露天矿铁路运输的优缺点。

5-7　简述露天矿带式输送机运输的优缺点。

5-8　露天矿常用的联合运输方式有哪些？

5-9　简述平硐溜井运输的适用条件及优缺点。

本章参考文献

[1] 张世雄 . 矿物资源开发工程［M］. 武汉：武汉工业大学出版社，2000 .

[2] 李宝祥 . 金属矿床露天开采［M］. 北京：冶金工业出版社，1992.

[3] 北京有色冶金设计研究总院 . 采矿设计手册［M］. 北京：中国建筑工业出版社，1986.

[4]《采矿设计手册》编委会 . 采矿设计手册［M］. 北京：中国建筑工业出版社，1987.

[5]《采矿手册》编委会 . 采矿手册［M］. 北京：冶金工业出版社，1990.

[6] 陈遵 . 露天矿设计原理［M］. 长沙：中南工业大学出版社，1991.

[7] E. P. Pfleider. Surface Mining［M］. New York：AIMM，1981.

[8] Crawford，Hustrulid. Open Pit Mine Planning and Design［M］. Society of Mining Engineering，1979.

[9] 张三省，姚志刚 . 公路运输枢纽规划与设计［M］. 北京：人民交通出版社，2007.

[10] 黄方林 . 现代铁路运输概论［M］. 成都：西南交通大学出版社，2002.

[11] 王荣祥，等 . 矿山工程设备技术［M］. 北京：冶金工业出版社，2005.

6 排 岩 工 作

6.1 概　　述

露天开采的一个重要特点，就是要剥离覆盖在矿床上部及其周围的表土和岩石，并将其运至专设的场地排弃。这种接受排弃岩土的场地称作废石场，也称作排土场。将岩土运送到废石场并以一定方式堆放的作业称为排岩工作（排土工作）。排岩工作也包含将贫矿和难选矿物暂时堆放到专设的废石场贮存。

6.1.1 排土场规划和分类

排岩工作在露天生产工艺中所占比重是比较大的，据统计，我国金属露天矿山排土场的平均占地面积约为矿山总占地面积的 39%~55%，排岩工作作业人员占全矿总人数的 10%~15%，排岩成本占整个剥离成本的 60%。因此，提高排岩工作的劳动生产率，是提高露天开采经济效益的重要手段。排土场的经济效益主要取决于排土场位置、排岩方法和排岩工艺的选择。

排岩工作涉及废石的排弃工艺、排土场的修建和发展规划、排土场的安全稳定性、排土场环境污染防治、排土场复垦等多个方面。因地制宜地合理选择、规划排土场，并对排岩作业进行科学管理，不仅关系到矿山生产能力和经济效益，而且对环境和生态平衡也有十分重要的意义。

根据排土场与露天矿场的相对位置，可将其分为内部排土场和外部排土场，把位于露天矿境界以外的排土场叫外部排土场，处于露天矿采空区内的叫内部排土场。

内部排土场是指将剥离的废石直接排弃到露天采场内的采空区。由于不需要另外征用排土场地，而且采场内部运输运距较短，剥离费用低，故内部排岩是最为经济的排岩方案；同时，内部排岩减少了排岩占地面积，有利于回填和复垦采空区。但内部排土场的应用是有条件限制的，一般适用于开采水平矿体或者倾角小于 12°、厚度不大的缓倾斜矿体，此时可一次采掘矿体的全厚，随着采剥工作线的推进，将废石排弃到采空区。

而对于倾斜、急倾斜矿床，因其开采深度一般也较大，很难按上述采剥顺序及时形成采空区排岩，故需要设置外部排土场排弃废石。只有当露天境界内有两个及以上不同开采深度的露天坑，或露天开采境界平面范围足够大，且可以分期、分区开采时，同时能保证安全的前提下，可以将开采结束早的区段作为内排土场。否则应根据采场和剥离废石的分布情况，在采场周边设置一个或多个外排土场，集中或者分散排弃废石。

目前，露天矿山排岩工艺及排土场管理的主要发展趋势包括以下几个方面：

(1) 大力开发露天矿山的废石综合利用技术，一方面可充分开发利用矿产资源，变废为宝；另一方面，减少了废石的排弃量，大大降低了废石场的环保和安全压力。如很多露天矿山已建立骨料生产线，将废石加工成建筑骨料。

（2）优化废石场的堆排工艺和堆排参数，提高排土场土地面积利用系数和排岩效率，同时加强废石场的安全监测，确保废石场安全。

（3）合理选择排岩设备，降低排岩工作的成本。

（4）预先编制排土场复垦计划，及时进行排土场的复垦，降低排土场的环境、生态危害。

6.1.2 排土场位置选择

排土场位置的选择是一个复杂的系统工作，需要综合考虑排土场的地形地质条件、环境条件、排土场容积、矿床分布、废石排弃运距，以及废石的回收利用、生态环境保护、排土场复垦治理等因素。

排土场规划、排土场位置选择总的原则是在安全、环保基础上，使得露天开采的整个时期内，折算到单位矿石成本中的废石运输、排弃、排土场的复垦与污染防治等费用的贴现值最小。具体为：

（1）优先利用采空区作排土场。有条件情况下，尽量利用内排。

（2）尽量不占用或少占用良田、耕地、林地。废石场应尽量建在山坡、山谷的荒地地段。同时要充分考虑占用土地的时间效益，在论证转排可行性的条件下，可积极采用内部临时排土场。

（3）尽量避免村庄搬迁。

（4）尽量靠近采场布置排土场，以缩短排岩运距。首先要考虑排土场对采场露天边帮稳定的影响以及废石滚落距采场边缘的安全距离；其次考虑矿山的扩建，尽量不要压矿。排土场宜选在矿体的下盘方向或者端部的开采界限以外，同时，尽可能避免上坡运输。

（5）建分散排土场或集中分期排土场。综合考虑废石运距、露天矿边坡及排土场安全、土地占用的时间效益、现场地形地质条件、排弃量、矿山服务年限以及排岩效率等因素，可考虑建分散排土场或集中分期排土场。在占地多、占用先后时间不一样时，则宜一次规划，分期征用或租用。初期征用土地时，大型矿山不宜小于 10 年的容量，中型矿山不宜小于 7 年的容量，小型矿山不宜小于 5 年的容量。

（6）必须确保排土场安全稳定。排土场应尽量避免在工程地质条件、水文地质条件复杂的地段设置，必须确保废石场基底稳定可靠。若基底岩层存在活动性软弱滑动面、基底为软基层（比如淤泥层）等区域均不可直接设置排土场。排土场的地形坡度一般宜小于堆置废石的内摩擦角（或自然安息角）。同时应注重地表水和地下水对废石场安全的影响，排土场不宜设在汇水面积大、沟谷纵坡陡、出口又不易拦截的山谷中，也不宜设在工业厂房和其他构筑物及交通干线的上游方向。

（7）尽量减少排土场对环境的影响。排土场应设置在居民区和工业场地的下风侧或者最小风侧，远离生活水源，并处于生活水源的下游，以避免对居民区或工厂的粉尘、有害气体危害和水污染，比如含有黄铁矿成分的废石经过雨水冲刷后会产生酸性水，污染水源，破坏生态环境。在排土场周围应设置防护工程，防止环境污染，避免发生泥石流、滑坡、滚石等危害。

（8）废石中含有用矿物成分的，要尽量根据矿物成分和品位分别堆存，以利于日后的二次回收利用。

(9) 排土场地的选择要考虑造田还耕，制定土地复垦与生态重建规划。

6.1.3 排土场的堆置要素

6.1.3.1 排土场堆置高度

排土场是分层、分台阶堆置的，排岩台阶坡顶线至坡底线之间的垂直距离，称为排土场的台阶高度，而排土场的堆置高度，是指排土场各个排岩台阶的高度总和。

排岩台阶高度和排土场堆置高度主要取决于排土场的地形、水文地质条件、工程地质条件、气候条件、排弃岩土的物理力学性质（如粒度分布、矿物成分、介质强度、重度等)、排岩工艺设备、排岩管理方式、废石运输方式等，但排土场极限堆置高度主要受散体岩石强度及地基软弱层强度的控制，排土场设计优化过程中还要通过排土场稳定性分析加以验证。

从排岩效率和成本看，排岩台阶高度越高越好，但从排土场的稳定性出发，则排岩台阶不应过高，否则会造成排土场稳定性差，甚至造成大幅下沉和滑坡等事故。高台阶排岩工艺适合于排弃坚硬岩石和地形高差较大的陡峭山岭地形，其优点是单位排岩作业线长度的排弃容积大，排岩线路稳定，但往往其排土场下沉量大、稳定性较差，排岩线路维护量大。低台阶排岩工艺则与高台阶排岩相反，具有下沉量少、稳定性较好等优点，但其单位排岩作业线长度的排弃容积较小，排岩线路需经常移动。一般硬岩排弃台阶高度可达30m，而软岩和土质层应在10~15m，甚至小于10m。

排土场地基岩性较好，地基稳定时一般采用覆盖式排岩方式，其上部台阶直接坐落在下部台阶之上，此时排土场极限高度主要与松散岩体的岩性有关，可直接利用极限平衡法求取。而软弱地基排土场极限堆置高度主要受地基软岩强度、厚度、产状等地质条件影响。

多台阶分层排岩时，第一层排岩台阶的高度与排土场土地基的固结条件和承载能力有密切关系，如遇到软弱地基需进行加固处理，同时应降低第一层排岩台阶的高度，避免因为沉降不均匀或局部土地基破坏导致排土场滑坡事故。

大容量排土场可采取分区排弃和多台阶同时作业的管理工艺措施，以提高排岩工作能力，降低排岩成本。

6.1.3.2 排岩台阶平盘宽度

排土场堆置台阶的工作平台最小宽度，主要取决于上一阶段的高度、运输排弃设备和运输线路的布置、移道步距等条件，其最低要求是使上下相邻排岩台阶的排岩工作不相互影响且能保证安全。

6.1.3.3 排土场容积

设计的排土场总容积应与露天矿的总剥离量相适应。经过排土场选择与规划，根据排弃岩土的物理力学性质与排土工艺参数，分析计算排土场有效容积和设计总容积。

(1) 有效容积：

$$V_y = V_s K_s / K_c \tag{6-1}$$

式中　V_y——排土场设计有效容积，m^3；

V_s——采场剥离岩石实方容积，m^3；

K_s——废石（土）松散系数，一般取 1.3~1.6；

K_c——废石（土）沉降系数，取值范围 1.05~1.28。

岩土的松散系数、沉降系数和自然安息角的参考值分别列于表 6-1、表 6-2 及表 6-3。

沉降系数 K_c 也可按下式验证：

$$K_c = 1 + \frac{h_{p1} - h_{p2}}{h_{p2}} \tag{6-2}$$

式中　h_{p1}——下沉前的排岩台阶高度，m；

h_{p2}——下沉后的排岩台阶高度，m。

表 6-1　岩土松散系数参考值

种类	砂	砂质黏土	黏土	带夹石黏土	块度不大岩石	大块岩石
岩土类别	Ⅰ	Ⅱ	Ⅲ	Ⅳ	Ⅴ	Ⅵ
初始松散系数	1.1~1.2	1.2~1.3	1.24~1.3	1.35~1.45	1.4~1.6	1.45~1.8
终止松散系数	1.01~1.03	1.03~1.04	1.04~1.07	1.1~1.2	1.2~1.3	1.25~1.35

表 6-2　岩土沉降系数参考值

岩土种类	沉降系数	岩土种类	沉降系数
砂土	1.07~1.09	硬黏土	1.24~1.28
砂质黏土	1.11~1.15	泥夹石	1.21~1.25
黏质土	1.13~1.15	亚黏土	1.18~1.21
黏土夹石	1.16~1.19	砂和砾石	1.09~1.13
小块岩石	1.17~1.18	软岩	1.10~1.12
大块岩石	1.10~1.20	硬岩	1.05~1.07

表 6-3　岩堆自然安息角

岩石类别	安息角/(°)	平均/(°)
砂质片岩（角砾、碎石）和砂黏土	25~42	35
砂岩（块石、碎石、角砾）	26~40	32
砂岩（砾石、碎石）	27~39	33
片岩（角砾、碎石）与砂黏土	36~43	38
页岩（片岩）	29~43	38
石灰岩（碎石）与砂黏土	27~45	34
花岗岩		37
钙质砂岩		34.5
致密石灰岩	26.5~32	
片麻岩		34
云母片岩		30
各种块度的坚硬岩石	30~48	32~45

（2）排土场的设计总容积：

$$V = K_f V_y \tag{6-3}$$

式中 V——排土场设计总容积，m^3；

K_f——排土场容积富余系数，1.02~1.05；

其他符号意义同前。

6.2 排 岩 工 艺

6.2.1 排岩工艺分类

排岩工艺与露天矿运输方式有密切联系。根据露天矿采用的运输方式和排岩设备的不同，常见的排岩工艺主要有汽车运输—推土机排岩，铁路运输—挖掘机排岩、前装机排岩、排土犁排岩，带式排岩机排岩，索斗铲倒堆排岩，前装机排岩，水力排岩等。

内部排土场的排岩工艺方式可分为两大类：一类是倒堆排岩，即当矿床厚度和所剥离的岩层厚度不大时，剥离废石可以使用大型机械铲和索斗铲直接倒入采空区内完成排岩过程；另一类排岩和外部排土场相同，当矿体厚度较大，无法实现倒堆剥离时，必须使用一定的运输方式把废石运输到采空区中进行内部排岩，此时排岩工艺和外部排土场是完全相同的，差异在于内部排岩可避免或者大量降低上向运输量。

排土场按地形和排土堆置顺序可分为：山坡形和平原形排土场、单台阶堆置、水平分层覆盖式堆置、倾斜分层压坡脚式堆置等类型，见表6-4。

表 6-4 排土场分类特征

分类标准	排土场分类	排土方法和堆置顺序
按排土场位置区分	内部排土场	排土场设置在已采完的采空区
	外部排土场	排土场设置在采场境界以外
按堆置顺序区分	单台阶排土	单台阶一次排土高度较大，由近向远堆置
	多台阶覆盖式	由下而上水平分层覆盖，留有安全平台
	多台阶压坡脚式	由上而下倾斜分层，逐层降低标高，反压坡脚
按排土机械运输方式区分	铁路运输排土场	按排转物的机械类型区分：排土犁排土、挖掘机排土、推土机排土；前装机排土；铲运机排土；索斗铲排土等
	汽车运输排土场	按岩土物料的排弃方式区分：边缘式——汽车直接向排土场边缘卸载，或距边缘3~5m卸载，由排土机排弃和平场；场地式——汽车在排土平台上顺序卸载，堆置完一个分层后再用推土机平整场地
	带式输送机-排土机排土场	采用带式排土机排弃，按排土方式和排土台阶的形成可分：上排和下排；扇形排土和矩形排土
	水力运输排土	采用水力运输、铁路运输和轮胎式车辆运输岩土到排土场，再用水力排弃
	无运输排土场	采用推土机、前装机、机械铲、索斗铲和排土桥等直接将剥离的岩土排卸到采空区或排土场

在选择露天矿排岩工艺时，要综合考虑矿床的开采工艺、排土场的原地形、水文地质

与工程地质特征、排弃废石的物理力学特征等影响因素。

6.2.2 汽车运输-推土机排岩工艺

6.2.2.1 汽车运输-推土机排岩作业程序

汽车运输-推土机排岩工艺是采用汽车运输的露天矿常用的排岩工艺，其排岩作业程序包括：汽车进入废石场排岩地段进行调车，汽车翻卸岩土，推土机推排，推土机平整场地和整修排土场公路。汽车运输-推土机排土场地布置如图 6-1 所示，图中 A 为公路宽度，即行车带宽度；B 为调车入换部分的宽度，即调车带宽度；C 为汽车翻卸后留在平台上的土堆宽度，即卸土带宽度。

A 汽车翻卸岩土

汽车沿排土场运输公路进入排岩平台，经排岩平台内公路到达卸土带，进行调车，使汽车后退停于卸车带边缘，背向排岩台阶坡面翻卸岩土，如图 6-2 所示。为保证运输安全，调车带 B 占地宽度要大于汽车最小转弯半径，一般可取 5~6m；卸土带宽度取决于岩土性质和翻卸条件，一般取 3~5m。在确保安全的前提下，汽车应尽量靠近边沿翻卸岩土。由于新堆弃的岩土密实性小，孔隙大，经压实后排岩台阶顶面下沉，为保证安全卸载和充分利用排土场容积，堆弃岩土时应考虑下沉系数。为保证卸车安全和防止雨水冲刷坡面，要使排岩台阶顶面保持 2%的反向坡；在汽车后退翻卸时，为保证安全，应设置专门的调车员进行指挥。

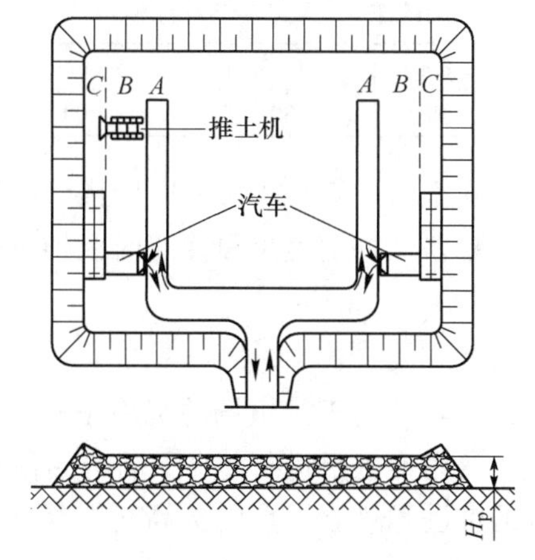

图 6-1 汽车运输-推土机排土场地布置示意图

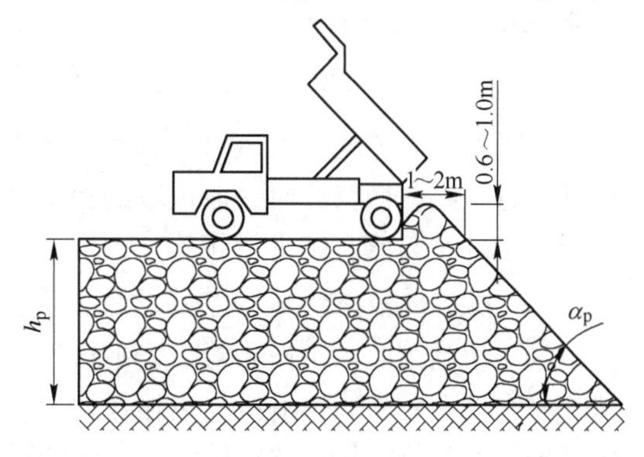

图 6-2 汽车在排土场卸载及车挡示意图

B 推土机推排

当汽车在卸土带翻卸岩土后，由推土机进行推排。推土机的推土工作量包括两部分：一是推排汽车翻卸残留在平台上的岩土；二是排土场下沉塌落需整平的岩土量，推排工作量一般约占总排岩量的 20%~40%，其比例和卸载汽车的结构、卸载时汽车后轮距离坡顶线距离、排弃季节、司机作业素质等因素有关，应根据推土量选用能力适宜的推土机，目前我国露天矿山主要采用 5.8×10^4~7.3×10^4W 的推土机进行推排作业，常见推土机型号及其性能见表 6-5。

以 32~45t 矿用自卸卡车为例，汽车卸载残留量和卸载位置之间的关系如表 6-6 所示，为降低推土机的推排工作量，汽车翻卸时其后轮要最大限度地靠近坡顶线，以减少岩土残留量。为保证汽车翻卸安全，台阶坡顶需用推土机推出车挡，如图 6-2 所示，车挡高度根据车型及岩土性质不同，一般为 0.6~1.0m。

表 6-5　国内外常见推土机性能参数

主要技术性能		单位	中国					美国		日本	
型号			140T	TY165	TY-180c	SD22	SD42	D6G	824H	D85A	D475A
品牌			东方红	东方红	山推	山推	山推	卡特比勒	卡特比勒	小松	小松
发动机功率		kW	104	122	132.4	162	310	119	299	180	641
工作质量		kg	9500	18700	18512	23400	5200	16880	28724	21300	102500
行走速度		km/h	0~12.8	0~12.5	0~3.9	0~11.2	0~12.2	0~10.8	0~32.1	0~10.4	0~11.9
外形尺寸	长	mm	5385	5097	5360	5750	9630	3937	8224	5890	11565
	宽	mm	2982	3447	3970	3725	4320	2440	4507	4260	3610
	高	mm	2850	3190	3041	3395	4230	3057	3700	3060	4590
推土板刀	宽	mm	2982	3447	3970	3725	4320	—	4507	4260	5265
	高	mm	885	1167	1050	1315	1875	—	1229	1060	2690
板刀最大提高		mm	—	1200	1250	1210	—	—	1070	1260	—
最大切入深度		mm	360	545	545	540	700	—	430	530	—
行走机构			履带式	履带式	履带式	履带式	履带式	履带式	轮胎式	履带式	履带式

表 6-6　汽车卸载残留量和卸载位置之间的关系

卸载时汽车后轮距离坡顶线距离	1.0~1.5m	1.5~2.0m	2.0~3.0m	5.0m 以上
大块岩石	5%~10%	15%~20%	30%	100%

在雨季、解冻期、大风雪、大雾天和夜班，为保证安全，一般汽车翻卸时距离台阶坡顶线要远一些，因为此时一般边坡的稳定性和行车视线较差。特别是夜班，有时候推土机的推土量几乎与汽车卸土量相等。

C　推土机平整场地和整修排土场公路

推土机的第二项工作是对排岩平台的整平和道路的整修。由于排土场的沉陷塌落，使排岩平台凹凸不平，影响排岩运输作业的效率和安全，需用推土机进行整平。排岩台阶内的运输线路和排土场内的运输线路，随着排岩作业线的推进和排岩平台的提高，需要不断地改变和拓展，也需要使用推土机整修推平。

6.2.2.2　汽车运输-推土机排土场堆置参数选择

采用汽车运输-推土机排岩工艺排土场的堆置参数包括：排岩台阶高度、排岩工作平盘宽度、排岩工作线长度等。

汽车-推土机排岩台阶高度主要取决于土岩性质和地形条件，一般要比铁路运输时的排土场高度大。如弓长岭露天矿的排土场台阶高度都在 100m 以上，德兴铜矿最高排岩台阶高度达 170m，尚能够安全作业。如设备和安全条件许可，一般汽车-推土机排土场只设一个排岩台阶。

在特殊情况下，需要多层排岩时，排岩平台宽度应该能够保证汽车顺利掉头卸车，并留有足够的安全距离，其最小台阶平盘宽度可据公式（6-4）确定，但一般不宜小于

25~30m。

$$b_{\min} = b_2 + 2(R + l_c) + c \tag{6-4}$$

式中 $b_{\min}$——工作平台最小宽度，m；

b_2——超前上阶段的宽度（当上、下阶段汽车卸车点互不干扰时，$b_2 = 0$），m；

R——汽车回转半径，m；

l_c——汽车长度，m；

c——外侧线路中心至平台眉线的最小距离，m。

排岩作业线长度与需要的排岩作业强度有直接关系，取决于需要同时翻卸的汽车数量和型号，即：

$$L_{\min} = n_x \cdot b_q \tag{6-5}$$

式中 $L_{\min}$——排土线最小长度，m；

n_x——同时翻卸的汽车数；

b_q——相邻汽车正常作业的间距，一般取 25~30m。

$$n_x = N\frac{t_{dx}}{T_z} \tag{6-6}$$

$$t_{dx} = t_d + t_x + \frac{(3 \sim 6)R}{v_r} \tag{6-7}$$

式中 N——出勤汽车总数；

T_z——汽车运行周期，min；

t_{dx}——每辆汽车调车和翻卸时间，min；

t_d——调车对位时间，min；

t_x——汽车卸载时间，min；

R——汽车转弯半径，m；

v_r——调车时的汽车运行速度，m/min。

考虑到备用和维护，排土线的实际总长应为：

$$L = (2.5 \sim 3)L_{\min} \tag{6-8}$$

6.2.2.3 汽车运输-推土机排岩设备确定

A 推土机设备选型

推土机的生产能力与推土距离、土岩性质以及推土机的型号有关，推土机的选型应和汽车载重和作业量等参数结合，具体型号选择可参考表 6-7。

表 6-7 推土机推排能力与功率关系

汽车载重/t	推土机功率/×735.499W	小时能力/m³
≤20	100~200	100~120
30~40	140~160	140~160
60	≥220	260~320
100	≥320	450~550

B 推土机设备数量确定

推土机设备数量可按下式确定：

$$N_t = \frac{V_{ts}K_sK_j}{Q_t} \tag{6-9}$$

式中 N_t——推土机数量，台；

V_{ts}——需要推土机推送的岩土实方体积，m^3/班；

K_s——岩土松散系数，$K_s=1.3\sim1.5$；

K_j——设备检修系数，$K_j=1.2\sim1.25$；

Q_t——推土机生产能力（松方），m^3/班。

根据矿山实际生产需要，一般应保证每个排土场最少配备一台推土机，当排土场较为分散且相距较远时，由于推土机难以相互调用，各排土场用量应根据各自情况分别计算。结合汽车载重和卸载残留量（40%~60%）和推土机功率计算生产能力的配比，一般当推土机推排距离为12~15m时，一台推土机可与4~6辆运岩汽车配合作业。

6.2.2.4 汽车运输-推土机排岩工艺评价

汽车运输-推土机排岩工艺具有一系列优点：

（1）汽车运输机动灵活，爬坡能力强，可适应情况复杂的排土场地作业。

（2）汽车运输-推土机排岩台阶高度远比铁路运输时大，即使在岩性较差的情况下台阶高度也比铁路运输较容易实现高台阶排岩。

（3）汽车运输-推土机排岩工艺符合露天矿运输设备发展方向，国内外金属露天矿广泛采用汽车运输，并且向大型发展，与之相配合的推土机也随之向大马力发展。

（4）当排土场内运输距离较短时，排岩运输线路建设快、投资少，易于维护。

汽车运输-推土机排岩工艺的主要缺点是排岩运输费用相对较高，特别是当排岩运距较远时，排岩费效比显著增加。

我国的多数露天矿山采用汽车运输-推土机排岩工艺。

6.2.3 铁路运输排岩工艺

铁路运输排岩工艺是早期建设露天矿中常见的排岩工艺，主要由铁路机车牵引车辆将剥离的废石运至排土场，翻卸到指定地点再应用其他移动设备完成废石的转排工作。可选用的转排设备有排岩犁、挖掘机、推土机、前装机、索斗铲等，目前国内常用的转排设备以挖掘机和前装机为主，排岩犁次之，其他设备很少使用。辅助设备包括移道机、吊车等。

按照排岩设备的不同，可把铁路运输排岩工艺分为单斗挖掘机排岩、前装机排岩、排岩犁排岩等三类。

按照轨道型制不同，铁路运输排岩工艺也可分为准轨铁路运输排岩和窄轨铁路运输排岩，由于窄轨和准轨铁路排岩工艺类似，且已经很少使用，故本节只介绍准轨铁路排岩。

6.2.3.1 铁路运输—挖掘机排岩工艺

挖掘机排岩能力大，可以加大线路的移设步距，提高排土线的利用率，加之设备通用性好，我国使用铁路运输的大型金属露天矿广泛使用铁路运输—挖掘机排岩工艺。一般排岩设备采用3~4m^3挖掘机，其主要工序包括列车翻土、挖掘机堆垒和线路移设。挖掘机排岩工艺工作面布置如图6-3所示，排岩台阶分成上下两个分台阶，挖掘机站在下部台阶的平盘上，车辆位于上部台阶的线路上，将岩土翻入受岩坑，由挖掘机挖掘并堆垒。堆垒过程中，挖掘机沿排岩工作线移动。

A 挖掘机排岩工序

挖掘机排岩工序为：列车翻卸岩土、挖掘机堆垒、线路移设。

a 列车翻卸岩土

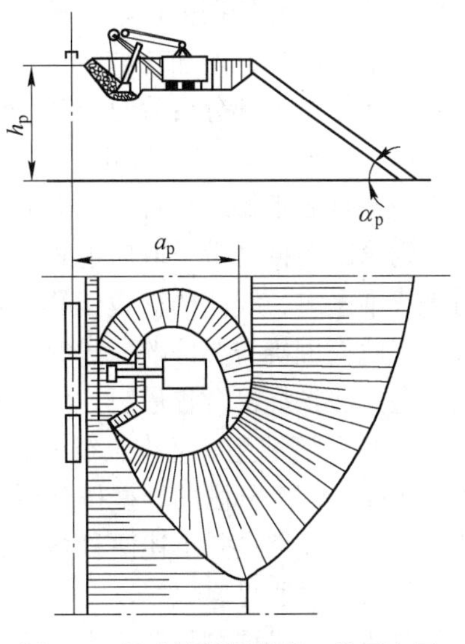

图 6-3 单斗挖掘机排岩工作面布置

列车进入排岩线路后，逐辆对位将岩土翻卸到受岩坑内。受岩坑的长度不应小于一辆自翻车的长度，为防止大块岩石滚落直接冲撞挖掘机，坑底标高比挖掘机行走平台应低 1~1.5m。为保证排土线路基的稳固，受岩坑靠路基一侧的坡面角应小于 60°，其台阶坡顶线距线路枕木端部不小于 0.3m。

列车翻卸岩土有两种翻卸方式：一种是前进式翻卸，即自排土线入口处向终端进行翻卸。该翻卸方式由于从排土线入口开始，挖掘机也相应是采用前进式堆垒方式，故列车经过的排土线较短，线路维护工作量较小，列车是在已经堆垒很宽的线路上运行，路基踏实，质量较好，可以相对提高行车速度。对松软岩土的排土场在雨季适用此方法。其最大缺点是线路移设不能与挖掘机同时作业。另一种是后退式翻卸，即从排土线的终端开始向入口处方向翻卸，挖掘机也是后退式堆垒。

b 挖掘机堆垒

随着列车翻卸岩土，挖掘机从受岩坑内取岩土，分上、下两个台阶堆垒。向前及侧面堆垒下部分台阶的目的，是为给挖掘机本身修筑可靠的行走道路，向后方堆垒上部分台阶的目的，则为新设排岩线路修筑路基。上部分台阶的高度受挖掘机最大卸载高度 H_{xmax} 的控制，一般为 $0.9 \sim 0.95H_{xmax}$。下部分台阶的高度则根据岩土的软硬及稳定性确定，一般为 10~30m。上、下分台阶高度之和为排岩台阶的总高度。挖掘机站在上部分台阶的底部平台将岩土向前方、旁侧及后方排弃和堆垒，直到排满规定的排岩台阶总高度。

为提高排岩效果，应使排岩带宽度达到最大，而排岩带宽度取决于挖掘机的工作规格，包括最大挖掘半径 R_{wmax} 和最大卸载半径 R_{xmax}。为保证挖掘机的挖掘效率，挖掘机回转中心线距受岩坑边坡的最大距离一般为 $0.8R_{wmax}$。而在卸载时，挖掘机可以采用最大卸载半径，并借助回转时的离心力将岩土抛出。故排岩带宽度可按下式确定：

$$a_p = 0.8R_{wmax} + R_{xmax} \tag{6-10}$$

式中 a_p——排岩带宽度，m；

R_{wmax}——最大挖掘半径，m；

R_{xmax}——最大卸载半径，m。

在生产实践中挖掘机有三种堆垒方法：

（1）分层堆垒。挖掘机先从排土线的起点开始，以前进式先堆完下部分台阶，然后从排土线的终端以后退式堆完上部分台阶，挖掘机一往一返完成一个移动布局的排岩量。这种堆垒方法电缆可以始终在挖掘机的后侧，没有被压埋的危险。同时，在以后退方式堆垒上部分台阶时，线路可以从终端开始逐段向排土线位置移设，使移道和排岩工作平行作业；当挖掘机在排土线全长上完成堆垒排土线全高后，新排土线也随之移设完毕，其后挖掘机再从起点开始按上述顺序堆垒新的排岩带。该法的缺点是挖掘机堆垒一条排岩带需要多走一倍的路程，增加耗电量，且挖掘机工作效率不均衡，一般在堆垒下部分台阶时效率较高，而堆垒上部分台阶时效率较低。

（2）一次堆垒。挖掘机在一个排岩行程中，对上、下两部分台阶同时堆垒，挖掘机相对于一条排岩带始终沿着一个方向移动（前进式或后退式）。如果第一条排岩带采取前进式，则第二条排岩带采取后退式，如此交替进行，使挖掘机的移动量最小。当挖掘机采取前进式堆垒时，线路的移设工作只有在挖掘机移动到终端堆垒完成一条排岩带后才能进行，因此挖掘机需要停歇一段时间。当采取后退式堆垒时，排岩和移道则可以同时进行。该堆垒方法挖掘机行程最短，但需经常前后移动电缆。

（3）分区堆垒。把排土线分成几个区段，每个区段长度通常采用电缆长度的 2 倍，即 50~150m。每个分区的堆垒按分层堆垒方式进行，一个分区堆垒完毕，再进行下一个分区的堆垒。分区堆垒是上述两种堆垒方式的结合，具有前两者的优点，特别是当排土线很长时，效果最为明显。

单斗挖掘机堆垒具有排岩效率高（比排岩犁排岩高 1 倍左右）、移道工作量小（移道周期约为 1.5 月左右）、岩土堆置高度大等优点，但它的设备投资较大；在低台阶排土场，由于移道周期较短，挖掘机的排岩效率不能充分发挥，造成设备使用效率低。因此，可根据实际情况因地制宜地选择采用挖掘机和排岩犁两种排岩方法。

c　线路移设

当挖掘机按设计的排岩台阶高度和排岩带宽度堆垒完毕后，便进行线路移设。线路的移道步距 a_b 等于排岩带宽度 a_p。对于 $4m^3$ 挖掘机，移道步距可以达到 23~25m。由于挖掘机排岩移道步距较大，一般均采用吊车移道。其移设方法与采场内采掘线路的设置相同。

挖掘机排岩的移道工作量为：

$$L_y = \frac{Q_x \cdot K_s}{h_p \cdot K_c \cdot a_b} \cdot K_y \cdot N_p \tag{6-11}$$

式中　L_y ——移道工作量，m/班；

Q_x ——每条排土线平均收容能力（实方），m^3/条班；

h_p ——排岩台阶高度，m；

a_b ——移道步距；

K_s ——废石（土）松散系数，一般取 1.3~1.6，具体取值可参考表 6-1；

K_c ——废石（土）沉降系数，取值范围 1.05~1.28，具体取值可参考表 6-2；

K_y ——移道系数，取 1.2；

N_p ——生产的排土线数，条。

B　排岩作业堆置参数

铁路运输-挖掘机排岩工艺的堆置参数包括受岩坑尺寸、排岩台阶高度、排土线长度及移动步距等。

a　受岩坑尺寸

受岩坑尺寸应考虑受岩容积和作业安全要求。为缩短列车的待卸载时间，受岩坑一般能容纳1.0~1.5个列车的土量为宜，长度约为车辆长度的1.05~1.25倍，坑底标高比挖掘机的行走平盘低1.0~1.5m，铁路以下的深度以8m为宜。为保持路基稳定，受岩坑在路基一侧的坡角不大于60°，坡顶线距离线路中心线不小于1.6m。

b 排岩台阶高度

$$h_p = h_1 + h_2 - \Delta h \tag{6-12}$$

式中 h_p——排岩台阶高度，m；

h_1——上分台阶高度，主要取决于受岩坑容积所要求的高度和涨道高度Δh，其最大值受挖掘机最大挖掘高度H_{wmax}的限制，m；

h_2——下分台阶高度，主要取决于台阶的稳定性条件，增加h_2会相应增加下沉和涨道量，并且降低土坑高度和受岩坑容积，延长列车的翻卸时间；

Δh——涨道量，取决于排岩台阶高度和沉降率。

由于新堆弃的岩土未经压实沉降，密实性小，孔隙大，考虑到其沉降因素，需要使上部分台阶的顶面标高高于规定的排土场顶面标高，其高出部分取值取决于岩土的性质。一般排土场计算中采用沉降系数K_c，具体取值可参见公式（6-2）和表6-2。

c 移道步距

移道步距a_b主要取决于挖掘机的工作规格。

$$a_b \leqslant \sqrt{R_{wmax}^2 - (0.5L_f)^2} + R_{xmax} \tag{6-13}$$

式中 a_b——移道步距，m，采用WK-4型挖掘机时约为23~25m；

R_{wmax}——挖掘机最大挖掘半径，m；

R_{xmax}——挖掘机最大卸载半径，m；

L_f——受岩坑上部长度，m。

d 排土线长度

排土线长度取决于排岩作业费用和挖掘机能否得到充分利用。挖掘机排岩的排土线长度一般不小于600m，但也不宜大于1800m。

e 排岩工作平盘最小宽度

对于多阶段排土场，上下台阶应保持一定的距离，使下部台阶能安全正常地进行排岩作业。其最小限值即为排岩工作平盘最小宽度，即：

$$b_{min} = b_1 + b_2 + b_3 + b_4 \tag{6-14}$$

式中 b_{min}——排岩工作平盘最小宽度，一般大于排岩台阶高度，m；

b_1——安全宽度，m；

b_2——对上一平盘的超前宽度，m；

b_3——双线时，线路中心间距，m；

b_4——外侧线路中心线至台阶坡顶线的最小距离，准轨一般为1.6~1.7m。

C 排土场生产能力

排土场生产能力取决于排土线的接受能力和同时工作的排土线数。

可根据挖掘机的生产能力计算排土线的接受能力：

$$Q_{x1} = \frac{EK_m T_b \eta_b}{tK_s} \tag{6-15}$$

式中　Q_{x1}——按挖掘机生产能力计算排土线的接受能力（实方），m^3/班；

E——铲斗容积，m^3；

K_m——满斗系数；

T_b——班工作时间，min；

η_b——班工作时间利用系数；

t——挖掘机工作循环时间，min；

K_s——岩石松散系数。

根据运输条件计算排土线的接受能力：

$$Q_{x2} = \frac{mnq_z}{K_s} \tag{6-16}$$

式中　Q_{x2}——按运输条件计算排土线的接受能力（实方），m^3/班；

m——每班发往排土线的列车数；

n——列车中的自翻车数量；

q_z——自翻车平均装载容积（松方），m^3。

对于挖掘机排岩，只有当 Q_{x1} 和 Q_{x2} 相等时排土线的接受能力才能达到理想值。但在生产实际中难以实现使 Q_{x1} 与 Q_{x2} 相等，故只能取其小值。

排土线条数，即：

$$N_x = \frac{1.2Q_c}{Q_x}K_p \tag{6-17}$$

式中　N_x——排土线总条数；

Q_c——排土场要求的平均排岩能力（实方），m^3/班；

K_p——排土线备用系数；

Q_x——每条排土线平均接受能力（实方），m^3/条班。

6.2.3.2　铁路运输-排岩犁排岩工艺

排岩犁排岩是露天开采早期广泛应用的一种排岩方式，目前在国外已逐步淘汰。但这种方式设备投资少、作业简单，我国部分露天矿山仍在使用。

排岩犁是一种行走在轨道上的特殊车辆，车身一侧或两侧装有大犁板和小犁板，不工作时，犁板紧贴车身。排岩工作时，靠气缸或液压设备将犁板顶开，并伸展成一定角度，随着排岩犁在轨道上行走，大犁板将堆置在旁侧的岩土向下推排，而小犁板主要起挡土作用，如图 6-4 所示。排岩犁只适用于铁路运输的露天矿，其自身没有动力，需要靠机车牵引工作。

排岩犁的排岩工序包括：列车翻卸岩土、排岩犁排岩、修整平台及边坡、线路移设。而其中第一和第二项在二次线路移设之间交替重复进行。

A　列车翻卸岩土

在新移设线路上，如图 6-5（a）所示，因路基未被压实，为保证行车及排岩作业的安全，机车应以低速（小于 5km/h）推顶列车进入排土线。

机车推顶列车自排土线的入口处向终端方向前进翻卸，其目的是使排岩台阶坡面上形成支撑体，增强线路路基稳定性，保证重车安全作业。当排土线全长均翻卸一次岩土后，

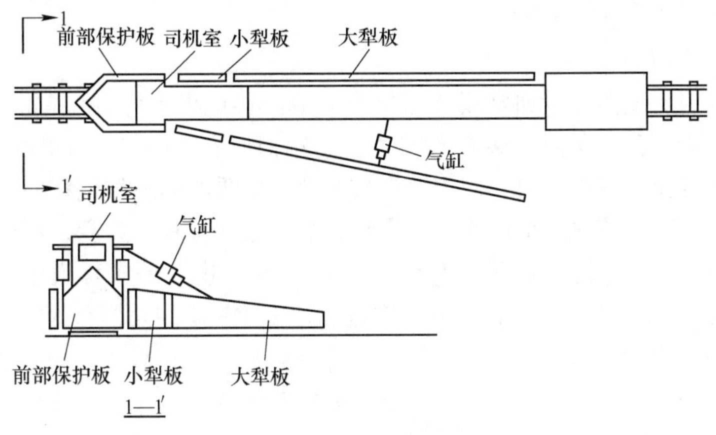

图 6-4 排岩犁结构示意图

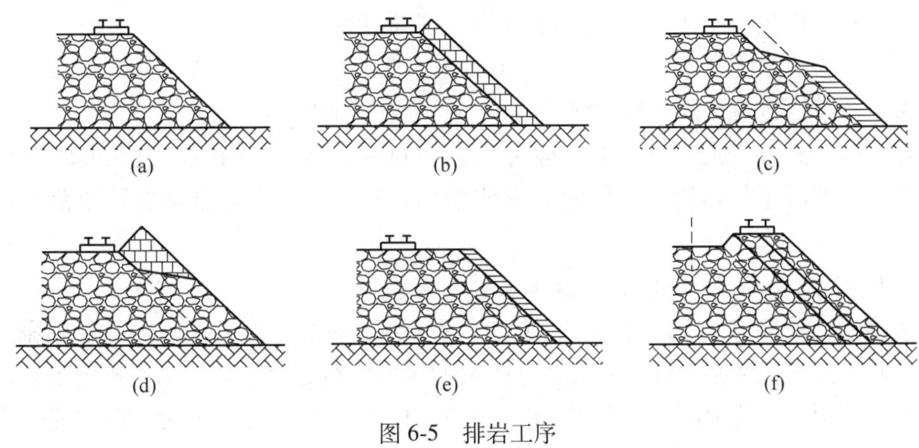

图 6-5 排岩工序

列车即可改由排土线终端向入口处后退式翻卸岩土，直至填满全线，如图 6-5（b）所示。

B 排岩犁推排岩土

当排土场沿排土线全长初期容积已经排满且形成石垄时，如图6-5（b）所示，即开始使用排岩犁将高的石垄推掉，使排岩台阶上部形成一个缓坡断面而产生新的受岩空间，如图 6-5（c）所示。然后列车继续沿排土线全长翻卸岩土，直到排土线新受岩容积再填满为止，如图 6-5（d）所示。

按上述过程卸土与排岩交替进行，直到线路外侧形成的平台宽度超过或等于排岩犁板伸张的最大允许宽度，排岩犁已不能进行排岩作业时为止，如图 6-5（e）所示，随后进行平整和线路移设工作。为保证新路基的平整和稳定，最后一列车翻卸时应保证全线翻土均匀，土堆连续，同时应翻卸稳定性高、透水性好的岩石作为新线路的路基。

排土线每移设一次，通常需要推土 8 次以上，而每推一次岩土的排岩犁行走次数为 2~6 次。

C 修整平台及边坡

排土线移道前必须进行平整工作，考虑到线路下沉和保证线路平直，需要将排岩犁的犁板提起 30~50cm，使排岩台阶的新坡顶线比旧坡顶线有一个超高，其超高值一般为

100~200mm，如图 6-5（f）所示。

D　排岩线路的移设

排岩犁排岩时，线路移设通常用移道机来完成。移道机工作时，先将卡子抓紧钢轨，开动发动机使小齿轮沿齿条向上移道，此时铁鞋支撑地面，移道机连同轨道被小齿轮带动而向上提起，待提至一定高度时，由于移道机和轨道的重心向一侧偏移而失去平衡，靠其重力向外侧下落，结果使轨道横向移动一个距离。当上述过程结束后，移道机沿线路移行10~15m，在新的位置重复上述步骤直到全线都移动一次。一次移道距离一般为 0.7~0.8m，所以移道机要沿排土线全长往返多次进行移道才能将线路横移到规定的位置。

移道机的小时生产能力：

$$Q_y = \frac{60 l_y a_b}{t_y} \tag{6-18}$$

式中　Q_y——移道机生产能力，m^2/h；

l_y——移道机两工作点间的距离，m，一般取 10~15m；

a_b——移道步距，m，一般为 0.5~0.8m；

t_y——移道机每移设一次的时间，min，一般为 2~5min。

实际工作中，移道机每小时生产能力一般为 $60\sim210m^2/h$，每班可达到 $200\sim600m^2$。移道机移设线路时不用拆道，但钢轨的弯曲损伤比较大，故只适合每次移道范围较小的线路。

6.2.3.3　铁路运输-前装机排岩工艺

在铁路运输条件下，采用排岩犁排岩和单斗挖掘机排岩，其移道步距均受到排岩设备规格的限制，排岩线路必须经常移设，这既影响排岩线路的稳定性，也使排土场台阶高度受到限制。特别是在我国南方高温多雨的地方矿山，用前述设备排岩时，铁路路基常常下沉严重，甚至产生垮塌或滑坡事故，所以有的矿山采用前装机实现高台阶作业，减少铁路移设次数，提高排岩效率。

铁路运输-前装机排岩就是使用前装机作为转排设备，在排岩台阶上设立转排平台，车辆在台阶上部向平台翻卸岩土，前装机在平台上向外进行转排。由于前装机机动灵活，其转排距离和排岩高度可达很大值。

轮胎式前装机在排岩工作面的作业情况如图 6-6（a）所示。图中的（1）是当工作平台较窄时，前装机慢行作 180°转向运行，作业安全可靠，但这种作业方法运距大、效率低；（2）是当工作平台较宽时前装机可就地进行 180°转向运行，这种作业方法运距短，效率较高；（3）是当工作平台较宽时前装机作 90°转向运行，进行加长工作平台的作业。

采用铁路运输时，轮胎式前装机的排岩要素包括：作业线长度、转排段高和工作平台宽度。

（1）作业线长度。每台前装机控制的作业线长度与勺斗容积有关。为充分发挥前装机的使用效率和减少线路横向移设的频率，作业线长度至少能贮备一昼夜的转排量，并不短于一列车的有效长度。一条较长的作业线可由几台前装机同时排岩。

（2）转排台阶高度。转排高度（上部）主要取决于：1）为保证路基稳定和铲装作业安全，转排台阶高度一般不宜超过铲斗挖取的最大举升高度，当岩土块度较小，无特大块

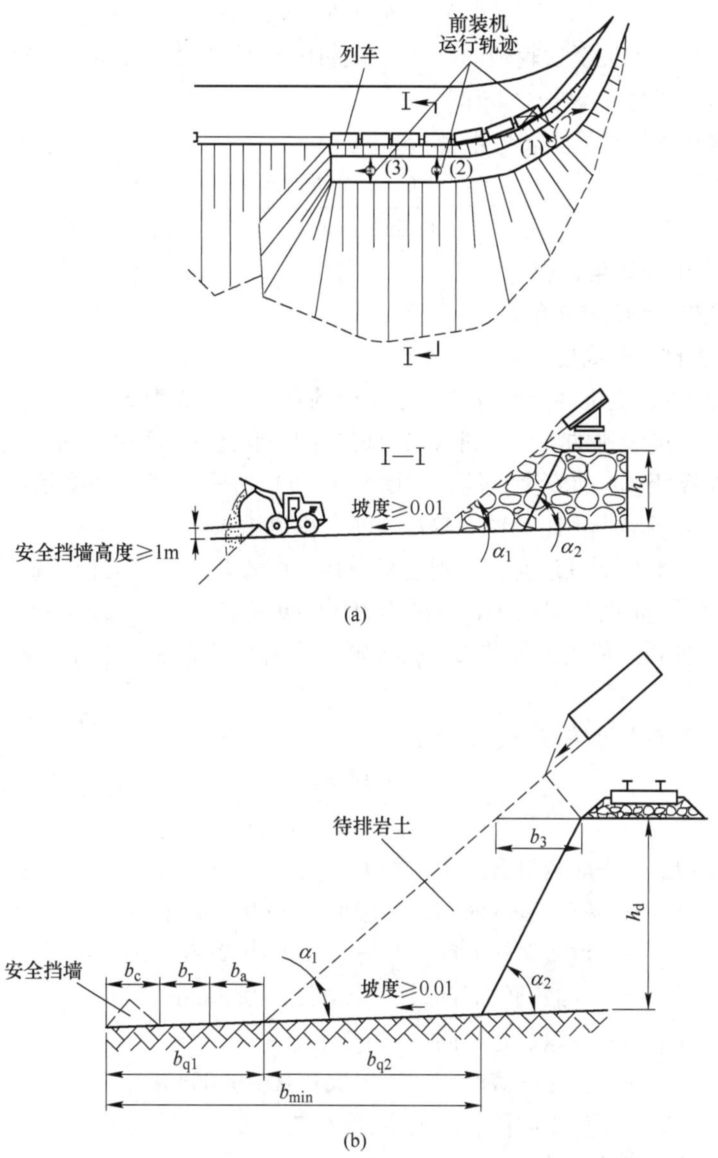

图 6-6 轮胎式前装机作业示意图

时，可稍高于铲斗升举高度；2）为提高设备效率，台阶高度取较低值有利于铲斗切进并减轻其提升阻力。但台阶高度过低，又不利于保有一定的排岩贮量，也会影响装机的作业效率。从生产使用情况看，斗容 $5m^3$ 的前装机，转排台阶高度约为 4~8m。

（3）排岩工作平盘最小宽度。为保证前装机正常进行排岩工作，其工作平盘最小宽度如图 6-6（b）所示，可按下式进行计算：

$$b_{min} = b_{q1} + b_{q2} \tag{6-19}$$

式中 b_{min}——前装机排岩的最小工作平盘宽度，m；

b_{q1}——前装机作业的最小宽度，m；

b_{q2}——待排岩土堆体的底部宽度，m。

$$b_{q1} = b_a + b_c + b_r \tag{6-20}$$

式中 b_a——前装机齿尖至后轮轴的距离，条件困难时可取其半，m；

b_c——挡墙宽度，不小于2m；

b_r——前装机外轮最小转弯半径，m。

$$b_{q2} = \frac{h_d}{\tan\alpha_1} - \frac{h_d}{\tan\alpha_2} + b_3 \tag{6-21}$$

式中 α_1——岩土安息角，(°)；

α_2——转排台阶坡面角，(°)；

h_d——转排台阶高度，m；

b_3——待排岩土堆体上部在路基水平处的宽度，一般为2m。

为便于排水，前装机的工作平盘应具有向外侧倾斜的流水坡度。平盘边缘在前装机卸土时用岩土填筑高于1m的安全挡墙，如图6-6（b）所示。安全挡墙随排、随填、随拆。雨天时在安全挡墙每隔一定距离留一缺口，便于排泄雨水。

前装机的工作平盘不宜过宽，否则会影响其工作效率，太窄时前装机转向困难。目前我国有些矿山使用$5m^3$前装机的平盘宽度为30~60m左右。

（4）前装机的排岩能力。前装机的排岩能力受前装机的生产能力和排土线的接受能力共同制约。

前装机的生产能力可按以下公式计算：

$$Q_{qx} = \frac{60T_b E\eta_b K_m}{(t_{q1} + t_{q2} + t_{q3} + t_{q4} + t_{q5})K_s} \tag{6-22}$$

式中 Q_{qx}——前装机台班生产能力（实方），m^3/台班；

t_{q1}——铲斗装满时间，一般取0.4~0.5min；

t_{q2}——重载调转时间，一般取0.1~0.2min；

t_{q3}——空载调转时间，一般取0.1~0.2min；

t_{q4}——往返行走时间，min；

t_{q5}——铲斗卸载时间，一般取0.05~0.09min；

T_b，E，η_b，K_m，K_s——意义同前，一般η_b取0.75~0.85。

前装机排岩的接受能力为：

$$Q_q = N_q Q_{qx} \tag{6-23}$$

式中 Q_q——前装机排岩接受能力（实方），m^3/台班；

N_q——可布置的前装机台数，台。

排土线的接受能力可参考挖掘机排岩的计算方法。

6.2.3.4 铁路运输的排岩工艺评价

挖掘机排岩、排岩犁排岩和前装机排岩都是在铁路运输条件下进行排岩工作。前两种排岩工艺要求排土场有更高的稳定性，故排岩台阶高度不能过高，否则易引起线路变形，影响排土场的安全生产。尤其排岩犁排岩的台阶高度，在排弃坚硬块石时，一般不超过20~30m。采用前装机转排时，排岩台阶与汽车运输—推土机排岩一样，可达很大的高度。海南铁矿用$5m^3$前装机转排时，排岩台阶高度达到150m。

排岩犁排岩，用移道机移设线路，钢轨易弯曲，排土线质量差，影响车辆运行速度和安全，排、卸作业效率低；移道步距小（不大于3m），移道效率低；卸土和排岩不能在一条排土线上同时作业，并且排岩台阶高度低，排土线接受能力小，故占用的排土线较多。由于排岩犁排岩存在的上述问题，使排土线的生产能力大大降低。

挖掘机排岩移道步距大，线路移设工作量少，排岩台阶高度比排岩犁排岩时高，线路质量好，作业安全，故排土线生产能力高。但排岩设备投资大。

前装机排岩机动灵活，排岩带宽度大，使排岩台阶有较长的稳定时期，可增加台阶的稳定性。

由于铁路运输自身所固有的缺点，并且又难于实现排岩连续化，故在国外这一类工艺应用很少。

6.2.4 胶带运输机排岩工艺

当露天矿采用胶带运输机运输时，为充分发挥运输机的效率，通常采用带式排土机排岩，以实现连续化作业。图6-7为A2Rs型排土机主要组成部分。胶带排岩机的最重要部件是卸载臂。它的长度决定着排岩分区的宽度、高度以及胶带运输机的移动周期。

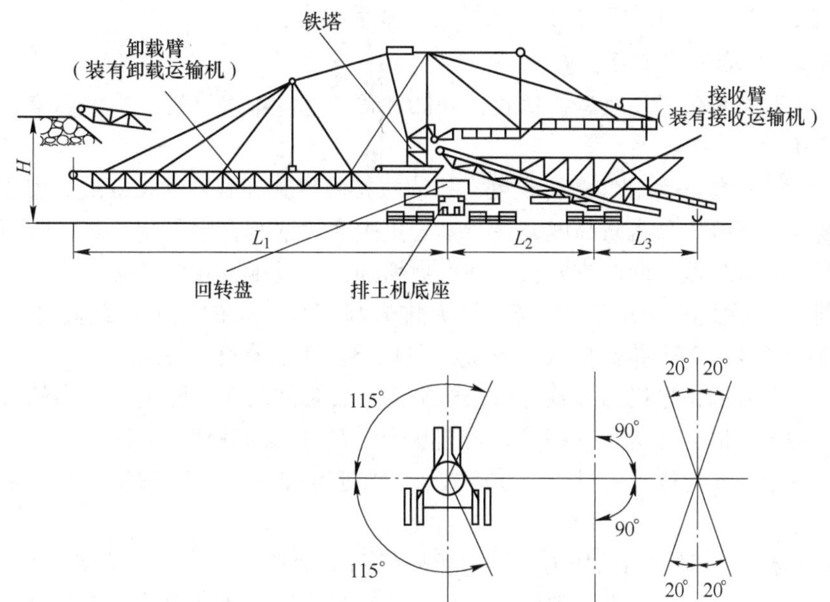

图6-7 胶带排土机结构示意图

工艺过程为：由运输机提供剥离岩土，经转载机进入排土机里的接收运输机，再输送到卸载运输机进行排岩（上排或下排）；推土机平整工作面并完成其他辅助作业；带式运输机移位并开始下一排岩循环。

带式排土机排岩的优点是一次排弃宽度大，辅助作业时间少，作业效率高；近水平矿床可实现横向内排，减少运输距离；排土机的生产能力大，自动化程度高，管理简便。缺点是：采、运、排生产作业各环节间制约大，机动性较差；选择废石场位置时，在地形、工程地质和水文地质条件方面要求较高；一般不宜采用分散的废石场。

6.2.4.1 胶带排岩机应用条件

（1）剥离物为普氏坚固性系数小于 3 的软岩。中硬以上岩石或不适合胶带输送的大块，需经爆破法等破碎后方可考虑采用。

（2）水平或近水平矿层，在覆盖层厚度或夹层厚度小于设备作业规格时，可实现横向直接内排。

（3）排岩机最佳工作气候条件为气温-25℃～+35℃之间和风速 20m/s 以下。气温过低岩粉易在排岩机的胶带上冻结积存，造成过负荷而停止运输；气温过高机器易产生过热而引起事故；风速过大排岩机的机架容易摆动，运转时威胁工作人员和设备的安全。气温低于-25℃应有防寒措施，实行季节性剥离作业；风速大于 7～8 级时，带式排土机应停止作业。

（4）排岩机要求的行走坡度。一般排岩机行走时坡度不超过 1∶20，少数达 1∶10～1∶14。

（5）排岩机工作时对地面纵、横坡的要求。纵、横坡状况是排岩机稳定计算的一个基本条件。排岩机工作时对纵、横坡的要求一般不大于下列数值：纵向倾斜 1∶20，横向倾斜 1∶33，或纵向倾斜 1∶33，横向倾斜 1∶20。

（6）排岩机对地面压力应小于排土场的地基承载力。

6.2.4.2 排岩机主要参数

排岩机主要参数包括：排岩机接收臂和卸载臂长度、排岩机最大排岩高度和排岩机履带对地面的压力。

（1）排岩机的接收臂和卸载臂长度。排岩机接收臂和卸载臂的长度决定着排岩工作面的排弃宽度和上部排岩分台阶高度，并对排岩机生产效率有直接影响。若卸载臂短，排弃宽度小和上部分台阶低，同时排岩机移动次数增加，造成排岩效率降低。

（2）排岩机最大排岩高度。排岩机最大排岩高度是上排的最大卸载高度（即站立水平以上的排岩高度）与下排高度（即站立水平以下的排岩高度）之和。

因为一定型号的排岩机卸载胶带运输机端部旋转轴的高度是固定的，当卸载臂的倾角一定时（一般上排时角度为 7°～18°），排岩机上排高度由卸载臂长度决定。

排岩机下排高度与排弃岩土的性质有关，主要应保证排岩台阶的稳定和排岩机的作业安全。

（3）排岩机履带对地面的压力。排岩机履带对地面压力应小于排土场的地基承载力，才能保证排岩机在松散岩土上正常作业与行走。在多雨地区和可塑性岩土的排土场，该参数尤为重要。

气候条件对地基承载力有很大影响。雨季或多雨地区岩土含水量大，强度降低，地面耐压力减小；寒冷地区因气温低岩土的自然下沉量小。因此，在一个位置上停留作业的时间太长易下沉。若行走电动机工作能力不能克服地面下沉后的行走阻力，将不能保证其正常作业，因此要求电动机容量能保证排岩机停留 30～40 天而不影响其移动。

6.2.4.3 排岩机的工作面布置

排岩机的排岩台阶一般由上排和下排两个分台阶组成。排岩机和与之相配合的胶带运输机都设立在两个分台阶之间的平盘上。胶带运输机至上部分台阶坡底线距离参考值见表 6-8。

表 6-8 胶带运输机至上部分台阶坡底线距离参考值

距离/m	29.6	28.8	27.9	27	26.1	25	24.2	22.9	21.6	20.2	18.8
上部分台阶坡面角/(°)	35	34	33	32	31	30	29	28	27	26	25

排岩机的工作面规格，根据排岩机的类型、参数以及排弃岩土的性质确定。图 6-8、图 6-9 分别为排岩机单纯上排、单纯下排时的排岩工作面。

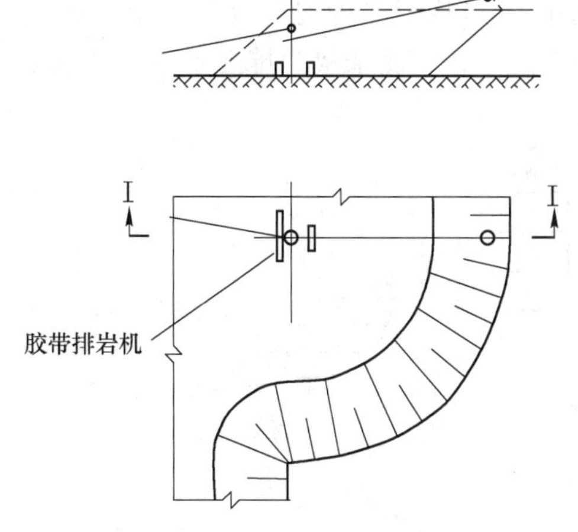

图 6-8 排岩机单纯上排时的排岩工作面

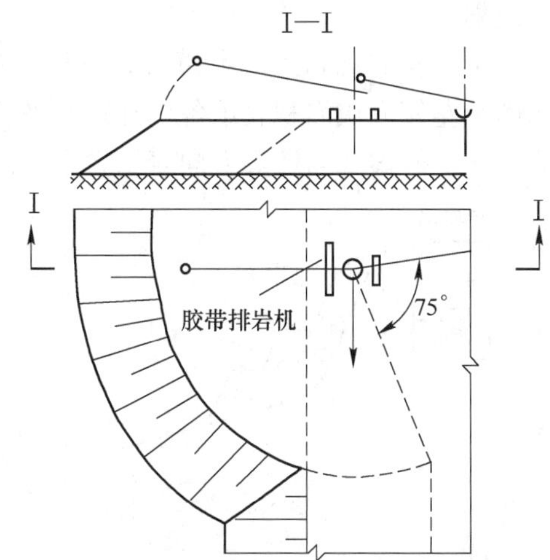

图 6-9 排岩机单纯下排时的排岩工作面

胶带排岩机和胶带运输机移设至排土场的指定位置后，即可使排岩机向上部或下部分台阶堆垒岩土。

胶带排岩机小时生产能力的计算一般采用胶带运输和输送能力的计算方法。

6.2.4.4 胶带排岩机排岩工作评价

胶带排岩机排岩工作的优点包括：兼有运输与排岩两种功能，排土场接受能力大，生产效率高，成本低，电能消耗少，自动化程度高，工人的劳动强度小。其缺点包括：胶带抗磨性差。目前国内外均加大力度研制抗磨性强的胶带。

胶带排岩机排岩工作容易实现连续化与自动化开采，适应矿山现代化的要求。国内外坚硬矿岩的露天矿山正在向连续开采工艺方向发展，以降低开采成本、提高露天矿生产能力和劳动生产率。综上所述，胶带排岩机排岩，在金属露天矿排岩工作中是一种十分有发展前途的排岩方法。

6.3 排岩规划与进度计划

6.3.1 排岩规划

为保证露天矿排弃岩土的经济合理性，应根据排土场的位置、数量与容量以及开拓运输系统、剥采程序等实施排岩规划，使岩石从采场空间搬运至排土场空间堆放最优化，以达到岩土运输功和运输排弃费最小，使排土场各时期的收容量及其堆弃部位从总体上使用效果最好。

露天矿山大多地处山区，可供集中排岩的场地条件有限，故多为分散排岩，设有几个排土场。为保证岩土从露天采场到排土场的平面流向合理，首先要进行平面排岩规划，使露天采场开采水平的岩土从水平关系上向各排土场的流量与流向最佳。

由于排土场和露天采场有一定的高差关系，且岩土剥离水平的延深和排弃水平的增高都呈竖向发展，故需要在平面排岩规划的基础上对每个排土场的竖向排弃做出各自的竖向排岩规划。

排土场竖向规划的基本模式有三种，在此基础上可构成多种混合模式，如图 6-10 所示。图中左侧方块面积表示各个开采水平相应的岩土量，右侧条块为排土场各排弃水平的堆弃量，中间虚线与箭头方向表示岩土流向。

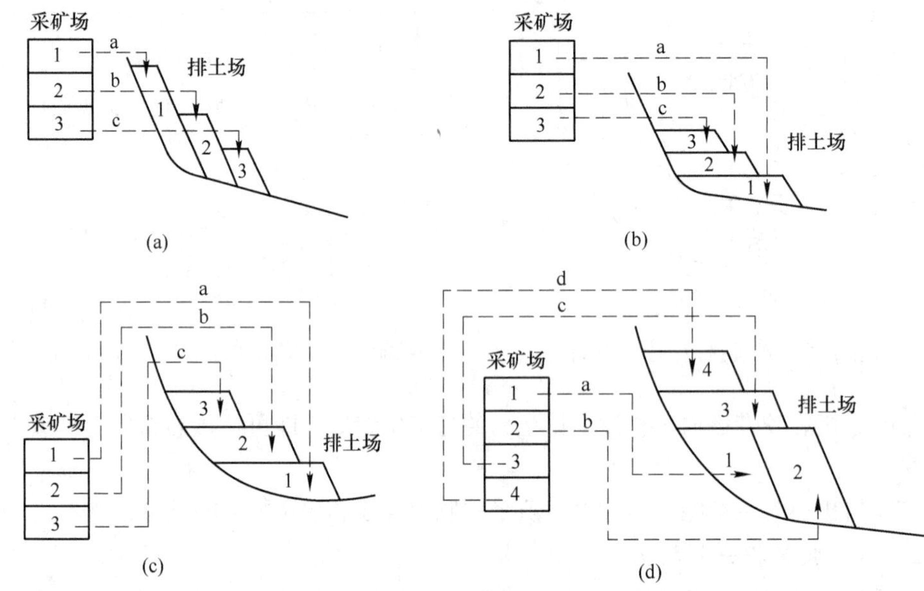

图 6-10　排土场竖向排弃模式（字母 a，b，c，d 表示排岩顺序）

图 6-10（a）为水平运输模式。露天采场的剥离水平与排土场的排弃水平相同或高出一个剥离水平，剥离和排弃作业都是自上而下进行，竖向发展一致；运输线路平缓、技术经济效果最为理想。

图 6-10（b）为下向运输模式。排弃水平低于剥离水平，高差在两个剥离水平高度以上，排弃水平自下而上发展与剥离水平竖向发展方向相反，岩土全部为下向运输。图中所示为低台阶水平分层排岩。如果排土场的地形条件允许，可以改造该模式提高排弃水平标高，使排弃条块竖向排列形成梯段，从而缩小相应剥离水平与排弃水平的高差，减小向下运输量，但采用高台阶竖向分条排岩需有安全保证。一般在汽车运输条件下，下坡比水平运输的费用要高 10%，这是汽车经常在制动条件下运行所造成的。对于剥离量和下向运输高差很大的矿山，可以采用溜井或溜槽下放岩石降低排岩费用。

图 6-10（c）为上向运输模式。排弃水平高于剥离水平，其两者各自在竖向发展方向上与图 6-10（b）模式相反，岩土一律为上向运输，是最不利的。这种情况大多出现在深

凹露天矿，此时汽车重载爬坡上行比水平运输费用高30%左右，比重载下坡运行也要高出10%，甚至在运输能力和经济上均处于不合理状况。因此，在铁路运输线受限和经济上不理想的情况下，采用运输能力大、爬坡能力强的带式输送机排岩更为经济。

图6-10（d）是上述三种模式的混合型。当排土场位于高差较大的山谷，且露天采场既有山坡开采（重车水平或下向运输岩土的条件）又有深凹开采，其竖向排岩规划比较复杂，需进行多方案比较才能取得最佳排岩方案。

排岩规划所要解决的问题实质上就是岩土运输问题，通过对岩土运量及流向的合理规划使运距和排岩费用最小。用线性规划解决运输中的最优化问题是常用的数学方法，可以用它建立排岩数学模型寻优。

在进行实际优化时，下述计算过程必须按年考虑时间因素，且总费用以净现值计算。

按线性规划建立排岩的目标函数是：

$$S = \sum_{i=1}^{m}\sum_{j=1}^{n} x_{ij}C_{ij} \rightarrow \min \tag{6-24}$$

式中 S——排岩总费用，元；

x_{ij}——从采场第 i 个水平将岩土运输到第 j 个排土场的运输量，t；

C_{ij}——从采场第 i 个水平将岩土运输到第 j 个排土场的排岩费用，元/t；

m——采场内剥离水平总数，个；

n——排土场总数，个。

（1）采区岩量约束。从采场任一剥离水平运到各个排土场的岩土量，应等于该剥离水平岩土量的总和，其约束条件为：

$$\sum_{j=1}^{n} x_{ij} = a_i \tag{6-25}$$

式中 a_i——采场内第 i 个剥离水平的岩土量（$i=1, 2, \cdots, m$），t。

（2）排土场能力约束。任一排土场所容纳的总岩土量等于各剥离水平运到该排土场岩土量的总和，其约束条件为：

$$\sum_{i=1}^{m} x_{ij} = b_j \tag{6-26}$$

式中 b_j——第 j 个排土场所容纳的岩土总量（$j=1, 2, \cdots, n$），t。

（3）运输能力约束。每年的排岩量能被及时运出，其约束条件为：

$$\sum_{j=1}^{n} x_{ij} \leqslant T_i \tag{6-27}$$

$$\sum_{i=1}^{m} x_{ij} \leqslant P_j \tag{6-28}$$

式中 T_i——第 i 采区的线路通过能力（$i=1, 2, \cdots, m$），t；

P_j——第 j 排土场的线路通过能力（$j=1, 2, \cdots, n$），t。

（4）排岩计划约束。每年总排岩量符合采剥计划规定的剥离量，其约束条件为：

$$\sum_{i=1}^{m}\sum_{j=1}^{n} x_{ij} \geqslant R \tag{6-29}$$

式中 R——采剥计划规定的剥离量。

（5）非负约束。以上四个约束方程都需满足非负条件，即

$$x_{ij} \geqslant 0 \quad (i=1, 2, \cdots, m; j=1, 2, \cdots, n)$$

上述约束条件是最基本的，必要时还可添加其他的约束项目。

值得注意的是，单位排岩费用是随岩土运距、道路坡度、排岩工艺条件的不同而变化，其中运距是主要影响因素。为此应将上下坡道与弯道折算成平直线等效运距，在道路条件等同的情况下，每吨公里的运输费用才可视为常量，并使每吨运输费只随等效运距的不同而变。

采用现场标定统计的方法，可以建立每吨公里运费与实际运距的相关函数式，经拟合检验确定某种运输方式下的运费与运距间的回归函数式，这时每吨公里的运费为变量，并只随实际运距而变，故无须进行等效运距折算。

6.3.2 排岩作业进度计划

排岩作业进度计划是在排岩规划的基础上编制的，并结合露天矿剥采进度计划和排土场复垦计划，将剥离物按综合利用和复垦等要求，逐年编排出剥离物运往各排土场的数量和具体排弃（或堆存）部位。使逐年剥离与排弃在数量上平衡，分流与流向合理，排土场的发展与建设相协调，并为综合利用与复垦创造必要条件。

排岩规划对剥离物的流量、流向和各排土场的堆弃顺序与使用效果，从总体上在全过程中进行宏观指导。而排岩作业进度计划则是，在生产过程中按年度分时成阶段地执行，并根据矿山生产变化进行调整。因此，它和露天矿剥采进度计划一样都是矿山生产的指令性计划文件。

编制排岩作业进度计划所需的技术依据如下：

（1）各开采水平的岩土剥离总量及其逐年剥离量和所在水平部位，目的是在时间和空间上掌握岩土的来源、数量与品种。

（2）各排土场的有效容量及其各排岩台阶的有效容量和排弃水平标高，目的是掌握排土场的剩余容量、扩展与建设的衔接关系和安全状况。

（3）排土场运输线路的通过能力及新线路的建设与使用要求，目的是掌握新、旧运输线路的畅通状况。

（4）排岩作业方式、设备能力与完好状况。

（5）排土场内铁路排土线的数量及排岩能力，目的是掌握排土线的延展、生产使用及备用情况。

对已生产的矿山，在编制每一时期的排岩进度计划时，都应掌握上述已发生的和可能发生的生产动态变化，提高计划的编制精度和执行率。对新设计的矿山，编制排岩进度计划时，则要求设计基本合理，在生产执行中根据生产动态和技术改造再作适当调整。

排岩作业进度计划的编制方法如下：

（1）根据设计选用（或生产中已使用）的排岩方法、排岩与运输设备类型，以及每条铁路排土线、排岩设备的综合排岩能力、计算（或检验）露天矿所需的在籍排土线和设备数量。

（2）根据拟定的剥离物流向，制定各排土场及各排岩台阶排土线数目的逐年年度计划。对铁路运输，以排土线为基本计算单元。其他运输方式则直接按排岩设备的综合能力计算配置数量。

（3）根据排土场平面图和运输线路条件，调整并确定各排土场及其各排岩台阶可能布置的排土线数（或排岩设备数）和形成时间。对综合利用的剥离物，在排岩计划中另行安排。

（4）根据排土场的复垦计划，将可供复垦利用的剥离物及其堆排要求纳入排岩计划，尽量做到排岩与复垦相结合，为复垦创造条件。

（5）根据排土场的发展及其安全防护要求，确定防护工程使用和修筑的时间。

对地形复杂、多排土场多台阶排岩的矿山，由于剥离与排岩作业的时空关系复杂，除排岩作业进度计划表之外，还应配以图表。

6.4 排岩（土）场建设与扩展

6.4.1 排土场的建设

排土场的建设是露天矿建设时期的主要工程之一，同时，随着露天矿生产的发展，也需要改造或新建排土场。排土场的建设和其所用的排土方法有着密切的联系。对大多数排土方法来说，排土场的建设主要是修筑原始路堤，以便建立排土线进行排土。

排土场初始排土线的修筑，根据地形条件的不同，分为山坡和平地两种修筑方法。

6.4.1.1 山坡排土场初始排土线修筑

先在山坡挖一单壁路堑，整理后铺上线路，形成铁路运输的初始排土线，如图6-11所示。若采用汽车运输排岩时，应根据调车方式来确定排土线的路堑宽度。

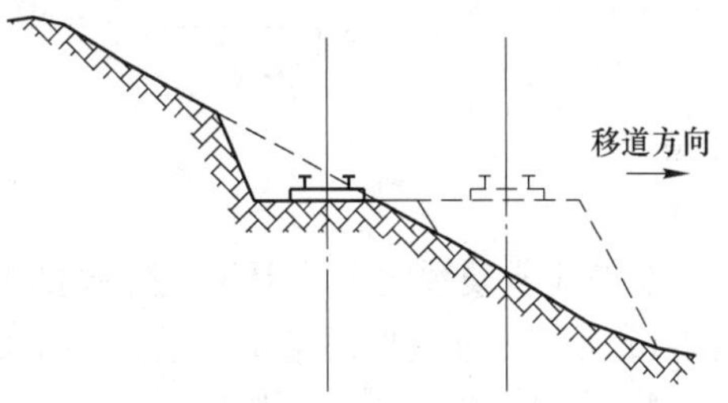

图6-11 铁路运输山坡排土场初始排土线

由于地形条件所限，有时排土线需要横跨深谷，此时可先开辟临时排土线，通过堆排加宽该地段的排岩带宽度，以便最终使初始排土线全部贯通。深谷和冲沟地段通常是汇水的通道，为保证排土场的稳定，应采用透水性较好的岩块填平深沟。

6.4.1.2 平地排土场初始排土线修筑

平地初始排土线的修筑需要分层堆垒和逐渐涨道。

采用排岩犁修筑时采取交错堆垒的方式，每次涨道的高度约0.4~0.5m，如图6-12所示。

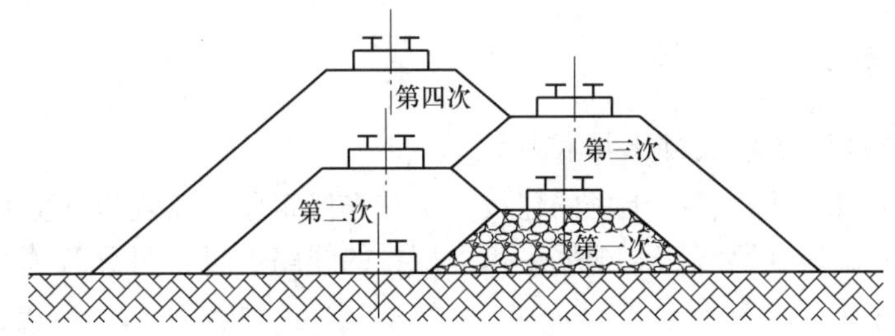

图6-12 排岩犁修筑初始排土线

采用挖掘机修筑时，如图 6-13 所示。首先从原地取土，在旁侧堆筑第一分层，为了加大第一分层堆垒高度，也可以在两侧取土，取土地段形成取土坑。第一分层经过平整后铺上线路，即可由列车运送岩土并翻卸在路堤旁，再由挖掘机堆垒第二分层、第三分层，直至达到所要求的台阶高度，便形成初始排土线。

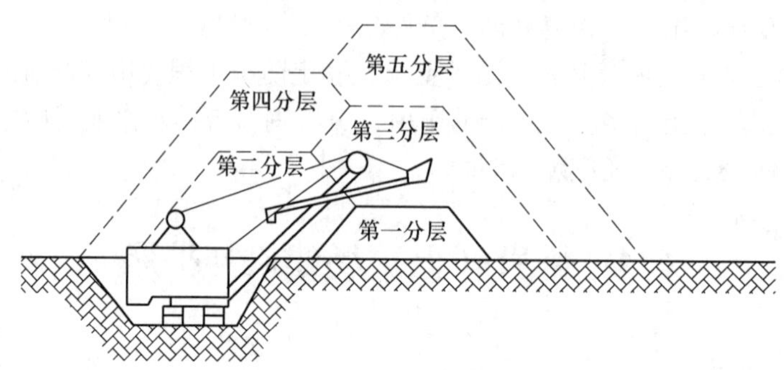

图 6-13　挖掘机修筑初始排土线

采用推土机修筑时，一般用两台推土机对推。此法可修筑高度在 5m 以内的排土线初始路堤，如图 6-14 所示。

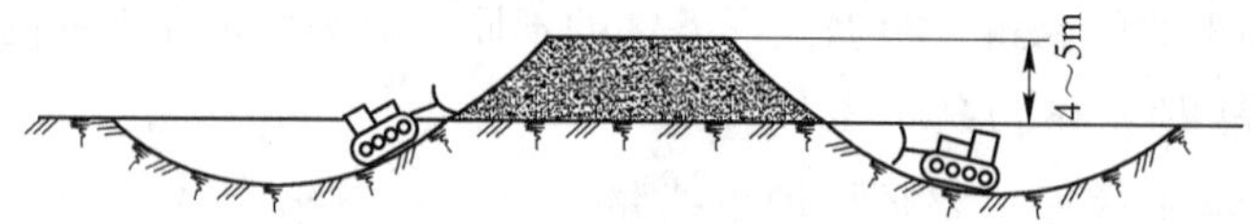

图 6-14　推土机修筑初始排土线

在平地或较缓的山坡上设置外部排土场，其初始排岩台阶也可用胶带排岩机堆筑，如图 6-15 所示。首先形成第 1 台阶，后形成第 2 台阶，然后把排岩机移到第 1 台阶和第 2 台阶的上部进行排弃，直至排岩台阶达到要求的高度时，初始排岩台阶便形成。

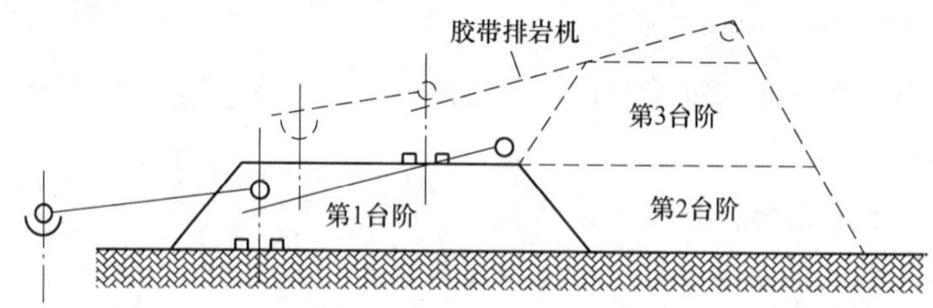

图 6-15　胶带排岩机修筑初始排土线

6.4.2　排土线扩展

6.4.2.1　铁路运输单线排土场扩展方式

对于铁路运输排土而言，排土场的建设除了首先修筑原始路堤以建立排土台阶外，还必须在排土平盘上配置铁路线路。根据平盘上配置的线路数目，可分有单线排土场和多线排土场。

单线排土场即同一排土台阶上只设置一条排土线，随着排土工作进展，单线排土线的扩展方式有平行、扇形、曲线和环形四种，如图 6-16 所示。

排土线平行扩展（见图 6-16（a））是排土边缘沿原始排土线的平行方向向外移动，移动步距固定，移道工作比较好掌握。但随着排土线的扩展，线路不断缩短，排土场得不到充分利用。

扇形扩展（见图 6-16（b））的移道步距是变化的，从排土线的入口处到终端移道步距数值逐步增大，它以道岔转换曲线为移道中心点呈扇形扩展，其排土线终端仍然存在缩短问题。

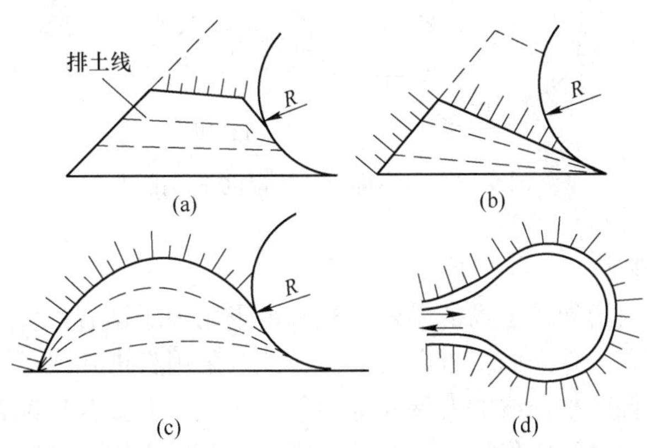

图 6-16 铁路运输单线排土场扩展示意图

曲线扩展（见图 6-16（c））可以避免上述排土线缩短的缺点，排土线每移道一次都要接轨加长。该法广泛应用于排岩犁排土场和挖掘机排土场内。

环形扩展时（见图 6-16（d）），排土线向四周移动。排土线长度增加较快，在保证列车间安全距离的条件下，可实现多列车同时翻卸。但是，当一段线路或某一列车发生故障时，会影响其他列车的翻卸工作。它多用于平地建立的排土场。

6.4.2.2 铁路运输多线排土场扩展方式

多线排岩是指在一个排岩台阶上，布置若干条排土线同时排岩，如图 6-17 所示。多条排土线在空间上和时间上保持一定的发展关系，其突出的优点是收容能力大。

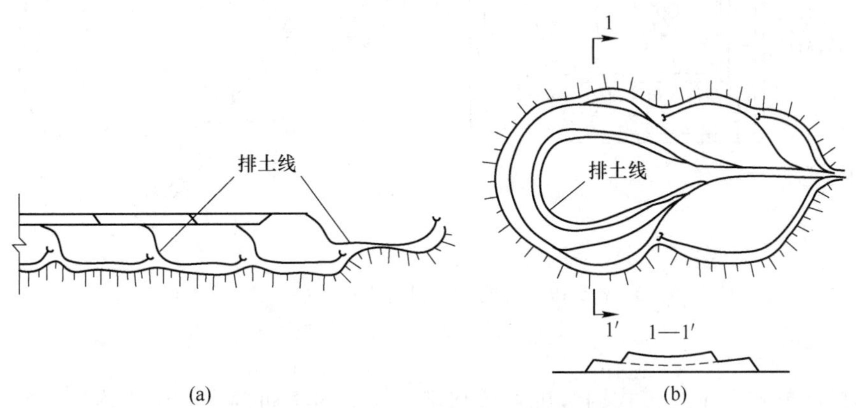

图 6-17 铁路运输多线排土场扩展示意图

建立在山坡上的多线排土场，通常都采用单侧扩展（见图 6-17（a））；建立在缓坡或平地上的多线排土场，多采用环形扩展（见图 6-17（b））。

当采用挖掘机排岩时，各排土线可采用并列配线方式，如图 6-18 所示。其特点是：各排土线保持一定距离，可避免相互干扰，提高排岩效率。

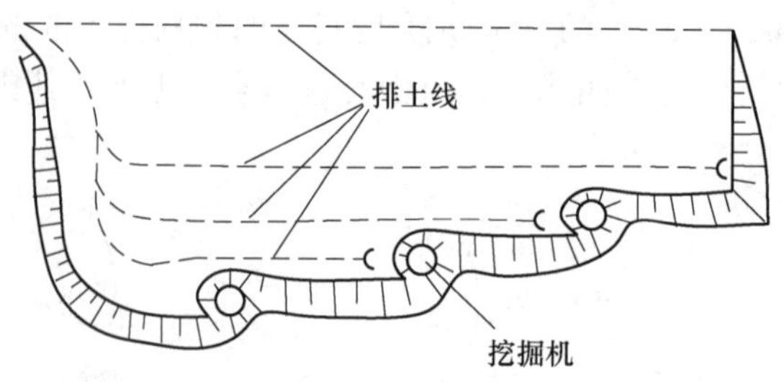

图 6-18　多线排土场挖掘机并列排岩

6.4.2.3　多层排岩

为在有限的面积内增加排土场的受岩容积，可采用多层排岩。多层排岩就是在几个不同水平上同时进行排岩，并向同一方向发展。为此可采用直进式或折返式线路，建立各分层之间的运输联系。各层排土线的发展在空间与时间关系上要合理配合。为保证安全和正常作业，上、下两台阶之间应保持一定的超前距离，并使之均衡发展。

6.4.2.4　胶带排岩机排土场扩展方式

胶带排岩机排土场扩展方式主要有平行扩展、扇形扩展及混合扩展三种方式，如图 6-19 所示。

平行扩展方式（见图 6-19（a））的特点是随排土场工作面的推进，移动式带式输送机向前平移，其移设步距等于一个排岩带宽度，并相应接长端部的连结带式输送机，排土场以矩形向外发展。平行扩展方式的运距随排岩工作面的推进而增加，对多层排岩，可减少上下两个排岩平台的相互影响。

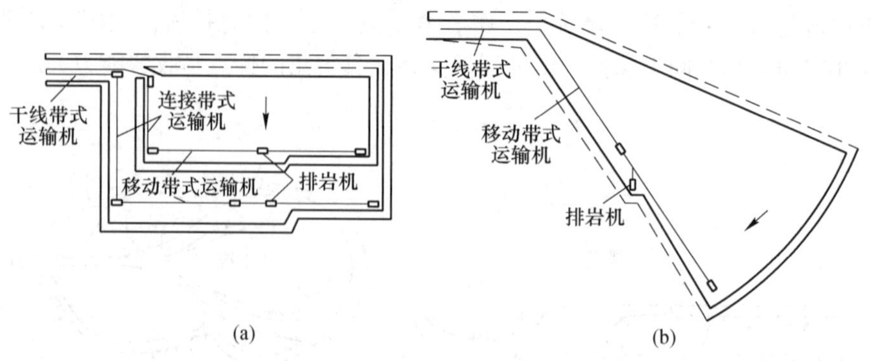

图 6-19　带式排岩机排土场扩展方式
（a）平行扩展；（b）扇形扩展

扇形扩展方式的干线带式输送机直接与排土线上的移动带式输送机连接，每一条排土线有一个回转中心，排土线以回转中心为轴呈扇形扩展（见图 6-19（b））。它的布置和移设工作都比较简单，且运距相对稳定，但排土线上的排岩宽度不等，其平均排岩带宽度只相当于平行扩展时的一半。在多层排岩时其上下排岩平台间的时空发展关系复杂，相互制约十分严格。

由于受排土场范围、地形条件和形状的影响，单一的扩展方式有时难以适应或效果不佳，故应因地制宜采用平行与扇形的混合扩展方式，以发展平行和扇形扩展的各自优点与适应性，提高排岩效率。

6.5 排土场安全

6.5.1 排土场稳定性与防护

排土场的稳定性影响因素较多，主要取决于排土场的地形坡度、排弃高度、基底岩层构造及其承压能力、岩土性质和堆排顺序。常见的失稳现象包括滑坡（见图 6-20）和泥石流。

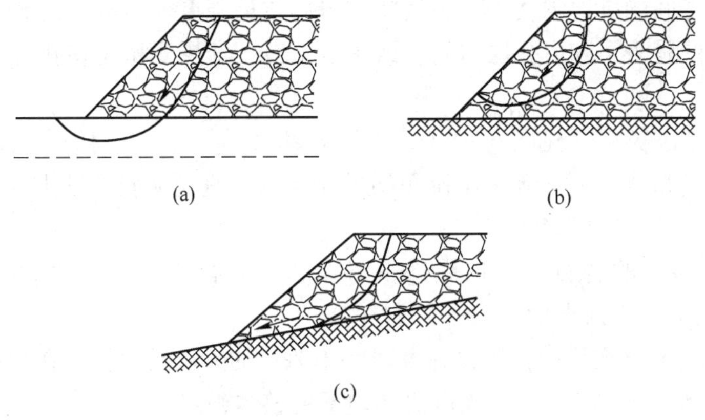

图 6-20 排土场滑坡类型

（a）基底软弱层的滑动；（b）排土场内部的滑坡；（c）沿基底面的滑坡

6.5.1.1 排土场滑坡与防护措施

排土场的自然沉降压实属于正常现象，其沉降率较小。但如果基岩为较弱岩层，承压能力较低时，则排土场将发生大幅度沉降并随地形坡度而滑动。此种滑动的先兆是比自然压实沉降速率快，是自然沉降与基底沉降速度的叠加。常见的边坡滑坡现象有基地软弱层的滑动、排土场内部的滑动、沿基底面的滑坡（见图 6-20）。

提高排土场基底的稳定性是预防滑坡的先决条件，因此首先应根据基底的岩层构造、水文地质和工程地质条件等进行稳定性分析，控制排弃高度不超过基底的极限承压能力。为提高基底的抗滑能力，一般可采取的防护措施包括：

（1）对倾斜基底，应先清除表土及软岩层，然后开挖成阶梯，以增强基底表面的抗滑力。

（2）对含水的潮湿基底，应将不易风化的剥离物堆排在基底之上，并设置排水工程将地下水引出排土场。

（3）对倾斜度较大且光滑的岩石基底，可采用交叉式布点爆破，以增加其表面粗糙度。

（4）筑堤或其他疏导工程，拦截或疏引外部地表水避免其进入排土场，防止在基底表面形成大量潜流产生较大的动水压力冲刷基底。

在生产矿山中，因基底失稳而产生排土场滑坡的实例（见图6-20（a）），据统计约占排土场滑坡总数的三分之一，且滑坡范围和危害都大于纯剥离物滑坡，应引起足够重视。

排土场剥离物内部滑坡（见图6-20（b）），与主要剥离物性质、排弃高度、大气降水及地表水的浸润作用等因素有关。随着排岩高度的增加，剥离物被压实，在排土场内部出现承压不均的压力不平衡和应力集中区，从而形成潜在滑动面。一旦潜在滑动面上的抗滑阻力由于水的浸润作用而降低，或潜在滑体的下滑分力增大，则滑体失去平衡，以弧形滑面形式从坡面滑出。

在滑动过程中，首先是边坡下部的应力集中区产生位移变形或鼓出，然后牵动滑体上部使排土场表面形成张裂缝，最后沿弧形滑面产生整体滑动。

排土场沿基底表面滑坡（见图6-20（c）），主要是由于排土场的基底倾角较陡，剥离物与基底接触面之间的抗剪强度小于剥离物本身的抗剪强度而滑动。这种滑坡的出现多因基底上部先堆排的是表土和风化层岩石，或基底上有一薄层腐殖土使排土场的底层形成弱面所致。

对上述两种滑坡类型（见图6-20（b）、图6-20（c）），可采用的主要防护措施包括：

（1）调整排弃顺序，对于地形上陡下缓的排土场，宜先从底部堆排或采取水平分段排弃，以保护排土场坡脚的稳定性。

（2）将不易风化的岩石堆放在底部，清除基底的腐殖土（可暂时存放将来用于复垦），避免在基底表面形成弱面。

（3）易风化的岩土在旱季排弃，并及时将不风化的大块硬岩排弃在边坡外侧，覆盖坡脚，或按一定比例混合排弃，以提高剥离物内部的整体稳定性。

（4）设置可靠的排水设施，避免排土场被地表水浸泡冲刷，掏挖坡脚。

6.5.1.2　排土场泥石流的防护措施

泥石流的发生需具备三个基本条件，即：

（1）泥石流区含有丰富的松散岩土来源。

（2）山坡地形陡峻并有较大的沟谷纵坡。

（3）泥石流区中上游有较大的汇水面积和充沛的水源。

排土场泥石流多与滑坡相伴而生。有降雨和地面沟谷水流时，排土场坡面受到冲刷，使滑坡迅速转化为泥石流而蔓延。所以从排土场的选址开始，就应避免泥石流产生的隐患。

排土场泥石流发生的地点、规模、滑延方向和危害区域是可以事先预见的，因此可以预先采取防护措施，减小甚至消除泥石流发生后所造成的危害。可采取的预防措施主要包括：

（1）在排土场坡脚修筑拦挡构筑物，以稳住坡脚，防止剥离物滑坡与山沟洪水汇合。

（2）在排岩下游的山沟内或沟口设拦淤坝，拦截并蓄存泥石流。

（3）当排土场下游地势不具备修筑拦淤设施条件时，可在其下游较开阔的场地修建停淤场，通过导流设施使泥石流流向预定地点而淤积。

6.5.2 排土场公害与防治

因排土场堆置岩土和进行排岩工作而引起公害，主要包括大气污染、水质污染和泥石流等，因此必须采取有效的防治措施。

6.5.2.1 大气污染及其防治

大气污染是指由于排土场排弃对象是松散岩土，无论哪种排岩工艺，在卸土和转排时，都有大量的粉尘在空气中扩散，不仅影响排岩作业人员的身体健康，而且也严重污染周围环境。粉尘随风飘荡，排土场附近的居民和农作物深受其害。因此，应采取措施，防止粉尘扩散，如卸土时进行喷雾洒水，在排土线上设置人工降雨装置等。

6.5.2.2 水质污染及其处理

水的污染可分为物理污染和化学污染。物理污染是指化学性质不活泼的固体颗粒状矿物或有机物进入河流和蓄水池中，这些颗粒若具有放射性，将使污染危害更为严重。化学污染是指排弃物化学性质较活泼，与大气或水等发生化学反应并产生不良影响。“酸性矿水”是最明显的化学污染物质，硫化铁矿物经常与某些金属矿物天然伴生，在开采过程中暴露的硫化矿物与大气、水发生化学反应而产生硫酸，这种酸性水和岩石中的矿物进一步作用会产生某些有污染的化合物；溶入水中的化合物如磷酸盐可导致藻类或其他物质变态生长，在河水中由于植物大量生长使溪涧受到堵塞，或是水中含有有毒成分造成河流中的生物死亡。

为使排土场对水质的影响减轻到最低限度，可采用下列措施。

（1）污水控制。视该污染物的总量和浓度而定，控制技术包括减少供氧量、减少产生污染的矿物与氧、水的接触时间。

（2）水质处理。对水质的处理可采用下列方法：1）中和法：用石灰来中和酸性水；2）蒸馏法：将酸性水加热到沸点，使生成饮用水和浓缩盐水；3）逆渗透法：酸性水通过一个半薄膜渗滤，过滤和浓缩成离子盐类；4）离子交换法：采用特殊的树脂，选择性地交换矿水中的盐类和酸类离子产生无污染水；5）冻结法：当酸性矿水冻结后，形成纯结晶，然后由水中离析有害成分；6）电渗析法：用电极从溶液中将其一种物质除去（电置换）。

中和法处理费用较其他方法低，是目前国内外的主要使用方法。如我国南方某露天矿，由于剥离的岩石中有黄铁矿化的粗面岩、凝灰岩以及含硫平均品位在5%~6%的黄铁矿，这些岩石在排土场经雨水侵蚀和长期风化，便产生酸度较大的酸性水。它所流经区域，会使土地龟裂，农作物严重减产，而且还污染水源，对水生生物的生长危害极大。该矿处理酸性水的方法是把酸性水引入专用的水库中，然后加入一定量的石灰乳中和后在澄清池澄清，澄清后的水再排出或供农业使用。

（3）污水注入深孔法。该法是指在孔隙和渗透性较高的岩层中钻孔，把污水通过深孔注入这种岩层。有些国家采用了该法处置废水并已取得一定的效果。

6.6 排土场复垦

建设矿山必然要占用一部分土地，其中由于矿床的自然赋存条件和开采技术条件的限制，难免要占用一部分农田。尤其露天采矿比地下采矿占用的土地面积大，而排土场在露天矿占地面积中比例很大。但是排土场还具有造地还田的可能条件，只要做到少占农田、覆土造田，就一定能在发展采掘工业的同时，做到减少或避免对农田的占用或破坏。

露天矿的复垦工作可分为复垦地点的准备、回填与平整台阶和再植被。

6.6.1 复垦地点的准备

按复垦地点可分为采空区（内部排土场）的覆土造田和外部排土场的覆土造田。

（1）采空区复垦的准备工作。采空区的复垦工作是矿山开采阶段全部或部分完成后才开始进行的，某些情况下可在开采结束后多年才进行。根据场地最终使用意图，作复垦准备时应考虑好道路的布置和最终使用的一切设施，同时还要计划好来自采选过程中的废石、尾矿等的回填方式和回填顺序。

（2）外部排土场复垦的准备工作。外部排土场的复垦工作从开始接受岩土起就是覆土工作的开始，所以开始就应重视对场地的清理工作。场地上的树木砍掉运走，以免将树木掩埋后分解腐烂而引起地面塌落或陡坡地段滑动。通常情况下露天矿复垦场地的准备，可用推土机把表层堆积土推走，保证复垦场地有足够稳定的地基。

6.6.2 回填与平整台阶

在排土场复垦工作中，地面的平整程度或必要的回填程度，主要决于四个因素：开采方法、有效范围内的耕作方式及其地形标高、气候条件、地面最终使用意图。

翻卸岩土时应有总体规划。整个复垦区的坡度，从水源至复垦地点，根据自然地形，尽量达5‰左右的坡度，平整后田地能实现自流灌溉且复垦后能便于实现机械化耕作。

我国的南方大部分砂矿是将松软剥离物和粗选厂的尾砂用水力输送回填采空区，回填时四周应适当高些，使泥浆沉淀于中部，且充填后需开沟疏干。

平整工作是削高就低，填平补充，然后覆盖一层黄土作隔水层（厚度0.5m左右）。黄土可以用运输设备和排岩设备输送，也可以用泥浆泵把泥浆输送到已整平的岩土上，使泥浆先在修好的田埂里沉淀，水渗透到岩土层下或修沟排出，达到一定厚度的泥浆经过一定的干燥期（1.5~6月）后再整平。选矿厂的尾矿经处理后对农作物无害时也可用来覆土。

最后若有保存的腐殖土，可将其铺在上部，铺盖厚度0.15~0.3m左右，若没有腐殖土，可用其他土壤加以覆盖，厚达0.15m以上。

6.6.3 再植被

再植被成功与否，主要取决于地形坡度、土地含石情况、废渣毒性、湿度、植被地点的微变气候等。

（1）地形坡度。地形坡度过陡易引起水土流失，对栽种植物常有致死的危害。在降雨较多的地区把坡地平整到3%以下的坡度，并要避免斜坡过长。在平整过的地面上铺上一层麦秆可以减少流失。

（2）土地含石情况。从维持植物生长所需土质的渗透性及含水性来看，石块与土粒（小于2mm）的比例很重要。在潮湿地区要保证成功复植，至少有20%的废石是土粒大小的，在干燥地区应超过30%。含石情况还影响种植方法，块度大的石堆，限制甚至排除了机械种植的可能性。

（3）废渣毒性。通常矿山废渣的毒性以其含酸量来衡量，即以 pH 值表示，一般把 pH 值等于 4 作为植物正常生长的分界值，小于 4 时植物几乎不能生长，同样 pH 值太高也会阻碍植物生长。根据植物的种类不同，pH 值最优范围在 5~8 之间。自然风化作用可溶解部分酸性物质，降低废渣的酸性，也可用加石灰的方法中和废渣，但二者都不能取得满意的效果。其他毒性物质还包括对植物有毒的盐类和金属物质。先处理掉有毒物质然后在地表铺一层适当的材料是消除地表有毒物的最好途径。

（4）湿度。多数矿山排土场富有植物生长的养分，但有些地方由于缺水而不能保证植被生长。当含黏土量太大不利于水的渗透，会使植物生长不良。干燥地区可选择的办法包括喷洒方式供水、选择耐旱植物。

（5）微变气候。有些平整过的矿区，都受到阳光辐射和风的极大影响。暗黑色的废石，其表面温度可达 55℃以上，而较浅色的废石一般不超过 41℃。高温会使土壤失去水分，增加植物的蒸发作用，进而导致植物死亡。

6.6.4 土地复垦实例

海钢第八排土场原设计建设有 5 条排土线，采用铁路运输，4m^3挖掘机配合电机车排岩，线路上无铲机地段排岩时利用推土犁配合排岩。排土场随着北一采场的延深和下降，采场铁路运输直运量的减少，受岩能力从 20 世纪 90 年代开始逐步减少而萎缩。2003 年露天矿采场已开拓至+60m 水平，铁路运输采场直运量随着+168m 水平铁路线的拆除也全面结束，排土场受岩量也逐年减少。其中东一、东三线已完成受岩量设计要求，形成排土场东部复垦规划区，规划面积 0.278km^2。排土场西一、西二、东二线还在继续生产，主要满足北一采场露天深部开采与南矿扩帮汽车运输转运倒装场排岩的需要，2003 年排土场受岩量大约为 250 万吨/年。因此，第八排土场实际上实行的是边生产边复垦的方式，排土场复垦可充分利用排土场现有生产设备和人力资源，从而最大限度地降低排土场复垦费用。

（1）排土场回填平整。一般情况下，排土场生产按设计完成排岩堆满后，应按复垦要求选择合适的岩土进行回填，有条件的则利用储存的原地表土覆盖回填，并使用推土机配合平整。

海钢第八排土场的最后一轮回填平整，采用的是采场扩帮地段剥离的表层土，如北一采场 215m、240m 水平扩帮和南矿扩帮的岩土（主要是表层土与风化的岩石）。

（2）排土场生态恢复基本原则。排土场土地复垦的最终目标是复土造田、植树造林、植被恢复、恢复或重建原有生态环境等等。要实现排土场复垦目标和矿区生态恢复应遵循以下基本原则：

1）因地制宜原则。根据土场复垦区的土地条件、自然环境、气候特点、土壤特性、有毒有害矿物分布情况等因素，进行复垦恢复。

2）以建立矿区人工生态系统为复垦目标和任务的原则。在排土场复垦的基础上，进行土地适宜性的研究评价，做到适树造林，适草种草，充分利用复垦土地。

3）治理矿区水土流失与矿区环境绿化美化相结合的原则。复垦后的矿区空气清洁，环境优美，风景宜人。

4）排土场复垦与矿区经济相结合的原则。努力在复垦区创造经济效益，并对社会效益产生有利的影响。

5）以海南省整体规划生态建省为原则，建设绿色矿山和环保矿山，确保矿山生态体系的平衡。

（3）综合效益评价。

1）社会效益。矿山排土场复垦工程的实施实现了矿区资源的优化配置，产业向农、林部分转化，安置部分人员就业。作为试验区已经成为矿山新的发展点，为矿区和周边群众提供良好的生活和生产环境，创造和谐的社会氛围，并得到海南省的重视和肯定。

2）生态效益。排土场复垦和开发利用减少了土场对周边环境的污染和原有生态的破坏。垦区种植果树林增加了矿山复垦森林的覆盖率，同时对排土场固沙降风、水土保持、净化空气、美化环境起到重要作用，更重要的是改善矿山环境生态系统的新平衡，对周边的霸王岭森林自然保护区的生态保持具有促进作用。

3）经济效益。排土场复垦工程的实施提高了土地利用率，增加了经济收入。垦区初步规划的热带农业种植 28.2hm^2，其中火龙果 15hm^2，珍珠石榴 13.2hm^2。

习　题

6-1 何谓排岩工艺，何谓排土场？排岩工艺的任务是什么？

6-2 按排土场和露天采场的相对位置关系，可将排土场分为几类？简述内部排土场和外部排土场的定义。

6-3 简述露天矿山排岩工艺及排土场管理的主要发展趋势。

6-4 简述排土场选择的原则及其堆置要素。

6-5 简述外部排土场排岩工艺的分类。

6-6 简述汽车运输-推土机排岩的作业程序及其优缺点；简述铁路运输-挖掘机排岩的作业程序。

6-7 按排岩设备的不同，铁路运输排岩工艺可以分为哪几类？

6-8 简述挖掘机的堆垒方法分类。

6-9 什么是排土线，排土线长度受什么条件制约，排土线长度对排土场受岩能力有什么影响？

6-10 山坡排土场与平地排土场的初始排土线修筑有什么不同？

6-11 排土场的稳定性影响因素有哪些？

6-12 为提高基底的抗滑能力，一般可采取的防护措施包括哪些？

6-13 针对排土场各种滑坡类型，可采取的主要防护措施包括哪些？

6-14 简述排土场泥石流发生的条件及其防护措施。

6-15 简述排土场土地的复垦程序。

6-16 排土场的容积是怎样确定的？

6-17 排土场有哪些病害，怎样防治？

6-18 玉龙铁矿有两个采场，七别古采场共剥离废土石 667.9 万米^3，索多露天采场共剥离废土石 108.3m^3。分别设计排土场进行堆放，两矿段剥离的岩石均属砂质板岩，爆破后呈小块状。试计算两排土场的设计容积。

本章参考文献

[1] 张世雄．矿物资源开发工程［M］．武汉：武汉工业大学出版社，2000．

[2] 李宝祥．金属矿床露天开采［M］．北京：冶金工业出版社，1992.

[3] 金吾，李安，现代矿山采矿新工艺、新技术、新设备与强制性标准规范全书［M］. 北京：当代中国音像出版社，2003.
[4]《采矿设计手册》编委会，采矿设计手册［M］. 北京：中国建筑工业出版社，1987.
[5] 云庆夏 . 露天采矿设计原理［M］. 北京：冶金工业出版社，1995.
[6] Crawford，Hustrulid. Open Pit Mine Planning and Design［M］. Society of Mining Engineering，1979.
[7] 王荣祥，等 . 矿山工程设备技术［M］. 北京：冶金工业出版社，2005.
[8] 夏建波，邱阳 . 露天矿开采技术［M］. 北京：冶金工业出版社，2011.
[9] 高永涛，吴顺川 . 露天采矿学［M］. 长沙：中南大学出版社，2010.

7 露天采场矿岩破碎

露天开采过程中，一般来说，爆堆中块度粒径大于100cm的矿岩比例约为15%~20%，少数块度粒径甚至达到200~300cm，大多数块度粒径分布在10~60cm。为减少选厂的破碎环节和降低矿石的运输成本，越来越多的露天矿山企业，采用连续化运输方式——带式运输机运输，这需要在露天采场建立破碎站，配备相应的破碎设备。

早期的大型露天矿山均采用固定式破碎站，一般建在露天矿山爆破警戒范围以外的安全地带，即采矿场外面。

由于固定式破碎站体积大、设备重，且只能固定在坚固的基础上，拆卸安装费用大，挪动困难，严重限制了采场破碎作业的灵活性。为了更好地满足露天开采时矿岩破碎的需求，半固定式和移动式破碎站被大量应用于露天矿山的矿岩破碎作业，使露天开采的矿岩破碎更灵活、便利。

近年来，为了适应露天矿大型化发展的需要，移动破碎站正朝着大型化、环保化和高度自动化等方向发展。

破碎站的核心设备是破碎机械。目前，矿山破碎机械的种类繁多，主要有：颚式破碎机、反击式破碎机、冲击式破碎机、圆锥破碎机、锤式破碎机、旋回式破碎机、复合式破碎机、液压破碎机、辊式破碎机等。本章主要介绍常见的破碎机械及其工作原理、特征、应用等。

7.1 矿岩破碎基本概念

7.1.1 矿岩物理机械性质

(1) 矿岩的硬度。以矿岩的抗压强度或普氏硬度系数表示。矿岩越硬，抗压强度越大，矿岩越难破碎，体现出矿岩的可碎性。

(2) 矿岩湿度。矿岩湿度本身对破碎影响不大，但当矿岩中含泥及粉矿较多时，细颗粒的矿岩将因湿度增加而结团或黏结，从而缩小了排矿口的有效尺寸，降低了破碎出矿效率，严重时会堵塞排矿口。

(3) 矿岩密度。破碎机生产能力与矿石密度成正比，同一台破碎机，矿岩密度越大，其生产能力越高，反之，生产能力越低。

(4) 矿岩的解理。原称“劈开”，指晶体在外力（压力或打击力）作用下，沿一定的结晶方向裂成平面的固有性质，所裂成的平面称为解理面。矿岩解理的发育程度，直接影响破碎机的生产能力。由于矿岩破碎时，容易沿着解理面破裂，因此，相对于结构致密的矿岩，解理面发育的矿岩，破碎机的生产能力要高得多。

(5) 矿岩的粒度组成。矿岩中的粗颗粒（大于出矿口尺寸）含量较高时，或者大块与出矿口尺寸比值越大时，需要完成的破碎量相对也大，破碎机的生产效率也低。反之，破碎机效率高。

7.1.2 破碎比

矿岩颗粒尺寸为 D，经过破碎机粉碎后，其颗粒尺寸变为 d，即：$D/d=i$，这一比值定义为矿岩的破碎比。通常所说的破碎比是平均破碎比，即破碎前后矿岩颗粒的平均比值及粒度变化程度，并能近似地反映出机械的作业情况。破碎比的表示及计算方法有三种，各种方法有其特定的用途，具体如下。

（1）最大破碎比。通过矿岩破碎前后的最大粒度来确定，设破碎前后矿岩最大粒度分别为 D_{max}(mm)、d_{max}(mm)，则最大破碎比 i_{max} 为：

$$i_{max} = \frac{D_{max}}{d_{max}} \tag{7-1}$$

最大粒度并非矿岩的最大尺寸，而是有相关技术规定，我国及前苏联等国将矿岩 95%的过筛正方形孔尺寸定为最大粒度，欧美等国则将矿岩 80%的过筛正方形筛孔尺寸定为最大粒度。显然，同一批矿岩的最大粒度 D_{95} 比 D_{80} 值大，而同一个最大粒度值则是 D_{80} 表示的矿岩比 D_{95} 表示的矿岩粗。在矿料的筛上累积产率曲线上，由产率 5%可查出 D_{95}，由产率 20%可查出 D_{80}。选厂及骨料厂设计中常采用最大破碎比，因为设计时需要根据最大块直径选择破碎机的给矿口及分配各破碎段的负荷。如果用 100%过筛的粒度来表示，它实际上是极限粒度，此时的破碎比亦可称为极限破碎比。

（2）公称破碎比。用破碎机给矿口的有效宽度和排矿口的宽度来确定及表示，设破碎机给矿口的公称宽度为 B(mm)，排矿口宽度为 S(mm)，则公称破碎比 $i_{公称}$ 为：

$$i_{公称} = \frac{0.85B}{S} \tag{7-2}$$

虽然破碎机的给矿口宽度为 B，但是给矿口上边缘不能有效地钳住矿石进行破碎，能有效钳住矿块破碎的地方在破碎腔的上部，即大约在给矿口宽度 85%的地方，因此，在设计上能给入破碎机的最大矿块通常按给矿口宽度的 85%计，故 $0.85B$ 称为破碎机给矿口的有效宽度。排矿口取值时，粗碎机取最大宽度，中、细碎机取最小宽度。公称破碎比在生产中常用来估计破碎机的负荷。生产中不可能经常对大批矿料作筛分分析，但只要知道破碎机的给矿口及排矿口宽度就可以方便地计算出破碎比，及时了解破碎机组的负荷情况。

（3）平均破碎比（真实破碎比）。用破碎前后矿岩的平均粒度来表示及确定。设矿岩破碎前后的平均粒度分别为 $D_{平均}$(mm)、$d_{平均}$(mm)，则平均破碎比或真实破碎比 $i_{平均}$ 为：

$$i_{平均} = \frac{D_{平均}}{d_{平均}} \tag{7-3}$$

破碎前后的矿岩，由若干粒级组成，只有平均直径才能代表他们的真实粒度，这种破碎比较能真实地反映矿岩破碎的程度，由于确定它比较麻烦，通常只在科研中应用。破碎机的平均破碎比一般都较公称破碎比小，这一点在破碎机选型时应特别注意。

每一种破碎机械所能达到的破碎比有一定的限度，破碎机的破碎比一般在 3~30 之间。破碎比和单位能耗（单位质量粉碎产品的能量消耗）是破碎机械工作的基本技术经济指标。单位能耗用以判别破碎机械的动力消耗是否经济，破碎比用来说明破碎过程的特征及鉴定破碎质量。两台破碎机械的单位能耗即使相同，但破碎比不同，则这两台破碎机械的经济效果不一样，破碎比大的机械工作效率较高。因此，要鉴定破碎机械的工作效率，应同时考虑单位能耗及破碎比的大小。

7.1.3　破碎段数

在矿山生产中，要求的破碎比往往较大，而单台破碎机的破碎比难以达到。例如，要将400mm的大块矿岩，破碎至0.4mm的颗粒，总破碎比为1000，这一破碎过程不是一台破碎机能够完成的，需要经过几次破碎和磨碎来达到最终粒径。

连续使用几台破碎机的破碎过程称为多段破碎，而破碎机串联的台数称为破碎段数。此时，原来矿岩尺寸与最终破碎后的矿岩尺寸之比为总破碎比，在多段破碎时，如果每段的破碎比分别为 i_1、i_2、i_3、…、i_n，则总破碎比为：

$$i_0 = i_1 \times i_2 \times i_3 \times \cdots \times i_n \tag{7-4}$$

总破碎比等于各段破碎比之乘积。如果已知破碎机的破碎比，即可根据总破碎比求得所需的破碎段数。当然，破碎后的矿岩颗粒，在进入选厂进行选矿时，还需要将破碎后的矿石磨碎，这部分工作将在选厂内完成。

7.1.4　平均粒径

矿岩都是由大小不同的块料或颗粒组成，它们的形状不规则，粒度也不一致。为了便于研究破碎过程，选择合适的破碎设备及控制研磨体级配，本节提出平均粒径的概念，除了特别声明外，矿岩颗粒直径一律采用平均粒径表示。平均粒径的大小，要根据各块或各颗粒尺寸算出。对于一堆大小不同的矿岩颗粒，可采用筛选法计算颗粒的平均直径。选用一套筛子分级，当颗粒通过某一筛面而留在另一筛面上的颗粒平均粒径为 d_j（d_j 等于上下两筛网孔径的平均值），则可以按照式（7-5）计算这一堆颗粒的平均粒径：

$$D_j = \frac{d_{1j}G_1 + d_{2j}G_2 + d_{3j}G_3 + \cdots + d_{nj}G_n}{G_1 + G_2 + G_3 + \cdots + G_n} \tag{7-5}$$

式中　　D_j——颗粒的平均粒径，mm；

d_1，d_2，d_3，…，d_n——各级颗粒的平均粒径，mm；

G_1，G_2，G_3，…，G_n——各级颗粒的质量，kg。

以上为算数平均直径的计算式，工业上经常用以表示颗粒的平均直径。使用该算数平均直径的前提是假设有一堆球形颗粒与一堆尺寸不等（形状不规则）的颗粒，这两种颗粒对生产有特效的影响。如果离开该假设，直接使用算术平均值表示颗粒直径，会引起严重错误。

7.2　矿岩破碎方式与阶段

7.2.1　矿岩破碎方式

虽然破碎机械的类型繁多，但是破碎机械的设计，都是根据特定的破碎方式而进行。目前矿岩破碎施力的方式主要包括挤压、弯曲、冲击、剪切和研磨等方法。矿岩破碎机械的施力方式往往是几种施加方式同时存在，当然对于某特定型号的破碎机械，一般就一种或两种主要施力方式。

由于矿岩颗粒的形状是不规则的，矿岩物理力学性质不同，采用的破碎方式也不同。根据施力方式不同，矿岩机械力破碎主要有如下几种方法。

（1）压碎。将矿岩置于两块工作面之间，施加压力后，矿岩因压应力达到其抗压强度而破碎，这种方法一般适用于破碎大块矿岩，其工作原理见图 7-1（a）、（c）。

（2）劈碎。将矿岩置于一个平面及一个带尖棱的工作平面之间，当带尖棱的工作平面对矿岩挤压时，矿岩将沿压力作用线的方向劈裂，劈裂的原因是平面上的拉应力达到或超过矿岩拉伸强度极限。矿岩的拉伸强度极限比抗压强度极限小很多，其工作原理见图 7-1（b）。

（3）折碎。指矿岩受弯曲应力作用而破碎。矿岩承受集中荷载作用的二支点简支梁或多支点梁，当矿岩弯曲应力达到其抗弯强度后而折断破碎。其工作原理见图 7-1（d）、（e）。

（4）冲击破碎。矿岩受冲击力作用而破碎。见图 7-1（f），它的破碎力是瞬时的，破碎效率高、破碎比大、能量消耗小，冲击破碎有如下几种情况：

1）运动的工作体对矿岩的冲击。

2）高速运动的矿岩向固定的工作面冲击。

3）高速运动的矿岩相互冲击。

4）高速运转的工作体向悬空的矿岩冲击。

（5）磨碎（研磨）。矿岩与运动的工作体表面之间受一定的压力和剪切力作用后，其剪切应力达到矿岩的剪切强度极限时，矿岩便粉碎；或者矿岩彼此之间摩擦时的剪切、磨削作用而使矿岩粉碎，见图 7-1（g）。

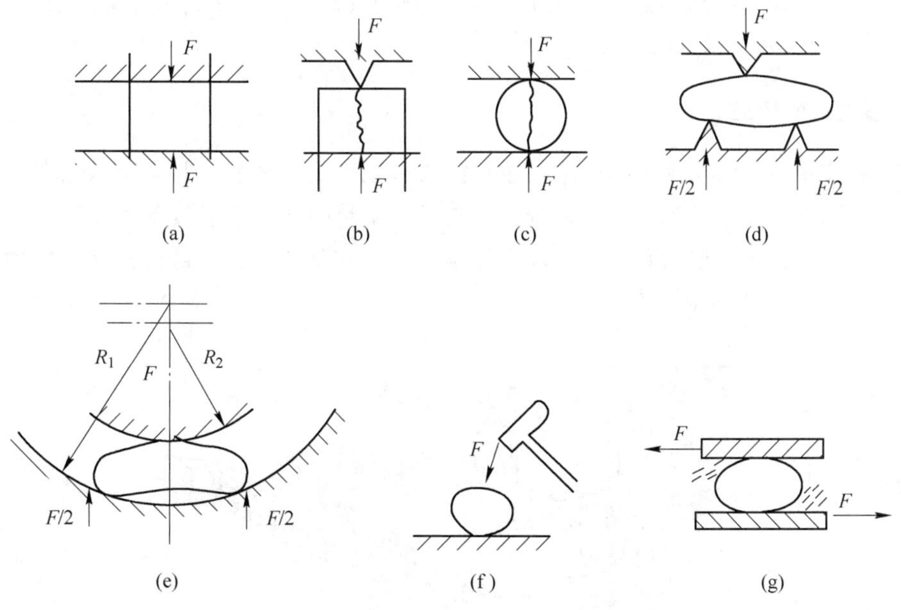

图 7-1　矿岩破碎方法

7.2.2 矿岩破碎阶段划分

矿岩每经过一次破碎机，统称为一个破碎段，根据矿岩破碎后的粒径大小，将破碎分成三个阶段，分别是粗碎段、中碎段和细碎段。经过这三次破碎后，矿岩颗粒将达到选矿厂磨矿的粒径要求，各破碎阶段矿岩粒径如表 7-1 所示。

表 7-1 破碎阶段划分及粒径范围

序 号	破碎阶段	入料粒径/mm	出料粒径/mm
1	粗碎	300~1500	100~350
2	中碎	100~350	20~100
3	细碎	20~100	5~20

在实际生产中，把一次破碎使用的破碎机称为粗破机，二次破碎和三次破碎的破碎机分别称为中碎机和细碎机。以上破碎机的分类主要适用于颚式、旋回式、圆锥式和辊式等破碎机，而反击式、锤式和环锤式破碎机能将近 1000mm 的大块矿岩一次破碎至 10~30mm 以下，一台机器就具有粗、中、细破碎的功能。

在矿山破碎站的工程设计中，破碎工作主要根据矿岩的原始粒径及最终要求的粒径而采用合适的破碎机械，并决定破碎段数。

7.3 露天破碎站分类

露天矿山破碎站按其固定设置模式不同可分为移动式、半固定式和固定式三种装备系统。

7.3.1 移动式破碎站

移动式破碎站是将移动破碎机组安放在露天采场工作水平上，并采用运输车等设备牵引，随着采剥工作面推进和向下开采延伸，破碎机组将随移动牵引设备，在露天采场转换工作场地。此外，较小型的破碎站可以依靠本身匹配的驱动装置，自行移动工作地点，例如小型履带移动破碎站（见图 7-2）。

图 7-2 小型履带式移动破碎站

移动式破碎站主要由给料、破碎和卸料装置组成。其工艺流程为：采剥工作面爆破后，用挖掘机或装载机将矿岩装入汽车，运至采场移动破碎站，并卸载至给料装置（也可由挖掘机或装载机将矿岩直接装入破碎站给料装置），矿岩进入破碎系统被粗碎，破碎后的合格矿岩通过胶带运输机系统运至指定地点。图 7-3 为轮胎式移动破碎站，图 7-4 为履带式移动破碎站结构图，图 7-5 为典型的大型移动式破碎站结构图。

图 7-3　轮胎式移动破碎站

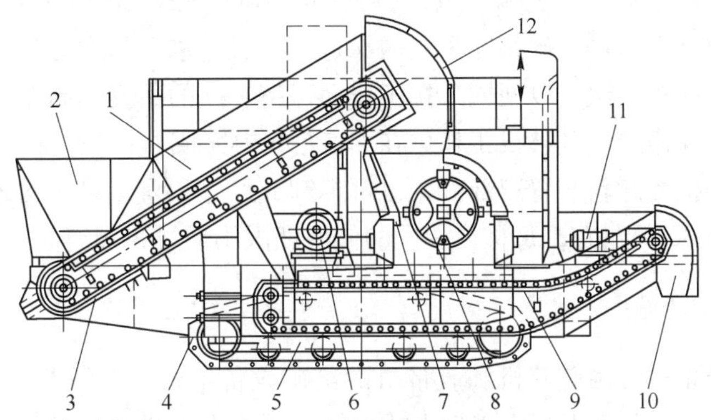

图 7-4　履带式移动破碎站结构图

1—机棚；2—上料斗；3—上料输送机；4—行走履带；5—履带架；6—电动机；7—破碎机体；8—破碎机转子；9—下料输送机；10—卸料斗；11—电动机；12—防尘罩

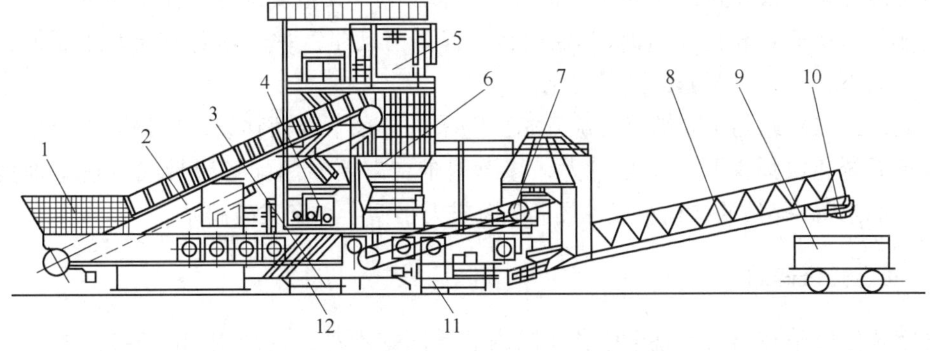

图 7-5　典型的大型移动式破碎站结构图

1—装料斗；2—上料带式输送机；3—行走机构；4—液压站；5—监控室；6—破碎机；7—中间输送机；8—末端输送机；9—运输车辆；10—装车料斗；11，12—液压支承装置

常见的移动式破碎站分为自行式和可移式两个大类，自行式破碎站又分为液轮式、轨轮式、轮胎式、履带式和迈步式破碎站；可移式破碎站又分为半移动式和半固定式破碎站，而半移动式破碎站又分为整体可移式和组件可移式破碎站。大型移动式破碎站一般由三个相互独立的部分组成，即破碎机、给料装置和卸料装置，另外还包括维修系统和运输车。破碎站三个部分各成独立系统，分别借助运输车移设。可移式破碎站一般只有设备与金属结构构建，没有混凝土及其基础工程。

（1）自行式移动破碎站。破碎站本身具有行走机构，它在采掘工作面内工作，由装载设备（如挖掘机等）直接给料；当采矿工作面向前推进时，它随着装载设备仪器向前移动。破碎站的移设频率，取决于装载设备的推进速度。由于破碎站移动频繁，因而需要具有高度灵活性的带式输送机，以便相随配套工作。

按照行走方式不同，自行式移动破碎机有液轮式、轨轮式、轮胎式、履带式、迈步式等几种。在选用时应综合考虑矿山的地质条件、行走机构承受的负荷、移动的频繁性、道路坡度、开采工作面位置和开采进度等因素。

（2）可移式破碎站。这种破碎站本身不能自行移动，需要为其配备专门的移动设备，如履带运输车或轮胎运输车。运输车可以行驶到破碎站下面，用液压装置将破碎站顶起，并将其移至新的地点。这种破碎站在采场内靠近采矿工作水平的中心位置。它可以根据需要，几个月或几年移动一次，以便同采掘工作面保持一定的距离和高差。整体可移式破碎站能将整个机组整体搬迁，其移设工作可在 40~50h 内完成。一般可移式破碎站将机组分成给料装置、破碎机和卸料装置三部分，也可拆卸成尺寸和重量更小的组件来搬运。拆卸和重新安装约需要 30 天左右，每移设一次的使用期限不超过 3~5 年。

7.3.2 半固定式破碎站

半固定式破碎站通常由破碎机和胶带机的给矿设备组成。在两者之间还设有缓冲仓，高度约 30m，破碎站安装在混凝土基础上或钢结构平台上。机组移设时，需将其拆解，由运输车分别运输各独立部件至新的位置重新组装。一般移设期限不超过 10 年，移设工作约需几周时间。

这种破碎站安设在露天采场内的非工作帮平台上，其主要优点：使采场内汽车运距缩短（与固定式破碎站相比），加快车辆周转，提高劳动生产率。随着露天开采延伸，破碎站可多次向下移设，直至露天开采终结。

半固定式破碎站的主要缺点：破碎站要随采场开采下降而移设，每隔若干年要搬迁一次，设备系统建设周期长，工程量大，移设困难，需要专门配备履带式运输车拖曳。图 7-6 为半固定式破碎站的结构组成，图 7-7 为露天小型半固定式破碎站。

7.3.3 固定式破碎站

固定式破碎站在露天矿整个服务年限内位置固定不动，其结构如图 7-8 所示。固定式破碎站大多设在露天采场的边帮或地表，也有的设在山坡露天矿采场的底部（见图 7-9），或在溜井硐室内建设破碎站（见图 7-10）。

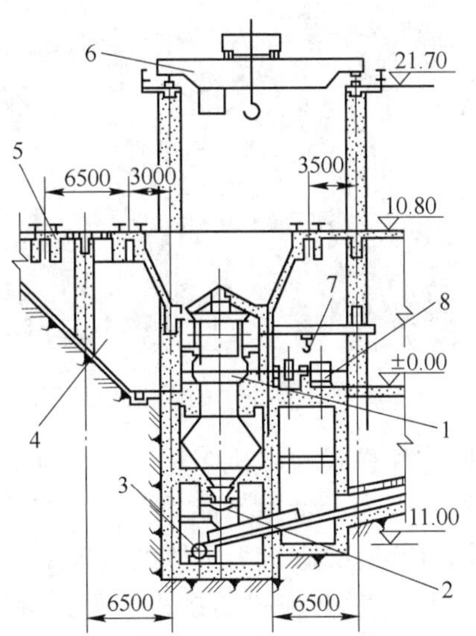

图 7-6　半固定式破碎站组成

1—旋回破碎机；2—给矿机；3—胶带输送机；4—矿仓；5—卸载桥；6，7—单梁吊车；8—驱动电动机

图 7-7　露天小型半固定式破碎站

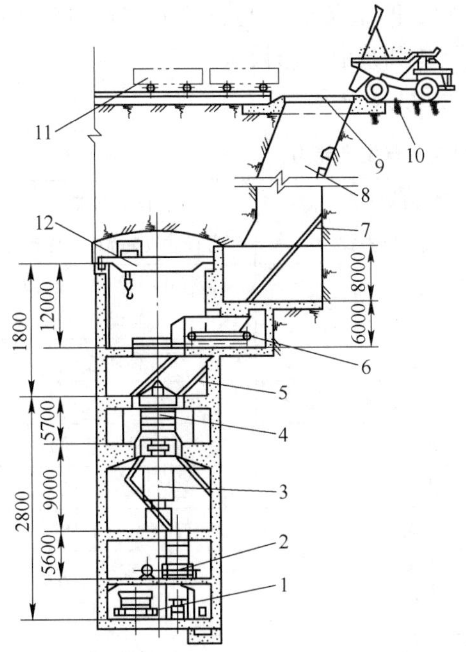

图 7-8　固定式破碎站组成

1—胶带输送机；2—转载给矿机；3—振动筛；4—旋回破碎机；5，7—防冲索；6—板式给矿机；8—溜矿井；9—格筛；10—矿用载重汽车；11—矿用有轨车；12—单梁吊车

图 7-9　露天固定式破碎站

固定式破碎站需要开凿设备硐室及构筑大量混凝土基础，并有一段胶带斜井构筑工程，施工时间长、费用高，并且随着采场延深，汽车运距又不断加大，导致汽车运费增加。20 世纪后期，多数金属露天矿山曾采用固定式破碎站，随着采矿工艺不断改进和矿山设备水平不断提高，近年来，移动式破碎站技术推广很快，采用固定式破碎站的露天矿越来越少。

图 7-10 地下硐室内的固定式破碎站

破碎机是破碎站的核心设备，它对破碎站的生产能力和工作适应性起决定性作用。通常旋回式和颚式破碎机多用于可移动式破碎站，锤式、反击式、辊式破碎机多用于自行式破碎站。因为后者生产能力较小，多用于石灰石和煤矿等非金属矿山。大型金属矿山大部分采用以旋回破碎机为主体的破碎站。

给料装置包括给料设备和受料设备。给料设备一般为重型板式给矿机、带式输送机、链式给矿机、圆盘给矿机等。板式给矿机应用最广，约占 80%；带式输送机约占 13%~15%；受料设备一般为受料仓和漏斗。

输送和卸料装置最常用的是带式输送机，约占 73%~75%；其次是板式输送机，约占 23%~25%。

运输车一般为履带式，运载能力为 500~1500t，匹配柴油机的功率为 500~1500kW；负载爬坡能力可达 20%。维修系统主要包括起重设备和其他维修设备。

常见的国外露天矿移动破碎站的类型与生产能力见表 7-2。

表 7-2 国外移动破碎站的类型与生产能力

公司名称	生产能力/$t \cdot h^{-1}$	破碎机类型	移动方式
阿泰克拉公司（法国）	1500 以内	颚式、反击式	自行式（轮胎）、移动式
奥尔曼·贝克舒特公司（德国）	3000 以内	颚式、反击式、辊式	自行式（轮胎、履带）、移动式
杜瓦尔技术公司（美国）	3600 以内	旋回	移动式
山鹰破碎机公司（美国）	3000 以内	颚式、反击式、锤式、辊式	自行式（轮胎）
海默磨机制造公司（美国）	1200 以内	颚式、反击式	自行式（轮胎）
依阿华公司（美国）	1000 以内	颚式、反击式	自行式（轮胎）
科恩公司（芬兰）	1500 以内	颚式	自行式（轮胎）
克虏伯工业技术公司（德国）	6000 以上	颚式、反击式、锤式、辊式	自行式（履带、迈步）、移动式
马拉松公司（美国）	3000	反击式	移动式
山州矿物企业（美国）	3600	旋回	移动式
奥尔斯坦·科佩尔股份公司（德国）	5000 以上	颚式、反击式、锤式、辊式	自行式（履带、迈步）、移动式
波尔蒂克开发部（美国）	3000	颚式、反击式	自行式（轮胎）

续表 7-2

公司名称	生产能力/t·h^{-1}	破碎机类型	移动方式
威泽许特公司（德国）	3000 以内	旋回、颚式、锤式	自行式（履带、迈步、轨轮）、移动式
斯坦姆勒公司（美国）	3000 以内	锤式	自行式（履带）
斯蒂芬森·艾当逊公司（美国）	2000 以上	旋回	自行式（履带、迈步、轨轮）
巴件·格林公司泰勒斯密矿物公司（美国）	3000 以内	颚式、反击式	自行式（轮胎）
泰特劳特工程公司（美国）	1200 以内	颚式、反击式	自行式（轮胎）
顿涅茨机器制造厂（俄罗斯）	1000	颚式	自行式
新克拉马托尔机器制造厂（俄罗斯）	5000	旋回	自行式

7.4　颚式破碎机

颚式破碎机出现于 1958 年，虽然是一种古老的碎矿设备，但是它有构造简单，可靠性好，容易制造，维修较为方便等优点，至今仍在冶金矿山、建筑材料、化工和铁路等部门获得广泛应用。在金属矿山中，主要用于坚硬、中硬矿石的粗碎和中碎。

颚式破碎机又称虎口破碎机，它靠可动颚板向固定颚板的迅速冲击运动破碎矿岩（见图 7-11）。颚式破碎机主要作为一级（粗碎和中碎）破碎机械使用。现有的颚式破碎机按动颚的运动特征，分为简单摆动型、复杂摆动型和混合摆动型三种形式，如图 7-12 所示。

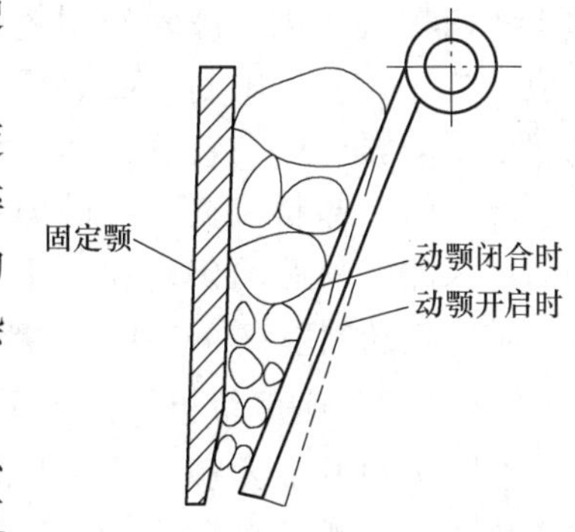

图 7-11　颚式破碎机破碎示意图

颚式破碎机的结构主要有机架、偏心轴、大皮带轮、飞轮、动颚、侧护板、肘板、肘板后座、调隙螺杆、复位弹簧、固定颚板与活动颚板等组成，其中肘板还起到保险作用。

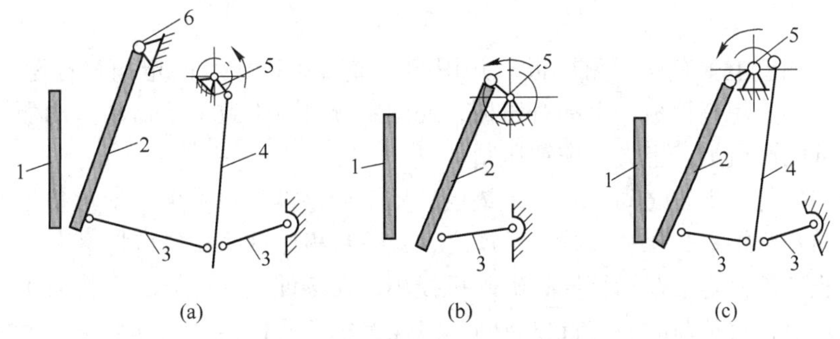

图 7-12　颚式破碎机主要类型

（a）简单摆动型；（b）复杂摆动型；（c）混合摆动型

1—定颚；2—动颚；3—推力板；4—连杆；5—偏心轴；6—悬挂轴

7.4.1　简单摆动型颚式破碎机

7.4.1.1　工作原理

如图 7-12（a）所示，颚式破碎机有定颚 1 和动颚 2，定颚固定在机架的前壁上，动颚则悬挂在悬挂轴 6 上。当偏心轴 5 旋转时，带动连杆 4 作上下往复运动，从而使两块推力板 3 亦随之作往复运动。通过推力板的作用，推动悬挂在悬挂轴 6 上的动颚作左右往复运动。当动颚摆向定颚时，落在颚腔的矿岩主要受到颚板的挤压作用而粉碎。当动颚摆离定颚时，已被粉碎的矿岩在重力作用下，经颚腔下部的出料口自由卸出。因而颚式破碎机的工作是间歇性的，粉碎和卸料过程在颚腔内交替进行。这种破碎机工作时，动颚上各点均以悬挂轴 6 为中心，单纯作圆弧摆动。由于运动轨迹比较简单，故称为简单摆动型颚式破碎机，简称简摆型颚式破碎机。

由于动颚作弧线摆动，摆动的距离上面小、下面大，以动颚底部（即出料口处）为最大。分析动颚的运动轨迹可知，颚板上部（进料口处）的水平位移和垂直位移，都只有下部的 1/2 左右，见图 7-13。进料口处动颚的摆动距离小是不利于夹持和破碎喂入颚腔的大块矿岩，因而不能向摆幅较大、破碎作用较强的颚腔底部供应充分的矿岩，限制了破碎机生产能力的提高。根据动颚的运动轨迹，其最大行程在动颚的下部，而且卸料口宽度在破碎机运转中是变动的，因此破碎后的矿岩粒度不均匀。简摆型颚式破碎机动颚垂直位移小，过粉碎现象少，矿岩对颚板的磨损小。

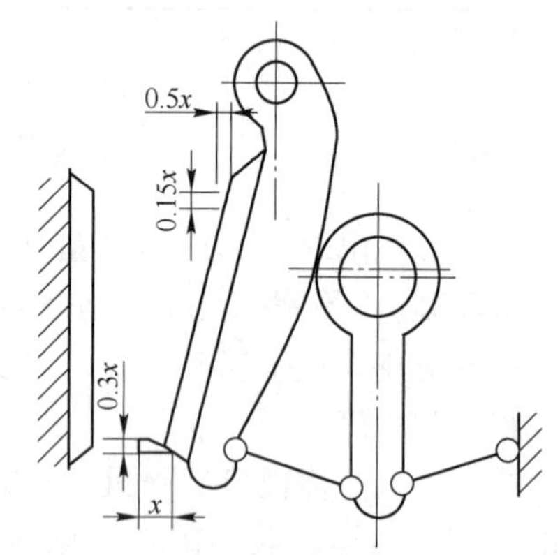

图 7-13　简单摆动型颚式破碎机的运动轨迹

7.4.1.2　通用结构

在图 7-14 中，定颚、动颚上都装有衬板，衬板上有齿牙，有助于破碎矿岩。衬板的作用是防止定颚、动颚受到磨损。心轴的两端由轴承支承，其上安有连杆，连杆头与杆身分开制造。电动机通过 V 带带动带轮及偏心轴。在连杆下方的凹槽中，装有推力板支座，前推力板及后推力板分别支承于支座上。偏心轴除在一端安有带轮外，在另一端安装飞轮。

破碎腔的侧壁上安有锰钢侧衬板，并用螺钉或楔条固定。固定颚衬板除用螺钉固定外，下端在机架上焊有钢板，上端有压板，使固定颚衬板不致上下活动。动颚衬板下方支承在动颚下部的凸台上，上方由楔铁压紧。

在后推力板与后支座之间，有一组垫板，用来调整排料口宽度。增加垫板厚度，使推力板和动颚向左方推移，排料口减小；反之，减少垫板厚度，排料口将增大。

为了防止破碎机超负荷运行导致破碎机损坏，在零件设计计算时，将后推力板制成最薄弱的一个环节，过负荷时使它首先折断，以保护轴承及机器其他部分不受损害。通常后推力板用铸铁制成，并在中间钻孔或切槽来减小其断面尺寸，过载时它们首先折断。这种保险装置的缺点是出现事故后处理较为复杂，停车时间较长。

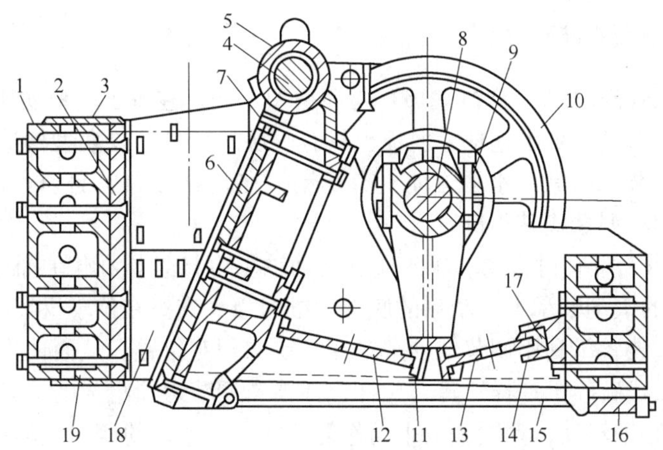

图 7-14 简单摆动型颚式破碎机结构

1—机架；2—衬板；3—压板；4—心轴；5—动颚；6—衬板；7—楔铁；8—偏心轴；9—连杆；10—带轮；11—推力板支座；12—前推力板；13—后推力板；14—后支座；15—拉杆；16—弹簧；17—垫板；18—侧衬板；19—钢板

7.4.1.3 液压型结构

该型简摆式破碎机的排料口、保险装置均由液压系统组合而成（见图 7-15）。液压调节排料口装置，利用液压油缸和柱塞来调节排料口的宽度，用手动油泵或电动油泵向液压缸供油。柱塞按要求将推力板推至所需位置后，插入垫板。在机器工作时，垫板承受后推力板的压力，而柱塞及液压油缸不再承受压力。

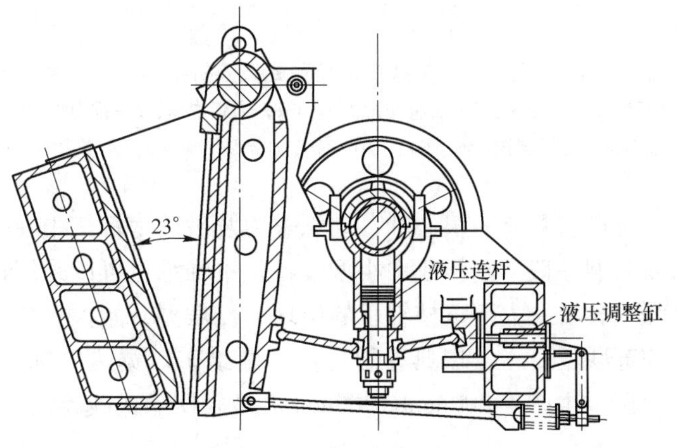

图 7-15 液压简摆型颚式破碎机

该型破碎机有液压保险装置和液压连杆装置，这种连杆上有一个液压油缸和活塞，油缸与连杆上部（连杆头）连接，活塞与连杆下部（推力板支座）连接。正常工作时，油缸内充满压力油，活塞与油缸相当于整体连杆的一部分。当非破碎物进入破碎腔时，作用于连杆的拉力增加，油缸下部油室的油压随之增加。若油压超过组合阀内的高压溢流间所规定的压力时，压力油将通过高压溢流阀排出，活塞及推力板停止动作，动颚不摆动，从而起到保险作用。

7.4.2 复杂摆动型颚式破碎机

复杂摆动型颚式破碎机（见图7-16）与简摆型不同，它少了一根动颚悬挂的心轴，动颚与连杆合为一个部件，少了连杆，肘板也只有一块。可见，复摆型构造简单，但是动颚的运动比简摆型复杂。动颚在水平方向上有摆动，在垂直方向也运动，是一种复杂运动，因此，取名复杂摆动型颚式破碎机。

如图7-16所示，带有衬板的动颚3通过滚动轴承直接悬挂在偏心轴10上。而偏心轴又支承在机架12的滚动轴承上。动颚的底部用推力板5支撑在位于机架后壁的推力板座6上。出料口的调节装置7利用调节螺栓来改变楔铁的相对位置，从而使出料口的宽度得以调节。和简摆型颚式破碎机一样，具有拉杆、弹簧及调节螺栓组成的拉紧装置。由电动机带动带轮13使偏心轴转动，动颚就被带动作复杂摆动，实现粉碎矿岩动作。

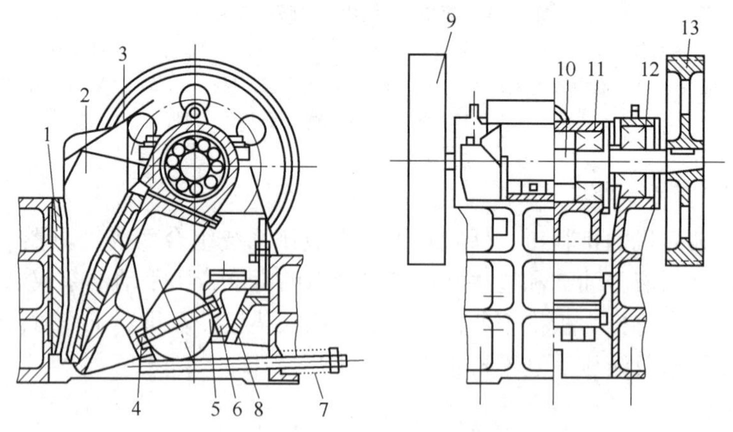

图7-16 复杂摆动型颚式破碎机结构

1—定颚（衬板）；2—侧衬板；3—动颚（衬板）；4—推力板支座；5—推力板；6—推力板座；7—调节装置；8—后斜铁；9—飞轮；10—偏心轴；11—轴承；12—机架；13—带轮

与简摆型相比，复摆型只有一根心轴，动颚重力及破碎力都集中在一根主轴上，主轴受力恶化，因此，复摆型一般多制作成中小型设备，主轴承也可以采用传动效率高的滚动轴承。但是随着高强度材料及大型滚柱轴承的出现，复摆型开始大型化，简摆型也开始滚动轴承化。美国、前苏联、日本、瑞典等国均生产了给矿口宽达1000～1500mm的大型复摆型颚式破碎机。我国也生产了900mm×1200mm大型复摆颚式破碎机。

7.4.2.1 工作原理

如图7-12（b）所示，动颚2直接悬挂在偏心轴5上，受到偏心轴的直接驱动。动颚的底部用一块推力板3支撑在机架的后壁上。当偏心轴转动时，动颚一方面对定颚作往复摆动，同时还顺着定颚有很大程度的上下运动。动颚上每一点的运动轨迹并不一样，顶部的运动受到偏心轴的约束，运动轨迹接近于圆弧，在动颚的中间部分，运动轨迹为椭圆曲线，愈靠近下方椭圆愈偏长。由于这类破碎机工作时，动颚各点上的运动轨迹比较复杂，故称为复杂摆动型颚式破碎机，简称复摆型颚式破碎机。

在复摆型颚式破碎机的工作过程中，动颚顶部的水平摆幅约为下部的1.5倍，而垂直摆幅稍小于下部，就整个动颚而言，垂直摆幅为水平摆幅的2~3倍，见图7-17。由于动颚上部的水平摆幅大于下部，保证了颚腔上部的强烈粉碎作用，大块矿岩在上部容易破碎，整个颚板破碎作用均匀，有利于生产能力的提高。同时，动颚向定颚靠拢，在挤压矿岩过程中，顶部各点还顺着定颚向下运动，又使矿岩能更好地夹持在颚腔内，并促使破碎的矿岩尽快地排出。因此，在相同条件下，这类破碎机的生产能力较简摆型颚式破碎机高20%~30%。

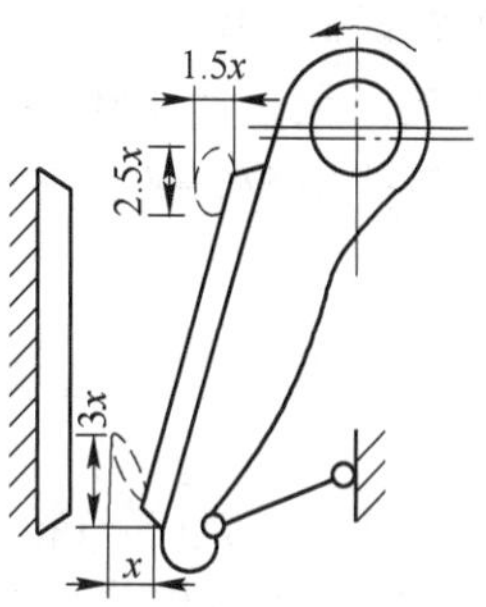

(b)

图7-17　复杂摆动型颚式破碎机的运动轨迹

7.4.2.2　优缺点

（1）复摆型颚式破碎机动颚在上端及下端的运动不同步，交替进行压碎及排料，因而功率消耗均匀。

（2）动颚的垂直行程相对较大，这对于排料、特别是排出黏性及潮湿矿岩有利。

（3）和简摆型颚式破碎机相比，结构比较简单，轻便紧凑，生产能力较高。

（4）由于动颚垂直行程较大，矿岩不仅受到挤压作用，还受到部分的磨剥作用，加剧了矿岩过粉碎现象，增加了能量消耗，产生粉尘较大，颚板比较容易磨损。

（5）复摆型颚式破碎机在破碎矿岩时，动颚受到的巨大挤压力，直接作用在偏心轴上。

7.4.3　其他形式的颚式破碎机

7.4.3.1　混合摆动型（混摆型）颚式破碎机

为了克服简摆型和复摆型颚式破碎机的缺点，曾试制过混摆型颚式破碎机，其工作原理见图7-12（c）。动颚与连杆共同安在偏心轴上，连杆头装在偏心轴的中部，而动颚的两个轴壳则安装于连杆头的两侧。两个推力板仍然是支承在动颚和连杆的下端及机架的后壁上。动颚各点的运动轨迹均为椭圆，其长轴向着卸料方向倾斜，促使矿岩前进，并将矿岩推向出料口，改善了卸料条件，提高了破碎机生产能力。同时动颚底部的水平摆幅与垂直摆幅之比为1∶0.8，这又比复摆型颚式破碎机合理，可使齿板的磨损降低。由于动颚与连杆都悬挂在偏心轴上，使偏心轴及其轴承受力很大，工作条件恶劣，容易损坏。同时构造也比较复杂，虽然国内有关矿山机器厂曾制成混合摆动型破碎机，均因以上原因未能推广。

7.4.3.2　细碎颚式破碎机

该机是对简摆、复摆型颚式破碎机作了改进，采用数个动颚及数个偏心柱组成的偏心轴结构，运行时通过每个动颚分别压碎矿岩，从而减轻了机器的负荷，并且易起动，运转较平稳，能耗低。目前国内有复摆型细碎颚式破碎机及简摆型细碎颚式破碎机，其工作原理同原型破碎机，只是进料口的长度增加，其破碎比可达5~8。该型破碎机能破碎抗压强度不超过250MPa的中等硬度的矿石和岩石，最终松散密度以1.6t/m^{3}为准。

7.4.4　颚式破碎机的相关计算

7.4.4.1　生产能力

破碎机的生产能力与被破碎矿岩的性质（矿岩强度、硬度、喂料粒度组成等）、破碎机的性能和操作条件（供料情况和出料口大小）等因素有关。目前考虑所有因素的理论计算方法尚无，而采用根据实际资料得出的经验公式。

颚式破碎机的生产能力可按式（7-6）计算：

$$\left.\begin{aligned} Q &= K_1K_2K_3qb \\ K_2 &= \frac{\rho}{1.6} \end{aligned}\right\} \tag{7-6}$$

式中 Q——颚式破碎机生产能力，t/h；

K_1——矿岩易碎系数，见表7-3；

K_2——矿岩松散密度修正系数；

K_3——进料粒度修正系数，见表7-4；

ρ——矿岩松散密度，t/m^3；

q——颚式破碎机单位排料口宽度的生产能力，t/(mm·h)，见表7-5；

b——破碎机排料口宽度，mm。

表7-3 矿岩易碎系数 K_1

矿岩硬度	抗压强度/MPa	普氏硬度	K_1
高硬	160~200	16~20	0.9~0.95
中硬	80~160	8~16	1
低硬（软）	<80	<8	1.1~1.2

表7-4 进料粒度修正系数 K_3

D_{max}/B	0.86	0.70	0.60	0.50	0.40	0.30
K_3	1.00	1.04	1.07	1.11	1.16	1.23

注：D_{max}为进料口最大粒度，mm；B为进料口宽度，mm。

表7-5 单位排料口宽度的生产能力 q

破碎机规格	250×400	400×600	600×900	900×1200	1200×1500	1500×2100
q/t·mm^{-1}·h^{-1}	0.40	0.65	0.95~1.00	1.25~1.30	1.90	2.70

7.4.4.2 轴功率

颚式破碎机功率计算方法较多，例如，矿岩弹性变形功为基础计算功率、破碎机受力计算功率和计算功率的经验公式，本文按最简单的经验公式来校验选用的颚式破碎机功率。

$$P_0 = K_4AB \tag{7-7}$$

式中 P_0——破碎机的轴功率，kW；

A——进料口长度，mm；

B——进料口宽度，mm；

K_4——与进料口有关的系数，见表7-6。

表 7-6　与进料口有关的系数 K_4

破碎机规格	<250×400	(250×400)~(900×1200)	>900×1200
K_4	0.017	0.014~0.012	0.010~0.008

7.4.5　颚式破碎机的优缺点

颚式破碎机的主要优点：结构简单，两颚衬板和肘板易于更换，便于操作和维修；动颚上部的作用力随着与固定颚板的接近而增加，推力板形成的钝角越大（接近 180°），此力也越大。在动颚上部形成的最大力，能够使较大矿块先被破碎，因此，对于坚硬矿岩的破碎颇为有效。

颚式破碎机的缺点：工作时振动大，必须把破碎机安装在固定的坚实基础上；破碎机前要设置给矿机，要求给矿粒度均匀，以免破碎机被矿岩卡住；它适宜破碎块状矿岩，对条状或片状矿岩有时排出的粒度过大。

7.5　反击式破碎机

有些移动破碎站采用反击式破碎机破碎岩块，典型的反击式破碎机如图 7-18 所示。反击式破碎机结构简单，使用和维护方便，破碎比较大，一般为 10~20，最高可达 50~60，因而简化了破碎流程；并且可进行选择性破碎工作，降低破碎成本，提高经济效益。这种破碎机适用于破碎中等硬度的脆性岩石，例如石灰石、白云岩、页岩、砂岩和煤炭等。反击式破碎机是一种比颚式破碎机更加细的破碎机设备，在石料生产线中主要用于细碎作业，和颚式破碎机进行联合破碎。

图 7-18　反击式破碎机

7.5.1　反击式破碎机的工作原理

反击式破碎机利用高速旋转转子上的板锤，对送入破碎腔内的矿岩施加高速冲击而破碎，且使已破碎的矿岩沿着切线方向高速抛向破碎腔另一端的反击板，再次被破碎，然后又从反击板反弹到锤板，往返重复上述过程，在往返的途中，矿岩间还有相互碰撞作用。矿岩受到板锤的打击，反击板的冲击，以及矿岩相互之间的碰撞，矿岩不断产生裂缝，从而松散并粉碎。当矿岩的粒度小于反击板与板锤之间的缝隙时，就被卸出。

图 7-19 为一种典型的反击式破碎机工作原理图。反击式破碎机破碎矿岩时，矿岩悬空受到板锤的冲击。如果矿岩粒度较小，冲击力近似通过颗粒的重心，矿岩将沿切线方向抛出。如果矿岩粒度较大，则矿岩抛出时产生旋转，抛出的方向与切线方向成 δ 角度，为了使矿岩能深入板锤作用圈 D 之内，减少旋转，给料滑板的下部应向下弯曲，见图 7-19。

矿岩的主要破碎过程是在转子的Ⅰ区内进行的，见图7-19。矿岩受到第一次冲击后，在机内反复来回抛掷。如此，矿岩由于局部的破坏和扭转，已经不再按照预定轨迹作有规则的运动，而是在Ⅰ区内不同位置反复冲击，而后矿岩进入Ⅱ区，进一步冲击粉碎。

反击面2及3与转子间构成的缝隙大小，对破碎后的粒度组成具有一定的影响。破碎腔的增多可以使产品粒度均匀以及减少大颗粒，但是电能消耗大，生产能力降低。通常作为粗碎用的反击式破碎机，具有1~2个破碎腔；用于细碎的反击式破碎机具有2~3个，甚至更多的破碎腔。

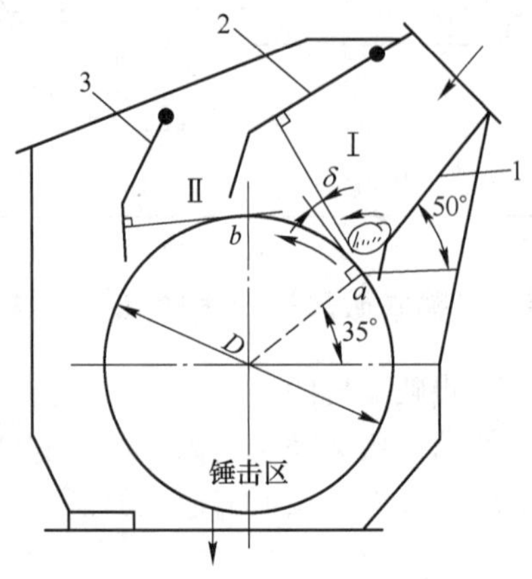

图7-19　单转子反击式破碎机工作原理
1—给料板；2，3—反击面

上述是单转子反击式破碎机的工作原理，在Ⅰ区内是自由破碎和反弹破碎，而在Ⅱ区主要是铣削破碎。双转子破碎机的工作原理也是一致的，只是双转子反击式破碎机对矿岩的破碎过程更激烈。双转子反击式破碎机内有两个平行安装的转子，两转子由单独的电机带动作相向（也有同向旋转的）旋转而破碎矿岩。反击式破碎机对矿岩的破碎过程见图7-20。

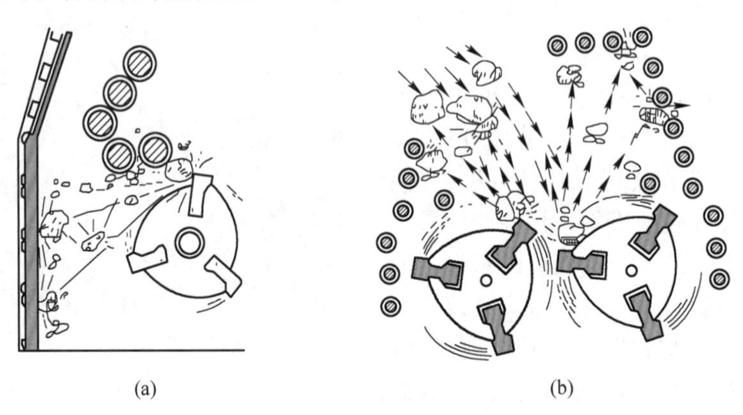

图7-20　矿岩在反击式破碎机内的破碎过程
（a）单转子破碎作用；（b）双转子破碎作用

7.5.2　反击式破碎机的类型

反击式破碎机按其结构特征可分为单转子反击式破碎机和双转子反击式破碎机。

按转子转向，单转子反击式破碎机分为可逆式转动和不可逆式转动两大类型。双转子反击式破碎机分为同向转动式、反向转动式和相向转动式三种类型。

按照内部结构，单转子反击式破碎机又分为带匀整筛板和不带匀整筛板两种形式。双转子反击式破碎机可分为转子位于同水平和转子不在同水平两种形式。

（1）单转子反击式破碎机有下列三种：

1）不带匀整筛板反击式破碎机，见图7-21（a）、（b）、（c）。

2）带匀整筛板反击式破碎机，见图 7-21（d）、（e）。此种机型可控制破碎粒度，因而过大颗粒少，矿岩粒度分布范围较窄，且较均匀。主要是匀整筛板起着分级和破碎过大颗粒的作用。

3）可逆式单转子反击式破碎机，见图 7-21（c）。转子可以反向、正向旋转，进料口布置在机体的正上方，在破碎腔内对称布置两套反击板。

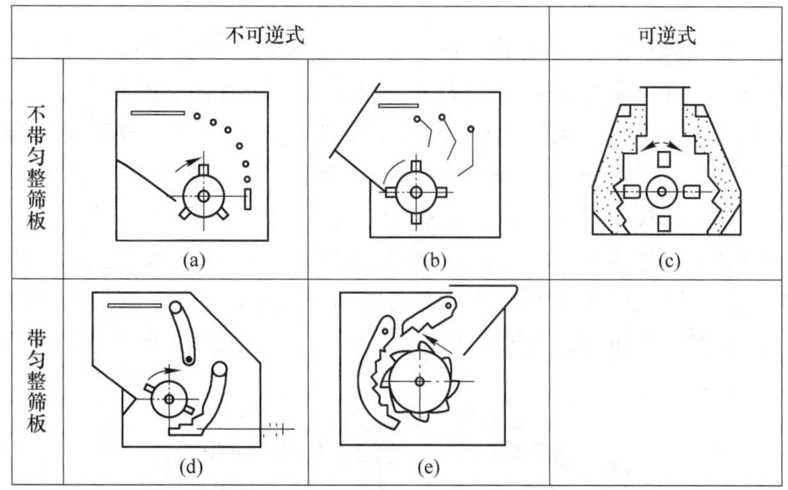

图 7-21 单转子反击式破碎机分类

（2）双转子反击式破碎机有以下三种：

1）两转子同向旋转的双转子反击式破碎机，见图 7-22（a）、（c）。相当于两台半转子反击式破碎机串联使用。它的破碎比大，粒度均匀，生产能力大，但是耗电量高。该类型破碎机可同时作为粗、中和细碎机械使用，并可以减少破碎板数，简化生产流程。

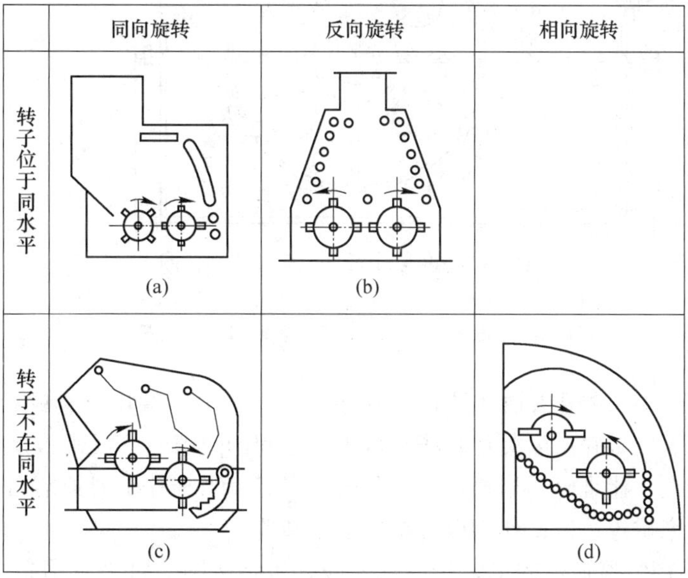

	同向旋转	反向旋转	相向旋转
转子位于同水平	(a)	(b)	
转子不在同水平	(c)		(d)

图 7-22 双转子反击式破碎机分类

2）两转子反向旋转的双转子反击式破碎机，见图 7-22（b）。相当于两台单转子反击式破碎机并联使用，生产能力大，可破碎较大矿岩，作为大型粗、中碎破碎机使用。

3）两转子相向旋转的双转子反击式破碎机，见图 7-22（d）。主要利用两转子相对抛出矿岩时的自相撞击进行粉碎，所以破碎比大，金属磨损较少。

7.5.3 单转子反击式破碎机

单转子反击式破碎机的结构见图 7-23。矿岩从进料口 1 进入破碎机，为了防止矿岩在破碎机破碎时飞出，在进料口处装有链幕 2。喂入的矿岩落在装载机壳 3 内的筛条上面，把小于筛条间隙的料块筛出，大块的矿岩沿着筛面落到转子 5 上。在转子轴向上安装板锤 6，板锤与转子是刚性连接，转子由电动机带动。落在转子上的矿岩受到高速旋转的板锤冲击，矿岩高速向反击板 7 撞击，接着又从反击板上反弹回来，并与从转子抛掷出来的矿岩块冲撞。碎块又受到板锤冲击，并高速抛向反击板 7，在该破碎段矿岩块接连受到这种互相作用而粉碎。碎料又受到板锤冲击，并抛向第二段反击板 8，第二段冲击板与转子之间形成第二段破碎腔，并重复上述破碎过程。破碎后矿岩块经转子下方出料口卸出。

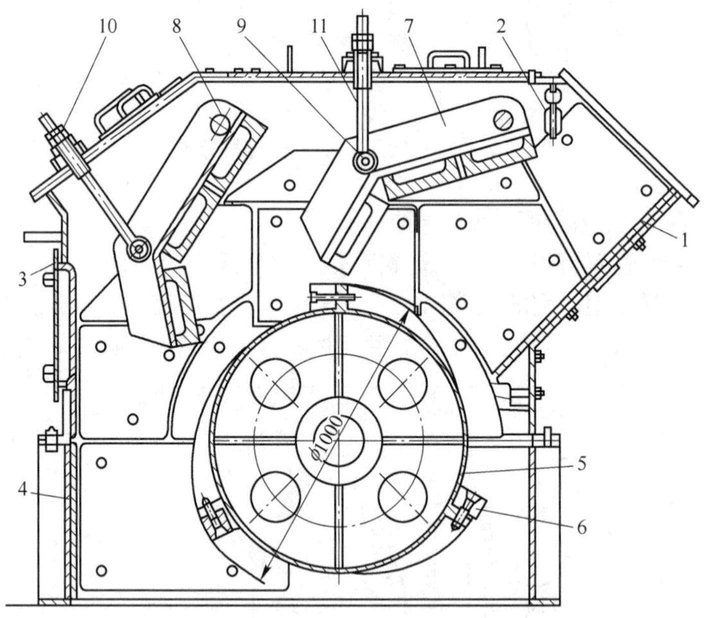

图 7-23 单转子反击式破碎机结构图

1—进料口；2—链幕；3—机壳；4—机体；5—转子；6—板锤；7，8—反击板；9—销轴；10—螺母；11—悬挂螺栓

反击板 7、8 的一端用销轴 9 铰接悬挂在机壳上，另一端用悬挂螺栓 11 将其位置固定。当有大块矿岩或难碎矿岩夹在转子与反击板之间的间隙时，反击板受到较大压力而向后移开，间隙增大，让难碎矿岩通过，以免转子损坏。当难碎矿岩掉落后，反击板在自重作用下又恢复原来位置，以此作为破碎机的安全装置。

图 7-23 是不带匀整筛板的单转子反击式破碎机结构图。对于有筛条（匀整筛板）的单转子反击式破碎机，一种是筛条安装在转子的下部，另有一种筛条安装在进料口的斜坡

上并与机壳相连，可筛去进料中的细颗粒，以减少板锤的工作负荷，提高破碎效率。

图 7-23 的单转子反击式破碎机有两个破碎腔。由于板锤的磨损与其线速度的平方成正比，因此，为了降低转子的转速，减少板锤的磨损，可以增设破碎腔，采用较低的转子回转速度。这样不仅可以达到较高回转速度才能实现的破碎效果，而且还可以减少破碎后的大粒度，以及降低磨耗。

7.5.4 双转子反击式破碎机

双转子反击式破碎机的结构见图 7-24。机体 1 内装有两个一定高差平行排列的转子，第一级转子 2 的位置较第二级转子 5 稍高，为重型转子，用于破碎大块矿岩。第二级转子转速较快，用于矿岩的中、细碎以满足最终产品的要求，两转子中心连线的水平夹角约为 12°。转子上用螺栓固装板锤，板锤用高锰钢铸造，板锤的形状有利于冲击粉碎和出料。转子固定在主轴上，主轴两端用滚动轴承支撑在机体上。两转子分别由两台电动机连接联轴器，经 V 带传动作同向高速旋转。

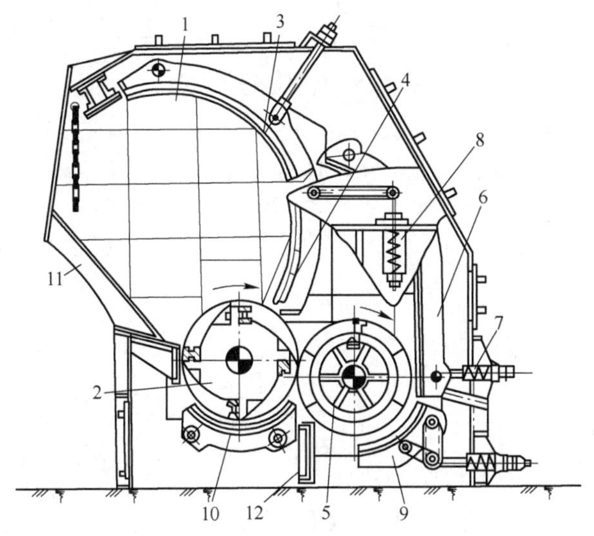

图 7-24 双转子反击式破碎机结构图

1—机体；2—第一级转子；3—第一反击板；4—分腔反击板；5—第二级转子；6—第二反击板；7—弹簧；8—压缩弹簧；9—匀整筛板；10—筛板；11—进料口；12—固定反击板

第一反击板 3 和第二反击板 6 的一端，由悬挂轴铰接于机体的两侧板上，另一端分别由悬挂螺栓支挂在机体上部或由调节弹簧部件 7 支挂在机体后侧板上。分腔反击板 4 通过支挂轴和连杆与装在机体两侧的压缩弹簧 8 连接，悬挂在两转子之间，将机体分成两个破碎腔。分腔反击板与第一反击板连成圆弧状反击破碎腔以及第二反击破碎腔，第二反击破碎腔位于分腔反击板和第二反击板之间。分腔反击板和第二反击板的下半部安装有不同排料尺寸的筛条衬板，使达到粒度要求的料块及时排除，以减少能量损耗。

为了确保产品粒度的质量指标，消除个别大块矿岩的排出，在第二级转子的卸料段设置有匀整筛板 9 及固定反击板 12。在矿岩接触的表面装有高锰钢铸造的筛条和防护衬板。机体在矿岩破碎区域内壁装有衬板，机体上设有便于安装检修用的后门和侧门，机体进料口处设置有链幕，防止矿岩在破碎时飞出。

7.5.5 反击式破碎机的生产能力计算

生产实践和试验研究发现，反击式破碎机的生产能力 Q 与转子速度、转子表面和板锤前面所形成的空间有关。假定当板锤经过反击板时的排料量与通路大小成正比，而排料层厚度等于排料粒度（d），如图 7-25 所示。

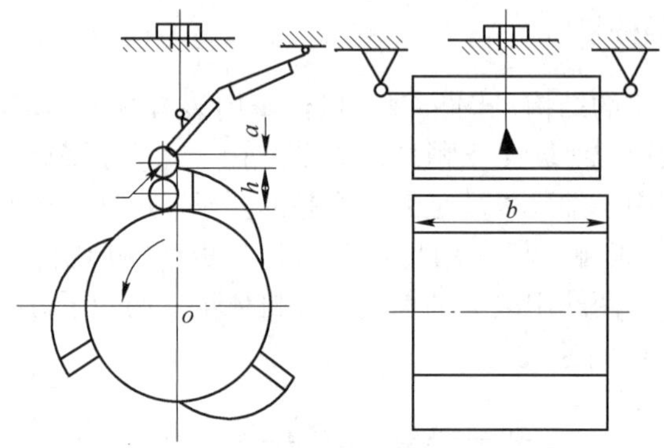

图 7-25 排料通路示意图

每个板锤前面所形成的通路面积 S 为：

$$S = (h + a)b \tag{7-8}$$

式中 h——板锤高度，m；

a——板锤与反击板的间隙，m；

b——板锤宽度，m。

每个板锤的排料体积为：

$$V_{板} = (h + a)bd \tag{7-9}$$

式中 d——排料粒度，m。

转子每转一转排出的矿岩体积 $V_{转}$：

$$V_{转} = C(h + a)bd \tag{7-10}$$

式中 C——板锤数量。

如果转子每分钟转 n 转，则每分钟的排料量为 Q_1：

$$Q_1 = C(h + a)bdn \tag{7-11}$$

如果已知矿岩的堆密度 δ，则每小时的排料量为：

$$Q_2 = 60C(h + a)bdn\delta \tag{7-12}$$

但是，由此得到的理论生产能力与实际生产能力相差很大，因此，必须乘以矫正系数 K_1，即得生产能力公式为：

$$Q_2 = K_1Q_2 = 60K_1C(h + a)bdn\delta \tag{7-13}$$

式中，K_1一般取 0.1。

此外，反击式破碎机的生产能力还可按下式计算：

$$Q = 3600\mu\delta Lav \tag{7-14}$$

式中 μ——松散系数，μ=0.2~0.7；

δ——矿石的堆密度，t/m^3；

L——辊子的长度，m；

a——反击板与板锤之间的间隙，m；

v——板锤的线速度（辊子的圆周速度），m/s。

7.5.6 反击式破碎机的优缺点

反击式破碎机的结构相对简单，耗电较省，且破碎比大，在最终产品粒度均匀方面具有独特的优越性。反击式破碎机在冶金、焦化、化工、建筑材料、耐火材料等工业部门得到广泛应用。

反击式破碎机的破碎比为40左右，最高可达到150。粗碎用反击式破碎机喂料尺寸可达$2m^3$，产品粒度小于25mm，可直接入磨机；细碎用反击式破碎机的产品粒度小于3mm。因此，选用一台合适的反击式破碎机能代替以往二级或三级的破碎工作，减少破碎段数，简化生产流程，并提高磨机产量。

7.6 圆锥破碎机

7.6.1 圆锥破碎机的工作原理

圆锥破碎机破碎矿岩的工作部件是两个截锥体。一个是动锥（内锥），固定在主轴上；另一个称定锥（外锥），是机架的一部分，是静置的。主轴中心线 O_1O 与定轴的中心线 $O'O$ 于点 O 相交成 β 角，见图7-26。主轴悬挂在交点 O，轴的下端则插在偏心衬套中。衬套以偏心距 r 绕着 $O'O$ 旋转，使得动锥沿着定锥的内表面作偏旋运动。靠拢定锥的地方，该处的矿岩就受到动锥挤压和弯曲作用而破碎。偏离定锥的地方，已经破碎的矿岩由于重力的作用从锥底落下。因为偏心衬套连续转动，动锥也就连续旋转，故破碎过程和卸料过程也就沿着定锥的内表面连续依次进行。

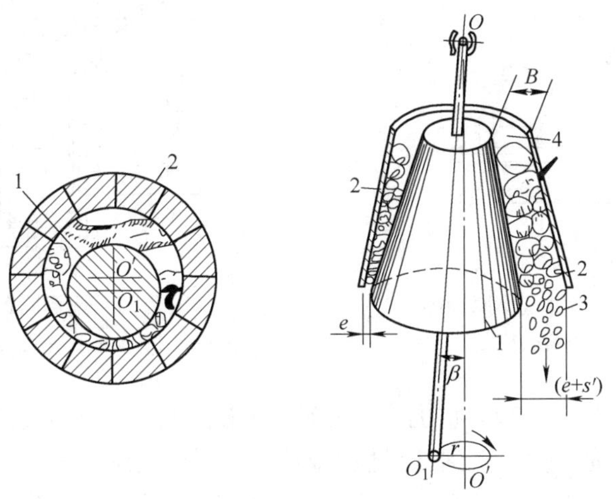

图7-26 圆锥破碎机工作示意图

1—动锥；2—定锥；3—矿岩；4—破碎腔

在破碎矿岩时，由于破碎力的作用，在动锥表面上产生了摩擦力，其方向与动锥运动方向相反。因为主轴上下方都是活动连接的，这一摩擦力对于 O_1O 所形成的力矩，使动锥在绕 $O'O$ 作偏旋运动的同时还作方向相反的自转运动。这种自转运动，可促使产品粒度更加均匀，并使动锥表面的磨损亦均匀。

圆锥破碎机的工作原理是对矿岩施加挤压力，使矿岩在两个锥面之间同时受到弯曲力和剪切力的作用而破碎，矿岩破碎后自由卸料。其生产能力大，动力消耗低。

7.6.2 圆锥破碎机的类型

圆锥破碎机按用途可分为粗碎和中细碎两种；按结构与功能可分为悬挂式、托轴式和振动式三种。

用作粗碎的圆锥破碎机，又称旋回破碎机，见图 7-27。因为该机需处理尺寸较大的料块，所以进料口要求宽大，其动锥 1 是正置的，而定锥 2 是倒置的。

用作中细碎的圆锥破碎机有两种，即常规型圆锥破碎机和振动圆锥破碎机。

常规型圆锥破碎机又称菌形圆锥破碎机，如图 7-28 所示。它用于处理经过粗碎的矿岩，故进料口不需很大，但要求加大卸料范围，以提高生产能力，破碎后的矿岩要求具有比较均匀的粒度。所以动锥 1 和定锥 2 都需要正置。动锥制成菌形，在卸料口附近，动、定锥之间有一段距离相等的平行带，以保证卸出矿岩的粒度均匀。这类圆锥破碎机因为动锥体表面斜度较小，卸料时矿岩沿着动锥斜面滚下。因此，卸料受到斜面的摩擦阻力作用，同时也受到锥体偏转、自转时的离心惯性力作用。故该类破碎机并非自由卸料，工作原理和计算上均与粗碎圆锥破碎机有些不同。

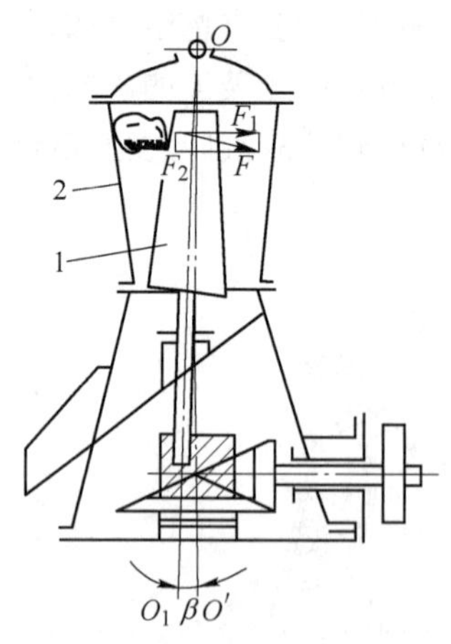

图 7-27 旋回破碎机工作原理图

1—动锥；2—定锥

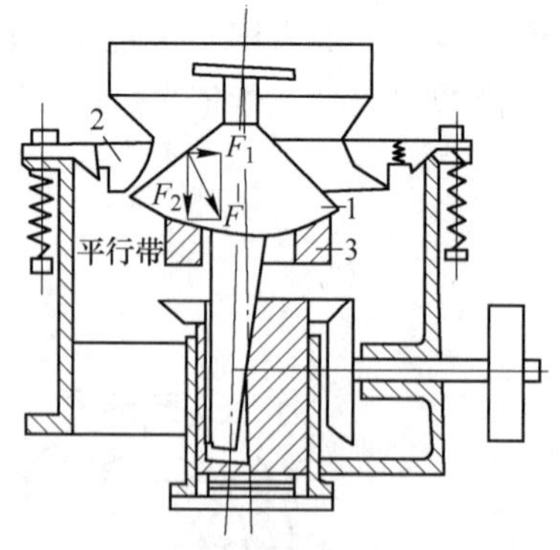

图 7-28 菌形圆锥破碎机示意图

1—动锥；2—定锥；3—球面座

振动圆锥破碎机见图 7-29，它也是处理经过初次破碎后的矿岩，其进料口也不大。其动锥与定锥也是正置的，为了达到选择性破碎作用，在动锥的主轴上安装偏心块，电动机通过传动装置驱动动锥主轴，偏心块旋转，产生不平衡激振力，使动锥偏离原来位置。矿岩从上部给入定锥与动锥组成的破碎腔，在破碎腔由上到下的运动过程中受到反复的压缩、冲击，一般要达到30次以上，在此过程中矿岩不停地翻转滚动，不断改变对矿岩作用力的角度，使矿岩破碎，被破碎后的矿岩经破碎腔排出，最终从排料口排出破碎机。

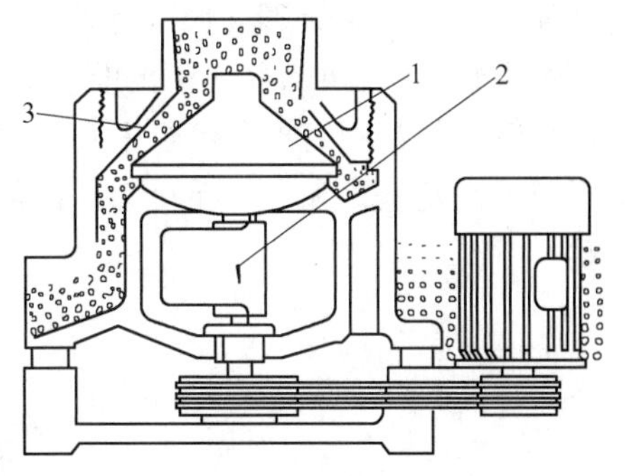

图7-29 振动圆锥破碎机示意图
1—动锥；2—偏心块；3—定锥

以上三种圆锥破碎机中，除振动圆锥破碎机不作偏旋运动外，其余两种圆锥破碎机的动锥主轴的下端都装有偏心衬套。由图7-27及图7-28所示，两种圆锥破碎机的破碎力对动锥的反力方向不同，这两种破碎机动锥的支承方式也不相同。旋回破碎机反力的垂直分力 F_2 不大，故动锥可以用悬吊方式支承，支承装置在破碎机的顶部。因此，支承装置的结构比较简单，维修也比较方便。菌形圆锥破碎机反力的垂直分力 F_2 较大，故用球面座3在下方将动锥支托起来，支承面积较大，可使压强降低。不过这种支承装置正处于破碎腔下方，粉尘较大，要有完善的防尘装置，因而构造比较复杂，维修也比较困难。

7.6.3 旋回破碎机（粗碎圆锥破碎机）

7.6.3.1 旋回破碎机构造

旋回破碎机有侧面卸料和中心卸料两种。侧面卸料由于机身高度大，卸料容易堵塞等缺点，目前已经基本淘汰，现在普遍生产矮机架的中心卸料结构。旋回破碎机的构造特点是：圆锥体转子（动锥）与缸筒形定子（定锥）形成越向下越小的环形破碎腔。动锥悬挂于搭在定锥上口的横梁上，当破碎机下部的偏心轴套旋转时，使动锥偏心回旋而沿圆锥面破碎矿岩。一般的旋回破碎机如图7-30所示。

(a)

(b)

图7-30 旋回破碎机
（a）旋回破碎机外形；（b）现场的旋回破碎机

旋回破碎机的结构如图7-31所示。由4、6和10构成机架，其中6和10构成固定锥。破碎锥7安装在主轴21上，主轴上端由悬挂装置悬挂在横梁11上，下端插在偏心轴套5

内。偏心轴套在衬套 32 和中心套筒 31 内旋转。钢衬套压合于中心套筒内。在中心套筒 31 与圆锥齿轮 26 之间，有三片止推圆盘，以支承圆锥齿轮与偏心轴套重量及受力。下面的圆盘是钢制的，用销子固定于中心套筒上，不能转动，上面的圆盘也是钢制的，用螺钉固定于圆锥齿轮上，和它一起转动，中间的圆盘 27 是青铜制的，它在上下圆盘之间自由地转动。

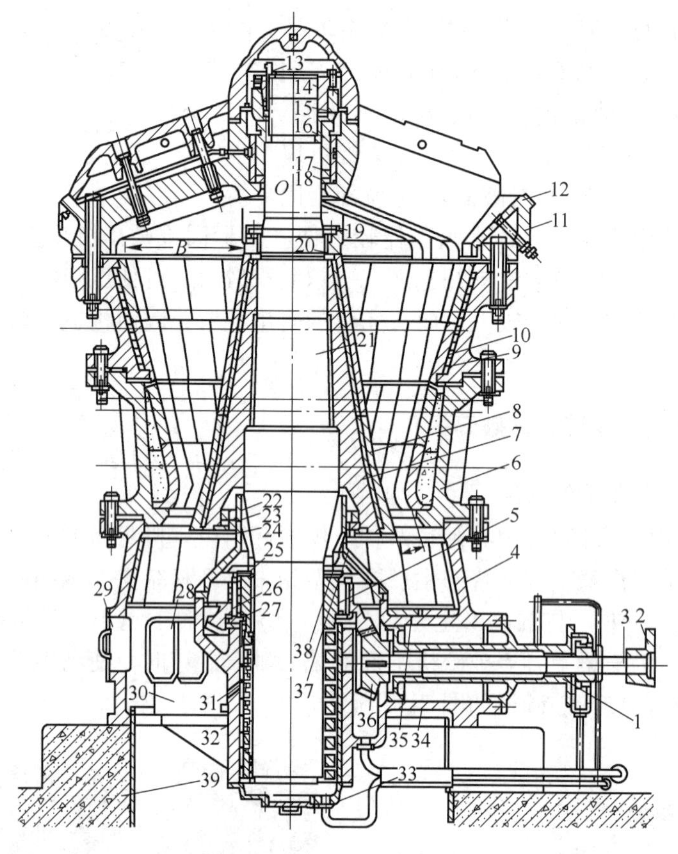

图 7-31　旋回破碎机的结构

1—传动轴承架；2—联轴器；3—传动轴；4，6，10—机架；5—偏心轴套；7—破碎锥；8，9—齿板；11—横梁；12，28，35—护板；13—楔形键；14，20—螺母；15—压套；16—锥形套；17，32—衬套；18—支承环；19—锁紧板；21—主轴；22~24—套环；25—挡油环；26，36—圆锥齿轮；27—圆盘；29—人孔盖；30—筋；31，34—套筒；33—底盖；37—防尘盖；38—防尘圈；39—钢板

电动机经 V 带轮通过联轴器 2、传动轴 3、圆锥齿轮 36 和 26 带动偏心轴套 5 转动。当偏心轴套 5 转动时，主轴与压合于其中部的破碎锥 7 随之作旋摆运动。主轴上端悬挂于横梁上，破碎锥沿着以悬挂点 O 为顶点的锥面轨迹作旋摆运动。

破碎锥上装有高锰钢的截锥形齿板 8。为了使齿板与破碎锥紧密接触，在两者之间浇注锌，并在齿板上端用螺母 20 压紧。在螺母上部有锁紧板 19，以防螺母松动。固定锥上装有两排或更多的单块衬板，通常也是高锰钢制成，衬板背后浇注锌、混凝土或环氧树脂。

主轴 21 借锥形螺母 14、锥形压套 15、锥形套 16、支承环 18 等悬挂在横梁 11 上，并用楔形键 13 固定，以防锥形螺母退扣，锥形套 16 的锥形端支承在支承环 18 上，侧面支承在衬套 17 上，由于锥形套 16 下端与侧面是圆锥面，故破碎锥进行旋摆运动时，能保证锥形套 16 沿支承环 18 和衬套 17 的表面滚动。

为了防止粉尘侵入机架的运动部件，在破碎锥下面设有三个球面接触的套环 22、23 和 24，起密封防尘作用。套环 24 固定于破碎锥上，套环 23 套在防尘盖 37 上，两者之间有橡胶防尘圈 38，套环 22 自由地压在套环 23 上，防止灰尘通过各套环之间的缝隙进入破碎机内部。

破碎机所需的润滑油，用油泵经油管压入机架底盖 33 的油孔，进入偏心轴套的下部空间。由此沿主轴与偏心轴套之间的间隙及偏心轴套与衬套 32 之间的间隙上升，以润滑这两个摩擦面，然后与挡油环 25 相遇，流过圆锥齿轮 26 和 36 后，经排油管流出。沿偏心轴套外表面上升的油，流过并润滑止推圆盘 27 后，也通过排油管排出。

破碎机传动轴的轴承，有单独的进油与排油管。破碎锥悬挂装置定期加入油脂进行润滑。破碎机的下部机架 4 安装在钢筋混凝土基础上，在基础的中心排料孔上有钢板 39，以防止从破碎机中排出的矿岩损伤基础。下部机架侧壁处有人孔，机器正常工作时用人孔盖 29 盖上。在连接机架侧壁与中心套筒 31 的筋 30 和传动套筒 34 上面安装有护板 28 和 35，以防落下矿岩损伤筋板或套筒。下部机架 4、中部机架 6、10 和横梁 11 之间用销钉连接。旋回破碎机设有安全保险装置，当机器出现过载时即停止运转。

由于齿板不断磨损，排料口宽度变大，破碎产品粒度越来越大，必须用调节装置使破碎锥升起，使排料口宽度恢复至原来大小，以保证产品粒度不变。排料口调节装置见图 7-32。提高破碎锥时，先取下横梁上的帽盖，再将起重吊环拧在主轴上，用起重设备将破碎锥吊起，吊起高度应事先计算并留有适当余量。破碎锥提起后，向下拧螺钉 2，将外套 4 与锥形套 5 压紧。然后将螺钉 2 松退，取出键 1，向下拧动螺母 3，直到它与外套 4 接触为止。如检查排料口宽度不合适，则按相同步骤再次调节，直至达到所需排料口宽度为止。然后打入键 1，取下起重吊环，装好帽盖。

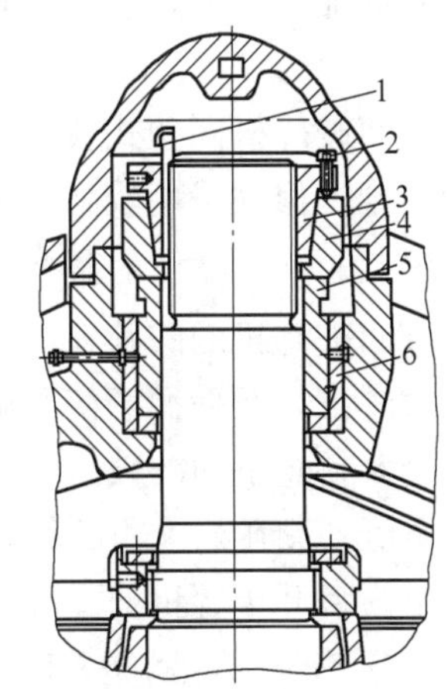

图 7-32 排料口调节装置
1—键；2—螺钉；3—螺母；4—外套；5—锥形套；6—固定套

7.6.3.2 旋回破碎机的应用与给料方式

A 旋回破碎机的应用

旋回破碎机在大型破碎站、选矿厂是典型的粗碎设备。旋回破碎机和颚式破碎机都可用作粗碎的破碎机械，两者相比较，旋回破碎机的优点是：破碎过程是沿着圆环形的破碎腔连续进行的，因此生产能力较大，单位电耗较低，工作较平稳，适于破碎片状矿岩，破碎产品的粒度比较均匀。当工厂的生产量大，一台粗碎用的颚式破碎机不能满足产量要求时，应选用旋回破碎机。因为在给料粒度相等的情况下，一般的旋回破碎机的产量，比颚式破碎机大两倍以上。这两类破碎机的特点见表 7-7。

表 7-7　颚式破碎机与旋回破碎机特点比较

项目	颚式破碎机	旋回破碎机	项目	颚式破碎机	旋回破碎机
破碎机机体外形	小	大	破碎片状条状矿石的效果	差	较好
破碎机重量	轻	重	受矿条件	需设置给矿机	可直接受矿
维护检修	方便	较困难	产品粒度	不均匀	较均匀
基建投资	少	多	振动状况	强烈	一般
每吨矿石耗电量	较多	较少	适应的破碎规格	小	大

旋回破碎机的破碎腔比颚式破碎机深，破碎比也比较大。旋回破碎机的机器破碎比（给料口宽度与调至最小的排料口开启时的宽度的比值）达 6~9.5，而且给料粒度越大，机器破碎比也越大。旋回破碎机的实际破碎比（以 80%给料或排料能通过筛孔的尺寸的比值）为 4~5。

旋回破碎机进行破碎作业时，由于矿石和动锥工作面间的摩擦力比偏心轴套和轴之间的摩擦力大得多，动锥会反向旋转。旋回破碎机与颚式破碎机不同，由于可动锥是偏心回转，趋近定锥时破碎矿岩，工作是连续而均匀的。其生产率较高，能耗较少，破岩适应性较好。近年出现的液压旋回破碎机，其外形和结构与同规格的旋回破碎机相同，只是布局改变并增加一套液压装置，其作用是调节破碎机的排矿口，且可自动保护破碎机不至过载损坏。

旋回破碎机同颚式破碎机相比较虽然有很多优点，但该机结构复杂，价格较高；检修比较困难，修理费用较高；机身较高，使厂房、基础构筑物的费用增加。

B　旋回破碎机的给料方式

旋回破碎机的破碎料块可以直接从运输工具倒入进料口，无需设置喂料机。在生产能力较大的工厂及采掘场使用旋回破碎机时，旋回破碎机上面设有一个料仓，机器允许矿岩在料仓及料仓下面的破碎腔内堆积起来操作。随着矿岩破碎并由排料口排出，堆积的矿岩陆续下沉，新矿岩又不断给入。通常自卸车直接将矿岩卸入旋回破碎机上面的料仓（料仓的容量为自卸车容量的 1~2 倍）。旋回破碎机的生产能力应与间断给料能力（自卸车或采掘能力）相平衡，以满足机器的连续作业。

7.6.3.3　旋回破碎机工作参数的确定

旋回破碎机在破碎锥和固定锥之间破碎矿石，除了破碎腔为环形且连续工作外，在动颚和定颚之间破碎矿石与颚式破碎机基本相同，故在计算上有许多相似之处。

A　啮角（或称钳角）

为了简化计算，设两锥体的几何中心线互相平行，见图 7-33。对于旋回破碎机来说，由于动、定锥中心线夹角 β 很小，一般为 2°~3°，因此，假设两中心线平行，其误差不大。如果动锥母线的倾斜角为 α_1，定锥母线的倾斜角为 α_2，则两锥面间的夹角 $\alpha=\alpha_1+\alpha_2$ 称为旋回破碎机的啮角。破碎机工作时，动锥向定锥靠拢，将夹紧的料块压碎，要使料块能牢固夹在破碎腔中，必须满足以下条件：

$$\alpha = \alpha_1 + \alpha_2 \leqslant 2\varphi \tag{7-15}$$

式中　α_1，α_2——分别为破碎锥锥角和固定锥锥角的 1/2；

φ——摩擦角。

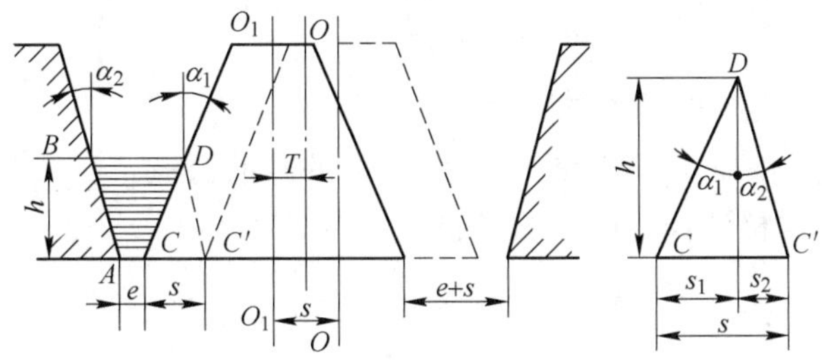

图 7-33　旋回破碎机的啮角

即两锥角的啮角 α 应小于两倍矿岩与锥面间的摩擦角 φ。通常取 $\alpha=21°\sim23°$（最大可达 30°）。

具体选定啮角时应考虑以下因素：

（1）矿岩与衬板之间的摩擦系数。如矿岩有一定水分而且容易滑动，应选取小值。

（2）当矿岩易碎，可适当选取大值。

（3）当旋回破碎机的规格大，可选取较大的 α 值。因为大型破碎机的给料粒度大，料块的重量大，重力作用使料块易于往下排卸；而且对于大型破碎机，啮角增大时机器在高度和重量上的节约更为可观。

B　动锥的转速

旋回破碎机的纵截面，破碎矿岩的过程如颚式破碎机。因此，可以按确定颚式破碎机偏心轴转速的方法，把旋回破碎机动锥的转速算出。旋回破碎机动锥转速可按式（7-16）计算：

$$n = 235\sqrt{\frac{\tan\alpha_1 + \tan\alpha_2}{r}} \tag{7-16}$$

式中　r——出料口平面上动链的偏心距，cm。

旋回破碎机的转速也可按制造厂的经验公式来计算：

$$n = 160 - 42B \tag{7-17}$$

式中　B——旋回破碎机进料口宽度，m。

C　生产量

旋回破碎机的破碎锥每旋摆一周，排出一个环形体积的矿岩，其断面为图 7-34 中横断面线表示的面积 A：

$$A = \frac{e + e + s}{2}h \tag{7-18}$$

环形体积的平均直径近似地等于破碎锥底部直径 d_H，破碎锥每一转排出矿岩体积 V 为：

$$V = \pi d_H A = \frac{\pi(2e + s)}{2}d_H h = \frac{\pi d_H s(2e + s)}{2(\tan\alpha_1 + \tan\alpha_2)} \tag{7-19}$$

设矿岩的松散系数为μ，松散密度为ρ，则生产量Q(t/h) 为：

$$Q = 60nV\mu\rho = 377\frac{\mu\rho r(e+r)d_{H}n}{\tan\alpha_1 + \tan\alpha_2} \tag{7-20}$$

式中 μ——松散系数，μ=0.3~0.7。

考虑到给料粒度及矿岩易碎性系数，生产量的经验公式为（此公式与颚式破碎机计算生产量的经验公式相似）：

$$Q = K_1\frac{\rho}{1.6}q_0e \tag{7-21}$$

式中 K_1——易碎性系数；

q_0——单位排料口宽度的产量，t/(mm·h)，可查表7-8。

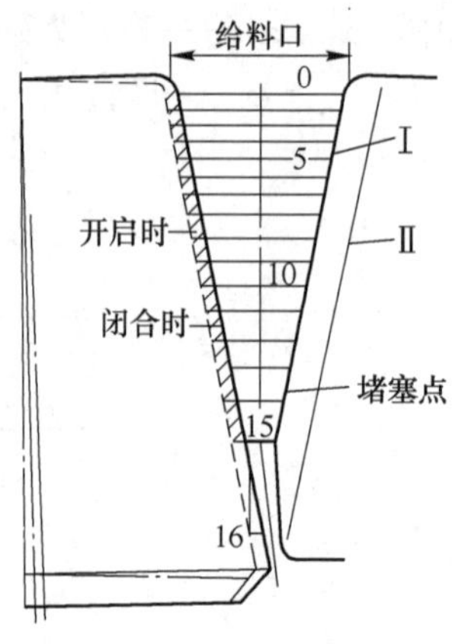

图 7-34 旋回破碎机的曲线形固定锥

表 7-8 单位排料口宽度的产量 q_0

规格/mm	500/75	700/130	900/160	1200/180	1500/180	1500/300
q_0/t·mm^{-1}·h^{-1}	2.5	3	4.5	6	10.5	13.5

注：表中旋回破碎机规格中排料口规格，未能将目前生产的所有规格列出，在计算时可参照表中q_0数值核算。

D 旋回破碎机的功率

旋回破碎机的功率计算方法与颚式破碎机相似，也可以用体积假说估算。粉碎功同受压矿岩的体积成正比，破碎机功率消耗P(kW) 如下：

$$P = 9.7A_m r_m n \tag{7-22}$$

考虑到50%的备用功率，破碎机的电机功率公式为：

$$P_m = 14.55A_m r_m n \tag{7-23}$$

式中 A_m——动锥的表面积，m^2；

r_m——动锥平均偏心距，m。

旋回破碎机的电动机功率也可按动锥直径计算的经验公式得到：

$$P_m = 85d_H K \tag{7-24}$$

式中 K——取决于动锥转速的系数，转速高，K值也高，K值可查表7-9。

表 7-9 动锥转速系数 K

给料口宽度/mm	500	700	900	1200	1500
K	1.00	1.00	1.00	0.91	0.85

7.6.4 圆锥破碎机（中细碎圆锥破碎机）

圆锥破碎机用正置的动、定锥构成破碎腔，因破碎腔形状不同，这类破碎机可分为标准型、短头型和介于两者之间的中间型三种，其破碎腔类型见图7-35。标准型宜作中碎用，短头型宜作细碎用，中间型则中、细碎均可使用。这三种圆锥破碎机的主要区别，在于破碎腔的剖面形状和平行带的长度不同（可由尺寸B、e、l等看出，标准型的平行带最短，短头型最长，中间型介于两者之间）。除此之外，其余部件的构造完全相同。

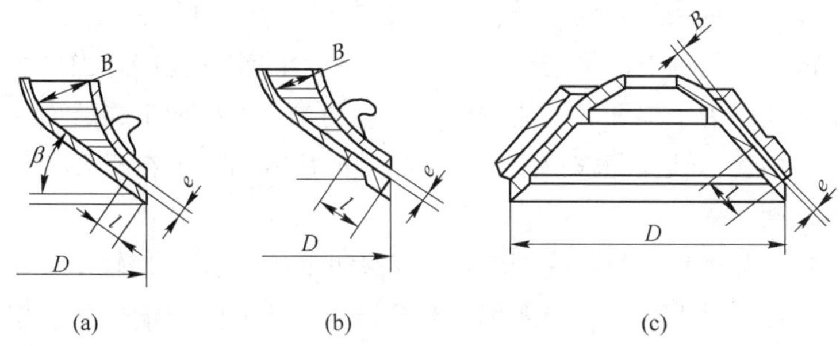

图 7-35 各类型圆锥破碎机的破碎腔形状

（a）标准型；（b）中型；（c）短头型

7.6.4.1 圆锥破碎机的结构

标准型圆锥破碎机的结构见图 7-36，主要破碎部件是定锥和动锥，定锥主要由调整套和定锥衬板组成。衬板连同吊钩一起用高锰钢铸出，用 V 型螺栓悬挂在调整套的筋上，它们之间浇注锌合金，使之紧密结合，接料漏斗用螺钉固接在调整套上，调整套和支承套用梯形螺纹联接，而支承套又用弹簧螺杆压紧在机架上。

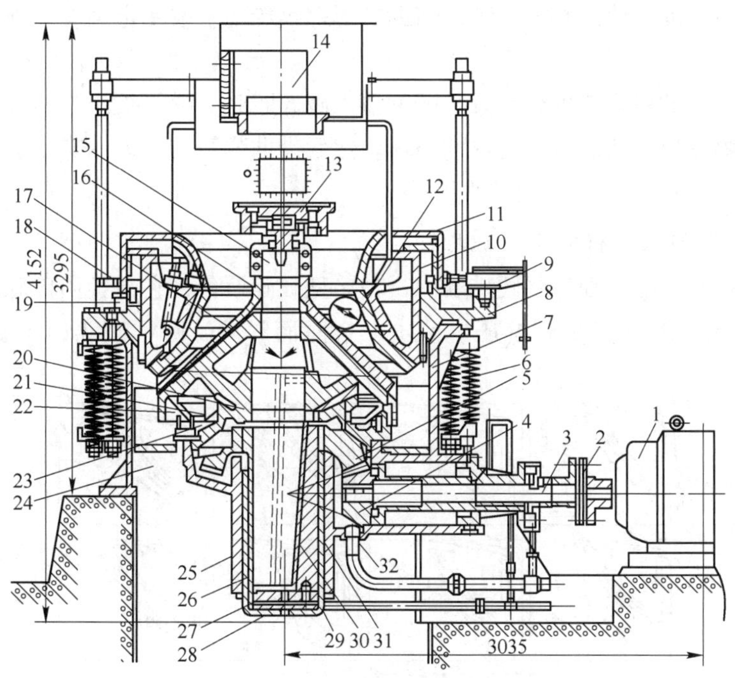

图 7-36 1750 型弹簧圆锥破碎机构造图

1—电动机；2—联轴节；3—转动轴；4—小圆锥齿轮；5—大圆锥齿轮；6—保险弹簧；7—机架；8—支承环；9—推动油缸；10—调整环；11—防尘罩；12—固定锥衬板；13—给矿盘；14—给矿箱；15—主轴；16—可动锥衬板；17—可动锥体；18—锁紧螺帽；19—活塞；20—球面轴瓦；21—球面轴承座；22—球形颈圈；23—环形槽；24—筋板；25—中心套筒；26—衬套；27—止锥圆盘；28—机架下盖；29—进油孔；30—锥形衬板；31—偏心轴承；32—排油口

动锥主要由动锥体、主轴、动锥衬板和分配盘组成，动锥体压装在主轴上，动锥衬板为高锰钢铸件，压套和锥头压在动锥体上。动锥体与衬板之间亦浇注锌合金，使之紧贴，主轴头上安装分配盘，主轴下部呈锥形，插入偏心衬套的锥形孔中，当偏心套转动时，就带动动锥作偏旋运动，为了保证动锥的偏旋运动，动锥体下部加工成球面，并支承在碗形轴承上。碗形轴承由碗形轴瓦和轴承架组成，轴承架用方销固定在机架套筒上，动锥所受的全部力量都由机架承受。

偏心套支承在由几个垫件组成的端轴承（或称止推盘）上，端轴承又坐落在机架的底盘上，为了减轻摩擦，最上面的钢垫随偏心套旋转，最下面的青铜垫和机架连接，中间的青铜垫和钢垫自由转动。垫件的接触面上有油槽，以便送入润滑油，减轻磨损。偏心套在大衬套内旋转，后者装在机架中心的套筒内，在偏心套锥形膛孔内还有锥形衬套，内锥的主轴在锥形套内旋转。

为了平衡动锥偏转时所产生的离心惯性力，大圆锥齿轮上装有铅制的平衡块。为了防止粉尘等进入碗形轴瓦、大小圆锥齿轮等摩擦表面，采用了水封防尘装置。在碗形轴承架上设有环形沟槽，沟槽中通以循环水，在动锥体的下部焊接锥形挡板，工作中防尘挡板插入循环水中，把粉尘挡在外面，落入水中的粉尘由循环水冲走。

由于衬板磨损或其他原因，需对出料口进行调整，出料口的调整用液压系统控制。用液压缸的推动头推动，使调整套转动，借助梯形螺纹传动来改变定锥的上下位置，以实现出料口的调整。

弹簧是破碎机的保险装置，当有难碎物落入破碎腔时，弹簧被压缩，支承套和定锥即抬起，让难碎物排出，从而避免机件的损坏。然后借助弹簧的张力，支承套和定锥又返回原位。

7.6.4.2 圆锥破碎机的工作原理

圆锥破碎机是中碎与细碎坚硬矿岩的一种典型破碎设备，它与旋回破碎机相似，使矿岩在破碎锥与固定锥之间受到挤压、冲击、弯曲而粉碎，圆锥破碎机的破碎过程见图7-37。

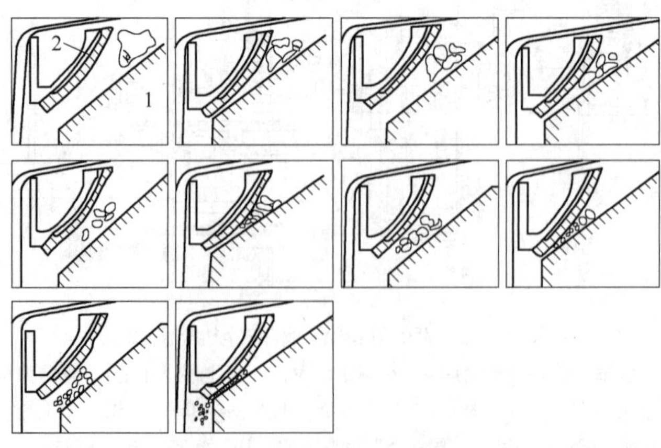

图 7-37 矿岩的破碎过程

1—动锥；2—固定锥

圆锥破碎机由电动机通过联轴器带动传动轴上的小锥齿轮传动。小锥齿轮通过大锥齿轮带动偏心套在机架中心套筒内的大衬套内转动。偏心轴套有一个与其转动中心线偏 2°左右的锥形孔，孔内装一锥形套，破碎锥（动锥）主轴即插入锥形套内，动锥下部由青铜碗形轴瓦支承。当偏心套旋转时，主轴在空间画出一个圆锥面，使动锥绕固定点（机架中心与主轴中心交点）作旋摆运动。对于定锥上某一点而言，动锥时而靠近，时而远离。

矿岩从给料部送入动锥上部的分配盘，由于分配盘随主轴转动而摇摆，矿岩均匀地给入环形破碎腔内，受到动锥的压缩与冲击而破碎。圆锥破碎机动锥的锥角较大，因而矿岩由上往下运动时互相散开，运动阻力较小，减少堵塞，且破碎面积增大，单位面积受力较小，高锰钢衬板的寿命也延长。

上部机架的支承套，通过沿圆周布置的若干组弹簧压紧在下部机架上。在正常工作时产生足够的压力以平衡动锥靠近时产生的冲击力，同时又构成机器的保险装置。当非破碎物进入破碎腔时，由于破碎力急增，弹簧可以退让，使支承套与调整套的一侧向上抬起，从而增大了定锥衬板与动锥衬板间的距离（即排料口宽度），使非破碎物从排料口排出。当异物排出后，借助于弹簧的压力，支承套与调整套又回到原来的位置。弹簧力的调整必须适当，如压力过小，破碎机不能正常工作，支承套和调整套出现频繁跳动，导致机件磨损和破坏，产品粒度变粗，生产量下降。当压力过大时，机件受力增加，为了防止断轴事故，必须增大机件尺寸和提高材料等级，因此会增加机器质量和造价。

表 7-10 中给出的是目前使用的圆锥破碎机的弹簧力。

表 7-10　圆锥破碎机的弹簧力

破碎机规格	ϕ2200	ϕ1750	ϕ1200	ϕ900	ϕ600
弹簧力/kN	3922.80	2451.75（标准型） 2942.10（短头型）	1471.05	686.49	451.12

矿岩在破碎腔内破碎的过程详见图 7-37。动锥离开时，间隙增大，矿岩下落，下落一段高度后，动锥又向固定锥靠近，矿岩受到压碎和冲击力作用而破碎。此时动锥再次离开，物料再次下落一段距离，经几次循环之后，矿岩破碎至要求粒度，排出机外。由图可知，由于大部分时间处于排料状态，矿岩通过破碎机的能力就大，排料通畅，产量提高。由于只有很少一部分时间在压碎矿岩，就整个破碎腔而言，在任一瞬间，只有占破碎腔内矿岩的 5%处于被压碎状态，因此全部功率用于较小的面积上，这将产生很高的单位面积压力，因而适于破碎坚硬矿岩。

7.6.4.3　圆锥破碎机的工作参数确定

A　啮角（钳角）

圆锥破碎机的啮角 α 见图 7-38，需满足如下条件要求：

$$\alpha = \alpha_2(\alpha_1 - \beta) \leqslant 2\varphi \tag{7-25}$$

式中　α_1，α_2——分别为动锥与定锥的锥面倾斜角；

β——动锥轴线与定锥中心线之间的夹角，通常 $\beta = 2°$；

φ——矿岩与衬板之间的摩擦角（≈12°）。

通常取 $\alpha = 21° \sim 23°$，中碎圆锥破碎机取 $\alpha_1 = 40° \sim 45°$，细碎圆锥破碎机取 50°～55°。如果啮角 α 达到 26°时，则会出现矿岩打滑，动锥咬不住矿岩的现象。因此，标准型和中型圆锥破碎机的定锥上部，有时制成阶梯型，也是为了钳住矿岩和防止打滑（见图 7-39）。

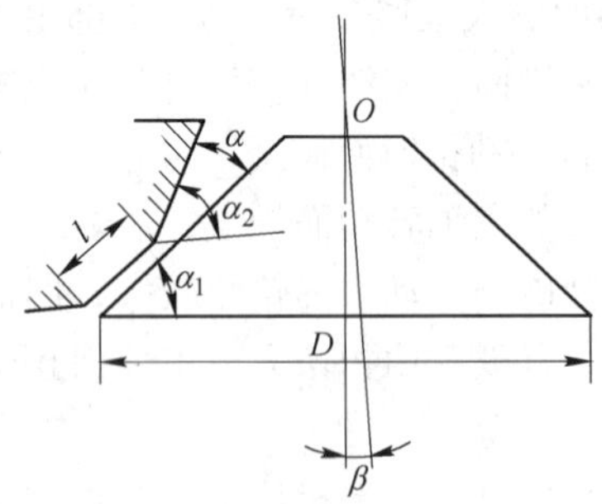

图 7-38 圆锥破碎机的啮角

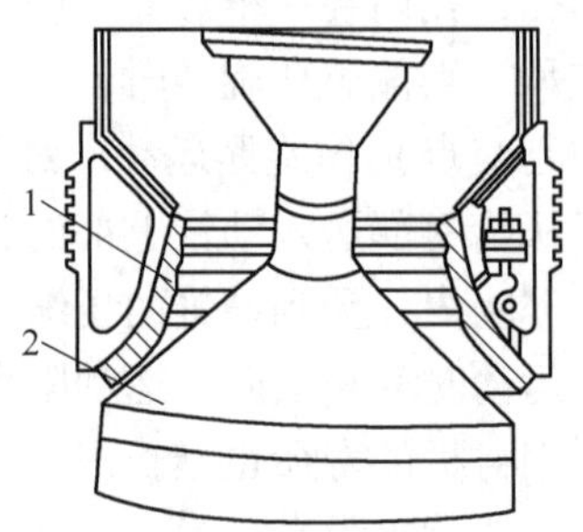

图 7-39 标准型破碎腔示意图

1—定锥；2—动锥

B 动锥转速

动锥的转速即偏心衬套的转速，与旋回破碎机不同，因为这类破碎机用于矿岩的中细碎。为了保证产品粒度的均匀性，使卸出矿岩的尺寸都小于出料口宽度，工作时应该使每块矿岩在平行带上至少能够受到一次破碎作用，也就是矿岩经过平行带的时间应不少于动锥偏转一次所需的时间。

由于内锥母线的倾斜角较小，接近出料口处，定、动锥之间又有一平行带（见图 7-38）。因此，矿岩沿着动锥斜面卸下，这样难免会受到动锥斜面摩擦阻力以及动锥偏转和自转的离心惯性力影响，由于离心惯性力较小，可以忽略不计。在摩擦阻力的作用下，矿岩沿着动锥斜面下滑时的加速度 a 必定小于重力加速度 g。

矿岩在椎体的情况可看作矿岩在斜面上运动，如图 7-40 所示。设矿岩重力为 G，动锥体底部倾角为 α，则与斜面垂直的分力为 $G\cos\alpha$，沿斜面方向的分力为 $G\sin\alpha$，从而矿岩沿斜面下滑的力为：

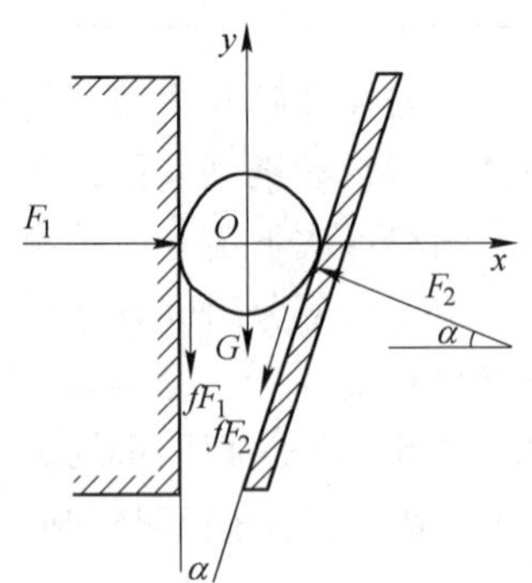

图 7-40 矿岩破碎受力图

$$F = \frac{G}{g}a = G\sin\alpha - fG\cos\alpha \tag{7-26}$$

即：

$$a = g(\sin\alpha - f\cos\alpha) \tag{7-27}$$

式中 f——矿岩与锥面间的摩擦系数，一般为 0.35。

设平行带长度为 l，矿岩从平行带的起点滑下时，初速度为零，则矿岩通过平行带的时间 t(s) 可按下式计算：

$$l = \frac{1}{2}at^2 = \frac{1}{2}gt^2(\sin\alpha - f\cos\alpha) \tag{7-28}$$

则：

$$t = \sqrt{\frac{2l}{g(\sin\alpha - f\cos\alpha)}} \tag{7-29}$$

另一方面，设动锥的转速 n(r/min)，则每转需要时间 t'(s) 为：

$$t' = \frac{60}{n} \tag{7-30}$$

为了使卸出矿岩块的尺寸都小于破碎机的出料口宽度 e（见图 7-41），就必须使矿岩通过平行带的时间 t 不少于动锥每转所需时间 t'，即 $t \geqslant t'$，则：

$$n \geqslant 133\sqrt{\frac{\sin\alpha - f\cos\alpha}{l}} \tag{7-31}$$

式中 n——动锥的转速，r/min。

为了简化计算，动锥的转速 n 常用下述经验来估算：

$$n = 340 \sim 66d \tag{7-32}$$

式中 d——动锥锥底直径，m。

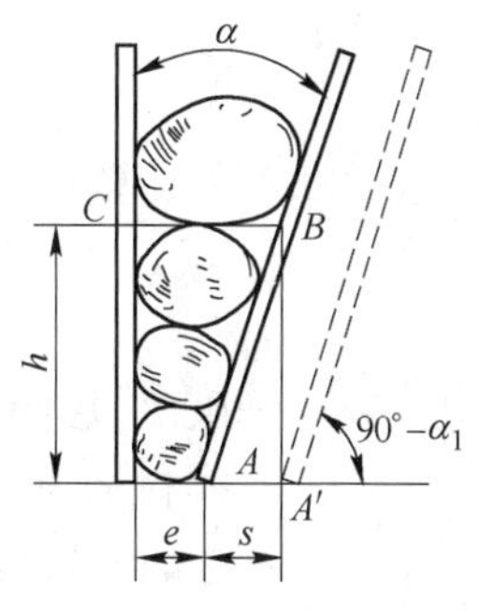

图 7-41 偏心轴转速计算

C 行程

令动锥在排料口处垂直于破碎腔分角线方向的运动距离 s 为圆锥破碎机的行程，设动锥锥面的母线高度为 h，结合图 7-38、图 7-41，则：

$$s = h[\tan(90° - \alpha_1) + \tan(90° - \alpha_2)] \tag{7-33}$$

行程 s 是按破碎机工作的要求而定的，然后按 s 值算出 β。各种规格圆锥破碎机的 s 值见表 7-11。

表 7-11 圆锥破碎的行程 s

破碎机规格	600	900	1200	1750	2200
行程 s/mm	20	39	51	75	95

D 生产能力计算

圆锥破碎机的生产能力与矿岩性质（可碎性、松散密度、含水率与泥质含量、粒度特性等）、破碎腔形状及尺寸、操作条件（给料是否均匀、预先筛、检查筛分、运输机械的协调工作、破碎比的大小等）有关。通常标准型和中间型圆锥破碎机用经验公式按开路流程计算其生产量，而短头型圆锥破碎机既可按开路流程，也可按闭路流程来计算其生产能力。

a 标准型圆锥破碎机的生产能力计算

标准型圆锥破碎机的生产能力计算如下：

$$Q = K_p q_0 b_0 \frac{\rho}{1.6} \tag{7-34}$$

式中 K_p——给料粒度系数，当粒度较大为 1，粒度较小时为 1.1。

q_0——单位排料口宽度的生产能力，t/(h·mm)，见表 7-12。

b_0——排料口宽度，mm。

表 7-12 圆锥破碎的行程 s

破碎机规格/mm			ϕ600	ϕ900	ϕ1200	ϕ1650	ϕ1750	ϕ2100	ϕ2200
q_0 /t·(h·mm)$^{-1}$	标准型、中间型		1.0	2.5	4.0~4.5	7.0~8.0	8.0~9.0	13.0~13.5	14.0~15.0
	短头型	开路流程	—	4.0	5.2	11.5	13.0	21.0	23.5
		闭路流程	—	—	—	12.8	16.6	21.5	24.0

b 短头型圆锥破碎机的生产能力计算

按照开路流程计算：

$$Q_k = K_p q_0 e_0 \frac{\rho}{1.6} \tag{7-35}$$

按闭路流程计算：

$$Q_b = K q_0 e_0 \frac{\rho}{1.6} \tag{7-36}$$

式中 Q_b——破碎机排料中合格产品的生产量（合格产品指检查筛分的筛下产品，破碎机排料量为合格产品量 Q_b 及循环矿岩量 Q_c 之和），t/h；

K——考虑矿岩可碎性及形状的系数，通常 $K=1.0\sim1.3$（当矿岩可碎性好且呈块状形状时，取大值）。

当出料口宽度小时，q_0 取高值；出料口宽度大时，q_0 取低值。硬质矿岩 q_0 取低值，软质矿岩取高值。

E 功率

中细碎圆锥破碎的功率消耗 P_0(kW)，可按下式进行计算：

$$P_0 = 6Ar_m n \tag{7-37}$$

式中 A——动锥表面积，m^2；

r_m——动锥中部的偏心距，m；

n——动锥转速，r/min。

考虑到中细碎圆锥破碎机的尖峰负荷较大，故电动机的功率 P（kW）为：

$$P = 3P_0 = 18Ar_m n \tag{7-38}$$

圆锥破碎机的轴功率也可以用下述经验公式计算：

$$P = 50d^2 \tag{7-39}$$

7.7 破碎机械的选择

露天矿岩破碎可选择的破碎机种类和规格很多，不同的破碎机适用的条件也不相同。选择破碎机时要综合考虑矿山采场的生产能力、矿岩物理力学性质、原矿块度和所要求的产品粒度等。一般不同类型的破碎机械用于不同的破碎阶段，破碎阶段划分如下：

（1）粗碎破碎机。常用的粗碎破碎机有颚式破碎机和旋回破碎机或称粗碎圆锥破碎机。

（2）中碎破碎机。用于中碎的几乎就是标准或中型圆锥破碎机。

（3）细碎破碎机。用于细碎的有短头圆锥破碎机、中型圆锥破碎机、反击式破碎机、锤式破碎机、辊式破碎机、细碎型颚式破碎机等。

一般情况下，破碎硬岩多选用颚式破碎机和旋回破碎机。这两种类型破碎机适宜的破碎比为 3~6，粗碎原矿块度可达 1200~3000mm，破碎后的矿岩粒度在 350~400mm 以下。破碎中等硬度的矿岩可选用旋回破碎机或反击式破碎机。破碎软岩可选用锤式破碎机或辊式破碎机。

根据我国多数金属露天矿山和建材矿山的实际情况，选用颚式破碎机和旋回破碎机较多。颚式破碎机和旋回破碎机有其自身的优缺点，因此，应该结合具体条件确定。一般大型矿山宜选择旋回破碎机，矿山规模较小时宜选择颚式破碎机。

习　题

7-1　矿岩破碎需要考虑哪些物理机械性质？
7-2　什么是破碎比，有哪几类破碎比？
7-3　矿岩破碎段数的定义是什么？
7-4　什么是总破碎比？
7-5　什么是矿岩平均粒径？
7-6　矿岩破碎方式主要有哪些？
7-7　矿岩破碎包含哪三个阶段？
7-8　破碎站有哪些类型？不同类型破碎站的特点是什么？
7-9　怎样选择合适的破碎机械类型？
7-10　颚式破碎机械有哪些类型？
7-11　简单摆动式颚式破碎机的工作原理是什么？
7-12　颚式破碎机的优缺点是什么？
7-13　反击式破碎机的工作原理是什么，有哪些类型？
7-14　反击式破碎机的优缺点是什么？
7-15　圆锥破碎机的工作原理是什么，有哪些类型？

本章参考文献

[1] 肖庆飞，罗春梅．碎矿与磨矿技术问答［M］．北京：冶金工业出版社，2010.
[2] 王运敏．现代采矿手册［M］．北京：冶金工业出版社，2012.
[3] 唐敬麟．破碎与筛分机械设计选用手册［M］．北京：化学工业出版社，2001.
[4] 段希祥．碎矿与磨矿［M］．北京：冶金工业出版社，2006.
[5] 王运敏．中国采矿设备手册［M］．北京：科学技术出版社，2007.

8 露天开采境界

8.1 概　述

8.1.1 露天开采境界的组成

在露天开采中，当露天矿开采终了时，会形成一个封闭的三维空间，该三维空间边界即为露天开采境界。根据时间差异，可将露天开采境界分为分期开采境界和最终开采境界。其中，最终开采境界内的储量就是开采储量。

图 8-1 为一个典型的露天开采境界的平面与剖面图，由图可知，露天开采境界由地表境界、底部境界和周围边坡组成。

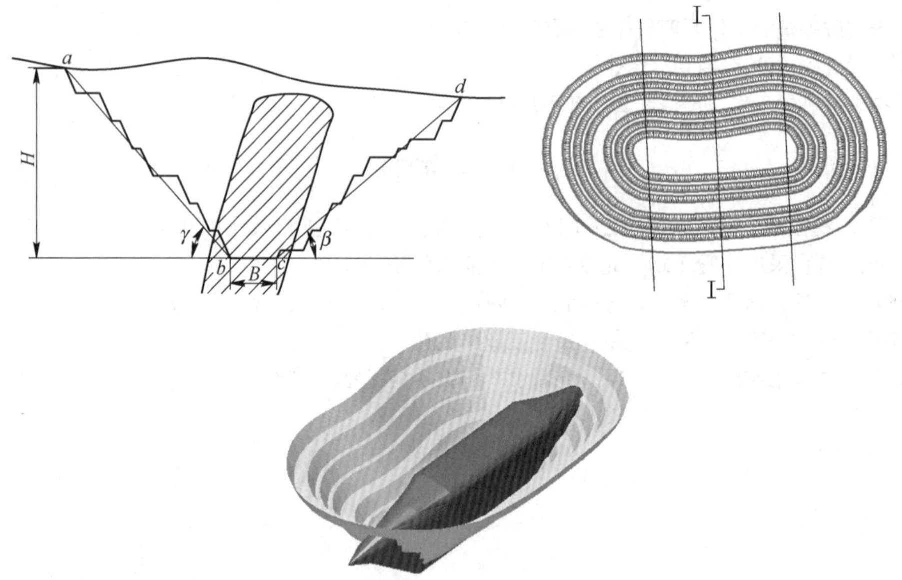

图 8-1　露天开采境界示意图

结合图 8-1，对几个相关的重要概念作如下说明：

（1）边坡线。露天开采境界横剖面与边坡面的交线，即图 8-1 中的线段 ab 和 dc。

（2）境界线。分为上部境界线和下部境界线。其中，上部境界线可理解为露天采场与地表的交线；下部境界线就是露天采场底部边界线；境界线上的点可称为境界点，如图 8-1 中，点 a 和 d 即为上部境界点，点 b 和 c 即为下部境界点。

（3）边坡角。边坡线与水平线的夹角，即图 8-1 中角 β 和 γ。在露天矿中，采场边坡必须长时间保持稳定，因此，露天矿边坡角存在一定限度，不能过大。

（4）底部宽度。两个下部境界点间的水平距离称为底部宽度 B。

（5）开采深度。同侧上部境界点和下部境界点间的垂直距离称为开采深度 H，该深度也是露天矿向下延深的深度。

露天开采境界设计就是要合理地确定在开采终了时，露天矿的底部周界、最终边坡和开采深度等参数。这些参数的定义如下：

（1）采场底部周界。露天矿最终帮坡面与采场底平面的交线。

（2）最终边坡。即位于采场最终境界处的采场边坡，也称最终边帮。

一般来说，由于矿床埋藏条件不同，矿床开采存在全部宜用地下开采、上部宜用露天开采而下部宜用地下开采和全部宜用露天开采等三种情况。对后两种情况，均需确定露天开采境界。

8.1.2 剥采比定义

在露天开采境界的某一特定区域或特定时期内，剥离岩石量与采出矿石量的比值称为剥采比。剥采比一般用 n 表示，其常用的单位为 m^3/m^3 、t/t。

在露天开采设计中，常用不同含义的剥采比反映不同的开采空间或开采时间的剥采关系及其限度。在露天开采设计中涉及的主要有以下几种剥采比：

（1）平均剥采比 n_p。指单一境界闭包中的岩石量 V_p 与矿石量 A_p 之比（见图 8-2（a）），可用式（8-1）表示。平均剥采比反映露天矿的总体经济效果，是评判露天开采境界优劣的重要指标之一。

$$n_p = V_p/A_p \tag{8-1}$$

（2）分层剥采比 n_f。指露天开采境界内某一水平分层内岩石量 V_f 与矿石量 A_f 之比（见图 8-2（b）），可用式（8-2）表示。尽管露天矿极少采用单一水平生产，但分层剥采比可以作为参照指标用于理论分析。另外，分层矿岩量是计算露天开采矿量、平均剥采比和估算均衡生产剥采比的基础数据。

$$n_f = V_f/A_f \tag{8-2}$$

（3）增量剥采比 n_z。指复合境界增闭包中的岩石量 V_z 与矿石量 A_z 的比值（见图 8-2（c）），可用式（8-3）表示。增量剥采比是描述复合境界的剥采关系；另一方面，由于单一境界可以看作是虚境界相应于自身的复合境界，则平均剥采比是增量剥采比的特殊形式。增量剥采比是露天开采境界设计的主要技术指标。

$$n_z = V_z/A_z \tag{8-3}$$

（4）境界剥采比 n_j。指露天开采境界移动边际面（在移动方向）上的岩石量 V_j 与矿石量 A_j 的比值（见图 8-2（d）），可用式（8-4）表示。由式（8-4）可知，境界剥采比其实就是剥采比变化的极限值，因此，也可称为边际剥采比。在露天开采境界设计的数学分析法中，境界剥采比是一个重要的技术指标。

$$n_j = \Delta V/\Delta A = V_j/A_j \tag{8-4}$$

（5）生产剥采比 n_s。指露天矿投产后某一生产时期的剥离岩石量 V_s 与采出矿石量 A_s 的比值（见图 8-2（e）），可用式（8-5）表示。生产剥采比有许多衍生形式，可用来分析和反映露天矿生产中的剥采关系。在矿山生产统计中，生产剥采比可按年、季、月计算。

$$n_s = V_s / A_s \tag{8-5}$$

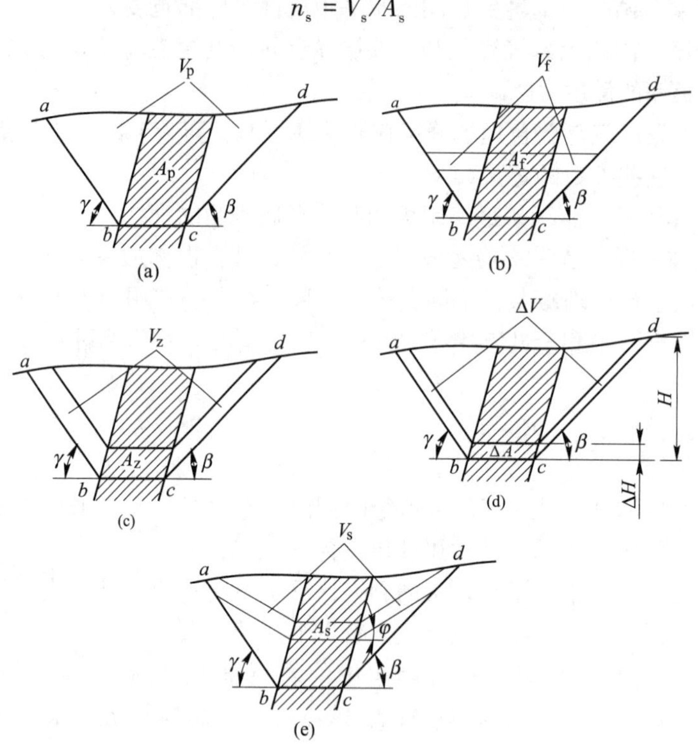

图 8-2　剥采比示意图

（a）平均剥采比；（b）分层剥采比；（c）增量剥采比；（d）境界剥采比；（e）生产剥采比

（6）经济合理剥采比 n_{JH}。指在特定的技术经济条件下所允许的最大剥采比。经济合理剥采比是考量矿床露天开采经济效益的重要依据，也称为基准剥采比。

（7）储量剥采比和原矿剥采比。由于矿山生产中会产生矿石损失与贫化两种现象，因此会存在矿石工业储量露天采矿过程中有矿石损失和贫化。矿石损失是指采出的矿石量少于地质储量的现象；矿石贫化是指由于采出的矿石中混入了部分岩石，导致采出矿石的品位低于地质储量品位的现象。因而工业储量与原矿量之间有一差值，此差值的大小受回收率和贫化率影响。原矿指实际采出的矿石产品，除采出的地质储量矿石外，里面也含有混入的岩石量。这种关系反映到剥采比中，就有储量剥采比和原矿剥采比之分。储量剥采比 n 是露天开采境界内依据地质勘探报告所计算的岩石量 V_0 与矿石储量 A_0 之比，即：$n = V_0/A_0$；原矿剥采比 n' 是同一范围内考虑开采损失和贫化后得出的剥离岩石量 V' 与采出原矿量 A' 之比，即：$n' = V'/A'$ 。

根据上述的说明，可分别定义矿石的实际贫化率、实际回收率和视在回收率。

实际贫化率：

$$\rho = \frac{\alpha_0 - \alpha'}{\alpha_0 - \alpha''} \tag{8-6}$$

实际回收率：

$$\eta = \frac{A_1}{A_0} \tag{8-7}$$

视在回收率：

$$\eta' = \frac{A'}{A_0} = \frac{\eta}{1 - \rho} \tag{8-8}$$

式中 α_0——矿石的工业品位；

α'——原矿品位；

α''——围岩的含矿品位，若围岩不含矿，则 $\alpha''=0$；

A_1——原矿 A' 中回收的工业储量。

与地下开采相比，露天开采的回收率指标一般较好，实际的损失率和贫化率指标均比地下开采要好，其视在回收率 η' 一般为 0.95~1.05。

由于在露天开采境界内开采前后的矿岩总量是相等的，因此有：

$$V' + A' = V_0 + A \tag{8-9}$$

由以上各式以及储量剥采比和原矿剥采比的定义可得：

$$n' = (n + 1)/\eta' - 1 \tag{8-10}$$

$$n = (n' + 1)/\eta' - 1 \tag{8-11}$$

值得注意的是，虽然储量剥采比与原矿剥采比的数值相差不大，但是两者概念不同，需加以区分。

8.2 经济合理剥采比的确定方法

经济合理剥采比是确定一个露天矿山是否值得开采的关键性参数，也是露天开采境界设计的基本指标参数。对于不同的矿山，因其经济目标和技术条件存在差异，该参数计算也存在不同。

比较法是确定经济合理剥采比最主要和最常用的方法，其实质是将露天与地下开采的经济效果作比较来确定经济合理剥采比。目前，应用较广泛的是储量盈利比较法系列，该系列中有产品成本比较法、储量盈利平衡法和盈亏平衡法，以下分别予以介绍。

8.2.1 产品成本比较法

矿山企业的最终产品可以是原矿、精矿或其他后续矿产品，不同产品也就对应着不同的比较方法。

8.2.1.1 原矿成本比较法

露天开采中，矿体开采与围岩剥离的成本存在差别，因此需要将两者分别计算，并将剥离成本分摊到原矿中才能得到真正的原矿成本。因此，原矿成本 C_L（元/t）可用式（8-12）计算：

$$C_L = a + \frac{n'}{r}b \tag{8-12}$$

式中 a——纯采矿成本，元/t；

b——露天开采的剥离成本，元/m^3；

r——矿石的密度，t/m^3；

n'——原矿剥采比，m^3/m^3。

原矿成本比较法的原理是将原矿的地采成本作为露采成本的上限，并以此作为依据来确定经济合理剥采比，即：

$$C_{L} = a + \frac{n'}{r}b \leqslant C_{D} \tag{8-13}$$

式中　C_{D}——地下开采的原矿成本，元/t。

由上式可得：

$$n' \leqslant \frac{r}{b}(C_{D} - a) \tag{8-14}$$

式（8-14）取等号时，就可得到此时的经济上允许的最大剥采比，即经济合理剥采比：

$$n'_{JH} = \frac{r}{b}(C_{D} - a) \tag{8-15}$$

显然，n'_{JH} 表示每吨原矿的露采成本不大于地采成本时允许的最大剥采比，即经济合理剥采比。

上述的分析过程存在以下 3 个前提，这些前提也就是原矿成本比较法的适用条件：

（1）地下开采有盈利。

（2）露天开采和地下开采的矿石损失和贫化指标相差不大。

（3）矿石不贵重。

8.2.1.2　精矿成本比较法

原矿成本比较法要求露天开采与地下开采采出的矿石贫化率基本相同，但在工程实际中，两者贫化率指标相差很大的情况也很常见。为了考虑这一差别，提出了精矿成本比较法，使露采的精矿成本不大于地采精矿成本，即：

$$\frac{D_{L}}{K_{L}} + \frac{n'b}{rK_{L}} \leqslant \frac{D_{D}}{K_{D}} \tag{8-16}$$

式中　D_{L}，D_{D}——分别为露采和地采每吨原矿所分摊的采矿、选矿费用，元/t；

K_{L}，K_{D}——分别为露采和地采每吨原矿的精矿产出率。

类似于原矿成本比较法，可得经济合理剥采比：

$$n'_{JH} = \frac{r}{b}\left(\frac{K_{L}}{K_{D}}D_{D} - D_{L}\right) \tag{8-17}$$

原矿的精矿产出率为：

$$K = \alpha'\varepsilon/\beta \tag{8-18}$$

式中　ε——选矿回收率；

β——精矿品位。

由公式（8-6）可知原矿品位为：

$$\alpha' = \alpha_{0}(1 - \rho) + \alpha''\rho \tag{8-19}$$

一般情况下，$\beta_{L} = \beta_{D}$，因此，经济合理剥采比为：

$$n'_{JH} = \frac{r}{b}\left\{\frac{[\alpha_{0}(1 - \rho_{L}) + \alpha''\rho_{L}]\varepsilon_{L}}{[\alpha_{0}(1 - \rho_{D}) + \alpha''\rho_{D}]\varepsilon_{D}}D_{D} - D_{L}\right\} \tag{8-20}$$

8.2.2　储量盈利平衡法

产品成本比较法要求露天开采与地下开采的产品质量相差不大，当产品质量相差较大时，可直接比较单位原矿盈利。由此提出了储量盈利平衡法，其思路是将单位工业储量的地下开采盈利作为露天开采盈利的下限，即：

$$\eta'_L u_L - \frac{\eta'_L}{r} n' b \geqslant \eta'_D u_D \tag{8-21}$$

式中　μ_L，μ_D——分别为露采与地采每吨原矿的最终盈利。

类似于产品成本比较法，其经济合理剥采比为：

$$n'_{JH} = \frac{r}{b}\left(u_L - \frac{\eta'_D}{\eta'_L} u_D\right) \tag{8-22}$$

若矿山企业的最终产品为原矿，并允许 $\alpha'_L \neq \alpha'_D$，则：

$$u_L = P'_L - a \tag{8-23}$$

$$u_D = P'_D - C_D \tag{8-24}$$

式中　P'_L，P'_D——分别为露采和地采的原矿销售价格，元/t；

　　　α'_L，α'_D——分别为露采和地采的原矿品位。

若最终产品为精矿（或其他矿产品），并允许 $\beta_L \neq \beta_D$，则：

$$u_L = K_L P_L - D_L \tag{8-25}$$

$$u_D = K_D P_D - D_D \tag{8-26}$$

式中　P_L，P_D——分别为露采和地采的所获精矿销售价格，元/t；

　　　β_L，β_D——分别为露采和地采的精矿品位。

8.2.3　盈亏平衡法

盈亏平衡法适用于矿床采用单一露天开采的情况。这时，要求露采的矿产品成本不得超过其销售价格，或者说，不允许单位工业储量的露采最终盈利小于零，以保证矿山不亏损，即：

$$\eta'_L u_L - \frac{\eta'_L}{r} n' b \geqslant 0 \tag{8-27}$$

由此可得经济合理剥采比：

$$n'_{JH} = \frac{r}{b} u_L \tag{8-28}$$

与储量盈利比较法一样，单位工业储量的盈利可以计算到原矿，也可以计算到精矿。

8.2.4　各种方法的相互关系及适用条件

本质上讲，上述 3 种方法的目的都是保证露天开采经济可行性，相互之间存在紧密联系。

从计算过程来看，如果将储量盈利平衡法当成基本形式，那么就可把其他方法看成是储量盈利平衡法的特殊形式，其原因是：

首先，储量盈利平衡法要求单位工业储量的露采最终盈利不小于地采盈利。在计算时，如果假设露采和地采单位工业储量所获得原矿的数量和质量均相同，即：$\eta_L' = \eta_D'$ 和 $\alpha_L' = \alpha_D'$，则有 $\eta_D' = \eta_L'$ 和 $P_L' = P_D'$，此时只要露天开采的原矿成本不大于地下开采，就可保证单位工业储量的露天开采最终盈利不小于地下开采盈利，即：

$$\frac{r}{b}\left[(P_L' - a) - \frac{\eta_D'}{\eta_L'}(P_D' - C_D)\right] = \frac{r}{b}(C_D - a) \tag{8-29}$$

同时，一般来说，只要所获矿石质量相同，那么不管是矿石是露天采出的还是地下采出的，其所获得的精矿数量和质量也应相同，也即当采用精矿比较法时，所获得的公式（8-30）不但与式（8-29）等价，也与储量盈利平衡法等价。

$$\frac{r}{b}\left[(K_L P_L - D_L) - \frac{\eta_D'}{\eta_L'}(K_D P_D - D_D)\right] = \frac{r}{b}\left(\frac{K_L}{K_D}D_D - D_L\right) \tag{8-30}$$

其次，由于盈亏平衡法主要用于矿床仅适用露天开采而不宜用地下开采的情况，实际就意味着地下开采的盈利为 0，即 $u_D = 0$，亦即盈亏平衡法是地下开采盈利为 0 时的储量盈利平衡法，即：

$$\frac{r}{b}\left(u_L - \frac{\eta_D'}{\eta_L'}u_D'\right) = \frac{r}{b}u_L' \tag{8-31}$$

此外，在实际投资中，投资人总是希望取得一定的经济效益，即利润。因此，当采用盈亏平衡法时，也可将式（8-27）右边的 0 变成任意一个利润值。

综上所述，可见，只要理解了储量盈利平衡法，就不难推导出其他比较法的基本原理。

根据上述分析，将盈利比较法涉及的几种计算方法理论适应条件可如表 8-1 所示，其实际应用条件可如表 8-2 所示。

表 8-1　储量盈利比较法系列计算方法及其分类

计算方法	计算公式		分类依据（适用条件）
	精　矿	原　矿	
储量盈利比较法	$\frac{r}{b}\left[(K_L P_L - D_L) - \frac{\eta_D'}{\eta_L'}(K_D P_D - D_D)\right]$	$\frac{r}{b}\left[(P_L' - a) - \frac{\eta_D'}{\eta_L'}(P_D' - C_D)\right]$	产品数量不等但质量不限
产品成本比较法	$\frac{r}{b}\left(\frac{k_L}{K_D}D_D - D_L\right)$	$\frac{r}{b}(C_D - a)$	产品数量相等并且质量相同
盈亏平衡法	$\frac{r}{b}(K_L P_L - D_L)$	$\frac{r}{b}(P_L' - a)$	不宜地下开采

表 8-2　经济合理剥采比计算方法的适用条件

计算方法	适　用　条　件		
	理论条件	技术条件	实际条件
原矿成本比较法	$\eta_L' = \eta_D'$ 及 $\alpha_L' = \alpha_D'$	$\eta_L = \eta_D$ 及 $\rho_L = \rho_D$	$\eta_L \approx \eta_D$ 及 $\rho_L \approx \rho_D$
精矿成本比较法	$\eta_L' K_L = \eta_D' K_D$ 及 $\beta_L = \beta_D$	$\eta_L = \eta_D$ 及 $\varepsilon_L = \varepsilon_D$	$\eta_L \approx \eta_D$ 及 $\varepsilon_L \approx \varepsilon_D$
储量盈利比较法	$\eta_L' \neq \eta_D'$ 或 $\eta_L' K_L' \neq \eta_L' K_D$	$\eta_L \neq \eta_D$	$\eta_L > \eta_D$

另外，依据储量盈利比较法系列的计算原理，还可以推导出该系列中适用于多矿种矿

床及有副产矿物矿床的经济合理剥采比计算公式。

经济合理剥采比的方法还有储量成本比较法和费用收入比较法两大系列，这两大系列计算方法对应于不同的经济效果。

8.3 境界剥采比的计算方法

境界剥采比的计算方法有许多种，分别适用于不同技术特征的矿床，不过这些计算方法的原理是一致的。一般认为，倾斜及急倾斜矿床的长露天矿（露天矿的长宽比大于 4 的露天矿）是最具有代表性的，掌握好这种露天矿境界剥采比的计算方法，稍加推广就可以对其他类型露天矿的经济剥采比进行计算。

对于倾斜及急倾斜矿床的长露天矿，一般运用投影线段比法原理，在其横断面图上计算境界剥采比，其计算原理如下所述。

图 8-3 以地形平坦的规则矿体为例，表达了投影线段比法原理。由图 8-3 可知，矿体水平厚度为 m，倾角为 α，露天开采境界的顶、底帮边坡角分别为 γ 和 β，$abcd$ 和 $a_1b_1c_1d_1$ 分别是深度 H 和 $H-\Delta H$ 的境界，ag 和 dh 为 cc_1 的平行线。为了确定境界剥采比，需要分别计算四边形 b_1c_1cb、aa_1b_1b 和 d_1dcc_1 的面积 ΔA、ΔV_1 和 ΔV_2。根据几何关系，有：

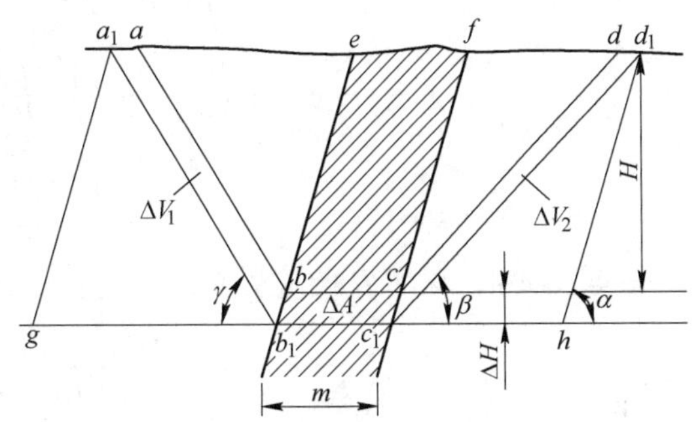

图 8-3 投影线段比法原理

$$\Delta A = m \cdot \Delta H$$

$$\begin{aligned}\Delta V_1 &= \Delta abe - \Delta a_1b_2e \\ &= \frac{1}{2}H(\cot\gamma + \cot\alpha) - \frac{1}{2}(H - \Delta H)(\cot\gamma + \cot\alpha)(H - \Delta H) \\ &= (\cot\gamma + \cot\alpha)H \cdot \Delta H - \frac{1}{2}(\cot\gamma + \cot\alpha)\Delta H^2\end{aligned}$$

$$\Delta V_2 = \Delta dcf - \Delta d_1c_2f = (\cot\beta - \cot\alpha)H \cdot \Delta H - \frac{1}{2}(\cot\beta - \cot\alpha)\Delta H^2$$

由此可得岩石增量与矿石增量之比值：

$$\begin{aligned}\frac{\Delta V}{\Delta A} &= \frac{\Delta V_1 + \Delta V_2}{\Delta A} \\ &= \frac{(\cot\gamma + \cot\alpha)H + (\cot\beta - \cot\alpha)H - (\cot\gamma + \cot\beta)\Delta H/2}{m}\end{aligned}$$

当 $\Delta H \to 0$ 时，可得境界剥采比：

$$\begin{aligned}n_j &= \frac{(\cot\gamma + \cot\alpha)H + (\cot\beta - \cot\alpha)H}{m} \\ &= \frac{ae + df}{bc}\end{aligned}$$

$$= \frac{gb + ch}{bc} \tag{8-32}$$

式（8-32）表明，境界剥采比 n_j 可用线段（$gb+ch$）与 bc 的长度之比来确定。

一般情况下用投影线段比法计算境界剥采比的步骤如下：如图 8-4 所示，首先绘出深度 H 的露天开采境界 $abcd$，它交地表于 a、d 两点，交分支矿体于 e、f、g、h 诸点；再确定境界底部的延深方向，即将本水平一侧下部境界点 c 与上水平同侧下部境界点 c_0 相连，得投影方向线 cc_0；然后，依次从 a、e、f、g、h 和 d 作 cc_0 的平行线，交水平线 bc 于 a_1、e_1、f_1、g_1、h_1 和 d_1。

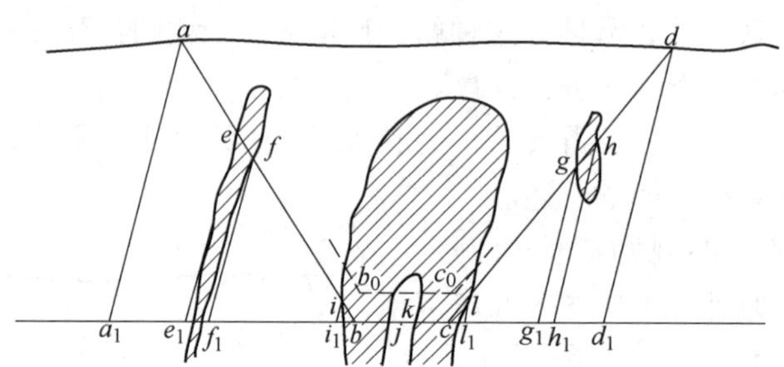

图 8-4 投影线段比法

根据图 8-4，深度 H 的境界剥采比为：

$$n_j = \frac{a_1e_1 + f_1b + cg_1 + h_1d_1}{e_1f_1 + g_1h_1 + bc} \tag{8-33}$$

该公式是储量境界剥采比的计算公式，简化后为：

$$n_j = \frac{(\cot\gamma + \cot\beta)H}{m} \tag{8-34}$$

将公式（8-34）代入公式（8-10），可以得到原矿境界剥采比的计算公式：

$$n_j' = \frac{(\cot\gamma + \cot\beta)H + m}{m\eta'} - 1 \tag{8-35}$$

可见，长露天矿的境界剥采比是利用各横断面图分段计算的，一般来说，每个分段结果存在一定的差异，需要在后期设计过程中加以处理。

对短露天矿，其境界剥采比可以在平面图上进行整体计算，这种境界剥采比的计算方法称为平面图法。平面图法的实质是将露天开采境界中岩体区域与矿体区域分别投影到一个平面上，从而实现将三维空间转化为二维空间，是一种投影面积比法，其原理如图 8-5 所示。

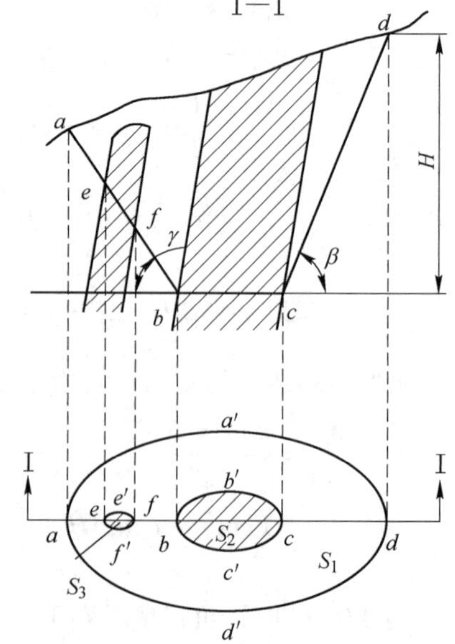

图 8-5 平面图法原理

值得注意的是，随着矿业软件的不断发展，基于矿体三维模型直接计算境界剥采比的方法也在实际设计过程中得到了越来越多的认可和应用。

8.4 确定露天矿开采境界的原则

露天开采境界的大小决定了露天矿采矿量和剥离量的多少。随着露天开采境界的延深和扩展，在采矿量增加的同时剥离量也大幅度增加，从而导致剥采比不断增大。因此，露天开采境界的确定，实质上是对剥采比的大小加以控制，使之不超过经济合理剥采比。然而，究竟要控制哪一种剥采比，存在许多不同观点，但目前常用的是控制境界剥采比、平均剥采比和生产剥采比三种原则。

8.4.1 境界剥采比不大于经济合理剥采比原则

该原则的实质是，露天开采境界向下延深时，露天开采的边界经济效益不劣于地采经济效益。该原则的技术经济目标是使整个矿床的开采盈利最大。

设有最大埋深为 H_0 的规则矿床，其横断面如图 8-6 所示。矿床上部和下部分别采用露天开采和地下开采，其开采盈利可以表示为露天开采境界深度 H 的函数 $u(H)$，即：

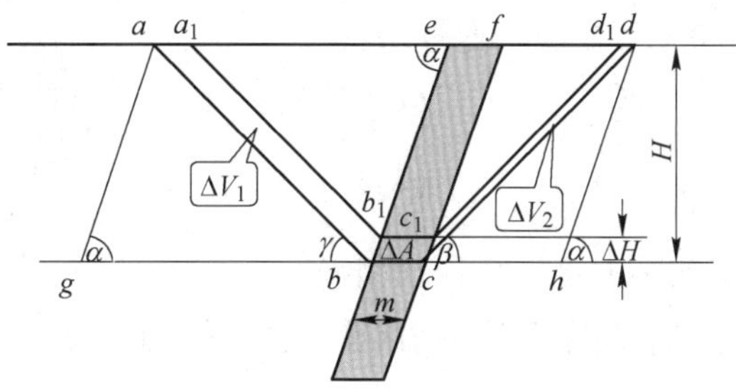

图 8-6 $n_j \leqslant n_{JH}$ 原则的实质

$$u(H) = mHr\eta'_L u_L - [(\cot\gamma + \cot\beta)H^2/2 + (1 - \eta'_L)Hm]b + (H_0 - H)mr\eta'_D u_D \tag{8-36}$$

函数 $u(H)$ 的一阶导数和二阶导数分别为：

$$\frac{du}{dH} = mr\eta'_L u_L - mr\eta'_D - [(\cot\gamma + \cot\beta)H + (1 - \eta'_L)m]b \tag{8-37}$$

$$\frac{d^2u}{dH^2} = -(\cot\gamma + \cot\beta)b < 0 \tag{8-38}$$

由上式可知，$u(H)$ 有极大值。令 $du/dH=0$，可以获得使 $u(H)$ 达到最大值的露天开采境界最佳深度，并由此可以得出开采境界最佳深度所对应的技术经济条件：

$$\frac{(\cot\gamma + \cot\beta)H + m}{m\eta'_L} - 1 = \frac{r}{b}\left(u_L - \frac{\eta'_D}{\eta'_L}u_D\right) \tag{8-39}$$

上式等号左边和右边分别为原矿境界剥采比和由盈利比较法确定的经济合理剥采比。

目前，国内外普遍运用 $n_j \leqslant n_{JH}$ 原则来圈定露天开采境界。但是，对于某些覆盖层较厚或不连续的矿体，这一原则不适用。如图 8-7 所示的矿体，*abcd* 是按这一原则确定的露天开采境界，但其平均剥采比大于经济合理剥采比，这意味着该境界在经济上明显不合理。

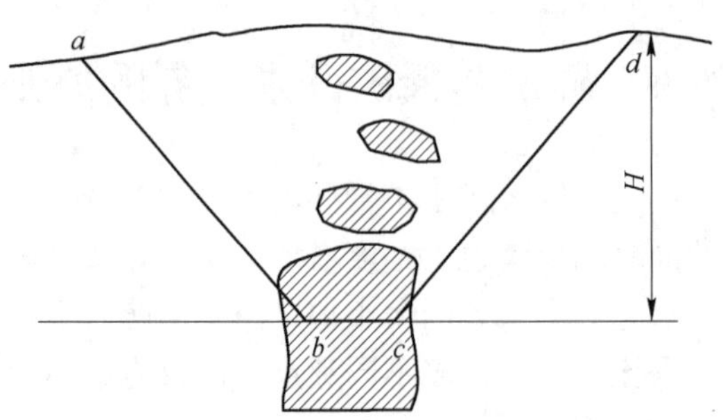

图 8-7　不宜用 $n_j \leqslant n_{JH}$ 原则的矿体

8.4.2　平均剥采比不大于经济合理剥采比原则

这一原则是针对露天开采境界内的全部矿岩量而言，要求露天开采的总体经济效果不劣于地下开采。如图 8-8 所示，设 *abcd* 是露天开采境界，境界内矿石量为 A、岩石量为 V，$\eta_L = \eta_D$，$\rho_L = \rho_D$ 和 $\eta'_L = \eta'_D = 1$。根据原矿成本比较法：

$$Ara + Vb \leqslant ArC_D \tag{8-40}$$

$$\frac{V}{A} = \frac{r}{b}(C_D - a) \tag{8-41}$$

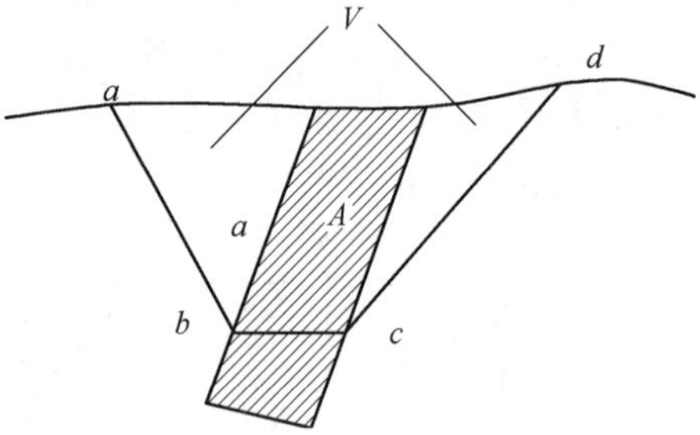

图 8-8　$n_p \leqslant n_{JH}$ 原则的实质

可以证明，平均剥采比不大于经济合理剥采比原则的技术经济目标是在满足露采的平均经济效果不劣于地采的条件下，使划归露天开采境界的矿石储量最大。

显然，由于在实际生产过程中，生产剥采比是不断发生变化的，因此，必然会有出现某些时期的经济效果劣于地下开采。

$n_p \leqslant n_{JH}$ 原则可以与 $n_j \leqslant n_{JH}$ 原则联合使用。对于某些覆盖层厚度大或不连续的矿体，按 $n_j \leqslant n_{JH}$ 原则圈出开采境界后，还要核算该境界内的平均剥采比，看它是否满足 $n_p \leqslant n_{JH}$ 原则。此外，对于某些贵重或稀有矿物的高价值矿床或小型矿山，为了尽量采用露天开采以减少矿石的贫化损失，可以运用这个原则来确定开采境界，借以扩大露天开采范围。

8.4.3　生产剥采比不大于经济合理剥采比原则

生产剥采比可以反映露天矿生产的实际剥采比。因此按 $n_j \leqslant n_{JH}$ 原则确定开采境界，可以使露天矿任何生产时期的经济效果都不劣于地下开采。该原则中的生产剥采比，可以是均衡生产剥采比，也可以是非均衡的生产剥采比，即时间剥采比。

按该原则圈定的露天开采境界比按 $n_p \leqslant n_{JH}$ 原则圈定的小，而较按 $n_j \leqslant n_{JH}$ 原则圈定的要大。因此，随之而来的初始剥离量和基建投资也较大。另外，由于生产剥采比的概念不易明确界定，加之它与采深的关系较为复杂而不易把握，因而与该原则相应的设计方法的可操作性较差。鉴于上述原因，这个原则很少采用。

8.4.4 其他原则

除了上述三种原则以外，增量剥采比不大于经济合理剥采比和最小平均剥采比不大于经济合理剥采比两个原则也可用于开采境界的分析。

其中，最小平均剥采比适用于分期开采中矿床初期开采境界的圈定。但是，由于矿床露天开采的最小平均剥采比并不总是存在，这一原则的使用不具有普遍性。

8.5 露天开采境界的确定

8.5.1 露天开采境界的影响因素

确定露天矿开采境界的范围就确定了露天矿采出矿量和剥离岩量的数量，关系着矿床的生产能力和经济效益，并影响着露天矿开采程序和开拓运输。因此，合理确定露天开采境界是矿床开采设计的首要任务，其既是一个技术问题，也是一个经济问题。

影响露天开采境界的因素很多，归纳起来有以下三个方面：

（1）自然因素。包括矿体埋藏条件和矿床勘探程度及储量等级，矿石和围岩的物理力学性质及工程地质条件，矿区地形和水文地质条件。

（2）经济因素。包括矿石的质量和价值，原矿和精矿成本及售价，基建投资和建设期限，国家及地区经济发展的方针及政策。

（3）技术组织因素。主要是指露天开采与地下开采的技术水平、装备水平和发展趋势，以及制约和促进其应用推广的技术与组织条件。

露天开采境界不是一成不变的，经常会随着矿产品市场需求量和价格变化、采矿技术水平提高以及国家政策的变化而发生变化。

确定露天开采境界是在露天矿主要生产设备、生产工艺及工艺参数、露天矿剥采程序、开拓运输方式、线路参数等初步拟定以后进行的。

确定露天开采境界的方法，因矿床的赋存条件不同而异。下面仅以倾斜和急倾斜矿床为对象，介绍设计中广泛应用的按 $n_j \leqslant n_{JH}$ 原则确定露天开采境界的方法和步骤。

8.5.2 露天矿最终边坡角的选取

露天矿最终边坡角对露天矿的生产、安全与经济效果都有很大影响。过小的边坡角，将增加剥岩量，使剥采比增大，从经济效果来考虑，希望边坡角尽可能大些。然而，过大的边坡角将导致边坡稳定性下降甚至失稳，影响生产安全。因此，露天矿的最终边坡角，要同时满足经济技术要求和边坡稳定性条件，并尽量减少剥离量。

边坡稳定性条件是指根据边坡岩体的性质、工程地质和水文地质条件，通过稳定性分析计算，确定能保证边坡稳定的边坡角。在境界设计阶段，一般是参照类似矿山实际资料选取稳定的边坡角，并用已有的资料对其稳定性进行初步分析和简要计算。

关于开采技术条件，是指按边坡的构成要素确定最终边坡角。露天矿最终边坡由最终台阶，即非工作台阶组成，如图 8-9 所示。

图 8-9 中，最终台阶坡面角 α_t，安全平台、清扫平台、运输平台和出入沟的宽度 a、

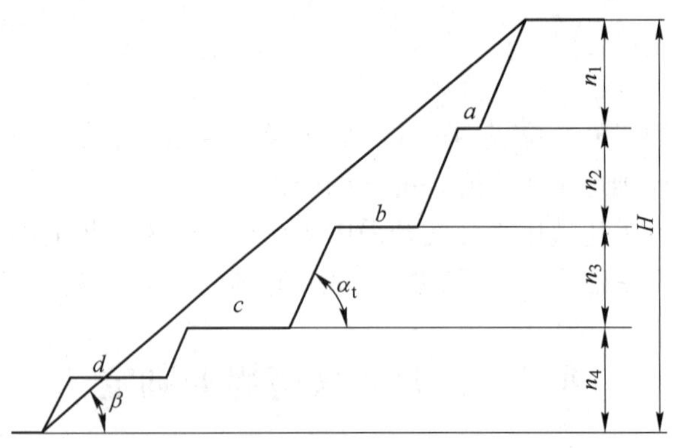

图 8-9 露天矿的边坡组成

b、c 和 d，以及相应平台数 n_1、n_2、n_3 和 n_4，台阶高度 h 等参数确定之后，符合开采技术条件的最终边坡角 β 可用式（8-42）计算：

$$\tan\beta = \sum_1^n h \Big/ \left(\sum_1^n h\cot\alpha_t + \sum_1^{n_1} a + \sum_1^{n_2} b + \sum_1^{n_3} c + \sum_1^{n_4} d \right) \tag{8-42}$$

式中 n——最终台阶数目。

对于急倾斜矿体，按上式计算的边坡角不得大于也不应过分小于按安全稳定条件确定的最终边坡角；对于缓倾斜矿体，若矿体倾角小于安全稳定边坡角，则底帮最终边坡角应等于矿体倾角，以便充分采出靠近下盘的矿石。

安全平台宽度一般不小于 3m；清扫平台的宽度要保证清扫运输设备正常工作，通常大于 6m；运输平台宽度取决于运输设备类型、规格和线路数目，可按有关设计规范和设计资料选取，当运输平台与安全平台或清扫平台重合时，其宽度要增加 1~2m。

此外，实践经验表明，如果设置的安全平台和清扫平台宽度较小，则易受到邻近边坡爆破作用而破坏，从而达不到预先设计的宽度，以致不能发挥应有的作用。因此，采用预裂爆破并段，即把 2~3 个台阶的坡面有控制地连成一体，然后设置一个宽度达 10~12m 的清扫平台，实现更有效拦截和清扫落石。但是，如果边坡稳定性较差，并段后的台阶常发生滑坡或塌落，则不宜并段。

8.5.3 确定露天矿底部宽度和位置

露天矿的最小宽度，应满足采掘运输设备在底部正常运行与安全作业的要求。如采用汽车运输，回返式调车时，露天矿最小底宽为：

$$B_{\min} = 2(R_{\mathrm{cmin}} + 0.5b_{\mathrm{c}} + e) \tag{8-43}$$

式中 R_{cmin}——汽车最小转弯半径，m；

b_{c}——汽车宽度，m；

e——汽车距边坡的安全距离，m。

若矿体厚度小于最小底宽，则境界底部取最小底宽；若矿体厚度比最小底宽大得不多，则取矿体厚度；若矿体厚度远大于最小底宽，则取最小底宽。

露天矿底部位置沿水平方向移动时，开采境界内的矿岩量及平均剥采比也随之变化。因此，在无其他特别要求的情况下，露天矿底应置于使平均剥采比最小的位置，且尽可能布置在矿体中间。

8.5.4 确定露天矿开采深度

确定露天矿开采境界的原则实质上是确定露天矿合理开采深度的理论依据。确定开采深度的方法为方案分析法，具体操作步骤如下：

（1）在地质横断面图上初步拟定开采深度。在各横断面图上，根据已确定的最终边坡角和底宽，选择适当的底部位置作出若干个不同深度的开采境界方案（见图 8-10）。当矿体埋藏条件简单时，开采深度方案可少取一些；矿体形态复杂时，开采深度方案应多取一些，并且必须包括矿体水平厚度有明显变化的深度。应当注意，当横断面与矿体走向非正交时，该横断面图上的最终边坡角实际上是伪倾角。用线段比法计算各深度方案的境界剥采比。将各方案的境界剥采比与开采深度的关系绘成曲线（图 8-11），再绘出表示经济合理剥采比的水平线，两线交点的横坐标 H_j 就是该断面所寻求的理论开采深度。

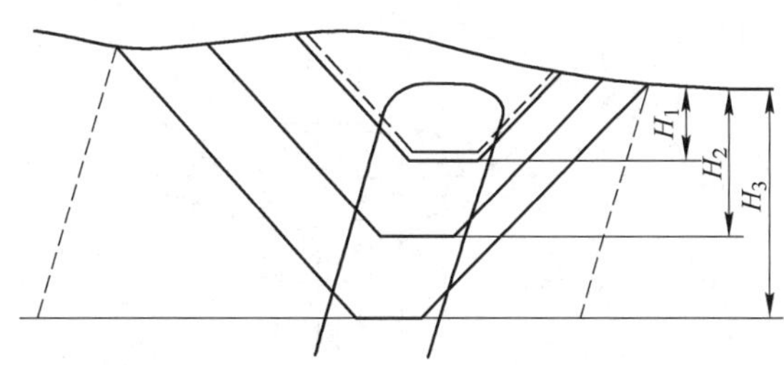

图 8-10 长露天矿开采深度的确定

（2）在地质纵断面图上调整露天矿底部标高。由于各横断面上的矿体厚度和地面标高不同，相应的理论开采深度也不一致。将这些开采深度投影到地质纵断面图上，连接各点得到一条不规则的折线（图 8-12 中的虚线），即理论上的露天矿底。为了便于开采和布设运输线路，露天矿底部应设计成平面，因此，底部在纵断面图上应调整为同一标高的水平线或由数段不同标高水平线连成的阶梯形折线。调整的原则是使划入和划出的开采境界的矿岩量基本平衡。图 8-12 中水平粗实线便是调整后的设计开采深度。

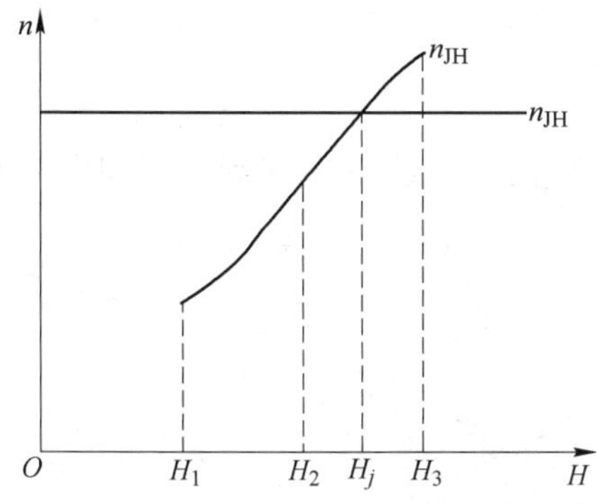

图 8-11 境界剥采比与深度的关系曲线

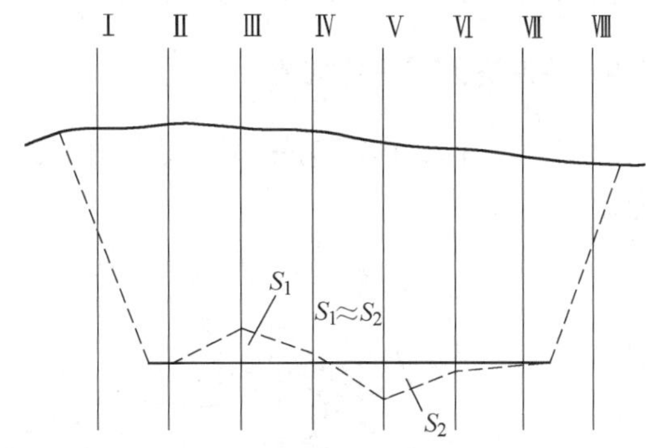

图 8-12 在地质纵断面图上调整露天矿底平面标高

8.5.5 确定端帮位置

露天矿开采深度或底部标高确定之后，在各地质横剖面上按修正后的开采境界可确定露天矿侧帮（坡底）位置，而端帮（坡底）位置需要在矿床端部的纵剖面上确定，见图 8-13。

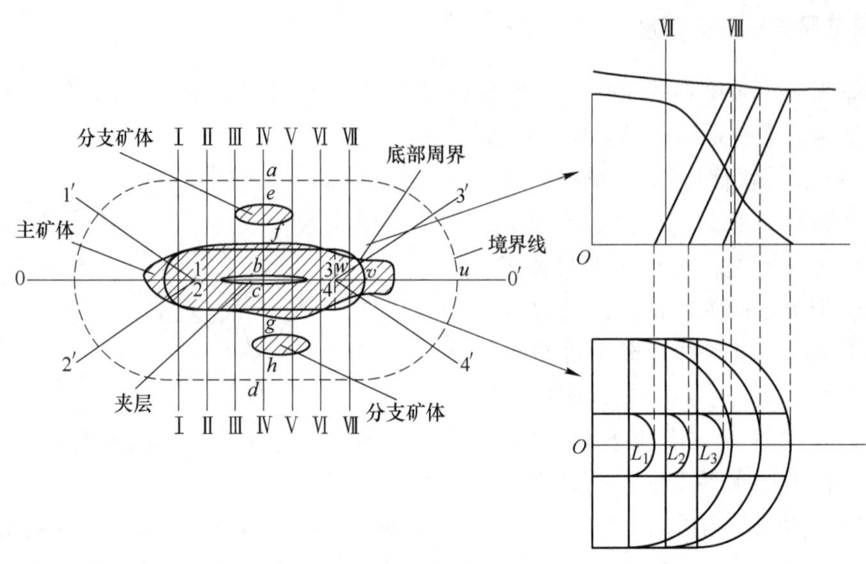

图 8-13 端帮位置的确定

横剖面境界设计主要是确定境界开采深度，纵剖面境界设计则是在调整后的底部标高上确定境界端部位置。或者说，横剖面境界设计主要是确定（中部）开采境界在垂直方向上的位置，纵剖面境界设计则是限定（端部）开采境界在水平方向上的位置。

在纵剖面上确定开采境界端帮位置通常采用方案分析法。类似于在地质横剖面上确定开采境界合理深度，其方案分析法是在纵剖面图上沿开采境界底部标高水平方向拟定若干个开采境界端帮衔接位置方案，采用平面图法计算各衔接位置方案的端帮境界剥采比，绘制端帮境界剥采比和经济合理剥采比与端帮衔接位置的关系曲线，两曲线交点的横坐标就是纵剖面上合理的开采境界端帮位置。

8.5.6 绘制露天矿底部周界

根据设计开采深度和底部宽度，确定露天矿底平面，并绘制底部周界，如图 8-14 所示。

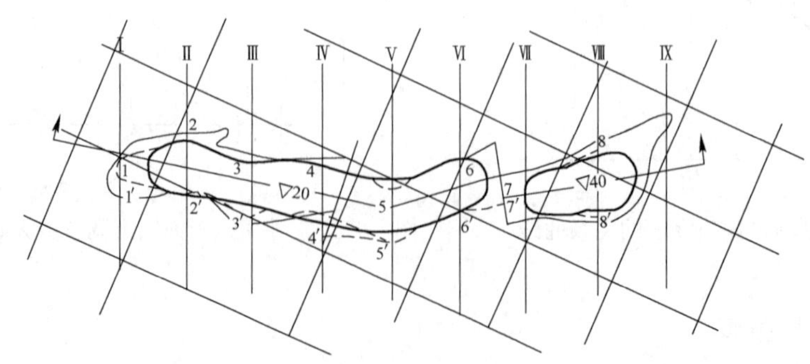

图 8-14 底部周界的确定

Ⅰ~Ⅸ—剖面线；————理论周界；—— —最终设计周界

（1）按调整后的露天矿底部标高，绘制该水平的地质分层平面图。

（2）在各横断面、纵断面、辅助断面图上，按确定的设计开采深度，绘制露天开采境界。

（3）将各断面图上的露天矿底部位置（底部两侧的端点）分别投影到分层平面图上，依次连接各点，得出理论上的底部周界（图 8-14 中的虚线）。

（4）为了能正常进行采装和运输工作，初步得出的理论周界尚需按以下要求加以修正，即：底部周界要尽量平直，弯曲部位的曲率半径要适应运输设备的技术性能；底部长度应保证运输道路的展线符合技术标准。

按上述步骤绘制的露天矿底部周界便是设计的底部周界，如图 8-14 中的实线所示。

8.5.7 绘制露天矿开采终了平面图

至此，露天开采境界的三个组成要素已全部确定，在此基础上便可绘制露天矿开采终了平面图。以 CAD 绘图为例，其步骤如下：

（1）根据已确定底部周界绘制标准的底部周界设计图，并标注底平面标高和核准底平面位置。

（2）按照相应的基点将底部周界复制到地形图上，并根据边坡组成要素，从底部周界开始由里向外依次绘出各个台阶的坡底线（见图 8-15）。在绘制过程中，要注意台阶坡底线与等高线之间的关系。显然，凹陷露天矿的各台阶坡底线在平面图上是闭合的；山坡露天矿的台阶坡底线不能闭合，其末端应与同标高的地形等高线交接。

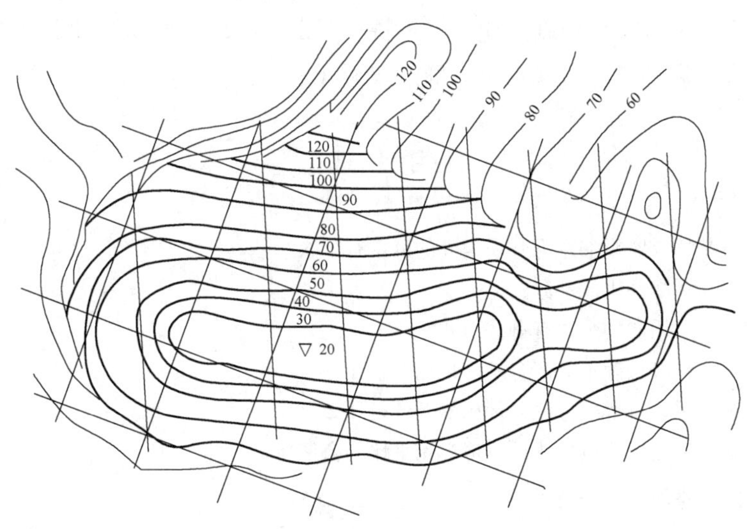

图 8-15 初步圈定的露天矿开采终了平面图

（3）在平面图上布置开拓运输路线，即定线。

（4）从底部周界开始，由里向外依次绘出各个台阶的坡面和平台。与此同时，在布置开拓坑线的边帮上，绘出台阶间相互沟通的倾斜运输平台（见图 8-16）。

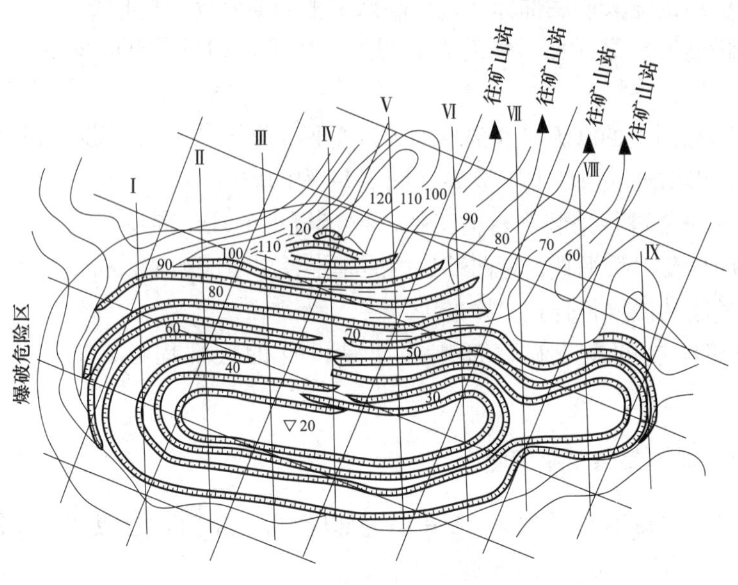

图 8-16　露天矿开采终了平面图

当开拓运输系统简单或设计经验丰富时，以上各步骤可以合并一次完成。即绘出露天矿底部周界后，根据定线方案，自里向外直接绘出各台阶的平台、坡面及出入沟，一步绘出露天矿开采终了平面图。

（5）检查和修正绘制的露天矿开采境界。由于原定的露天开采境界，特别是布置开拓坑线的边帮，常受开拓运输路线的影响，致使边坡角变缓，剥采比增大。因此，要重新计算和校核其境界剥采比和平均剥采比，若不符合要求，应根据具体条件调整开拓运输系统或采剥程序，进行局部修改，甚至重新确定露天开采境界。

习　题

8-1　什么叫露天开采境界？影响露天开采境界的因素有哪些？

8-2　露天开采境界包括哪些组成部分？

8-3　什么是剥采比？常用的剥采比有哪些形式？

8-4　如何用产品成本比较法确定经济合理剥采比？

8-5　确定经济合理剥采比有哪些方法，使用的条件是什么？

8-6　对于长露天矿，证明用线段比法计算境界剥采比的合理性。

8-7　简述确定露天开采境界的基本步骤。

本章参考文献

[1] 张世雄．矿物资源开发工程［M］．武汉：武汉工业大学出版社，2000.

[2] 李宝祥．金属矿床露天开采［M］．北京：冶金工业出版社，1992.

[3] 中国矿业学院．露天采矿手册［M］．北京：煤炭工业出版社，1986.

[4]《采矿设计手册》编委会．采矿设计手册［M］．北京：中国建筑工业出版社，1987.

[5]《采矿手册》编委会，采矿手册［M］. 北京：冶金工业出版社，1990.

[6] 陈遵. 露天矿设计原理［M］. 长沙：中南工业大学出版社，1991.

[7] Crawford, Hustrulid. Open Pit Mine Planning and Design［M］. Society of Mining Engineering, 1979.

[8] 王青，王智静. 露天开采整体优化［M］. 北京：冶金工业出版社，2000.

[9] 高永涛，吴顺川. 露天采矿学［M］. 长沙：中南大学出版社，2010.

9 矿床露天开拓

9.1 概　　述

露天矿开拓就是建立地面到露天采场各工作水平以及各工作水平之间的矿岩运输通道，实现采矿场、受矿点、废石场、工业场地之间的运输联系，形成开发矿床的合理运输系统。露天矿床开拓的主要研究内容包括开拓运输方式、开拓坑线位置及其布置形式，其目的是保证矿山持续生产。

露天矿床开拓与运输方式和矿山工程的发展有着密切联系，而运输方式又与矿床地质地形条件、开采境界、生产规模、受矿点、废石场位置以及运输工业发展状况等因素有关。因此，露天矿床开拓问题的研究，实质上是研究整个矿床开发的程序，综合解决露天矿场主要参数确定、工作线推进方式、矿山工程延深方向、剥采的合理顺序和新水平准备等一系列问题，以建立合理的矿床开发运输系统。

按运输方式不同，露天矿开拓可以分为：公路运输开拓、铁路运输开拓、公路—铁路联合开拓、平硐溜井开拓、胶带运输开拓和斜坡提升开拓等。其中公路—铁路联合开拓、平硐溜井开拓、胶带运输开拓和斜坡提升开拓可视为联合开拓。

9.2 露天矿开拓方法

9.2.1 公路运输开拓

公路运输开拓采用的主要设备是汽车，故也称为汽车运输开拓。其坑线布置形式有直进式、回返式、螺旋式以及多种形式相结合的联合方式。

9.2.1.1 直进式坑线开拓

当山坡露天矿高差不大、地形较缓、开采水平较少时，可采用直进式坑线开拓，如图9-1 所示。运输干线一般布置在开采境界外山坡的一侧，工作面单侧进车。

当凹陷露天矿开采深度较小，采场长度较大时，也可采用直进式坑线开拓。公路干线一般布置在采场内矿体的上盘或下盘的非工作帮上。条件允许时，也可在境界外用组合坑线进入各开采水平。但由于露天矿采场长度有限，往往只能局部采用直进式坑线开拓。

9.2.1.2 回返式坑线开拓

当露天矿开采相对高差较大、地形较陡，采用直进式坑线有困难时，常采用回返式坑线开拓，或采用直进—回返联合坑线开拓，如图 9-2 所示。

山坡露天矿开拓干线在基建时期应修筑到最上一个开采水平。开拓线路一般沿自然地形在山坡上开掘单壁路堑，随着开采水平不断下降，上部坑线逐渐废弃或消失。在单侧山

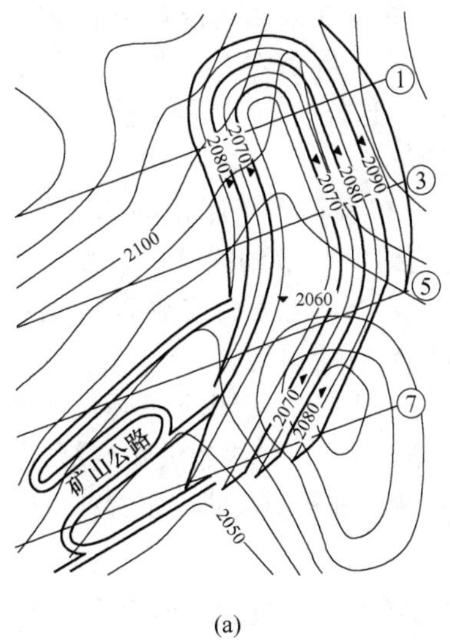

(a)

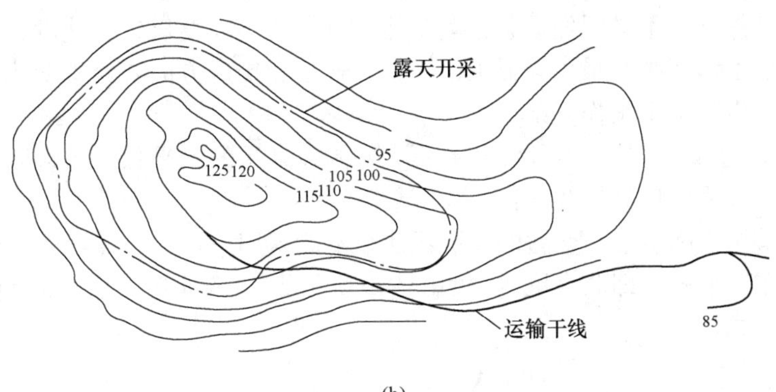

(b)

图 9-1　直进式公路开拓系统示意图

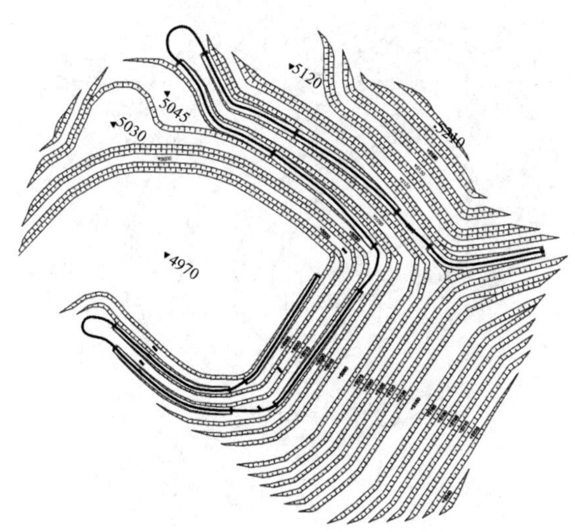

图 9-2　露天矿直进—回返坑线开拓

坡地形条件下，坑线应尽量就近布置在采场端帮开采境界以外，以保证干线位置固定且矿岩运输距离较短。在采场位于孤立山峰条件下，则应将坑线布置在开采工作面推进方向的对侧山坡（即非工作山坡一侧），这样，多水平同时推进时，可以保证下部工作面推进不会切断上部开采台阶的运输通道。

凹陷露天矿的回返坑线一般布置在采场底帮的非工作帮上，可使开拓坑线离矿体较近，基建剥岩量较小，缩短基建时间，节约投资。若坑线布置在采场顶帮的非工作帮上时，则与上述相反。只有当底帮岩石不稳固，或地形不允许，或为了减少矿岩接触带的矿石损失贫化时，才将坑线布置在采场的顶帮。

回返坑线开拓适应性较强，应用较广。但由于回返坑线的曲线段必须满足汽车运输要求（如线路内侧加宽、转弯半径要求等），使最终边坡角变缓，从而使境界的附加剥岩量增加。因此，应尽可能减少回头曲线数量，并将回头曲线布置在平台较宽或边坡较缓的部位。

9.2.1.3 螺旋坑线开拓

螺旋坑线开拓一般用于深凹露天矿。坑线从地表出入沟口开始，沿着采场四周最终边帮以螺旋线向深部延伸。由于没有回返曲线段，扩帮工程量较小，而且螺旋线的曲率半径大，汽车运行条件好，不必因经常急剧改变运行方向而不断变换运行速度，因而线路通过能力大。但回采工作面必须采用扇形工作线，其长度和推进方向要经常变化，且各开采水平相互影响，使生产组织工作复杂。

当采场面积较小，且长、宽尺寸相差不大，同时开采的水平数较少，以及采场四周岩石比较稳固时，可采用螺旋坑线开拓。

由于露天采场空间一般是变化的，坑线往往不能采用单一的布置形式，而多采用两种或两种以上的布置形式，即联合坑线。如图9-3所示为上部回返，下部螺旋的回返—螺旋联合坑线开拓方式。

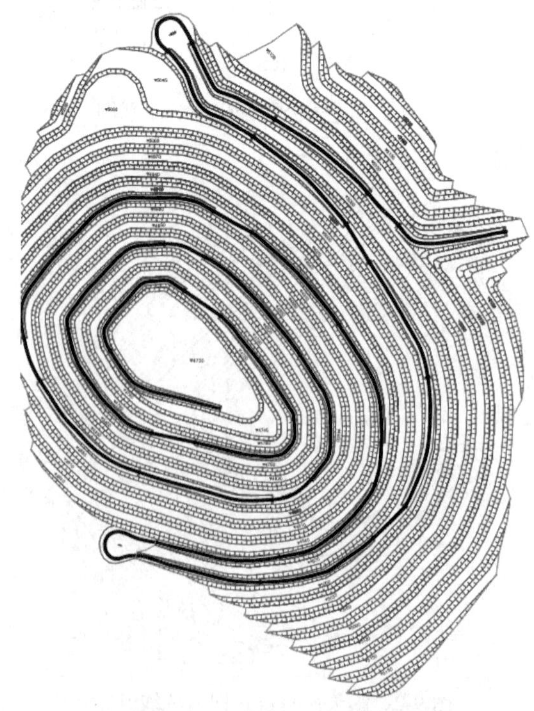

图9-3 回返—螺旋联合坑线开拓

9.2.1.4 公路运输开拓的出入沟口与连接平台

（1）出入沟口。公路开拓的坑线出入沟口应尽量设置在工程地质条件较好、地形标高较低、距工业场地及矿、岩接受点较近的地方；应避免和减少重载汽车在采场内作相反方向运行及无谓增加上坡距离，尽可能使矿石及岩石的综合运输功最小，所需运输设备数量少。当废石场的位置分散和为了保证露天矿的生产能力，以及为使空、重车顺向运输时，在服务年限较长的露天矿可采用多出入沟口。多出入沟口使坑线增加，因此，出入沟口的数目应根据矿山规模、矿山总平面布置及生产需要综合进行技术经济分析后确定，一般数目不宜过多。出入沟口的典型布置形式如图 9-4 所示。

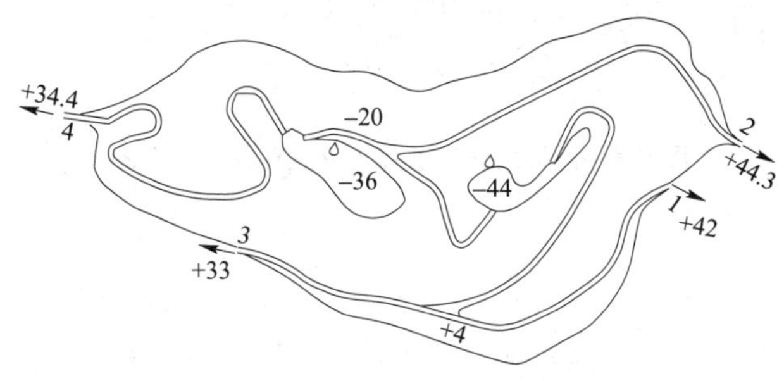

图 9-4 典型出入沟口布置示意图

（2）连接平台。开拓坑线一般采用较大的坡度以缩短运距，但重载汽车长距离上坡或下坡运行时，容易使发动机和制动装置过热而引起机械损坏，发生事故。为了保证行车安全，延长汽车使用寿命，满足坑线坡长限制的要求，以及便于从坑线向各采剥台阶引入运输线路，故应在开拓坑线与各台阶交汇处设置长度 40～60m、坡度不超过 3%的平坡或缓平坡，这就是连接平台，也称缓和坡段。

9.2.2 铁路运输开拓

铁路运输是一种较为经济的开拓方式，在采场面积大且高差小的露天矿较为适用。铁路运输牵引机车爬坡能力小，每个水平的出入沟和折返站所需线路较长，转弯曲线半径很大，故不适用于采场面积小、高差较大的露天矿开拓。因此，随着露天矿开采深度加大，铁路开拓布线困难，运输条件较差，铁路运输已不是露天矿的主要开拓方式。

9.2.2.1 坑线位置

铁路运输开拓采用较多的坑线形式为直进式、折返式和直进—折返式，不宜采用移动坑线和回返坑线。

山坡露天矿的坑线位置，主要取决于地形条件和工作线的推进方向。当地形为孤立山峰时，通常将坑线布设在工作帮的背面山坡上；当地形为延展式山坡时，通常将坑线布设在采场的一侧或两侧。山坡露天矿常采用直进式或直进—折返式布置。图 9-5 为歪头山露天铁矿上部开拓系统示意图。

凹陷露天矿的坑线布置形式主要取决于采场的大小与形状、工作线的推进方向和生产规模。通常将坑线布设在底帮或顶帮上，但有时为了减少折返次数，也可将上部折返坑线改造成螺旋坑线。图 9-6 为凹陷露天矿顶帮固定直进—折返坑线开拓系统。

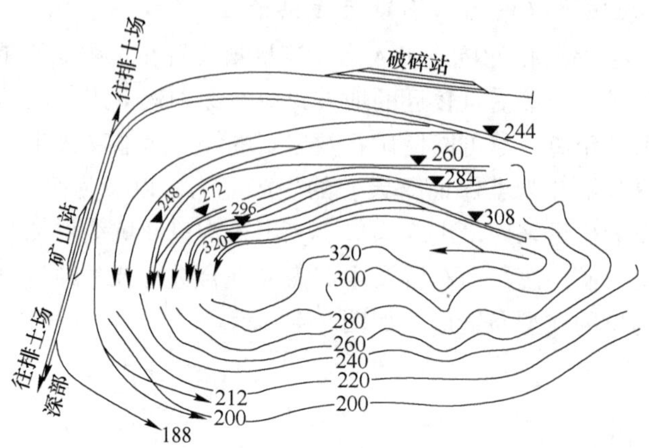

图 9-5 歪头山铁矿上部折返铁路开拓示意图

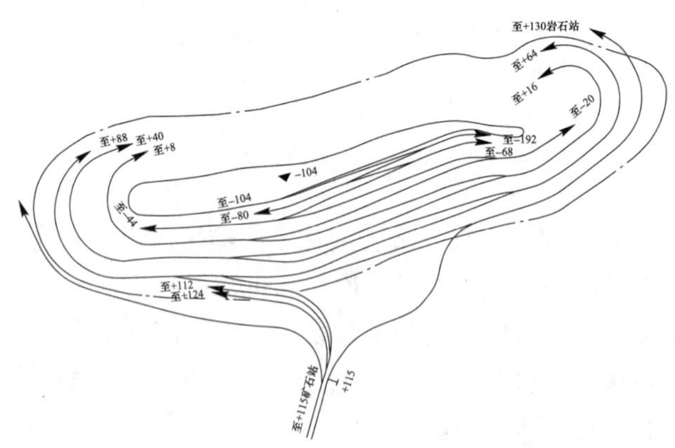

图 9-6 凹陷露天矿顶帮固定直进—折返坑线开拓

大多数露天矿先是山坡开采后转为凹陷露天开采。故确定坑线位置时，既要考虑总平面布置的合理性，又要照顾以后向凹陷露天矿的过渡，力争使线路特别是站场的移设和撤除工程量最小。

9.2.2.2 线路数目及折返站

根据露天矿的年运输量，开拓沟道可铺设单线或双线。大型露天矿年运输量超过700×10^4t 时，多采用双干线开拓，其中一条为重车线，另一条为空车线；年运量小于该值时，则采用单干线开拓。

折返站设在出入沟与开采水平的连接处，供列车换向和会让之用。折返站的布置形式较多，图 9-7 为单干线开拓、工作水平为尽头式运输的折返站。

环形运输折返站的附加剥岩量较大，但当台阶上有两台以上挖掘机同时作业时，相互干扰较小。采用双干线开拓时，折返站的布置形式分为燕尾式和套袖式，如图 9-8 所示。燕尾式折返站站场长度和宽度相对较小，线路通过能力也相对较小；套袖式折返站线路的通过能力大，站场的长度和宽度均比燕尾式大。

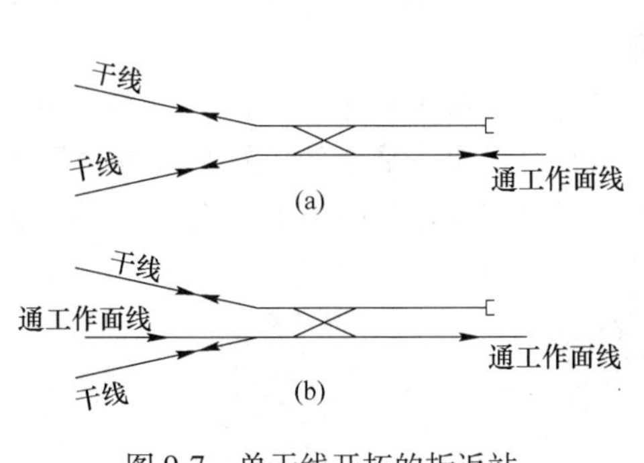

图 9-7 单干线开拓的折返站
（a）尽头式折返站；（b）环行式折返站

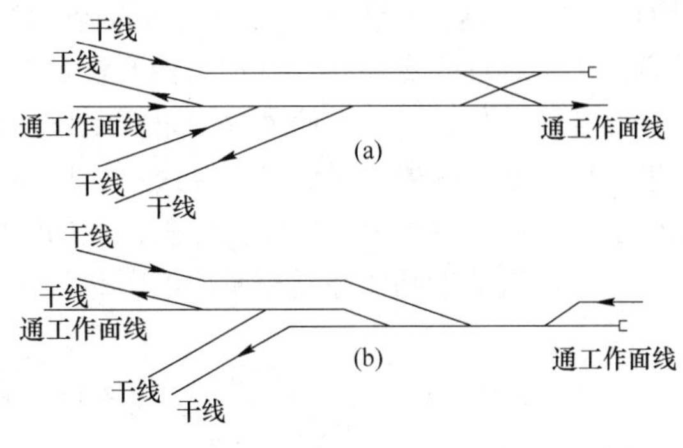

图 9-8 双干线开拓的折返站
（a）燕尾式；（b）套袖式

9.2.3 公路-铁路联合开拓

为了增加铁路开拓的适应性，可考虑采用公路与铁路联合开拓方法。

公路-铁路联合开拓的基本形式有：地表用铁路运输开拓，采场内用公路运输开拓，转载站设在境界外不远的地方；采场内某一标高以上用铁路运输开拓，以下用公路运输开拓，在采场内设转载站；山坡露天部分用公路运输开拓，把矿岩转载到下部，再用铁路运输开拓。图 9-9 为大冶铁矿东露天采场公路-铁路联合开拓示意图。

这种方法兼有公路与铁路两种开拓方式的优点，经济效益比单一铁路运输开拓可提高 13%～16%，挖掘机效率可提高 20%～25%，从而提高了综合开采强度。在条件合适的情况可以考虑使用。

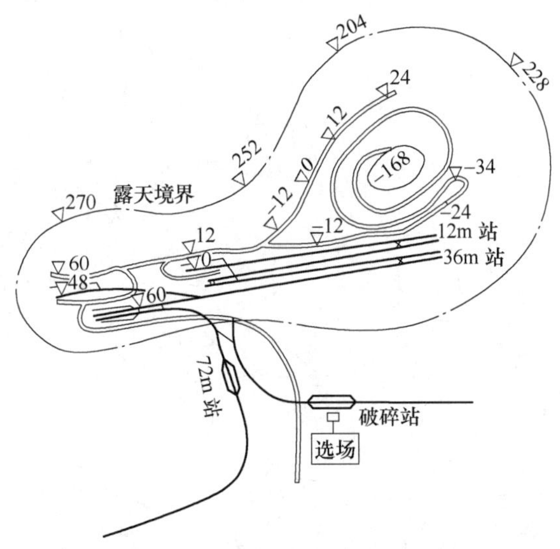

图 9-9 大冶铁矿东露天采场公路-铁路联合开拓

9.2.4 平硐溜井开拓

平硐溜井开拓是公路（铁路）-平硐溜井联合开拓的简称，其借助于开凿的平硐和溜井

（溜槽），建立露天矿工作台阶与地面的运输联系，适用于地形复杂、矿床地面高差大的山坡露天矿，合理确定溜井位置和结构要素是其关键。

确定溜井位置时，应使溜井与采掘工作面间的矿岩量加权平均运距短，溜井和平硐的掘进工程量小，一般应保证溜井穿过的岩层稳固，避开含水层。平硐的位置与溜井位置关系密切，平硐应尽可能短，不受爆破作业的影响，平硐口应设在最高洪水位之上。

一个典型的平硐溜井开拓系统如图 9-10 所示。

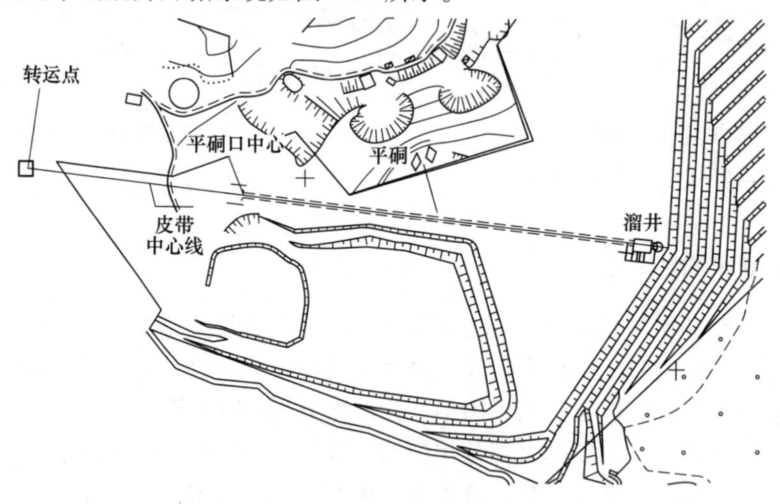

图 9-10　某石灰石矿山平硐溜井系统

当矿山生产能力或面积很大时，可采用多平硐溜井系统。图 9-11 为多平硐溜井开拓典型示意图。在图 9-11 中，可以看到有 3 个溜井通过分枝平硐与主平硐相连。

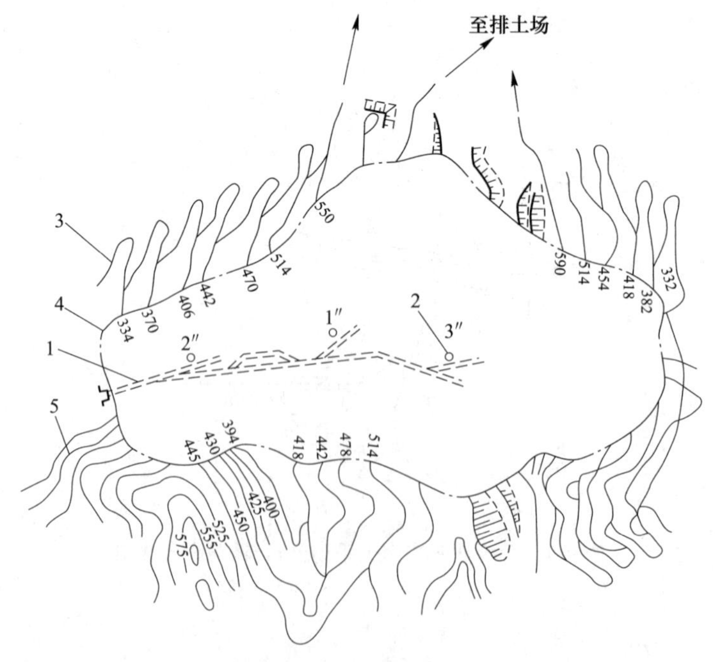

图 9-11　平硐溜井开拓

1—平硐；2—溜井；3—公路；4— 露天开采境界；5—地形等高线

当溜井布置在采场内时，随着开采水平的下降，溜井口也要降低到相应水平，即溜井降段，一般每次降低一个台阶高度。在实际生产过程中，溜井降段非常关键，要求在尽快降段的同时，避免大块堵塞溜井，并避免爆破引起溜井井壁坍塌。

溜井降段方法较多，如直接爆破降段、储矿爆破降段法和堑沟降段法等。其中，在溜井储满矿石时，在周边围岩中采用浅孔进行爆破降段最为常用。图 9-12 为典型的溜井储矿爆破降段示意图。

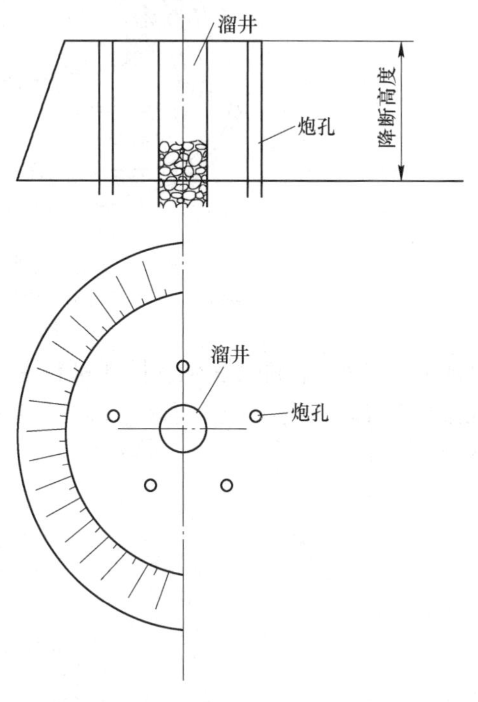

图 9-12 溜井储矿爆破降段示意图

溜井平硐开拓方式利用地形高差自重放矿，系统的运营费低；缩短了运输距离，减少了运输设备的数量，提高了运输设备的周转率；溜井还具有一定的贮矿能力，可进行生产调节。其不足之处：放矿管理工作要求严格，否则易发生溜井堵塞或跑矿事故；溜井放矿过程中，空气中的粉尘影响作业人员的健康。

9.2.5 胶带运输开拓

胶带运输开拓是利用胶带运输系统建立矿岩运输通道的开拓方法。目前，这种方法在各类矿山都得到了广泛应用。

胶带运输开拓具有生产能力大、升坡能力强、运输距离短、运输成本低等优点，但也有基建投资大、胶带寿命短、生产系统受气候条件影响大、系统自适应调节能力差等缺点。近年来，新建的胶带运输系统均设置在封闭或半封闭的胶带长廊内，以减少气候影响和对环境的粉尘污染。

按露天矿各生产工艺环节是否连续，胶带运输开拓分为连续开采工艺开拓和半连续开采工艺开拓。

连续开采工艺主要采用轮斗（链斗）挖掘机挖掘松散矿岩，并将矿岩转载到胶带运输机上运出，其中矿石直接运至矿仓，废石运至废石场后经排土机排弃。

半连续开采工艺又称间断-连续工艺，它指生产工艺环节中，一部分为连续工艺，另一部分为间断工艺。

半连续工艺一般针对较硬矿岩，需要用破碎机将矿岩破碎为一定块度以后，才能使用胶带运输机运走。矿岩破碎相关内容可参见前述第 3 章矿岩破碎相关内容。

与半连续开采工艺紧密相连的开拓方案主要有：

（1）公路（铁路）-固定破碎-胶带运输机开拓。这种方案中，矿岩一般采用用单斗挖掘机装入汽车（机车），运至固定破碎站，破碎后经胶带运输机运出。

（2）公路（铁路）-半固定破碎-胶带运输机开拓。这种方案的特点是几个开采台阶共用一个破碎站，随采场的下降，破碎站逐渐向下移设。破碎后的矿岩经胶带运输机运走。一个典型的公路-破碎机-胶带运输机开拓系统如图 9-13 所示。

（3）移动式破碎机-胶带运输机开拓。这种方法的特点是移动式破碎机组安装在采矿、

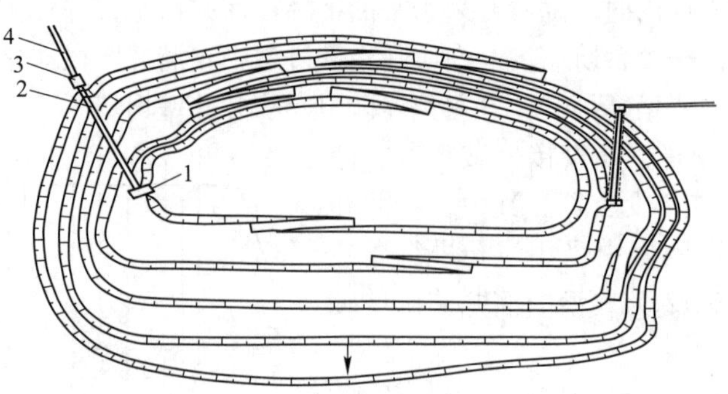

图 9-13 公路-破碎机-带式输送机堑沟开拓系统

1—破碎站；2—采场内带式输送机；3—转载点；4—地面带式输送机

剥离工作水平上，随工作面的推进和下降，破碎机组随之自行移动，矿岩通过挖掘机直接卸入破碎机或装入汽车，运至破碎站。一个典型的移动式破碎机-胶带运输机开拓如图 9-14 所示。

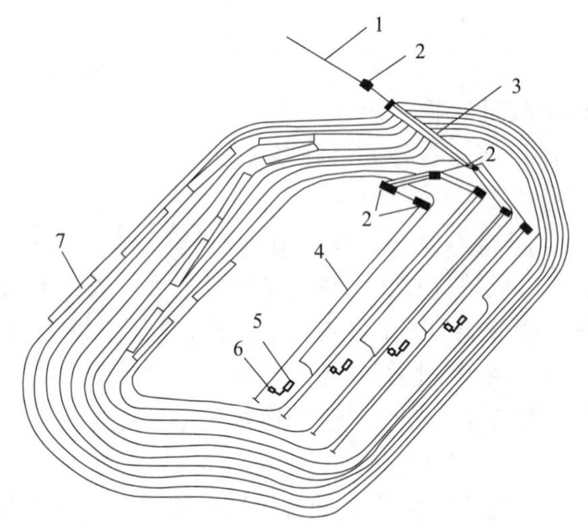

图 9-14 移动破碎机-带式输送机堑沟开拓系统

1—地面胶带运输机；2—转载点；3—边帮胶带运输机；4—工作面胶带运输；5—移动式破碎机；6—桥式胶带运输机；7—出入沟

这种开拓方式具有显著优点，体现在：胶带运输机运输能力大，升坡能力大，可达到 16°~18°；运输线路距离短，约为汽车运距的 1/4~1/5，铁路运距的 1/10~1/5，因而开拓坑线基建工程量小；运输成本低，运输的自动化程度高，劳动生产率高。

其缺点是：由于胶带运输系统中需设置破碎站，破碎站的建设费用高；采用移动式破碎站时，破碎站的移设工作复杂；当运送硬度大的矿岩时，胶带的磨损大；敞露式的胶带运输机易受到恶劣气候条件的损害，因而增大了设备的维护量与维护费用。

同时，需要指出的是，随着胶带运输机运用范围的扩大，在其他开拓方式中如平硐-溜井系统中也常在平硐中安装胶带运输机。

9.2.6 斜坡提升开拓

斜坡提升开拓是通过较陡的斜坡提升机道建立工作面与地面卸矿点或废石场的运输联系，是一种投资省、建设速度快、设备简单、生产成本低、提升坡度较大的开拓方案。但斜坡提升机不能直接到达工作面，需与公路或铁路等配合才能构成完整的开拓运输系统。该开拓方式运输环节多，转载站和矿仓结构复杂且移设困难。

常用的斜坡提升开拓方式有斜坡箕斗开拓和斜坡矿车开拓。斜坡箕斗开拓是以箕斗为主体的开拓运输系统，在采场内用汽车或其他运输设备将矿岩运至转载站装入箕斗，提升或下放至地面矿仓卸载，再装入地面运输设备。图 9-15 为典型凹陷露天矿（抚顺西露天煤矿）斜坡箕斗示意图，图 9-16 为某典型山坡露天矿斜坡提升系统。

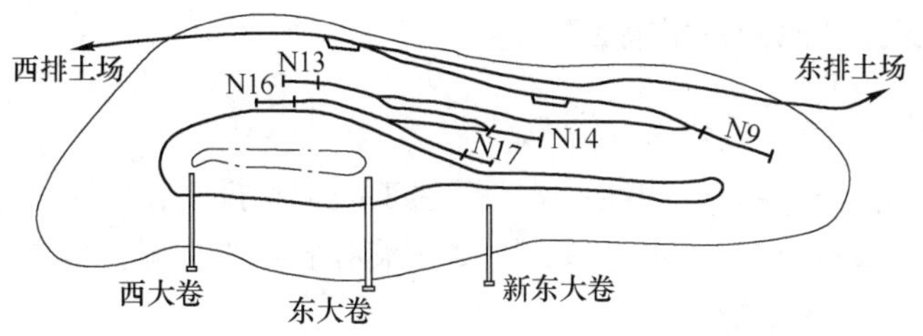

图 9-15　抚顺西露天煤矿箕斗及铁路干线布置

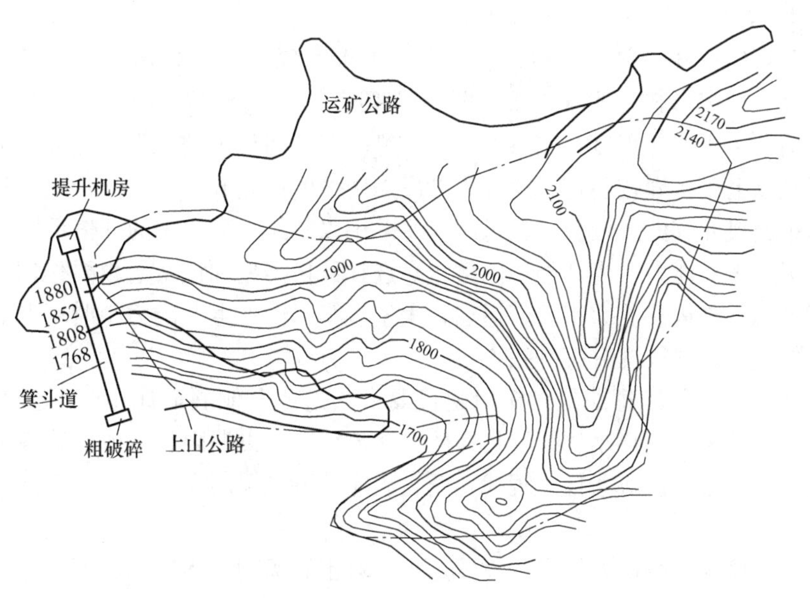

图 9-16　某山坡露天矿边帮斜坡提升开拓系统

在凹陷露天矿，箕斗道设在最终边帮上，山坡露天矿的箕斗道设在采场境界外的端部。箕斗的转载方式有直接转载和漏斗转载，转载站随开采水平的下降每隔 2~4 个水平移设一次。斜坡矿车开拓用小于 $4m^3$ 的各型窄轨矿车运输，适用于采用窄轨铁路运输的中小型露天矿。矿车在工作面装载后，由机车牵引至斜坡道的车场，矿车被单个或成串挂至提升机钢丝绳上，用提升机提升或下放至地面站。斜坡矿车道的坡度一般小于25°，最大可达30°。

9.3 开拓方法选择

露天矿开拓方式选择是露天矿开采中极其重要的问题，它不仅影响到最终境界的位置、生产工艺系统的选择、矿山工程发展程序等，还直接关系到基建工程量、基建投资、投产和达产时间、生产能力、矿石损失与贫化、生产的可靠性及生产成本等技术经济指标，开拓系统一旦形成，不易改变，因此，正确选择开拓系统是设计中带有全局性的关键问题之一。

9.3.1 选择开拓系统的原则及影响因素

9.3.1.1 选择开拓系统的主要原则

确保矿山生产的可靠性和合理性；减少基建工程量和投资，施工方便，做到早投产和早达产；矿石损失、贫化小；少占土地，充分开采地下矿产资源；生产工艺简单可靠，设备选择因地制宜；生产成本低。

此外，还要执行我国矿山建设的有关政策和相关行业法规，结合我国国情，因地制宜。

9.3.1.2 选择开拓系统的主要影响因素

(1) 矿区自然条件。它包括地形、气候、矿床埋藏条件（矿床埋藏深度、倾角、厚度、走向长度、矿床形态、地质构造、覆盖层厚度、矿岩稳定性等），水文及工程地质条件，矿石价值，矿床勘探程度及储量发展远景等。若矿区是山坡地形，比高较大，矿床赋存于地表水平以上，矿岩较稳定，应优先考虑采用平硐溜井开拓；若地形比高较小，坡度较缓，矿床平面尺寸较大，废石场较远时，应采用以铁路运输为主的开拓系统。

(2) 露天矿生产能力。生产能力的大小对选择开拓类型和设备起重要作用。生产能力大时可考虑准轨铁路运输、大型胶带运输、大型汽车运输；生产能力小时可考虑一般的汽车运输、窄轨运输、斜坡提升等开拓方式。

(3) 基建工程量和基建期限。矿山建设要求紧迫或急倾斜矿床上、下盘剥岩量很大时，可考虑靠近矿体布置移动坑线开拓，能显著地缩短建设期限和减少初始基建工程量。

(4) 资金和设备的供应条件。现代化露天矿应尽可能采用先进设备，但要考虑资金和设备供应条件。

(5) 矿床勘探程度及矿石储量的发展远景。对于深部勘探程度不够的矿床，或远景储量较多时，露天采矿场的开采境界还可能发生变化，宜采用移动坑线开拓。

影响选择开拓系统的因素很多，具体设计时要抓住主要矛盾，对提出的开拓方案进行技术经济比较，全面分析，最后择优选用。

9.3.2 开拓方法选择步骤

矿床开拓可能有若干可行的技术方案，一般按如下步骤正确地选择合适的开拓方案。

（1）根据圈定的开采境界、初拟的开采工艺、工业场地和废石场位置等技术条件，充分考虑其主要影响因素后，拟定技术上可行的若干开拓方案。

（2）对初拟方案进行筛选，删去一些明显不合理的方案。

（3）对保留的少数方案进行详细的系统设计，计算有关的技术经济指标，明确定性因素的影响。

（4）综合分析评价，比较各方案的技术经济指标，选取最适宜方案。

选择开拓方案过程是一个完整的系统分析过程，要遵循分析—综合—分析的系统分析思想，采用定性与定量相结合的分析方法，全面考察各备选方案，做到所选方案技术上可行，经济上合理，生产上安全。

9.3.3 开拓方案的技术经济比较

开拓方案的技术经济比较指标主要有：基建投资，基建工程量和基建时间，投产和达产时间，年经营费，矿石损失与贫化，生产能力的保证程度，生产安全及可靠性，生产工艺匹配程度等。其中基建投资和年经营费是主要经济指标，要进行详细计算。

在方案比较中，可采用静态比较法或动态比较法进行分析评价。两方案比较相对差值小于10%时，一般认为两方案的经济效果是相等的。有些项目的设计方案虽然相差在10%以内，但差值的绝对额很大时，也不能忽视，此时应以差值额作为对比的标准。

静态分析比较法主要是通过基建投资额 K 和年经营费 C 进行评价。两方案进行比较，可能会出现下列三种情况：

（1）$K_1>K_2$，$C_1>C_2$，则方案二优于方案一。

（2）$K_1<K_2$，$C_1<C_2$，则方案一优于方案二。

（3）$K_1>K_2$，而 $C_1<C_2$，或 $K_1<K_2$，而 $C_1>C_2$，这时需按基建投资差额回收年限 T 进行评价，即：

$$T=\frac{K_1-K_2}{C_1-C_2} \tag{9-1}$$

若 T 值不超过某一合理值 T_0 时，可认为方案一优于方案二，否则方案二优于方案一。矿山设计中，一般取 T_0 为3~5年。

动态分析比较法的主要评价指标有动态投资收益率和项目净现值法等。

9.3.4 开拓沟道定线

在对开拓方案进行详细技术设计时，首先要确定沟道在采场的空间位置，即开拓沟道定线。开拓沟道定线要将室内图纸定线和室外现场定线相结合进行。定线要符合道路技术规程的规定，满足开拓运输系统和开采工艺系统的要求；尽量减少挖填土石方工程量，缩短矿岩运距，避免反向运输。

定线步骤（以回返坑线为例）为：（1）在开采境界平面图上，画出底部周界和台阶坡底线，见图9-17（a）；（2）确定出入沟口位置；（3）自上而下初步确定沟道中心线位置；（4）根据出入沟和各种平台的尺寸，按线路要求自下而上绘出开拓和开采终了时台阶的具体位置，见图9-17（b）。

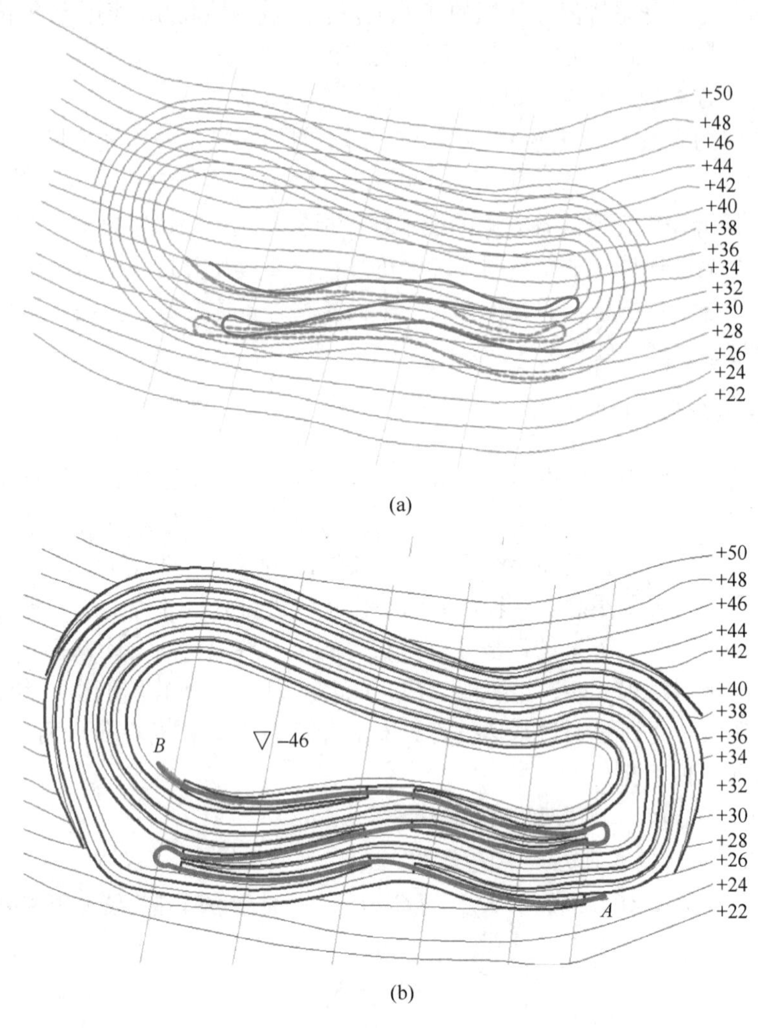

图 9-17 开拓沟道定线

（a）初步确定沟道中心线位置；（b）绘制沟道具体位置

9.4 深凹采场开拓方式特点及选择

随着开采工作的进行，露天采场逐渐形成深凹采场。相对于山坡露天采场或较浅的凹陷露天采场，深凹采场具有采场空间小、坑线展线长、系统复杂等开拓系统特点，随之带来生产工艺环节多变，生产环境恶劣，给组织管理造成困难。此外，随着采深的增加，运输成本、能耗等所占的比重更大，直接影响露天矿生产的经济效益。

深凹采场的固有特点决定了对开拓方法的特殊要求。一般深凹露天矿开拓运输方式有以下几种：（1）以胶带运输机为中心的间断-连续开拓运输系统。（2）斜坡箕斗提升或竖井箕斗提升的箕斗提升开拓运输系统。（3）地下斜坡道开拓运输系统。斜坡道布置在露天开采境界外，通过平巷与采场内各分层相通，坑线形式主要有螺旋式和折返式。（4）陡坡隧道铁路开拓运输系统。一般来说，当采深不足 100~150m 时，采场内单一铁路开拓运输较为合理；采深增加不多时，汽车-铁路联合开拓运输可以解决一些问题，但采深继续增大时，其技术经济指标相应降低，使汽车-铁路联合开拓成为不理想的方法。倾斜铁路隧道配合溜井开拓大型深部露天矿的方法可以解决采深增大的困难，新型大功率的牵引机组可以使隧道的坡度加大到6%~8%。此外，还有陡坡大吨位的双能源汽车，大倾角提升机开拓运输，以及由两种或两种以上的运输方式组成的联合开拓运输系统等。

正确选择深凹露天矿的开拓运输系统，首先应综合分析国内外露天矿山的开拓运输经验，结合我国国情慎重考虑。下面几个主要因素应充分考虑：

（1）矿区地形地质条件及矿床开采技术条件。每一种运输方式均有它发挥最佳效率的自然条件，而每一个矿山又有它独特的地形地质条件和开采技术条件，特别是进入深凹状态的露天矿，自然条件更是千差万别。要选择一个合适的开拓运输方案，必须先详细研究其自然条件，然后有的放矢地提出适宜的方案。

（2）矿山现状及技术装备的可靠性。深凹露天矿的开拓运输系统一般有别于其上部的开拓运输系统。在选择深部开拓运输方案时，必须正确认识矿山现有条件，特别是上部的系统和技术管理水平、技术水平和工人的技术适应性。深部的开拓运输系统必须与上部的系统和技术管理水平相适应。先进的开拓运输工艺方案只有建立在可行的技术、装备基础上才能保证稳定的生产能力。引进的国外技术、装备一定要建立在消化、吸收的基础上，做到先进的开拓运输工艺促进设备制造的发展，设备制造的发展又保证和完善先进工艺，相互补充，相互促进。

（3）矿床开采的总体规划。深凹露天矿一般都存在分期开采问题，在研究开拓运输系统时，必须结合矿床开采的总体规划。既要使前期（上部）开拓运输系统工程量小、投资少，又要为后期（深部）留有余地。同时，要研究规划各期的合理开采深度、运输衔接和过渡方式，从而保证矿床开发的总体经济效益为最佳。有的矿山还要考虑露天转地下开采的开拓运输关系。

（4）先进工艺的采用条件。不论是国内还是国外的成功经验均可借鉴，但必须在全面分析其工艺特征和仔细研究矿山的实际条件后加以采用。新的系统确定以后，还要围绕该系统的实施做充分的准备工作。只有这样，才能保证新工艺系统的顺利实施和最大程度地发挥其效益。

（5）经济因素。经济因素是决定开拓运输方式的基础。开拓运输方案不仅要对其经济效益进行单独评价，还要针对整个矿床开采时期的经济效果加以评价。深凹露天矿一般生产期较长，不同的区段有不同的适宜方案，各种方案不但本身的经济效益不同，而且对下一阶段的影响也不同。在考虑近期利益时，还要照顾到长期利益，体现这一主导思想的做法就是采用动态评价方法。由于矿床开采时间长，规划各阶段特别是后期的方案难免粗糙，但只要在同一水平下对后期进行规划，即使是粗略的规划，用以进行经济评价还是可以比较出现阶段方案的优劣。总之，在进行总体经济评价时，在保证每阶段最佳经济效益的前提下，一定要考虑矿床开采的分期数和各期之间开拓运输系统的衔接时间，以及伴随衔接工作而发生的费用。

同样，选择深凹露天矿开拓运输系统时还应考虑生产能力的保证程度和矿石损失、贫化等生产技术因素。

9.5 开拓工程发展程序

9.5.1 基本概念

最终开采境界是在当前的技术经济条件下对可采储量的圈定，也是对开采终了时采场几何形态的预估。如何采出最终境界内的矿石和岩石则是露天开采程序问题。

简单地讲，露天开采是从地表开始逐层向下进行的，每一水平分层称为一个台阶。一个台阶的开采使其下面的台阶被揭露出来，当揭露面积足够大时，就可开始下一个台阶的开采。随着开采的进行，采场不断向下延伸和向外扩展，直至到达设计的最终境界。每一台阶在其所在水平面上的任何方向均以同一台阶水平的最终境界为限。推到最终境界线的台阶所组成的空间曲面称为最终边帮（或非工作帮）。因此，为了开采一个台阶并将采出的矿岩运出采场，需要在本台阶及其上部各台阶修筑至少一条具有一定坡度的运输通道，称为斜坡道或出入沟。

更为准确地说，在特定的露天开采境界内，在一定的开采工艺和开拓方式下，相应的矿山工程（掘沟、剥离、采矿）随时间和空间的改变而协调变化的形式称为露天矿开采程序。它研究的主要内容有：（1）台阶的划分及台阶的开采程序；（2）工作帮的构成及推进方式；（3）新水平的开拓延深方式。

其中新水平的准备和开拓沟道的形成即所谓开拓工程的发展。开拓工程的发展程序指开拓沟道的布置形式、推进方式及其相关的空间发展关系。

9.5.2 新水平准备程序

新水平准备包括掘进出入沟、开段沟和为掘沟而进行的上水平扩帮工作。根据出入沟（坑线）位置在该水平开采期间是否变化，分固定坑线开拓和移动坑线开拓。所谓固定坑线开拓是指沟道按设计最终位置施工，生产期间不再改变；移动坑线开拓是指在开采过程中，开拓沟道位置不断变化，最后按设计最终位置固定下来。移动坑线开拓可减少基建剥岩量，缩短基建时间，加速投产。此外，当矿床地质尚未全部探清时，还可进一步加深了解和掌握地质情况，以便更合理地确定或修正采场的最终边坡角和开采境界。可见，新水平准备就是从新水平掘沟开始到新工作台阶形成预定的生产能力过程。

新水平准备程序的选择和设计是以台阶推进方式为基础的，图 9-18 是一个典型的台阶推进示意图。

根据建设期限和采剥工作的要求，开段沟的方向可纵向布置，也可横向布置，或不设开段沟（如扇形工作面）。

图 9-19 为固定坑线开拓的矿山工程发展程序图。首先从上水平向下水平掘进出入沟，然后自出入沟末端掘进开段沟，以建立台阶的初始工作线；开段沟掘进到一定长度后，在继续掘沟的同时，开始扩帮工作，以加快新水平的准备；当扩帮工作线推进到使台阶坡底线距下一个新水平出入沟顶边线不小于最小工作平盘宽度时，便可开始下一个新水平的掘沟工作。

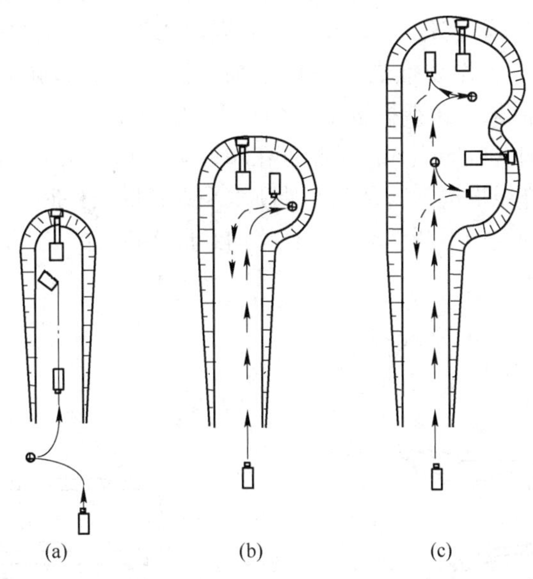

图 9-18 台阶推进方式示意图

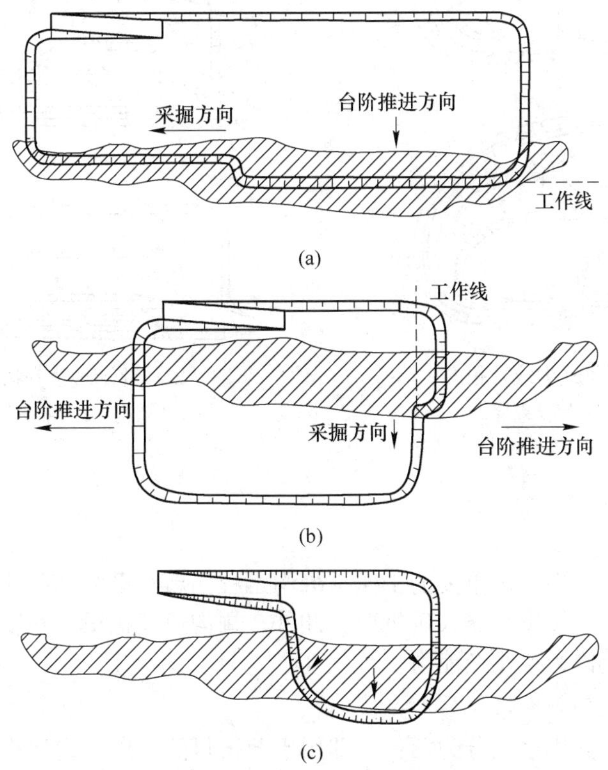

图 9-19 固定坑线开拓直进—回返布线时的矿山工程发展程序示意图

（a）开段沟纵向布置时；（b）开段沟横向布置时；（c）短段沟或无段沟时；

1—出入沟；2—横向工作面

螺旋坑线开拓工程的发展如图 9-20 所示。沿采场最终边帮从上水平向下水平掘进出入沟，自出入沟末端沿采场边帮掘进开段沟，并以出入沟末端为固定点，以扇形推进方式扩帮形成采剥工作线。当工作线推进到一定距离，满足向下部掘沟进行新水平准备条件时，在连接平台末端，沿采场边帮掘进下一个水平的出入沟、开段沟和扩帮。

采用移动坑线开拓时，临时出入沟可布置在靠近矿体的下盘或上盘接触带，如图 9-21 所示。当第一个水平的工作线推进到满足下一个新水平准备的条件时，便可掘进新水平的出入沟。运输干线随着生产的发展不断移动，一直移动到最终边帮的设计最终位置固定下来。

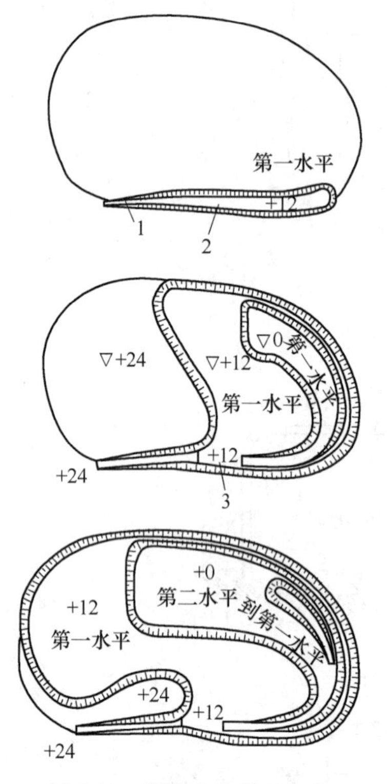

图 9-20　螺旋式沟线开拓的矿山工程发展程序

1—出入沟；2—开段沟；3—连接平台

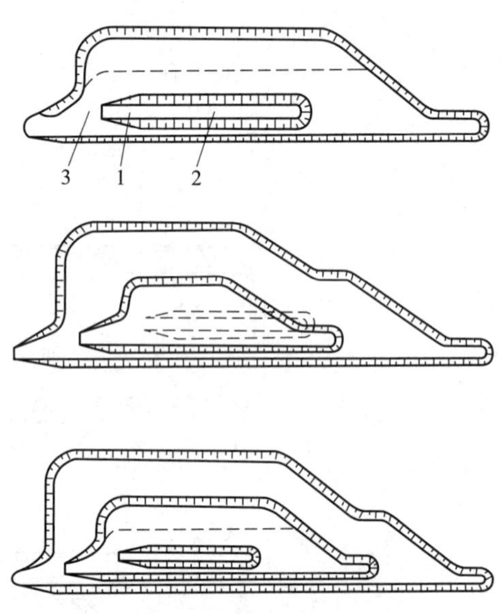

图 9-21　移动坑线开拓的矿山发展程序

1—出入沟；2—开段沟；3—连接平台

9.5.3　掘沟工程

在新水平准备程序中，很重要的工作是掘沟工程。新水平的准备能否与剥离、采矿保持正常的超前关系，直接影响露天矿生产；此外，掘沟速度在很大程度上决定着露天开采强度，并因此而影响露天矿生产能力。

9.5.3.1　沟道主要参数

露天矿的沟道按其用途划分为两种，即用于开拓目的的出入沟和用于准备台阶工作线的开段沟。在平坦地面或地表以下挖掘的沟，都具有完整的梯形断面，叫做双壁沟，如图 9-22 所示；在山坡挖掘的沟只有一侧有壁，另一侧是敞开的，故称单壁沟，如图 9-23 所示。凹陷露天矿境界以内的出入沟掘进时是双壁的，但随着开段沟的形成，一侧被破坏而成单壁沟。

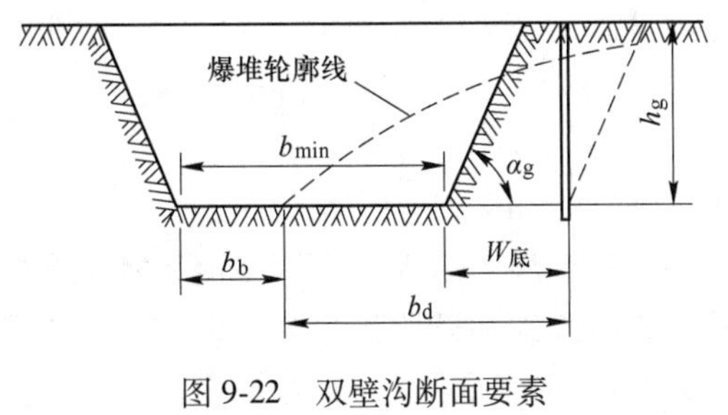

图 9-22　双壁沟断面要素

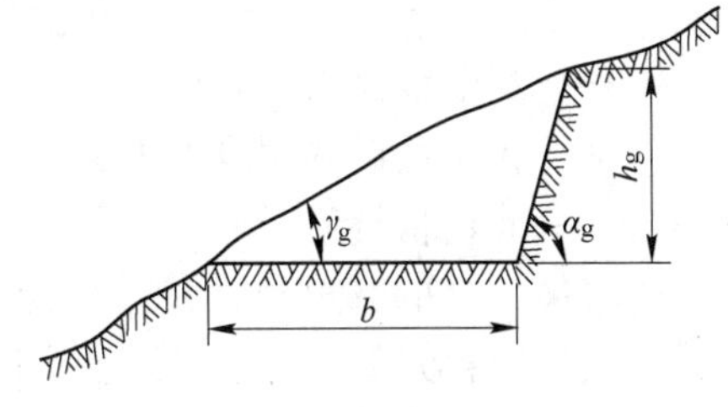

图 9-23　单壁沟断面要素

沟道的基本要素包括沟底宽度、沟深、沟帮坡面角、沟底纵向坡度和沟的长度。

（1）沟底宽度。它取决于掘沟的运输方法、沟内的线路数目、岩石物理力学性质和采掘设备的规格等因素。对于开段沟的沟底宽度除考虑上述因素外，还要保证扩帮爆破时爆堆不埋道。

对出入沟，其最小宽度可依据图 9-24 进行计算。

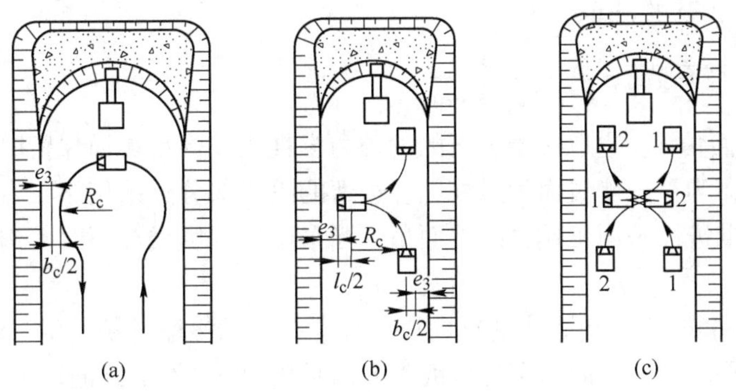

图 9-24　汽车运输时出入沟最小宽度示意图

（a）回返式调车；（b）单折返式调车；（c）双折返式调车

图 9-23 反映了汽车掘沟时不同调车方式下出入沟的最小宽度示意图。由图可知，采用回返式调车与折返式调车时，出入沟最小宽度可分别如式（9-2）和式（9-3）所示。

$$b_{min} = 2\left(R_{cmin} + \frac{b_c}{2} + e_3\right) \tag{9-2}$$

$$b_{min} = R_{cmin} + \frac{l_c}{2} + \frac{b_c}{2} + 2e_3 \tag{9-3}$$

式中　b_{min}——沟底最小宽度，m；

R_{cmin}——汽车最小转弯半径，m；

b_c——汽车宽度，m；

e_3——汽车边缘至沟帮底线的距离；

l_c——汽车长度，m。

采用其他法方式进行掘沟的，也可采用类似的方法，依据最小作业空间进行计算即可。

对开段沟，则可根据图 9-22 计算，计算公式如式（9-4）所示。

$$b_{min} = b_b + b_d - W_{底} \tag{9-4}$$

式中　b_b——运输线路占用宽度，m；

b_d——扩帮爆破的爆堆宽度，m；

$W_{底}$——底盘抵抗线，m。

（2）沟深 h。凹陷露天矿的出入沟和开段沟均为双壁沟。出入沟的深度值从零至台阶全高度；开段沟深度等于台阶全高度。山坡露天矿的出入沟和开段沟多为单壁沟，其高度取决于沟宽 b、沟帮坡面角 α 和地形坡面角 γ，如式（9-5）所示。

$$h_g = \frac{b}{\cot\gamma_g - \cot\alpha_g} = \varphi b \tag{9-5}$$

式中　h_g——沟的深度，m；

α_g——沟帮坡面角，（°）；

γ_g——地形坡面角，（°）；

b——沟底宽度，m；

φ——削坡系数，$\varphi = \dfrac{1}{\cot\gamma_g - \cot\alpha_g}$。

（3）沟帮坡面角 α。它取决于岩石的物理力学性质和沟帮坡面保留时间的长短。采用固定坑线开拓时，沟帮一侧坡面为最终境界边帮的组成部分，采用终了台阶坡面角；沟帮的另一侧随扩帮推进而采用工作台阶坡面角。当采用移动坑线开拓时，沟帮两侧均采用工作台阶坡面角。

（4）沟的纵向坡度 i。出入沟的纵向坡度根据掘沟的运输设备类型、沟道的用途确定。开段沟一般是水平的，但有时为了排水的需要而采用3‰左右的纵向坡度。

（5）沟的长度 L。出入沟是联系上、下水平的通道，其长度取决于沟深和沟的纵向坡度。开段沟的长度与采用的采掘工艺、开拓方法有关，应根据具体矿山条件确定，一般与新准备水平的长度（或宽度）相当。

9.5.3.2　掘沟方法

按运输方式不同，掘沟方法分为汽车运输掘沟、铁路运输掘沟、联合运输掘沟和无运输掘沟。按挖掘机的装载方式不同，掘沟方法又分为平装车全段高掘沟、上装车全段高掘沟和分层掘沟。

（1）汽车运输掘沟。多采用平装车全段高掘沟方法，其掘沟速度主要取决于在沟内的调车方式。调车方式分为回返式调车、单折返式调车和双折返式调车。它们各具优缺点，视具体要求选用。汽车运输掘沟的灵活性大，工艺过程和生产管理比较简单，供车比较及时，因此可以提高挖掘机效率和掘沟速度。

（2）铁路运输掘沟。分为平装车全段高掘沟、上装车全段高掘沟和分层掘沟。平装车全段高掘沟时，每装完一辆车均要进行一次列车解体调度工作，致使挖掘机作业效率低，掘沟速度慢。为克服平装车的不足，将装车线铺设在沟帮的上部，用长臂铲在沟内向上部的自翻车装载，此即上装车全段高掘沟。它可缩短调车时间，加快掘沟速度，但必须配备专用的长臂电铲。在没有长臂铲的情况下，可用普通规格的挖掘机进行上装车分层掘沟，如图9-25所示。图中数字为掘进分层的顺序。总之，采用铁路运输掘沟时，不论哪种掘沟方法均比汽车运输掘沟速度慢，掘沟工程量大，新水平准备时间长，因而不利于强化开采。

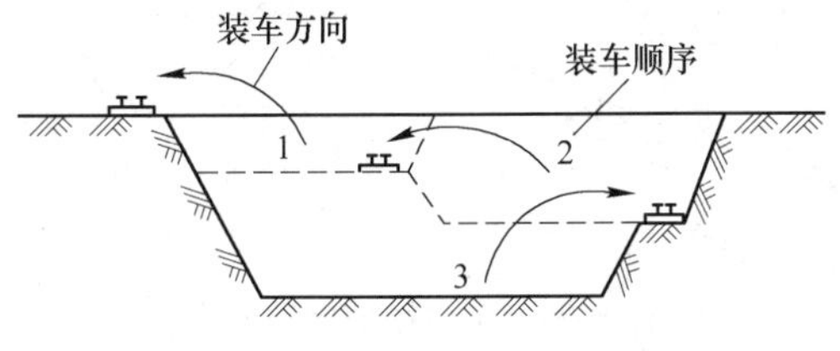

图 9-25 上装车分层掘沟

（3）联合运输掘沟。当用铁路运输开拓时，可采用汽车-铁路联合运输掘沟，如图 9-26 所示。当用汽车运输开拓时，有时可采用前装机-汽车运输掘沟。无论哪种联合掘沟方法均存在转载问题。前装机可直接向汽车转载，转载点可在沟内也可在沟外。汽车向铁路转载必须通过转载平台进行，转载平台位置应尽量靠近铁路会让站，以缩短列车会让时间。

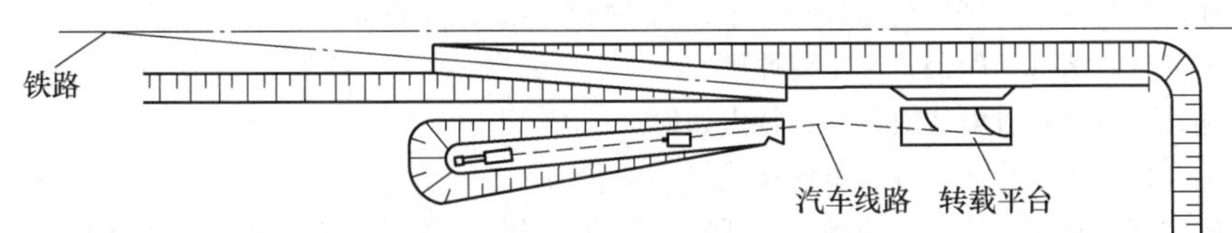

图 9-26 汽车-铁路联合运输掘沟

1—铁路；2—汽车道；3—转载平台

（4）无运输掘沟。分为倒堆掘沟和定向抛掷爆破掘沟。倒堆掘沟是利用挖掘设备将沟内挖掘的岩石直接卸到沟旁的掘沟方法，在地形较陡的山坡掘进单壁沟时，可用挖掘机将岩石直接卸到下部山坡地带，如图 9-27（a）所示。在缓山坡掘进单壁沟时，可以采取半挖半填方式，如图 9-27（b）所示。

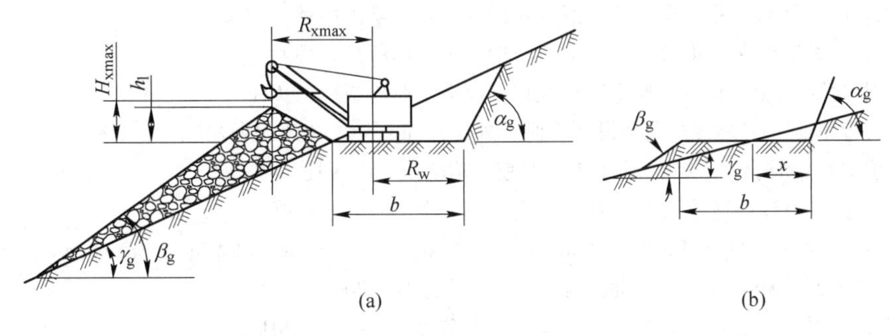

图 9-27 倒堆掘沟

定向抛掷爆破掘沟法是沿沟线方向合理地布置药室，在爆破沟内岩体的同时，将部分岩石抛至沟外，残留于沟内的岩石，再用挖掘机进行清除。根据岩石抛掷方法的不同，定向抛掷爆破掘沟分为单侧定向抛掷爆破掘沟和双侧定向抛掷爆破掘沟，如图 9-28 所示。合理地应用这一方法，可大大提高掘沟速度，加快矿山建设。但此法炸消耗药量大，掘沟成本高，且对周围建（构）筑物的影响范围较大。

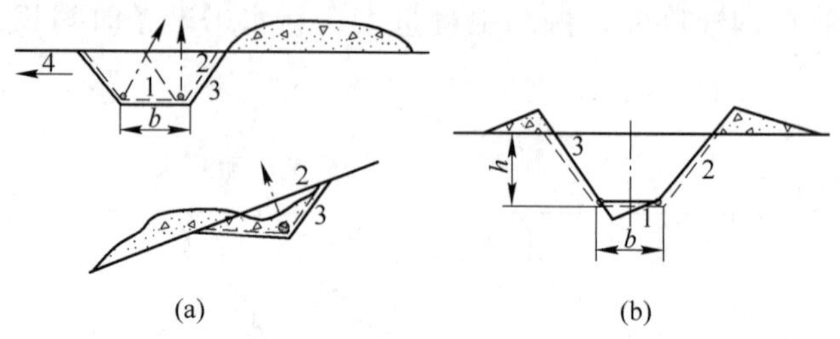

图 9-28 定向抛掷爆破掘沟

（a）单向；（b）双向

1—药室；2—沟的设计断面；3—爆破后的沟断面；4—工作线推进方向

习 题

9-1 什么叫露天矿开拓？

9-2 露天矿床开拓有哪些类型？简述各种开拓方式的特点及适用条件。

9-3 简述影响开拓方法选择的因素和主要原则。

9-4 公路运输开拓坑线布置形式有几种，特点如何？

9-5 铁路运输开拓适用于什么条件，有何优缺点？

9-6 什么是固定坑线开拓，什么是移动坑线开拓？移动坑线开拓和固定坑线开拓相比有何优缺点，适用于什么情况？

9-7 新水平准备工程包括哪些内容，掘沟工程包括哪些内容？

9-8 掘沟方法有哪些类型？

9-9 露天堑沟的工作要素有哪些？

9-10 无运输掘沟法有哪些类型，各有何特点？

本章参考文献

[1] 张世雄．矿物资源开发工程［M］．武汉：武汉工业大学出版社，2000.

[2] 李宝祥．金属矿床露天开采［M］．北京：冶金工业出版社，1992.

[3] 中国矿业学院．露天采矿手册［M］．北京：煤炭工业出版社，1986.

[4]《采矿设计手册》编委会，采矿设计手册［M］．北京：中国建筑工业出版社，1987.

[5]《采矿手册》编委会．采矿手册［M］．北京：冶金工业出版社，1990.

[6] 陈遵，露天矿设计原理［M］．长沙：中南工业大学出版社，1991.

[7] Crawford，Hustrulid. Open Pit Mine Planning and Design［M］. Society of Mining Engineering，1979.

[8] 陈国山．露天采矿技术［M］．北京：冶金工业出版社，2008.

[9] 高永涛，吴顺川．露天采矿学［M］．长沙：中南大学出版社，2010.

10 露天矿生产能力与采掘进度计划

10.1 露天矿生产剥采比

生产剥采比是露天生产过程中实际出现的剥采比，这个剥采比会随着矿山工程的延深而不断发生变化，这种变化会造成露天矿设备、人员和资金等的需求经常处于不稳定状态，造成生产组织的困难。同时，矿山服役年限一般较长，在服役期内，技术经济条件都有可能发生变化，也会直接影响生产剥采比的变化规律。因此，对已确定的生产剥采比及时修正，正确地指导和组织生产，是十分必要的。

10.1.1 生产剥采比的变化规律

露天开采过程中，工作帮的范围和位置随矿山工程的进度不断变化，剥离岩石量和采出矿石量也相应发生变化，从而使生产剥采比发生变化。

露天矿工作帮及其帮坡角与生产剥采比的变化密切相关。工作帮坡角大，生产剥采比小。如图 10-1 所示，工作帮坡角 φ 可用式（10-1）计算：

$$\varphi = \arctan \frac{\sum_{i=2}^{N} h_i}{\sum_{i=2}^{N} (h_i \cot\alpha + B_i)} \tag{10-1}$$

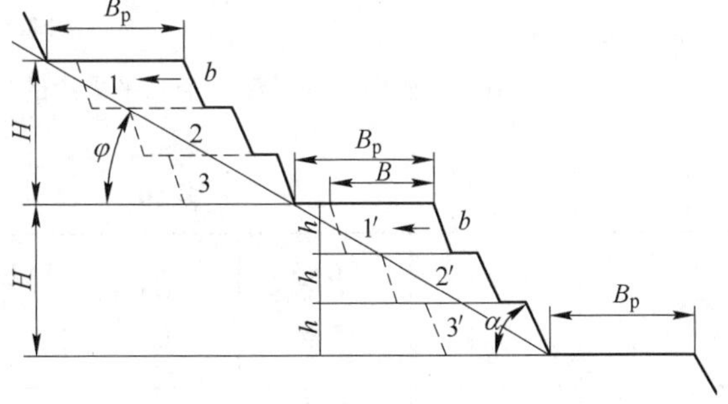

图 10-1 工作帮及工作帮坡角示意图

式中 N——组成工作帮的工作台阶数目；

h_i——第 i 工作台阶的台阶高度，m；

B_i——第 i 工作台阶平盘宽度，m；

α——工作台阶坡面角，(°)。

10.1.1.1 开采程序和开采参数不变情况下的变化规律

对如图 10-2 所示的露天矿，在固定的台阶高度和工作平盘宽度条件下进行发展，其生产剥采比变化规律如表 10-1 和图 10-3 所示。

由图 10-3 可知，矿山在达产之后，其年矿石产量较为均匀，但岩石剥离量表现出明显的先增大后减小的规律，必然会导致生产剥采比表现出类似的规律，而其中剥采比的最大值又称为洪峰剥采比。

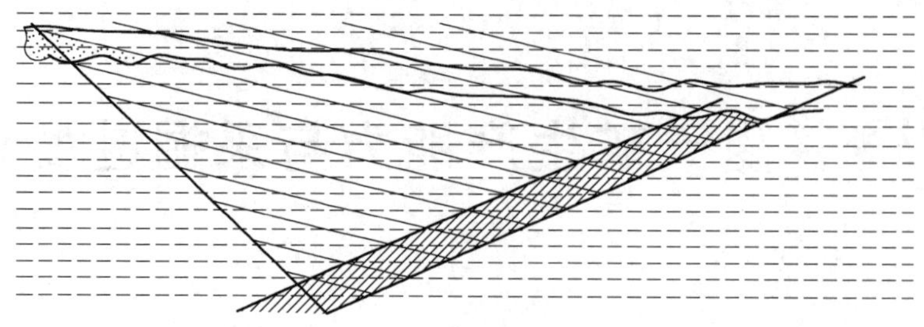

图 10-2 某露天矿剥采工程发展时空关系图

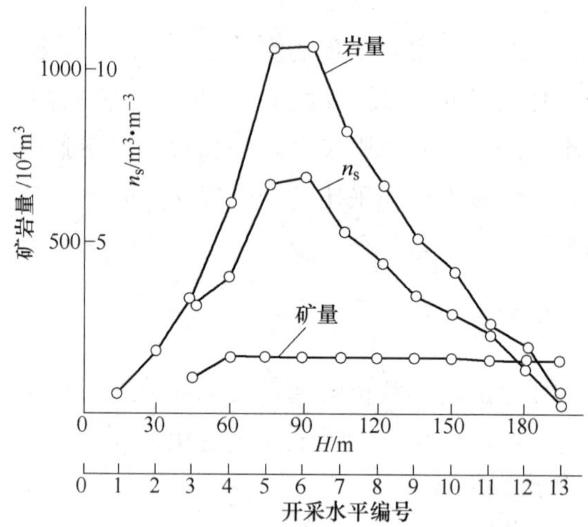

图 10-3 矿山工程延深一个水平采出的矿石量与剥离量和剥采比变化规律

表 10-1 矿岩量计算表

开采水平	矿石 P_i /万吨	表土 /万米^3	岩石 /万米^3	土岩合计 V_i /万米^3	累计		生产剥采比 n_s /m^3·t^{-1}
					土岩 /万米^3	矿石 /万吨	
1		56.2		56.2	56.2		∞
2		176.8		176.8	233.0		∞
3	102.5	303.0	14.5	317.5	550.5	102.5	3.10
4	158.0	367.9	248.4	616.3	1166.8	260.5	3.90
5	156.5	415.3	624.9	1040.2	2207.0	417.0	6.64
6	155.0	121.6	941.1	1062.7	3269.7	572.0	6.86
7	154.0		812.4	812.4	4082.1	726.0	5.27
8	152.0		662.2	662.2	4744.3	878.0	4.36
9	150.5		496.0	496.0	5240.3	1028.5	3.30
10	149.5		408.0	408.0	5648.3	1178.0	2.72
11	148.0		237.9	237.9	5886.2	1326.0	2.29
12	146.5		178.4	178.4	6064.6	1472.5	1.22
13	145.0		28.0	28.0	6092.6	1617.5	0.19
合计	1617.5	1440.8	4651.8	6092.6			

10.1.1.2 开采程序和开采参数变动对生产剥采比的影响

显然，图10-2所示的矿石，其生产剥采比变化幅度较大，需对其进行适当调整，使得生产剥采比尽量均匀，可通过调整开采参数或开采程序实现。

A 改变工作平盘宽度对生产剥采比的影响

要使得生产剥采比均衡，减小洪峰剥采比是最有效的方式，可以将生产剥采比洪峰期的一部分剥离量提前或滞后。前者是通过加大工作平盘宽度，后者一般可通过采用组合台阶以减小工作平盘宽度来实现。

由图10-4可知，当工作帮坡角不同时，生产剥采比会表现出不同的变化规律。当工作帮坡角较大时，生产剥采比与境界剥采比的变化曲线较为接近，剥采比上升较慢，时间较长，剥采比高峰出现较晚，剥离洪峰所对应的开采深度也较大，高峰之后剥采比急骤下降。当工作帮坡角较小时，生产剥采比与分层剥采比的变化曲线较为接近，剥采比初期上升较快，剥采比高峰发生较早，剥离洪峰所对应的开采深度也较小，然后在一个很长的时间剥采比逐渐下降。

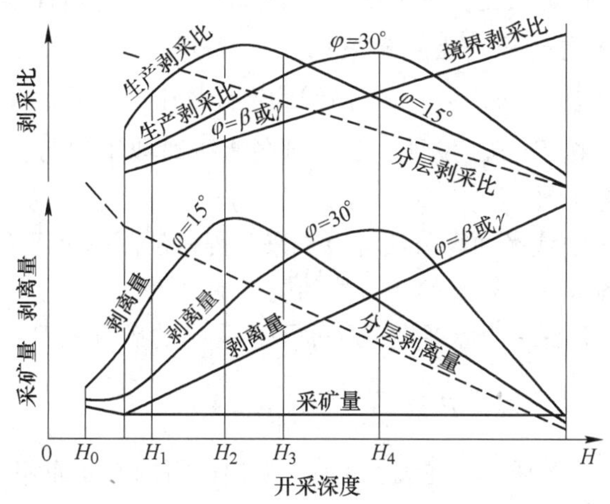

图10-4 超前剥离和滞后剥离降低洪峰剥采比示意图

B 改变开段沟长度对生产剥采比的影响

开段沟的最大长度通常等于该水平的走向长度，最小长度一般不短于采掘设备要求的采段长度。

新水平开拓准备时，采取延长开段沟与推帮平行作业的方式开拓剥采工程，与掘完开段沟全长后再进行推帮方式相比，具有以下特点：一是生产剥采比变化比较平缓，高峰值下降；二是有利于减少矿山基建剥离量。

此外，在矿体沿走向厚度不同的情况下，当生产剥采比达到高峰时，适当减慢或停止矿体较薄部分工作帮推进，对于降低剥离高峰亦有作用。

C 改变开段沟位置和工作线推进方向对生产剥采比的影响

开段沟位置、工作线推进方向和延深方向等的改变，通常会使生产剥采比产生重大变化。在一定的地质埋藏条件下，露天矿可以采用不同的开采工艺，各种开采工艺又可采取多种不同的开段沟位置、工作线推进方向和延深方向，不同方案的生产剥采比变化规律是不同的。

实际工作中，对每种开段沟位置和工作线推进方向方案，要采用改变平盘宽度和开段沟长度等措施调整生产剥采比，对各种方案进行比较，从中选择最优方案。

D 分区开采或分期开采对生产剥采比的影响

分区开采或分期开采可使生产剥采有较大的调整余地，其值接近于平均剥采比，或从小到大地逐渐增加，且初始基建剥离量很小。

当矿体覆盖层厚度、矿体厚度、品位等沿露天矿走向或平面上变化较大时，采取分区开采的效果是显著的。同时，还可以利用采空区进行内排土，以减少运距和外部排土场的占地面积。

10.1.2 生产剥采比的初步确定与均衡

露天矿的生产剥采比一般是通过编制矿山工程长期进度计划和年度计划来确定的，是计划值，称为计划生产剥采比。而实际生产中所形成的生产剥采比与计划剥采比的数值会有所不同，称为实际生产剥采比，本节所讨论的生产剥采比均指计划生产剥采比。

10.1.2.1 初步确定的计划生产剥采比

通过绘制 $V=f(P)$ 曲线和 $n_s=f(P)$ 曲线确定计划生产剥采比，步骤如下：

（1）绘制剥采工程按 $B=B_{min}$ 发展，延深到各水平时或工作帮推进到不同位置时的算量剖面图和露天矿场平面图。

（2）利用剖面算量法或平面算量法计算剥采工程每延深一个水平或工作帮每推进一段距离，本水平及其上各水平所采出的矿石量和剥离量。

在剖面图上计算每延深一个水平（第 i 水平）采出的矿石量 P_i：

$$P_i = \sum_{j=1}^{n} F_{ij}^{k} l_{ij} \gamma \eta (1 + \rho) \tag{10-2}$$

式中 F_{ij}^{k}——延深至第 i 水平时，在第 j 剖面上采出矿石的剖面面积，m^2；

l_{ij}——在第 j 剖面上第 i 水平处的影响距离，m；

γ——矿石重力密度，t/m^3；

η——矿石回采率，%；

ρ——废石混入率，%。

在剖面图上计算每延深一个水平（第 i 水平）的剥离量：

$$V_i = \sum_{j=1}^{n} F_{ij}^{y} l_i + F_{ij}^{k} l_i \eta_w \tag{10-3}$$

式中 F_{ij}^{y}——每下降一个水平（第 i 水平）第 j 断面上的岩石面积，m^2；

l_i——第 i 水平处的影响距离，m；

η_w——矿层中的含废石率，%。

用相似的方法，可以在分层平面图上计算每延深一个水平所采出的矿石量和岩石量。

（3）确定生产剥采比。矿山工程按 $B=B_{min}$ 发展时，每延深一个水平（第 i 水平），生产剥采比为：$n_{si}=V_i/P_i$。

（4）以采出的矿石累计量为横坐标，以剥离岩石累计量为纵坐标，绘出 $V=f(P)$ 曲线图，以生产剥采比 n_s 为纵坐标绘出 $n_s = f(P)$ 曲线图，如图 10-5 所示。

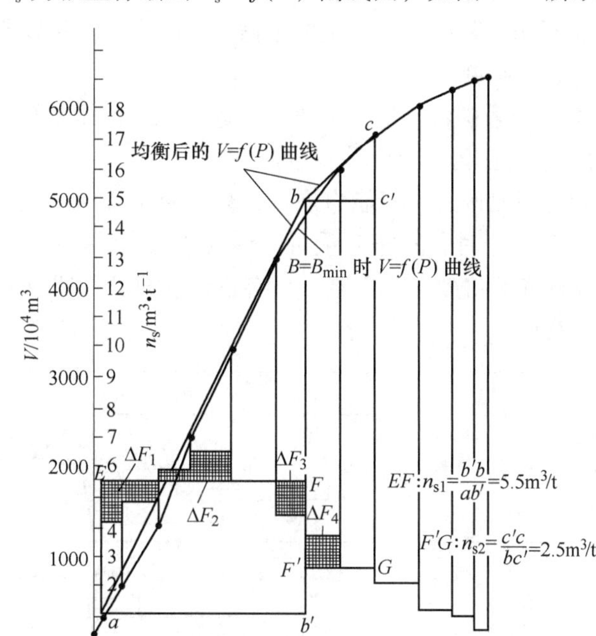

图 10-5 生产剥采比与矿岩量变化曲线

10.1.2.2 生产剥采比的调整与均衡

一般情况下，要求矿石产量持续稳定。不同时期生产剥采比的变化，会引起采、运设备需求数量的变化，影响采矿成本。因此需对露天矿的生产剥采比作适当的调整，即均衡生产剥采比，使露天矿在一定时期内保持剥采生产规模的稳定。

调整生产剥采比可采取不同的方案，确定的一般原则为：(1) 尽量减少初期生产剥采比，以减少基建投资；(2) 生产剥采比可以逐步增加，达到最大值后，逐步减小，不宜发生突然波动，以免设备和人员随之发生较大变动，每次调整量应为挖掘机年生产能力的整倍数；(3) 一般生产剥采比达到最大的时期不宜过短。如果最大生产剥采比时间短，意味着露天矿在一段时间大量增加设备和人员，不久又大幅缩减，这不仅使设备利用率低，也给生产组织管理带来困难。

对于新设计露天矿，为使露天矿每年用较小的生产剥采比采出较多的有用矿物，针对不同的矿床特点可采取如下措施：(1) 水平与近水平矿床，地形平坦时，一般逐年剥采比比较稳定，可采用组合台阶加陡工作帮坡角的办法，减少初期剥离量，节省剥离费用。(2) 倾斜矿床或水平、近水平矿床，地形变化大时，一般先从埋藏较浅的位置开沟，以后逐年增大剥采比。

10.1.2.3 储备矿量

为使露天矿在新水平开拓和准备工程发生停顿时，仍能保证持续均衡的采矿生产，应能提供近期生产需要的生产储备矿量。

煤矿、金属矿和非金属矿对生产储备矿量的划分标准不完全相同，但都趋向于按开拓矿量和可采矿量两级管理，简称“二量”管理。

（1）开拓矿量。指开拓工程已完成，主要运输系统已形成，并具备了采矿工作条件的新水平底部标高以上的矿体矿量。

（2）可采矿量。指位于采矿台阶最小工作平盘宽度以外，其上部和侧面已被揭露矿体的矿量，也称为回采矿量，是开拓矿量的一部分。

开拓矿量和可采矿量一般按月生产能力进行计算（见图 10-6），用可采期表示。通常可采矿量可采期规定为 2~3 个月，开拓矿量可采期为 4~6 个月。可采期的确定必须综合考虑采矿生产的可持续性和经济效益等因素，具有自燃性的矿石还应考虑自燃发火期，以避免矿石长期暴露发生自燃。

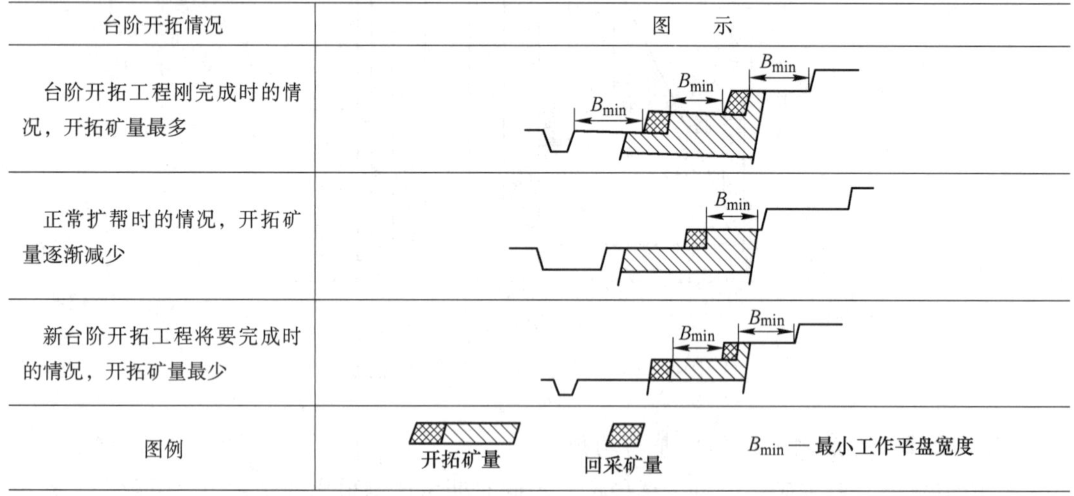

台阶开拓情况	图　示
台阶开拓工程刚完成时的情况，开拓矿量最多	B_{min}　B_{min}　B_{min}
正常扩帮时的情况，开拓矿量逐渐减少	B_{min}
新台阶开拓工程将要完成时的情况，开拓矿量最少	B_{min}　B_{min}
图例	开拓矿量　回采矿量　B_{min} — 最小工作平盘宽度

图 10-6　开拓矿量及可采矿量计算示意图

10.2　露天矿生产能力

10.2.1　露天矿生产能力的基本概念

露天矿生产能力是露天矿设计中的一个重要参数。生产能力的大小直接影响到矿山设备的选型和数量、工业场地建设的规模、矿山的定员、投资的大小、生产成本的高低和矿山服务年限的长短等。

露天矿生产能力包括两个指标：矿石生产能力和矿岩生产能力。露天矿所需的人员和设备等要按矿岩生产能力来计算。矿岩生产能力与矿石生产能力可以通过生产剥采比进行换算。

矿岩生产能力 A 和矿石生产能力 A_p 的关系如下：

$$A = A_p(1 + n_s) \tag{10-4}$$

式中　n_s ——露天矿生产剥采比，m^3/m^3 或 t/t。

露天矿的生产能力分为设计生产能力和实际生产能力。实际生产能力主要取决于露天矿的现有工艺系统、矿床赋存条件、开拓方式和开采方法。

10.2.2 露天矿生产能力的确定

露天矿生产能力的大小直接影响到矿山设备选型、投资、生产成本、矿山服务年限、矿山定员和综合经济效益等。应以市场或用户需求、技术上可行和经济上合理等方面综合考虑予以确定。

10.2.2.1 按市场需求量确定生产能力

由矿石成品的市场需求量确定原矿产量 A_p，即：

$$A_p = \frac{K_c}{K_p(1-\beta)\eta}A_c \tag{10-5}$$

式中 K_c——成品矿石的品位,%；

A_c——市场或用户每年需求的成品矿石量，t/a；

K_p——原矿矿石品位,%；

β——采矿损失率,%；

η——选矿回收率,%。

10.2.2.2 按开采技术条件确定的生产能力

露天矿生产能力常常受到矿山具体矿床条件和开采技术水平的限制，在确定生产能力时，可以从以下几个方面进行试算：

(1) 按可能布置的采矿工作面（挖掘机）数确定生产能力。挖掘机是露天矿的主要采掘设备，每台挖掘机服务一个工作面。挖掘机选型后，露天矿的生产能力取决于可能布置的挖掘机工作面数，即可能布置的采矿工作面数决定了矿山生产能力。

露天矿可能达到的矿石生产能力为：

$$A = \sum_{i=1}^{n_k} Q_{s.k}n_i = Q_{s.k}\sum_{i=1}^{n_k} n_i \tag{10-6}$$

式中 $Q_{s.k}$——采矿挖掘机的平均生产能力，t/a；

n_i——台阶 i 可能布置的采矿工作面数目；

n_k——可能同时采矿的台阶数目。

台阶 i 可能布置的采矿工作面（采区）数目 n_i 为：

$$n_i = \frac{l_{gi}}{l_c} \tag{10-7}$$

式中 l_{gi}——台阶 i 的采矿工作线长度，m；

l_c——采矿工作面（采区）的工作线长度，m。

一般情况下，对于铁路运输要求 $n_i \leqslant 3$。

露天矿可能同时采矿的台阶数目 n_k 与矿床自然条件和开采技术条件有关。

对于单矿体矿床，依图 10-7 所示的几何关系可得到下述两个等价的计算公式：

$$n_k = \frac{N_0}{b + h_t\cot\alpha_t} = \frac{m}{1 \pm \tan\varphi\cot\alpha}\frac{1}{b + h_t\cot\alpha_t} = \frac{m}{1 \pm \tan\varphi\cot\delta}\frac{1}{b + h_t\cot\alpha_t} \tag{10-8}$$

$$n_k = \frac{N_0}{h_t/\tan\varphi} = \frac{m}{1 \pm \tan\varphi\cot\alpha}\frac{\tan\varphi}{h_t} = \frac{m_z}{\sin\alpha \pm \tan\varphi\cos\alpha}\frac{\tan\varphi}{h_t} \tag{10-9}$$

式中 n_k——可能同时采矿的台阶数；

N_0——矿体中工作帮坡线的水平投影，m；

φ——工作帮坡角，(°)；

b——工作平盘宽度，m；

h_t——台阶高度，m；

α_t——工作台阶坡面角，(°)；

α——矿体倾角，(°)；

δ——采矿工程延深角，矿体倾斜方向与工作帮水平推进方向夹角，(°)；

m——矿体水平厚度，m；

m_z——矿体真厚度，m，$m_z=m\sin\alpha$；

"+"——用于下盘向上盘推进（$\delta=\alpha$）；

"-"——用于上盘向下盘推进（$\delta=180°-\alpha$）。

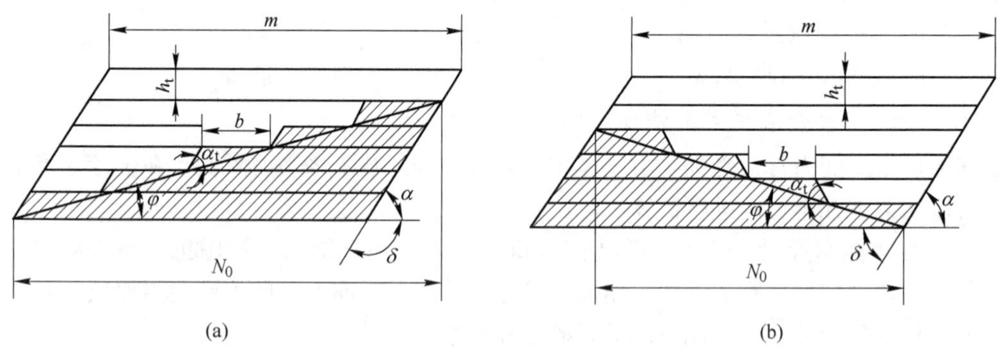

图 10-7 同时进行采矿的台阶数

（a）上盘向下盘推进（$\delta=180°-\alpha$）；（b）下盘向上盘推进（$\delta=\alpha$）

下面对计算 n_k 的式（10-8）和式（10-9）作出简要讨论：

1）对于直立矿体，即 $\alpha=90°$，$\cot\alpha=0$，$m=m_z$，则式（10-8）简化为：

$$n_k=\frac{m}{b+h_t\cot\alpha_t}=\frac{m_z}{b+h_t\cot\alpha_t} \tag{10-10}$$

2）对于水平矿体，即 $\alpha=0°$，$\sin\alpha=0$，$\cos\alpha=1$，则式（10-9）简化为：

$$n_k=\frac{m\tan\varphi}{h_t} \tag{10-11}$$

3）对于倾斜矿体，若 $\alpha=\varphi$，$\tan\varphi\cot\alpha=\pm1$，则式（10-8）转化为：

$$n_k\begin{cases}=\dfrac{m}{2(b+h_t\cot\alpha_t)}, & \delta=\alpha(\text{即从下盘向上盘推进})\\ \rightarrow+\infty, & \delta=180°-\alpha(\text{即从上盘向下盘推进})\end{cases} \tag{10-12}$$

式中，$n_k\rightarrow+\infty$ 在实际中意味着工作帮上全是采矿台阶。比如，倾斜矿体顶板全部出露的山坡露天矿。

对于多矿体矿床，式（10-13）中的 N_0 为各矿体中工作帮坡线的水平投影宽度之和。设 n 为矿体数目，N_j 为矿体 j 中工作帮坡线的水平投影宽度，则有：

$$N_0 = \sum_{j=1}^{n} N_j \tag{10-13}$$

（2）按采矿工程水平推进速度确定生产能力。对于水平与近水平矿体的矿石生产能力 A_p，主要取决于工作线水平推进速度 v_H，单位时间内剥采台阶沿工作帮推进方向的水平推进距离：

$$A_p = v_H H L_g \gamma \eta (1 + \rho) \tag{10-14}$$

式中 H——矿体厚度，m；

L_g——采矿台阶工作线平均长度，m；

γ——矿石容重，t/m³；

η——矿石回采率，%；

ρ——废石混入率，%。

（3）按采矿工程延深速度确定生产能力。露天矿在生产过程中，工作线不断向前推进，开采水平不断下降，直至最终境界。通常用矿山工程（或工作线）水平推进速度和矿山工程垂直延深速度两个指标来表示开采强度。

如图 10-8 所示，矿山工程水平推进速度 v_t(m/a)，是指工作帮或工作线的水平位移速度。延深速度有两个概念：一是矿山工程（垂直）延深速度 v_y(m/a)，是指矿山工程（或工作帮）在其延深方向（两相邻水平开段沟位置错动方向）的垂直位移速度；另一是采矿工程（垂直）延深速度 v_k(m/a)，指矿山工程（或工作帮）在矿体倾斜方向的垂直位移速度，即相当于开采矿体水平截面的垂直位移速度。

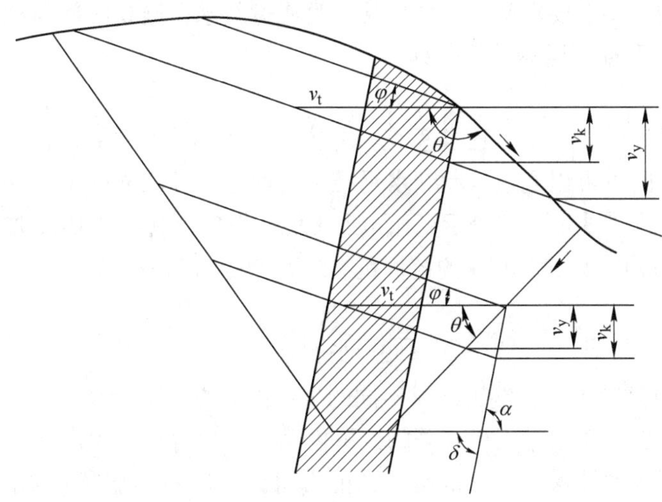

图 10-8 矿山工程垂直延深速度和水平推进速度与采矿工程垂直延深速度的关系

露天矿按采矿工程（垂直）延深速度可能达到的矿石生产能力可采用下式计算：

$$A = \frac{v_k}{h_t} A_c \eta' = v_k S \gamma \eta' \tag{10-15}$$

式中 A_c——具有代表性的台阶水平分层矿量，t；

η'——露天开采的矿石表观回收率，%；

S——具有代表性的矿体水平截面面积，m²；

γ——矿石体重，t/m^3。

采矿工程（垂直）延深速度取决于或受制于矿山工程水平推进速度和矿山工程（垂直）延深速度。如图 10-8 所示，对于倾斜矿体工作线单侧推进的纵向采剥法，上述三者存在下述关系：

$$v_k = v_t \frac{1}{\cot\varphi + \cot\delta} \tag{10-16}$$

$$v_t = v_y(\cot\varphi + \cot\theta) \tag{10-17}$$

$$v_k = v_y \frac{\cot\varphi + \cot\theta}{\cot\varphi + \cot\delta} \tag{10-18}$$

式中 $\theta(0°\sim180°)$——矿山工程延深角，即矿山工程（或工作帮）延深方向与水平推进方向的夹角，(°)。

由上述一组关系式，可得到采矿工程（垂直）延深速度 v_k的制约关系式：

$$v_k = \min\left\{v_y \frac{\cot\varphi + \cot\theta}{\cot\varphi + \cot\delta}, v_t \frac{1}{\cot\varphi + \cot\delta}\right\} \tag{10-19}$$

在某些采剥方法中，v_k与 v_y或 v_t的关系难以定量描述，因此，可令 $v_k = v_y$。

矿山工程（垂直）延深速度 v_y与新水平准备时间 t_x(a) 和水平分层高度或工作台阶高度 h_t(m) 有关。

新水平准备时间是指现工作水平开始掘出入沟至下一水平开始掘出入沟的间隔时间，或者说是指开辟新水平的持续时间。新水平准备的工程量包括掘出入沟、掘开段沟以及为下一水平掘出入沟提供必要空间所需的扩帮。可通过新水平准备时间与相应的水平分层高度计算矿山工程（垂直）延深速度，即

$$v_y = h_t / t_x \tag{10-20}$$

在矿床开采设计中，矿山工程（垂直）延深速度和新水平准备时间可以采用类比法选取。新水平准备时间也可以通过编制新水平准备工程进度计划来确定。

矿山工程水平推进速度 v_t取决于工作帮上可能布置的挖掘机工作面数目 n_g和工作帮的垂直投影面积 S_z(m^2)。设工作面 i 的挖掘机实际生产能力为 $Q_{s.i}$(m^3/a)，则有：

$$v_t = \frac{1}{S_z}\left(\sum_{i=1}^{n_g} Q_{s.i}\right) \tag{10-21}$$

（4）按经济因素确定生产能力。对不同的生产能力方案进行比较分析以确定经济效益最佳的生产能力；也可建立露天矿开采的经济模型，求出合理的生产能力。

对矿石储量不太大的露天矿，确定生产能力时，还应考虑服务年限。服务年限太短，会造成基本建设设施过早报废，致使矿山总体效益不佳，甚至不能全部回收投资。

露天矿服务年限 T 可按下式计算：

$$T = \frac{Q\eta}{A_p K} \tag{10-22}$$

式中 Q——露天矿开采境界内的工业储量，t；

A_p——露天矿原矿生产能力，t/a；

η——露天开采的回采率，%；

K——矿石储量备用系数，一般取 $K = 1.1\sim1.2$。

国内露天矿的矿山规模可按表 10-2 划分，露天矿的服务年限可参考表 10-3 确定。可用反映矿石工业储量与矿山经济寿命之间的合理关系的泰勒公式确定露天矿的服务年限：

$$T = 0.2\sqrt[4]{Q} \tag{10-23}$$

表 10-2　露天矿山规模类型划分表

矿山类别		矿山规模（$\times10^4$t/a）			
		特大型	大型	中型	小型
黑色冶金矿山		>1000	1000~300	300~60	<60
有色冶金矿山		>1000	1000~100	100~30	<30
化工原料矿山	磷矿	—	>100	100~30	<30
	硫铁矿	—	>100	100~20	<20
建材非金属矿山	石灰石矿	—	>120	120~50	<50
	石棉矿	—	>1	1~0.1	<0.1
	石墨矿	—	>1	1~0.3	<0.3
	石膏矿	—	>30	30~10	<10
	露天煤矿	>2000	2000~1000	1000~300	<300

表 10-3　露天矿山合理服务年限

矿山规模类型	特大型	大　型	中　型	小　型
合理服务年限/a	>30	>25	>20	>10

10.3　露天矿采掘进度计划编制

露天矿采掘进度计划是矿山建设和生产的安排，是以图表形式定量描述露天矿山工程在开采时间和空间上的发展进程，验证落实露天矿生产能力和生产剥采比等各项技术决策。

采掘进度计划编制是露天矿设计的重要工作内容，是保障露天矿快速有序建设，持续均衡生产、经济高效运营的必要技术措施。在露天矿开采期间，境界内的矿岩量逐渐消失，工作空间位置不断移动，矿床赋存条件、矿石品种、矿岩性质等不断变化，各个工作环节的内容、要求也随着时间的推移不断改变。为了使生产具有预见性和可靠性，必须编制采掘进度计划。

10.3.1　露天矿采掘进度计划的编制目标与分类

编制露天矿采掘进度计划的总目标是确定一个技术上可行且使矿床开采总体经济效益达到最大、贯穿于整个矿山开采寿命期的矿岩采剥顺序。从动态经济的观点出发，所谓矿床开采的总体经济效益最大，就是使矿床开采中实现的总净现值（NPV）最大。所谓技术上可行，是指采掘进度计划必须满足一系列技术上的约束条件，主要包括：

（1）在每一个计划期内为选矿厂提供较为稳定的矿石量和入选品位。

（2）每一计划期的矿岩采剥量应与可利用的采剥设备生产能力相适应。

（3）各台阶水平的推进必须满足正常生产要求的时空发展关系，即最小工作平盘宽度、安全平台宽度、工作台阶的超前关系、采场延深与台阶水平推进速度的关系等。

依据每一计划期的时间长度和计划总时间跨度，露天矿采掘计划可分为长远计划、短期计划和日常作业计划。

长远计划的每一计划期一般为一年，计划总时间跨度为矿山整个开采寿命。长远计划是确定矿山基建规模、不同时期的设备、人力和物资需求、财务收支和设备添置与更新等的基本依据，也是对矿山项目进行可行性评价的重要资料。长远计划基本上确定了矿山的整体生产目标与开采顺序，并且为制定短期计划提供指导。没有长远计划的指导，短期计划就会没有“远见”，出现所谓的“短期行为”，造成采剥失调，损害矿山的总体经济效益。

短期计划的一个计划期一般为一个季度（或几个月），其时间跨度一般为一年。短期计划除考虑前述的技术约束外，还必须考虑诸如设备位置与移动、短期配矿、运输通道等更为具体的约束条件。短期计划既是长远计划的实现，又是对长远计划的可行性的检验。有时，短期计划会与长远计划有一定程度的出入。例如，在做某年的季度采掘计划时，为满足每一季度选厂对矿石产量与品位的要求，四个季度的总采剥区域与长远计划中确定的同一年的采剥区域不能完全重合。为保证矿山长远生产目标的实现，短期计划与长远计划之间的偏差应尽可能小。若偏差较大，说明长远计划难以实现，应对之进行适当调整。

日常作业计划一般指月、周、日采掘计划，它是短期计划的具体实现，为矿山的日常生产提供具体作业指令。

我国矿山设计院为新矿山做的采掘进度计划属于上述的长远计划。生产矿山编制的计划一般分为五年（或三年）计划、年计划、月计划、旬（周）计划和日（班）计划。

本节主要介绍矿山设计中的长远计划编制。

10.3.2　编制露天矿采掘进度计划需要的资料

编制露天矿采掘进度计划所需的基础资料主要有：

（1）地形地质图。图上绘有矿区地形等高线和主要地貌、地质特征。对于扩建或改建矿山还需开采现状图。图纸比例一般为 1∶1000 或 1∶2000。

（2）地质分层平面图。图上绘有每一台阶水平的矿床地质界线（包括矿岩界线）和最终开采境界线、出入沟和开段沟位置。图纸比例一般为 1∶1000 或 1∶2000。

（3）分层矿岩量表。表中列出露天矿最终开采境界各分层的矿、岩种类和数量。

（4）开采要素。包括台阶高度、采掘带宽度、采区长度和最小工作平盘宽度及运输道路要素（宽度和坡度）等。

（5）露天矿开采程序（采剥方法）。台阶推进方式、采场延深方式、沟道几何要素。

（6）矿石回收率和矿石贫化率。

（7）挖掘机数量及其生产能力。

（8）矿山设计生产能力、逐年生产剥采比、储备矿量保有期和规定的投产标准。

10.3.3　露天矿采掘进度计划的内容和编制方法

编制采掘进度计划从基建第一年开始逐年进行，主要工作是确定各水平的年末工作线位置、各年的矿岩采剥量和相应的挖掘机配置。

露天矿采掘进度计划的内容及其编制方法分述如下：

（1）具有年末工作线位置的分层平面图。具有年末工作线位置的分层平面图如图 10-9 所示。分层平面图上有逐年的矿岩量、作业的挖掘机数量和台号、出入沟和开段沟的位置、矿岩分界面、开采境界以及年末工作线位置等。

绘制具有年末工作线位置的分层平面图，是为了确定各分层作为新水平投入生产的时间和各年末的工作线位置，可逐年逐水平依次进行。根据拟定的开采程序（采剥方法）、矿石生产能力及均衡生产剥采比、矿山基建开工时间和所配置挖掘机的实际年生产能力，从露天矿上部第一个水平分层平面图开始，对各开采分层的矿岩量进行划分，拟出各年的开采区域，便可画出该开采分层年末工作线的起始和终止位置。

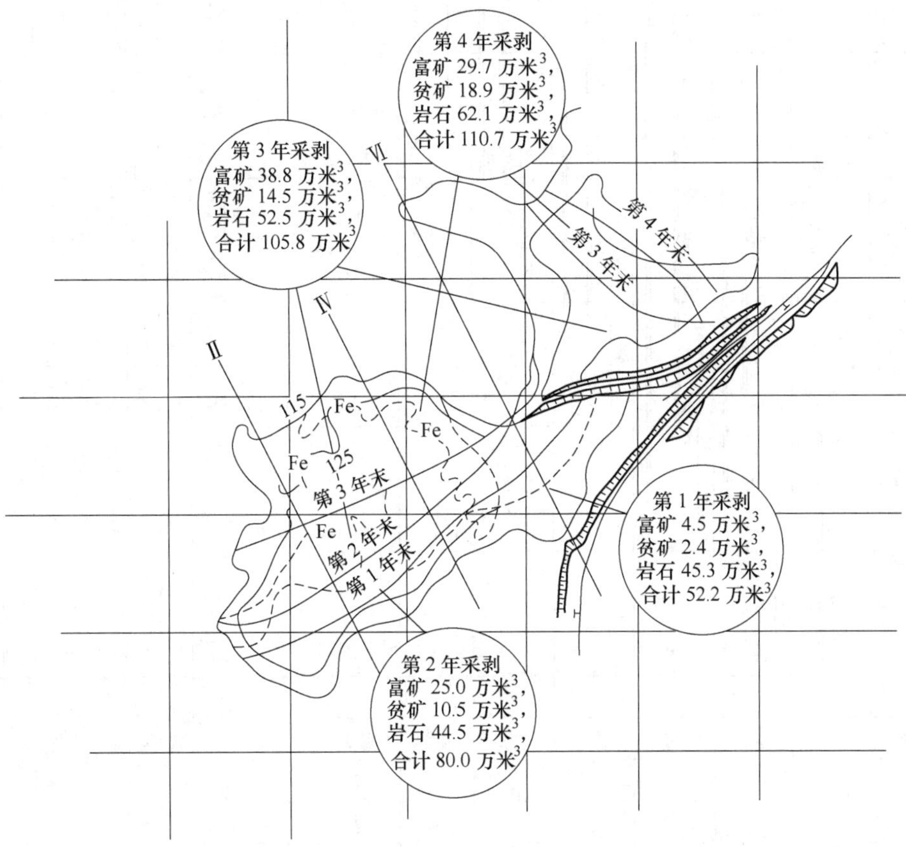

图 10-9 某露天铁矿+115m 水平分层平面图

在确定年末工作线位置时，应综合考虑采掘对象和作业方式对挖掘机效率的影响、矿山工程延深与扩帮的关系、矿石回收率、矿石贫化率及矿石产量与质量要求、最小工作平盘宽度及上下相邻水平的时空关系、储备矿量的大小、开拓运输线路通畅等因素。

可以看出，绘制具有年末工作线位置的分层平面图是一个试错过程，年末工作线的合理位置往往需要多次调整才能得以确定。借助于计算机辅助设计软件，则可以加速这一过程。

（2）采掘进度计划表。采掘进度计划表如表 10-4 所示。该表为二维表格，表体的行表示开采分层、表体的列表示开采年度。表中内容主要包括各开采分层的采掘工程量（出入沟、开段沟和扩帮工程量）、各开采年度的矿岩采剥量、挖掘机的配置和调动情况等。

表 10-4 某露天铁矿采掘进度计划表

工作水平/m	矿石 富矿 万米³	矿石 富矿 万吨	矿石 贫矿 万米³	矿石 贫矿 万吨	矿石 合计 万米³	矿石 合计 万吨	岩石 万米³	岩石 万吨	矿岩合计 万米³	矿岩合计 万吨	工作内容	挖掘机编号	第1年/万米³	第2年/万米³	第3年/万米³	第4年/万米³	第5年/万米³	第6年/万米³	第7年/万米³	第8年/万米³
地表–140	—	—	—	—	—	—	41.5	107.9	41.5	107.9	剥岩	N_1	0+0+18=18	0+0+23.5=23.5						
140–115	98.0	333.2	46.3	129.7	144.3	462.9	204.4	531.4	348.7	994.3	路堑采剥	N_2 N_3 N_2	3.2+0.7+29=32.9 1.3+1.7+16.3=19.3 N_3	25+10.5+44.5=80 N_2	38.8+14.5+52.5=105.8	29.7+18.9+62.1=110.7				
115–101	86.7	294.8	90.5	254.9	177.2	549.7	304.3	791.1	481.5	1340.8	路堑采剥	N_4 N_4 N_5		0.2+2+28.3=30.5 N_4 0+2.1+11.4=13.5 N_5	0+0+4.5=4.5 24.3+19.8+37.1=81.2	20+17.1+68.9=106	15.8+23.8+71=110.6	18.6+16.4+75=110	7.8+9.3+8.1=25.2	
101–87	88.5	300.6	126.6	355.9	215.1	656.5	398.3	1035.6	613.4	1692.1	路堑采剥	N_1 N_1 N_6		N_1	0+0+40=40 0+5.4+19.5=24.9 N_6	14+26.9+64.1=105	27.5+15.1+67=109.6	23.8+11.4+19.8=55	12+20+16=48	3.6+46.4+23.2=73.2
87–73	92.2	313.4	168.8	474.6	261.0	788.0	476.6	1239.2	737.6	2027.2	路堑采剥	N_7		投产时间 →		0+3.1+22.9=26 N_7 N_2	0+0.5+8.8=9.3 12.6+37.4+49.0=99.0	13.2+20.3+46.5=80	20.1+21.8+38.1=80	25+17.8+68.8=111.6
73–59	71.1	241.7	210.9	588.7	282.0	830.4	521.0	1354.5	803.0	2184.9	路堑采剥				第2年末	达设计产量 →	0+0+21.1=21.1	0+0+21.2=21.2 0+ 24+56=80	3.1+24.8+80.1=108	7.5+11.9+59.6=79
59–45	46.8	159.2	219.1	601.9	265.9	761.1	496.2	1290.1	762.1	2051.2	路堑采剥						第4年末	0+4+6=10	0+1+25.1=26.1 0.7+14+55.3=70	4.2+17.9+66.7=88.8
45–30	58.4	198.5	232.8	641.4	291.2	839.9	447.1	1162.5	738.3	2002.4	路堑采剥									0+0+6.5=6.5

单位		第1年 万米³	第1年 万吨	第2年 万米³	第2年 万吨	第3年 万米³	第3年 万吨	第4年 万米³	第4年 万吨	第5年 万米³	第5年 万吨	第6年 万米³	第6年 万吨	第7年 万米³	第7年 万吨	第8年 万米³	第8年 万吨
矿石	富矿	4.5	15.3	25.2	85.7	63.1	214.5	63.7	216.6	55.9	190.1	55.6	189.0	43.7	148.7	40.3	137.0
	贫矿	2.4	6.7	14.6	40.9	39.7	111.2	66.0	184.8	76.8	215.0	76.1	213.1	90.9	254.5	94.0	263.2
	小计	6.9	22.0	39.8	126.6	102.8	325.7	129.7	401.4	132.7	405.1	131.7	402.1	134.6	403.2	134.3	400.2
岩石		63.3	164.6	107.7	280.0	153.6	399.4	218.0	566.8	216.9	563.9	224.5	583.7	222.7	578.8	224.8	584.5
矿岩合计		70.2	186.6	147.5	406.6	256.4	725.1	347.7	968.2	349.6	969.0	356.2	985.8	357.3	982.0	359.1	984.7
剥采比	体积比/$m_3 \cdot m_{-3}$	9.17		2.71		1.49		1.68		1.63		1.70		1.65		1.67	
	重量比/$t \cdot t_{-1}$	7.48		2.21		1.23		1.41		1.39		1.45		1.44		1.46	
电铲台数		3		5		6		7		7		7		7		7	

图例:

富矿+贫矿+岩石=矿岩合计(万米$_3$)
(路堑及其工程量)

富矿+贫矿+岩石=矿岩合计(万米^3)
(采剥及其工程量)

采掘进度计划表应逐年编制，编到设计计算年以后 3~5 年，以后的产量以年或五年为单位粗略确定。在特殊情况下，如分期开采的矿山，则应编制整个生产时期。

所谓设计计算年是矿石已达到规定的生产能力和以均衡生产剥采比开始生产的年度，其采剥总量开始达到最大值。计算年的采剥总量是矿山设备、动力、材料消耗、人员编制和建筑规模等计算的依据。

编制采掘进度计划表，主要是以横道线的形式描述挖掘机运行及调度的轨迹。在绘制具有年末工作线位置的分层平面图的同时编制本表。按照分层平面图拟定的方案，在该表表体中以横道线的位置、长短和错动分别表示挖掘机的作业水平、作业起止与持续时间和调动情况，以横道线的颜色或样式表示挖掘机的作业方式，并以横道线上方标注的分段数字表明各分层挖掘机的岩、矿及其矿种的采掘量和采剥量。表格中矿、岩采剥量按行累计应与各分层计算矿、岩量吻合，按列累计需与各年度计划采剥量相符。表中还可以统计主要采掘设备数量、剥采比和储备矿量，确定新水平准备、投产、达产和设计计算年的时间等。

（3）露天矿采场年末综合平面图。露天矿采场年末开采综合平面图如图 10-10 所示，图上绘有采场各分层的工作台阶、出入沟和开段沟、挖掘机的位置及数量、地形、矿岩分界线、开采境界和铁路运输时的运输站线设置等。

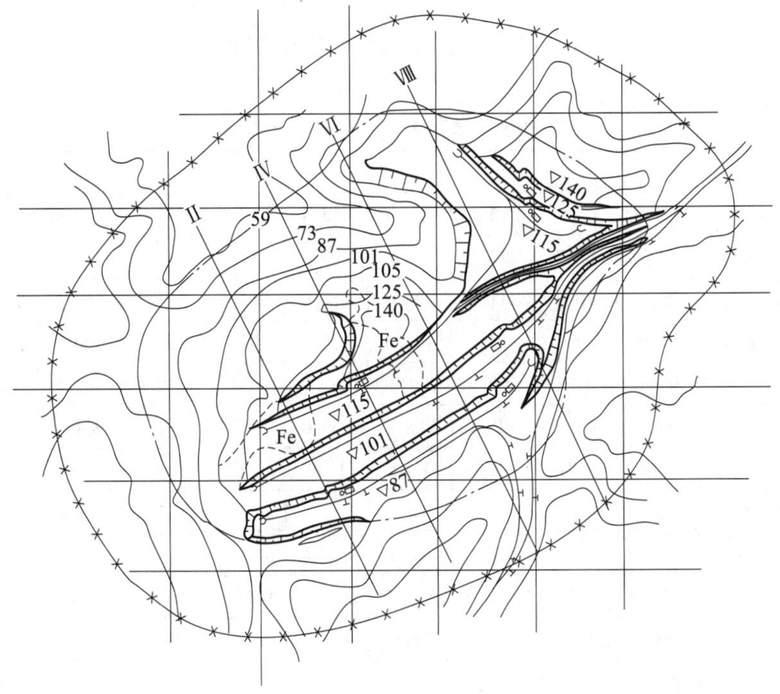

图 10-10 某露天铁矿第 3 年年末采场综合平面图

采场年末综合平面图可以反映该年末的采场现状。该图每年或隔年绘制一张，直到计算年。

采场年末综合平面图是以地质地形图和分层平面图为基础绘制而成的。在该图上先绘出采场以外的地形、开拓运输坑线、相关站场，然后将同年末各分层状态（平台或工作面位置、已揭露的矿岩界线、设备布置、运输线和会让站等）投影到图上。图中可以看出该年各分层的开采状况，各分层之间的相互超前关系。

（4）逐年产量发展曲线和图表。逐年产量发展曲线如图 10-11 所示，图中绘有露天矿寿命期内每年矿石开采量、岩石剥离量和矿岩采剥总量三条曲线；逐年产量发展表如表 10-5 所示，表中填写露天矿寿命期内每年的矿石及其矿种开采量、岩石剥离量和矿岩采剥总量，以及采掘设备类型和数量。

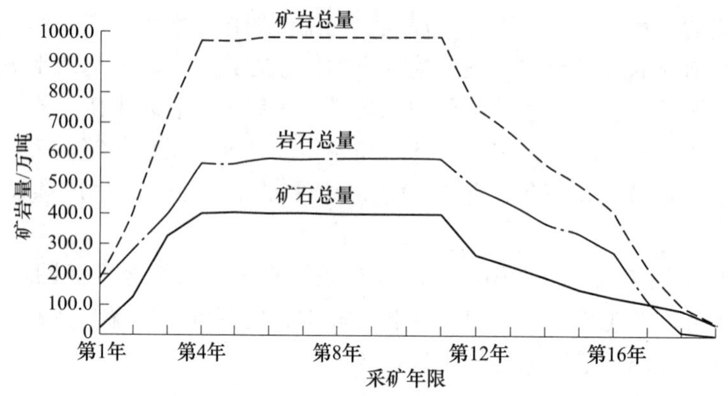

图 10-11 某露天矿逐年产量发展曲线

表 10-5 某露天铁矿年产量发展表

项目		开采年度									
		第 1 年	第 2 年	第 3 年	第 4 年	第 5 年	第 6 年	第 7 年	第 8 年	第 9 年	第 10 年
富矿	万吨	15.3	85.7	214.5	216.6	190.1	189.0	148.7	137.0	130.2	126.8
贫矿	万吨	6.7	40.9	111.2	184.8	215.0	213.1	254.5	263.2	269.8	273.2
矿石合计	万吨	22.0	126.6	325.7	401.4	405.1	402.1	403.2	400.2	400.0	400.0
岩石	万吨	164.6	280.0	399.4	566.8	563.9	583.7	578.8	584.5	583.3	585.3
矿岩合计	万吨	186.6	406.6	725.1	968.2	969.0	985.8	982.0	984.7	983.3	985.3
剥采比	t/t	7.48	2.21	1.23	1.41	1.39	1.45	1.44	1.46	1.46	1.46
W-4 型电铲	台	3	5	6	7	7	7	7	7	7	7

项目		开采年度									合计
		第 11 年	第 12 年	第 13 年	第 14 年	第 15 年	第 16 年	第 17 年	第 18 年	第 19 年	
富矿	万吨	108.8	75.3	65.6	53.9	39.7	25.8	15.3	3.1	0	1841.4
贫矿	万吨	291.0	189.9	164.6	139.5	113.6	102.2	93	82.9	38	3047.1
矿石合计	万吨	399.8	265.2	230.2	193.4	153.3	128	108.3	86	38	4888.5
岩石	万吨	583.0	483.7	438.0	369	336	278	118	13	3.3	7512.3
矿岩合计	万吨	982.8	748.9	668.2	562.4	489.3	406	226.3	99	41.3	12400.8
剥采比	t/t	1.46	1.82	1.90	1.91	2.19	2.17	1.09	0.15	0.09	1.54
W-4 型电铲	台	7	6	5	4	4	3	2	1	1	

逐年产量发展曲线和逐年产量发展表是将采掘进度计划表中相关的矿岩量整理之后分别绘制和填写的。逐年产量发展曲线是绘在横坐标表示开采年度、纵坐标表示采剥量的坐标系内，逐年产量发展表是以行表示开采矿岩类别、列表示开采年度。

采掘进度计划只编制到设计计算年以后 3~5 年，后续历年产量可按各水平矿石量比例及剥采比推算。

（5）文字说明。露天矿采掘进度计划的编制需对编制原则、编制依据和编制要求等相关事项作必要的文字说明。

10.3.4 采掘进度计划编制案例

某露天铁矿以山坡露天矿为主，开采标高+155m~+30m，封闭圈标高+59m，分层矿岩量表见表 10-6。该矿采用铁路开拓、准轨机车运输，开采程序以固定沟纵向采剥法为主，工作台阶高度 14~15m、采区长度不小于 300m、最小工作平盘宽度 80m，设计矿石年产量为 400 万吨、最大均衡生产剥采比为 1.45t/t，开拓矿量和备采矿量保有期分别为 2.0a 和 0.5a，采装设备为 W-4 型电铲、实际生产能力为 55 万米³/台年、掘沟效率系数为 0.75。

表 10-6 某露天铁矿的分层矿岩量表

工作水平	矿石						岩石		矿岩合计	
	富矿		贫矿		合计					
	万米³	万吨	万米³	万吨	万米³	万吨	万米³	万吨	万米³	万吨
140 以上							41.5	107.9	41.5	107.9
140~115	98.0	333.2	46.3	129.7	144.3	462.9	204.4	531.4	348.7	994.3
115~101	86.7	294.8	90.5	254.9	177.2	549.7	304.3	791.1	481.5	1340.8
101~87	88.5	300.6	126.6	355.9	215.1	656.5	398.3	1035.6	613.4	1692.1
87~73	92.2	313.4	168.8	474.6	261.0	788.0	476.6	1239.2	737.6	2027.2
73~59	71.1	241.7	210.9	588.7	282.0	830.4	521.0	1354.5	803.0	2184.9
59~45	46.8	159.2	219.1	601.9	265.9	761.1	496.2	1290.1	762.1	2051.2
45~30	58.4	198.5	232.8	641.4	291.2	839.9	447.1	1162.5	738.3	2002.4
合计	541.7	1841.4	1095	3047.1	1636.7	4888.5	2889.4	7512.3	4526.1	12400.8

在该露天铁矿的开采设计中，按上述方法编制了采掘进度计划。其中：+115m 水平分层平面图见图 10-9，采掘进度计划表见表 10-4，第 3 年年末采场综合平面图见图 10-10，逐年产量发展图表分别见图 10-11 和表 10-6。

由于该露天铁矿服务年限不长，采掘进度计划只编排到第 8 年，第 8 年后历年产量、生产剥采比等，仍逐年在分层平面图上确定。

10.4 露天矿投产产量标准及达产期限

露天矿投产产量及达产期限见表 10-7。

表 10-7 露天矿投产产量标准及达产期限

露天矿设计规模/万吨·年$^{-1}$	<30	30~100	>100
投产时的年产量占设计产量的比例	1/2	1/3~1/2	1/4~1/3
投产至达产的期限/a	1~3	1~3	3~5

露天矿达产后进入正常生产期的服务年限一般应超过矿山服务年限的 2/3。

设计计算年是指露天采剥总量达到最大规模的初始年度。从这一年开始，将按设计矿石生产能力和最大均衡生产剥采比持续生产一段时间。在设计中将计算年的采剥总量作为计算矿山设备、动力、材料消耗、人员编制、建设规模及辅助设施的依据。

习 题

10-1 简述确定露天矿生产能力的基本方法。
10-2 解释采矿工程延深速度、设计计算年、剥离洪峰期等概念。
10-3 为什么要进行生产剥采比的调整与均衡，其主要方法有哪些?
10-4 编制采掘进度计划的主要内容有哪些?

本章参考文献

[1] 张世雄. 矿物资源开发工程 [M]. 武汉：武汉工业大学出版社，2000.
[2] 李宝祥. 金属矿床露天开采 [M]. 北京：冶金工业出版社，1992.
[3]《采矿手册》编委会. 采矿手册 [M]. 北京：冶金工业出版社，1990.
[4] 云庆夏. 露天采矿设计原理 [M]. 北京：冶金工业出版社，1995.
[5] Crawford, Hustrulid. Open Pit Mine Planning and Design [M]. Society of Mining Engineering, 1979.
[6] 陈国山. 露天采矿技术 [M]. 北京：冶金工业出版社，2008.
[7] 孙本壮. 采矿概论 [M]. 北京：冶金工业出版社，2007.
[8] 高永涛，吴顺川. 露天采矿学 [M]. 长沙：中南大学出版社，2010.

11 露天矿山开采设计

11.1 矿山企业设计概述

矿山企业，通常是指以采矿为主要生产活动的独立核算的生产经营单位。就矿山企业来说，有独立的矿山企业，有采选联合企业和采选冶联合企业。

矿山企业设计是以采矿专业为主体，与有关专业配合，按照一套科学的程序和方法，对矿山建设方案进行规划、设计。即在取得地质勘查成果的基础上，为矿山建设和生产而进行的全面规划工作。旨在根据矿床赋存状况和经济技术条件，选择技术可行、经济合理的矿产资源开发方案。

矿山企业设计要全盘确定工艺流程及设备等技术问题，涉及到许多不同专业的工艺，是一项综合性很强的工作。因此，进行矿山企业设计时，要按照一定的程序去进行，使设计有条不紊，确保设计质量。

在矿山设计前的准备工作，对矿山企业设计非常重要。建设项目的决策和实施必须遵循基本建设程序办事，对拟建矿山项目是否应该建设和如何建设，须从技术和经济探讨是否可行合理，进行全面分析、论证、比较和评价，为投资决策提供依据。一般来说，设计前期工作包括：项目建议书、可行性研究报告、设计任务书以及相应的科研工作。

一般矿山企业设计均分为两段设计：初步设计与施工设计（施工图）。对大型、特大型且条件复杂的矿山，在国内尚无经验的条件下，可作三段设计：初步设计、技术设计和施工设计。

初步设计是拟建项目决策的具体实施方案，也是进行施工设计的依据，是矿山企业设计的主要文件。初步设计，就是设计未来矿山企业的轮廓，对未来矿山建设项目做一个总体的初步的技术经济决策，制定全面总体建设方案。初步设计必须根据已批准了的设计任务书及可行性研究中已确定了的规模、服务年限、建设分期、矿区选择、开采方法、厂址选择、建设程序、产品方案技术装备、电源、水源、燃料及材料供应、外部运输等原则问题，进行具体的设计，详细论证各项技术决策的技术经济合理性。初步设计的主要内容包括确定矿山生产规模、服务年限、工艺流程、产品方案等，并对矿床开拓方案、采矿方法、矿石洗选加工工艺、主要矿山设备、地面及地下工程布置、动力供应、给排水和施工组织等方面选择合理方案，核算建设投资等。

施工设计也称施工图，是根据已批准的初步设计，按照各项工程项目绘出施工图。为方便设计，在编制施工图时，尽量利用类似矿山工程图件或已建工程的施工图件，或标准施工图件。施工设计主要绘制设备安装图，井巷工程施工图，主要峒室施工图与装配图，提升机、井架、机修设施等安装图。

此外，矿山设计必须依据相应的设计法律依据和原始资料进行。其中主要的设计原始资料有：地质勘探报告、技术经济资料、气象资料、工程地质资料及相关协议和批文。

11.2 露天矿山开采设计主要内容

对不同类型和规模的矿山，其矿山开采设计内容存在差异，但一般包括这样一些主要内容：开采范围及开采方法选择，露天开采境界确定，矿山工作制度、生产规模、产品方案与服务年限，开拓运输，采剥工作，基建与采剥进度计划，露天矿防排水等。此外，爆破材料设施、供气、供水、电力等公共辅助设施也应包含在设计内容中。

11.2.1 开采范围及开采方法选择

露天矿的开采范围一般可根据可行性报告所确定的内容，进一步论述开采对象和开采范围。当一个矿区有两个以上矿床和同一矿床有多个矿带时，论述设计开采范围确定的原则和依据以及开采的总顺序。对改、扩建企业应说明其开采现状、特点以及存在的主要问题。

开采方法选择可根据可行性报告的内容，从矿床赋存的条件、企业规模、产品品种、产量、质量、资源利用程度、基建工程量基建时间、投资、经营费用、成本、设备数量、能源消耗、材料消耗、劳动生产率、环境保护、占用土地及远近结合等方面，论述采用露天开采的理由及其经济效果。

当采用露天和地下联合开采或先露天后地下、先地下后露天开采时，应叙述露天、地下的界限、两者在平面和立面上的关系，相互影响及其安全措施等。

11.2.2 露天开采境界确定

露天开采境界的确定首先应确定采场边坡参数。确定边坡参数时，应在分析相关原始条件、影响因素、方法的基础上，确定终了台阶高度、台阶宽度、台阶坡面角、最终边坡角等参数。

露天境界的确定应说明露天境界圈定的原则、技术经济条件及经济合理剥采比，阐明圈定露天境界的方法和结果以及底部标高和尺寸。对不同开采境界方案，应比较矿岩总量，采出矿石量及其占工业储量的比例，平均剥采比，采场境界几何尺寸，采深以及其他主要经济技术指标，确定推荐方案，并列出推荐方案的露天采场分层矿岩量表。

对分期建设和扩帮开采，应阐明分期和扩帮的必要性、优缺点、首采地段的选择、分期和扩帮的步骤、过渡措施、技术要求和经济效果。

对境界内采出的远景储量，或暂时难以加工处理的储量以及境界外的储量，应说明其利用及开采的初步设想。

11.2.3 矿山工作制度、生产规模、产品方案、服务年限

矿山工作制度的主要内容包括工人和设备的年工作天数、日工作班数、班工作小时数。

生产规模的验证可按企业合理生产年限、达产年限进行论证，同时应按可能布置的采矿工作面（挖掘机）数、按新水平准备时间和类似矿山实际所能达到的年下降速度进行验

证。对分期建设和扩帮开采的，应阐明各期边界的规模。

产品方案应根据矿床赋存特点、矿石类型、采选冶工艺的可能与要求，阐明采矿出矿品种、分采或混采的理由。

矿山服务年限的说明中，应包括矿山服务年限内的基建年限、生产年限中的投产到到达时间、达产年份、减产年份。

11.2.4 开拓运输

开拓运输方案的编制内容包括开拓方案的选择、开拓方案的描述及运输设备的选型与计算。

（1）开拓运输方案的选择。

1）说明矿区地形特征以及采矿工业场地、选矿厂、排土厂、表面矿石与副产矿石堆场等的分布特征。

2）开拓运输方案比较的主要内容，一般应包括矿岩性质、采剥矿岩总量、年矿岩运量、开拓运输方式、矿岩运距、运输设备型号及数量、材料需用量、基建投资、运营费、能源（电、柴油等）消耗、劳动生产率、占地和迁民等。

3）综合分析开拓运输方案比较结果，阐述推荐的开拓运输方案。

（2）开拓运输方案的描述。对选定的开拓运输方式，若山坡与凹陷开采不同、前期与后期不同，则首先要说明划分标高、服务时间、承担的服务运输量、两者的过渡方式和措施。

不论何种开拓运输方式，均说明露天采场各台阶与采矿工业场地、受矿仓、废石场、副产矿石和表外矿石堆场之间的系统联系。

1）当采用单一汽车或铁路运输时，一般应说明固定坑线的布置方式、线路技术等级与相应的技术条件、总出入沟口的位置、采场内移动坑线的布置形式与推进方向、主要规格、服务时间等。对于铁路运输还应说明矿山站、废石站、会让站、信号点的分布与形式等。

2）当采用斜坡道、胶带机、平硐溜井等运输方式时应分别说明：

① 斜坡道的位置、布置形式和提升方式及数量、服务对象、斜坡道结构形式与主要技术规格、上下调车场结构形式与各台阶的联系方式、斜坡道提升能力等。

② 胶带机斜坡道的位置、布置形式、长度、数量、主要技术规格、服务对象、粗碎站位置和形式、服务时间、生产能力、半固定与移动站的服务时间、移动步距、移动方式等。

③ 平窿、溜井、井下破碎站位置的选定和布置形式、井底车场形式、溜井数量，平窿、溜井、破碎站及井底车场的主要尺寸、支护形式、结构、加固方案，溜井生产能力、溜井降段措施等。

（3）运输设备的选型与计算。

1）阐明国产设备或引进设备选型的原则、主要依据。

2）运输设备的数量与效率计算：分别计算矿石运输和岩石运输以及人员、材料运输的设备需用量及备用量。

3）设备计算应尽可能按基建、生产不同时期和最大计算年计算，并以表格形式表示。

4）运输设备的选型，应尽可能与装载设备合理匹配，其数量亦应据此校核调整。

11.2.5　采剥工作

开拓运输方案的编制内容主要包括采剥方法的确定与采剥工艺描述等。

（1）采剥方法的确定。

1）确定采剥工艺的主要原则和依据。

2）确定采剥工作台阶的开段沟位置及其推进方向、采剥推进方式及同时工作台阶数与工作帮坡角。

3）确定采剥台阶工作面主要结构要素：台阶高度、最小工作平台宽度、陡帮作业的临时非工作平台宽度、工作台阶坡面角、堑沟底宽、电铲工作线长度。

（2）采剥工艺简述。

1）穿孔爆破作业。简述矿岩物理机械性质，选用的钻孔设备型号、孔网布置、孔距、孔深、倾角、爆破方式、起爆方式、炸药、爆破器材种类、爆破制度、合格块度、大块产出率、二次破碎、根底处理设备与方法、边坡穿孔爆破方法与相应的设备等。列表计算钻孔爆破作业效率。

2）装载作业。简述装载方式、装载设备选型、工作面辅助作业等方式、辅助设备选型、计算装载、辅助设备效率及设备数量。

11.2.6　基建与生产进度计划

（1）计划编制的主要依据和原则。

1）说明计划编制所依据的主要文件和资料。

2）阐述计划编制遵循的原则。矿山投产标准的确定、露天矿二级矿量的保有期限及其划分标准、基建副产矿石价值和回收原则。

（2）基建进度计划。

1）基建剥离量、道路工程量或井巷工程量。

2）基建时间、基建剥离部位、基建终了标高、基建终了保有二级矿量及保有期限副产矿石量。

3）基建期逐年的剥离量副产矿石量以及相应的设备数量。

（3）生产进度计划。

1）投产到达产的时间、逐年剥岩量、采矿量安排、生产剥采比逐年保有的二级矿量及保有期限。

2）达产服务年限以及计算年份，生产剥采比，设备数量，出矿品位等。

3）生产期均衡生产剥采比的方法和效果。

4）减产年份，减产期的生产能力，减产年所在标高。

11.2.7　露天矿防排水

露天矿防排水主要包括以下内容：

（1）简述矿区气象、水文地质条件、露天矿防排水条件。

（2）确定防排水的设计标准、频率、允许淹没采场最低开采台阶的数目。

（3）山坡露天开采防洪截水方式，截洪、导水沟布置形式，截洪、导水沟主要技术规格和工程量计算。

（4）确定凹陷露天开采的排水方式，排水系统的布置，排水设备选择与计算，排水工程量。

11.3 露天矿山设计举例

11.3.1 开采范围及开采方式

某小型岩金矿床属火山-次火山低温热液构造蚀变岩型矿床，矿区共圈定金矿体102条，自西北向东南分布有Ⅰ、Ⅱ、Ⅲ、Ⅳ、Ⅴ、Ⅵ号6个矿带。矿带总体呈北东向展布，由北西到东南呈雁式排布，东西长1800m，南北宽1200m。矿体形态以脉状为主，产状总体呈北东走向，倾向北西及南东。

矿区地处丘陵地带，地形西高东低。矿体多出露于地表，单矿体规模虽然不大，但矿脉多且相距较近，资源储量相对集中。

矿床矿脉众多、厚度总体较薄，为了合理开发利用资源，宜选择矿脉相对集中、埋藏较浅的部位进行露天开采。根据各矿带矿体赋存特征及埋藏情况，确定本次露天开采范围及对象为Ⅱ号矿带。

Ⅱ号矿带分布在矿区东南部16~48线间，地表呈条带状北东向展布，走向控制矿体长700m，南北向控制宽220m。矿带由20条金矿体组成，其中隐伏矿体7条。倾向北西（306°~345°），倾角53°~75°。该矿带倾向呈透镜体状尖灭再现现象明显，Ⅵ-8号和Ⅵ-9号金矿体在浅部呈分枝复合状产出。

根据以上地形地貌条件及矿体赋存特征，显然Ⅱ号矿带部分资源储量适于露天开采。对于露天境界以外剩余的资源储量，在露天开采后期采用地下方式开采回收。

本设计相关图纸见图11-1~图11-9。

11.3.2 露天开采境界

11.3.2.1 境界圈定原则

（1）境界剥采比不大于经济合理剥采比。首先以储量盈利比较法计算的经济合理剥采比初步圈定露天境界；再根据各矿体露天境界外的剩余情况，当矿体所余下的工业矿量不多、经济上已不适宜采用地下开采回收时，再以价格法计算的经济合理剥采比为控制，适当扩大露天境界，提高资源利用率。

（2）以平均剥采比小于经济合理剥采比校核露天境界。

11.3.2.2 经济合理剥采比的圈定

经济合理剥采比计算过程可参见第8章内容，相关计算数据如表11-1所示。

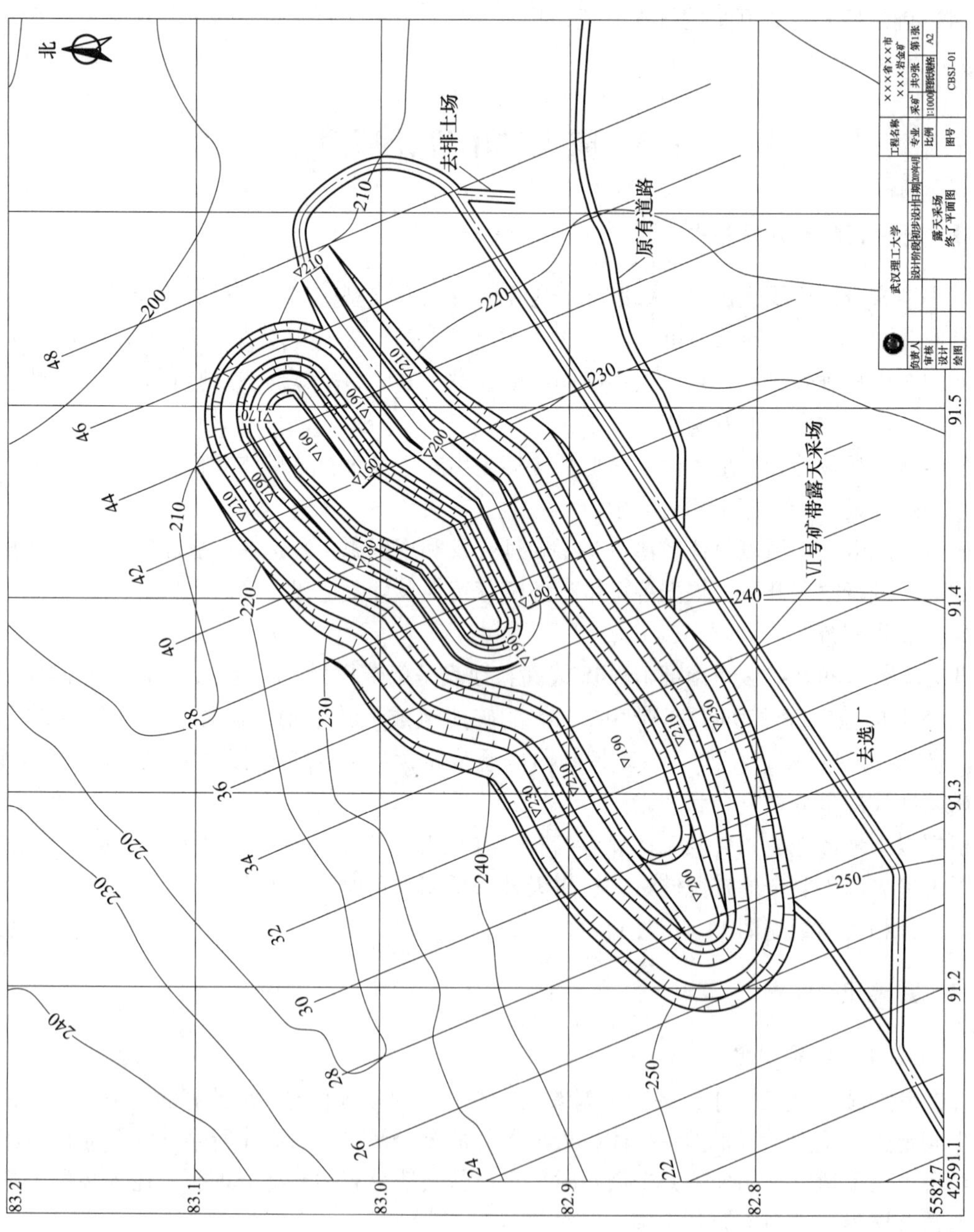

图 11-1 露天采场终了平面图

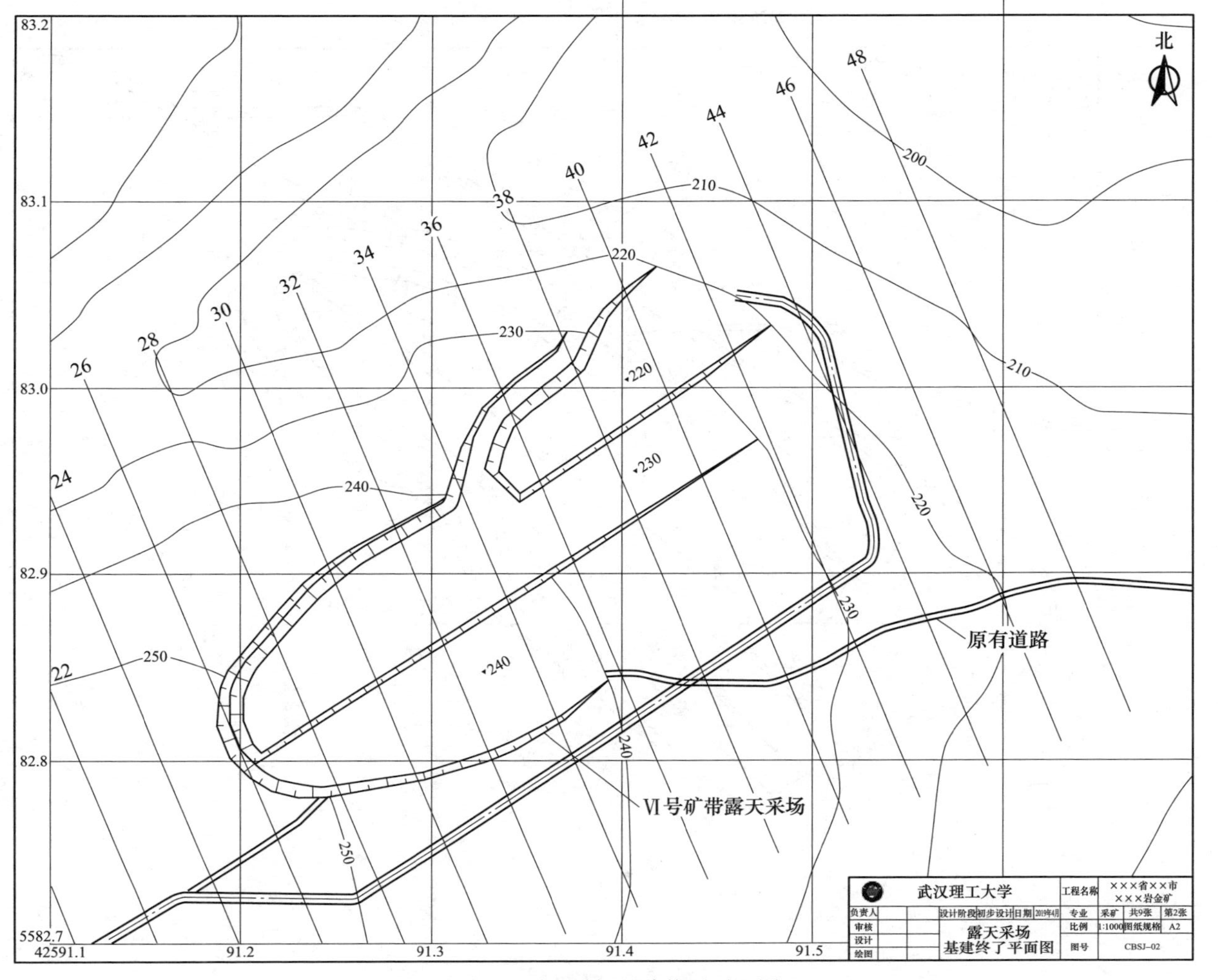

图 11-2 露天采场基建终了平面图

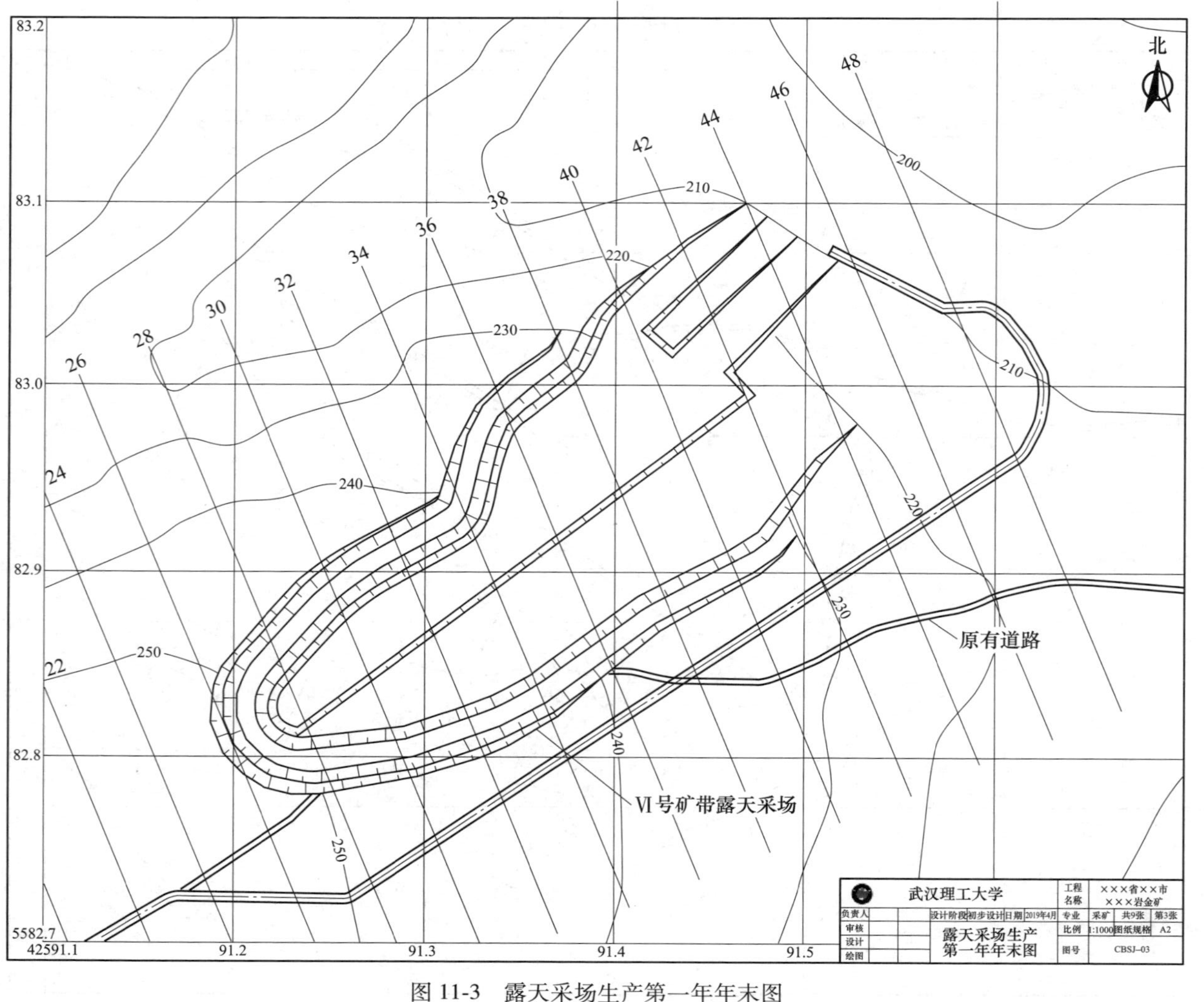

图 11-3 露天采场生产第一年年末图

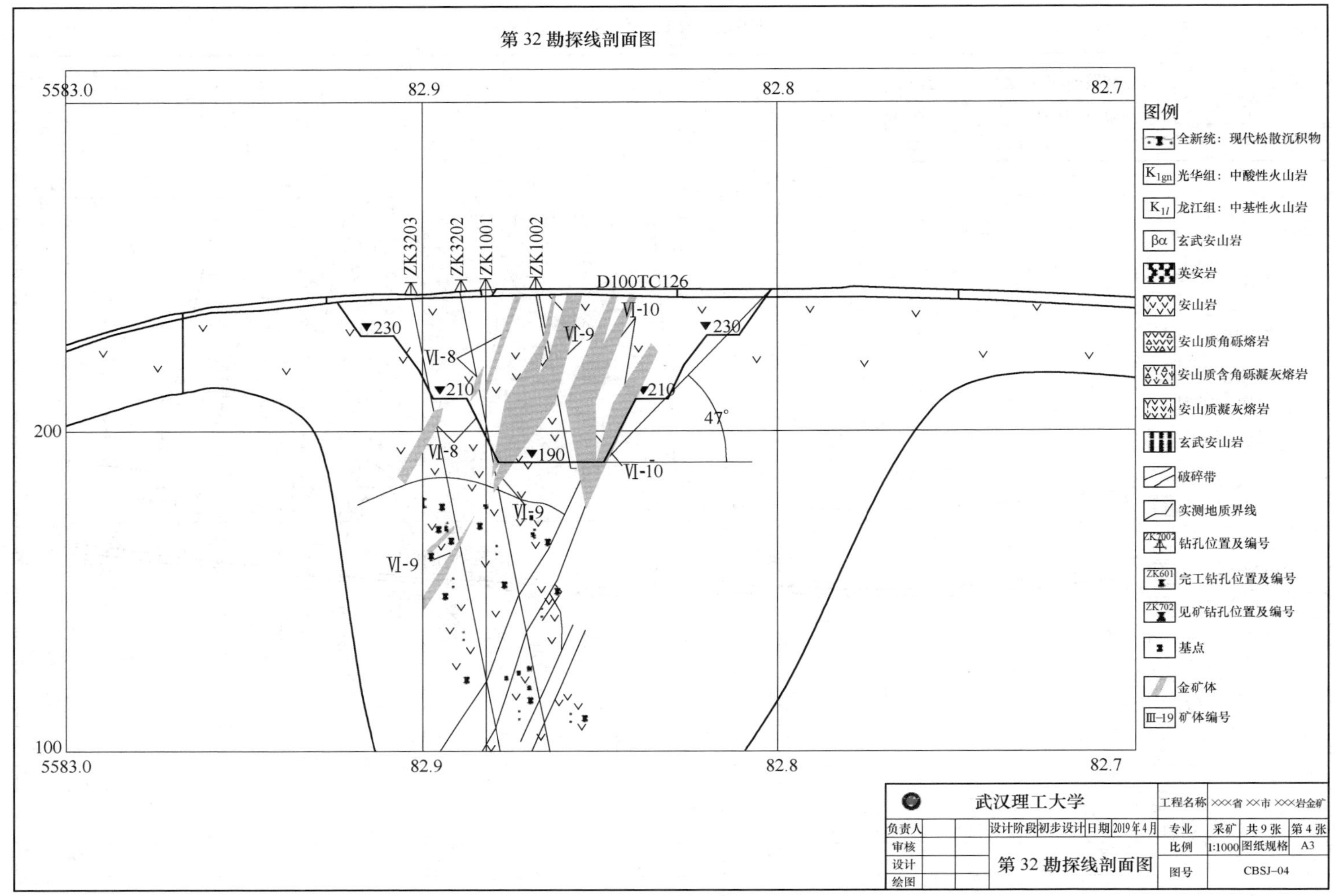

图 11-4 第 32 勘探线剖面图

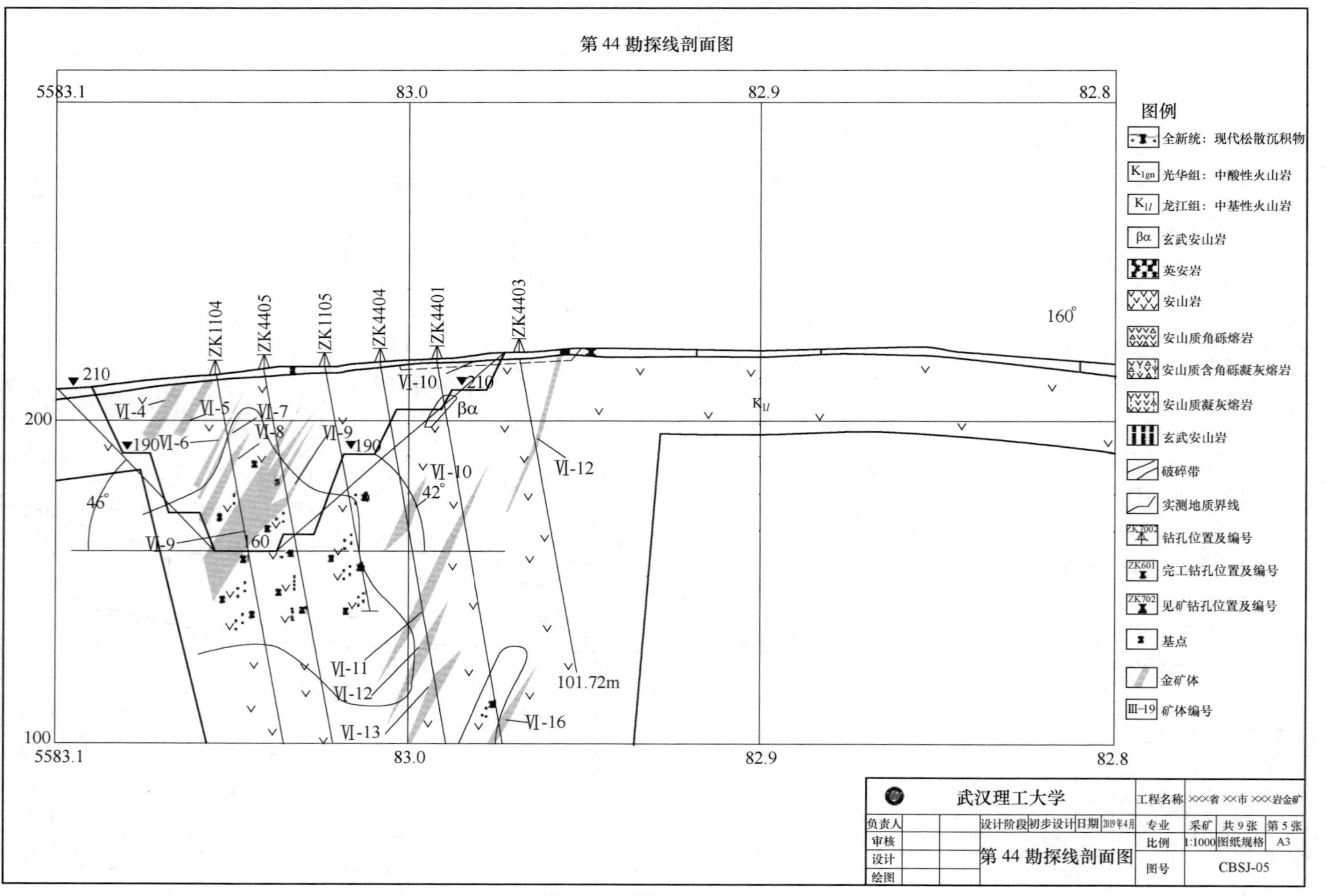

图 11-5 第 44 勘探线剖面图

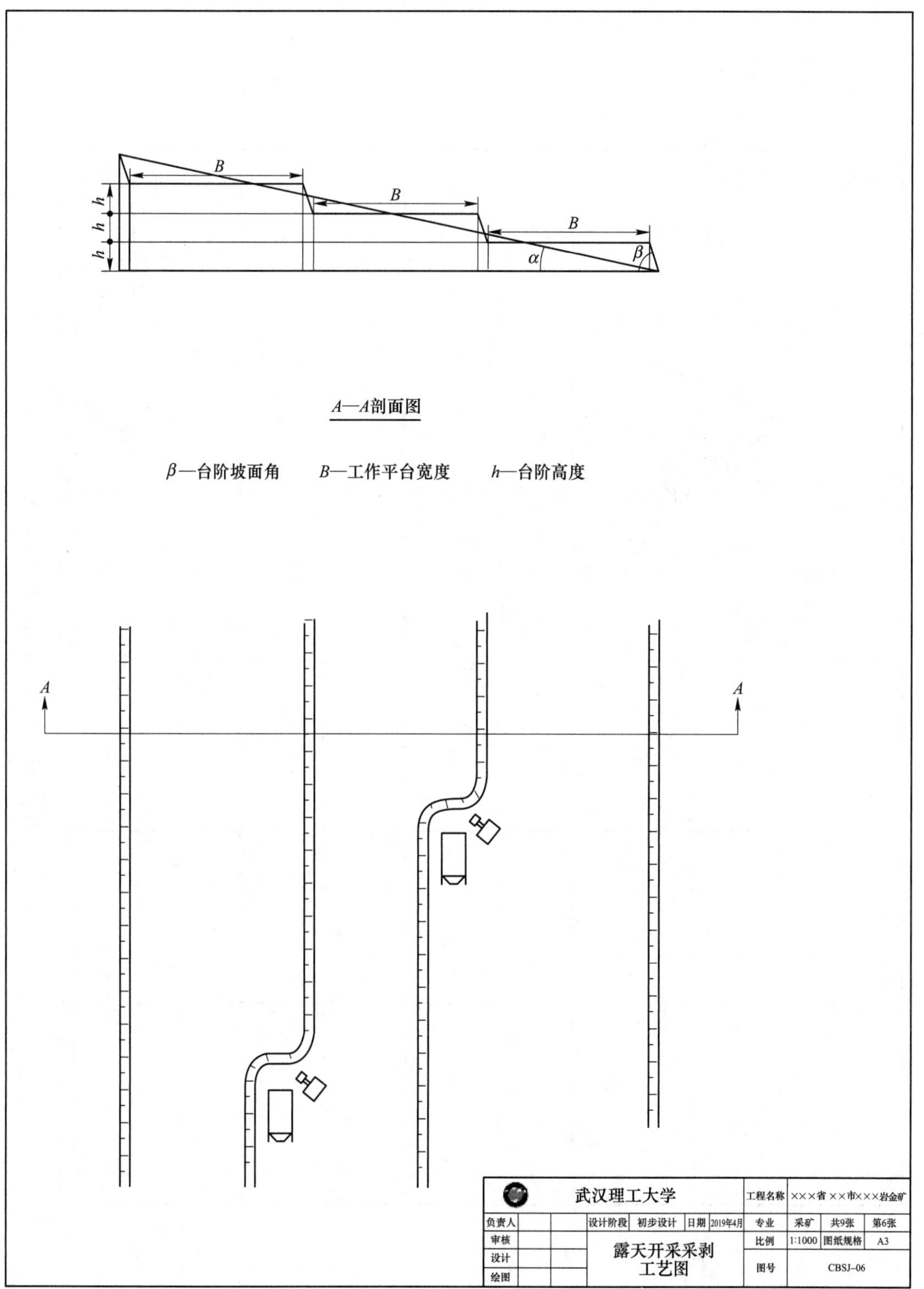

图 11-6 露天开采采剥工艺图

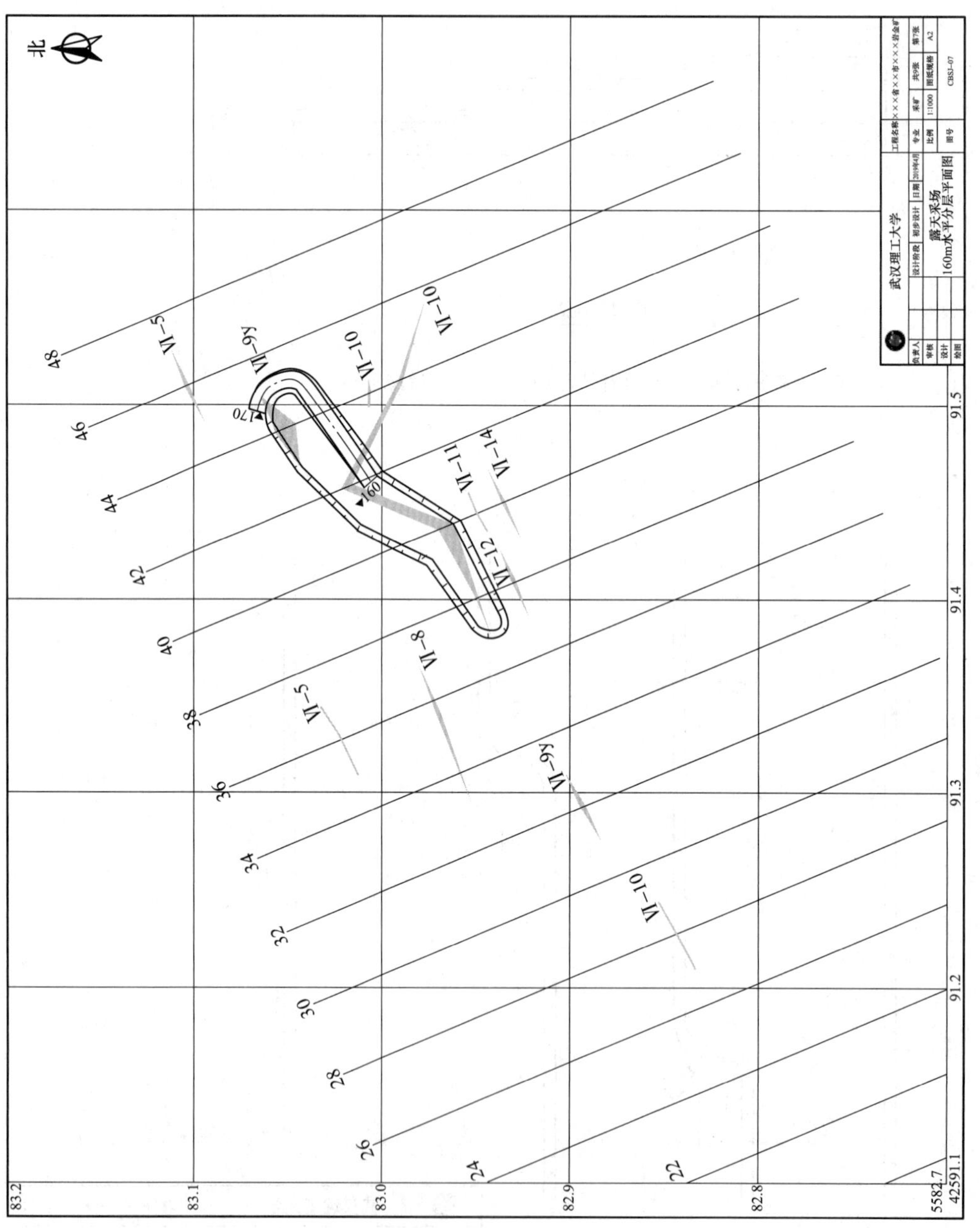

图 11-7 露天采场 160m 水平分层平面图

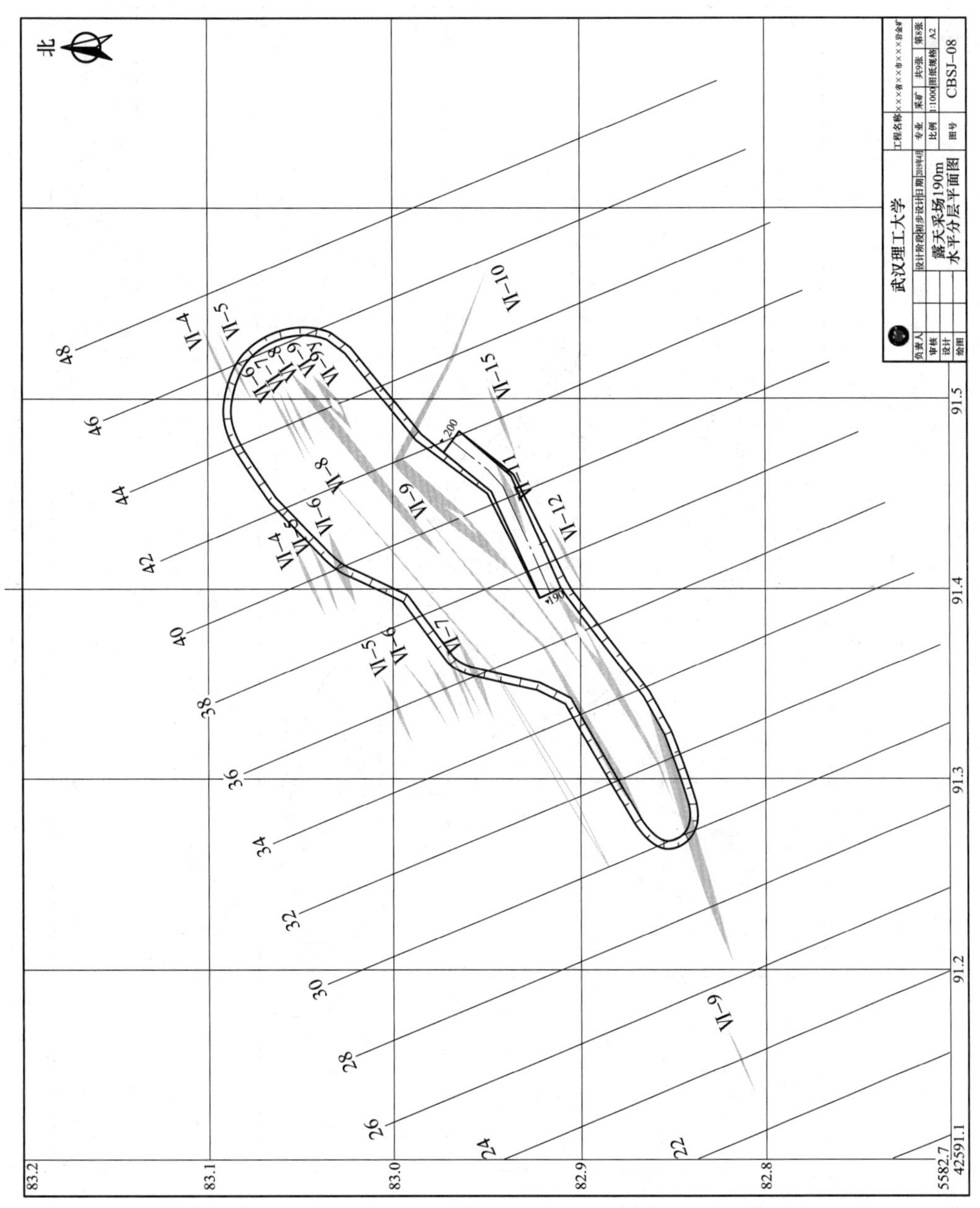

图 11-8 露天采场 190m 水平分层平面图

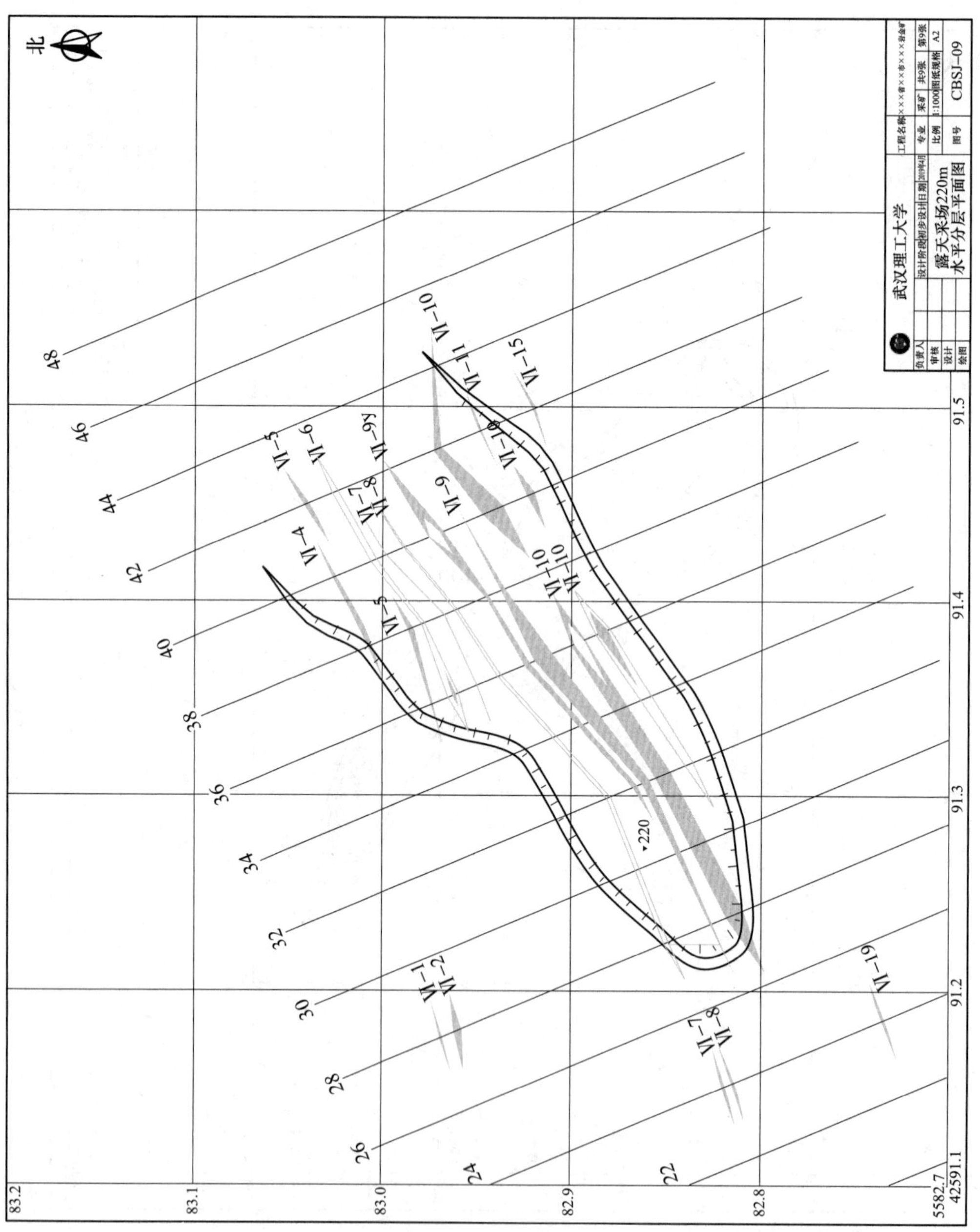

图 11-9　露天采场 220m 水平分层平面图

表 11-1 经济合理剥采比计算表

序号	指标	单位	露天	地下	剥采比
1	岩石比重	t/m^3	2.42	2.42	
2	矿石体重	t/m^3	2.42	2.42	
3	地质品位（折合金）	g/t	3.95	3.95	
4	纯露天采矿成本	元/吨	10.5		
5	露天剥离成本	元/米^3	25		
6	地下采矿成本	元/吨		95	
7	采矿损失率	%	5	10	
8	矿石贫化率	%	10	15	
9	露天选矿回收率	%	90		
10	地采选矿回收率	%		90	
11	选矿及其他费用	元/吨	150	150	
12	产品价格	元/克	269	269	
一	比较法经济合理剥采比				
	原矿成本比较法	m^3/m^3			8.18
	金属成本比较法	m^3/m^3			9.57
	储量盈利法	m^3/m^3			13.34
二	价格法经济合理剥采比	m^3/m^3			67.78

11.3.2.3 边坡参数的选取

A 矿体围岩

矿体围岩主要为多斑安山岩、安山岩，其次为安山质凝灰岩、安山质凝灰熔岩、角砾凝灰熔岩、英安质凝灰岩、安山玄武岩、玄武安山岩。

B 地质构造

矿区内构造主要为火山断裂构造，多为张性断裂，总体产状以北东向—近东西向为主，北西向次之。按倾向可分为两组，产状在 300°~350°∠25°~75°的为一组，产状在40°~190°∠25°~70°的为一组，两组构造为控矿和容矿构造。

从火山岩相和金矿带的分布特征看，走向主要为北东向、北东东向，倾向主要为北西、南东，说明北东向火山断裂构造基本上控制着该区矿体的总体分布，沿北东向分布的潜火山岩体也证明该构造的存在，北东向的火山断裂构造为该区导矿和容矿构造。

C 水文地质及工程地质

矿区位于法别拉河及支流五尖沟与季节性河（沟）谷漫滩之间。矿区内地势较高，地面标高在 200.00~310.74m 之间，当地最低侵蚀基准面标高为 150m。

矿区内含水层分为第四孔隙水和基岩裂隙水两种。其中第四孔隙水分为全新统含泥质砂砾石、砾石含水层和全新统含黏土砂砾石及碎石含水层。基岩裂隙水在区内广泛发育，按其裂隙成因及分布特点分为风化带网状裂隙水、构造裂隙水，风化带网状裂隙水主要受大气降水的补给。

矿床上部位于当地侵蚀基准面以上，地形有利于自然排水，矿床主要充水含水岩组的富水性为弱~中等富水，故将矿区划分为水文地质条件中等的矿床，矿区水文地质勘探类型为第二类第二型。

矿体主要赋存于白垩系龙江组中性火山岩，其次为白垩系光华组中酸性火山岩。地形主要为低山丘陵区，岩性主要有安山岩、安山质凝灰熔岩、安山质含角砾凝灰岩、安山质熔结凝灰岩、安山玄武岩、玄武安山岩等。

矿区地形地貌条件简单，岩性较单一，岩体整体性好，多呈整体块状，少量碎块状和短柱状，岩石相对稳定，力学强度高。但局部地段存在破碎带，岩石力学强度低，较易发生矿山工程地质问题，工程地质条件属中等类型，工程地质勘探类型为第二类中等型。

D 边坡参数选取

依据上述矿体赋存特点、围岩特性、开采技术条件等，结合边坡高度及服务年限短等，参照类似矿山有关资料，设计选取边坡参数如下。

台阶高度：10m（并段后阶段高度20~30m）；

台阶坡面角：上部风化层50°~55°，下部岩体65°~70°；

安全清扫平台宽：6~10m；

最终边坡角：45°~52°。

11.3.2.4 境界圈定

根据上述境界圈定原则及所选边坡参数，为经济合理地利用资源，在设计中进行了开采境界多方案比较。设计分别以150m、160m为底标高圈定了方案一、方案二两个境界方案，比较结果详见表11-2。

表11-2 Ⅵ号矿带露天开采境界方案比较表

<table>
<tr><th>序号</th><th colspan="2">项 目</th><th>单位</th><th>方案一
（底标高150m）</th><th>方案二
（底标高160m）</th></tr>
<tr><td>1</td><td colspan="2">矿岩总量</td><td>万米^3</td><td>254.4061</td><td>166.6795</td></tr>
<tr><td rowspan="2">2</td><td colspan="2" rowspan="2">剥离量</td><td>万米^3</td><td>236.8422</td><td>150.3870</td></tr>
<tr><td>万吨</td><td>573.1581</td><td>363.9364</td></tr>
<tr><td rowspan="2">3</td><td colspan="2" rowspan="2">采出矿量</td><td>万米^3</td><td>17.5639</td><td>16.2925</td></tr>
<tr><td>万吨</td><td>42.5047</td><td>39.4278</td></tr>
<tr><td rowspan="2">4</td><td rowspan="2">地质品位</td><td>Au</td><td>%</td><td>3.56</td><td>3.56</td></tr>
<tr><td>Ag</td><td>%</td><td>14.78</td><td>14.79</td></tr>
<tr><td rowspan="2">5</td><td colspan="2" rowspan="2">平均剥采比</td><td>m^3/m^3</td><td>13.04</td><td>9.23</td></tr>
<tr><td>t/t</td><td>13.04</td><td>9.23</td></tr>
<tr><td rowspan="2">6</td><td colspan="2" rowspan="2">岩量差（Ⅰ-Ⅱ）</td><td>万米^3</td><td colspan="2">86.4552</td></tr>
<tr><td>万吨</td><td colspan="2">209.2216</td></tr>
<tr><td rowspan="2">7</td><td colspan="2" rowspan="2">矿量差（Ⅰ-Ⅱ）</td><td>万米^3</td><td colspan="2">1.2714</td></tr>
<tr><td>万吨</td><td colspan="2">3.0769</td></tr>
<tr><td rowspan="2">8</td><td colspan="2" rowspan="2">境界剥采比</td><td>m^3/m^3</td><td colspan="2">67.98</td></tr>
<tr><td>t/t</td><td colspan="2">67.98</td></tr>
</table>

从表 11-2 中可以看出，方案一虽然比方案二多采出 1.2714×10^4m^3 的矿石，但要多剥离 86.4552×10^4m^3 的岩石，境界剥采比为 67.98m^3/m^3，大于经济合理剥采比。故本次设计推荐方案二，即底标高为 160m 的境界方案，见表 11-3。

表 11-3 Ⅵ号矿带露天境界参数

项　目	单　位	参　数
上部（地表）尺寸	m	435×163~130
下部尺寸	m	167×25
台阶高度	m	10（并段后 20~30）
台阶坡面角	(°)	55~70
安全清扫平台宽度	m	6~10
运输道路宽度	m	双车道 13，单车道 9
最高标高	m	250
最低标高	m	160
封闭圈标高	m	210
最终边坡角	(°)	45~52
最大开采深度	m	90
山坡露天开采深度	m	40
凹陷露天开采深度	m	50

11.3.2.5 境界内矿岩量

露天境界共圈定矿石 39.4278×10^4t，岩石 150.3870×10^4m^3（363.9364×10^4t），平均剥采比 9.23m^3/m^3，详见表 11-4。

表 11-4 露天境界内矿岩量表

项　目	单　位	数　量
矿岩总量	万米^3	166.6795
	万吨	403.3643
矿石量	万米^3	16.2925
	万吨	39.4278
矿石量	万米^3	150.3870
	万吨	363.9364
Au 金属量	kg	1405.06
Ag 金属量	kg	5832.67
Au 品位	g/t	3.56
Ag 品位	g/t	14.79
剥采比	m^3/m^3	9.23
	t/t	9.23

露天采场台阶矿岩量详见表 11-5。

表 11-5 露天采场台阶矿岩量

台阶标高	矿岩总量		矿石量		岩石量		金金属量	银金属量	金品位	银品位	剥采比	
m	万米^3	万吨	万米^3	万吨	万米^3	万吨	kg	kg	g/t	g/t	m^3/m^3	t/t
240	6.6770	16.1583	0.7617	1.8434	5.9153	14.3149	58.32	206.43	3.16	11.20	7.77	7.77
230	27.0826	65.5399	0.8155	1.9735	26.2671	63.5664	64.66	228.80	3.28	11.59	32.21	32.21
220	31.1094	75.2847	2.6431	6.3963	28.4663	68.8883	238.46	976.85	3.73	15.27	10.77	10.77
210	34.1402	82.6194	3.0636	7.4140	31.0766	75.2054	270.70	1179.14	3.65	15.90	10.14	10.14
200	26.5264	64.1939	3.0816	7.4574	23.4448	56.7365	265.45	1146.35	3.56	15.37	7.61	7.61
190	20.9776	50.7657	2.5143	6.0846	18.4633	44.6811	222.50	979.22	3.66	16.09	7.34	7.34
180	9.1587	22.1640	1.8554	4.4900	7.3033	17.6740	163.20	724.00	3.63	16.12	3.94	3.94
170	6.6680	16.1365	0.8291	2.0065	5.8388	14.1300	63.50	211.22	3.16	10.53	7.04	7.04
160	4.3397	10.5020	0.7282	1.7622	3.6115	8.7398	58.27	180.66	3.31	10.25	4.96	4.96
合计	166.6795	403.3643	16.2925	39.4278	150.3870	363.9364	1405.06	5832.67	3.56	14.79	9.23	9.23

11.3.3 矿山工作制度、生产能力及服务年限

11.3.3.1 矿山工作制度

矿区属于中温带大陆性季风气候，昼夜温差大，春季少雨干旱多风，夏季短暂凉爽降水较多，秋季降温急剧，冬季严寒漫长。每年九月末至第二年五月中旬为冰冻期。年平均气温 1.2℃，最低-37.9℃，最高 37.2℃，多年平均降水量 519.2mm。依据当地高寒气候的气象条件，考虑采矿冬季不能停产检修、剥离不能正常作业等特点，确定矿山采用连续工作制，采矿年工作 330 天，剥离年工作 270 天；日工作 3 班，班工作 8h。

剥离工作尽量避开冬季严寒时节作业，可保证设备生产效率的充分发挥，并降低综合能耗。

11.3.3.2 生产能力

矿山开采方式为露天开采转地下开采，根据露天、地下开采设计利用矿石量，考虑露天与地下开采的生产能力、产量衔接及合理的服务年限等，确定矿山采矿规模为 450t/d（14.85×10^4t/a）。

（1）按采矿工作面可布置的挖掘机台数验证。矿石铲装设备选用斗容 1.5m^3 液压反铲挖掘机，台年生产能力 $30\times10^4m^3$，显然采场单台阶采矿、布置一台挖掘机，即可满足 14.85×10^4t（$6.14\times10^4m^3$/a）矿石生产能力要求。

（2）按矿山工程延深速度验证。

$$A = PV\eta/h(1-e)$$

式中 A——矿山可能达到的年生产能力，14.85×10^4t；

P——具有代表性水平分层矿量，7×10^4t；

V——矿山工程延深速度，m/a；

h——台阶高度，10m；

η——矿石回采率，90%；

e——矿石贫化率，5%。

经计算，矿山工程延深速度为22.4m/a，这一下降速度露天开采矿山是完全可以达到的。

（3）按新水平准备时间验证。露天采场新水平准备工程量经核定不超过$8\times10^4m^3$，一台$1.5m^3$挖掘机不超过4个月即可完成。折合矿山工程延深速度25m/a，完全满足矿山生产能力要求。

11.3.3.3　矿山服务年限

矿山总计算服务年限7.8年。露天境界内矿石量79.9526×10^4t，采矿损失率5%，矿石贫化率10%，露天开采规模450t/d（$14.85\times10^4t/a$），则露天开采计算服务年限为5.7年。

11.3.4　开拓运输系统

11.3.4.1　开拓方式的选择

矿区地处丘陵地带，地形西高东低。露天采场均近似椭圆形，采场封闭圈标高210m，山坡露天高度40m，凹陷露天高度50m。

选厂位于采矿区西南部，距露天采场总出入沟2.0km。

废石场位于采矿区东南部，露天采场总出入沟1.0km。

依据露天矿规模、地形地貌条件、采场几何尺寸及工业场地相对位置等因素，设计推荐采用公路开拓——单一汽车运输开拓方案。

公路运输线路坡度大，转弯半径小，线路工程量少；机动灵活，可提高挖掘机效率；年下降速度大，生产能力有保障；基建时间短，管理简单。因而设计推荐采用公路开拓单一汽车运输方式。

11.3.4.2　运输设备选型

根据采剥进度计划安排，矿山年最大运输量为$67.78\times10^4m^3$，其中矿石14.85×10^4t（$6.14\times10^4m^3$）、岩石149.19×10^4t（$61.65\times10^4m^3$）。为充分发挥汽车与挖掘机的综合效率以及汽车运输的经济效益，设计选用载重20t自卸汽车与$1.5m^3$液压挖掘机相匹配。经计算，在籍汽车台数11台，其中使用8台。汽车数量计算详见表11-6。

表11-6　汽车数量计算表

序号	项　目	单　位	采　矿	剥　岩
1	矿山年运量	$\times10^4t$	14.85	149.19
2	矿山年工作天数	d	330	270
3	矿山日工作班数	班/d	3	3
4	汽车额定载重量	t	20	20
5	汽车载重利用系数		0.9	0.9
6	运输不均衡系数		1.1	1.1
7	平均单程运输距离	km	1.8	1.9
8	平均运行速度	km/h	14	14
9	汽车装载时间	min	4	4
10	汽车运行时间	min	14.4	15.2

续表 11-6

序号	项 目	单 位	采 矿	剥 岩
11	卸载时间	min	1	1
12	等车及调车时间	min	3.3	3.3
13	汽车周转一次时间	min	22.7	23.5
14	汽车实际载重	t	18	18
15	每班工作时间	h	8	8
16	班工作时间利用系数		0.85	0.85
17	台班运输次数	次	17	17
18	单车台班能力	t/台班	306	306
19	矿山班产量	t	100	1325
20	汽车出车率	%	70	70
21	单车台年运输能力	$\times10^4$t/台年	30.29	24.78
22	实际作业台数	台	0.54	6.62
23	在册台数	台	0.77	9.45
24	合计在册台数	台	11	

11.3.4.3 运输线路主要技术参数

山坡露天开拓部分沿地形修单壁路堑通达上部标高，再修筑分支线路进入采场生产水平。凹陷露天开拓部分采用螺旋式布线，单车道路宽 9m，双车道路宽 13m。

道路等级为矿山三级公路，线路最大纵坡度 9%，平均坡度 6.5%，最小转弯半径 15m，最小缓和坡段长度 40m。

11.3.5 露天矿采剥工艺

11.3.5.1 采剥工艺选择

根据矿区地形条件、矿体产状和已确定的开拓运输系统，设计采用传统的自上而下水平台阶开采工艺，采用缓帮开采方式。

山坡露天在矿体上盘掘单壁（或双壁）堑沟，总体推进方向为在倾向上由上盘往下盘推进。凹陷露天尽量考虑在矿体上盘掘双壁堑沟，由上盘向下盘推进；确因工作面狭窄或因其他采剥条件限制，无法实现由上盘往下盘推进时，则可考虑实行垂直走向布置工作线沿走向推进的作业方式。

11.3.5.2 穿孔爆破工作

设计推荐剥离穿孔选用 KQG-150 型潜孔钻机，孔径 150mm。底盘抵抗线 4m，孔间距 4.5m，排间距 4m，穿孔深度 11.5m。延米爆破量 15.72m^3/m，台年综合穿孔效率 38.19×10^4m^3，经计算需该设备 2 台。

为了有效控制损失贫化及矿石块度，推荐采矿穿孔选用 KQG-100 型多方位潜孔钻机，孔径 90mm。底盘抵抗线 3.5m，孔间距 4m，排间距 3.5m，穿孔深度 11.15m。延米爆破量 12.56m^3/m，台年综合穿孔效率 28.19×10^4m^3，经计算需该设备 1 台。考虑采场边坡预裂孔及其他辅助穿孔等作业，另选该设备 1 台，总计需该设备 2 台。

潜孔钻机数量计算详见表11-7。

表11-7　潜孔钻机数量计算表

序号	项　目	单　位	采　矿	剥　岩
1	钻孔直径	mm	100	150
2	年工作天数	d/a	270	250
3	日工作班数	班/d	2	2
4	台班效率	m/台班	45	45
5	台日效率	m/台日	90	90
6	台年效率	m/台年	24300	24300
7	台阶高度	m	10	10
8	底盘抵抗线	m	3.5	4
9	孔间距	m	4	4.5
10	排间距	m	3.5	4
11	超深	m	0.8	1.1
12	炮孔倾角	(°)	75	75
13	单孔长度	m	11.15	11.45
14	延米爆破量	m^3/m	12.56	15.72
15	废孔率	%	5	5
16	台年穿孔效率	m^3/台年	305208	381996
17	最大年担负量	m^3	61364	616488
18	计算台数	台	0.21	1.69
19	合　计	台	1	2

矿石大块尺寸控制在450mm以内，岩石大块尺寸控制在900mm以内。为控制飞石，提高矿山爆破安全可靠性，二次破碎选用一台移动式液压碎石机。

中深孔爆破采用微差控制爆破技术，爆破使用2号乳化岩石炸药，起爆使用非电导爆雷管。

爆破安全警戒范围为露采境界线外200m，沿山坡爆破时，下坡方向的飞石安全距离增加50%，即300m。

11.3.5.3　铲装作业

根据矿山年度采剥作业量安排和采剥工艺，主要铲装工作选用1.5m^3液压反铲挖掘机，单机综合效率30万米^3。经计算剥岩需用该设备2台，采矿需用该设备1台，总计3台。挖掘机数量计算详见表11-8。

表11-8　挖掘机数量计算表

序号	项　目	单　位	矿　石	岩　石
1	作业量	$\times10^4$t/a	14.85	149.19
2	作业时间	d/a	330	270
		班/d	3	3
		h/班	8	8

续表 11-8

序号	项　目	单　位	矿　石	岩　石
3	时间利用率	%	60	60
4	班纯工作时间	h	4.8	4.8
5	体重	t/m^3	2.42	2.42
6	挖掘机斗容	m^3	1.5	1.5
7	满斗系数	%	100	100
8	松散系数		1.55	1.55
9	每斗装载量	t	2.34	2.34
10	自卸汽车载重	t	20	20
11	每车装斗数	斗	8	8
12	自卸汽车有效载重	t	18	18
13	挖掘机循环时间	s	30	30
14	装车时间	s	240	240
15	待车时间	s	60	60
16	装一车时间	s	300	300
17	每班装车数	车	50	50
18	挖掘机效率	万吨/台年	89.1	72.9
21	工作挖掘机台数	台	0.18	2.05
22	在册挖掘机台数	台	3	

采场内穿孔作业场地平整，爆堆规整，道路修筑，配合挖掘机作业等，选用220hp推土机2台。

此外，设计选用1台ZL-50型（斗容$3m^3$）前装机作为辅助铲装设备，主要用于采场内辅助铲装、材料升举搬运、边坡维护及其他辅助作业等。

为减少道路粉尘污染空气，露天矿配备15t洒水车1台。

11.3.5.4 损失与贫化

根据矿体赋存条件及所选采剥工艺和采剥设备，参照类似矿山指标，设计选取采矿损失率5%，矿石贫化率10%。

11.3.5.5 露天矿装备水平

详见表11-9。

表11-9 露天矿主要设备表

序号	名　称	单　位	数　量	个重/t
1	150mm 潜孔钻机	台	2	16.5
2	100mm 潜孔钻机	台	2	9
3	液压碎石机	台	1	32
4	$1.5m^3$ 液压挖掘机	台	3	31.2
5	$3m^3$ 前装机	台	1	16.5
6	载重 20t 自卸汽车	台	11	15.6
7	220hp 推土机	台	2	22.7
8	15t 洒水车	台	1	32

11.3.5.6 采矿主要材料消耗

详见表 11-10。

表 11-10 采矿主要材料消耗表

序号	材料名称	单 位	年消耗量	备 注
1	炸药	t	330	
2	非电雷管	个	6520	
3	钻头	个	53	
4	冲击器外套	个	15	
5	钻杆	根	4	
6	牙尖	个	475	
7	轮胎	套	30	
8	柴油	t	1200	
9	机油	t	44	

11.3.6 基建、生产进度计划

11.3.6.1 计划编制的主要依据和原则

（1）矿山生产规模 450t/d。

（2）损失率 5%、贫化率 10%。

（3）缓帮开采工艺，公路开拓。

（4）分层矿岩量表和分层平面图。

（5）二级矿量保有期：开拓矿量 1 年以上，备采矿量 1~3 个月。

（6）露天矿基建及生产经营方式为对外委托承包。

11.3.6.2 基建进度计划

为获得矿山投产所规定的储备矿量，露天开采基建工程量 $27.9550\times10^4m^3$（其中剥离岩石 $26.2030\times10^4m^3$，副产矿石 4.2398×10^4t），露天开采基建副产矿石计入生产第一年。

露天开采基建终了最低标高 220m，基建期为 1 年。

11.3.6.3 生产进度计划

露天采场生产第一年即可投、达产，年采出矿石量 14.85×10^4t。

露天基建、生产进度计划详见表 11-11（包含了矿山另外一个矿带即Ⅰ号矿带）。

表 11-11 露天逐年采剥进度计划

年份	矿岩总量	矿石量	岩石量	Ⅲ号采场		Ⅵ号采场		金	银	金品位	银品位	剥采比
				矿石量	岩石量	矿石量	岩石量	金属量	金属量			
	万吨	万吨	万吨	万吨	万吨	万吨	万吨	kg	kg	g/t	g/t	t/t
基建年	67.6511	4.2398	63.4113			4.2398	63.4113	123.38	462.46	2.91	10.91	
第一年	131.4507	10.6102	120.8405			10.6102	120.8405	349.83	1462.35	3.30	13.78	11.39
第二年	161.1075	14.8500	146.2575	0.8437	29.6569	14.0063	116.6007	484.14	2100.19	3.26	14.14	9.85
第三年	164.0394	14.8500	149.1894	2.0880	88.2959	12.7620	60.8935	463.37	2060.53	3.12	13.88	10.05
第四年	159.7869	14.8500	144.9369	14.8500	144.9369			423.23	1404.45	2.85	9.46	9.76
第五年	77.8545	14.8500	63.0045	14.8500	63.0045			325.79	1006.83	2.19	6.78	4.24
第六年	51.7657	10.1444	41.6213	10.1444	41.6213			195.79	721.27	1.93	7.11	4.10
合计	813.6558	84.3944	729.2614	42.7761	367.5155	41.6183	361.7460	2365.52	9218.07	2.80	10.92	8.64

有关露天采场后期强化开采，矿山可在生产中灵活安排。为简化经济评价，本次设计在进度计划表中暂不体现这方面内容，产量按正常生产衔接。

11.3.7 露天矿防排水

矿区水文地质勘探类型为第二类第二型，采场主要充水因素为大气降水，但矿床汇水面积有限，只要做好防洪排水工作，对采矿生产影响不大。

生产中在采场外围迎水面挖截（排）水沟，拦截和疏导可能进入采场的外部汇水。采场内部采用集中排水方式，即在最低工作水平设置水泵，将场内积水扬至封闭圈排水沟导出场外。

11.3.8 存在问题及建议

由于缺乏针对边坡稳定方面的岩石力学试验研究，本次设计最终边坡角采用类比方法选取，建议将边坡的岩石力学试验研究纳入矿山生产日程，为将来露天矿确定一个安全经济的边坡角提供依据。

习 题

11-1 矿山企业初步设计主要包括哪些内容?

11-2 在进行矿山设计前，应该搜集哪些资源?

11-3 露天开采境界的设计应首先确定哪些参数?

11-4 露天矿开拓运输方案应如何选择?

11-5 如何编制生产进度计划?

本章参考文献

[1]《采矿手册》编委会．采矿手册［M］．北京：冶金工业出版社，1990.

[2] 云庆夏．露天采矿设计原理［M］．北京：冶金工业出版社，1995.

[3] Crawford, Hustrulid. Open Pit Mine Planning and Design（3rd EDITION）［M］. Boca Raton: CRCPress, 2013.

[4] 陈国山．露天采矿技术［M］．北京：冶金工业出版社，2008.

[5] 高永涛，吴顺川．露天采矿学［M］．长沙：中南大学出版社，2010.

[6] 中国有色金属工业总公司．有色金属矿山企业初步设计内容和深度的原则规定［M］．北京：中国有色金属工业总公司，1985.

12 露天矿防水与排水

12.1 概　　述

12.1.1 露天矿防水与排水的重要性

大气降水、地表径流、地下涌水是露天矿山涌水的主要来源。露天矿山特别是凹陷露天矿，本身就如同一眼井，客观上具备汇集大气降水、地表径流和地下涌水的条件。防治涌水造成的各种危害是露天矿正常安全生产的基本条件。

露天矿涌水会对矿山生产产生多方面的影响与危害：

（1）降低设备效率和使用寿命。在有水工作面作业时，挖掘机工作时间利用系数通常只有正常的1/3~1/2。水的存在还会导致运输设备效率下降、故障增加，使得设备使用寿命降低，有时还会威胁行车安全。

（2）降低矿山工程下降速度。采场底部汇水受淹会降低掘沟速度，从而降低矿山工程下降速度，给新水平的准备工作造成很大困难。

（3）破坏边坡的稳定性。水是促使滑坡的一个主要因素，它能使岩体的内摩擦角和黏聚力等物理性能指标降低，从而削弱边坡岩体的抗剪强度。

因此，在矿山的整个生产期甚至是基建期内都应针对防排水采取有效措施，防止地表水流入采场，以减小采场排水量，降低矿石含水量，提高采掘效率以及维护边坡的稳定性。

12.1.2 露天矿涌水的因素

如图12-1所示，露天矿山生产过程中产生涌水的因素主要包括自然因素和人为因素两个方面。

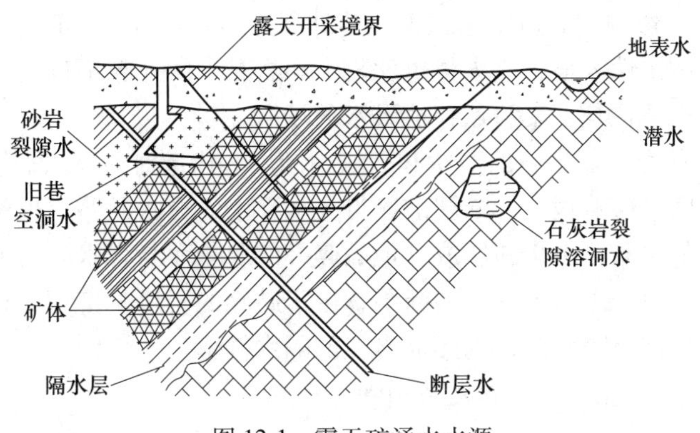

图12-1　露天矿涌水水源

12.1.2.1　露天矿涌水的主要自然因素

（1）气候条件的影响。降水渗透是地下水获得补给的主要来源，而蒸发又是潜水的主要排泄方式之一。大气降水的渗入量与地区的气候、地形、岩石性质、地质构造有关。所以气候对地下水的水量大小、水位高低有着直接的影响。在气候条件里又以降水量和蒸发量对地下水的影响最大。

我国南方和西南地区，气温高雨量大，岩溶作用十分强烈，石灰岩地层常发育地下暗河，而西北地区降水量小蒸发量大、地下水的水位水量相应较低。因此，矿床的含水性不仅具有季节性的特征，而且也有着明显的区域性特征。

（2）地表水体的影响。地表水体（河流、湖泊等）和地下水在一定条件下可以互相转化和补给，两者之间有着密切联系。河流和湖泊的水位、流量变化会传递给附近矿区的潜水。在近海地区，潜水水位的变化也受海潮的影响，并呈一定的规律性。因此，在地表水水网密度较大的地区建设矿山时，必须查明地表水体与矿体之间的水力联系情况。

地表水具有明显的季节性特点，雨季降雨即猛增，河、湖水位上涨，山区即有可能形成洪水，威胁矿山生产，因此应及时掌握雨季来临的时间、地区最大降雨量、历史洪水位标高和波及范围等，同时要了解地表水与矿体的相对关系，以及水体下部岩石的透水性等。特别是在裂隙发育透水性较好的岩层里，地表水体很可能成为矿山涌水的水源。

（3）含水层水体的影响。含水层水包括孔隙水、裂隙水和岩溶水，是矿山涌水最直接、最常见的主要水源。特别是岩溶水，其水量大、水压高、来势猛、涌水量稳定、不易疏干，因此其危害大，应予以特别注意。

在矿区范围内有石灰岩层、砾石层及流砂层时，都有可能含有大量的地下水。特别是奥陶纪石灰岩、长兴组及茅口组灰岩等可能为强含水层。

在古河道地区，往往分布有较厚的砂砾层，并极易存有丰富的地下水，它可以向附近矿体渗透和补给。

（4）地形条件的影响。地形影响到地下水的循环条件和含水岩层埋藏的深度。对位于侵蚀基准面以下和地势较低的矿床，可能含水较多。

在地形切割较为剧烈的地区，地表径流量所占比例较大，地下径流量比例较小，矿床的充水量随地表径流量的变化而变化；在地形比较平缓的地区，地表径流比例小，地下径流比例大，地下水比较充沛，矿床的充水量较大且比较稳定。

（5）岩体结构的影响。岩体结构致密、节理裂隙不发育时，则其透水性很弱，不易充水甚至隔水，反之透水性较强，充水量也就较大。岩石中的孔隙不仅是大气降水和地表水补给的通路，而且也往往是汇集和贮存地下水的场所。

（6）地质构造的影响。岩石的产状和褶皱、断层等构造对地下水的静贮藏量、地表水与地下水间的水力联系影响很大。断层破碎带是地下水的导水通路，也经常是矿山涌水的渠道，含水量较小的矿床，由于断层或其他破碎带的影响而与含水丰富的岩层沟通，会增加矿床的含水量。但对于由压力形成的断层，由于破碎的岩块被挤压成粉状并胶结十分紧密，以至透水性很低甚至隔水时，则形成自然的隔水帷幕。

12.1.2.2　露天矿涌水的主要人为因素

（1）开采工作失误的影响。对防排水工作的重要性认识不足，或不掌握矿山的水文地质资料，没有采取有效的防排水措施时，往往易导致突然涌水，引起不必要的损失。比如，本来矿体的含水量很小甚至与含水层隔离，由于开采工作失误而导通了含水层，使矿山涌水突然增大。

边坡参数不合理或维护不善，发生大面积滑坡时，容易诱发涌水，甚至造成滑坡与涌水之间的互相诱发。

（2）未封闭或封闭不严的勘探钻孔影响。地质勘探工作结束后，必须用黏土或水泥将钻孔封死。否则，一经开采，钻孔就有可能成为沟通含水层和地表水的通路，将水引入作业区。

12.2 露天矿地下水疏干

矿床疏干是借助于巷道、疏水钻孔、明沟等各种疏水构筑物，在矿山基建之前或基建过程中，预先降低开采区的地下水位，以保证采掘工作安全正常进行的一项防水措施。

若地下水影响到露天矿开采生产及安全时，必须对矿床预先疏干。

（1）矿体上、下盘岩石存在有含水丰富的或水压很大的含水层以及流砂层时，一经开采有涌水淹没和流砂掩埋作业区的危险。

（2）地下水的作用导致被揭露的岩土体物理力学性质削弱、强度降低，有使露天边坡丧失稳定而滑坡的危险。

（3）地下水对矿山生产工艺和设备效率有严重恶劣影响，以致不能保证矿山的正常生产。

矿床疏干应保证地下水位下降所形成的降落曲线低于相应时期的采掘工作标高，至少要控制到允许的剩余水头。疏干工程的进度和时间，应满足矿床开拓、开采计划的要求，在时间、空间上都应有一定的超前。

12.2.1 巷道疏干法

巷道疏干法是利用巷道和巷道中的各种疏水孔降低地下水位的疏干方法。

疏干巷道的平面布置应与地下水的补给方向相垂直以利于截流。主要起截流作用的疏干巷道，应设在开采境界以外，并在不破坏露天矿边坡安全稳定的前提下尽量靠近开采境界，以提高疏干效果。

如图 12-2 所示，某露天矿为拦截 200m 以外河流的地下径流渗入，在境界外 50m 处布置了嵌入式疏干巷道（巷道的腰线位于含水层与隔水层的分界线上）。疏干巷道用混凝土浇灌并留有滤水孔，渗入的地下水经沉淀池沉淀后进入水仓，再由深井泵排至地表。

疏干巷道设在含水层内或嵌入在含水层与隔水层的分界线处，可直接起疏水作用。如果掘进在隔水层中，则巷道只起引水作用，这时必须在巷道里穿凿直通含水层的各种类型疏水孔，地下水通过疏水孔以自流方式进入巷道。

12.2.2 深井疏干法

深井疏干法是在地表钻凿若干个大口径钻孔，并在钻孔内安装深井泵或潜水泵降低地下水位，如图 12-3 所示。

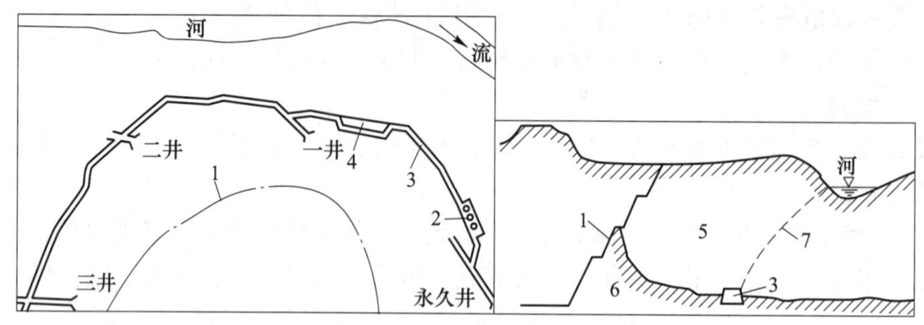

图 12-2　某露天矿巷道疏干工程平面布置图

1—露天矿境界；2—深井泵；3—疏干巷道；4—沉淀池；5—含水层；6—隔水层；7—潜水降落线

国内目前主要使用的是立轴离心式深井泵，其疏干深度不超过水泵的最大扬程，并应保证抽水后的地面不致产生强烈下沉而影响水泵的正常工作。

深井疏干法的优越性非常突出，施工简单，地面施工易于管理，深井的布置和疏水设备迁移较灵活。其主要缺点是受疏水设备的扬程、流量和使用寿命等条件的限制。

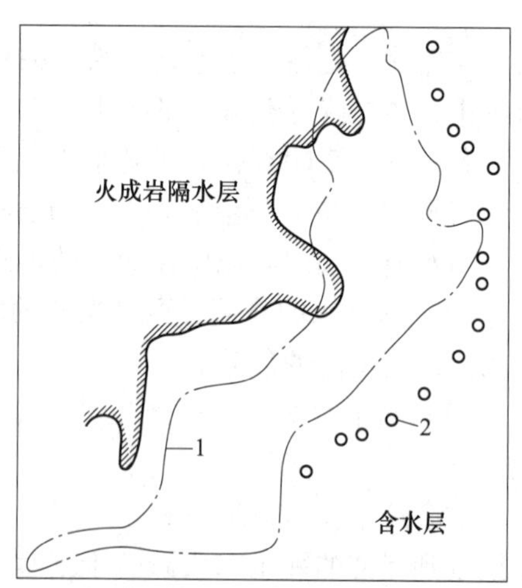

图 12-3　某露天矿深井降水孔的布置

1—开采境界；2—深井降水钻孔

离心式深井泵的扬程都不大，而且易磨损的部件较多，维修工作量大。潜水泵比深井泵的工作性能好，但制造技术比较复杂。近年来已有离心泵、轴流泵、漩涡泵、往复泵以及转子泵等各式水泵，其中往复泵和转子泵等类型水泵可对应一定流量达到不同扬程，目前我国最大规格的矿业水泵流量达 $800m^3/h$，最高扬程 1200m，单机功率达 2240kW。技术发展使水泵不断向高扬程、大流量、低磨损方向发展，且使用寿命显著提高，使深井疏干法的应用日益广泛。

12.2.3　明沟疏干法

明沟疏干法是在地表或露天矿台阶上开挖明沟以拦截地下水的疏干方法，如图 12-4 所示。此法很少单独使用，经常作为辅助疏干手段与其他疏干方法配合使用。

12.2.4　联合疏干法

联合疏干法是指采取两种以上的疏干方法联合运用，如图 12-5 所示。在开发大水矿床时，往往需要采取联合疏干法。尤其是当矿区存在许多互无水力联系的含水层，或深部疏干受深井泵扬程限制时，更是如此。

长期以来，疏干排水作为矿区水害的防治措施之一，对改善矿山作业环境、保证生产安全起着十分重要的作用。但地下水也是一种数量有限、与其他环境要素关系密切的资源，单从保证安全生产角度出发，对地下水长期无节制地疏干排放，会破坏地下水环境的

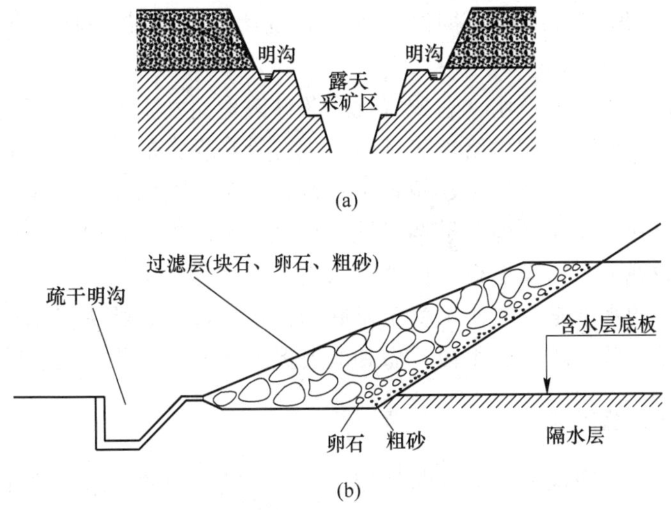

图 12-4 某露天矿明沟疏干布置

（a）疏干明沟位置示意；（b）疏干明沟及过滤层

原始状态，其结果可能导致一系列严重环境问题。如导致水资源枯竭、诱发岩溶地面塌陷、地面沉降、加剧矿区污染、影响经济效益等，对此必须采取科学合理的环境对策，以保证矿区持续健康发展。

地下水并不是“取之不尽，用之不竭”的，而是一种数量有限的资源。由于地下水的长期抽排，往往会造成区域地下水位的持续下降，含水层逐渐被疏干，水资源日趋枯竭，造成矿区排水与供水间的矛盾。如山东淄博矿区由于长期矿井排水，使部分地区（博山、龙泉一带）水位从 20 世纪 60 年代可溢出地表降至目前的埋深 60～90m，这种排水与供水之间的矛盾，在矿山疏降对象与供水水源为同一含水层或水力联系密切时，表现得尤为突出。

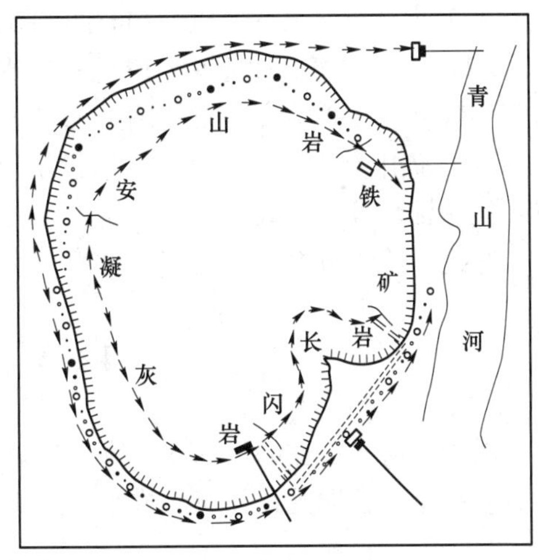

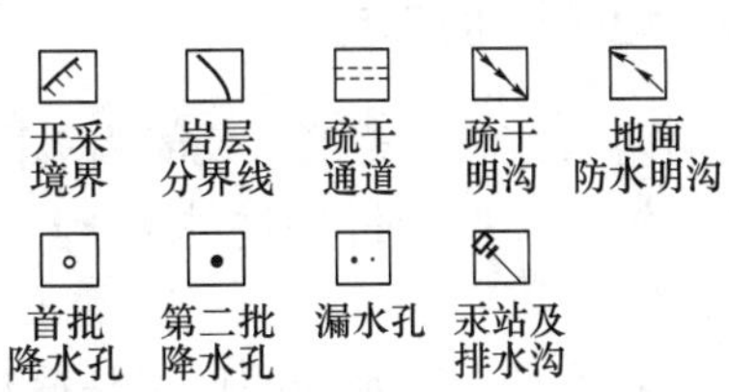

图 12-5 某露天矿联合疏干的平面布置

地下水疏干排水引起水质恶化，污染环境的情形有多种：一种是由于疏干排水，地下水位大幅下降，改变了地下水水动力、水化学环境条件，地下水与环境要素间作用强度加大等，使水质随水位降深值增大而逐渐下降。二是原先水质较好的地下水，在疏干过程中，携带更多的自然环境成分或人工废弃物的污染，而使水质恶化，从而影响地下水的使用价值，造成水资源浪费。三是受污染的地下水，未经处理就直接排放，造成对地表水、土壤等的环境污染。如湖北松宜矿区，该矿区的酸性地下水未经处理直接排至洛溪河，造成严重污染，沿岸数十公里长的生产、生活用水只得另辟水源。同时，矿井水流经之地，改变了土壤的湿化性质，pH 值降低，从而抑制了农作物的生长，致使农业生态环境也受到不良影响。

在岩溶地区，因疏排地下水，造成水动力条件改变而发生岩溶地面塌陷的环境灾害已十分突出，岩溶地面塌陷的发生给地表环境及生态带来极大的破坏，如破坏地表水源，导致水库干涸，河泉断流，破坏房屋建筑及工程设施，影响道路交通安全，引起突水、地表水回灌，恶化矿山安全作业环境，破坏耕地，加大水土流失，改变生态平衡等。此外，岩溶塌陷还可能成为地下水污染途径，使地下水更容易遭受污染。

因此大水矿山的水害是制约矿山稳定发展的首要因素，为解决受水威胁，矿产资源的开发必须采用可靠有效的防治水手段，做到既要保护水资源又要行之有效。

12.2.5 疏干方案的选择

露天采场附近有地表水体，含水断裂带、矿体顶底板围岩含水丰富水头压力较大，矿体顶板由松散含水层覆盖或工程地质条件复杂等因素影响剥采工作正常进行时都需要预先疏干。疏干方案选择的一般原则有以下几点：

（1）疏干方案的选择取决于矿床水文地质和工程地质条件、矿床开拓方案、采剥方法及开采工艺对地下水下降速度和时间的要求等，疏干方案应与采剥工艺密切结合。

（2）疏干方案必须能有效降低地下水水位，在采区内形成稳定降落漏斗。漏斗曲线应低于相应采掘水平标高，或使剩余水头值在安全范围以内。

（3）疏干方案应力求以最小的排水量获得最大的水位下降，且对矿区外围影响最小，尽可能保证环境不受破坏。

总之，疏干方案应满足技术可靠、生产安全、经济合理、生态开发的原则。

12.3 露天矿防水

露天矿防水工作的目的在于防止地表水和地下水涌入采场。防水工作必须贯彻以防为主，防排结合的原则，并应与排水、疏干统筹安排。

12.3.1 地面防水措施

地面防水针对地表水，凡能用地面防水工程进行拦截与引走的地面水流，一般不应让其流入采场。常见的地面防水措施工程主要有：截水沟、河流改道、调洪水库、拦河护堤。

（1）截水沟。截水沟的作用是截断从山坡流向采场的地表径流。当矿区降水量大，四周地形又较陡时，截水沟还必须起到拦截、疏引暴雨山洪的作用。以防洪为目的的截水沟必须设在开采境界以外，对经拦截而剩余的洪水量和正常时期的地表径流量可设第二道截水沟拦截。第二道截水沟可根据地形、水量、边坡的稳定性等具体条件，设在境界外或境界内。设在境界外的截水沟应按防渗和保护边坡等要求决定其具体位置。境界内的截水沟就设在台阶的平台上。

截水沟的断面多采用梯形，其断面大小按流量和允许流速确定。截水沟的排泄口与河流交汇时，要与河流的流水方向相适应，并使沟底的标高在河水的正常水位之上，其目的是为了减少截水沟的排泄阻力和防止河流冲刷、倒灌。

（2）河流改道。当河流穿过露天开采境界，或境界外河流与采场地下水有补给关系，用其他防、排水措施无效时，应将河流改道迁移。河流改道是比较复杂的工作，需要较大的投资。因此，应将是否进行河流改道与境界圈定问题一同进行全面的技术经济分析比较。

（3）调洪水库。季节性的小型地表水流横穿开采境界时，除采取改道方式外，还可在上游利用地形修筑小型调洪水库截留，其主要作用是拦截和贮存洪水，并设有排洪渠泄洪。调洪水库的坝体高度为：

$$H = h_0 + h_1 + h_2 + \Delta h \tag{12-1}$$

式中 H——坝体高度，m；

h_0——最高洪水位水深，m；

h_1——波浪浪高，m；

h_2——安全超高，m，一般为0.3~0.5m；

Δh——波浪爬坡高度，m。

（4）拦河护堤。当开采境界四周的地面标高与附近河流、湖泊的岸边标高相差很小，甚至低于岸边标高时，应在岸边修筑拦河护堤，其作用是预防洪水上涨时灌入采场。拦河护堤的高度计算参考式（12-1）。

12.3.2 地下防水措施

地下防水的对象是地下水。地下防水工作的正确与否首先取决于对地下涌水水源的了解程度，其次取决于防水措施的可靠性。因此，查明地下水源，做好水文观测工作和掌握水文地质资料是做好地下防水工作的前提。

12.3.2.1 探水钻孔

实践证明，“有疑必探，先探后采”是防止地下涌水的正确原则。尤其是对于有地下采空区和溶洞、卵砾石含水层等分布的露天矿或大水露天矿山，应对可疑地段预先打探水钻孔，如图12-6所示，探明地下水源状况，以便采取相应措施，避免突然涌水造成损失。探水深度和超前的时间、距离要根据水文地质资料的可靠程度和积水区可能的水量、压力，结合开采要求而定。

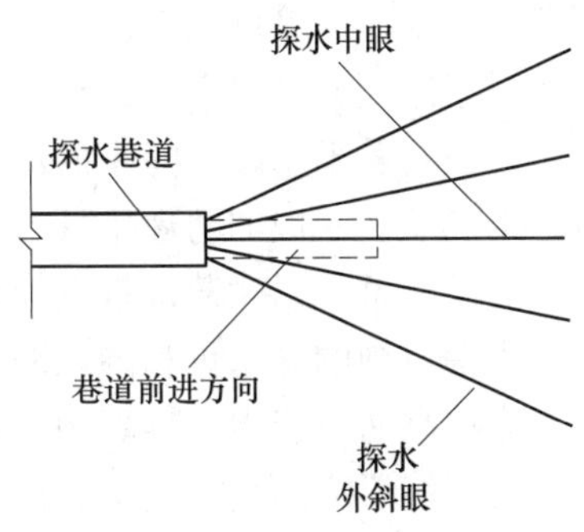

图12-6 露天矿钻孔超前探水

12.3.2.2 防水墙和防水门

采用地下井巷排水或疏干的露天矿山，为保证地下水泵房不受突然涌水淹没的威胁，必须在地下水泵房设防水门。防水门采用铁板或钢板制作，并应顺着水流的方向关闭，门的周围应有密封装置。

对于不能为排水、疏干工作所利用的地下旧巷道，应设防水墙使之与地下排水或疏干巷道相隔离。防水墙可用砖砌或混凝土修筑，墙体厚度根据水压和墙体强度确定。墙上可留有放水孔，便于及时掌握和控制积水区内水压和水量的变化。

12.3.2.3 防水矿柱

当露天矿采掘工作或地下排水巷道接近积水采空区、溶洞或其他自然水体时，可预留防水矿柱，并划出安全采掘边界，如图 12-7 所示。

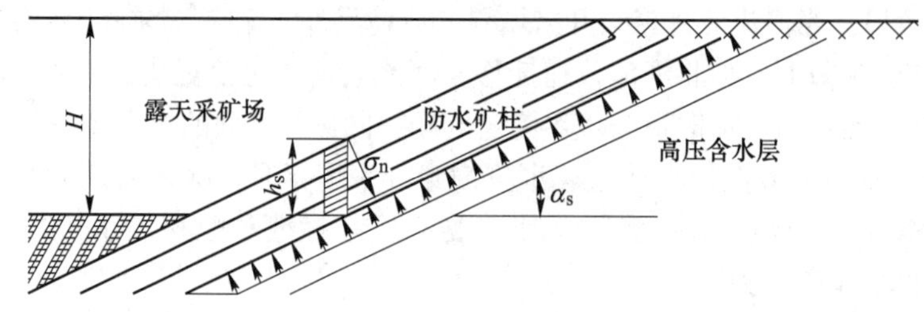

图 12-7　露天采场防水矿柱

保证防水矿柱不被高压水冲溃的基本条件为：

$$\sigma_n = h_s \gamma \cos^2\alpha_s \geqslant D_s \tag{12-2}$$

式中　σ_n——防水矿柱正压力，kPa；

h_s——防水矿柱的垂直厚度，m；

γ——矿柱岩石的容重，kN/m^3；

α_s——含水层倾角，(°)；

D_s——含水层静水压力，kPa。

防水矿柱的厚度与强度要足以承受静水压力而不致发生溃水事故，同时又要尽量减少矿石的损失。事实证明，防水矿柱可以防止突然涌水事故，但不能完全制止渗透。

12. 3. 2. 4　注浆防渗帷幕

注浆防渗帷幕是国内外广泛用于水利工程的防渗措施之一，20 世纪 60 年代开始应用于露天矿和地下矿的堵水工程，按施工地点分为地面施工和井下施工，地面施工方便但费用高，井下施工难度大但成本较低。

对于露天矿堵水而言，注浆防渗帷幕防水是在开采境界以外，在地下水涌入采场的通道上，设置若干个一定间距的注浆钻孔，并依靠浆液在岩体结构面中的扩散、凝结组成一道挡水隔墙。一般的防渗帷幕就是指由若干注浆钻孔所组成的挡水隔墙。

防渗帷幕可以拦截帷幕以外的大量地下水，但仍可能会有少量的动流量渗入采场。所以对帷幕以内的静水量和渗入的动流量仍需利用水泵排出。

为提高防渗能力，帷幕两端应坐落在隔水岩层上，如图 12-8 所示。

为了能形成连续而完整的帷幕，每个钻孔的注浆浆液扩散后应能相互联结。因此钻孔间距不应大于浆液扩散半径的两倍。注浆孔深度以穿透含水层为原则。帷幕形成以后，地下水通道被切断，帷幕外上游地下水位将大幅度上升，而帷幕内地下水位大幅度下降，形成较大的水位差。为能及时掌握帷幕隔水效果和检查其尚未联结的空隙部位，应在帷幕的内外两侧设观测孔。观测孔的深度以能控制最大水位降深为原则。此外，为便于检查施工质量以及帷幕的可疑渗漏区，还需打若干个注浆质量检查孔，其位置依施工情况而定。

一般情况下，防渗帷幕主要在下述情况下采用：

(1) 地下水动流量大，服务年限较长的矿山。

(2) 矿区有良好的水文地质边界条件，地下水流入矿山开采境界的进水口较窄。

(3) 采用疏干排水将导致大面积地表沉降，使农田建筑物毁坏的矿区。

(4) 矿区附近有大型地表水体，并强烈地向矿区补给地下水。

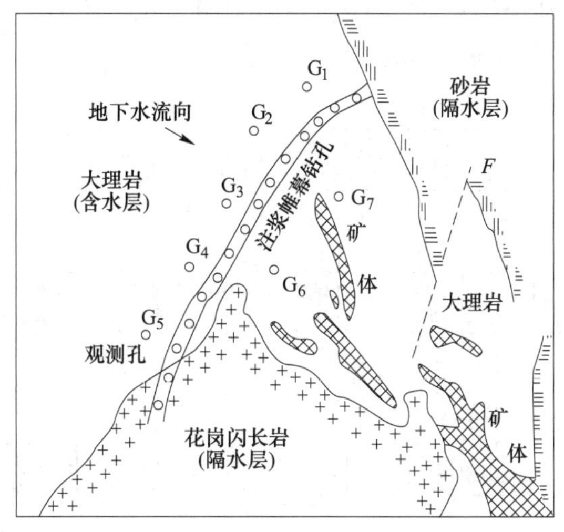

图 12-8　某矿防渗帷幕钻孔平面图

防渗帷幕可以节省大量的排水费用，并能避免因疏干排水而引起的地表塌陷，保护农田和地表建筑物，但工程投资规模较大。

12.3.2.5　地下连续墙

虽然注浆防渗帷幕在国内外防渗领域得到了广泛的应用，但由于该技术固有的缺陷、岩体结构的复杂性等原因，防渗效果并非十分理想，一般堵水率小于 50%，因此对于特殊矿山尤其是临河等水体的露天矿堵水问题，该技术的应用受到了限制。

地下连续墙由于其堵水效果好、强度大，目前正逐步应用于露天矿山堵水工程中。

地下连续墙是指利用各种挖槽机械，借助于泥浆的护壁作用，在地下挖出窄而深的沟槽，并在其内灌注适当的材料而形成一道具有防渗（水）、挡土和承重功能的连续地下墙体，目前最深的地下连续墙墙体可达 80m 以上。在国外，凡是放有钢筋的、强度很高的称之为地下连续墙，而无钢筋的、强度较低的称之为泥浆墙，无论是否有钢筋，其堵水效果相差不大。

地下连续墙技术起源于欧洲，国外和国内分别于 1914 年、1958 年开始应用，目前，地下连续墙不仅用于防渗或基坑的临时支护，也可以作为承重的基础桩或者集挡土、承重和防水于一身的“三合一”地下连续墙。

A　地下连续墙施工工艺

地下连续墙采用逐段施工方法，且周而复始地进行。每段的施工过程，大致可分为以下五步：

（1）在始终充满泥浆的沟槽中，利用专用挖槽机械进行挖槽。

（2）两端放入接头管（又称锁口管）。

（3）将已制备的钢筋笼下沉到设计高度。当钢筋笼太长，一次吊装有困难时，也可在导墙上进行分段连接，逐步下沉。

（4）插入水下灌筑混凝土导管，进行混凝土灌筑。

（5）混凝土初凝后，拔去接头管。

作为地下连续墙的整个施工工艺过程，还包括施工前的准备，泥浆的制备、处理和废弃等许多细节。图 12-9 为地下连续墙的施工工艺流程。

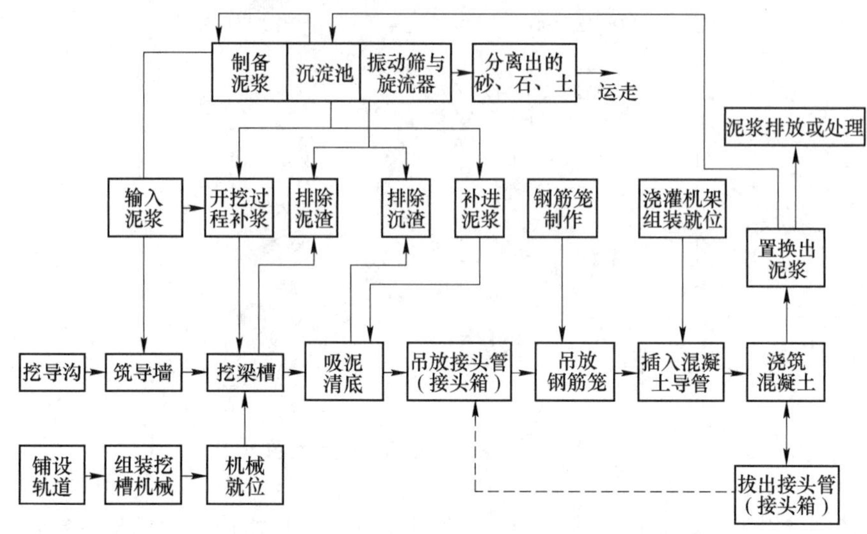

图 12-9　地下连续墙的施工工艺流程图

B　地下连续墙的优点

（1）防渗性能好。由于墙体接头形式和施工方法的改进，地下连续墙几乎不透水，如果墙底伸入到隔水层中，降水费用可大幅降低。

（2）墙体刚度大。目前国内地下连续墙的厚度可达 0.6~1.3m（国外可达 3m），可承受很大的土压力和水压力，特别适用于大水临河露天矿的隔水防渗和边坡加固工程。

（3）适用于多种地基条件。从软弱的冲积地层到中硬的地层、密实的砂砾层，各种软岩和硬岩等所有的地基都可以建造地下连续墙。

（4）用地下连续墙作为露天矿、土坝、尾矿坝和水闸等工程的垂直防渗结构，是非常安全和经济的。

（5）工效高，工期短，质量可靠，经济效益高。

C　地下连续墙的缺点

（1）在一些特殊的地质条件下，如很软的淤泥质土、含漂石的冲积层和超硬岩石等，施工难度较大。

（2）如果施工方法不当或地质条件特殊，可能出现相邻墙段不能对齐和局部漏水的问题。

12.4　露天矿排水

露天矿排水是排除汇集到矿坑内的地下水和降雨径流所采取的方法和设施的总称。

经疏干或采取其他各种防水措施之后，已控制住大量的地下水和地表水进入采场，但仍可能会有少量的水渗入作业区。对这部分少量渗入的地下水和大气降雨汇水，必须予以排出。

12.4.1 露天矿排水系统

露天矿排水主要指排出进入凹陷露天矿采场的地下水和大气降水，排水系统是排水工程、管道、设备在空间的布置形式，可分为露天排水（明排）和地下排水（暗排）两大类四种方式，如表 12-1 所示。

表 12-1 不同排水方式使用条件及优缺点

排水方式	优 点	缺 点	使用条件
自流排水方式	安全可靠，基建投资少；排水经营费低；管理简单	受地形条件限制	山坡露天矿有自流排水条件，部分可利用排水平硐导通
露天采矿场底部集中排水方式，如图 12-10 所示，分为半固定式泵站、移动式泵站方式	基建工程量小、投资少；移动式泵站不受淹没高度限制；施工较简单	泵站移动频繁，露天矿底部作业条件差，开拓延深工程受影响；排水经营费高；半固定式泵站受淹没高度限制	汇水面积小，水量小的中、小型露天矿；开采深度浅，下降速度慢或干旱地区的大型露天矿亦可应用
露天采矿场分段截流永久泵站排水方式，如图 12-11 所示	露天矿底部水平积水较少，开采作业条件和开拓延深工程条件较好；排水经营费低	泵站多、分散；最低工作水平仍需临时泵站配合；需开挖大容积贮水池、水沟等工程，基建工程量较大	汇水面积大，水量大的露天矿；开采深度大，下降速度较快的露天矿
井巷排水方式，如图 12-12、图 12-13 所示	采场经常处于无水状态；开采作业条件好；为穿爆采装等工艺的高效率作业创造良好条件；不受淹没高度限制；泵站固定	井巷工程量多；基建投资多；基建时间长；前期排水经营费高	地下水量大的露天矿；深部有坑道可以利用；需预先疏干的露天矿；深部用坑内开采、排水巷道后期可供开采利用

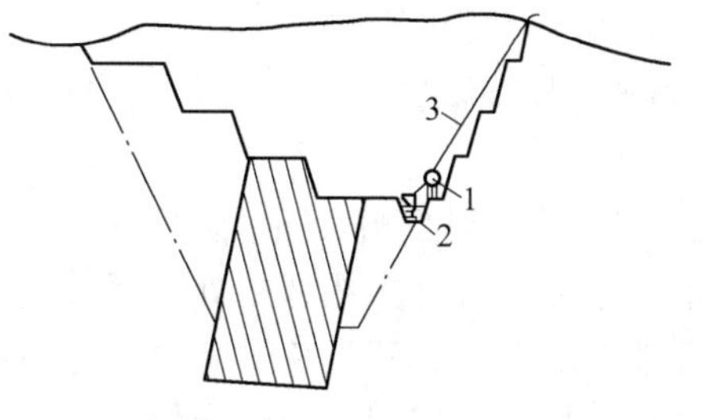

图 12-10 露天矿底部集中排水系统
1—水泵；2—水池；3—排水管

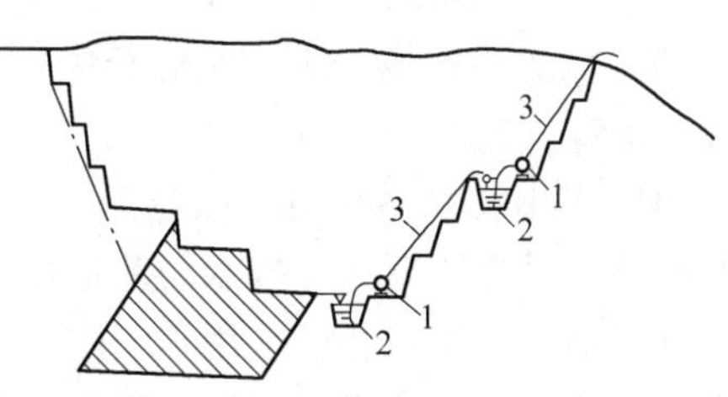

图 12-11 露天矿分段截流排水系统
1—水泵；2—水池；3—排水管

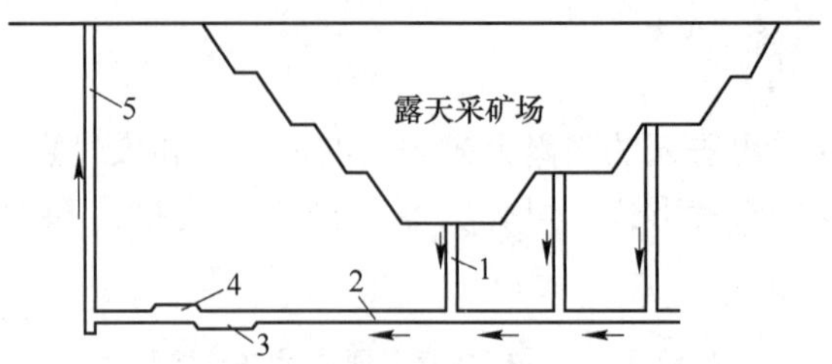

图 12-12　露天矿垂直泄水的地下井巷排水系统
1—泄水井（或钻孔）；2—集水巷道；3—水仓；4—水泵房；5—竖井

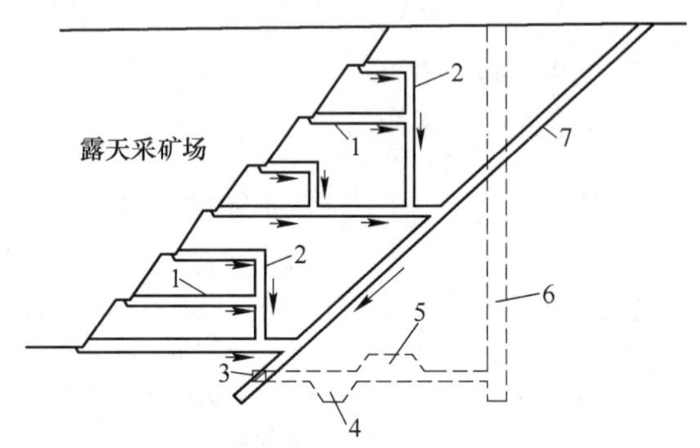

图 12-13　露天矿水平、垂直、倾斜巷道排水系统
1—泄水平巷；2—泄水天井；3—集水平巷；4—水仓；5—水泵房；6—竖井；7—斜井

12.4.2　露天矿排水方案选择原则

排水方式的选择，不仅要进行直接投资和排水经营费的对比，而且还需考虑其对采矿工艺和设备效率的影响，以及由此而引起的对矿山总投资和总经营费的影响。选择排水方案应遵照下述原则。

（1）有条件的露天矿应尽量采用自流排水方案，必要时可以专门开凿部分疏干平硐以形成自流排水系统。

（2）露天和井下排水方式的确定。对水文地质条件复杂和水量大的露天矿，宜优先考虑采用露天排水方式。生产实践证明，采用露天排水方式对矿山生产和各工艺过程设备效率的影响都很大。当不采用矿床预先疏干措施时，应考虑井下排水方式为宜。

一般水文地质条件简单和涌水量小的矿山，以采用露天排水方式为宜，但对雨多含泥多的矿山，也可采用井下排水方式，减少对采装、运输、排岩的影响。

（3）露天采矿场是采用坑底集中排水还是分段截流永久泵站方式，应经综合技术经济比较后确定。

（4）矿山排水系统与矿床疏干工程应统筹考虑，尽量做到互相兼顾、合理安排。值得注意的是，尽管地下井巷排水与巷道疏干在工程布置上可能有许多相似之处，但其主要作用是有区别的。排水巷道是用于引水、贮水和安置排水设备的井巷。疏干巷道是专门用于疏水、降低地下水位或拦截地下径流的井巷。排水巷道具有一定程度的疏干作用，疏干巷道也会兼有引水作用。因此，排水与疏干巷道的划分只能根据它们的主要目的和主要作用来分辨。

12.5　露天矿止水固坡复合锚固地下连续墙工程实例

12.5.1　工程概况

神龙峡露天铁矿位于河北省唐山市迁安境内，矿区南依龙山，北邻滦河。矿区内地势较平坦，平均海拔 42m 左右，全部为第四系覆盖。矿区以北约 150m 为滦河河道，滦河自西向东流经矿区北部，基本常年流水。

矿体位于第四系覆盖层以下，与第四系直接接触。矿区地层第一层为粉细砂层，层厚约 6~10m，第二层为黑泥层，层厚 2~3m，第三层为卵、砾石层，层厚 3~9m，第四层为基岩。其中第三层卵、砾石层含水量非常丰富，前期扩帮时曾揭露该层长度约 10m，矿山涌水量陡升至 $20000m^3/d$ 左右，同时边坡卵、砾石层在 30°坡角时仍无法自稳，矿山扩帮工程被迫中断。

12.5.2　止水固坡方案设计

12.5.2.1　治理的必要性

（1）靠近滦河处的矿坑边帮涌水量很大，排水费用很高，且严重影响矿山的正常生产。

（2）原矿坑边坡开挖过程中，卵石土边坡在坡角 30°、最大挖高 8m 时即已无法保持边坡的稳定，通过堆载反压黏土的方式可暂时保持边坡稳定，而扩帮过程中最大的挖方卵石土边坡高度最大达 18m，显然，合理有效的加固是必不可少的。

（3）随着扩帮工程的进行，由于丰富地下水的影响，出现大规模边坡失稳的可能性很高。为确保扩帮工程及矿山生产的安全，减少排水费用，保护水资源，有必要采取科学合理的措施对其进行综合治理。

12.5.2.2　处治方案选择

综合分析各类矿山止水固坡处治方法的优缺点，常规的处治方法均无法满足该铁矿的下述两项治理要求：

（1）有效防水。由于矿坑毗邻滦河，水源十分充沛，矿床疏干方案是不现实的，所采取的方案必须能够有效止水，大幅减少矿坑涌水量。

（2）有效“挡土”。只要采取截水方案，势必造成较高的水位差，产生较大的水压力，同时地表 20m 范围内岩土松散，土压力大，因此处治方案必须能提供足够的抗滑力，进而提高边坡稳定性，防止扩帮后边坡失稳。

为确保神龙峡铁矿扩帮工程的安全稳定，在分析各类止水及边坡加固方法的基础上，最终确定选用复合锚固地下连续墙方案，方案示意如图 12-14 所示。

复合锚固地下连续墙方案主要包括：

（1）地下连续墙。C25 钢筋混凝土墙体，厚度 70cm，高度以进入中风化基岩为准，介于 8~18m 之间（根据地层情况确定）。

（2）垂直预应力锚杆。由于墙体进入基岩深度较浅，为提高墙体稳定性，沿连续墙体顶部布设 1 排垂直预应力锚杆，深度大于墙深 5m 以上，杆体直径 32mm，锚固段长度不小

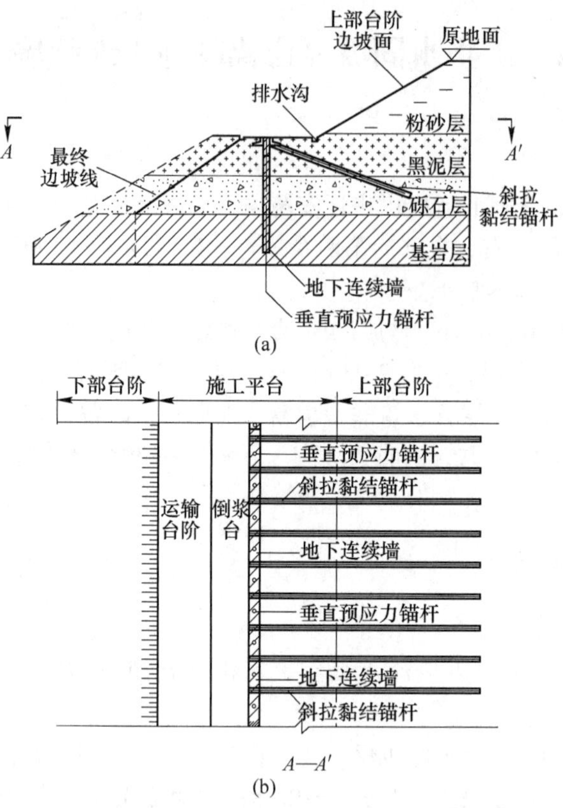

图 12-14 止水固坡处治方案示意图

于 5m，预应力值不小于 140kN。

（3）斜拉锚杆。连续墙形成后，墙体两侧存在较大的水位差，为提高墙体在较大水压力作用下的抗倾能力，沿墙体上部布设 1 排倾斜全长黏结型锚杆，锚杆直径 32mm，长度不小于 16m，水平间距 2~3m，倾斜锚杆与垂直预应力锚杆交叉布设。

（4）压力注浆。由于斜拉锚杆及垂直预应力锚杆均位于黏结强度较低的岩土体中，为提高锚杆的承载能力，在锚杆施工的同时进行中高压力注浆，同时改善周边岩土体性质，注浆压力不小于 1MPa。

12.5.2.3 处治工程布置

根据矿山地形、工作台阶、采剥进度等具体条件，止水固坡工程分为三期进行，顺序依次为东段、西段、中段，三段复合锚固地下连续墙相互连接，形成隔水封闭圈，如图 12-15 所示。

12.5.3 复合锚固地下连续墙施工效果

按照前述止水固坡设计方案，形成长度近 900m 的复合锚固地下连续墙体。墙体内外侧钻孔检验表明，墙外侧地下水位高度上升 1m，墙内侧基本无水；扩帮工程边坡开挖结果表明，卵砾石层坡体完全稳定，坡面无明显渗水，矿山总涌水量小于 1000m^3/d，堵水率达 95%以上，达到了止水固坡的目的。

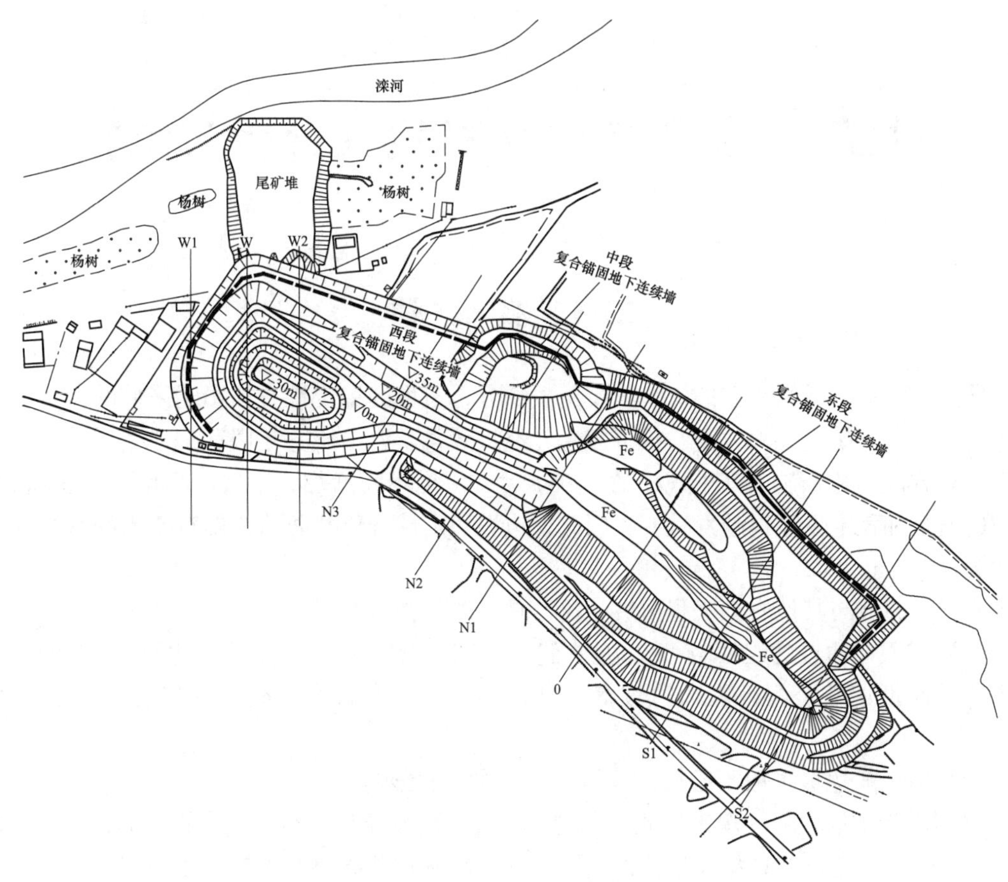

图 12-15　处治工程平面布置示意图

习　题

12-1　露天矿山发生涌水能给矿山的生产带来哪些危害?

12-2　露天矿产生涌水的自然因素和人为因素有哪些?

12-3　露天矿防水的主要措施有哪些?

12-4　简述矿床疏干的概念，矿床疏干有哪些方式?

12-5　露天矿的排水系统有哪几种?

12-6　简述露天矿排水方案选择原则。

本章参考文献

[1] 张世雄. 矿物资源开发工程 [M]. 武汉：武汉工业大学出版社，2000.

[2] 李宝祥. 金属矿床露天开采 [M]. 北京：冶金工业出版社，1992.

[3] 北京有色冶金设计研究总院. 采矿设计手册 [M]. 北京：中国建筑工业出版社，1986.

[4]《采矿设计手册》编委会. 采矿设计手册 [M]. 北京：中国建筑工业出版社，1987.

[5] 云庆夏. 露天采矿设计原理 [M]. 北京：冶金工业出版社，1995.

[6] Pfleider E P. Surface Mining [M]. New York：AIMM，1981.

[7] 高永涛，吴顺川. 露天采矿学 [M]. 长沙：中南大学出版社，2010.

露天矿边坡稳定性分析与维护

13.1 概　　述

露天矿边坡是露天采矿的一个重要组成部分，边坡的稳定性直接影响采矿的安全和施工进度，也涉及矿山开采方案、投资规模、经济效益及矿山服务年限和采矿生产、运输工艺等诸多方面。随着矿山开采规模的不断扩大，深度不断增加，边坡工程也在逐步增大，边坡的安全和稳定性显得越发重要。因此，边坡稳定性分析及防治措施对矿山的后续发展也尤为重要。

露天矿边坡与其他岩土工程边坡相比，具有以下特点：

（1）露天矿边坡的规模较大，边坡高度一般为200~300m，最高可达500~700m，边坡走向延伸可达数公里，因而边坡揭露地层多，边坡各部分的地质条件差异大，变化复杂。

（2）露天矿边坡一般不维护，故易受风化作用的影响。

（3）露天矿场频繁的爆破作业和车辆运行，使边坡经常受到动荷载的作用。同时随着采掘、运输及其他设备日益大型化，边坡台阶的负荷有日益增大的趋势。

（4）露天矿的最终边坡由上至下逐渐形成，上部边坡服务期长，下部边坡服务期则相对较短。

（5）露天矿边坡的不同地段要求有不同的稳定程度。边坡上部地表有重要建筑物不允许变形时，要求的稳定程度高。边坡上有站场、运输线路，下部有采矿作业时，要求的稳定程度较高。对生产影响不大的地段，稳定程度可要求低一些。

（6）露天矿边坡稳定性分析与维护涉及岩体工程地质、岩体力学性质试验、边坡稳定性分析与计算、边坡治理和监测、维护等工作。

13.2 露天矿边坡的破坏形式及其影响因素

13.2.1 露天矿边坡稳定性的影响因素

边坡的稳定是一个复杂的问题，影响边坡稳定性的因素很多，可以简单概括为内在因素和外在因素两个方面。内在因素包括地貌条件、岩石性质、岩体结构、地质构造和地应力等；外在因素包括水文地质条件、风化作用、水的作用、地震及人为因素等。内因是影响边坡稳定的根本因素，决定了边坡变形失稳模式和规模，对边坡稳定起控制作用；外因则通过内因对边坡起破坏作用，促进了边坡的失稳破坏。其中岩体的岩石组成、岩体结构和地下水是主要的影响因素，此外，爆破和地震、边坡形状等也有一定影响。现将其主要影响因素介绍如下。

13.2.1.1　岩石的组成

岩石的矿物成分和结构构造对岩石的工程地质性质起主要作用，不同岩石组成的边坡，其变形破坏特征有所不同。通常，强度高的岩石边坡稳定性也高，片理、层理发育的岩石边坡稳定性相对较差。

13.2.1.2　岩体结构

边坡岩体的破坏主要受岩体中不连续面（结构面）的控制。影响边坡稳定的岩体结构因素主要包括下列几方面：

（1）结构面的类型。不同类型结构面对边坡稳定的影响不同。一般而言，构造结构面的影响最大，次生结构面次之，原生结构面影响最小。次生结构面的分布受地形地貌及原生结构面的控制，往往不连续、延展性差，结构面中常有泥质充填物，水理性差，对边坡稳定有显著的危害。

（2）结构面的倾向和倾角。一般来说，同向缓倾边坡（结构面倾向和边坡坡面倾向一致，倾角小于坡角）的稳定性较反向坡差。同向缓倾坡中，岩层倾角愈陡，稳定性愈差；水平岩层稳定性较好。

（3）结构面的走向。当倾向不利的结构面走向和坡面平行时，整个坡面都具有临空自由滑动的条件，对边坡的稳定不利。结构面走向与坡面走向夹角愈大，对边坡的稳定愈有利。

（4）结构面的组数和数量。当边坡受多组相交的结构面切割时，整个边坡岩体自由变形的余地大，切割面、滑动面和临空面多，易于形成滑动的块体，而且为地下水活动提供了较好的条件，对边坡稳定不利。其次，结构面数量直接影响被切割岩块的大小，它不仅影响边坡的稳定性，也影响边坡变形破坏的形式。岩体严重破碎的边坡，甚至会出现类似土质边坡那样的圆弧形滑动破坏。

（5）结构面连续性及间距。结构面的规模不同，其延展范围的连续性也不同。大的结构面延展性大、连续性好，对边坡稳定性不利。若结构面之间不能全部贯通，岩体强度有一部分被完整岩石所控制，则有利于边坡稳定。

结构面的间距指在结构面法线方向上两相邻结构面的距离，在一定程度上反映了岩体结构面的密集程度，有时也用线密度表示其密集程度，即法线方向单位长度上结构面的数目。结构面间距和密度表明岩体结构面的发育程度和被结构面切割的岩块大小。结构面间距小或密度大的边坡往往较为破碎，易发生破坏。

（6）结构面的表面形态。结构面一般粗糙不平，其光滑程度对结构面的力学性质有影响。结构面起伏不平的程度，常用起伏度和粗糙度来表征，规模大的称为起伏度，规模小的称为粗糙度。

通常认为，粗糙度所表征的起伏不平，在岩体滑动的剪切过程中会被剪切掉，从而增大结构面的抗剪强度。而起伏度所表征的起伏不平，在岩体沿结构面滑动的剪切过程中可能出现两种情况：若上覆压力较小，剪切时只沿表面凸起部分跨越，凸起部分不会被剪掉，剪切滑移过程发生剪胀现象；若上覆压力较大，滑动过程中不允许剪胀产生，只有当结构面凸起岩石被剪断，才能沿结构面滑动；此剪切过程增加了结构面凸起岩石的抗力，从而提高了结构面的抗剪能力。因此，确定结构面的抗剪强度时，需要注意结构面的起伏程度。

13.2.1.3 地下水

露天矿的滑坡多发生在雨季或解冻期间，说明地下水对边坡稳定性的影响显著。在边坡稳定性研究中，对岩体中地下水的赋存情况、动态变化、对边坡稳定性的影响，以及防治措施等都要进行详细研究并做出定量评价。地下水对边坡稳定性的影响主要表现在以下几方面：（1）水的物理作用，包括润滑、软化和结合水的强化作用；（2）水的化学作用，包括溶解作用、水化作用、水解作用、溶蚀作用、氧化还原作用；（3）水的力学效应，包括孔隙静水压力和孔隙动水压力作用。前两种作用往往改变岩土的物质成分或结构，从而改变其凝聚力和内摩擦角；水通过物理、化学作用改变岩土体的结构，后一种通过孔隙静水压力作用，影响岩土体的有效应力并降低其强度，通过孔隙动水压力作用，在岩土体中产生一个剪应力从而降低其抗剪强度。这三种作用往往相互耦合，使岩土的受力过程更为复杂。

13.2.1.4 振动作用

露天矿爆破产生的地震波，给潜在破坏面施以额外的动应力，可使岩石节理面张开，甚至使岩石破碎，促使边坡破坏，在边坡稳定分析中必须考虑此附加外应力。

爆破作用对边坡稳定性的影响主要体现在三个方面，即爆破的动力作用、爆破对岩体的松动破坏及疲劳破坏。

（1）爆破的动力作用。爆炸波的传播及分布规律可用岩体中质点速度场及加速度场的分布特征来描述，进而评价岩体的动态稳定条件。对于潜在的不稳定边坡，可以利用爆破对边坡可能产生的最大加速度确定动载作用力，且通常将其视为下滑力。

（2）爆破对岩体的松动破坏。岩体中的爆破影响区的形状与岩体的结构类型或介质类型密切相关。露天矿边帮爆破松动带的深度往往比较大，通常在数米以上。由于结构面间的松动，其咬合作用部分或完全丧失，结构面的抗剪强度大幅降低，不利于边坡的稳定。

（3）爆破对岩体的疲劳破坏。爆炸地震波是一种低频弹性波，处于爆破影响区的岩体受到这种低频重复性爆破动荷载的作用，其强度和变形特性会显著降低。此外，岩体结构面中的软弱泥质充填物往往具有弹塑性力学特性，在露天矿山爆破重复动荷载的作用下，其不可逆变形的累积效应会导致边坡稳定条件恶化。

专门研究表明，爆破振动对岩体造成的损害取决于岩体质点振动速度的大小。《爆破安全规程》中规定，质点振动速度 v 的影响可用下列临界速度估计：当速度 $v \leqslant 25.4$cm/s 时，完整岩体不破坏；当 v 在 25.4~61cm/s 时，岩体出现少量剥落；当 v 在 61~254cm/s 时，岩体发生强烈拉伸和径向裂隙；当 $v>254$cm/s 时，岩体完全破碎。对于爆破造成的岩体质点振动速度 v，目前研究尚不充分，通常采用萨道夫斯基经验公式确定。

天然地震和爆破振动一样也会给边坡稳定造成危害，在边坡稳定性分析中也必须考虑，一般按与爆破振动相同的方法处理，其加速度可按预计的地震烈度选取。地震作用除了使岩土体增加下滑力外，还常常引起孔隙水压力增加和岩土体强度降低。

13.2.1.5 其他因素

边坡外形、坡度、坡高和人为因素、风化作用、植被等都可能影响边坡的稳定性。

（1）边坡几何形状。当边坡向采场凸出时，岩体侧向受拉力，由于岩体抗拉能力较低，此时边坡稳定条件差；当边坡向采场凹进时，边坡岩体侧向受压，边坡比较稳定。

（2）风化作用。风化作用可使边坡岩体随时间推移不断产生破坏而失稳。通常，风化速度与岩石本身的矿物成分、结构构造和后期蚀变有关，同时也与湿度、温度、降雨、地下水以及爆破振动等因素有关。

（3）人为因素。由于对影响边坡稳定的因素认识不足，生产中的一些人为措施往往促使边坡破坏，包括施工开挖、边坡卸载与加载、工程荷载等。例如在边坡上堆积废石和设备以及建筑房屋等加大了边坡上的承重，从而增加了岩体的下滑力，挖掘坡脚则会减小岩体的抗滑力，这些都会使边坡稳定条件恶化，甚至导致边坡破坏。

13.2.2 露天矿边坡破坏类型

边坡岩体中出现了贯通的破坏面，使分割的岩体以不同的方式脱离母体，称为边坡破坏。露天矿边坡破坏类型主要受岩体的工程地质条件尤其是岩体结构面控制，破坏形式主要表现为滑坡、滑塌、崩塌和剥落。

滑坡（slides）是指岩体在重力作用下，沿坡内软弱结构面产生的整体滑动。滑塌（slip-slumps）是因开挖、填筑、堆载引起边坡的滑动或塌落，一般较突然。崩塌（fall-slumps）是块状岩体脱离母体，突然从较陡的斜坡上崩落、翻转、跳跃、堆落在坡脚，规模大的成为山崩，规模较小的称为塌方。剥落（falls）是斜坡岩土长期遭受风化、侵蚀，在冲刷和重力作用下岩（土）屑（块）不断沿斜坡滚落堆积在坡脚。

上述破坏模式在同一坡体的发生发展过程中往往相互联系和相互制约，在一些高陡边坡发生破坏的过程中，常常先以前缘部分的崩塌为主，并伴随滑塌和浅层滑坡，随时间推移再逐渐演变为深层滑坡。

下面主要介绍滑坡破坏和崩塌破坏这两种形式。

13.2.2.1 滑坡

与崩塌相比，滑坡通常以深层破坏形式出现，其滑动面往往深入坡体内部，甚至延伸到坡脚以下。根据滑面的形状，滑坡破坏形式可分为平面剪切滑动和旋转剪切滑动。

A 平面破坏

平面滑动破坏的特点是块体沿着平面滑移，边坡沿一主要结构面如层面、节理、断层或层间错动面发生滑动（见图 13-1（a））。边坡中如有一组结构面与边坡倾向相近，且其倾角小于边坡角而大于其摩擦角时，容易发生这类破坏。根据滑面的空间几何组成，平面滑动分为简单平面破坏、阶梯式滑坡、三维楔形体滑坡和多滑块滑动几种破坏形式（见图 13-1）。

（1）单一平面剪切破坏。滑动面沿单一面产生。

（2）阶梯式滑动。由两组节理相交而形成。这种滑坡的不稳定概率通常比简单平面剪切的不稳定概率大得多。

（3）三维楔体破坏。一般发生在边坡中有两组结构面与边坡斜交，且相互交成楔形体。当两结构面的组合交线倾向与边坡倾向相近，倾角小于坡面角而大于其内摩擦角时，容易发生这类破坏（见图 13-1（b））。坚硬岩体中露天矿台阶大多以这种形式破坏。

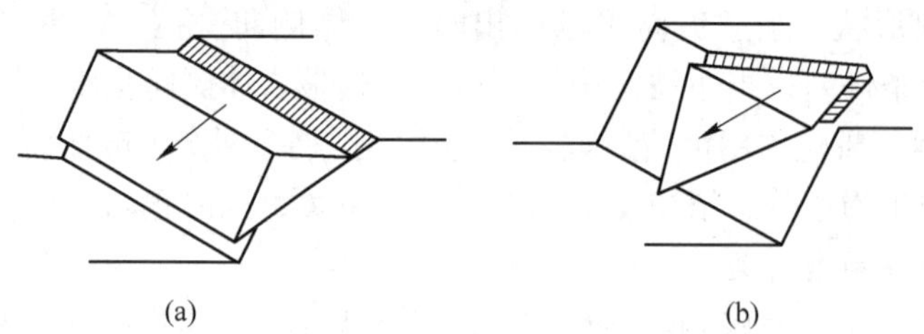

(a) (b)

图 13-1 边坡破坏中的平面滑动破坏（a）和楔体破坏（b）

（4）多滑块滑动。两个乃至更多的弱面组合形成一滑动面。当滑块分解成两个乃至更多块体时才可能发生此种滑动。

B 旋转剪切滑动破坏

旋转剪切滑动的滑面通常呈弧形状，岩体沿此弧形滑面滑移。在均质的岩体中，特别是均质泥岩或页岩中易产生近圆弧形滑面。当岩土非常软弱（土边坡）或者岩体节理异常发育或已破碎（废石堆），破坏也常常表现为圆弧状滑动（见图 13-2）。

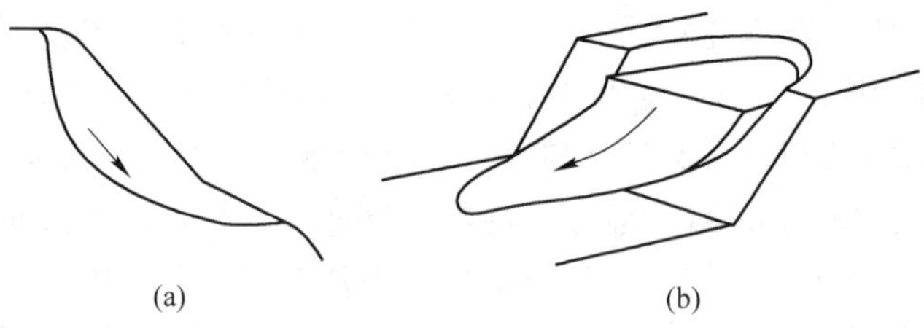

(a) (b)

图 13-2 圆弧滑面的平面示意图（a）和旋转剪切破坏的空间示意图（b）

圆弧形破坏发生的条件是：当土体或岩体中的单个颗粒与边坡尺寸相比极其小，且这些颗粒由于他们的形状关系不互相咬合，大废石堆中的碎石会像土一样活动，因此当发生大型破坏时滑面易呈圆弧形；其他磨细物料如尾矿等，即使边坡只堆几英尺高，也可能出现圆弧形的破坏。高度蚀变和风化的岩石也倾向于以这种形式破坏，因此，对于露天采矿场周围覆盖层边坡，可按圆弧破坏假定来进行设计。但在非均质岩坡中，受层面、节理裂隙、结构面的影响，滑面很少为圆弧形。

13.2.2.2 崩塌

崩塌是指块状岩体与岩坡分离向前翻滚而下。在崩塌过程中，岩体无明显滑移面，同时下落岩块或未经阻挡而直接坠落于坡脚；或于斜坡上滚落、滑移、碰撞最后堆积于坡脚处（见图 13-3），其规模相差悬殊，大至山崩、小至块体坠落均属崩塌。

岩坡的崩塌常发生于既高又陡的边坡前缘地段、高陡斜坡和陡倾裂隙，由于斜坡前缘的裂隙卸荷作用使得基座蠕动从而导致斜坡解体开始形成，这些裂隙在表层蠕动作用下进一步加深加宽，并促使坡脚主应力增强、坡体蠕动进一步加剧、下部支撑力减弱，从而引起崩塌。巨型崩塌常发生在巨厚层状和块状岩体中，软硬相间层状岩体多以局部崩塌为主。

崩塌产生的原因，从力学机理分析，可认为是岩体在重力与其他外力共同作用下超过岩体强度而引起破坏。其他外力是指由于裂隙水的冻结而产生的楔形效应、裂隙水的静水

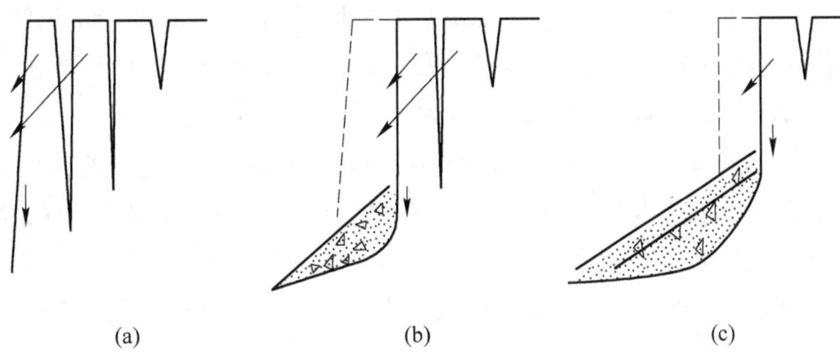

图 13-3 崩塌过程示意图

压力、植物根须的膨胀压力以及地震、雷击等的动力荷载等，都会诱发崩塌，特别是地震引起的坡体晃动和大暴雨渗入使裂隙水压力剧增，可使被分割的岩体突然折断，向外倾倒崩塌。自然界的山崩和矿山边坡的崩塌，常与地震或特大暴雨相伴生（见图 13-4）。

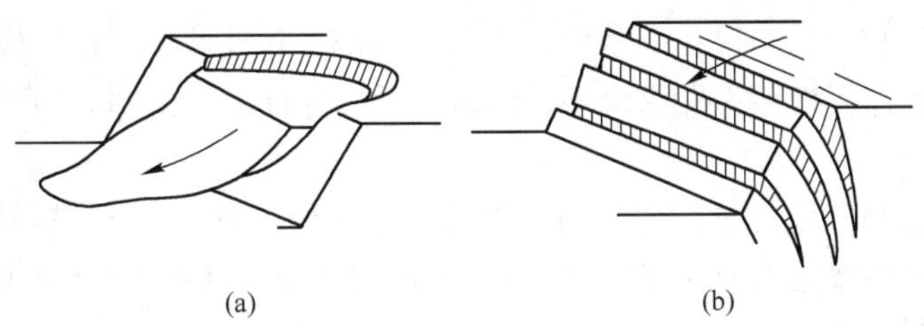

图 13-4 边坡破坏中的圆弧滑动（a）和倾倒破坏（b）（可视作倾倒式崩塌）

13.3 边坡稳定性分析

我国露天矿山众多，边坡设计高度一般在 200~500m，有的高达 700m。在设计和生产中，保持边坡稳定非常关键。边坡稳定性分析是确定边坡是否处于稳定状态、是否需要对其进行加固与治理以及防止其发生破坏的重要决策依据。

边坡是具有倾斜坡面的岩体或土体，由于坡表面倾斜，在坡体本身重力及其他外力作用下，整个坡体具有从高处向低处滑动的趋势，同时，由于坡体岩土自身具有一定的强度加上人为的工程措施，它会产生阻止坡体下滑的抵抗力。一般来说，如果边坡岩土体内部某一个面上的滑动力超过了岩土体抵抗滑动的能力，边坡将产生滑动，失去稳定；如果滑动力小于抵抗力，则认为边坡稳定。

13.3.1 边坡稳定性评价判据和设计方法概述

边坡失稳形式可能表现为滑动体产生位移，也可能表现为边坡逐渐或突然产生崩塌。如何判定边坡破坏，至今没有严格的科学定义。一种观点是以应力为判据，把材料在外力作用下，应力达到屈服极限或屈服强度作为破坏判据。另一种观点是以变形为判据，把材料在变形过程中出现不允许的变形或裂缝视作破坏。具体采取哪种方法很大程度上取决于工程结构形式及用途。例如，一个露天矿边坡可以允许产生几米的位移而不影响生产安全，而对于一个桥基边坡则不允许产生微小位移。从生产角度看，矿山爆破过程中出现不稳定指标，如位移不收敛，并不一定意味着边坡破坏。当位移量和位移速度达到影响采矿工作，或岩体位移损坏采矿设备、威胁人身安全时，则认为开采边坡破坏了。

综上所述，边坡稳定性设计计算方法（和指标）有以下几种：

（1）极限平衡法和安全系数 F_s。基于极限平衡原理的安全系数法已经成为最常用的边坡设计计算方法，采用边坡稳定性系数 F_s 来判定边坡稳定性的大小。F_s 定义为沿最危险破坏面作用的最大抗滑力（或力矩）与下滑力（或力矩）的比值：F_s= 抗滑力（矩）/下滑力（矩）。一般认为，$F_s>1$，边坡稳定；$F_s<1$，边坡失稳；$F_s=1$，边坡处于临界状态。

（2）数值模拟方法和应变。数值模拟方法可计算边坡应力应变，目前已广泛应用于各类地质条件下的边坡稳定性分析。不稳定边坡定义为边坡发生足够大的应变且影响生产安全，或滑体位移速度大于规定值。

（3）边坡概率设计方法和失稳概率。边坡概率设计方法起源于20世纪70年代，但因“5%的失稳概率”和失稳结果在工程中难以直接验证，导致该方法在边坡设计中的使用经验相对较少。该法计算指标为失稳概率，通过下滑力与抗滑力概率分布的差异，将边坡稳定性量化。

（4）荷载抗力系数设计法。该法因结构设计而得到发展，现已扩展到地基及支护结构设计等领域。稳定边坡定义为抵抗力与其对应的分项系数的乘积大于或等于荷载与其对应的分项系数的乘积之和。

13.3.2 边坡稳定性分析方法

13.3.2.1 边坡稳定性分析方法概述

露天矿边坡稳定性分析方法，主要可分为定性分析方法和定量分析方法两大类。定性分析方法包括工程类比法和图解法（赤平投影、实体比例投影）等，定量分析方法主要有极限平衡法、数值分析法及可靠度分析法，另外还有不确定性方法，如模糊数学方法、灰色理论分析及神经网络分析等。

边坡稳定性分析必须在大量工程地质勘察与岩土体物理力学试验的基础上进行，具体分析时，首先应根据地质体结构特征确定边坡可能的破坏形式，然后针对不同破坏形式采用相应的分析方法。对于大型或地质条件复杂的边坡，稳定性分析一般分两阶段进行：第一阶段开展边坡初步稳定性判别，因初勘所取得的地质资料少，一般采用工程地质类比法、坡率法和图解法等定性方法。第二阶段深入开展边坡稳定性量化分析。对定性阶段分析认为是不稳定的或不满足设计要求的边坡进行详勘，然后采用极限平衡法、数值模拟法、可靠度分析方法、概率分析法、荷载抗力系数设计法等定量分析方法对边坡稳定性做出进一步判断。

定量分析方法实质是一种半定量的方法，虽然评价结果表现为确定的数值，但最终仍参考经验判断。在具体应用中，应根据实际边坡工程地质条件，选取一种或几种方法进行综合分析。

A 工程地质分析法

根据边坡的地形地貌形态、地质条件和边坡变形破坏的基本规律，追溯边坡演变的全过程，预测边坡稳定性发展的总趋势及其破坏方式，从而对边坡的稳定性做出评价；对已发生过滑坡的边坡，则判断其能否复活或转化。

B 工程地质类比法

工程地质类比法是将已有的天然边坡或人工边坡的研究经验（包括稳定的或破坏的），用于新研究边坡的稳定性分析，如坡角或计算参数的取值（如坡率法）、边坡的处理措施等。

该法具有经验性和地区性的特点，应用时必须全面分析已有边坡与新研究边坡两者之间的地貌、地层岩性、结构、水文地质、自然环境、变形主导因素及发育阶段等方面的相似性和差异性，同时还应考虑工程的规模、类型及其对边坡的特殊要求等。

C 坡率法

通过控制边坡的高度和坡度而无须进行整体加固就能使边坡自身达到稳定的设计方法，称为坡率法，是经验类比法的一种。坡率法施工方便经济，当工程条件许可时考虑优先采用。

使用坡率法设计边坡之前，必须查明边坡的工程地质条件，包括边坡岩土类型和性质、软弱结构面产状、地质构造、岩土风化或密实程度、地下水、地表水等。坡率法设计的主要内容是在保证边坡稳定的条件下确定边坡的形状与坡度，包括坡面防护和稳定性验算等，具体可参考《建筑边坡工程技术规范》（GB 50330）中的边坡参考坡率，结合经验进行坡率选取和边坡设计。

D 图解法

图解法是用一定的曲线和图形来表征边坡有关参数之间的定量关系，由此求出边坡稳定性系数，或已知稳定系数及其他参数（如黏聚力、内摩擦角、结构面倾角、坡角、坡高等）仅一个未知的情况下，求出稳定坡角或极限坡高。图解法的实质是力学计算的简化，利用图形求解边坡变形破坏的边界条件，分析软弱结构面的组合关系，为力学计算创造条件。常用的有赤平极射投影分析法及实体比例投影法。

赤平极射投影分析法、实体比例投影法与摩擦圆等方法用于岩质边坡的稳定分析，可快速、直观地分辨出控制边坡的主要和次要结构面，确定出边坡结构的稳定类型，判定不稳定块体的形状、规模及滑动方向。对用图解法判定为不稳定的边坡，需进一步用计算加以验证。

E 极限平衡分析方法

极限平衡法早期以摩尔-库仑抗剪强度理论为基础，视边坡岩土体为刚体，不考虑岩体本身变形对边坡稳定性的影响，将滑坡体划分为若干条块（主要为垂直条分），建立作用在这些条块上的静力平衡方程式，从而求解边坡稳定性安全系数。极限平衡法的前提是滑动破坏面已知或已做假定，其计算方法简单，目前在工程中应用普遍；不足之处是不能给出边坡岩体的受力变形状态，而数值分析方法则正好弥补了这一不足，但很多情况下数值分析不能给出一个确定的破坏面。

按滑动破坏面的形状（如假定滑裂面形状为折线、圆弧、对数螺旋线）和条块间作用力的假定不同，极限平衡法又细分为很多方法，如 Bishop 法、Janbu 法、Spencer 法、传递系数法和 Sarma 等，具体介绍见下一小节。

F 数值分析方法

边坡传统分析方法建立在极限平衡法理论的基础上，没有考虑岩土体内部的应力应变关系，不能分析边坡破坏的发生和发展过程，不能考虑变形对边坡稳定的影响，也不能分析岩土体与支挡结构的共同作用和变形协调。因此，当边坡破坏机制复杂或边坡分析需要考虑应力变形时，宜结合数值模拟方法进行分析。

数值模拟法是依靠电子计算机的一种计算方法，可在不同边界条件下求出边坡的位移场、应力场、渗流场，可模拟边坡的破坏和发展过程。数值法分析方法可分为两大类：一类是基于连续介质的应力应变分析法，包括有限元（FEM）、边界元（BEM）和拉格朗日元（FLAC）等；一类是基于非连续介质的应力应变分析方法，包括离散元（DEM）、界面元（IEM）、不连续变形分析法（DDA）、流行元（NMM）等，这些方法具有强大的处理非连续介质和大变形的能力，不仅能较真实地模拟结构加载破坏全过程的应力应变形状，而且可以动画形式再现边坡破坏后的塌落、崩解过程。

数值模拟方法一般无法得到边坡安全系数，但结合极限平衡理论的数值模拟法可以解决这个问题，近年来发展起来的边坡稳定性分析强度折减理论，通过不断降低边坡岩土体抗剪强度参数直至达到极限平衡状态为止，根据弹塑性理论计算可得到滑动破坏面，同时得到边坡的强度储备安全系数。

G 概率分析方法

概率分析方法源于 20 世纪 40 年代，最先应用于结构和航空工程领域的复杂系统可靠性检验。在采矿工程中，概率分析方法早期主要用于露天矿边坡设计中评估工程失稳风险的可接受程度。概率分析法是检验边坡各参数变化对边坡稳定性影响的系统方法，通过计算安全系数的概率分布确定边坡破坏概率，并以概率形式来表达边坡的未来风险。边坡参数的取值通常由一个概率密度函数来表示其不确定性，如正态分布、beta 分布、负指数分布和三角分布函数等；失稳概率或可靠度的计算常采用安全余量法、蒙特卡罗法等。

在边坡稳定性分析中，若设计数据有限且不具有整体代表性时，一般不建议采用概率设计方法。

H 荷载抗力系数设计法

基于概率论的荷载抗力系数法（load and resistance factor design）目的是在不同荷载条件下为结构确定统一的安全余量，它最初应用于建筑结构设计领域，后引入岩土工程中，该法中的“极限状态设计”概念，包括承载力极限状态和正常使用极限状态两种类型：承载力极限状态是指在设计服务年限内，边坡必须有足够的安全余量，以防在最大荷载作用下发生破坏；正常使用状态是指在使用过程中，能发挥其应有的设计功能，没有发生过大的变形和破坏。

荷载抗力系数设计法的基本原理是抵抗力与其对应分项系数的乘积大于或等于荷载与其分项系数的乘积之和，即

$$\varphi_k R_{nk} \geqslant \sum \eta_{ij}\gamma_{ij} \cdot Q_{ij} \tag{13-1}$$

式中 φ_k ——抗力分项系数；

R_{nk} ——第 k 个失稳模式或正常使用状态下边坡的抗力标准值；

η_{ij} ——单元重要性分项系数；

γ_{ij} ——荷载分项系数；

Q_{ij} ——第 i 个荷载类型在第 j 个荷载组合下的荷载效应。

荷载抗力系数法一般仅适用于与结构相关的边坡设计，当边坡并非构筑物的一部分时，通常采用其他分析方法进行边坡稳定性计算。

I　其他方法

20 世纪 90 年代以来，将传统的边坡工程地质学、现代岩土力学和现代数学、力学相结合，形成了现代边坡工程学；各种现代科学新技术，如系统工程论、数量理论、信息理论、模糊数学、灰色理论、概率统计理论、耗散论、协同学、突变理论、混沌理论、分形理论、人工智能等不断用于边坡研究中，给边坡稳定性研究提供了新理论、新方法。

特别是不确定性分析方法，例如以概率统计理论为基础的地质结构模拟与可靠度分析，以模糊理论和人工智能为基础的综合评判技术等，具有随机性和重复试验的特点。因无法提前完全认识等原因，边坡工程存在一定不确定性，将不确定性分析方法用于边坡稳定性分析有其独特优势。

13.3.2.2　极限平衡法

限于篇幅，下面仅介绍圆弧形破坏、平面破坏和楔形体破坏三种常见的极限平衡方法。

A　平面破坏计算法

平面破坏计算法是对边坡上滑体沿单一结构面或软弱面产生平面滑动的分析方法，主要适用于均质砂性土、顺层岩质边坡以及沿基岩产生的平面破坏的稳定分析。

根据张裂缝在边坡中的位置不同，平面破坏的力学模型有两种，一种是张裂缝在坡顶，一种是张裂缝在坡面，见图 13-5。

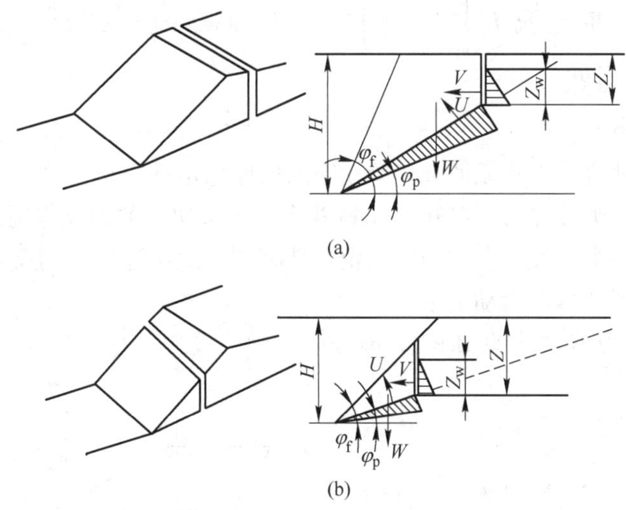

图 13-5　平面破坏计算法分析模型

（a）坡顶面上有张裂缝；（b）坡面上有张裂缝

其力学模型的假定条件为：

（1）滑动面及张裂缝平行于边坡走向。

（2）张裂缝是直立的，其中充有深度为 Z_w 的水。

（3）水沿张裂缝顶部进入滑动面并沿滑动面渗透，在大气压力下沿滑动面出露处流出。

（4）结构体重力为 W，滑动面上水压所产生的上举力为 U，张裂缝中水压所产生的推力为 V，三条力线都通过结构体重心，即假定只有滑动而无转动。

（5）考虑单位长度岩片，并假定有横向节理存在，在结构体侧面没有对滑动的阻力。

（6）滑动面上抗剪强度为：$\tau = c_0 + \sigma\tan\varphi_0$。

其安全系数 F_s 的计算公式为：

$$F_s = \frac{\text{总抗滑力}}{\text{总下滑力}} = \frac{c_0 A + (W\cos\varphi_p - U - V\sin\varphi_p)\tan\varphi_0}{W\sin\varphi_p + V\cos\varphi_p} \tag{13-2}$$

$$A = \frac{H - Z}{\sin\varphi_p},\ U = \frac{\gamma_w Z_w (H - Z)}{2\sin\varphi_p},\ V = \frac{1}{2}\gamma_w Z_w^2$$

式中　A——滑动面面积；

U——水对结构体的上举力；

V——水压产生的横推力；

W——结构体自重；

γ_w——水的重度。

张裂缝在坡顶面时：

$$W = \frac{1}{2}\gamma H^2\left\{\left[1 - \left(\frac{Z}{H}\right)^2\right]\cot\varphi_p - \cot\varphi_f\right\} \tag{13-3}$$

张裂缝在坡面时：

$$W = \frac{1}{2}\gamma H^2\left[\left(1 - \frac{Z}{H}\right)^2\cot\varphi_p(\cot\varphi_p\tan\varphi_f - 1)\right] \tag{13-4}$$

式中　γ——岩石湿重度。

B　简化 Bishop 法

Bishop 法是一种适合于圆弧形破坏滑动面的边坡稳定性分析方法，不需要滑动面为严格的圆弧，只是近似圆弧即可。简化 Bishop 法考虑了条块间的相互作用力，假定条块间只有水平力存在，且整个滑裂面上的稳定安全系数相同。此法适用于均质黏性及碎石堆土等形成的圆弧形或近似圆弧形滑动边坡。

简化 Bishop 法的力学模型如图 13-6 所示。

稳定性系数计算公式为：

$$F_s = \frac{\sum_{i=1}^{n}\frac{1}{m_{ai}}[c_i' b_i + (w_i - u_i b_i)\tan\varphi_i']}{\sum_{i=1}^{n} w_i\sin\alpha_i + \sum_{i=1}^{n} Q_i\frac{e_i}{R}} \tag{13-5}$$

$$m_{ai} = \cos\alpha_i + \frac{\tan\varphi_i'\sin\alpha_i}{k}$$

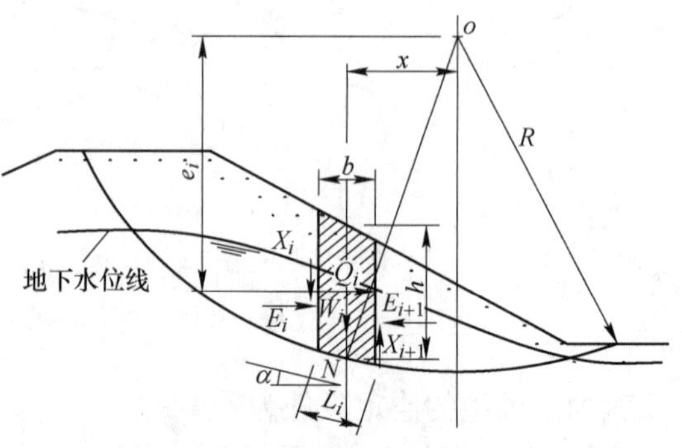

图 13-6　简化 Bishop 法分析模型

$$W_i = \frac{1}{2}\gamma_{mi}(h_{ai} + h_{bi})b_i + \frac{1}{2}\gamma_i(2h_i - h_{ai} - h_{bi})b_i$$

$$u_i = \frac{1}{4}\frac{\gamma_w h_{ai}^2 + \gamma_w h_{bi}^2}{2}$$

$$Q_i = K_c W_i;$$

$$\tan\alpha_i = \frac{y_{ai} - y_{bi}}{x_{ai} - x_{bi}}$$

式中　i——分条号；

α_i——第 i 条土底部坡角，(°)；

c'_i——土条有效内聚力，kPa；

φ'_i——土条有效内摩擦角，(°)；

b_i——第 i 条土的宽度，m；

h_i——第 i 条土的高度，m；

h_{ai}——浸润线以下第 i 条土左边的高度，m；

h_{bi}——浸润线以下第 i 条土右边的高度，m；

e_i——水平力距矩心的铅直距离，m；

γ_{mi}——第 i 条土的饱和重度，kN/m^3；

γ_i——第 i 条土的湿重度，kN/m^3；

γ_w——水的重度，kN/m^3；

Q_i——作用在第 i 条土上的水平力，kN；

R——圆弧的半径长，m；

u_i——土条底部的孔隙水压力，kPa；

W_i——第 i 条土的重量，kN；

K_c——地震力系数。

C　简布法

简布法假定土条间推力的作用点连线已知，则可以根据力矩平衡条件，把土条侧的竖向剪力表示成水平推力的函数，相当于消去了竖向剪力。简布法还假定在平面应力的条件下，当土体失稳时，所有的滑裂面均达到极限平衡，即边坡安全系数一致且相等。此法适用于滑面为各种形式的土坡，或松散均质的岩质边坡，受基岩面的限制而产生两端为圆弧、中间为平面或折线的复合滑动。

计算分析模型见图 13-7 和图 13-8。

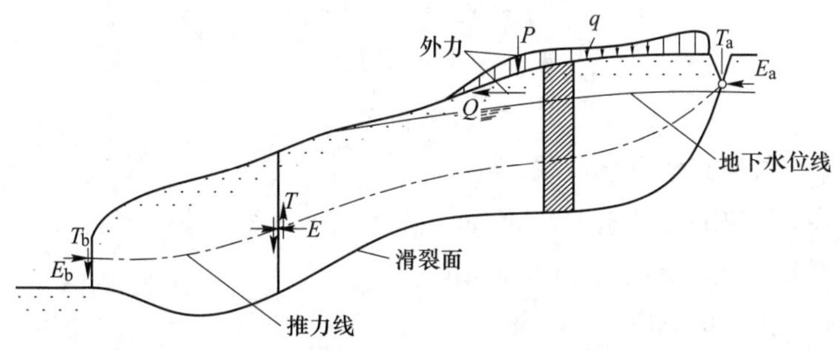

图 13-7　简布法计算分析模型

D 传递系数法

传递系数法，又称余推力法，在条分的滑体中取第 i 条块，如图 13-9 所示，第 $i-1$ 条块传来的推力 P_{i-1} 的方向平行于第 $i-1$ 条块的底滑面。即假定每一分界上推力的方向平行于上一条块的底滑面，然后利用力的平衡条件来解。此法适用破坏面为折线的边坡。

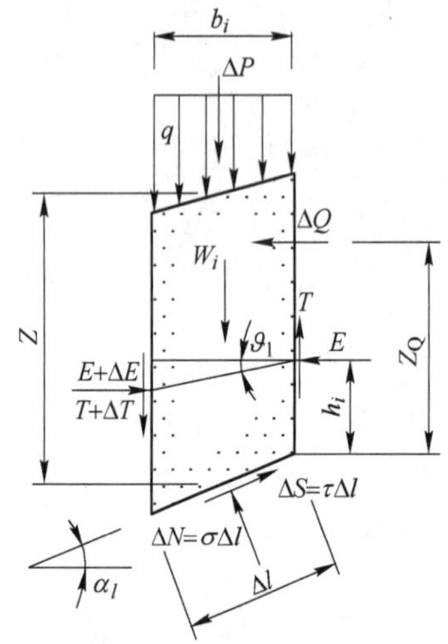

图 13-8 简布法计算条块分析模型

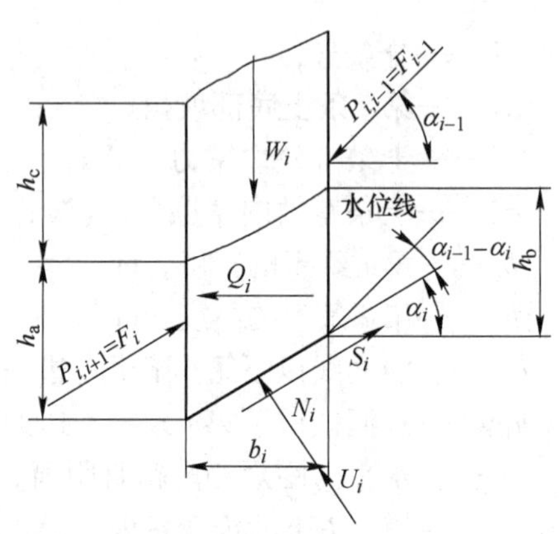

图 13-9 第 i 分条受力图

计算公式为：

$$F_i = (W_i\sin\alpha_i + Q_i\cos\alpha_i) - \left[\frac{c_i l_i}{K} + \frac{(W_i\cos\alpha_i - U_i - Q_i\sin\alpha_i)f_i}{K}\right] + F_{i-1}\varphi_{i-1} \quad (13\text{-}6)$$

$$\varphi_{i-1} = \cos(\alpha_{i-1} - \alpha_i) - f_i\sin(\alpha_{i-1} - \alpha_i)/K,\ f_i = \tan\phi_i$$

式中 F_i ——第 i 条块的不平衡下滑力，kN；

φ_i ——推力传递系数；

c_i ——第 i 条块的岩土黏聚力，kPa；

ϕ_i ——第 i 条块的内摩擦角，(°)；

l_i ——第 i 条块底面长度，m；

W_i ——第 i 条块的重量，kN，W_i = 条块宽度×重度，若有地下水作用，地下水位以上用干重度计算，设为 W_{i1}，地下水位以下的部分用饱和重度计算，设为 W_{i2}，W_i 按下列式子计算：

$$W_i = W_{i1} + W_{i2} + P_i$$

$$W_{i1} = \gamma \times b_i \times h_c$$

$$W_{i2} = \gamma_{mi} \times b_i \times h_a$$

P_i ——第 i 条块其他垂直荷载，kN；

γ_{mi} ——第 i 条块的饱和重度，kN/m³；

γ ——第 i 条块的干重度，kN/m³；

b_i ——第 i 块条块宽度，m；

h_c ——水位线以上条块高度，m；

α_i ——第 i 条块底面倾角，(°)；

Q_i ——第 i 条块水平荷载合力，kN，其值按下式计算：

$$Q_i = U_{i,i-1} - U_{i,i+1} + k_c W_i$$

$U_{i,i-1}$——第 i 条块右侧水平压力，kN，$U_{i,i-1} = \frac{h_{ia}^2}{2}$；

$U_{i,i+1}$ ——第 i 条块左侧水平压力，kN，$U_{i,i+1} = \frac{h_{ib}^2}{2}$；

h_{ia}，h_{ib} ——分别为第 i 条块地下水位以下左右侧长度，m；

k_c ——地震加速度系数；

U_i——第 i 条块剪切面上的孔隙压力合力，kN，其值按下式计算：

$$U_i = \frac{W_2'}{\cos\alpha_i}$$

W_2'——地下水位以下的体积乘以水的重度 γ_w 。

从顶上第一个条块开始逐条块往下进行计算，直到第 n 条块（最后一块），要求算出的推力 P_n 刚好为零，则所设的 F_s 即为所求的安全系数。如 P_n 不等于零，则重新设定 F_s 值，按上述步骤从上到下重新计算，直到满足 $P_n = 0$ 的条件为止。

虽然传递系数法只考虑了力的平衡，对力矩平衡没有考虑，并且 P_i 的方向被硬性规定为与上分块土条的底滑面（底坡）平行，所以有时会出现矛盾，但因为计算简捷，且这些不足对 F_s 的计算结果影响不大，故在工程中得到了广泛的应用。

E　楔形体法

楔形体法主要用于岩体受结构面控制的楔体沿两个相交的不连续面滑动时边坡的稳定性分析。其力学模型及滑体组成如图 13-10 所示。

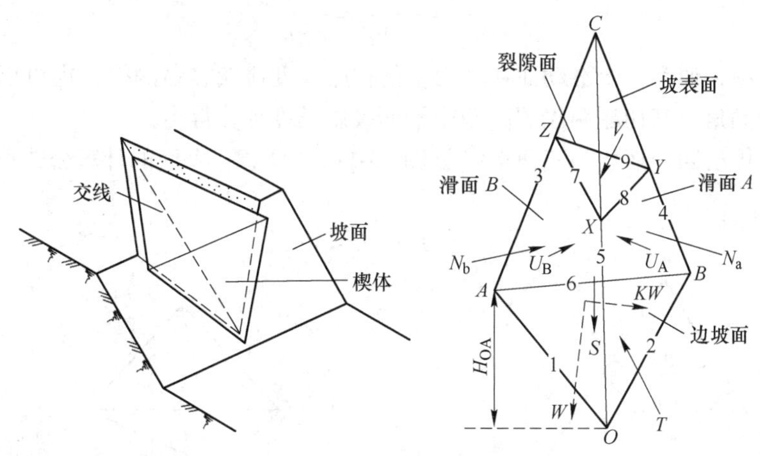

图 13-10　楔形体破坏分析图

此法假定：楔体为刚体；楔体沿两滑面的交线向坡外滑动，在滑动期间与两不连续面都保持接触；忽略力矩的影响；滑动面的抗剪强度由线性关系 $\tau = c + \sigma\tan\phi$ 决定，其中 c

为黏结强度，ϕ 为摩擦角。

计算的基本思路为：(1) 计算楔体各集合要素，求出楔体各交线的倾向和倾角，交线间夹角，各边长度，顶点坐标，滑面面积，楔体体积等；(2) 计算各荷载，并沿两滑面交线方向及滑面法向进行分解，分别计算其滑动力和阻滑力，则楔体抗滑稳定安全系数为摩擦力（考虑摩擦力的情况）加上黏结力产生的阻滑力与沿滑面交线方向的滑动力的比值。

主要计算过程和公式如下：

(1) 两平面交线的确定。两滑面的交线倾向：

$$\tan\alpha_i = \frac{\tan\psi_a\cos\alpha_a - \tan\psi_b\cos\alpha_b}{\tan\psi_b\sin\alpha_b - \tan\psi_a\cos\alpha_a} \tag{13-7}$$

交线的倾角：

$$\tan\psi_i = \tan\psi_a \cdot \cos(\alpha_a - \alpha_i) = \tan\psi_b \cdot \cos(\alpha_b - \alpha_i) \tag{13-8}$$

式中　α_a ——平面 A 的倾向；

α_b ——平面 B 的倾向；

ψ_a ——平面 A 的倾角；

ψ_b ——平面 B 的倾角。

(2) 两直线的夹角的计算。两直线的夹角：

$$\theta_{12} = \arccos[\cos\psi_1 \cdot \cos\psi_2 \cdot \cos(\alpha_1 - \alpha_2) + \sin\psi_1\sin\psi_2] \tag{13-9}$$

式中　α_1——直线 1 的倾向；

α_2 ——直线 2 的倾向；

ψ_1 ——直线 1 的倾角；

ψ_2 ——直线 2 的倾角。

(3) 交线长度和滑面面积的计算。如果已知四面体的任意一条边，可以利用正弦定理求出其他边的长度：

$$\frac{L_1}{\sin\theta_{23}} = \frac{L_2}{\sin\theta_{13}} = \frac{L_3}{\sin\theta_{12}} \tag{13-10}$$

工程实际中，通常一个滑动面在坡面上的初露长度比较容易测得，也可以根据该滑面与坡面交线的倾角由其初露两端的高差或平面投影长度计算得出。

由于四面体的四个面均为三角形（见图 13-11），任意一个面的计算公式可由三角形面积公式求得：

$$S_{\triangle} = 0.5L_1L_2\sin\theta_{12} \tag{13-11}$$

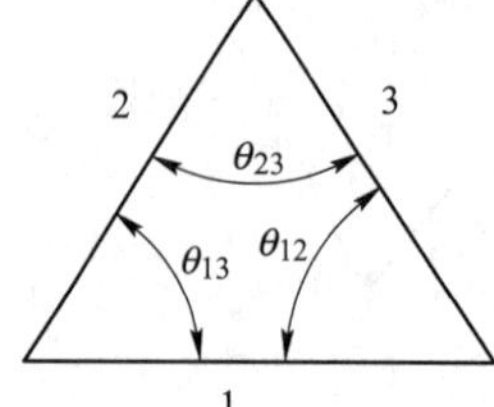

图 13-11　三角形几何关系图

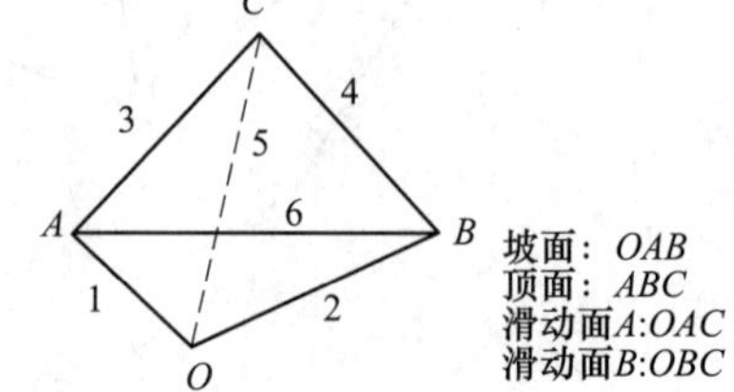

图 13-12　计算分析图

(4) 楔体体积的计算。四面体（见图 13-12）的体积可按照下列公式计算：

$$V = \frac{1}{6}KACBCOC \tag{13-12}$$

$$K = \sqrt{1 - \cos^2\theta_{34} - \cos^2\theta_{45} - \cos^2\theta_{35} + 2 \cdot \cos\theta_{34} \cdot \cos\theta_{35} \cdot \cos\theta_{45}}$$

（5）荷载的计算。取四面体定点 C 与 AB 两点的平均高差作为缝底的可能最大深度，坡面 OAB 为自由表面，各点到 C 点之间水压力呈线性分布。C 点最大水压力按照下式计算：

$$P = \frac{1}{2}(L_3\sin\psi_3 + L_4\sin\psi_4)\gamma_w \tag{13-13}$$

式中 ψ_3——直线 3 的倾角，（°）；

ψ_4——直线 4 的倾角，（°）；

γ_w——水的重度。

各荷载的方向和大小见表 13-1。

表 13-1 荷载的大小及方向

荷载		方向	大小	备注
自重		垂直向下	$G = \gamma V$	γ——岩体容重 V——楔体体积
水压力	张裂缝	垂直张裂缝指向楔体	$V_d = 1/3PA_d$	A_d——张裂缝面积
	滑动面 A	垂直滑面 A 指向楔体	$V_a = 1/3PA_a$	A_a——滑面 A 面积
	滑动面 B	垂直滑面 B 指向楔体	$V_b = 1/3PA_b$	A_b——滑面 B 面积
地震作用	水平地震	与滑面交线同方向	$F_h = a_hG$	a_h——水平地震加速度
	竖向地震	垂直向上或向下	$F_v = a_vG$	a_v——竖向地震加速度
锚固力及其他作用		根据实际情况确定		

（6）力的解析。力与滑面交线的夹角：

$$\theta = \arccos[\cos\psi_5\cos\psi_F\cos(\alpha_5 - \alpha_F) + \sin\psi_5\sin\psi_F] \tag{13-14}$$

将力沿交线方向分解，得到单位荷载平行交线方向的分量：

$$m_5 = \cos\theta$$

单位荷载在平面 A、B 上的有效法向反力为：

$$m_a = (m_{nanb} \cdot m_{nb} - m_{na})/(1 - m_{nanb}^2) \tag{13-15}$$

$$m_b = (m_{nanb} \cdot m_{na} - m_{nb})/(1 - m_{nanb}^2) \tag{13-16}$$

$$m_{na} = \cos\psi_F\sin\psi_5\cos(\alpha_F - \alpha_a) - \sin\psi_F\cos\psi_a$$

$$m_{nb} = \cos\psi_F\sin\psi_5\cos(\alpha_F - \alpha_b) - \sin\psi_F\cos\psi_b$$

$$m_{manb} = \sin\psi_a\sin\psi_b\cos(\alpha_n - \alpha_a) + \cos\psi_a\cos\psi_b$$

式中 α_a——平面 A 的倾向；

α_b——平面 B 的倾向；

ψ_a——平面 A 的倾角；

ψ_b——平面 B 的倾角；

α_5——交线的倾向；

ψ_5——交线的倾角；

ψ_F ——力的倾角；

α_F ——力的倾向。

（7）稳定性系数的计算。边坡稳定性系数 F_s 的计算表达式为：

$$F_s = \frac{\left[f_a \sum_{i=1}^{n} (F_i m_{ai}) + C_a A_a\right] + f_b \sum_{i=1}^{n} (F_i m_{bi}) + C_b A_b}{\sum (F_i m_{5i})} \tag{13-17}$$

式中，A_a、f_a、C_a 分别为滑动面 A 的面积，摩擦系数和凝聚力；A_b、f_b、C_b 分别为滑动面 B 的面积，摩擦系数和凝聚力；F_i、m_{ai}、m_{bi}、m_{5i}（$i=1$，2，…，n）分别为各项荷载及该荷载同向的单位荷载在滑面 A、B 的方向及滑面交线方向的分力。

13.4 露天矿边坡治理方法

矿山边坡防治原则应以防为主，发现有失稳趋势应及时治理，并根据工程重要性程度、技术可行性和必要性、经济合理性和社会效应等诸多方面制定具体的处置方案。治理已经发生的滑坡或者防治潜在滑坡的发生，主要任务在于减小滑动力和加大抗滑力，从而提高滑坡的稳定性。任何滑坡防治工程措施必须能完成上述两项中的任何一项任务，要求治理后安全系数大于 1 或满足国家相应规范要求。

滑坡整治工程主要分为减滑工程和抗滑工程两大类。减滑工程的目的在于不改变滑坡的地形、土质、地下水等的状态，通过改变滑坡体自然条件，而使滑坡运动得以停止或缓和。减滑工程主要有地表排水工程（水沟、防渗工程）、地下排水工程、截断地下水工程、刷方减重等。抗滑工程则在于利用抗滑构筑物来支挡滑坡体的一部分或全部，使其附近和该地区的设施和人民生命财产免受损害。常用的抗滑工程主要有抗滑挡土墙和抗滑桩。

滑坡防治主要工程措施具体如下。

（1）改变边坡几何形态。这种措施主要是削减推动滑坡产生区的重量（即减重）和增加阻止滑坡产生区的重量（即反压），即所谓的砍头压脚；或减缓边坡的总坡度，即通常说的削方减载。这种方法经济有效、技术上简单易行，防治效果好，获得了广泛的应用。对厚度大、主滑段和牵引段主滑面较陡的滑坡体，其治理效果明显。

（2）排水工程。水对岩土体力学性质和滑坡体强度的影响很大，一般所有滑坡整治过程都首先需要进行排水设计。排水工程主要包括将地表水拦截或引出滑动区外的地表排水和降低地下水位的地下排水。

地表排水设施有滑坡体外环形水沟、滑坡体内树枝状或人字形排水沟、支撑渗沟等。地表排水首先设置外围截水沟拦截滑体以外的地表水，使之不能流入滑体。截水沟主沟应尽量与滑坡方向一致，支沟与滑坡方向成 30°~40°斜交。地表排水技术简单易行且加固效果好、工程造价低。

地下排水设施有渗沟、泄水隧洞等。地下排水能降低孔隙水压力，增加有效正应力从而提高抗滑力，对于大型滑坡的防治，深部大规模的排水往往是首选的整治措施，但其施工技术较地表排水复杂得多。近年来发展的垂直排水钻孔与深部水平排水廊道（隧洞）相结合的排水体系得到较为广泛的应用。

（3）坡面防护。坡面防护主要是解决边坡裸露表层问题，可使坡面免受自然条件下的风化、侵蚀、雨水冲刷等影响，是确保边坡稳定的一项重要辅助措施。坡面防护技术措施纷繁复杂，常用的有种草植树、浆砌片石、喷浆及喷射混凝土、喷锚网联合支护等，主要应用于公路铁路等其他工程边坡防护。

（4）支挡加固。在改变边坡几何形态和排水都不能保证边坡稳定的情况下，常采用支挡结构物如挡土墙、抗滑桩、预应力锚索、格构、加筋土等来防止或控制滑坡的运动。

1）抗滑挡墙。抗滑挡墙通常修建在滑坡底部，如图 13-13 所示。挡墙可用砌石、混凝土以及钢筋混凝土结构。临时性加固时，也可采用木笼挡墙。挡墙的作用主要是防止坡脚局部崩塌，可略略提高滑坡的整体安全性，但对滑坡安全系数的提高往往不大。可在边坡表面修筑一些拱形或网形设施，防止边坡表面崩落、冲刷。

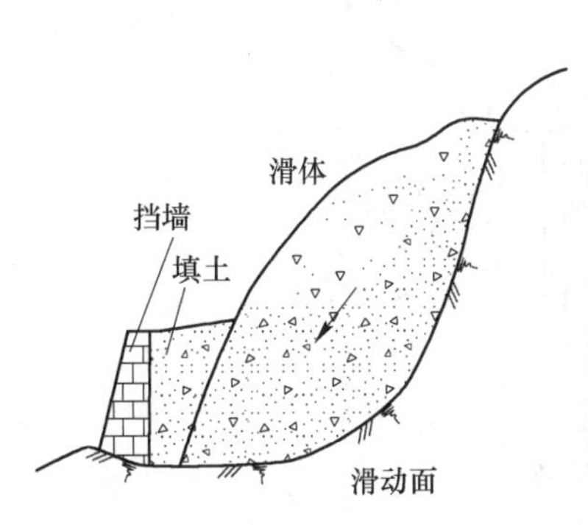

图 13-13　某铁矿边帮挡墙

挡土墙有多种类型，从结构上分有重力式抗滑挡土墙、锚杆式抗滑挡土墙、加筋土抗滑挡土墙、板桩式抗滑挡土墙等，从材料上分有浆砌块石挡墙、混凝土抗滑挡土墙、加筋土抗滑挡墙等。选取何种类型的抗滑挡土墙，应根据滑坡的性质、类型、自然地质条件、当地的材料供应情况等条件综合分析、合理确定。

2）抗滑桩。抗滑桩是边坡治理中应用广泛的一种支挡结构，与一般桩基类似，但主要是承担水平荷载，通过桩身将上部承受的坡体推力传给桩下部的侧向土体或岩体，依靠桩下部（嵌固在滑动面以下的稳固地层）的侧向阻力来承担边坡的下滑推力，而使边坡保持平衡或稳定。

抗滑桩按材质分为木桩、钢桩、钢筋混凝土桩和组合装，按成桩方法分为打入桩、静压桩、灌注桩等，按结构形式分为单桩、排桩、群桩、锚拉桩等，按断面形式分为圆形桩、矩形桩、方桩，“工”字桩等，其中以矩形桩最为常见（见图 13-14、图 13-15）。

抗滑桩设计时，要求提供的阻滑力能使整个滑坡体具有足够的稳定性，即滑坡体的稳定安全系数要满足相应规范规定的安全系数或可靠指标，同时保证坡体不从桩顶滑出，不从桩间挤出；桩身要有足够的强度和稳定性，即桩的断面要有足够的刚度，桩的应力和变形满足规定要求。

抗滑桩的设计内容一般为：

① 进行桩群的平面布置、确定桩位、桩间距等。

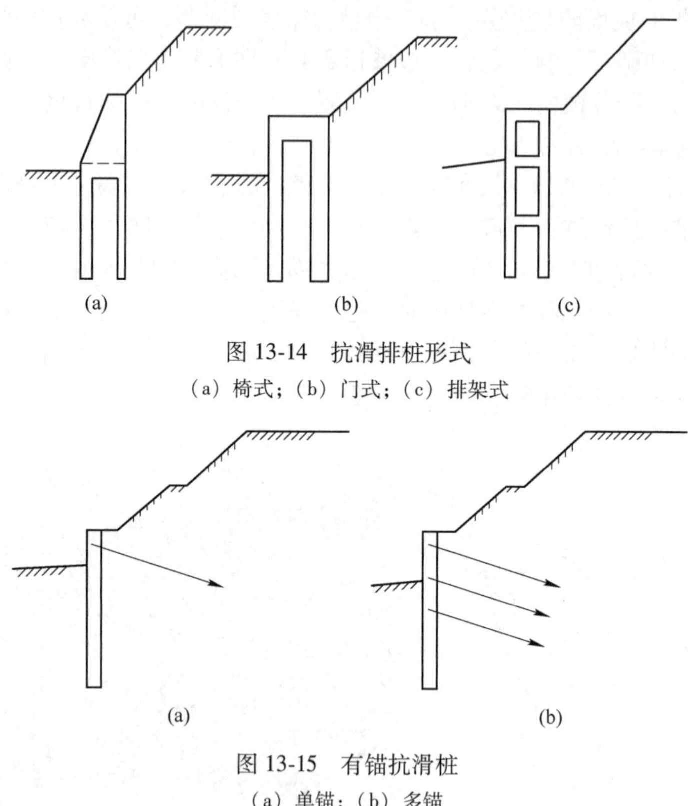

图 13-14 抗滑排桩形式

（a）椅式；（b）门式；（c）排架式

图 13-15 有锚抗滑桩

（a）单锚；（b）多锚

② 拟定桩型、埋深、桩长、断面尺寸。

③ 根据拟定的结构确定作用于抗滑桩上的力系。

④ 确定桩的计算宽度，选定地基反力系数，进行桩的受力和变形计算。

⑤ 进行桩的截面配筋计算和构造设计。

⑥ 提出施工技术要求，拟定施工方案，计算工程量，编制概预算。

作用于抗滑桩上的力系主要有：作用于桩上部的滑坡推力和桩周地层对桩的反力。滑坡推力可按极限平衡方法如传递系数法计算，根据桩前土体的稳定与否，地基反力可忽略，或按弹性、塑性理论计算。以滑动面为界，抗滑桩结构按上下两部分开计算，上部按悬臂桩考虑，滑面以下部分，按桩身变形的不同分别按弹性桩或刚性桩进行结构计算。

抗滑桩抗滑效果明显、适用于中厚层滑坡，由于其断面大、配筋率高，造价大，实际应用时可单独或考虑和锚索、挡土墙等其他结构形式结合使用。

3）锚杆（索）。锚杆（锚索）是将滑坡体被动受力变为主动抗滑的一种技术，通过把受拉杆件埋入地层中，利用锚杆（索）周围地层岩土的抗剪强度来传递结构物的拉力，增强滑带的法向应力和减少滑体下滑力，从而有效增强滑坡体的稳定性，见图 13-16 和图 13-17。

在岩土锚固中常将锚杆和锚索统称锚杆。锚杆的分类方法很多，按应用对象可分为岩石锚杆和土层锚杆；按是否预先施加预应力分为预应力锚杆和非预应力锚杆；按锚固形态可分为圆柱形锚杆、端部扩大性锚杆和连续球型锚杆；按锚固机理可分为有黏结型、摩擦型、端头锚固性和混合型等。

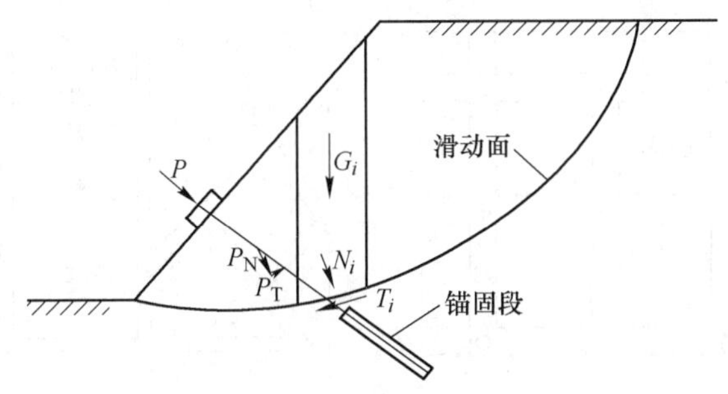

图 13-16　锚固边坡的稳定性分析

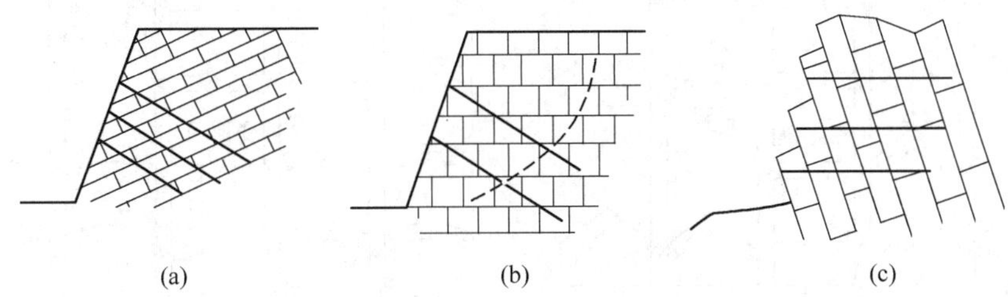

图 13-17　锚杆增强岩石边坡的稳定性

锚杆由锚头、张拉段和锚固段组成。锚头的作用是给锚杆（索）施加作用力；张拉段是将锚杆（索）的拉力均匀地传给周围岩体；锚固段提供锚固力。锚杆（索）的施工工艺比较复杂，但它对滑体扰动小，补偿快，而且能主动施加不同方位、不同程度的抗力，故在边坡防治中具有很大优势，尤其适用于滑面倾角较陡的岩质边坡。在实际工程应用中，锚杆（索）也可和抗滑桩等其他措施联合起来使用。

4）格构锚固。格构锚固是利用浆砌块石、现浇钢筋混凝土或预制预应力混凝土进行边坡坡面防护，并利用锚杆或锚索加以固定的一种滑坡防护措施，它将整个护坡和柔性支撑结合在一起（图 13-18、图 13-19）。格构的主要作用是将边坡坡体的剩余下滑力或岩（土）压力分配给格构节点处的锚杆或锚索，然后通过锚索传递给稳定地层从而使坡体稳定。因此就格构本身来说仅仅是一种传力机构，加固的抗滑力主要由格构结合点处的锚杆（索）提供。

格构锚固加固技术具有布置灵活，形式多样，截面调整方便，与坡面密贴、可随坡就势等优点，且经济有效。注意锚杆（索）都必须穿过滑动面并使锚固段位于稳定可靠的地层中，方能起到阻滑的作用。

5）加筋边坡。在岩土中加入加筋材料而使整个土工系统的力学性能得到改善和提高的加固方法称为土工加筋技术。目前在工程中应用较多的是加筋土边坡（图 13-20）、加筋土挡墙（图 13-21）、加筋土地基以及加筋路面。

加筋土边坡一般由加筋材料和土体填料组成，坡面比较陡，根据工作条件和需要，坡面可设面板，也可不设面板。加筋材料是加筋土结构的关键部分，目前主要是聚丙烯条带、土工格栅、土工网、土工织物等合成材料和钢筋混凝土带、钢-塑复合加筋带等复合材料使用得比较普遍。

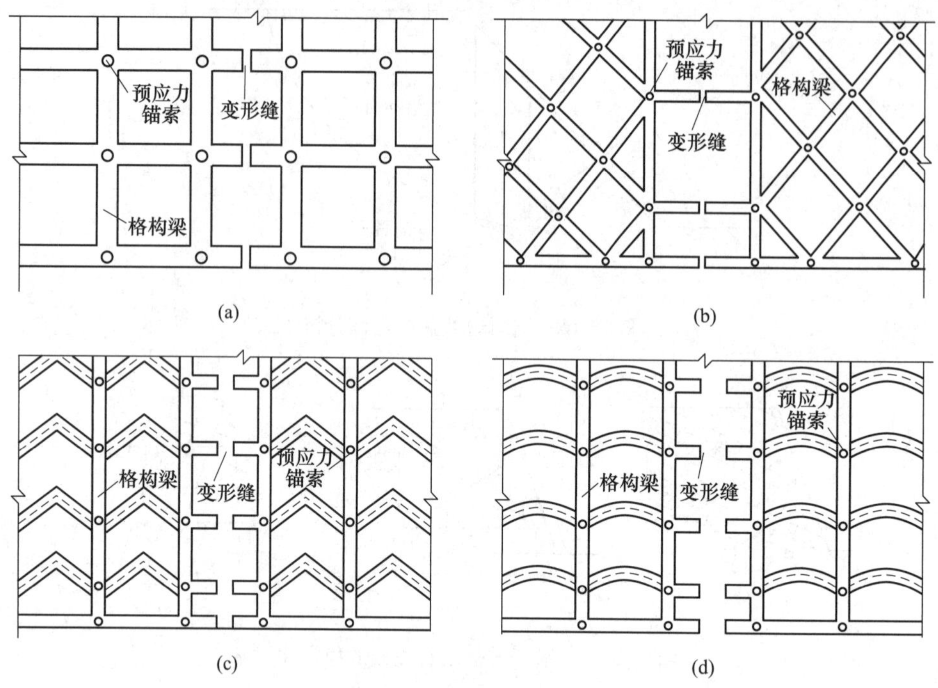

图 13-18 结构类型

(a) 方形结构；(b) 菱形结构；(c) 人字形结构；(d) 弧形结构

图 13-19 钢筋混凝土格构

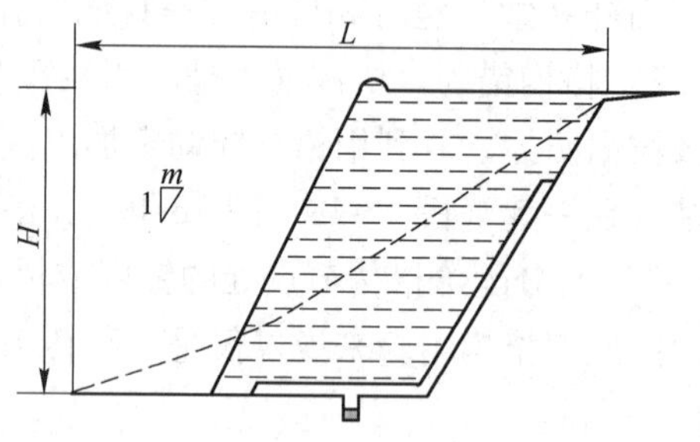

图 13-20 加筋土边坡

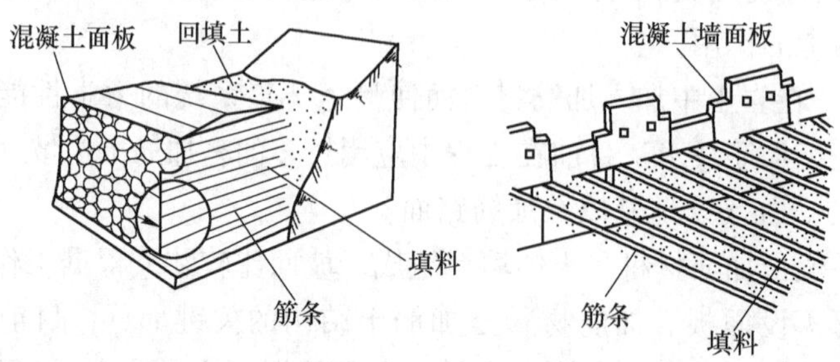

图 13-21 加筋土挡墙

加筋加固技术简单，施工方便，材料要求不高，工期短，造价低，适应性强，应用广泛。

6）注浆加固。边坡注浆加固，注浆对象主要是岩层或土体，注浆通过浆液注入岩石的裂隙或土体的孔隙，待浆液凝固后，改善岩土的力学性质，使岩层和土层的强度大大提高，从而增强岩土的稳定性，见图 13-22。

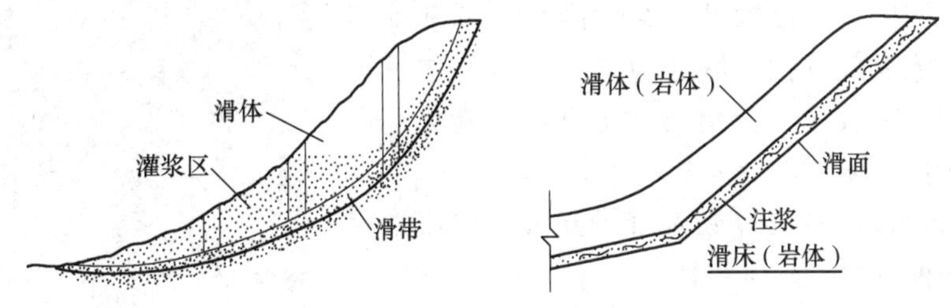

图 13-22　边坡注浆加固

注浆按材料、对象等分为很多种，但其实质都是为了减小物体的渗透性以及提高物体的力学强度和抗变形能力。浆液都是由主剂即浆材（主要的原材料，如水泥、砂、黏土、粉煤灰、水玻璃等）、溶剂以及各种外加剂按照一定的比例制成的混合液体。浆材主要分为化学类浆材和粒状浆材。化学浆材是指配成浆液后要发生化学反应的材料，主要有水玻璃类的各种浆材和有机高分子类各种浆材；粒状浆材是指水泥、黏土、砂、粉煤灰等颗粒状的材料。目前边坡加固中采用的主要是水泥基浆液，即在水泥浆中加入其他的粒状浆材形成的悬浊型浆液。

边坡注浆加固设计主要包括：边坡工程地质调查、注浆方案选择、注浆标准的确定、边坡注浆位置的确定、浆液的配方设计、钻孔的布置与注浆压力的确定以及注浆后边坡的稳定性验算等。

注浆加固技术的成败与工程问题、地质特征、注浆材料和压浆技术等直接相关，忽视其中的任何一个环节，都可能造成注浆工程的失败。

7）柔性防护系统。对于边坡中可能发生的落石和浅表层滑动或泥石流等坡面地质灾害，可以采取柔性防护系统来阻止或延缓其产生的危害，具体分为主动防护和被动防护系统两大类。主动防护系统采用系统优化排列布置的锚杆或预期支撑绳相配合的固定方式，将柔性网覆盖在具有潜在地质灾害的边坡上，并尽可能地紧贴坡面，来实现坡面孤石危石和浅表层岩土体的加固。主动系统由柔性网、锚杆和连接构件三部分组成（见图 13-23），

图 13-23　主动防护网

理论上各组成部分可根据具体工程需求进行设计生产，但在目前技术水平下还无法用理论计算方法完全实现，柔性网的质量和成本难以控制，具体设计施工可参照《SNS 系统边坡主动防护工程施工及验收规范》。

被动防护系统又称为“拦石网”（见图 13-24），按构成形式和防护能级划分，常用的拦石网型号有数十种，主要由钢柱、连接构件、柔性网和下部基础四大部分构成，绝大部分拦石网还包含了消能件这一重要构件，作用是吸收大部分落石冲击动能，避免整个系统遭受毁灭性破坏。

图 13-24 被动防护网

（5）减震爆破。减震爆破是维护露天矿边坡稳定比较有效的一种方法，具体包括：

1）减少每段延发爆破的炸药量，使冲击波的振幅保持在最小范围内；每段延发爆破的最优炸药量应根据具体矿山条件试验确定。

2）预裂爆破，是当前国内外广泛采用的用以改善矿山最终边坡状况的最好办法之一。该法是在最终边坡面钻一排倾斜小直径炮孔，在生产炮孔爆破之前起爆这些孔，使之形成一条裂隙，将生产爆破引起的地震波反射回去，保护最终边坡免遭破坏。

3）缓冲爆破，是在预裂爆破带和生产爆破带之间钻一排孔距大于预裂孔而小于生产孔的炮孔。其起爆顺序是在预裂爆破和生产爆破之间，形成一个爆破地震波的吸收区，进一步减弱通过预裂带传至边坡面的地震波，使边坡岩体保持完好状态。

13.5 露天矿边坡监测

边坡监测具有极其重要的意义，可以反映边坡岩土真实的力学效应，可以判断边坡的滑动性、滑动范围及发展趋势，可以检验设计施工的可靠性和边坡整治效果。边坡监测的任务是检验设计施工、确保安全，通过监测数据反演分析边坡的内部力学作用，同时积累丰富的资料作为其他边坡设计和施工的参考。

边坡监测包括施工期安全监测、治理效果监测和长期动态监测，一般以前两者为主。边坡监测的内容包括：地面变形、地表裂缝、地面倾斜、地下深部变形等变形监测，边坡应力、支护结构应力等应力监测，以及地下水、温度、降雨量等环境因素监测。监测时，测点尽量布置在边坡稳定性差，或工程扰动大的部位，力求形成完整的剖面，并采用多种手段进行相互验证和补充。

习　题

13-1 露天矿边坡有哪些特点？

13-2 影响边坡稳定的因素有哪些，有哪几种破坏类型？

13-3 简述露天矿边坡稳定性分析方法。

13-4 简述 Bishop 法、传递系数法和楔形体破坏计算方法和适用范围。

13-5 简述矿山边坡治理的常用方法。

13-6 简述抗滑桩、挡土墙、锚杆、注浆的基本原理。

13-7 简述矿山边坡监测的内容和意义。

本章参考文献

[1] 张世雄．矿物资源开发工程［M］. 武汉：武汉工业大学出版社，2000.

[2] 吴顺川，等．边坡工程［M］. 北京：冶金工业出版社，2017.

[3] 李宝祥．金属矿床露天开采［M］. 北京：冶金工业出版社，1992.

[4] 蔡美峰．岩石力学与工程［M］. 北京：科学出版社，2002.

[5] 赵明阶．边坡工程处治技术［M］. 北京：人民交通出版社，2003.

[6] 孙玉科．中国露天矿边坡稳定性研究［M］. 北京：中国科学出版社，1998.

[7]《采矿设计手册》编委会，采矿设计手册［M］. 北京：中国建筑工业出版社，1987.

[8] Pfleider E P. Surface Mining［M］. New York：AIMM，1981.

[9] 张永兴．边坡工程学［M］. 北京：中国建筑工业出版社，2008.

[10]［英］霍克·布雷．岩石边坡工程［M］. 北京：冶金工业出版社，1983.

[11] 湖南省水利水电勘测设计院．边坡工程地质［M］. 北京：水利电力出版社，1983.

[12] 中国工程爆破协会．GB 6722—2014 爆破安全规程［S］. 北京：中国标准出版社，2015.

[13] 中华人民共和国住房和城乡建设部．GB 50330—2013 建筑边坡工程技术规范［S］. 北京：中国建筑工业出版社，2014.

[14] 中冶建筑研究总院有限公司．GB 50086—2015 岩土锚杆与喷射混凝土支护工程技术规范［S］. 北京：中国计划出版社，2016.

[15] 中勘冶金勘察设计研究院有限责任公司．GB 51016—2014 非煤露天矿边坡工程技术规范［S］. 北京：中国计划出版社，2015.

14 信息与数字化技术在露天矿山的应用

14.1 概　　述

矿山信息化就是指企业利用先进科学的管理理念，运用信息化技术来整合矿山已有的经营、设计、生产及管理资源。矿山企业可充分利用现代化的信息技术，通过深入开发矿山信息资源，不断地提升矿山决策管理、生产经营的水平和效率，进而提升矿山核心竞争力和经济效益。矿山信息化是对信息技术的一种延伸，更为重要的是组织管理和企业管理的延伸，这已经成为矿山企业的重要标志与衡量综合实力的组成部分。

“以信息化带动工业化”是国家制定的重大战略，信息化是企业提升核心竞争力的必要手段。在国外，许多矿业公司都意识到了利用信息技术获取、处理信息的重要性，并不同程度地引进了信息技术来提高矿山的生产率、降低总成本、改善整体工作环境，以及制定战略计划以保证矿山的可持续发展，取得了显著的效果。尤其是澳大利亚、加拿大、芬兰及南非的一些大型采矿公司，对信息技术不断增加投资，并获得了较高的投资回报率及边际收益，为整个采矿业信息化建设起到了良好的示范作用。

信息化是打造现代化矿山的重要标志，它主要包括矿山生产与设计信息化、矿山设备调度与运行智能化和矿山信息网络化三部分内容。

14.1.1 矿山设计与生产信息化

在相应的矿山软件辅助下，实现全部矿山设计和生产技术流程的信息化，具体内容包括：

（1）通过矿山地质数据的获取、输入与管理，建立矿床地质模型。获取和输入矿山地质勘探、地表地形、开采设计、采矿生产、技术经济等方面的数据，建立数据库系统，特别是建立规范的钻孔数据库；审查原始地形及现状地形并进行转换，确定开采台阶形状及开采范围；建立矿床三维地质模型，对地层、岩性、矿体边界进行数字化赋值。

（2）矿山地质图件编制及地质统计学品位与储量计算。包括钻孔柱状图、钻孔平面分布图、地质剖面图、矿体三维视图的编绘；生成任意方向、任意倾角的地质剖面图；生成水平投影图或垂直投影图；垂直剖面图与水平阶段图的自动变换；计算克里格块段的品位和储量；在克里格块段储量的基础上，分矿石类型、品位、储量级别汇总储量和品位；开采原矿品位的条件模拟，确保采出矿石品位的有效控制；采矿单元贫化损失计算等。

（3）实现采剥技术的优化编制，建立矿床三维开采模型。包括采剥方法设计、开采矿体的圈定、露天境界优化设计、边界块段的处理、矿岩量计算、开采计划编制、运矿道路设计、排土场设计、采矿设备的投入与更新计划及经济分析。

（4）地形、地质、矿体、台阶及开采系统的三维模拟与可视化处理。可视化模块可将系统描述的所有矿山空间对象呈任意角度三维显示，使技术人员对矿体、工程、开拓和采矿系统的分析更为方便。

14.1.2　矿山设备调度与运行智能化

采场设备调度与流程监控智能化，是优化生产过程、提高劳动生产率和保证产品质量的重要技术措施。如露天矿计算机实时现场调度系统和选矿自动控制系统，就是矿山生产过程智能化的例子。其主要构建包括：在采区一些关键部位如电铲采掘处、溜井上方、排土场等处安装可受控的摄像头，在主体运行设备（如电铲、运矿车）上及工艺流程的特殊部位（如溜井、皮带、料仓）安装适当的电子元件和传感器，通过调整其合适角度，将需监控的场景和运行状态信息以视频显示于调度主控台，供生产调度、管理人员及时掌握现场情况以采取相应的操作。在主体设备与调度台之间建立有效的无线通信系统。通过调度台的计算机终端信息经用户应用模块分析处理后，给生产系统下达相应指令，可高效组织生产，并对生产中出现的问题及时做出反应。系统还要具备及时完成调度日记、实时数据、统计记录、数据显示、统计分析等多种功能，向领导及时提供现场生产情况的功能，及提供文档管理和统计查询功能。

14.1.3　矿山信息网络化

矿山拥有大量生产、技术、经济和管理信息，需要在矿山内部实现共享；同时矿山还需要从上级主管部门、设计研究单位、外界相关部门交换或获取信息。矿山信息网络化是实现矿山内外部信息共享的基础。目前，已有大型矿山企业（如中铝山西分公司、华新水泥股份有限公司）建设了企业局域网，实现内部各成员单位与分公司间的信息快速传输与共享。通过局域网，矿山内部可共享各类技术、生产和管理信息，各部门可以对所需资料进行查询，并进行储量估计、生产计划编制、生产调度、经营管理等操作。必要时，还可通过互联网，发布矿产品信息联系客户或查询有关技术信息了解市场行情等。

信息技术的突飞猛进以及矿产资源的持续消耗与开采条件的渐趋恶化，正在推动着矿业不断采用高新技术来改造传统工艺和发展新型工艺。矿山在为经济社会可持续发展和人类生活水平不断改善而提供物质财富及生产资料的过程中，积极引入和发展高新技术，大力提升生产力水平，高效开发利用矿产资源，全面保障生产安全及职业健康，努力实现零环境影响，已经成为矿业界在21世纪的奋斗目标。

14.2　矿山地质数据建模

地质数据是表示地质信息的数字、字母和符号的集合。它是用来表示地质客观事实这一地质信息的。从广义角度来看，地质数据既可以是定量的、定性的数据，也可以是文字的说明，或者是图形的显示。因此，它几乎等同于原始的地质观测结果或地质资料。但是从狭义角度来看，地质数据主要是指定量的和定性的地质数据。

基于这些数据的空间关系，同时结合地质理论、矿床成因关系以及矿体的空间分布特点，通过矿体、岩性及构造等构建实体模型，矿体品位分布构建块体模型，系统全面地对矿床进行分析和模拟，将有助于加强对矿体空间分布的认识，矿山生产过程的品位控制，矿产储量的动态管理和计算，以及实现快速提取地质数据、任意切割平/剖面并形成图件的主要线条等功能。在当今信息化高度发展的形势下，与传统的地质工作手段相比，结合计算机硬件与矿业软件相结合，可以极大地提高数据利用效果和工作效率，让地质工程师有更多的时间来思考与专业相关的问题，这也是国内外三维矿业软件得以广泛应用的主要原因。

14.2.1 地质建模方法研究

地质模型是“数字矿山”的基础，是矿床的数字表征。国外诸如加拿大的沃伊西湾（Voiseys Bay）国际镍矿公司、世界最大的矿业集团必和必拓（BHP Billiton）公司等，都应用三维矿业软件建立了三维地质模型，实现了矿山生产的动态管理和资源的合理利用，降低了矿产勘察和开采成本，提高了企业的经济效益。

1989 年，在首届三维地学建模国际会议上，英国地质调查局负责地球科学信息系统建设的 Brian Kelk 博士，提出了地下特征建模和可视化的要求：

（1）描述岩石和年代地层单元的几何形态。

（2）描述地质对象间的空间和时间关系。

（3）描述地质对象内部构造的变化。

（4）描述地质构造引起的位移或变形。

（5）描述岩石单元内的流体运动。

这些描述明确了地下特征建模需要解决的问题，至今，地质建模与可视化仍要求在这些方面进行准确的描述。

无论是采矿、水文地质还是环境治理等领域，正确地描述地质特征都需要大量的数据。根据 GIS 框架下的数据组织方式，一般将从不同来源收集到的原始数据分为两类：属性数据和空间数据。属性数据用于创建数值模型，通过属性定义对数据进行数值分析计算；空间数据用于创建三维几何模型。计算机建模与传统手工方法类似，都是从剖面图开始绘制的。在剖面图的基础上，构造地质体的几何模型和数值模型，最终完成复杂地质构造的三维地质建模。地质模型是通过量化几何形态、拓扑信息和物理属性来描述地质对象。

近些年，国内外学者均在三维地质建模领域开展了大量研究工作，提出了多种三维地质建模方法。从建模所使用的数据源来看，可分为基于野外数据的建模方法，基于剖面的建模方法，基于离散点的建模方法，基于钻孔数据的建模方法，基于多源数据的建模方法等。限于生产矿山数据的复杂性、经验性强等特点，目前矿山地质建模仍主要采用剖面法。本章以具有自主知识产权的国产矿岩软件 Dimine 介绍矿山数字化建模及开采设计等内容。

14.2.2 三维地质解译

地质解译是利用地质数据库和钻孔的三维显示功能，来圈定矿体，是后续建立矿体实体模型和块体的基础，是地质建模的基础。地质解译的内容是对钻孔数据库按勘探线剖面进行矿段组合及矿体边界生成。

利用地质数据库进行地质解译的过程包括创建勘探线剖面、矿段组合、边界圈连、矿体编号标注等。

（1）创建勘探线剖面。创建勘探线剖面是进行地质解译的前提，只有创建了勘探线剖面，将钻孔限定在相应的勘探线上，才能对每个剖面进行地质解译。Dimine 矿业三维软件提供了快速创建勘探线剖面的方法。只要在在屏幕上画一条线，与所有勘探线相交，就可以形成一系列的勘探线剖面。

（2）矿段组合。矿段组合是指按地质解译指标组合样品。在符合最低工业品位、最小可采厚度、夹石剔除厚度等圈矿指标要求的前提下，应用“穿鞋戴帽”的方法，对全部或部分钻孔进行矿段的自动圈定，生成矿段组合文件，便于后期进行剖面地质解译和储量计算。

1）打开钻孔数据库，开始进行矿段组合，出现为矿段组合界面。

2）根据矿山具体情况输入相关参数，其中“矿体倾向”“矿体倾角”用于计算矿段的真厚度值。当矿体产状变化不大时，采用平均倾向倾角值，对全部钻孔进行矿段组合。当矿体产状变化较大时，不同钻孔采用不同的倾向倾角值，此时可用“钻孔过滤”功能，选择单个钻孔或视图中当前显示钻孔进行组合。选择“确定”后，生成矿段组合文件。

3）单击某一段组合样，右键选择“显示组合样品信息”，可查询组合样的样段属性及各个原始样品信息。其中样长为各原始样段样长之和，品位为原始样段品位按样长加权平均得到。

软件的矿段组合功能虽为我们快速地找到见矿段，但是还需我们对组合的样段进行检查，检查样段组合是否正确。

（3）边界圈连。边界圈连就是将组合出来的样段依据一定的原则练成一个闭合线圈，作为矿体边界。在进行矿体边界圈连时，应根据不同的矿床以及周边围岩性情况，遵循相应的矿体圈定原则。Dimine 软件提供了边界生成功能用于矿段组合样自动解译生成矿体边界。用户可根据自己需要选择外推类型和外推距离。

14.2.3 三维地质建模

实体模型是一个三维的三角网数据。通常定义实体模型是在三角形所确定三个数据点数据的基础上，由一组通过空间位置，在不同平面内的线相互连接而成的。实体模型是建立三维模型的基础。例如，一个实体模型可能是通过周围穿过实体的剖面线形成的。实体模型是由线串上包含的点形成的一系列三角形创建。这些三角形在平面视角上可能是重叠的，但是三维中认为这些三角形是无重叠，无自相交和无开放边。即在实体模型中的三角形是一个完全封闭的结构。

利用实体内部的联系和实体间的联系来描述客观事物及其联系，称实体模型。

实体模型与数字地形模型具有类似的原理。实体模型用多边形联结来定义一个实体或空心体，所产生的形体可用于可视化、体积计算、在任意方向上产生剖面以及与来自地质数据库的数据相交。数字地形模型是用于定义一个表面的。

“实体建模”的概念是 Bake 和 Mill 等人最先提出来的。该模型指用面集合来表达实体外部的表面，这些面通常是四边形或者三角形，因此属于边界表达模型（B-rep Model），也被称为元件构模技术（Component Model）。

三维建模技术的核心是根据研究对象的三维空间信息构造其立体模型，尤其是几何模型，并利用相关建模软件或编程语言生成该模型的图形显示，然后对其进行各种操作和处理。为得到研究对象的三维空间信息，采用适当的算法，并通过计算机程序建立三维空间特征点（或某一空间域的所有点）的空间位置与二维图像对应点的坐标间的定量关系，最后确定出研究对象表面任意点的坐标值。

根据获得的三维物体的形状、尺寸、坐标等几何属性信息进行构模操作，构造研究对象的三维几何模型。目前，物体的三维几何模型就其复杂度来说分为3类：线模型、面模型、体模型。对三维建模技术的研究基本上都是针对三维面元模型和体元模型来展开的。

14.2.3.1　三维空间构模方法简介

近年来，国内外许多专家学者对三维空间对象模型及构模方法进行了研究，归纳起来为以下10种单一构模方法应用最为普遍。

A　边界表示法

物体的边界是物体内外部点的分界面，一般用体表、面表、环表、边表和顶点表5层描述。该方法强调物体表面的细节，详细记录构成物体形体的所有几何元素的几何信息及其相互间的联接关系即拓扑信息，几何信息与拓扑信息分开存储，完整清晰，并能唯一定义物体的三维模型。但缺点是对于不规则三维物体的描述不太方便。该方法主要适用于三维空间操作和分析。

B　实体几何构造法

实体几何构造法是一种由简单的、形状规则的几何形体（称为体素）通过正则布尔运算来构造复杂三维实体的表示方法。基本几何体素经过平移、旋转、缩放某种（或组合）变换后，使其从基本状态变换到组合的状态，然后通过正则布尔集合运算建立中间体，进而把中间体看作基本体素，进行更高层次的组合。优点是简单，适合对复杂目标采用“分治”算法；无冗余的几何信息，记录了构成几何实体的原始特征和定义参数；还可以在实体和体素上附加属性。缺点是不具备实体的拓扑信息；表示不具有唯一性。

C　线框表示法

线框表示法是一种利用约束线来建立一系列解释图形以表达三维实体边界和轮廓的方法。实质是把目标空间轮廓上两两相邻的采样点或特征点用直线连接起来，形成一系列多边形；然后拼接形成一个多边形网格来模拟三维实体边界。当采样点或特征点沿环型线分布时，所形成的线框模型称之为相连切片模型。该方法数据结构比较简单，数据存储量小；表达能力取决于线表示所能允许的复杂程度。缺点是形体对象表示不唯一，与此相关的是不能生成高效的显示，不能计算物体的几何特征以及不能唯一定义空间。

D　块体表示法

规则块体模型把建模空间分割成规则的三维网格，称为Block（块段）。每个块体被看作均质体，在计算机中其存储地址与其在自然矿床中的位置相对应，可根据克里格法、距离加权平均法或其他方法确定其品位或岩性参数值。为了用Block模型描述不规则实体的几何形态和减少存储空间，提出了许多建模技术，如细分块段、可变尺寸块段、边界细分块段等，逐渐形成了不规则块体模型。不规则块体模型不仅能较好地模拟研究对象的几何边界，而且还可以描述品位或质量的细微变化。规则块体模型为了节省存储空间和运算时间，可以在编制程序时采用隐含的定位技术，但对于有边界约束的实体建模效果不是太有效。不规则块体模型则可以根据地层空间界面的实际变化来模拟，从而提高了空间建模的精度，有利于基于地质体的查询和分析，但对基于体元的空间检索和查询不太方便。

E 空间位置枚举法

把物体所占据的整个三维空间分割成形状相似、大小相同的单元，各单元在三维空间中以固定的规则网格连接起来，互不叠压，根据物体是否占据网格位置来定义物体的形状和大小。采用三维数组来存储每个单元的信息，很容易建立几何体素的空间索引，提高了空间搜索的速度和运算效率；三维数组可明确地体现几何单元间的拓扑关系，因而方便进行正则布尔运算等操作；可清晰判断某一空间位置与物体的位置关系，使得对CAD/CAM系统中的干涉检查变得简单易行。其缺点是该方法通常不能单独使用，而要作为中间体与其他表示法配合使用；只能近似表达空间实体的信息，描述精度不高；难以对单个空间实体进行旋转及坐标变换等操作。

F 四面体格网表示法

基于对边界难以捉摸对象（如污染云等）的研究，Pilouk 等提出了采用不规则四面体网格（TEN）模型的建模技术。以四面体作为基元，是一个基于点的四面体网络的三维矢量数据模型，它将任一三维空间对象剖分成一系列邻接但不交叉的不规则四面体，是不规则三角网（TIN）向三维的扩展。四面体是面数最少的体元，因而对其操作时计算量最小，可以有效地进行三维插值计算和可视化，四面体间的邻接关系还可以反映空间实体间的拓扑关系。但 TEN 模型却不能描述三维连续曲面，而且生成三维空间曲面较困难，算法设计也较复杂。

G 八叉树表示法

将三维空间区域分为 8 个象限，且在树上的每个节点处存储 8 个数据元素。当象限中所有体元都为均质体时，该类型值存入相应的节点数据元素中；然后再对非均质象限进行象限细分，并由该节点中的相应数据元素指向树中的下一个节点，如此循环直至每个节点所代表的区域都为均质体为止。该方法是一种递归的分割过程，数据结构简单划一，适合计算机表达，检索速度快，存储便捷；对布尔操作和几何特征的计算效率很高，且便于显示。其缺点是不能精确表达三维空间实体的边界；占用的存储空间较大，几何变换难于进行。在医学和机械学等领域应用广泛，但在矿床地质建模中有很大的局限性，包括难以表达多种地质属性，模型更新不便，难以表达地质对象之间的关系等。

H 三棱柱构模法

三棱柱构模法是一种较常使用的简单三维地学空间建模技术。三棱柱模型几何精度较高，可视化方便，可以便捷地描述其拓扑关系。但由于受钻孔须垂直或平行的限制，模型的适应能力较弱。针对该模型的局限性，吴立新等提出了一种不受三棱柱棱边平行限制的新的三维建模方法，称为类三棱柱建模技术，后发展为广义三棱柱（GTP）建模技术。建模原理为：用 GTP 的上下底面的三角形集合所组成的 TIN 面来表达不同的地层面，然后利用 GTP 侧面的空间四边形面来描述层面间的空间邻接关系，用 GTP 柱体来表达层与层之间的内部实体。广义三棱柱模型拓扑关系描述完善，可以描述任意复杂的地质体，数据精度得以保证；每个体元内可以有多重属性，实体查询分析方便，便于进行地上下集成建模。但其可视化速度较慢，设计较复杂。

I 小平面表示法

它是将物体的外表面分割成一系列微小的平面，如三角面片等，并通过记录该平面的特征属性来描述物体。分割得到的微小平面的形状和大小取决于被表达物体的形状特征和所选取的描述精度。小平面表示法既可以表达规则物体，也可以描述不规则三维实体的属性，适用于多种场合，通用性好；对于复杂曲面的三维实体，不仅能产生很好的显示效果，而且可以获得十分逼真的形态，图形生成速度较快；对于切层数据构造三维实体非常有效。然而，小平面表示法所需的存储空间与小平面数有关，而小平面数又与三维实体表面的信息有关，因而存储量具有很大的不确定性；在曲面复杂、分辨率很高的场合，存储量将非常大，致使对物体的布尔运算和坐标变换的运算也变得很复杂。

J 扫描表示法

它是由几何体中某一截面轮廓绕某一坐标轴线旋转或某一指定路径平移所形成的，其运动过程中形成的截面轮廓的轨迹完整而唯一地定义了一个实体。这种方法将三维实体化为对二维图形的理解，但生成的物体不能直接进行正则布尔运算，也难以处理非规则类三维物体。

14.2.3.2 三维空间构模方法比较分析

A 基于面元模型的空间构模方法

该方法侧重于对三维空间实体的表面描述（如地形表面、地质层面等），所模拟的表面可能是封闭的，也可能是非封闭的。基于采样点的不规则三角网模型和基于数据内插的格网（Grid）模型，通常用于非封闭表面模型；而边界表示模型和线框模型通常用于封闭表面或外部轮廓模拟。通过表面表示形成三维空间目标表示，其优点是便于显示和数据更新，但由于缺少三维几何描述和内部属性记录，难以进行三维空间查询与分析。

B 基于体元模型的空间构模方法

该方法侧重于对三维空间体的表示，如矿体、水体、云体等，通过对体的描述实现三维空间目标表示，其优点是易于进行三维空间操作和查询分析，但存储空间大，计算速度较慢。目前常用的体构模方法有三维栅格、实体几何构造（CSG）、四面体格网（TEN）、实体和块段构模等。

C 基于面体混合模型的空间构模方法

该方法能够充分利用不同的单一模型在表示不同空间实体时所具有的优点，能够实现对三维地质现象有效、完整的表达。但混合三维模型数据量大，为保持一致性必须在两种方法之间不断进行转换，并且不同模型之间的转换有时只能是近似的，甚至是不成立的。

基于以上分析，对三维空间模型及构模方法的特点及其适用场合作一对比分析，见表14-1。

表 14-1 三维空间模型及构模方法比较

分类	构模方法	优 点	缺 点	适应场合
基于面元模型	边界表示法	精确，数据量小；便于几何与拓扑等信息的存储，完整清晰	难以描述不规则三维物体及复杂地质体	简单形体、层状地质体
	线框表示法	数据结构简单，数据存储量小，便于修改	形体对象的表示不唯一；难以计算物体的几何特征	工程地质、地下工程

续表 14-1

分类	构模方法	优　点	缺　点	适应场合
基于面元模型	小平面表示法	通用性好；图形生成速度快；对于切层数据构造三维实体非常有效	存储量不确定；布尔运算及坐标运算复杂	医学 CT 图形重构
	扫描表示法	三维实体二维图形化，体现了“化整为零”的思想	不能直接进行正则布尔运算；难以处理非规则类三维物体	CAD/CAMG
基于规则体元模型	实体几何构造法	方法简单，处理方便；适合对复杂目标采用“分治”算法；无冗余的几何信息；可以附加各种属性	不具备实体面、环、边、点的拓扑信息；实体的 CSG 表示不唯一	规则形体
	八叉树表示法	结果简单，检索速度快，存储便捷；布尔操作和几何特征计算效率高，易显示	难以精确表达三维实体的边界；存储空间大	医学、机械学、生物学
	空间位置枚举法	空间搜索速度快，运算效率高；易于描述空间拓扑关系	近似表达空间实体的信息，描述精度不高；难以对单个实体进行操作	规则形体/不规则形体
	规则块体构模法	采用隐含定位技术，节省存储空间和运算时间	对有边界约束的实体建模效果不是太有效	属性渐变的三维空间
基于不规则体元模型	四面体表示法	计算量小，可以进行三维插值技术和可视化；可以反映空间实体间的拓扑关系	难以描述三维连续曲面，算法复杂；存在大量的数据冗余	矿体、水体、云体
	三棱柱构模法	模型几何精度高，可视化方便，可以便捷地描述其拓扑关系	钻孔须垂直或平行，模型的适应能力较弱	工程地质、城市地质
	广义三棱柱构模法	拓扑关系描述完善；每个体元内可以有重属性，实体查询分析方便，便于进行地上下集成建模	可视化速度慢，设计较复杂	区域地质、城市地质、工程地质
	不规则块体构模法	空间建模精度高，有利于基于地质体的查询和分析	对基于体元的空间检索和查询不太方便	属性渐变的三维空间

14.2.3.3 三维矿体模型建立

三维矿体的建模方法按参与建模的资料类型分为 2 类：剖面法、网格法（平剖面法）。

A 剖面建模

剖面建模是只使用矿体剖面解译线利用软件的连线框功能按照矿体编号、空间位置等进行模型的创建，该方法用于地质勘探时期。

剖面建模过程：

(1) 制作勘探线剖面轮廓线。地质数据的获取都是通过钻探得到，逐个绘制勘探线剖面图，各剖面间相互平行，因此每一剖面与实体（solid）的交线是实体在该剖面上的轮廓线，即是二维平面上一条封闭的无自交线。

（2）从一系列剖面上的轮廓线，将剖面连接起来，建立轮廓三角网。这是实体建模的重点算法。该算法要求考虑以下方面问题：

1）对应性（Correspondence）。如果剖面上的轮廓线不止一条，相邻剖面中哪些轮廓线应该相连接。事实上，哪怕每张剖面上只有一条轮廓线，相邻两剖面中的轮廓线未必能连接成同一物体。对应问题的可能解随着轮廓线的数目呈指数增长。

2）镶嵌（Tiling）。建立两条对应轮廓线上点的对应关系，从而构造出一系列三角片填满两轮廓线之间的空隙，所有三角片组成了重建轮廓表面。在填充时，要考虑最优化的镶嵌方法，还要实现镶嵌多边形间的拓扑关系。镶嵌可以采用如下的一些规则：体积最大法，该算法以重建表面所包围体的体积最大为目标函数求取最佳逼近；表面积最小法，以重建表面的表面积最小作为目标函数求取最佳逼近；最短对角线法，以最短对角线为优化目标的局部优化方法。

3）分枝（Branching）。当剖面上的一条轮廓线与相邻剖面的多条轮廓线对应时，表面必有分枝，分枝问题即如何生成这些轮廓线之间的多个分枝表面，当存在分枝时，三角网的镶嵌问题更为复杂，需要在分枝处引入附加点。

剖面连成三角网的方法主要是线框连法。线框的连接方式一般有三种：最小面积连接、等角度连接和等长连接。在连接矿（化）体时应根据矿（化）体的实际特点来选择，例如当要连接两条长度及形态相似的线时，采用等长连接的效果最好。

在连接两条线时，有时候需要对两条线上对应的两点强制连接后才能符合地质体的实际要求，这时就要在对应的两点之间人为添加连接引导控制线。

（3）矿体外部尖灭。考虑单个剖面上的见矿工程外推方式及矿体走向方向端部的外推方式。矿体外推方式有点尖灭、楔形尖灭、平推三种模式。用户根据矿种类型、勘探工程类型、勘探间距、矿体形态等选择矿体外推方式及外推距离。

（4）将三角网合并并进行有效性检测。将三级网按矿体编号分别进行合并，形成一个个的矿体实体模型。对它们进行有效性检测的主要目的是实体是否有相交三角形、不封闭或无效边的情况。出现上述任一情况都会导致实体没有体积，必须对实体模型进行修改，直到模型有体积。

B　平剖面建模

平剖面建模又叫网格法建模，是使用平面矿体界线和剖面轮廓线结合建模。这样建立的模型因为有平面控制，所以与实际情况比较吻合。

平剖面建模思想：首先进行平、剖面的一致性处理，以保证所有平、剖面对应；这样就在空间中形成一系列的单元网格（每个单元网格由 2 个平、剖面的部分线组成）；随即对每一个单元网格分别进行模型构建；最后合并所有单元网格内的模型形成最终地质模型。

平剖面建模适用于矿区内生产勘探已结束的中段，将建立好的勘探线剖面矿体解译线、中段平面矿体解译线在三维软件中打开，按照勘探线剖面进行视图限制，查看平剖面结合处两线是否对应，由于平面矿体线（生产勘探数据）精确程度高于剖面矿体线（地质勘探），所以拖动剖面线与平面线相交，即利用平面修改剖面，但注意不能修改钻孔控制点对应数据。

平剖面线调整好后，开始进行模型的创建，步骤大致为：

（1）单元网格内地质界面的构建。基于每个单元网格形成的地质界面构建地质体，而其中地质界面的构建是构建地质模型的核心及难点所在。

（2）由于单元网格内地质界面是由三角网组成的空间曲面，常见经典网格建模如图14-1所示。

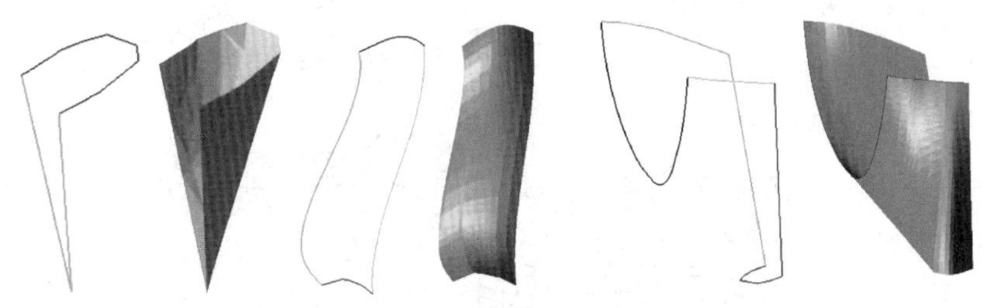

图14-1 常见经典网格建模

（3）模型修饰。在模型形成后，可以从整体上对模型的形态进行分析，对不符合地质规律的部分进行三角面片的重新构建。如一个单元网格单独完成地质建模后，与整体合并发现单元网格构建的三角网并不符合地质规律。这种情况下，运用改变面片的连接方法，使更符合地质规律，同时局部可以添加辅助点、线约束，重新构建区域内模型的方法对原有模型进行修改，实现模型的空间分布的合理性。

（4）模型有效性检测。将同属于一个矿体的三角网曲面合并，然后对其进行时态有效性检测，将出现相交三角面、不封闭边和无效边的地方进行修改，直到模型有实体体积为止。

14.2.3.4 地质构造建模

工程地质的数字化，可以根据不同水平揭露的断层情况进行断层的空间展布分析，建立断层模型，并可以方便在不同水平进行标示出断层，从而实现预测预报，更好指导生产。同时可以将实际施工过程中揭露的构造特征点反映到空间内，每一个构造点在三维空间的准确位置可以详细地展现，便于观察分析构造点之间的关系以及分析构造破碎带的产状特征。

构造模型由断层模型和层面模型组成。主要内容包括三个方面：第一，通过断层数据，建立断层模型；第二，在断层模型控制下，建立各个地层顶底的层面模型；第三，以断层及层面模型为基础，建立一定网格分辨率的等时三维地层网格体模型。

目前主流建模软件大多采用一体化的构造建模流程，即将断层建模、层面建模以及地层建模作为一个技术整体，三者间在模型数据间共享以及操作过程上经过有机整合（如图14-2所示）。

A 断层模型的建立

断层是地质构造的产物，表示地层的断裂和错动，它对于地质研究、地质资源勘探、地下水流场分布都有重要的意义。另外，断层在地质建模中对于地质体的生成、矿体边界的确定起重要的作用。因此，逼真地刻画断层对于地质建模来说，是一项重要的工作。

断层数据主要是以图形的方式输入，然后用来建模的。平面上断层的表达方法有两

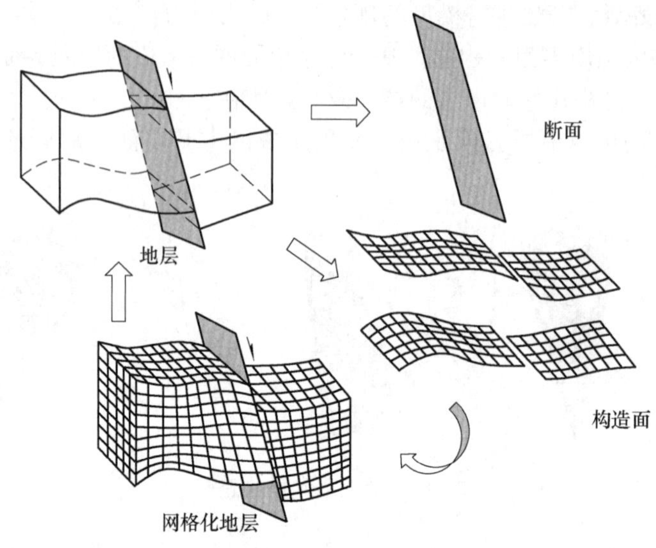

图 14-2　构造建模工作内容示意图

种：一种是在平面图上绘制断层走向及标注倾角，如平面图或地质图；另一种是在剖面图上绘制断层线。结合这两种图件，断层在空间的展布情况就会一目了然。

断层模型为一系列表示断层空间位置、产状及发育模式（截切关系）的三维断层面。主要根据断层数据，包括断层多边形、断层线，通过一定的数学插值，并根据断层间的截切关系对断面进行编辑处理。

断层建模的一般流程：

（1）建模准备。收集整理矿区断层数据信息，包括断层多边形、断层线，并根据构造图（剖面和平面）落实每条断层的类型、产状、发育层位及断层间的切割关系等。

（2）断面连接。将各剖面上同编号的断层按照平面控制的趋势和自身的产状，采用连线框的方式连接在一起。对于缺少数据的断层可采用断面插值的方法生成断层面。断面插值过程即是将数据准备阶段整理、导入的断层数据，通过一定的插值方法计算生成断层面。

（3）断面模型编辑。断面模型编辑的主要目的，一是调整断面形态，使其与各类断层描述信息协调一致，如铲式断层等；二是设定断层间的切割关系，如简单相交、Y 形相交断层等。正确编辑、处理断面形态及断层间接触关系是非常烦琐的工作环节，特别是在断层条数多、接触关系复杂的情况下。

B　层面模型的建立

构造层面模型为地层界面的三维分布，叠合的构造层面模型即为地层格架模型。

层面建模的一般步骤包括关键层面的插值建模、层面内插等两个环节，即首先根据地震解释层面数据建立关键层面的模型，然后在关键层面控制下依据井分层数据内插小层或单层层面。

a　关键层面的插值建模

关键层面主要是指地震解释的级别较高的层面，一般为油组或砂组。这些界面一般能进行较好地识别与解释。这些关键层面模型的建立，可作为内部小层或单层层面内插建模的趋势控制。

关键层面的建模数据主要为地震层面数据和井分层数据，通过数据插值而建立模型。算法的关键是能有效地整合井分层数据与地震层面数据。插值算法既可为数理统计方法（如样条插值法、离散光滑插值法以及多重网格收敛法等），也可为克里金方法（如具有外部漂移的克里金方法、贝叶斯克里金方法等）。

层面插值中一般需要设置如下参数：

（1）层面设置。选择插值层面，并设置层面之间的接触关系，包括整合型、超覆型、前积-剥蚀型、不连续型等。

（2）原始数据选择。选择参与插值的井分层点以及地震层位解释数据等。

（3）断层影响范围设置。真实的地下断层错断位置在垂向上为一定宽度的断裂破碎带，而构造建模一般以断面的形式来近似表示断层，也就是说层面是直接与断面相交。由于地震层位解释数据在断层附近的准确性不高，因此，在建模过程中，需要在断面附近设置一定距离的数据无效域，表示该区域的地震数据可信度不高，插值过程将不予考虑，同时该区域将按周围有效区的层面趋势延伸插值到断面位置。如图 14-3 所示。

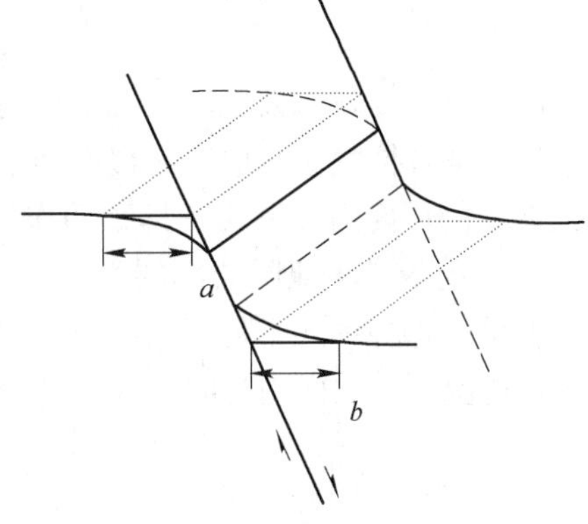

图 14-3 断层影响范围示意图

（4）其他参数。包括选择插值算法，设置平滑次数等。

插值参数设置完成后，即可得到插值结果。

b 层面内插

在关键层面建立之后，便可以其作为顶、底趋势面，对其内部的小层或单层进行层面内插，建立各层的层面构造模型。插值方法可为样条插值法、最小曲率法等。

由于地层内部的层面与顶、底趋势面的接触关系可能不同，导致顶底趋势面对内插层面的控制方式的不同。因此，在内插前，需要首先判别地层的发育形式，确定地层层面之间的接触关系。

根据层序地层学原理，地层分布形式可分为以下几种类型：

（1）比例式。地层内部层面及其与顶、底面呈整合接触。虽然地层厚度在各处有差别，但各地层单元的厚度比例在各处相似，即变化趋势是一致的（如图 14-4 所示）。这类形式的地层是在基本稳定的沉积背景上形成的，横向的厚度变化主要由不同部位沉降幅度和（或）沉积速度的差异造成的。这种分布形式的极端形式为等厚式，即各处各地层单元的厚度基本相似。层面内插时，应选择“从顶底到中间”的层面内插方式。

（2）波动式。地层内部层面及其与顶、底面亦呈整合接触，但地层内部各地层单元的最大厚度沿某一方向迁移，呈波动变化。这主要是受地壳波状运动的影响控制，最大沉降区有规律地转移，导致各层最大厚度带有规律的转移（如图 14-5 所示）。层面内插时，亦应选择“从顶底到中间”的层面内插方式（即顶、底面共同作为趋势面）。

（3）超覆式。地层内部层面与底面斜交，而与顶面平行，由地层向盆地边缘（或盆内凸起）超覆而形成（如图 14-6 所示），发育于海进（湖进）体系域中。当水体渐进时，

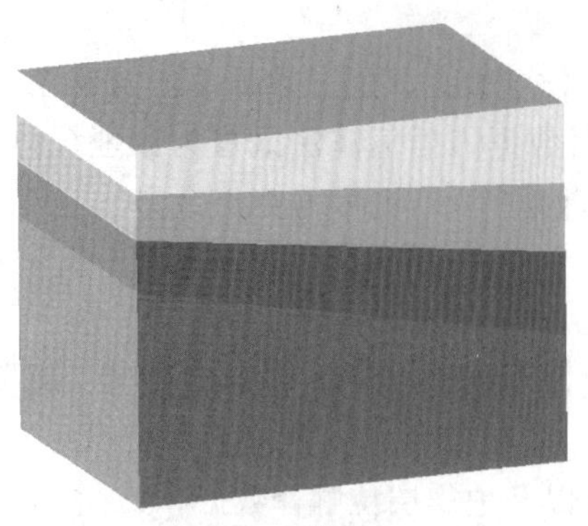
图 14-4 比例式地层分布形式

图 14-5 波动式地层分布形式

沉积范围逐渐扩大，较新沉积层覆盖了较老沉积层，并向陆地扩展，与更老的地层侵蚀面呈不整合接触。在地层超覆圈闭中，发育这种地层模式。层面内插时，亦应选择“从上到下”的层面内插方式（即顶面作为趋势面）。

（4）前积式。地层内部层面与顶、底面斜交。内部地层沿某一方向前积排列，如图 14-7 所示。这种形式常见于三角洲相地层中，为建设性三角洲向海（湖）推进而形成。在这种情况下，层面内插时，亦应选择“从下到上”的层面内插方式（即底面作为趋势面）。

图 14-6 超覆式地层分布形式

图 14-7 前积式地层分布形式

（5）剥蚀式。地层内部层面与底面平行，而与顶面斜交。顶面为剥蚀面，内部地层在高部位被剥蚀（见图 14-8）。这一地层形式为地层抬升遭受剥蚀所致，分布于不整合面之下。层面内插时，亦应选择“从下到上”的层面内插方式（即底面作为趋势面）。

（6）组合式。为上述各形式的组合形式。如超覆式与剥蚀式的组合，地层沿底面向上超覆，其顶部又被顶界面所截切（如图 14-9 所示）。对于顶、底面均为不整合面的情况，不能作为层面内插的趋势面，而应选择内部的等时面作为趋势面。

在地质建模设置时，往往将上述地层形式归纳为四种类型，即整合型（包括比例式、波动式）、超覆型（即超覆式）、退覆-剥蚀型（包括前积式、剥蚀式）、不连续型（即组合式）。

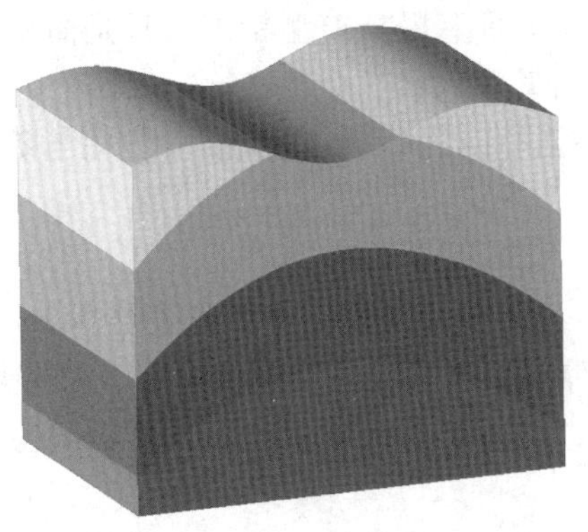
图 14-8 剥蚀式地层分布形式

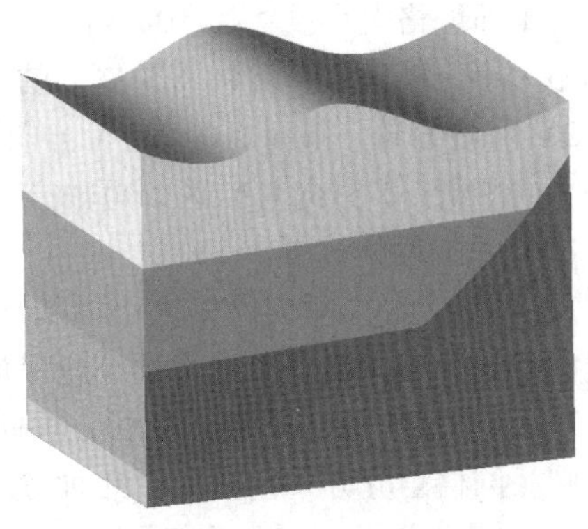
图 14-9 超覆-剥蚀组合型地层分布形式

C 三维网格化地层模型的建立

在断层模型和层面模型建立的基础上，针对各层面间的地层格架进行三维网格化(3D griding)，将三维地质体分成若干个网格（一般为几百万至几千万个网格），即可建立三维网格化地层模型。

a 网格类型

在地质建模中，三维网格类型主要有正交网格（*XY* 平面正交）与角点网格两类。

（1）正交网格。正交网格是常见网格类型，其计算速度快，构建方式简单，但正交网格不能很好地表述断层的错断情况。如图 14-10 所示，在断层缺失部位，构造特征失真。在没有断层的情况下，可应用正交网格进行地层的三维网格化。

（2）角点网格。角点网格最早由 ECLIPSE 软件在 1983 年推出，它克服了正交网格在处理断层方面的局限性（见图 14-11）。目前，角点网格在断层处理、复杂地层接触关系等方面的处理已较完善，成为地质建模与数模软件的主流应用网格技术。

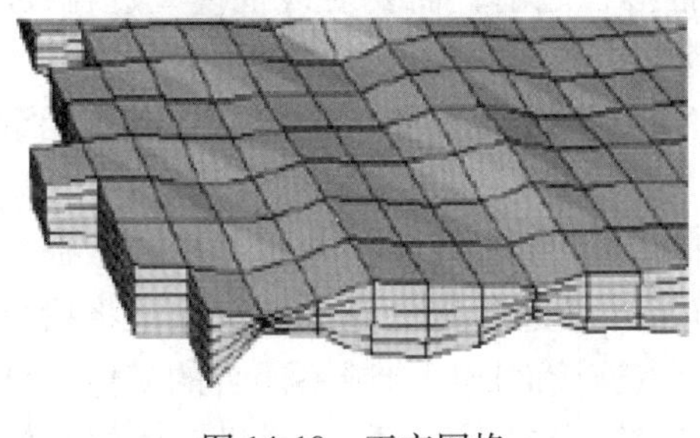
图 14-10 正交网格

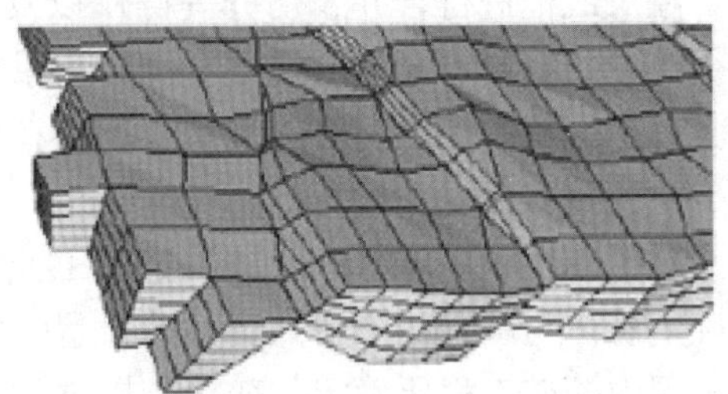
图 14-11 角点网格

b 网格设置

地层网格化过程应注意几个方面：

（1）平面网格设置。

1）网格大小。在平面上，分别沿 *X*、*Y* 方向划分网格。网格大小应根据研究目标区的地质体规模及井网井距而定。平面网格一般以井间内插 4~8 个网格为宜，如对于 200m 井网，平面网格大小一般为 25m×25m~50m×50m。虽然网格尺寸越小，意味着模型越精细，但也要避免一味追求精细而造成的误区，如油藏评价阶段，井距一般在 1000m 以上。

如果将平面网格大小设置为 10m×10m，这并没有从实质上提高模型精度，只是简单增加了网格大小，模型运算时将需要更多的存储空间与计算机时。

2）网格方向。平面上的 X、Y 方向不一定是东西与南北向。一般地，X 方向与矿区的长轴方向平行，Y 方向与矿区的短轴方向平行。

（2）垂向网格设置。

1）网格大小。垂向网格大小可从 0.1~0.5m，视研究目的而定。如需表征 0.2m 厚度夹层的空间分布，则垂向网格最小应保证 0.2m 的厚度，否则在三维模型中难于表述夹层。

2）网格层的等时原则。在划分垂向网格层时，如同层面内插过程，同样需要遵循等时原则。网格划分方式包括如下几种方式：

① 按比例划分网格。在地层顶、底面为整合型时，一般采用等比例式网格划分，此时需设置垂向网格个数。

② 按厚度划分网格。在地层顶、底面为不整合类型时，采用不等比例式网格划分，此时需设置垂向单网格层厚度，并以整合面为趋势。如果顶、底面均为不整合类型，则需要设置参考趋势面。

D　水文模型的建立

水文地质，地质学分支学科，指自然界中地下水的各种变化和运动的现象。水文地质学是研究地下水的科学。它主要是研究地下水的分布和形成规律，地下水的物理性质和化学成分，地下水资源及其合理利用，地下水对工程建设和矿山开采的不利影响及其防治等。

利用软件建立三维水文地质可视化模型可以将地下水赋存的环境、运动的规律及动态特征等直观形象地展现出来。同时，通过三维可视化建模软件的空间分析功能，结合水文地质技术人员的经验常识，可以对勘察孔较少甚至没有勘察孔的区域进行空间分析，获取这些区域的水文地质信息，从而弥补这些区域信息缺乏的不足。

在对线框进行合并、切分等操作以及计算线框体积之前，需要对线框模型进行校验。线框模型的校验可完成对线框模型的大量检查工作，主要有：检查线框的面有无空洞、检查具有标识符的面之间有无交叉、检查在同一个面或不同面之间有无跨接、检查有无重复点、对线框的面重新编号等。

对于非层状矿床，一般按一定的工业指标，利用合并后的探矿工程取样分析数据，首先确定矿体与围岩的分解点，然后设置一定的剖面前后投影距离，逐一在剖面上将投影距离范围内探矿工程所确定的矿体与围岩的空间分界点连接而成闭合或不闭合的矿体三维边界线，最后依次将相邻剖面所对应的矿体边界线连接而成实体，即可创建矿体的几何模型——线框模型。

通过矿体线框模型，可以直观地显示矿体的空间赋存位置、形态和产状。一旦建立了矿体的线框模型，就可按任意方向进行矿体的剖切和矿体轮廓的显示，为采矿工程的合理布置提供依据。

对于某些成因类型的矿床，如层状矿床（铝土矿、红土型镍矿等），部分斑岩型矿床，品位渐变类矿床等，不一定按上述方法建立线框模型，有时并不一定要建立矿体的几何模型，只要确定不同的层位或划分出不同的矿化范围即可。

线框模型的操作：对于某些复杂矿床或有特殊要求时，需要对线框模型进行处理。线框模型的操作主要有模型的合并、分割、交切以及布尔运算等。线框模型合并与分割操作的典型应用如露天坑与地表模型的结合、用断层切割矿体等，布尔操作的实例如原有矿体与新发现矿体的合并等。

14.2.4 地质建模更新

矿体模型的日常更新是将生产勘探过程中所揭露的信息，及时准确地对模型进行修改，使模型保持与最新的地质资料一致，为矿山生产设计提供准确、翔实的数据。

14.2.4.1 *矿体模型更新的基础*

矿体模型的构建基础是矿山的地质平剖面（勘探线剖面、地质平面）。随着生产的进行，得到的信息越来越多，需要对平剖面图上矿岩界线进行修改更新，在对平剖面进行校验更新之后，需对矿体模型进行更新。

14.2.4.2 *矿体模型更新的方法*

地下生产矿山的平剖面资料相对齐全和完善，所以应用平剖面图建立的矿体模型主体合理，后续生产过程中的平剖面变化主要为局部的变化，所以对矿体模型的局部进行修改即可达到更新效果。不需采用对变动的剖面全部删除剖面间的实体进行重新建立的更新方法，避免重新建立过程中模型的二次变形。

14.3 露天矿数字化采矿设计方法

采矿设计作为矿山建设重要的一环，是项目施工的基础。设计方案的优劣将直接影响到建设项目工期、成本、生产能力和整体经济效益。

采矿设计通常经过方案设计、初步设计和施工设计几个阶段。每个阶段都有它自己的设计目标，通常后面的设计阶段是对前面设计方案的进一步深入和具体化。设计中，工程师一般要经历如下几个过程：(1) 方案构思。工程师接到设计任务后，第一件事就是进行设计构思，确定设计原则，做出技术决策。(2) 工程结构计算分析。结构和参数分析的目的是确定设计方案中有关工程结构的应力载荷、约束条件等，是采矿设计的重要方案。(3) 采矿图设计过程。包括对设计方案的调整和具体方案的设计，实际过程中，后者往往与施工图同步进行。(4) 施工图绘制。施工设计图是采矿设计的具体表现，它们应以详尽体现设计意图为目的。长期的设计实践在采矿设计中已形成了行业的图样表达习惯和约定，施工图的绘制应能体现这种习惯。(5) 经济分析。根据设计阶段不同，主要包括概算和预算。概算是初步设计文件的重要组成部分，它是确定项目投资、编制和安排建设计划的依据。预算是施工图设计文件的重要组成部分，它是确定工程造价、考核工程成本和经济性的依据。

数字开采利用计算机图形学及多媒体仿真技术，为采矿工作者提供一个非常逼真的矿山虚拟环境和矿体赋存信息平台，利用人机交互技术，在这个平台上完成图纸的获取、采矿工程布置、生产设计、井巷设计和采剥方法的初步验证等工作，进而获得所设计工程的工程量、工程投资、采矿效率等技术经济指标，从而实现不同采剥方法、开拓工程的优劣对比分析，为矿山企业提供最佳的系统选择。

14.3.1 传统矿山计算机辅助设计

自20世纪80年代中后期开始，我国矿山利用计算机及应用软件，进行传统意义上的二维绘图设计（即甩图板），得到一定普及。到21世纪初期，出现一些在AutoCAD平台上进行二次开发的矿山采矿设计软件及基于Web的管理系统。整体来讲，都还是局限于利用计算机进行二维平面图的绘制。

14.3.1.1 矿山二维绘图设计

A 设计阶段

我们都是依据不同勘探程度的地质报告所提交的图件来进行开拓方案设计、采掘设计和爆破设计。一般来说，地质报告提交了地形地质图、勘探线剖面图、地质切面图等图件。需要完成总平面布置图、开拓系统平面图、露天开采终了平面图和必要的剖面图或纵投影图等图件。

B 生产阶段

根据实际施工工程及揭露的地质变化情况，进行地质素描与测量，在已有采掘工程平面图或分层平面图上更新内容，视条件重新部分设计。

C 设计方法

二维工程图是用正投影法绘制出来的，一个投影图只能代表一个面的投影，需用多个不同的投影图来表示各台阶三维空间的布置，为清楚地表达各开采平台与矿山道路（或平硐溜井等）之间的相互位置和连接方式，还要采用视图、剖视、剖面、放大等多种表达方法和符号及文字说明。传统的二维设计都是用固定的尺寸几何元素，要进行图样修改，只有删除原有的线条重新再画。

14.3.1.2 二维绘图不足

A 仅有二维平面信息

在矿山的开拓系统平面图、分层平面图和地质切面图等水平面图（切面或投影）上，只有经度（y）和纬度（x）坐标信息，在勘探线剖面图、纵投影图等垂直面图（切面或投影）上，原则只有高程（z）标高信息（一般x、y值变比）。二维绘图不能完全表达其设计意图，难于完全表现出思维中道路工程或平硐溜井的材料、形状、尺寸、相关联数据等三维实体。

B 有限的三维信息

在矿山的采掘工程平面图、地形地质平面图等少量图上标注有高程信息，切平面之间和剖面之间的情况不得而知，即两图件之间的地质、开拓系统布置等情况需要设计人员或读图人员的空间想象力臆测。专业人员通过读阅多张平面图和剖面图才能了解整个矿山的开拓系统或生产系统。形成的三维空间信息不能与大家一起分享，即便是专业人员，由于三维空间能力不同，想象成的三维信息与形状会出现差异或缺失，难以形成统一的空间效果。实际生产中，矿山开拓系统和补充的地质信息只通过采掘工程平面图或分层平面图来显示，并无剖面图，此时，只有非常熟练的专业人员才能掌握露天矿山的实际三维空间情况。

C 手工作业、工作强度大、速度慢、水平低

由于手段的限制，人们不得不通过若干个平面图或剖面图等二维图件描述一个三维设想，它的不唯一性和不完整性，必须不断修正和完善，才能表达清楚。重复工作多、劳动强度大是传统二维 CAD 设计存在的最大问题。多次“设计→评价→再设计”的循环过程，查阅大量的设计手册，标准规范等资料，复杂的计算、分析、绘图和文件处理等，使得设计人员的创造性不能完全发挥、设计周期长、修改更新慢、水平低。

D 绘制立体图难度大

二维平面图的条件下，一般是通过绘制轴测图（二维半）和加粗双线中的阴影边线来模拟三维立体透视图。不能任意透视点制图，只能保证关键点的正确表达，对于三维曲线连设计人员自己也不能保证是否正确绘制。正因如此，采矿设计中很少绘制三维立体透视图（如机械产品设计中的装配图）。

E 非专业人员难以共享图件

二维 CAD 图件也可联网共享，并实时更新，只有专业人员可以读懂图件，才能实时掌控矿山生产活动。由于不能直观表达矿山三维空间活动，矿山管理人员难以全面掌握矿山生产信息，这与信息化、智能化矿山企业管理的潮流格格不入。

14.3.2 三维可视化设计技术与方法

14.3.2.1 概要

三维可视化（3D visualization）技术是 20 世纪 80 年代中期诞生的一门集计算机数据处理、计算机图形学及图像显示的综合性前缘技术。它是利用三维数据体显示、描述和解释地下地质现象、特征和采矿工程的一种图像显示工具。它可使矿山技术人员“钻入”到数据体中，更深刻地理解各种地质现象及采矿工程的发生、发展和相互之间的联系。

可视化技术是把描述物理现象的数据转化为图形、图像，并运用颜色、透视、动画和观察视点的实时改变等视觉表现形式，使人们能够观察到不可见的对象，洞察事物的内部结构。可视化技术有两种基本类型：基于平面图的可视化（surface visualization）和基于数据体的可视化（volume visualization），也称为层面可视化和体可视化。

层面可视化指的是地质层位、断层和各种剖面在三维空间的立体显示，其主要用于解释成果的检验和显示。

体可视化是通过对数据体（钻孔、地表地形数据体等）作透明度等调整，从而使数据体呈透明显示，其主要用于数据体的显示和全三维解释。常用技术有：体元自动追踪技术、锁定层位可视化技术、锁定时窗可视化技术、垂直剖面叠合可视化技术和多属性可视化技术。

随着传统互联网应用的普及和新一代互联网技术的到来，Web 技术正在从仅能够提供文字与静态图片浏览，逐渐发展成为可以支持丰富的影音数据流、海量的数据挖掘、运程实时交互的监测预警及控制等功能。Web 技术与三维可视化技术的集成运用是“数字矿山”技术与系统的前沿应用之一，能够直观、快捷、有效地实现矿山地质勘探、采矿工程、生产、安全等方面有关量场的属性、设计、监控等数据共享和决策支持。

14.3.2.2 矿山三维可视化采矿设计方法

一般是从三维实体造型开始，三维实体生成后，自动生成二维工程图，使设计人员不

必耗费精力考虑产品的图形表达。

二维工程图与三维实体全相关，对三维实体的修改会直接反映到二维工程图中，一个部件的尺寸修改可使相邻部件的图形发生变化，极大提高了设计效率，缩短了设计周期。

三维实体设计方法有两种模式，一种是自下而上（局部→整体），另一种是自上而下（整体→局部）。自下而上的流程是：草图→特征→部件→实体→工程图。

14.4 露天矿生产计划编制

14.4.1 露天采剥计划概述

露天矿开采就是用一定的采剥运输设备，在敞露的空间里从地表开始，对矿体周围及上覆岩土进行剥离，然后通过露天道路或地下井巷将矿石和岩土运至卸载点的工艺过程。露天矿采剥计划是全面反映露天矿工程在时间、空间与数量关系上具体发展的生产技术计划。露天矿采剥进度计划编制实质就是在大量土石方采剥与搬运工程的基础上，考虑到不同矿岩所蕴含的时效经济价值，合理规划矿山工程在采场空间与时间上的顺序和采剥设备作业顺序，达到降低采矿成本、提高生产效率、实现开采总体经济效益最大化的目的。

露天矿采剥进度计划编制的总体目标就是确定一个技术上可行、矿床开采总体经济效益最大、贯穿整个矿山开采寿命的矿岩采剥顺序。所谓总体经济效益最大，即是在矿床开采过程中所实现的总净现值最大。而所谓技术上可行，即指采剥进度计划必须满足一系列技术上的约束条件，主要有：

（1）每个计划期内为选厂提供较为稳定的矿石量和入选品位。

（2）每个计划期的矿岩采剥量应与可利用的采剥设备生产能力相适应。

（3）各台阶水平的推进必须满足正常生产要求的时空发展关系，即最小工作平盘宽度、安全平台宽度、工作台阶的超前关系、采场延深与台阶水平推进的速度关系等。

露天矿采剥进度长期及中长期计划的主要任务是确定露天矿基建工程量、基建时间、投产和达产时间、均衡生产剥采比、矿石和矿岩生产能力、逐年工作线推进位置，以及计算各个时期所需的设备、人员和材料等。长期及中长期计划基本确定了矿山的整体生产目标与开采顺序，并为编制短期计划提供指导。没有长期及中长期计划的指导，短期计划就会没有“远见”，出现所谓的“短期行为”，损害矿山的总体经济效益。

露天矿采剥进度短期计划是根据中长期计划进行的内容更详细、更具体的作业计划，它除考虑中长期计划中的技术约束外，还必须考虑如设备位置与移动、配矿以及运输路径等更为具体的约束条件。

14.4.2 中长期采剥计划编制

手工编制长期计划需要的主要基础资料有：

（1）1∶2000或1∶5000的地质地形图。

（2）1∶1000或1∶2000分层平面图。图上绘有每一分层的地质界线（包括矿岩界线）、最终境界线与出入沟。

（3）分层矿岩量计量表。表中列出每一分层在最终境界线内的矿石和岩石量。

（4）露天矿开拓运输系统图，改扩建矿山开采现状图。

（5）开采要素。包括台阶高度、采掘带宽度、采区长度和最小工作平盘宽度、运输道路要素（宽度和坡度）、工作线推进方式、采场延深方式、掘沟几何要素及新水平准备时间等。

（6）矿石回收率，废石混入率。

（7）穿孔、采装、运输设备型号、数量及其生产能力。

（8）露天矿开始基建时间，要求投达产日期及标准。

（9）选厂生产能力、入选品位及其他。

根据挖掘机年生产能力，从露天矿上部第一个水平分层平面图开始，逐层在图纸上画出年末工作线的位置，计算出挖掘机在所涉及的台阶上的采掘量、本年度的矿岩采剥量及矿石平均品位，然后检验是否满足各种约束条件。若不满足，则需对年末推进线位置做相应调整，重新计算，直到找到一个满足所有约束条件的可行方案。其中最主要的步骤就是逐层确定年末工作线位置。其主要流程如图 14-12 所示。

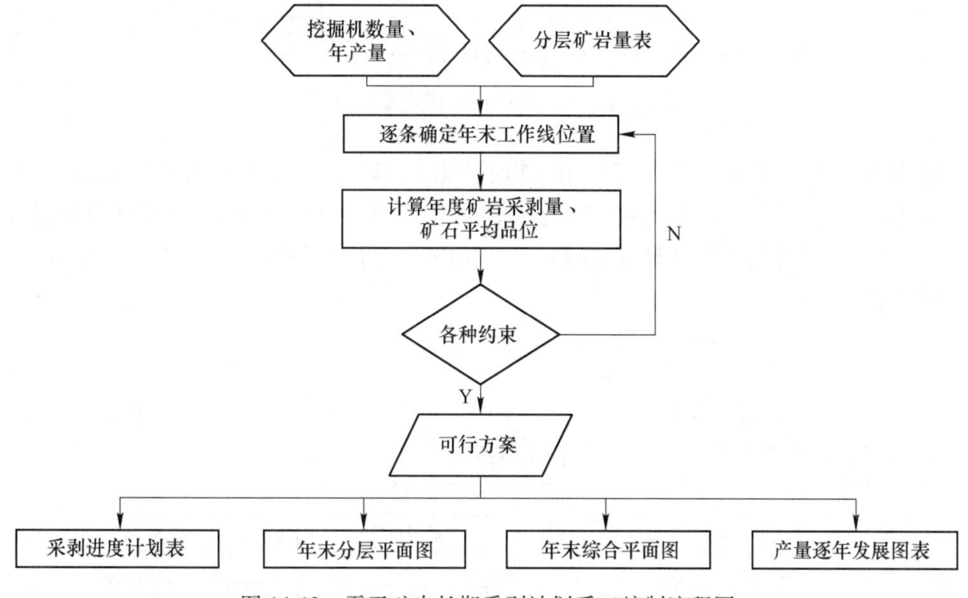

图 14-12　露天矿中长期采剥计划手工编制流程图

露天矿采剥进度计划编制的内容主要有：

（1）采剥进度计划表，列出各年度的矿岩采出量、出入沟和开段沟工程量、挖掘机的位置和调动情况等。

（2）具有年末位置线的分层平面图，标出逐年矿岩量、作业挖掘机数目和台号、出入沟和开段沟的位置、矿岩分界线、开采境界、年末工作线位置。

（3）露天采矿场年末综合平面图，绘制各水平的工作线位置、出入沟和开段沟位置、挖掘机配置、矿岩分界线、开采境界和公路运输时连接平台的位置。

（4）产量逐年发展图表，编制到计算年后 3~5 年。

随着计算机技术的发展，人们逐渐用计算机来解决露天矿生产计划编制问题（OMP-SP）。最初有学者提出利用 LG 图论法或浮动圆锥法调整价值模型，通过试算法求出一系列嵌套分期境界作为各计划期的期末图，但这种方法无法满足采掘进度计划的技术约束条件，而且该算法调整价值模型的工作量非常大。随后又相继有许多计算机方法问世：KOROBOV 算法、参数化算法、动态规划法、混合整数规划法。其中混合整数规划法能够充分考虑露天矿生产计划编制问题的一系列技术约束条件，为解决实际的大规模 OMPSP 问题提供了一种很好的解决途径。

将矿床划分为有限个尺寸相等的长方体（包括开采的矿石和剥离的废石），每个块体形成的离散模型称为矿床块段模型。采用矿体解译、地质资料分析等方法，通过估值使块段模型中每一块的净价值变为已知，估值后的块段模型称为价值块段模型。露天矿生产计划编制流程图如图 14-13 所示。

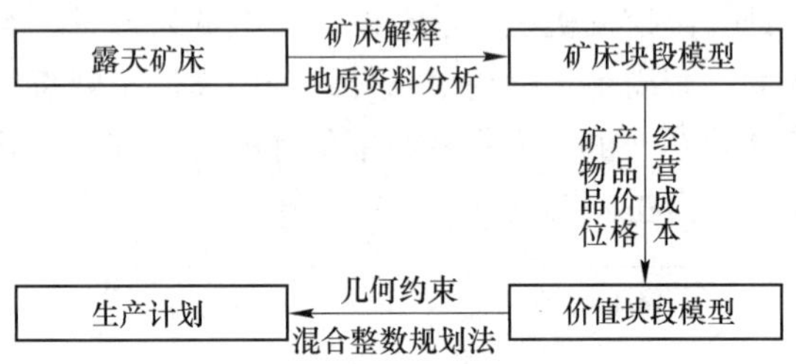

图 14-13　露天生产计划优化编制流程图

块段净价值是根据块中所含可利用矿物的品位、经营成本及产品价格计算的。由于矿床所含矿物的多样性及矿山企业经营体制和成本管理制度的差异，计算净价值时用到的参数并不固定。其净价值计算方法见图 14-14。其中，每个块体的值表示开采该块体的净利润，剥离的废石为负值。

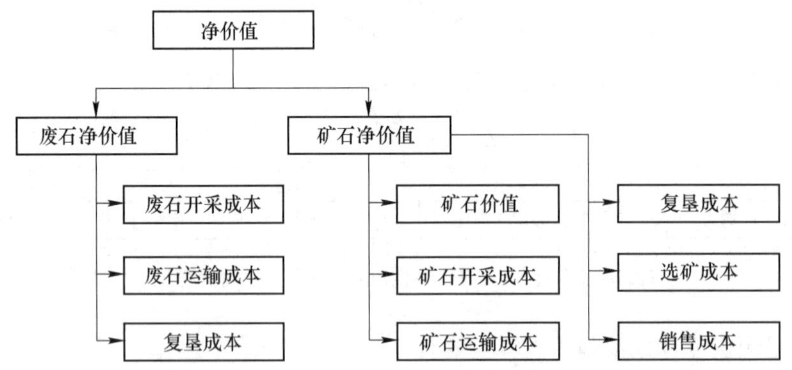

图 14-14　矿床价值模型净价值计算方法

实际的露天矿矿床块段模型的块数通常在 10^6 数量级以上，构建混合整数规划计算模型时，为了充分考虑露天矿生产计划约束条件，必须为每一个块建立一个整数变量（“0”表示不开采，“1”表示开采）。

（1）构建线性规划模型目标函数。对于一个给定的矿床块段模型，在其最终开采境界内的所有负价值节点的价值代数总和为定值，即总开采成本为定值，则其成本流之和也为一定值。为力求早投产、快达产、缩短基建期、减少基建投资，应从最先能开采到正价值块处开始开采，从而达到尽快回收成本的目的。这样，就应该使成本流尽量地流向价值更大的开采锥。

$$\max \sum_{b \in B} \sum_{t \in T} v_{bt} y_{bt} \tag{14-1}$$

式中　$b \in B$——所有矿块的集合；

$t \in T$——计划期内的时间；

v_{bt}——在 t 时期矿块 b 的经济价值；

y_{bt}——假如矿块 b 在 t 时期开采值为 1，否则为 0。

（2）构建线性规划模型约束条件。

$$\sum_{t \in T} y_{bt} \leqslant 1, \quad \forall b \tag{14-2}$$

$$\underline{C} \leqslant \sum_{b \in B} y_{bt} c_b \leqslant \overline{C}, \quad \forall t \tag{14-3}$$

$$y_{bt} \leqslant \sum_{\tau=1}^{t} y_{b'\tau}, \quad \forall b, \ b' \in B_b, \ t \tag{14-4}$$

$$y_{bt} \in \{0, 1\}, \quad \forall t, \ b \tag{14-5}$$

式中　c_b——矿块 b 的开采的矿量，t；

$\underline{C}$——每一时期所需的最小矿石边界；

$\overline{C}$——每一时期所需的最大矿石边界。

混合整数规划模型算法实现流程图如图 14-15 所示。

目前最成熟的方法还是采用模拟法对手工操作方法进行计算机模拟。特别是三维可视化技术的发展以及资源评价体系的出现，为生产计划的编制提供了一个很好的基础数据平台，保证了采掘计划编制时所使用的基础数据的可靠性与便利性。一方面，在统一的时空环境下，各种采剥工程在空间上的分布以及其在时间上的发展程序十分清晰明了；另一方面，三维资源评价体系为每一种地质属性（如品位、岩性等）以及工程与工程发展程序提供了时空分布状态，这样在计划编制中可以方便地查询并进行相应的时空统计工作。

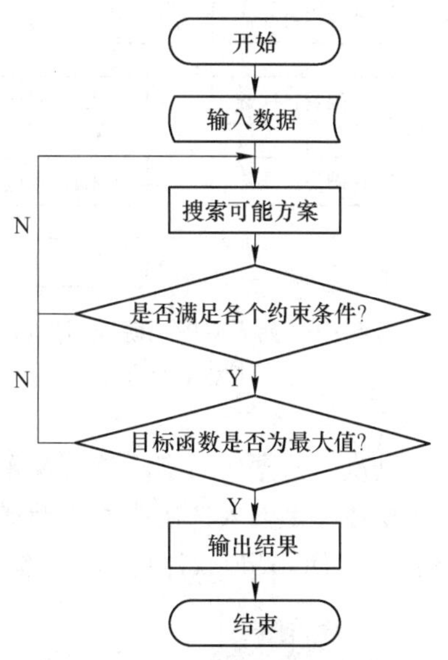

图 14-15　混合整数规划模型的算法实现流程

计算机模拟法所需要的主要基础资料有：

（1）三维地质块段模型，即在资源评价体系中采用一定估值方法建立的矿床模型，它能提供矿石品位、密度、岩性等各种属性的空间分布以供查询与统计。

（2）开采现状图，即当前露天矿开采的现状图或新矿山的地形图。

（3）最终境界文件，即通过境界优化得出的设计最终境界。

（4）矿体模型，即通过地质解译圈出的开采矿体模型，也是矿岩分界面模型，用来区分块段模型中的岩石与矿石。

（5）已知数据与约束条件文件，即编制采掘计划需要考虑的所有约束条件和用到的所有数据，如查询块段模型的参数、设计时设定的工作边坡角、台阶高度、最小底宽、同时工作台阶数、最大采选能力、矿石量波动允许范围、矿石与废石采出成本、贫化率、损失率、选厂品位允许变化范围、选矿成本、精矿价格、精矿销售成本、选矿回收率、边界品位、最小工作平盘宽度、道路要素等。

其主要流程如图 14-16 所示。其中除基础资料需人工选取输入之外，其他过程都由计算机自动完成，相关图表的输出可以通过已有的模板进行，也可以通过用户自定义的方式统计与查询。

计算机模拟法得到的仅仅是一个可行的采掘计划。为了找到较好的采掘计划，需要拟定多个计划方案（如在不同时期采用不同的剥岩速度、不同的超前时间等）。进行经济比较后从中选出最佳方案。然而由于拟定的计划方案数有限，很难包容最优方案，因此需要借助优化算法对采掘计划进行数学优化。在计算机上利用数字矿山软件可以快速地编制露天矿的中长期生产计划，实例流程如下：

首先用 DIMINE 软件整理基础数据，如图 14-17 所示，包括矿块模型、现状图和最终境界，它们分别用来查询数据、露天矿的当前开采现状和通过优化的最终开采边界。

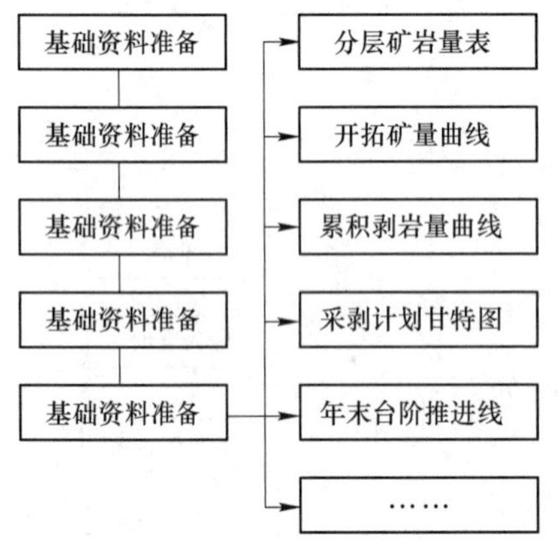

图 14-16 露天矿中长期采剥计划计算机模拟法编制流程图

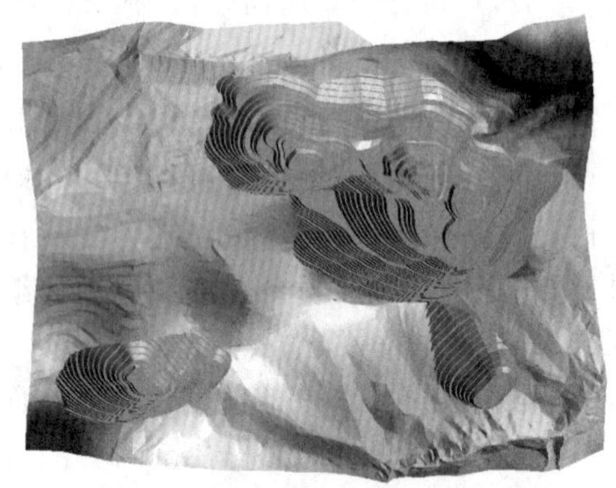

图 14-17 露天地表及露天坑三维模型

其次，根据矿山实际依次输入矿石开采成本、废石开采成本、贫化率、回采率。之后根据矿体类型输入选矿成本、精矿的价格、精矿的销售成本、选矿回收率、边际品位等，最后运行 DIMINE 软件自动排出露天矿的中长期计划，如图 14-18 所示。

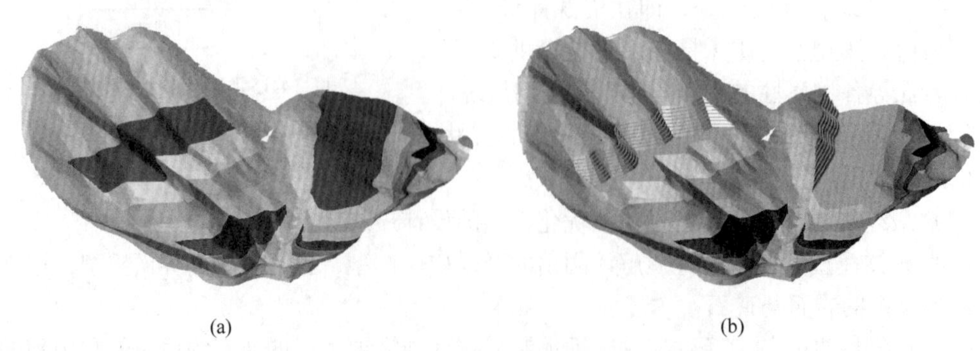

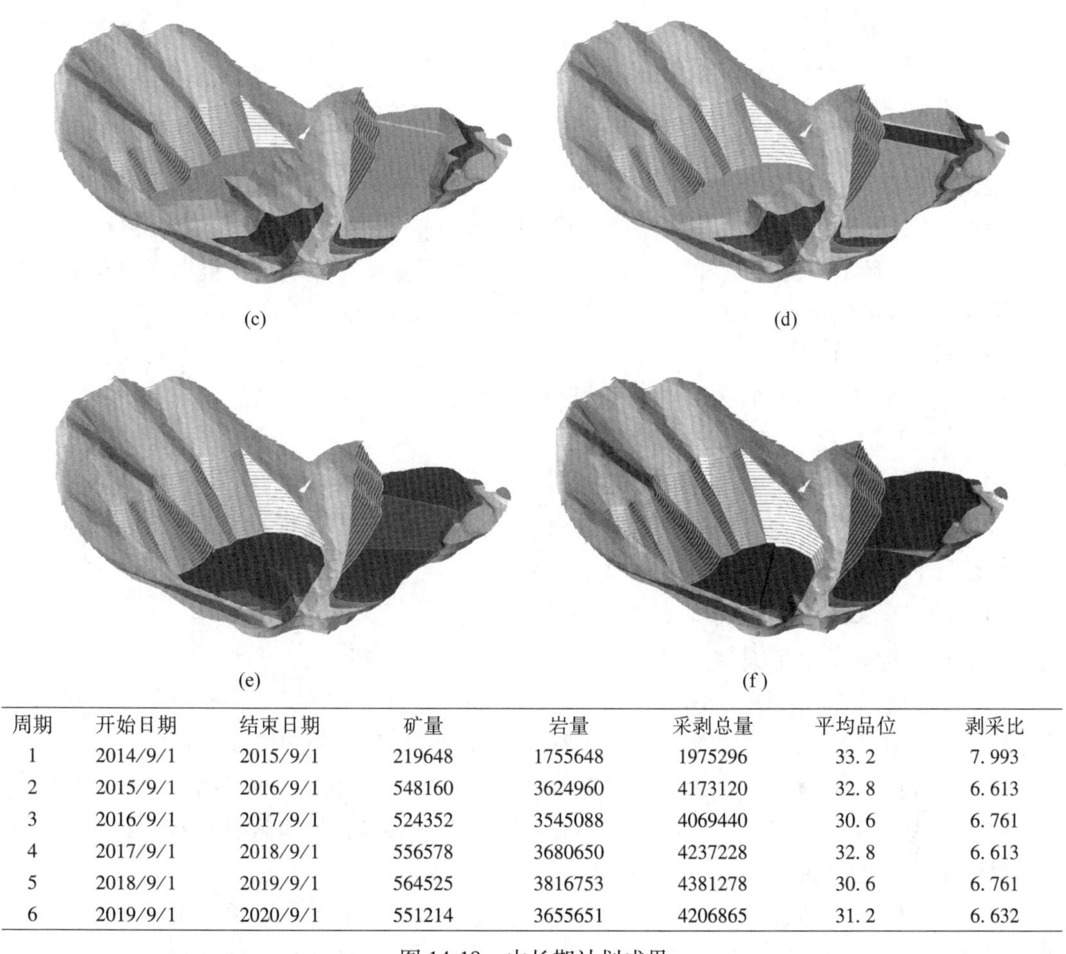

(c) (d)

(e) (f)

周期	开始日期	结束日期	矿量	岩量	采剥总量	平均品位	剥采比
1	2014/9/1	2015/9/1	219648	1755648	1975296	33.2	7.993
2	2015/9/1	2016/9/1	548160	3624960	4173120	32.8	6.613
3	2016/9/1	2017/9/1	524352	3545088	4069440	30.6	6.761
4	2017/9/1	2018/9/1	556578	3680650	4237228	32.8	6.613
5	2018/9/1	2019/9/1	564525	3816753	4381278	30.6	6.761
6	2019/9/1	2020/9/1	551214	3655651	4206865	31.2	6.632

图 14-18　中长期计划成果

（a）2014 年剩余量；（b）2015 年剩余量；（c）2016 年剩余量；（d）2017 年剩余量；（e）2018 年剩余量；（f）2019 年剩余量

14.4.3　短期采剥计划编制

短期开采计划是生产露天矿根据中长期采掘进度计划进行的内容更详细、更具体的作业计划，可以对原设计中不合理的地方进行修改与调整。根据采场现状、设备出动情况以及根据季节、气候等条件，在长期计划的指导下，合理确定各个季、月、旬或周的矿岩开采量，同时，还应该对各种设备的作业位置、各个平盘的采掘区间、采掘量等做出详尽的安排。短期计划是指挥和安排现场生产的依据。相对于长期计划来讲，对现场生产具有更直接的意义。

露天采剥进度计划以露天境界（分期境界）为基础，运输系统研究以露天矿初步设计和工业场地综合布置为基础。计划编制原则主要有：

（1）生产成本最小。

（2）保证合适的作业空间。

（3）均衡生产剥采比。

（4）实时地揭露矿体。

（5）复垦量平衡。

（6）产量最大。

（7）满足二级矿量要求。

编制短期采剥计划的依据主要有：年度生产计划、露天矿上期末采矿工程位置平面图（或上期末采场验收平面图）、详细的地质资料（包括地质剖面图、勘探线钻孔柱状图等）、各个生产环节设备出动数量、效率以及详细的设备检修计划等。根据上述资料，进行短期生产计划的编制。露天矿短期计划主要有以下几方面：

（1）剥采工程计划表。

（2）计划期末工程位置图（综合平面图、横断面图或分层平面图）。

（3）挖掘机配置图表。

（4）各单项工程设计，包括详细施工图。

（5）生产能力的核定。主要从两个方面进行：一是按矿山工程延深速度或水平推进速度进行核定；二是按各环节设备能力进行核定。

14.4.3.1　短期计划的手工编制方法

当前短期计划的手工编制方法如下：

（1）编制长期计划时已绘出的各水平分层平面图，其上表示地质、带有品位的矿石条带和废石区域。平面图上还应画有长期计划确定的最终境界或分期开采境界。

（2）计划工程师在露天矿设计境界范围内的各分层平面图上，将根据短期计划划定的各个时期（月、季等）圈出矿石与岩石的开采增量。这些开采增量将保有一定数量，以满足长期计划规定的产量要求。

（3）计划工程师在圈定矿岩开采增量时，要考虑实际存在的一些采矿限制条件，如露天坑进路、坡道与汽车路的位置与结构，水坑的要求，露天坑开采顺序，此外，还要在吨位和品位方面满足可能多达三四种的生产指标。

（4）计算一个矿石开采增量时，要在增产范围内计算不同品位的条带的体积及吨位。一般运用面积仪及计算器来完成这些计算。在获得能满足要求的结果之前，往往要计算十至二十个这样的增量，每一个增量的计算中包含有大量计算。这样得出的答案未必是最优的，因为还有很多其他方案可以获得相同的或者更佳的结果。然而在有限的时间内，只能满足于从最先涉及的一些方案中选取一个方案。

（5）短期计划中的每一个时期都要进行这一冗长的计算过程。经常会在短期计划几乎完成的时候，发现预期目标不能达到。于是，前面一些时期的计划又要重做，直到各个时期的全部目标都满足。当这一步完成时，所得的最终结果才能构成一个“确定”的短期计划。

短期计划手工编制流程图如图14-19所示。

14.4.3.2　编制短期计划的计算机系统

前面描述的是采矿工程师用人工方法编制短期计划的过程。但也可选用编制短期计划的计算机系统。目前，对采用计算机计划系统，基本上有两种方法。

（1）“计算机化”的计划方法。包括自动挑选方块，此时，程序由预先确定的某点开

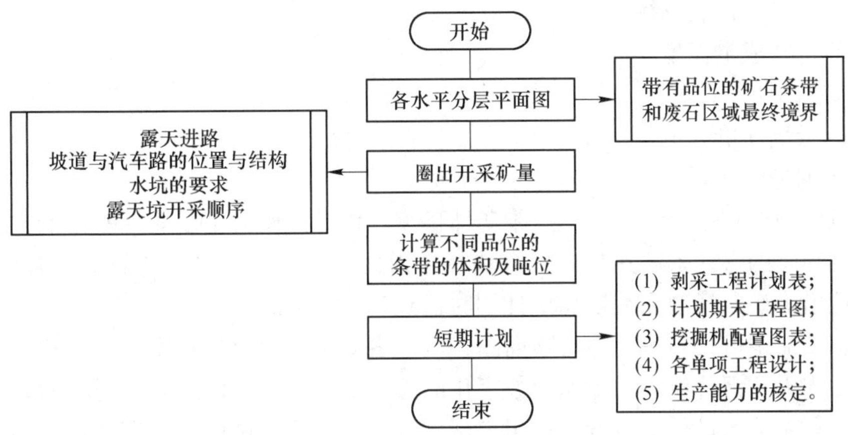

图 14-19 短期计划手工编制流程图

始挑选矿石块，直到满足全部约束条件为止。这一方法还不很完善，因为程序只遵循一组预先确定好的约束条件，而未考虑实际存在的一些约束条件；而这些实际存在的约束条件可由有经验的工程师在编制开采计划时，用直观的方式加以处理。用这种方法编成的短期计划，不可避免地要再用人工重新加工，以便适应这些实际存在的约束条件。

(2)“计算机辅助”计划方法。本法是人工方法与完全计算机计划方法之间的折中方法，它结合了两者的优点，既实际可行又迅速高效。采用计算机辅助计划系统时，总控制权在工程师手中。计算机辅助系统允许工程师能像人工编制计划时那样按自己的意图去做，又能享有计算机处理快与功能多的优点。工程师采用这种方法时，像以前一样绘制采矿平面图，但平面图显示在显像屏幕上，而不是在图桌上。工程师可以通过观察屏幕来控制开采增量，并迅速对其进行评价，从而可以在采矿平面图上做出多种选择。用这种方法，可以大大缩减编制最优短期开采计划所需的时间，由此可以提高开采计划的功效。具体如图 14-20 所示。

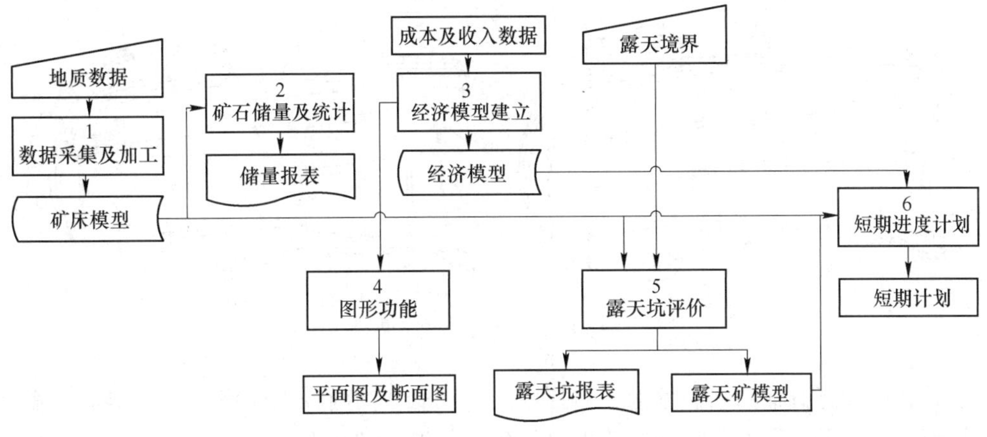

图 14-20 计算机辅助系统的程序流程

计算机辅助计划系统应用具有如下功能：

(1) 数据采集与显示。

（2）矿石储量报表及统计。

（3）经济及成本模型。

（4）交互图示。

（5）露天坑评价。

（6）短期进度计划。

计算机辅助计划系统的基础是三维矿体模型。该矿体模型是以模拟矿体的规则方块而组成的三维矩阵的形式来表达矿体。方块尺寸由用户确定，其中包含的变量有地质数据、比重及品位值。矿床模型在编制长期计划时已经建立完毕。

在绘图功能中可绘制平面图与断面图，其上表明选定方块的数据、台阶轮廓线或露天坑的断面。露天坑评价模块用于评价数字化的露天矿境界，评价露天坑境界时，计算圈定的矿石量、贮矿堆数量及废石量。在用户规定边界品位后，还可以求出吨位、品位以及经济指数，还具有计算矿坑的增量及留存的储量的功能。矿坑境界评价完后，使用短期进度计划程序，它是计算机辅助系统的核心。用户可利用这个模块，通过人机对话做出进度计划，在计算机终端的屏幕上，可以有选择地显示当前露天坑中的采矿工作面及计划开采范围的图形。利用所谓“橡皮带式”生成线技术控制作业面的位置，在露天坑内模拟各种开采增量。用计算机迅速计算这些增量，使用户可能对大量开采方案进行研究、比较和优化，能在设计工作帮、道路与坡道位置、以及水坑布置时，得到高度的精确性。利用专用功能动态地模拟开采过程与计算开采增量，既不费力，又少出错。

为了制定合理严密的生产计划与调度，使企业的各项资源得到合理的配置，生产按比例协调地发展，有效降低生产成本、提高矿山生产效率、快速响应市场，达到以最少的投入获得最好的经济效益的目的，目前 DIMINE 矿业软件针对国内露天矿山的这些需求，开发了适应于国内露天矿山生产计划编制的功能模块。

首先以露天现状线和矿块模型为基础，根据矿山实际设定采掘带内部块段长度，台阶坡面角，台阶高度以及最小平台宽度等参数，即可圈出采掘带，如图 14-21 所示相应地也会出现所圈采掘带的相关信息。

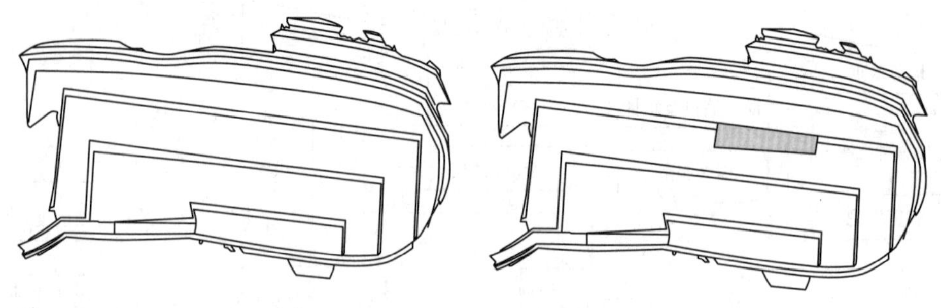

图 14-21　短期计划成果

之后利用计算机辅助来做掘沟，包括中间沟和靠帮沟两种操作模式。设定沟面宽度和沟靠帮距离等参数，用人工交互方式即可得到靠帮沟，如图 14-22 所示。

此外还可以借助计算机对采掘带进行调整和修图，因此短期开采计划的最有效的编制方法是计算机辅助方法，在设计过程可由计划工程师在计划编制的过程中根据实际情况随时调整。有效的开采计划将使采矿企业的利润增大，计算机辅助系统是一种能使采矿工程师方便与显著提高工作效能的工具。

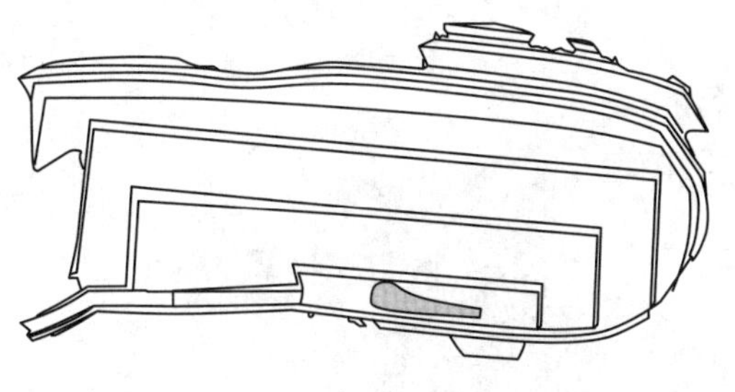

图 14-22 人工交互方式实现靠帮沟

14.5 采矿仿真模拟

14.5.1 仿真模拟概述

计算机软、硬件技术的快速发展赋予了计算机用生动、逼真的视觉形象操作数据的能力。目前，我国矿山生产事故频发、生产效率低下等不良问题突出，必须依靠现有的计算机软、硬件技术对采矿场景、采矿行为、矿山过程等进行仿真模拟，在数字环境中对矿山的采矿设计、采掘空间、安全状况、应急救援、管理调度等进行仿真预测与对比检验。在这种背景下，采矿仿真模拟应运而生。

采矿仿真模拟是以矿山安全、高效生产为目标，通过三维地理信息系统（three-dimension geographic information system，简称 3DGIS）、现代仿真技术（modern simulation technology，简称 MST）、虚拟现实技术（virtual reality，简称 VR）以及物联网等技术，对矿山人员、工程、资源、装备所发生的时空信息变化一一映射到虚拟系统中，从而实现透明、集中的可视化管控，以实现对复杂的自然存在的系统预警预报、决策引导和管理控制。

14.5.1.1 虚拟现实技术

虚拟现实技术（virtual reality，VR），又称灵境技术，是 20 世纪 90 年代为科学界和工程界所关注的技术。它是利用计算机模拟一个三维空间的虚拟世界，加上位置跟踪器、多功能传感器和控制器等有效地模拟实际场景和情形，从而能够使观察者产生一种身临其境的感觉。

虚拟现实技术在许多工程领域得到了广泛应用并取得令人瞩目的成就，但在采矿工程方面的应用相对比较晚，属于起步阶段。目前，虚拟现实技术在矿业的应用主要体现在这几个方面：

（1）矿山开采模拟。英国诺丁汉大学化工、环境与采矿工程学院所属的人工智能及其矿业应用研究室（简称 AIMS）是较早从事人工智能、计算机绘图、虚拟现实等在矿业中应用的研究。其研究涉及采矿工程、矿山安全、环境评价等方面。AIMS 的研究人员已经开发出一系列的虚拟现实系统，如矿山安全系统，井下房柱式开采系统虚拟现实，露天矿单斗挖掘机卡车作业系统、矿井开采系统模拟模型等。露天矿山单斗挖掘机卡车系统如图 14-23 所示。

（2）在矿山设计和优化中的应用。德国 DMT 大学开发的矿井决策模拟系统

图 14-23 采矿过程模拟

STMBERG，是采矿专业学生的训练软件。该软件包括地质、采矿、通风、机械、管理等内容，可以在虚拟现实环境中提供地质、开采设计、工作面状况、工人、市场等方面的简化条件，学生可以进行管理和决策。

德国 Freiberg 大学采矿研究所和 Dresden 技术学院联合开发的矿井设计 3D 自动立体展示系统。该系统将 3D 技术应用于矿井设计中，可以根据钻孔数据模拟矿床分布，进行矿井设计，由于虚拟现实系统具有实时性，可以及时对设计进行修改，避免设计过程出现的失误，提高设计准确性，提高矿井的经济效益。系统可以模拟矿井废水、废气的扩散边界，开采过程中地表的下沉范围，有利于环境保护，而且可以模拟矿井中发生的各种危险情况，给出危险情况下应采取的正确措施和方法，提高工作的安全性。

2001 年 9 月，加拿大劳伦森大学正式对外开放目前具有先进水平的虚拟现实合作实验室（Virtual Reality Collaboration Laboratory，VRCL），提出矿山共通地质模型。在采矿及土木工程应用方面非常独特，为工程师们提供一个非凡的解释工程模型的环境。不同专业的人员能以此互相交流，以最快的速度理解综合数据集，然后做出重大工程决策。实验室自从开始运行以来，有许多国家的土木和矿业工程师、研究人员、咨询人员、科学家和政府官员广泛地使用该设施。客户用 VRCL 演示他们自己的数据，借助三维立体图形，捕捉到隐藏在数据背后的特征，发现新的勘探目标，找到满意的工程问题解决方案。在探矿方面，Falconbridge 公司应用该技术确定新的钻探目标；FNXMining 公司在现有数据的基础上找到新的矿藏；Gold 公司应用该技术向投资者介绍公司的矿藏的同时，在矿山设计中也开始应用这一新技术。

（3）在爆破工艺上的应用。爆破是矿山的一项重要工艺，其爆破效果对生产具有很大的影响，而且容易引发事故。美国内华达大学研究出通用差异单元法 UDCE，用这种方法建造爆破模型。该模型可以模拟爆破对岩体的冲击产生的气体压力效果，模拟出爆破后某一部分岩体的最终位置，从而根据覆岩移动和破碎情况重新设计爆破方案，提高矿石的品位，而且不需要再进行现场试验。同样，对井下巷道的爆破工艺，也可以采用 VR 系统进行研究。

（4）综采工作面设备的虚拟研究。由于地下条件的限制，对于工作面设备的运行情况、作用范围和相互之间的匹配情况，很难进行细致的研究。华北科技学院的韩红利用VRML实现连续采煤机虚拟模型，该系统可以演示采煤机、皮带、液压支架的运动和操作过程，使人们对工作面这些设备的作用有更深入的理解，对设备系统出现的问题及时解决，优化设备整体性能，提高生产效率和生产的安全性。西安科技大学的李瑞彬和刘洋分别以Vega作为二次开发平台，开发了综掘工作面仿真系统，针对综掘工作面的特点对掘进工艺流程进行模拟仿真，对于改进传统的矿山安全等学习和教学具有重要的意义。

(5) 模拟地质构造。南非CSIR公司矿业分公司用区域3D沉积模型来模拟各种断裂构造，通过该模型可以看到断裂面之间复杂的内部关系，预测断裂构造在时间和空间上的分布，加深对地质条件的理解和掌握。

中国地质大学的代昌标以地质体三维可视化建模技术为基础，针对地质界面可视化、地学空间构建、虚拟场景建立与组织以及安全仿真模型构建等关键技术进行探讨，基于OpenGL集成虚拟现实和系统仿真建模技术、约束/非约束二维三角剖分技术及其在三维剖分中的扩展、基于广义三棱柱的三维地学空间构模技术、基于参数化的煤矿井巷及场景构模技术以及空间数据库及数据仓库挖掘技术与现代系统仿真技术建立煤矿安全虚拟现实仿真系统。

(6) 在培训、教学上的应用。宾夕法尼亚州立大学开发出一个初级的虚拟现实培训矿工系统，这个系统利用建筑行业的“Walk-Through”技术，使用基于Windows操作系统的工作站，个人用的HMD、适合少部分使用的监控器及适合多矿工同时培训的立体投影仪，在这个系统中允许用户在虚拟的工作场地巡视以确定是否有故障隐患；可以通过变换或移动“顶板”位置，使用户飞起来查看通风管路是否正确悬挂，电缆是否正确布置及其他置于工作场地中的设备是否正确放置；该系统还可以对矿工进行安全意识教育，如顶板支护、警戒高压电缆等。南非采矿与冶金学院利用虚拟现实技术开发的基于PC机的危险识别训练模拟器，可以训练矿工对井下环境的危险识别。

(7) 矿山灾害模拟和安全。中国矿业大学和德国DMT大学合作，把矿井决策模拟系统STMBERG应用于真实矿井中，利用可视化虚拟现实技术可以模拟井下火灾的发生过程、变化趋势，帮助人们研究矿井防、灭火技术。

太原理工大学薛二龙利用VC可视化编程技术和Matlab语言开发Windows环境下的矿井火灾动态发展过程的虚拟现实模拟软件，可以进行火灾作用下通风网络的风流状态解算和火灾烟流在通风网络中的扩散过程解算，并且根据矿井火灾时期火灾的风流变化规律和烟流蔓延趋势绘制出变化趋势图。从计算数据和图形可以看出火灾影响范围，评估矿井火灾的灾害程度。

虚拟现实技术是将矿山静态三维可视化场景转变成虚拟矿山的关键技术，它不仅可以表达矿山中的人和设备的行为属性，还将现实世界中更多的物理特性和社会特性引入虚拟场景之中，形成真正的人工矿山系统，让虚拟矿山系统“活”起来。

14.5.1.2 三维可视化技术

可视化（Visualization）是利用计算机图形学和图像处理技术，对数据进行转换，以图形或图像的形式在屏幕上显示，并进行交互处理的理论、方法和技术。它涉及到计算机图形学、图像处理、计算机辅助设计和计算机视觉等多个领域，成为研究数据表示、处理和分析等一系列问题的综合技术。三维可视化技术使人能够在三维图形世界中直接对具有形体的信息进行操作，能够发现资料中存在的空间关系问题，发现和提出异常，为分析、理解及重用数据提供了有用的工具，对多学科的交流协作起到桥梁作用。三维可视化技术还能赋予人们一种仿真的、三维的并且具有实时交互的能力，这样人们可以在三维图形世界中用以前不可想象的手段来获取信息或发挥自己创造性的思维。

三维可视化可以表达复杂的三维地质构造形态，表达构造要素的空间关系，表达岩石内部结构，以及岩体内部物质的分布状况；可以表达复杂井巷工程的空间形态、连接关系和上下层次关系；可以表达各类布置在采矿工程中采掘、供电、通风、运输等生产系统及其空间关系。经过三维可视化建模，地质体及工程布置的显示会更直观、更清晰、更准确、更具有立体感和真实感，从而进一步丰富地质和采矿工程师的空间想象力，有助于人们对采矿生产活动有更深刻的认识，对于工程设计、优化采掘顺序和优化调度方案具有重要意义。

14.5.1.3 三维建模技术

三维建模技术是构建具有真实感的三维场景的关键技术。三维建模技术分为基于几何的建模技术、基于图像的建模技术和混合建模技术。基于几何的建模是传统的建模方式，建立对象的几何模型并赋予相应的材质（光照或者纹理映射）。其优点是对象具有自己独立的几何模型，可以描述单个对象的属性和行为，能进行对象级交互；缺点是建模复杂，数据量和工作量都很大。

基于图像建模是计算机视觉与计算机图形学相交叉的一个相对新兴的领域。实质上是将离散图像或连续视频处理成真实的全景图像，然后把全景图映射到合适的空间模型上形成具有真实感的虚拟实景空间，用户可以在这个空间中漫游。其优点是真实感强，数据量小，数据量只与全景图的分辨率有关，与场景的复杂度无关。

混合建模技术是目前的发展趋势，它充分发挥基于几何的建模技术和基于图像的建模技术各自的长处，分别对不同类型的场景对象建模。

采矿仿真模拟的内容之一即是建立仿真模型，包括以下两点：

（1）根据数据组织方式和三维可视化的需要建立矿山的三维场景几何模型、人和设备的几何模型与行为模型，为三维特效提供建模技术支持。

（2）通过专业建模算法实现空间要素的快速自动化建模与更新的功能，提高系统的易用性和可维护性。

动态环境建模技术目的在于获取实际环境的三维数据，并结合应用需要，通过所获取的三维数据建立相对应的虚拟环境模型。

14.5.1.4 计算机动画技术

计算机动画是计算图形学与艺术相结合之后发展起来的一个分支，是随着图形算法与计算机硬件的发展而发展的。它吸收了计算机科学、艺术、物理学、数学等相关学科的知识，在计算机上自动生成连续的画面，可以获得各种传统方法难以达到的效果，给动画创作者提供了一个能够充分展示个人的想象力和艺术才能的新天地。

动画大师约翰·海勒斯认为动画的本质是动作的变化。计算机动画的原理是利用人的视觉暂留现象，通过连续播放静止图像的方法产生景物运动的效果。把构成动画的每一幅连续的图像称为帧。从动画的生成方式来看，计算机动画可以分为实时动画和逐帧动画，实时动画也称为算法动画，通过采用各种算法实现运动物体的运动控制。逐帧动画简称为帧动画，通过计算机产生动画所需的每一帧图像并保存下来，然后将动画图像系列按照动画顺序逐个显示，从而实现运动效果。从动作发生的对象的角度又可以将计算机动画分为模型动画和纹理动画。骨骼动画就是模型动画中的一种。

计算机动画技术是采矿仿真模拟的关键支撑技术之一，它极大地增强了系统的表现能力。可以用于人员和设备的行为建模和表现，展示生产系统的工作状态，模拟落矿、火焰、烟雾、水流等自然现象，以及提供一些特效功能，如闪烁的光效报警等。

14.5.1.5 三维 GIS 技术

地理信息系统（geographic information system，简称 GIS），它是集地理学、地图学、计算机科学、遥感、管理科学为一体的交叉学科，是在计算机硬件支持下，以采集、存储、管理、检验、分析和描述空间物体的定位分布及相关的属性数据，并以解决用户问题为主要任务的计算机系统。三维 GIS 是传统二维 GIS 的新发展，它是利用 3S 技术（GIS、GPS、RS）、三维可视化技术、计算机技术等对地球空间信息进行编码、存储、转换、分析和显示的空间信息系统。自然地，二维 GIS 是三维 GIS 的子集，三维 GIS 拥有二维 GIS 所不具备的三维描述、三维数据管理、三维可视化和三维空间分析能力，能更加真实和精确地描述现实世界。

三维 GIS 的基本功能包括三维数据采集、建模与编辑、三维空间数据组织与管理、三维可视化、三维空间分析等。三维 GIS 通过三维可视化技术表现三维空间信息，大大降低了人们理解地上地下三维空间的难度，以这一功能为主的可视化 GIS 软件广泛应用在测绘、遥感、地质、矿产和规划设计与建筑等不同专业领域。三维空间数据管理和三维空间分析是三维 GIS 的核心功能，也是它区别于其他系统（如计算机辅助设计系统）的本质特征。随着 GIS 应用从辅助宏观规划管理决策到支撑微观设计和建设工程的不断深入，从二维到三维的发展正呈现一个加速态势，三维 GIS 的应用将贯穿一个工程的生命周期的全过程，而三维 GIS 与计算机辅助设计（CAD），建筑信息模型（BIM）和建筑工程与建设（AEC）的无缝集成正带来整个工程设计与建设管理领域从二维图纸到三维协同设计与建造的革命性变化。

矿山是一个典型的三维生产活动空间，三维 GIS 和矿山软件的无缝集成是三维 GIS 和矿业软件发展的必然趋势。三维 GIS 应用于矿山领域可以解决两个方面的问题：

（1）在三维 GIS 成熟的空间模型的基础上构造适合于矿山的空间数据模型，有效地描述矿山空间对象，并提供强大的空间分析能力和空间信息服务功能，解决矿山复杂空间数据描述和空间信息服务问题。

（2）利用三维 GIS 领域成熟的建模与数据管理技术建立部分矿山要素实体模型，并有效组织和管理整个矿山的空间要素，解决矿山对象建模和数据管理问题。

14.5.1.6 采矿模拟仿真意义

无论是从进一步推进数字矿山的建设，实现我国矿业现代化的角度，还是从解决当前严峻的矿山安全形势的角度，采矿仿真模拟对于矿山具有重要的意义。

（1）真实再现矿山地貌、地质和开采环境。基于 VR 和 3DGIS 技术的仿真模拟拥有整个矿区的地上和地下的三维场景，这些场景具有真实的尺寸和坐标，能够进行空间查询和分析。如果跟三维采矿设计和计划编制软件结合，采用统一的基础空间数据管理引擎和共同的数据库，则可以实现设计、计划和管控的无缝衔接。

（2）在真实的三维矿山场景里实现集中监控。这是融多种先进技术于一体的综合自动化系统。在统一的真实三维矿山场景里显示环境监测数据，实时仿真矿山各生产系统的运行状态和设备工况，实时仿真人员和移动资产的位置。

（3）为更多业务功能提供真实的基础信息、公共的数据结构和展现功能结果的平台。系统提供了真实的三维地理地质信息、三维井巷模型、井巷空间几何网络、三维生产系统模型与网络、实时监控数据，可为生产仿真、灾害事故模拟、井下无线覆盖设计等业务分析功能提供原始数据，并为分析结果的展示提供三维可视化的方式。

（4）为自动化智能化采矿提供可视化的监控与调度平台。在智能采矿阶段，为无人采矿设备的导航定位系统提供高精度的包含巷道中线和断面信息的三维电子地图，同时根据定位系统反馈回来的位置和姿态信息实时地在场景中控制设备模型，将设备的运动与姿态情况直观地模拟出来。如果将智能调度算法嵌入平台之中，可以实现设备的智能调度、导航定位和实时监控，方便调度人员随时掌握井下智能设备位置和工作状态。

14.5.2 采矿仿真模拟平台

采矿仿真模拟平台旨在创建一个可以在其中自由漫游的虚拟环境，操作者可以用接近自然的方式（如语言、手势、姿势等）与虚拟场景进行交互式操作，从而达到真三维环境中的可视化管控的目的。采矿仿真模拟平台一般由五大部分组成，见图 14-24。

（1）基础数据库。即三维模型数据库，包括各空间数据模型、场景、人员虚拟化身、设备、各生产系统等模型及其实时采集的监测数据。它是采矿仿真模拟平台的基础，保存着可视化管控所需的所有视景模型和关键属性信息。

（2）仿真模拟软件。完成三维模型数据库与虚拟场景的集成，并实现操作者在系统中漫游和交互式操作的功能，是联系操作者和虚拟矿山的桥梁。

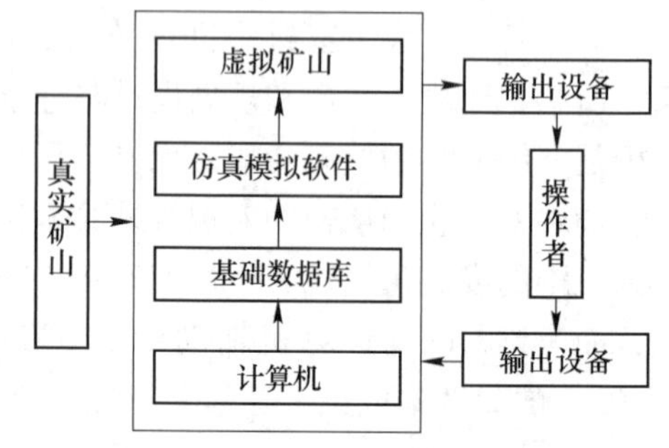

图 14-24 采矿仿真模拟平台构成

（3）计算机。硬件基础，用以生产视景仿真模型、加载程序实时运算。

（4）I/O 设备。用以模拟和加深操作者沉浸感的硬件设备。输入设备包括：头盔式显示器、立体眼镜、数据手套、自由度鼠标、生物传感器等。输出设备常见的有：三维声音系统、三维图像显示装置、触觉和力觉反馈装置等等。

（5）操作者。采矿仿真模拟平台的参与者和使用者，通过上述的 I/O 设备与虚拟现实系统进行交互，是虚拟环境的直接感受者。

14.5.2.1 硬件系统

在虚拟现实系统中，为了使人与计算机能够融洽地交互，让人沉浸到计算机所创造的虚拟环境中去，必须配备相应的硬件设备。

A 跟踪系统

跟踪系统的任务是要实时检测出虚拟现实系统中人的头、身体和手的位置与指向，以便把这些数据反馈给控制系统，生成随视线变化的图像。

（1）电磁跟踪系统。电磁跟踪系统由励磁源、磁接收器和计算模块组成。励磁源由3个磁场方向相互垂直的交流电流产生的双极磁源构成，磁接收器由3套分别测试3个励磁源的方向上相互垂直的线圈组成，经3次测量，可以测得9个数据，由此可确定被测目标的6个参数，即空间坐标 x、y、z 和旋转角 A、B、C。

（2）声学跟踪系统。利用不同声源的声音到达某一特定地点的时间差、相位差及声压差，可以进行定位与跟踪。与电磁跟踪法相似，超声波式传感器也由发射器、接收器和电子部件组成。实现声音的位置跟踪，可以采用声波飞行时间测量法和相位相干测量法。

（3）光学跟踪系统。光学跟踪系统使用从普通的视频摄像机到 x-y 平面光敏二极管的阵列，利用周围光或者由位置器控制的光源发出的光在图像投影平面不同时刻或不同位置上的投影，计算得到被跟踪对象的方位。光学跟踪系统可以被描述为固定的传感器或者图像处理器。

B　触觉系统

在虚拟现实系统中，产生沉浸效果的关键因素是用户能用手或身体的其他能动部分去操作虚拟物体，并在操作同时能够感觉到虚拟物体的反作用力。力学反馈手套是最常用的触觉系统，它使用2只手套，在第一只手套的下部安装20个压敏元件，当戴上手套时，用户感觉到压敏元件随着手的用力产生的阻力，压敏元件输出经模数转换后，传送给主机处理。第二只手套有20个空气室，由20个空气泵来控制膨胀和收缩，从而对用户施加力感。通常触觉系统的实现都通过数据手套来传输数据。

C　音频系统

听觉环境系统由语音与音响合成设备、识别设备和声源定位设备所构成，通过听觉通道提供的辅助信息可以加强用户对环境的感知。为了能产生逼真的环境音，人们已开始尝试使用4声道系统，采用空间声音合成方法，通过由不同方向到达左、右耳道的声音测试得到响应。

D　图像生成和显示系统

在VR环境中，图像生成和显示技术显得特别重要。由计算机生成视景的工作主要包括3个步骤：（1）计算生成真实感的图形，其图形具有颜色、光照、立体感和运动感。（2）计算生成或直接从图像库中取得已经压缩且有真实感的背景图像。（3）经过扫描变换将图形和背景图像统一安排在同一坐标系中。生成后的图像可通过大屏幕立体显示系统或3面显示系统显示出来。

14.5.2.2　软件系统

软件系统主要包括输入部分、模拟部分、演示生成部分和全局数据库四个部分。主要功能是对硬件所获取的信息处理、模拟、演示和保存。

下面以三维可视化生产管控系统平台（digital mine virtual reality system）为例进行介绍。DMVR是以生产和安全检测数据为基础，以矿山资源与开采环境三维可视化系统为平台，通过对矿山生产装备和安全监测装置的姿态、工况、过程和属性的模拟、仿真、分析和可视化表达，实现对矿山生产状态的实时监控与调度。

DMVR系统的构架包括以下四个层次：

（1）嵌入式软件系统。用于传感器和网络数据采集单元。

（2）上位机系统。用于网络数据采集单元和设备自动化控制。

（3）数字采矿软件系统。用于地质、测量、开采设计和生产计划编制的三维可视化建模、优化、设计和分析。

（4）基于虚拟现实技术的生产过程管理系统。用于监测数据采集、空间数据分析和生产过程仿真、控制与决策。

目前国内比较流行的软件还有 Converse 3D 三维仿真系统与 Converse Earth 虚拟地球系统、Skyline Globe、中视典虚拟仿真实验教学平台 VRP 产品体系、北京迪威视景数字化 3D 矿山虚拟现实系统等。

14.6　露天智能采矿装备

14.6.1　露天智能采矿装备发展进程及趋势

20 世纪 70 年代以前，露天矿设备在实践中较多注重推行先进的制造技术。进入 80 年代以后，随着微电子技术和卫星无线通信技术的飞速发展，露天矿设备在开发和应用方面逐步开始了自动化和智能化进程。首先是车载监控，早期的电铲仪表及监控系统是这方面的工作先驱，它可向司机提供维护报警、向管理部门提供生产维护方面的数据。例如，布赛勒斯·伊利（BE）公司开发了以微处理机为基础的电铲分析系统，用于提高电铲效率与改善性能指标方面的分析服务。后来又开发了一些专用功能模块，将它们与一个完整的、交互式的机器管理系统联网，进行作业成本分析、采矿计划反馈，以及维护控制。再后来开发了车载监控技术，用于监控机器的完好状态和提供相关维护信息。目前国外生产的露天矿大型穿孔、装载和运输设备一般都配有车载监控分析系统。

与此同时，矿山调度系统逐步在露天矿得到推广。它们由人工调度进步为自动调度，监控目标也由重点设备发展为全矿范围的监控。首先是美国模块采矿系统（modular mining systems）公司推出一种名为 Dispatch 的矿山管理系统，应用于露天矿的优化运输生产中。起初这个系统只是用于运输汽车的调度，如今已经发展成集成化的系统，可以全面提供实时数据和前期生产数据，也可与用于监测机况的机载可编程逻辑控制器和卫星定位系统连接，进行实时的设备监控。

1988 年，温科国际采矿系统公司（Wenco Int. Mining Systems）开始开发集成化车铲作业与管理系统，目的是用模拟方法生成开采计划来解决车铲调度，以及用于设备维护的故障诊断与监控。该系统在不断地完善和升级，现在可以支持利用 GPS 的管理信息系统。而阿德奥尔特（Adort）公司的 Charlemagne 系统，可以按班编制设备利用计划和保证品位控制；它的目标是在相应的约束条件下使产量最大，如在电铲与卸载点之间选取最优的汽车运行路线并计算电铲生产能力。

21 世纪初，在视线范围内的机器远距离控制也开始在露天矿得到应用，美国西雅里塔（Sierrita）矿在 1 台 Cat992C 型装载机上，应用了黑匣子自动化公司（Blackbox Automation Co.）安装的视线范围内无线电远距离控制系统；如今，无人驾驶汽车的应用也在扩大，今后露天矿将在集中控制室内进行远距离操作，如图 14-25 所示。

未来露天矿设备的控制与监视系统将通过遥测技术全面与矿山调度与维护管理信息系统连接在一起。设想中的是一个全方位趋向集成化信息系统："全面开采系统"（TMS-total mining system）。

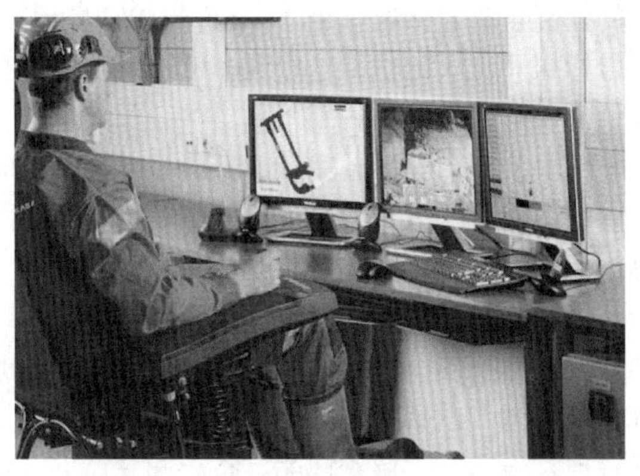

图 14-25　在控制室内对铲运车进行操控图

14.6.2　自动化与智能化的全面开采系统

设备车辆的工作情况以及开采物料的品位、形态和硬度等的变化，都会影响生产指标达到的水平，通信集成化是取得所需要的实时数据，实现设备自动化与智能化的关键技术。

监控和定位系统正在成为露天矿设备的规范性配件，而通信系统和能够灵活编制生产计划的信息管理系统可使监控和定位系统产生的数据向全矿传输，并做出决策指令反馈给设备，从而使采矿设备自动化作业成为可能。

全面开采系统（TMS）被认为是一种完全的和复杂的实时监控、定位和信息管理系统，它可以在矿山的每台被监控的设备之间实现完美的双向通信。

TMS 系统的实现，需要下列部件和子系统：车载监控和定位系统（以 GPS 为基础）；一个能够快速灵活地编制计划的生产控制系统；一个可以使各类相关人员方便地进行存取访问的专用软件集成化数据库系统；一个具有开放式结构的矿山模型建立系统和地理信息系统（GIS）；一个完整的采矿计划系统；一个具有足够的应答能力和频带宽度的双向车载通信网络。

该通信系统将具有开放和柔性的结构，例如，可以和某个现有系统接口。无线通信网络是开发的第一阶段，设计时要能方便地适应既有的应用模块和硬件设备。另外，在将来设计时，应能促进各种自行式采矿机械，如钻机、前端式装载机、电铲和汽车等的遥控和自控。

14.6.3　自动化与智能化的技术代表

在实现全面自动化与智能化作业之前，安装车载监视、控制和定位系统已显著地提高了露天矿设备的作业效率和降低了作业成本。卫星定位系统和车载监测计算机为实现视频矿山（video arcade age mines）奠定了基础。

14.6.3.1　Dispatch 系统

Dispatch 是美国模块采矿系统公司开发的一种矿山管理系统，应用于露天矿的优化运输生产。起初，这个系统只是用于运输汽车的调度，如今已经发展成可以全面提供实时数据和前期生产数据以及储存数据的系统。这个系统也可与主设备生产厂家提供的用于监测机况的机载可编程逻辑控制器（PLC）和卫星定位系按（GPS）连接。

1980 年，美国费尔普司-道奇-蒂龙（Phelps Dodge Tyrone）矿业公司首先采用了第一个汽车调度用 Dispatch 系统，该系统与一个包括无线电数据收发装置的车载计算机系统结合使用，操作员（司机）控制盘显示器只能显示 4 位数。1983 年模块公司推出了一种新型的控制盘，它接有一个32字符的数字显示器并具有31个薄膜键。利用设在全矿的射频信号标探测汽车的位置，当汽车从通过时，射频信号标就向Dispatch中心计算机报告它的位置。

模块公司在不断地完善Dispatch系统的同时，于1999年3月推出了包括Dispatch系统在内的智能化（或数字化）矿山的软件包系列产品，智能化矿山的所有模块产品和帮助信息都能同时运行，因此可以说该公司的产品已开始进入集成决策平台的时代。

模块公司的第88套Dispatch矿山管理系统1998年被中国购买并应用于德兴铜矿，该套装置包括在60辆汽车、11台电铲、4台钻机、2台破碎机和4套边坡监测的计算机系统，采用微波网把实时的Dispatch生产信息传送到矿山管理大楼和生产办公室。这套系统给管理者提供关于设备性能、状态和生产的实时信息。所有现场设备将与模块公司的现场实际图形控制台结合起来，以中文界面提供给操作者。该系统主要包括：(1) 卡车调度系统。是Dispatch中的主系统，也是最基本的系统。(2) 钻机穿孔管理系统。包括车载计算机系统、传感器、操作接口面板等。(3) GPS定位系统。目前其精度可达1~5m以内。(4) 边坡监测系统。这是一套基于无线数据通信的系统，能连续地收集边坡移动的数据，并送至采场办公室内的计算机显示存储和运算处理，由此确定各处的边坡稳定情况，并能及时报警。(5) 配矿系统。该系统能根据需要配矿，保证选厂稳定生产。(6) 生产、设备管理系统。该系统能记录每一台设备作业的运行时间和全部作业情况。(7) 设备故障监控报警。现有大型设备都能够对设备重要参数进行监控，该系统可通过无线通信与中央计算机连接起来，对设备实时监控并及时通知有关人员进行维修处理。(8) 模拟系统。该系统可让矿山在新的生产作业之前先进行模拟测试，是非常有用的虚拟采矿工具。

国外露天矿山应用实践已充分证明，Dispatch系统是提高矿山生产能力、节约投资和降低成本的一种行之有效的先进技术。采用该系统的矿山，生产能力可以提高7%~10%。德兴铜矿自1998年7月投入使用以来，已提高设备效率6%以上，并可相应减少设备事故。100万美元购买该系统的投资大约2年就全部收回。

14.6.3.2 Wenco 系统

Wenco公司是世界上知名的矿山管理系统的生产商之一，目前的Wenco系统包括有现场硬件（安装在设备上的移动数据终端）、无线通信设备、基站、主计算机系统、Wenco软件。

车载移动数据终端（MDT）通过专用无线数据网实时地与主机软件进行联系，当系统处在调度方式下，车载移动数据终端可在关键道路交叉口或在用户指定的任一地点向主机系统报告有关情况；当汽车翻斗举升后触发卸载开关信号时，车载移动数据终端会将汽车卸载信息发送至主机系统并等待主机指派下一次工作任务，主机收到卸载信息并指派完工作任务后，将其返回传送给汽车的移动数据终端，经信息处理后将显示在汽车驾驶室内的显示器上。

调度程序的算法考虑了很多因素，并将其根据矿山计划和变化条件予以规范化，但一般考虑的因素是汽车由卸矿点至电铲之间的行车时间及其他约束因素。除了行车调度外，该系统还能根据汽车循环时间等生产数据，利用在线状况诊断系统生成大量其他数据。

对于矿石品位问题，可把主系统配置为控制装有一指定品位矿石的汽车驶往破碎机或贮矿堆去卸矿，为此系统应存储有各个采矿工作面上的矿石品位的数据和其他参数。还可以逐车地跟踪矿石数量和质量，以便实时地按计划来计算并组织不同品位矿石的配矿量。此外，为了提高采掘质量，Wenco 的台阶底板标高检测系统是在电铲上采用了高精度全球定位系统，以便精确地控制台阶底板的标高并控制矿石质量。

Wenco 的数据库是重要的软件模块之一，其最新版本是全面开放式结构，支持 Oracle 和微软的 SQL 数据库软件。

Wenco 系统已经在世界各地许多露天矿山得到应用。例如吉尔吉斯斯坦的卡梅科（Cameco）公司的 Kumtor 金矿，Wenco 系统把该矿的 24 台 Cat777B 型汽车、4 台 O&K RH120C 型电铲和 4 台 992C 型装载机联系起来。该金矿 1999 年投运了调度系统后比计划多剥离了 17%的岩石，但是剥离费用却只比预算增加了 1.5%。

习　题

14-1　目前，计算机在露天开采中的应用包括哪些方面？
14-2　露天矿优化设计的计算机方法有哪几种？
14-3　简述矿床地质模型构建方法及流程。
14-4　试根据数字矿山软件平台进行露天矿开采设计实践。
14-5　试编制露天矿中长期及短期开采计划优化软件系统。
14-6　露天开采过程模拟仿真的主要步骤有哪些？
14-7　露天矿汽车智能调度系统主要包括哪些内容？

本章参考文献

[1] 郑友毅，王青，顾晓薇．露天煤矿开采计划的整体动态优化［J］．煤炭学报，2009，34（8）：1052~1056.

[2] 黄俊歆，郭小先，王李管，等．一种新的用于编制露天矿生产计划开采模型［J］．中南大学学报（自然科学版），2011，42（9）：2819~2824.

[3] 郑友毅．露天煤矿最终境界与开采计划优化方法及其应用［D］．沈阳：东北大学，2012.

[4] 王青，顾晓薇，胥孝川，等．露天矿生产规划要素整体优化方法及其应用［J］．东北大学学报（自然科学版），2014，35（12）：1796~1800.

[5] 顾晓薇，胥孝川，王青，等．金属露天矿生产计划优化算法的改进［J］．东北大学学报（自然科学版），2014，35（10）：1492~1496.

[6] 刘晓明，罗周全，徐纪成，等．大型矿区资源开采规划模型的建立及其应用［J］．中南大学学报（自然科学版），2014，45（8）：2812~2816.

[7] 王青，胥孝川，顾晓薇，等．考虑生态成本的露天煤矿生产计划优化［J］．金属矿山，2015（3）：23~27.

[8] 马龙，卢才武，顾清华．多金属矿山工业采掘生产计划模型与优化算法［J］．工业工程与管理，2018，23（3）：50~56，64.

[9] 刘定一，王李管，陈鑫，等．地下矿中长期计划多目标优化及应用研究［J］．黄金科学技术，2018，26（2）：228~233.

[10] 贾明涛，吕青海，陈鑫，等．聚合分期算法在露天矿中长期生产计划编制中的应用［J］．黄金科学技术，2017，25（4）：58~64.

[11] 李国清，李宝，胡乃联，等. 地下金属矿山采掘作业计划优化模型 [J]. 工程科学学报，2017，39 (3)：342~348.

[12] 李瑞，胡乃联，李国清，等. 基于多目标 0-1 规划的采掘作业计划优化 [J]. 金属矿山，2017 (2)：102~108.

[13] 胡乃联，李勇，李国清，等. 用粒子群算法优化编制露天矿生产作业计划 [J]. 北京科技大学学报，2013，35 (4)：537~543.

[14] Ramazan S. The new fundamental tree algorithm for production scheduling of open pit mines [J]. European Journal of Operational Research，2007，177 (1)：1153~1166.

[15] Natashia Boland，Gary Froyland，Ambros M Gleixner. Lp-based disaggregation approaches to solving the open pit mining production scheduling problem with block processing selectivity [J]. Computers & Operations Research，2009，36 (4)：1064~1089.

[16] Andreas Bley，Natashia Boland，Christopher Fricke，et al. A strengthened formulation and cutting planes for the open pit mine production scheduling problem [J]. Computers & Operations Research，2010，37 (9)：1641~1647.

[17] Ribas S，Merschmann L H C，Coelho I M. A hybrid heuristic algorithm for the open-pit-mining operational planning problem [J]. European Journal of Operational Research，2010，207 (2)：1041~1051.

[18] Martinez M A，Newman A M. A solution approach for optimizing long- and short-term production scheduling at LKAB's Kiruna mine [J]. European Journal of Operational Research，2011，211 (1)：184~197.

[19] Amina Lamghari，Roussos Dimitrakopoulos. A diversified Tabu search approach for the open-pit mine production scheduling problem with metal uncertainty [J]. European Journal of Operational Research，2012，222 (3)：642~652.

[20] Denis Marcotte，Josiane Caron. Ultimate open pit stochastic optimization [J]. Computers & Geosciences，2013，51：238~246.

[21] 何帅. 国外某露天矿 GPS 生产调度系统建设 [J]. 露天采矿技术，2016，31 (5)：34~36.

[22] 孙效玉，赵松松. 露天矿卡车调度系统综合评价方法 [J]. 金属矿山，2016 (5)：139~143.

[23] Gamache M，Grimard R，Cohen P. A shortest-path algorithm for solving the fleet management problem in underground mines [J]. European Journal of Operational Research，2005，166 (2)：497~506.

[24] Patterson S R，Kozan E，Hyland P. Energy efficient scheduling of open-pit coal mine trucks [J]. European Journal of Operational Research，2017，262 (2)：759~770.

[25] Bakhtavar E，Mahmoudi H. Development of a scenario-based robust model for the optimal truck-shovel allocation in open-pit mining [J]. Computers and Operations Research，2018.

15 露天与地下联合开采

15.1 概　　述

露天与地下联合开采是指在同一矿体范围内，既有露天开采又有地下开采。

15.1.1 露天与地下联合开采分类的依据

露天与地下联合开采是根据采矿工作在时间和空间上不同的结合方式来分类的。

15.1.1.1 时间上的结合

露天和地下采矿工作在时间上的结合程度可以用时间结合系数 k_t 表示，它是露天和地下同时生产的时间 t_s 与矿床开采的总时间 T 之比，即 $k_t=t_s/T$。

根据露天与地下采矿工作在时间上的结合程度，联合开采可分为三类：

(1) 露天与地下采矿工作同时进行。自始至终是同时进行的，此时 $k_t=1$。

(2) 采矿工作部分同时进行。露天和地下的采矿工作中有一项先开始，然后同时进行，$0<k_t<1$。

(3) 露天和地下采矿工作顺序进行。k_t 值等于 0 或接近于 0。因为在露天结束和地下开始阶段，可以利用联合开采的工艺特点，例如露天矿下部几个台阶的矿岩可以通过地下开拓巷道运出，可以利用地下崩落区堆放露天剥离的废石等，所以也属于联合采矿。此外，露天和地下过渡时间一般都不少于 3~5 年，所以通常 $k_t\neq0$。

15.1.1.2 空间上的结合

采矿工作在空间上的结合程度用空间结合系数表示，它是露天和地下同时开采的矿床面积 S_s 与矿床开采总面积 S_a 之比，即 $k_s=S_s/S_a$。

图 15-1 中 l_o 和 l_u 分别为露天边界内和地下井田内矿床的平均长度。假设矿床沿走向全长的厚度相同，那么 k_s 就等于露天与地下同时开采的总长度与矿床总长度之比。

按露天和地下采矿工作在空间上的结合程度，联合开采可分为三类：

(1) 露天和地下开采在垂直面上在矿床全面积上进行。如图 15-1 (a) 所示，此时露天开采面积 S_o 等于地下开采面积 S_u，它们各自等于矿床开采面积 S_a。因此，空间结合系数 $k_s=2$，为最大值。这种情况给露天和地下的开拓系统和采矿工艺的密切联系提供了有利的条件。

(2) 露天和地下开采在水平面上独立进行。如图 15-1 (b) 所示，这种情况下 $k_s=S_s/S_a=(S_o+S_u)/S_a\to1$。在露天和地下开采的交界处，相互影响是很大的，整个矿床的开拓、采准、疏干、通风和其他工艺都可能有密切的联系。

(3) 露天和地下开采在水平面和垂直面上同时进行。如图 15-1 (c) 所示，在矿床的部分区段两种开采工作在水平面上和垂直面上同时进行。此时 $1<k_s<2$。两种采矿工作之间

可能出现比较复杂的相互影响与联系。

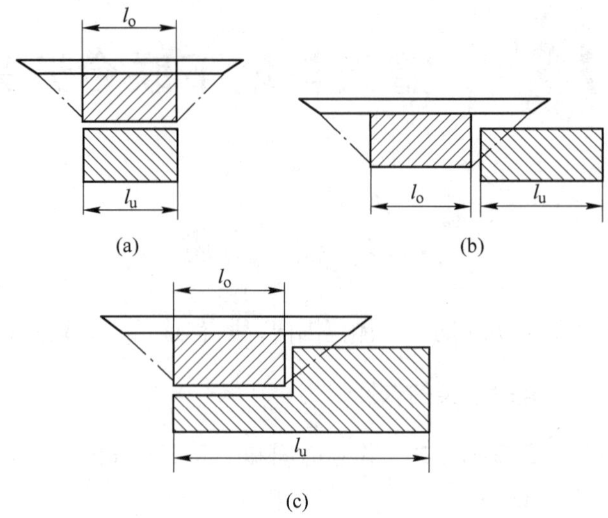

图 15-1 露天和地下开采在空间上的结合

15.1.2 露天与地下联合开采的分类

根据露天和地下开采在时间上和空间上结合方式的不同，通常把联合开采分为：

（1）露天与地下同时联合开采。从设计开始就安排露天和地下同时开采。

（2）露天转地下开采。先用露天方法开采矿床的上部，然后过渡到用地下方法开采矿床的下部。

（3）地下转露天开采。先用地下方法开采矿床，然后过渡到用露天方法开采矿床。

15.1.3 矿床联合开采的特点

无论是露天开采或地下开采，都具有其独特的工艺特点。当矿床适合于采用露天和地下联合开采时，就应该充分利用这些工艺特点，以提高露天和地下开采的技术经济指标。

联合开采工艺系统的核心是在开采工作按一定顺序进行时，必须尽量考虑矿床的特点，选择露天和地下井田的联合开拓系统，露天和地下相互联系的开采工艺系统，共用地面辅助生产设施和生活福利设施，以提高矿山的经济效益。

露天和地下联合开拓的主要特点是最大限度地赋予地下巷道多种用途。深部露天矿开采的趋势是广泛利用地下巷道进行运输。

根据开拓和采矿在工艺上互相联系程度的不同，可把露天与地下联合开采的矿山分为三种类型：

（1）紧密联系。露天与地下在开拓和开采工艺上相互紧密联系。例如露天与地下的矿岩都通过地下井巷运出，这种情况下 $1 < k_s < 2$。

（2）中等联系。在开拓和开采工艺上只有部分区段是相互联系的。例如露天矿的部分矿石是通过井下巷道运出，或者地下部分矿石通过露天运输系统运出，这类矿山多数是 $k_s < 1$ 和 $0 < k_t < 1$。

（3）间接联系。露天和地下生产没有直接联系。例如露天只是利用地下巷道作为矿床的疏干、通风和探矿等，但在矿山的服务性与辅助生产设施方面仍有密切的联系。

技术上可行的联合开采工艺系统有：露天与地下联合使用地下巷道系统，露天矿利用地下巷道系统，地下矿石经露天运出，露天废石排入地下开采崩落区，各自独立的运输系统。用露天钻机回采露天坑底和边帮的矿石等。

近几十年来，露天转地下开采在国内外矿山得到了广泛的应用。对于这类矿山，为了保持矿山产量的平衡，当露天开采向地下开采过渡时，在一段时间内露天与地下需同时进行开采作业，这是这类开采法的最复杂与最核心的技术问题，这与露天与地下同时联合开采的基本条件是大致相同的。地下转露天开采只是在特殊条件下偶然使用。

对于急倾斜中厚以上的矿体，当矿体延深较大而覆盖层较薄时，矿体的上部通常先采用露天开采，然后下部采用地下开采，整个开采过程称为露天转地下开采。

在露天开采转为地下开采的过渡期，矿山由单一的露天开采转为露天与地下开采同时作业，必须充分采用各种技术与组织措施，减小过渡期对生产效率（一般下降15%~25%）的影响。当露天矿生产进入减产期后，地下开采系统应当基本形成，并逐步承担露天矿减产部分的产量，使矿山产量基本保持稳定。

15.2 露天转地下开拓系统

因为露天开拓系统已先期形成，露天转地下开采的开拓系统主要指地下开拓系统。应当强调的是，在设计地下开拓系统时，应尽可能地利用或结合露天开拓系统，以减少投资。

根据露天和地下采矿工艺联系的紧密程度，露天转地下开拓系统可分为：露天和地下独立开拓系统、局部联合开拓系统、联合开拓系统三种类型。

15.2.1 露天和地下独立开拓系统

在深部矿体储量大、服务时间长，或在露天开采深度大、露天采场的底平面狭窄、采场边坡稳定性差，难以保证井巷工程出口安全的情况下，地下开拓工程一般布置在露天采场之外，成为独立的开拓系统。它具有两套生产系统，相互干扰小，露天开采结束后无需继续维护边坡等优点。缺点是两套开拓系统的基建投资大，基建时间长。

白银厂铜矿和冶山铁矿在20世纪60年代由于露采设备供应困难被迫提前转入地下开采时，曾采用这种开拓方式。图15-2为白银厂铜矿露天转地下独立开拓系统。

国内外实践表明，除在矿床地质与地形条件特殊的情况下采用外，一般很少采用这种开拓系统。

15.2.2 局部联合开拓系统

（1）倾斜或急倾斜矿床残留矿体（包括露天矿底柱和挂帮矿）的开采，通常利用地下开拓系统运至地面。例如我国的铜官山铜矿、凤凰山铁矿和南非的科菲丰坦金刚石矿等。

（2）露天开采到设计境界后，下部矿体的储量不多，服务年限较短，通常自露天坑底

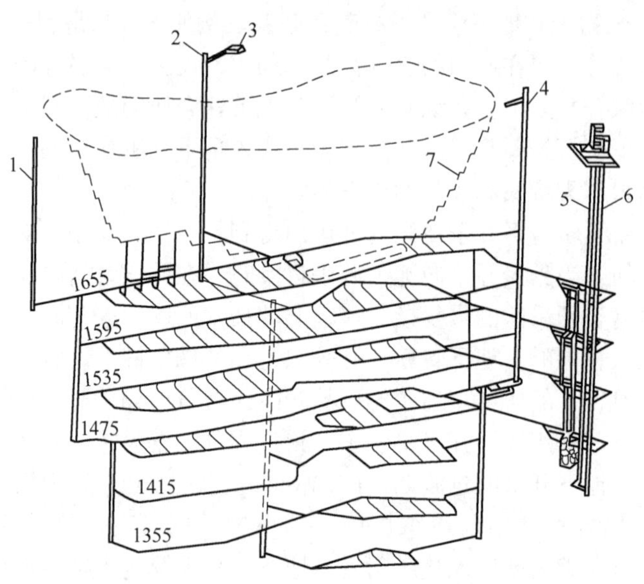

图 15-2 白银厂露天转地下独立开拓系统

1—西风井；2—北风井；3—风机房；4—东风井；5—主井；6—副井；7—露天矿

的非工作帮掘进平硐、斜井或竖井形成地下矿体的开拓系统。如图 15-3 所示的平硐-斜坡道开拓地下矿体的系统，矿石经露天开拓系统运到选厂，具有井巷工程量和基建投资少，投产快，可充分利用已建的露天开拓运输系统的优点。缺点是井巷施工与露天生产同步进行，干扰较大。

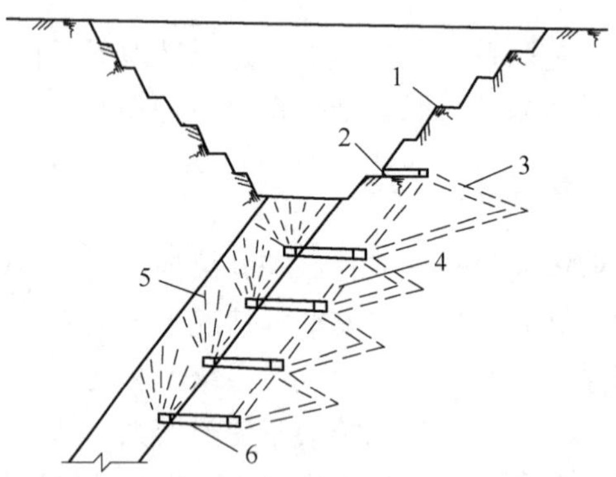

图 15-3 局部联合开拓系统

1—露天边帮；2—平硐；3—斜坡道；4—溜井；5—深孔；6—装矿横巷

15.2.3 露天与地下联合开拓系统

（1）露天坑内外联合开拓。在露天坑较低的台阶有足够空间的情况下，可以在坑内布置斜坡道或风井等辅助井巷，而把主井和主要运输巷道布置在坑外，如我国的凤凰山铁矿（见图 15-4）和瑞典的 Kiruna 铁矿。优点是可以减少开拓量，达到提前见矿，保持矿石产量稳定。

（2）共用地下井巷运输的联合开拓。露天和地下开采的矿石都从地下井巷运出。如图

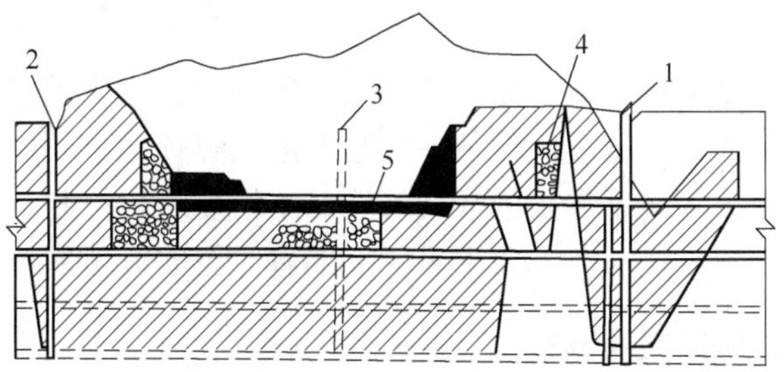

图 15-4　凤凰山铁矿露天坑内外联合开拓系统

1—主井；2—副井；3—风井；4—矿房；5—境界顶柱

15-5 所示，露天采用斜井和石门开拓，地下采用盲竖井开拓。露天采下的矿石用汽车经石门运到斜井，用斜井的箕斗运到地面，运输线路的长度比用汽车运输缩短了一半，降低了运输费用。这种方案的优点是：露天矿开拓运输系统简单、线路短，在露天开采深度大于 100~150m 时，利用石门斜井开拓可使运距缩短 50%~60%，大大降低了运输费用；可加大露天矿最终边坡角，减少剥离量和基建投资；可利用地下巷道排水和疏干矿床，改善露天矿的生产条件；可缩短露天转地下开采的过渡期，能较快达到地采的设计生产能力。

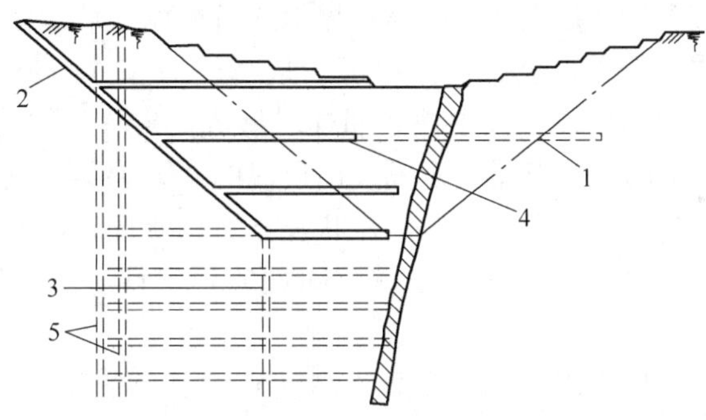

图 15-5　共用地下井巷运输的联合开拓

1—露天最终边界；2—斜井；3—盲斜井；4—石门；5—竖井

在确定开拓巷道的类型、形状、规格与具体位置时，应使其具有多种用途，避免受露天生产爆破的影响。单段药量小于 10t 时，距爆源的地震安全距离为 100m。

当露天矿采用地下运输的联合开拓系统时，在露天坑内设立破碎站，减小矿岩块度，可有效地控制井巷断面尺寸。4m^3 斗容电铲装载矿岩的最大块度为 1.0~1.2m，而目前国产坑内用矿车的容许矿岩块度一般小于 0.7m，竖井翻转式箕斗和底卸式箕斗的容许块度分别小于 0.35m 和 0.25m，斜井箕斗容许块度小于 0.65m，斜井胶带运输机块度控制在 0.25~0.3m 以内。如果不设立露天采场破碎站，必须扩大箕斗规格，导致井巷断面加大，使基建费用骤增。

15.3　露天与地下开采的相互影响

15.3.1　露天开采对地下开采的影响

露天开采对地下开采的影响集中表现在要求地下第一阶段矿块的采矿方法及其结构有

利于安全生产。

当地下开采选用空场采矿法时，露天和地下开采可以在一个垂直面内同时作业，但要求在露天坑底部到地下采场顶部之间保留一定厚度的隔离顶柱。同时，对地下采场的暴露面积、间柱的强度、露天与地下爆破的规模等均需严格要求与控制。

当地下开采选用崩落采矿法时，要求采区上部有一个安全缓冲垫层。

15.3.2 地下开采对露天开采的影响

露天矿受地下开采影响的范围与程度，与露天和地下在时间、空间上的结合程度，以及地下采空区的状况等因素有关。如果露天的穿爆和装运工作是在未充填的空场法采空区的上方作业，确定露天与地下之间隔离顶柱的合理厚度就非常重要。

为了保证作业安全而采取的综合措施，可能导致露天开采强度的下降，特别是在地下开采移动区内进行露天开采时，可能会严重影响矿山的技术经济指标。

若地下采空区的面积较大，围岩不够稳固或空区形成的时间较长，可能因岩层移动而在地面形成塌陷坑，呈漏斗形状，直径可达几米到几百米，深度为几米至几十米，漏斗壁倾角通常为85°~105°。根据形成速度的不同，可分为崩塌型塌陷坑和岩移型塌陷坑。前者往往是在地表出现较大的变形以前，突然崩塌形成直壁塌陷坑。影响其形成的主要因素是岩石的物理力学性质、开采深度、矿体厚度、采空区的尺寸与形状、岩层的地质条件等，它多在开采深度不大的矿体回收顶柱和间柱时形成。岩移型塌陷坑形成的速度缓慢，通常是在开采急倾斜矿体时，崩落带向上发展而形成的。影响其形成的主要因素是矿体倾角、矿体厚度，岩石的自然安息角、岩层的产状及其非均质性和各向异性，回采顺序、采空区位置，及其上方崩落岩石的高度，顶柱和间柱的稳定性等。它的形成地点较难准确预测。

统计资料表明，在平均采深 H 与回采垂直高度 m 之比不大于15时，就可能形成塌陷坑。崩落型塌陷坑的形成与发展可能给生产带来灾难性的影响。

在地下开采影响区内进行露天开采，应采取必要的技术组织措施：

（1）设计时应采取的措施。应确定观测岩体变形的方法、确定地下采空区的位置与大小的方法，建立专门的机构或确定专人进行地压观测和安全检查。

（2）生产中保证露天安全作业的主要措施。1）加强地质与测量工作。根据钻孔岩芯和岩样试验，以及对岩体的调查与试验，进行岩体工程地质研究；编制露天和地下所有巷道、崩落区边界线、开采区段的地质构造特征、开采状况等测量资料，进行边坡和地下岩层的位移观测；通过钻孔的观测，确定采空区充填程度，并预测地下空洞的发展，查出可能突然发生崩落危险的区段等。2）空洞处理与边坡整治。根据观测资料与预测，进行空洞处理设计，对露天安全生产有威胁的空洞应尽快消除；通常采用深孔毫秒延时爆破法或充填法处理空洞；进行边坡整治的局部设计并予以实施；全面检查露天作业的安全条件。3）降低爆破振动。编制合理的爆破作业图表，采取减震爆破技术措施，降低爆破地震波对露天矿底部的破坏作用。4）露天凿岩爆破的安全措施。在编制地下开采影响区内的凿岩爆破设计时，必须在综合平面图、剖面图和垂直投影图上标出采空区的边界线、矿房顶底板的标高、井巷的位置、崩落区的边界线等；确定已采矿房顶板实际位置的主要方法是岩芯钻探法。

当需要从露天坑底向护顶柱钻凿垂直爆破深孔时，护顶柱安全厚度的经验数据如下：当矿房跨度在 10m 以内时，护顶柱厚度不应小于矿房跨度的 2 倍；当矿房跨度大于 10m 时，原则上不应小于2. 5~3 倍；在顶柱上进行生产凿岩前，应先确定顶柱的稳定状况；当护顶柱没有达到安全厚度或稳定性不好时，必须停止常规的凿岩爆破和铲装工作，改用轻型钻机在锚杆固定的平台上凿岩，钻工必须系安全绳。

（3）岩层移动区内的露天运输。地下开采可能引起露天轨道路基下沉，出现拉伸或挤压变形，导致钢轨位移和轨道接头间隙发生变化，使线路的直线度受到破坏。铁路线路通常对纵向挤压变形的影响最敏感，地面坡度变化的影响次之。顿巴斯煤田通过观测结果确定铁路安全运行的地表变形最大值为：总下沉量 1000～1500mm，下沉速度 7～12mm/d；水平应变（5~6）$\times10^{-3}$mm/m；倾斜应变（7~8）$\times10^{-3}$mm/m。

对固定线路和临时线路除按安全技术操作规程进行检查外，还要进行线路的水准测量，观测地表移动情况。根据变形情况及时进行维修，包括路基的修复和把钢轨的间隙调整到规定值等。

15.4　过渡期地下回采方案及过渡期限

15.4.1　过渡期地下回采方案

过渡期地下回采方案是指在露天转地下开采的过渡期间，地下第一阶段与露天坑底之间矿体的回采方案。

（1）留境界顶柱的分段留矿法方案。用分段留矿法在境界顶柱以下回采矿体时，应该在露天开采结束后进行。凤凰山铁矿的应用实例见图 15-6。在露天坑底保留 7～12m 厚的境界顶柱 13。顶柱以下的矿体划分为矿房和矿柱，用深孔留矿法回采矿房并暂留矿柱。矿房回采过程中，放出 30%左右的矿石。露天采矿作业结束后，用潜孔钻机从露天坑底向下凿岩，爆破境界顶柱，同时崩落一定数量的顶盘围岩形成覆盖层，在覆盖层下放出顶柱矿

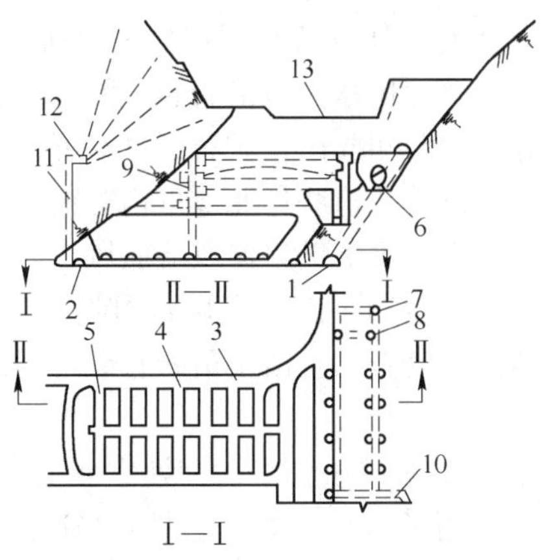

图 15-6　凤凰山铁矿留境界顶柱的分段留矿法方案

1—脉外运输平巷；2—脉内运输平巷；3—运输横巷；4—装矿巷道；5—切割平巷；6—电耙道；7—人行天井；8—溜矿井；9—凿岩天井；10—回风道；11—放顶天井；12—放顶凿岩硐室；13—境界顶柱

石和采场存留的70%矿石，下部矿体则用阶段崩落法回采。境界顶柱的安全厚度可用多种理论方法和数值计算方法计算。由于影响采场地压的因素很多且极为复杂，因此，理论计算的结果一般仅供设计参考。在实践中，多数矿山仍参照类似矿山经验选取。顶柱厚度视矿岩的稳固性而异。矿岩稳固时，厚度一般为10m左右，有的矿山按回采矿房跨度的一半取值；俄罗斯学者认为当矿岩的普氏系数为5~12时，境界顶柱的厚度必须等于或大于矿房的跨度，实际的顶柱厚度约为10~30m。境界顶柱的稳定性随采空区存在时间的增加及其面积的扩大而减弱，因此，缩短回采周期、减小采空区暴露面积，对增强境界顶柱的稳定性是十分重要的。

（2）不留境界顶柱的分段空场法方案。我国金岭铁矿的应用实例（见图15-7）为不设境界顶柱，将分段空场法最上一个分段的高度适当加大，当露天采矿结束后，分区逐段回采第一分段。待矿房回采结束，在回收矿柱的同时，爆破一定数量的上盘围岩充填采空区，其余采空区的处理依赖上盘围岩的自然崩落。一般情况下，矿柱放矿1~2个月后，顶盘岩石逐渐冒落形成覆盖层，下部矿体采用崩落法回采。

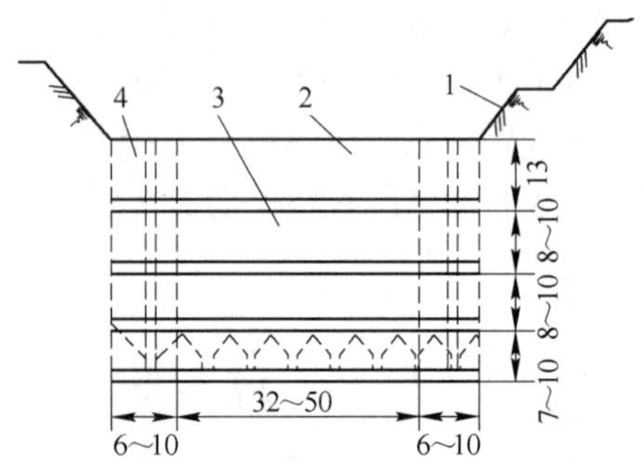

图15-7　金岭铁矿不留境界顶柱的分段空场法方案
1—露天矿；2—空场法最上分段；3—矿房；4—矿柱

（3）梯段空场法方案。本方案成功地应用于南非科菲丰坦金刚石矿。矿体接近垂直，管状产出，岩管近似椭圆形，露天开采深度为240m，下部转为地下开采。从露天坑底向下每隔30m划分生产分段，在每个分段水平上，围绕岩管的边缘在围岩中开掘环形运输巷道（见图15-8），从环形运输巷道向岩管开掘相互平行的凿岩巷道，其中心距为12~18m，在岩管中央开掘一条与凿岩巷道垂直的、宽8~10m的切割槽通达地表，形成分段扇形深孔崩矿的自由面和补偿空间。

各分段可以同时作业，但是上部分段需比下部分段超前回采6~8m（见图15-9），形成梯段状。崩下的矿石一部分用铲运机从分段凿岩巷道装运至矿石溜井，下放到主要运输水平，其余矿石从最下一个分段的漏斗放出，矿石回收率可达95%以上。采区通风主要是保证格筛水平和电耙作业的通风条件。这些作业地点均有独立的回风巷道与脉外通风道联通。凿岩巷道的末端与采空区相通，可借助自然风流通风。

这种方法工艺简单，投产快，劳动生产率和矿石回收率高，通风与安全生产条件好，但当两帮围岩控制不好时，易混入废石，且由于凿岩巷道与露天相通，易受地面气候和雨水影响。

（4）球形药包垂直漏斗后退式采矿法方案。在澳大利亚 Arldcthan 矿和我国铜绿山铜铁矿露天转地下过渡期开采中应用了这种方案。它具有采准工程量小，效率高，成本低，安全可靠的特点。

（5）充填采矿法方案。这种方案的矿房回采工艺与留境界顶柱的分段空场法方案基本相同，不同之处是矿房回采以后，用废石或胶结材料充填采空区。

1）胶结充填法方案。加拿大 Kidd Creek 多金属矿在过渡期间留安全矿柱支撑露天坑

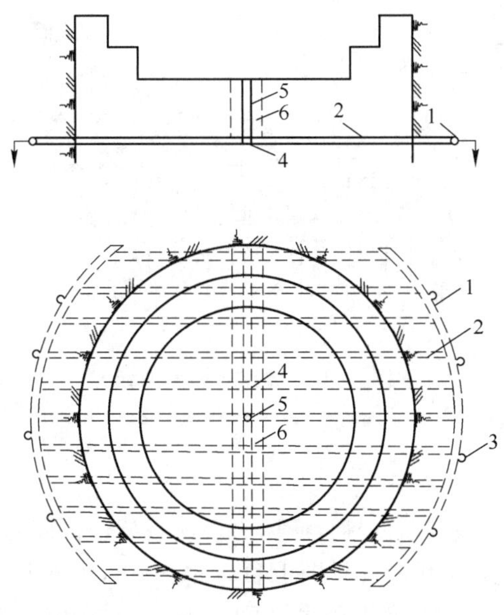

图 15-8 梯段空场法采准切割巷道布置

1—环形运输巷道；2—凿岩巷道；3—矿石溜井；4—切割平巷；5—切割天井；6—切割槽

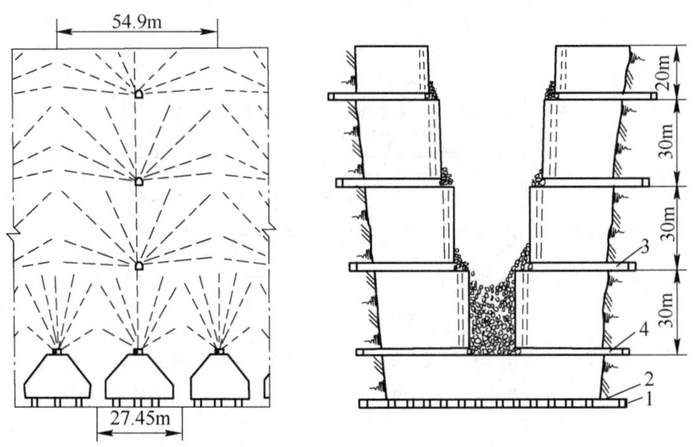

图 15-9 梯段空场采矿法

1—运输巷道；2—格筛巷道；3—分段凿岩巷道；4—拉底巷道

底的顶柱。矿房长 30m，宽 15m，高 60～90m，间柱宽 15～45m，露天坑底的顶柱厚 9m。矿房采用分段采矿法回采，胶结充填（见图 15-10）。此方案用于开采价值较高的矿体。优点是地下与露天可较长时间同时开采，生产相对安全；境界顶柱可阻止地表水灌入地下，并可减小地下采区的漏风系数；境界顶柱矿石回收率高、贫化率低。缺点是回采充填工艺复杂，生产成本较高。

2）废石充填法方案。与上述方案不同的是充填料由胶结材料改为废石或尾砂。它用于开采面积不大且价值不高的矿体，矿柱矿量不大或不再回采矿柱的矿山，如芬兰 Pyhasalmi 铜锌矿。它的工艺简单，成本较低，但矿石的贫化与损失较大。

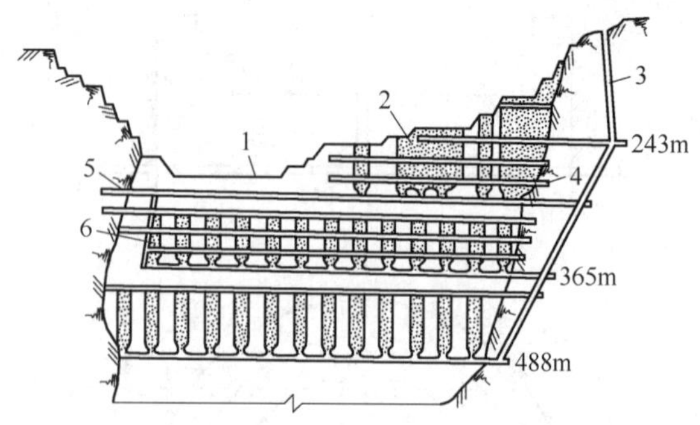

图 15-10 分段胶结充填法

1—露天坑底；2—露天边坡下的矿房；3—通风天井；4—分段平巷；5—运输出矿巷道；6—露天坑底的矿房

（6）崩落采矿法方案。

1）分段崩落法方案。俄罗斯列别金矿床为含铁石英岩，探明储量55亿吨，设想沿垂直方向划分为三个工艺段进行开采（见图15-11），-120m水平以上为露天开采；-120m～-500m用分段崩落法开采，在露天坑底钻凿下向深孔，并在分段凿岩巷道内钻凿上向和下向深孔，进行分段挤压崩矿，矿石从下部集矿水平的漏斗中放出，所形成的采空区可排放大量的剥离废石与选矿尾砂；-500m以下可用阶段矿房法或阶段强制崩落法开采。

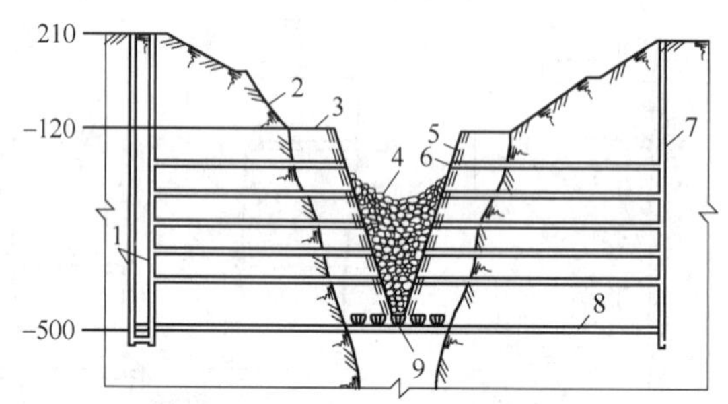

图 15-11 分段崩落法

1—提升井；2—露天开采最终境界；3—露天坑底；4—崩落矿石；5—爆破深孔；
6—分段凿岩巷道；7—通风井；8—集中出矿水平；9—放矿漏斗

2）回采前形成覆盖层的分段崩落法方案。不留境界顶柱，露天开采结束后，以整个矿块作为回采单元，用分段崩落法进行连续回采。为了满足安全生产和挤压爆破的需要，应在分段崩落法回采前形成一定厚度的岩石覆盖缓冲层，其厚度一般小于15～20m，如余华寺铁矿（见图15-12）。多数矿山利用露天剥离废石形成覆盖层。这种方案的优点是生产能力大，回采效率高，成本低，生产安全。缺点是当同一矿区中无其他矿段可以调节产量时，在形成覆盖层时期，可能因停止回采而导致矿山减产，且渗水和漏风较大。

3）回采过程中形成覆盖层的阶段强制崩落法方案。回采从矿体的一端向另一端推进。在第一阶段沿矿体走向回采60～70m以后，在矿块出矿的末期，在拉底水平以上留6～7m厚的崩落矿石作为爆破缓冲层，用硐室爆破崩落采空区顶盘围岩形成覆盖层（见图15-13）。此方案的优点是露天与地下可以同时作业；缺点是放矿控制困难，矿石贫化率高。

4）充填废石形成覆盖层的阶段强制崩落法方案。本方案适用于矿岩稳固的厚大矿体。

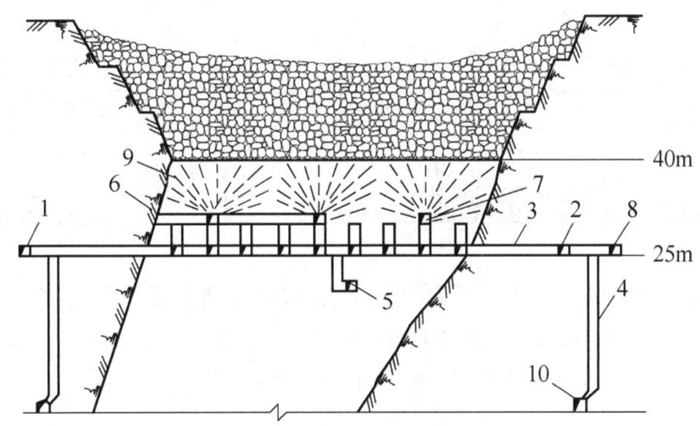

图 15-12 余华寺铁矿分段崩落法

1—上盘联络道；2—下盘联络道；3—分段电耙道；4—溜矿井；5—回风小井；6—拉底巷道；7—凿岩巷道；8—电耙硐室；9—炮孔；10—运输平巷

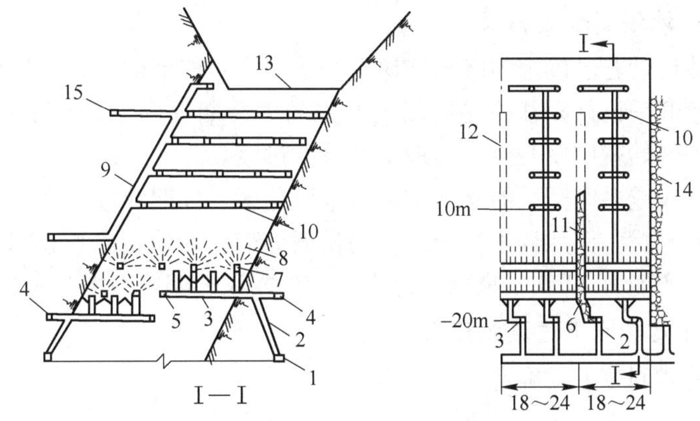

图 15-13 松树卯矿阶段强制崩落法

1—运输平巷；2—矿石溜井；3—电耙道；4—进风巷道；5—回风巷道；6—放矿漏斗；7—拉底巷道；8—扇形炮孔；9—联络井；10—药室；11—切割矿石；12—切割槽；13—露天坑底；14—松动矿石；15—放顶硐室

先在矿床的一翼用露天方法开采至设计的露采终了深度，继续沿走向向矿体的另一翼水平推进 150~200m 以后（见图 15-14），在紧靠非工作帮端部的矿体中掘进一条切割天井，该天井把地下放矿漏斗与露天坑底联通，并以切割天井为自由面，垂直于矿体凿岩爆破形成回采露天境界底柱矿体的切割立槽，在境界顶柱的全高上用露天设备凿岩，随着露天开采工作线的推进而逐步实施境界顶柱的爆破，崩落矿石经井下巷道运至地表。境界顶柱以下各水平的矿体则用阶段强制崩落法或阶段矿房法回采。由露天开采、境界矿柱开采和地下开采所形成的采空区可作为内部排土场，用排入的废石支撑边帮的压力，有助于提高边帮的稳定性。

乌克兰克里沃罗格矿区安诺夫斯克含铁石英岩矿床长度在 7km 以上，矿体倾角 55°~85°，厚度 92~340m，埋藏深度 300~450m，露天采场深度为 200m，境界顶柱高 75m，台阶坡面角和边坡角为 75°~80°，境界矿柱矿量 2100 万吨，年开采量为 200 万吨，内部排土场堆置 4.1 亿立方米剥离废石，不但减少了废石运输费用，还减少外部排土场面积 2.48km^2。

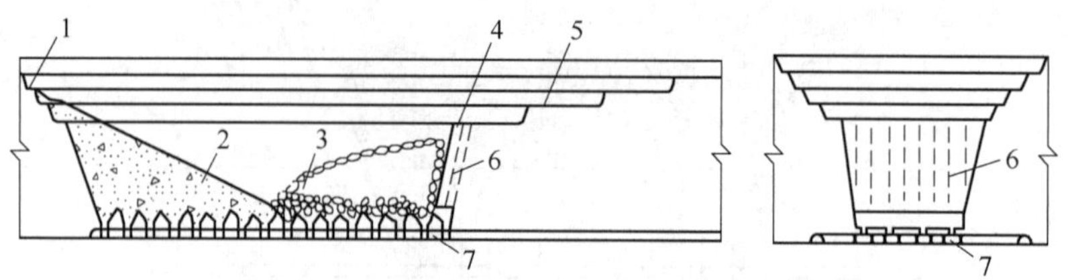

图 15-14 充填废石形成覆盖层的阶段强制崩落法方案
1—露天矿非工作帮；2—内部排土场；3—采下矿石；4—境界矿柱、回采台阶；
5—露天矿工作帮；6—下向平行炮孔；7—放矿巷道

15.4.2 露天转地下开采的过渡期限

为了保证矿山能待续稳产过渡，应及时设计与编制过渡方案，确定合理的建设期限。

15.4.2.1 设计编制过渡方案

矿床开采总体设计若已确定为露天转地下开采，应对整个矿床开采的全过程进行统筹规划。具体的过渡开采设计则往往是在露天开采的中后期进行。露天开采 10 年以内的矿山，从露天矿建设开始就应及时研究向地下开采的过渡。

对于走向长度大或多区开采的露天矿，可采取分区、分期的过渡方案，避免露天与地下同时开采作业的干扰。例如杨家杖子矿务局松树卯矿，矿体走向长 2000m，划为南北两个露天采场，日生产能力 2000t，采取先北露天后南露天分期向地下开采过渡。

15.4.2.2 露天转地下过渡期限的确定

地下建设的总时间按下式确定：

$$T = t_1 + t_2 + t_3 + t_4 \tag{15-1}$$

式中，T、t_1、t_2、t_3、t_4分别为总时间、基建准备时间、地面公共工程建设时间、井筒掘进时间、水平巷道掘进时间。式中不包括采矿方法试验和地下投产至达产时间。上述过渡期应满足三级矿量保有期限的要求。

利用露天矿的地下排水井巷作为地下矿的采准切割巷道可以缩短地下矿的建设时间。当基建准备与地面公共工程建设平行作业，井筒掘进与水平巷道掘进平行作业时，地下建设的总时间可表示为：

$$T = t_1 + t_3 \tag{15-2}$$

目前国内外露天转地下开采的过渡期限一般约 7~12 年。

15.5 露天矿无剥离开采与残留矿体开采

15.5.1 露天矿无剥离开采

露天矿开采到设计最终水平后，为了充分发挥露天矿生产设备和辅助设施的潜力，并改善露天转地下过渡期的产量衔接，多数矿山都要进行无剥离下延开采。

对于倾斜或急倾斜矿体，通常在上盘边坡下留三角矿柱以支撑上盘边帮，即可实现无剥离延深开采（见图 15-15）。延深开采深度取决于露天坑底允许的最小宽度、三角矿柱的损失量和上盘边坡的稳定性等。

露天坑底允许的最小宽度根据露天境界确定的原则通过计算确定。汽车运输允许的最小底宽一般为18~24m。

为了尽可能多地采出矿量，采矿台阶不再设置矿石安全平台，或在露天开采结束之前取消矿石安全平台。因此，无剥离延深开采的边坡通常很陡，甚至是垂直的。

近来国外露天矿按照经济合理性确定的无剥离延深开采深度为30~50m，而我国矿山一般延深20m。

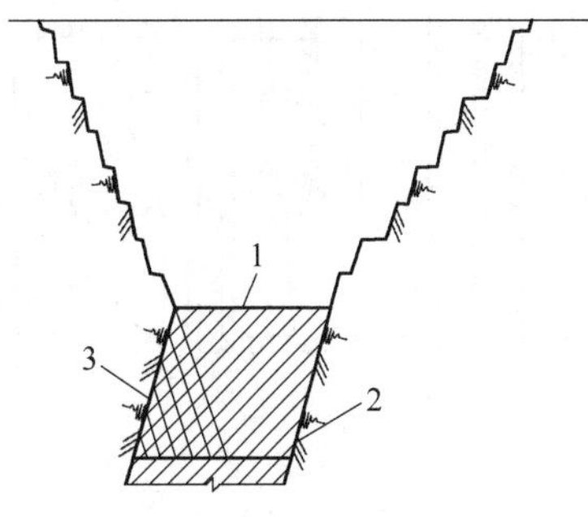

图15-15 露天矿无剥离延深开采
1—设计最终水平界线；
2—无剥离延深水平界线；3—三角矿柱

15.5.2 露天矿残留矿体的回采

露天开采至底部边界时，矿体两端和边坡挂帮矿量一般可占其总储量的5%~16%，它们的回采具有经济价值。由于挂帮矿量埋藏高差可能较大，矿量较少，回采强度较低，安全条件较差，应强化开采，以免牵制地下开采主矿体的下降速度，降低过渡期的矿石产量，影响达产时间。

（1）露天矿边坡残留矿体的回采。由于受到各种外力的破坏且形状不规则，露天矿边坡残留矿体的回采比较困难。对于露天矿挂帮矿体，可先用露天方法直接从非工作帮开采靠外的矿体，然后用地下方法开采靠内的矿体。当挂帮矿体延伸较长时，通常用地下法开采。

1）充填法回采边坡矿体。当露天坑境界矿柱用充填法回采时，露天矿非工作帮的挂帮矿体通常也采用充填法回采。利用露采剥离废石和尾砂充填采空区，有利于保持边坡稳定。金川龙首矿应用此法。

2）崩落法回采边坡矿体。当露天坑底矿柱和地下第一阶段选用崩落法回采时，边坡挂帮矿体也用崩落法回采。此时，地下的回采顺序应向边坡后退进行，使边坡附近的塌落漏斗逐渐发展，形成比较平缓的崩落区，使露天矿下部台阶免受滚石的威胁。在定期进行岩移观测并采取相应措施的情况下，对露天矿的安全生产影响很小。加拿大Craigmont镍矿和我国冶山铁矿、海城滑石矿等采用了这种方法。

3）空矿房法回采边坡矿体。当露天矿边缘有重要建筑物使露天边坡不能进一步扩帮时，可从边坡下开掘运输平硐到矿岩接触面（见图15-16），然后从平硐开掘斜溜井，其最小倾角为45°~52°。布置在边坡上部的矿房底部是倾斜的，下部矿房的底部是水平的。在矿房底部开掘放矿漏斗，并拉底形成爆破的补偿空间。在露天平台上用露天钻机向下钻孔，孔深30~100m，崩落矿石经斜溜井下放或从漏斗放出，通过平硐运出、矿房采完后用废石充填。

4）露天间隔回采边坡矿体。在露天非工作帮为矿体的情况下，可以用露天方法开采100~200m长的区段，在两个区段之间留20~40m宽的矿柱（见图15-17），各台阶的深孔均钻至露天坑底标高。区段爆破出矿后即用剥离废石充填。边坡开采高度可达50~85m。可省去开采这部分矿石的剥离费，作业安全。

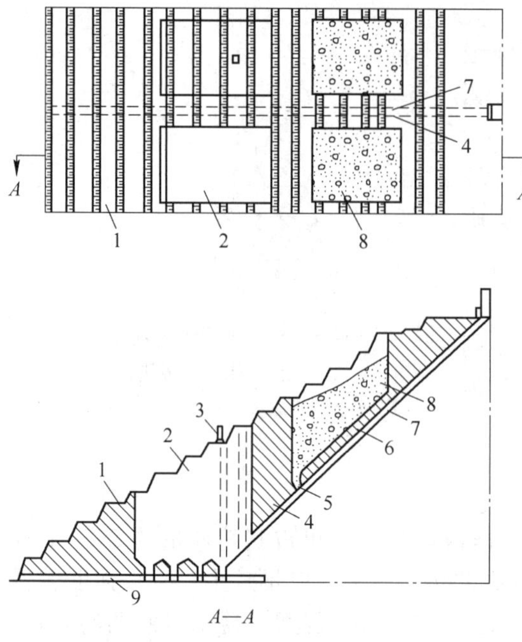

图 15-16　空矿房法回采边坡矿体

1—露天台阶；2—空矿房；3—露天钻机；4—矿房间柱；5—放矿漏斗；6—倾斜底部；7—矿石溜井；8—充填体；9—运输平硐

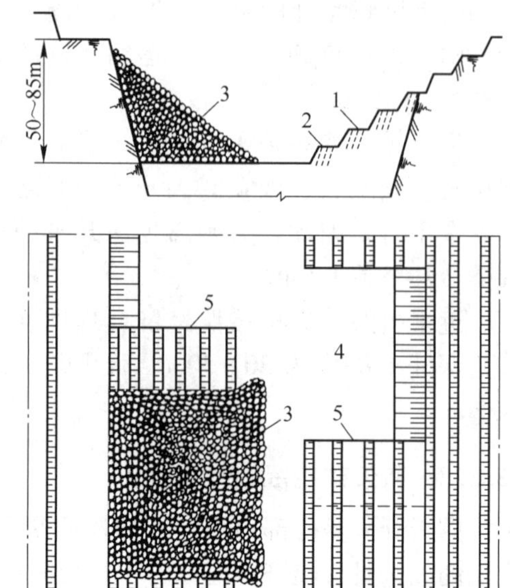

图 15-17　露天间隔回采边坡矿体

1—露天非工作帮；2—深孔；3—充填废石；4—采空区；5—矿柱

5）露天矿房法。当矿体允许大面积暴露时，在露天矿非工作帮可能形成高 60~140m、宽 20~45m 的空矿房（见图 15-18），可以使用露天穿孔和运输设备进行开采。

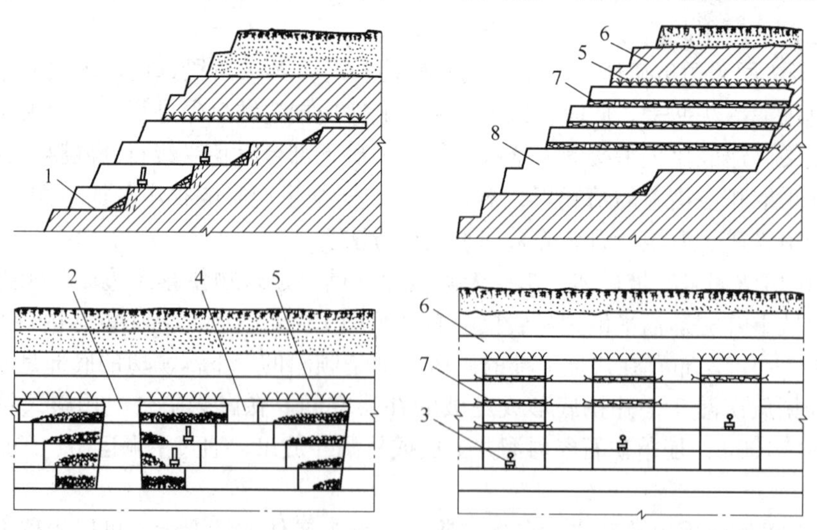

图 15-18　露天矿房法

1—露天台阶；2—房间矿柱；3—露天挖掘机；4—具有侧面运输平台的矿柱；5—锚杆金属网；6—顶柱；7—保护网；8—空矿房

（2）露天矿残留三角矿柱的回采。无剥离延深开采一般会在顶、底盘下面和端帮留下三角矿柱。由于露天矿端帮的曲率半径较小，稳定性较好，容易回采，通常可以直接从露天采出这部分残留三角矿柱。对于倾角不陡的厚矿体，在矿岩不稳固的情况下，由于上盘三角矿柱面积大，矿柱回采困难，回采部分矿柱就可能引起上盘岩石大量移动，矿柱回收率低，作业安全条件差，是露天转地下的薄弱环节，应当提前单独回采这部分矿柱，或与地下第一阶段的矿体一起回采。在矿岩稳固的条件下，可用留矿法或空场法回采三角矿柱，然后用废石充填。矿岩不稳固时则用充填法回采。在三角矿柱回采以前，如果露天坑底堆积的废石已将三角矿柱表面覆盖，则回采三角矿柱时一般可在靠边坡一侧留 2~3m 宽的隔离矿柱。

习　题

15-1　根据露天和地下采矿工艺联系的紧密程度，露天转地下开拓系统可分为哪几种类型?

15-2　简述露天开采与地下开采的相互影响。

15-3　收集整理国内外露天与地下联合开采案例，并对比分析其在各工艺环节中的异同点。

本章参考文献

[1] 张世雄，任高峰．固体矿床采矿学［M］. 3 版．武汉：武汉理工大学出版社，2016.

[2] 陈晓青．金属矿床露天开采［M］. 北京：冶金工业出版社，2010.

[3] 张钦礼．采矿概论［M］. 北京：化学工业出版社，2010.

[4] 金吾，李安．现代矿山采矿新工艺、新技术、新设备与强制性标准规范全书［M］. 北京：当代中国音像出版社，2018.

[5] 王运敏．现代采矿手册（中册）［M］. 北京：冶金工业出版社，2011.

[6] 《新编矿山采矿设计手册》编委会．新编矿山采矿设计手册［M］. 徐州：中国矿业大学出版社，2006.

[7] 徐长佑．露天转地下开采［M］. 武汉：武汉工业大学出版社，1990.

冶金工业出版社部分图书推荐

书 名	作 者	定价(元)
中国冶金百科全书·采矿卷	本书编委会 编	180.00
中国冶金百科全书·选矿卷	本书编委会 编	140.00
选矿工程师手册（共4册）	孙传尧 主编	950.00
金属及矿产品深加工	戴永年 等著	118.00
露天矿开采方案优化——理论、模型、算法及其应用	王 青 著	40.00
金属矿床露天转地下协同开采技术	任凤玉 著	30.00
选矿试验研究与产业化	朱俊士 等编	138.00
金属矿山采空区灾害防治技术	宋卫东 等著	45.00
尾砂固结排放技术	侯运炳 等著	59.00
采矿学（第3版）（本科教材）	顾晓薇 主编	75.00
地质学（第5版）（国规教材）	徐九华 主编	48.00
碎矿与磨矿（第3版）（国规教材）	段希祥 主编	35.00
选矿厂设计（本科教材）	魏德洲 主编	40.00
智能矿山概论（本科教材）	李国清 主编	29.00
现代充填理论与技术（第2版）（本科教材）	蔡嗣经 编著	28.00
金属矿床地下开采（第3版）（本科教材）	任凤玉 主编	58.00
边坡工程（本科教材）	吴顺川 主编	59.00
现代岩土测试技术（本科教材）	王春来 主编	35.00
爆破理论与技术基础（本科教材）	璩世杰 编	45.00
矿物加工过程检测与控制技术（本科教材）	邓海波 等编	36.00
矿山岩石力学（第2版）（本科教材）	李俊平 主编	58.00
金属矿床地下开采采矿方法设计指导书（本科教材）	徐 帅 主编	50.00
新编选矿概论（本科教材）	魏德洲 主编	26.00
固体物料分选学（第3版）	魏德洲 主编	60.00
选矿数学模型（本科教材）	王泽红 等编	49.00
磁电选矿（第2版）（本科教材）	袁致涛 等编	39.00
采矿工程概论（本科教材）	黄志安 等编	39.00
矿产资源综合利用（高校教材）	张 佶 主编	30.00
选矿试验与生产检测（高校教材）	李志章 主编	28.00
选矿原理与工艺（高职高专教材）	于春梅 主编	28.00
矿石可选性试验（高职高专教材）	于春梅 主编	30.00
选矿厂辅助设备与设施（高职高专教材）	周晓四 主编	28.00
矿山企业管理（第2版）（高职高专教材）	陈国山 等编	39.00
露天矿开采技术（第2版）（职教国规教材）	夏建波 主编	35.00
井巷设计与施工（第2版）（职教国规教材）	李长权 主编	35.00
工程爆破（第3版）（职教国规教材）	翁春林 主编	35.00